Fritz Kümmel

# Elektrische Antriebstechnik

## Aufgaben und Lösungen

Fritz Kümmel

# Elektrische Antriebstechnik

## Aufgaben und Lösungen

Mit 260 Abbildungen

Springer-Verlag
Berlin Heidelberg New York 1979

Dr.-Ing. FRITZ KÜMMEL
Professor an der Fachhochschule Münster
Fachbereich Elektrotechnik

CIP-Kurztitelaufnahme der Deutschen Bibliothek
Kümmel, Fritz:
Elektrische Antriebstechnik / Fritz Kümmel. - Berlin, Heidelberg, New York : Springer.
Aufgaben, Lösungen. - 1979.

ISBN 3-540-09355-9 Springer-Verlag Berlin Heidelberg New York
ISBN 0-387-09355-9 Springer-Verlag New York Heidelberg Berlin



Offsetdruck und Buchbinder: fotokop wilhelm weihert KG, Darmstadt
2060/3020-543210

# Vorwort

Die Bemessung von elektrischen Antrieben ist nicht allein ein elektrisches Problem. Bei einem Antrieb sind immer elektrische und mechanische Komponenten miteinander kombiniert. Durch die Vielzahl der Anwendungen der Antriebe in Industrie, Transport und Verkehr ist es nicht möglich, für alle gültige Bemessungsrichtlinien anzugeben. Ich habe deshalb anhand der in der Praxis auftretenden Antriebssysteme die Bemessungsprobleme behandelt. Doch stellt dieses Buch keine Aufgabensammlung dar, die die Erlernung einer geeigneten Berechnungsroutine zum Ziel hat. Die Beispiele dienen vielmehr dazu, die je nach Aufgabenstellung unterschiedliche Optimierung von Antriebsausrüstungen zu zeigen. Es wird meist nicht von fertigen Bemessungsgleichungen ausgegangen, sondern die verwendeten Beziehungen werden abgeleitet.

Allerdings lassen sich im Rahmen dieses Buches die theoretischen Grundlagen der Antriebstechnik nicht in voller Breite darstellen. Deshalb habe ich an einzelnen Stellen auf mein 1971 im gleichen Verlag erschienenes Buch: "Elektrische Antriebstechnik - Theoretische Grundlagen, Bemessung und regelungstechnische Gestaltung" verwiesen. Derartige Hinweise werden durch zwei Sterne eingerahmt, (z.B. *Bild 5.12* oder *Gl. 4.47*).

Die Einbeziehung der technologischen Aufgabenstellungen in die Antriebsberechnung ist mir möglich, weil ich während meiner langjährigen Industrietätigkeit auf vielen Anwendungsgebieten, in der Projektierung und praktischen Erprobung von Industrieanlagen tätig war. In diesen Jahrzehnten hat sich die Technik der geregelten Antriebe allein beim Leistungsstellglied, ausgehend vom Leonard-Umformer über den Transduktor, den Quecksilberdampfstromrichter zum Thyristorstellglied, mehrfach grundlegend geändert. In jedem Entwicklungsabschnitt standen andere Probleme und Schwierigkeiten im Vordergrund. Diese Entwicklung bleibt bei den folgenden Ausführungen unerwähnt. Die bei den einzelnen Beispielen gewählten Lösungen entsprechen dem heutigen Stand der Technik. Ein gewisser Vorgriff auf die Zukunft wird bei den die Straßenfahrzeuge betreffenden Beispielen vorgenommen, da heute noch nicht abzusehen ist, welche Bedeutung die Elektrofahrzeuge in Zukunft erlangen werden.

Der auf einem bestimmten Anwendungsbereich der Antriebe tätige Leser wird unter Umständen feststellen, daß sein Spezialgebiet zu kurz oder gar nicht behandelt ist. Eine Vollständigkeit ist aber im Rahmen eines handlichen Buches nicht zu erreichen. Doch glaube ich, daß sich die hier angewendeten Lösungsverfahren für nicht behandelte Industrieantriebe leicht abwandeln lassen.

Ich danke dem Springer - Verlag, daß er mir genügend Spielraum für die Gestaltung dieses umfangreichen Stoffes gelassen hat. Ich danke besonders meiner Frau, die die Reinschrift dieses sehr schwierigen Textes angefertigt und das Buch, trotz der Maschinenschrift, in eine ansprechende Form gebracht hat.

Steinfurt, im Frühjahr 1979

Fritz Kümmel

# Inhaltsverzeichnis

# Verzeichnis der Formelzeichen

| | |
|---|---|
| $a$ | Beschleunigung |
| $a_h$ | Hubbeschleunigung |
| $\bar{a}$ | mittlere Beschleunigung |
| $\dot{a}$ | Beschleunigungsänderung (Ruck) |
| $A$ | Fläche |
| $A_s$ | Stirnfläche |
| $B$ | Transistor-Stromverstärkung |
| $c_w$ | Luftwiderstandsbeiwert |
| $C_b$ | Beschaltungskapazität |
| $C_D$ | Pufferkapazität |
| $C_{ls}$ | Löschkapazität |
| $C_{sch}$ | Schaltkapazität |
| $C_{12}$ | Rückführkondensator |
| $d$ | Durchmesser, Dämpfung |
| $d_{St}$ | Durchmesser Seiltrommel |
| $d_{st}$ | Störspannungsfaktor |
| $d_u$ | Netzspannungsfaktor |
| $d_w$ | Wickeldurchmesser |
| $d_x$ | bezogener induktiver Spannungsabfall |
| $e_w$ | spezifische Walzarbeit |
| $ED$ | relative Einschaltdauer |
| $E_e$ | Feldenergie |
| $E_h$ | magnetische Energie Transformator |
| $f$ | Frequenz |
| $f_{gr}$ | Grenzfrequenz |
| $f_p$ | Pulsfrequenz |
| $f_f(t)$ | Führungs-Übergangsfunktion |
| $F_g$ | Gewichtskraft |
| $F_h$ | Hubkraft |
| $F_L$ | Lastkraft |
| $F_r$ | Reibungskraft |
| $F_w$ | Windkraft |
| $F_z$ | Zugkraft, Bandzug |
| $F_i(j\omega)$ | Frg. Stromregelkreis |
| $F_L(j\omega)$ | Lastfrequenzgang |
| $F_M(j\omega)$ | Motorfrequenzgang |
| $F_n(j\omega)$ | Frg. Drehzahlregelkreis |
| $F_{oi}(j\omega)$ | Frg. d. offenen Stromregelkreises |
| $F_{on}(j\omega)$ | Frg. d. offenen Drehzahlregelkreises |
| $F_R(j\omega)$ | Reglerfrequenzgang |
| $F_S(j\omega)$ | Frg. d. Regelstrecke |
| $g$ | Erdbeschleunigung |
| $g_{CE}$ | Kollektorleitwert |
| $g_{ü}$ | Übertragungsleitwert |
| $G$ | Gewichtskraft |
| $G(p)$ | Übertragungsfunktion |
| $G_q$ | Saugkreisgüte |
| $G_T$ | Gleitmodul |
| $h$ | Höhe, Hubweg |
| $i_A$ | Ankerstrom (Augenblickswert) $I_A/I_{AN}$ |
| $i_e$ | Feldstrom (Augenblickswert) $I_e/I_{eN}$ |
| $i_s$ | Wechselstrom (Augenblickswert) $I_s/I_{sN}$ |
| $I_A$ | Ankerstrom |
| $I_{Ab}$ | Beschleunigungsstrom |
| $I_{Abr}$ | Bremsstrom |
| $I_{Af}$ | Ankerstrom b. Feldschwächg. |
| $I_B$ | Basisstrom |
| $I_C$ | Kollektorstrom |
| $I_D$ | Diodenstrom |
| $I_d$ | Gleichstrom |
| $I_{dlk}$ | Lückgrenzstrom |
| $I_H$ | Haltestrom |
| $I_L$ | Einraststrom |
| $I_p$ | Polares Trägheitsmoment, Primärstrom |

$I_s$ Speisewechselstrom
$I_{Si}$ Sicherungsstrom
$I_T$ Thyristorstrom
$J_M$ Motorträgheitsmoment
$J_L$ Lastträgheitsmoment
$J_G$ Getriebeträgheitsmoment
$K$ Integrationskonstante
$K_f$ Federkonstante
$K_L$ bezogener Läuferwiderst.
$K_{lk}$ Lückfaktor
$K_i$ $= K_{Ri}/V_{Am}$
$K_R$ Reglerkonstante ohne Totzeit
$K_{Rt}$ Reglerkonstante mit Totzeit
$K_{Ri}$ Stromreglerkonstante
$K_{Rn}$ Drehzahlreglerkonstante
$K_w$ Torsionskonstante
$K_{th}$ Erwärmungsfaktor
$m$ bezogene Anlaufzeitkonst. $T_m/T_k$, $T_m/T_A$
$m_b$ bezogenes Beschleunigungsmoment $M_b/M_{MN}$
$m_L$ Lastmasse, bezogenes Lastmoment $M/M_{MN}$
$m_M$ bezog. Motormoment $M_M/M_{MN}$
$m_{ki}$ bezog. Kippmoment $M_{ki}/M_{MN}$
$M_b$ Beschleunigungsmoment
$M_{br}$ Bremsmoment
$M_L$ Lastmoment
$M_{La}$ Anfahrmoment
$M_{ki}$ Kippmoment
$M_{Lu}$ Luftwiderstandsmoment
$M_M$ Motormoment
$M_z$ Zugmoment
$n$ Drehzahl
$n_M$ Motordrehzahl
$n_o$ Leerlaufdrehzahl synchrone Drehzahl
$n_w$ Drehzahl-Führungswert
$n^*$ bezogene Drehzahl
$N$ Windungszahl
$p$ Laplace-Operator
$P_a$ Ausgangsleistung
$P_d$ Gleichstromleistung
$P_e$ Erregerleistung, Eingangsleistung
$P_{Lu}$ Luftwiderstandsleistung
$P_M$ Motorleistung
$P_r$ Fahrwiderstandsleistung
$P_v$ Verlustleistung
$P_w$ Walzleistung
$r_{BE}$ Basis-Emitterwiderstand
$R_a$ Belastungswiderstand
$R_A$ Ankerkreiswiderstand
$R_{AM}$ Ankerwiderstand
$R_b$ Beschaltungswiderstand
$R_{br}$ Bremswiderstand
$R_C$ Kollektorwiderstand
$R_D$ Widerstand Glättungsdrossel
$R_e$ Widerstand Erregerwicklung
$R_E$ Emitterwiderstand
$R_f$ Läuferwiderstand
$R_{fN}$ Nenn-Läuferwiderstand
$R_{fc}$ Widerstand, Läuferwicklung
$R_{Lt}$ Zuleitungswiderstand
$R_s$ Widerstand, Ständerwicklg.
$R_v$ Bewertungswiderstand, Vorwiderstand
$R_{thG}$ Thermischer Widerstand, Thyristor
$R_{thK}$ Thermischer Widerstand, Kühlkörper
$R_{12}$ Rückführwiderstand
$s$ Weg, Schlupf
$s_N$ Nennschlupf
$s_{ki}$ Kippschlupf
$S$ Scheinleistung

| | |
|---|---|
| $S_1$ | Grundschwingungs-Scheinleistung |
| $S_D$ | Typenleistung, Glättungsdrossel |
| $S_k$ | Typenleistung, Kommutiergs.-Drossel, Kurzschluß- Scheinleistung |
| $S_{kr}$ | Typenleistung, Kreisstromdrossel |
| $S_{Tr}$ | Transformator-Scheinleistg. |
| $t$ | Zeit |
| $t_a$ | Anfahrzeit |
| $t_b$ | Beschleunigungszeit |
| $t_{br}$ | Bremszeit |
| $t_L$ | Lastzeit |
| $t_o$ | Leerzeit, Stillstandzeit |
| $t_q$ | Freiwerdezeit |
| $t_{sp}$ | Spielzeit |
| $t_t$ | bezogene Totzeit $T_t/T$ |
| $t_u$ | Umsteuerzeit, Umschwingzeit |
| $t_j^o$ | Kristalltemperatur |
| $t_A^o$ | Lufttemperatur |
| $T_A$ | Ankerkreiszeitkonstante |
| $T_e$ | Erregerzeitkonstante |
| $T_k$ | kleine Zeitkonstante |
| $T_{kk}$ | Ersatzzeitkonstante - Stromregelkreis |
| $T_m$ | Kurzschluß- Anlaufzeitkonst. |
| $T_m$ | Nenn-Anlaufzeitkonstante |
| $T_t$ | Totzeit |
| $T_{th}$ | Thermische Zeitkonstante |
| $u_a$ | Ausgangsspannung (Augenblickswert) |
| $u_e$ | Eingangsspannung (Augenblickswert) |
| $u_{kT}$ | Transformator-Kurzschlußspg. |
| $u_s$ | bezogene Speisespannung $U_s/U_{sN}$ |
| $U_A$ | Ankerspannung |
| $U_{Aq}$ | Quellenspannung |
| $U_B$ | Batteriespannung |
| $U_d$ | Gleichspannung |
| $U_{di}$ | ideelle Leerlaufspannung |
| $U_f$ | Läuferspannung |
| $U_h$ | Speisespannung |
| $U_p$ | Primär-Wechselspannung |
| $U_{RRM}$ | Periodische Spitzensperrspg. |
| $U_s$ | Speisewechselspannung |
| $U_{sk}$ | Spannung der k-ten Harmonischen |
| $U_T$ | Thyristorspannung |
| $\ddot{u}$ | Übersetzungsverhältnis |
| $\ddot{u}_G$ | Getriebe-Übersetzungsverh. |
| $v$, $V$ | Geschwindigkeit |
| $V_A$ | Ankerkreisverstärkung $I_{AN}R_{AM}/U_{AN}$ |
| $V_h$ | Hubgeschwindigkeit |
| $V_p$ | Leistungsverstärkung |
| $V_R$ | Verstärkung P-Regler |
| $V_S$ | Seilgeschwindigkeit |
| $V_u$ | Spannungsverstärkung |
| $w_r$ | Rollwiderstandsbeiwert |
| $W_{ab}$ | Ausschaltintegral |
| $W_{gr}$ | Grenzlastintegral |
| $x$ | Regelgröße |
| $\Delta x_m$ | maximale Überschwingweite der Regelgröße |
| $X_{fs}$ | Läufer-Streureaktanz |
| $X_h$ | Hauptreaktanz |
| $X_s$ | Streureaktanz |
| $X_{ss}$ | Ständer-Streureaktanz |
| $X_w$ | Führungsgröße |
| $X_k$ | Kommutierungsreaktanz |
| $Y_s$ | Gesamtleitwert des Asynchronmotors |
| $z$ | Anzahl der Widerstandsstufen |
| $Z_o$ | Leerumschalthäufigkeit |
| $\alpha$ | Zündwinkel, Steigungswinkel Gefällewinkel |

| | |
|---|---|
| $\alpha_r$ | Regelreserve-Winkel des Stromrichters |
| $\alpha_{si}$ | Sicherheitswinkel |
| $\delta$ | Luftspalt, Banddicke |
| $\delta_m$ | Momentensprung |
| $\delta s$ | Schlupfänderung |
| $\delta_s$ | Ungleichförmigkeitsgrad |
| $\eta$ | Wirkungsgrad |
| $\eta_G$ | Getriebewirkungsgrad |
| $\eta_m$ | Wirkungsgrad d. mech. Übertragungsglieder |
| $\eta_M$ | Motorwirkungsgrad |
| $\eta_S$ | Seiltriebwirkungsgrad |
| $\mu$ | Überlappungswinkel |
| $\mu_0$ | Überlappungswinkel f. $\alpha=0$ |
| $\rho$ | Dichte |
| $\tau$ | $= t/T$ bezogene Zeit |
| $\tau_{zul}$ | zulässige Schubspannung |
| $\varphi$ | Phasenwinkel |
| $\varphi_f$ | $\triangleq \phi_e/\phi_{eN}$ bezogener Fluß |
| $\varphi_L$ | Lastphasenwinkel |
| $\varphi_{RA}$ | Phasenrand |
| $\phi$ | magnetischer Fluß |
| $\phi_e$ | Erregerfluß |
| $\omega$ | Kreisfrequenz |
| $\omega_D$ | Durchtritts-Kreisfrequenz |
| $\omega_e$ | Eingangs-,Netz-Kreisfrequ. |
| $\omega_{gr}$ | Grenz-Kreisfrequenz |
| $\omega_o$ | Resonanz-Kreisfrequenz (gedämpft) |
| $\omega_{or}$ | Resonanz-Kreisfrequenz (ungedämpft) |

# Zielsetzung und Grenzen der Berechnung elektrischer Antriebe

Neben Anlagen zur Erzeugung und Verteilung elektrischer Energie stellen die elektrischen Antriebe die dritte große energietechnische Anwendung der Elektrotechnik dar. Während sich in den erstgenannten beiden Bereichen die Technik stetig entwickelt hat, ist in der Antriebstechnik in den letzten zehn Jahren ein grundlegender Wandel festzustellen. Ausgelöst wurde diese Entwicklung dadurch, daß einerseits wegen höherer technologischer Anforderungen und steigender Personalkosten Fertigungsanlagen und Transporteinrichtungen automatisiert werden mußten, andererseits sich durch die Fortschritte der Halbleitertechnik ganz neue Möglichkeiten für die Gerätetechnik eröffneten.

Das Spektrum der Antriebsanlagen erstreckt sich vom einfachen Käfigläuferantrieb für eine Pumpe bis zum Mehrmotorenantrieb für eine kontinuierliche Walzenstraße. Allen diesen Anlagen ist gemeinsam, daß die gestellten Aufgaben nur mit Hilfe mechanischer Übertragungsglieder erfüllt werden können. Erst dann, wenn deren Kenndaten und Betriebseigenschaften bekannt sind und bei der Projektierung berücksichtigt werden, lassen sich Antriebe mit hohen statischen und dynamischen Anforderungen optimieren. Für die Ausbildung der Antriebsingenieure ist deshalb die fakultative Struktur unserer Hochschulen von Nachteil. Sie begünstigt bei dem Elektroingenieur die Einstellung, daß der Antrieb für ihn bei der Tachometermaschine anfängt und bei der Motorwelle aufhört. Die in diesem Buch behandelten Beispiele sollen die enge, gegenseitige Abhängigkeit der elektrischen und mechanischen Komponenten zeigen.

Der Titel "Elektrische Antriebstechnik" soll nicht zu dem Schluß verleiten, daß neben ihr noch eine mechanische Antriebstechnik besteht. Durch den Titel will der Verfasser nur zum Ausdruck bringen, daß in erster Linie die Projektierung, Bemessung und Einstellung der elektrischen Komponenten eines Antriebes in diesem Buch behandelt werden. Die Problematik, aber auch der Reiz der Antriebstechnik bestehen darin, daß die optimalen Lösungen für die einzelnen Anwendungsgebiete sehr unterschiedlich sind. Dabei soll unter einer optimalen Lösung eine solche verstanden werden, bei der sich die gestellten statischen und dynamischen Anforderungen mit dem kleinsten Aufwand erfüllen lassen. Zu diesem Ergebnis wird man nur bei ausreichender Kenntnis der Technologie der betreffenden Arbeitsmaschine oder der Transporteinrichtung gelangen. In den folgenden Beispielen soll der technologische Hintergrund dem Leser nahegebracht werden, soweit das anhand des Rechenganges möglich ist. Deshalb werden auch die in den einzelnen Fachgebieten historisch gewachsenen Begriffe verwendet. So wird im Beispiel aus der Papierindustrie von einem Papierwickler, in dem aus dem Walzwerksbereich dagegen von einer Haspel gesprochen, obgleich der mechanische Vorgang bei beiden der gleiche ist.

Die Mehrzahl elektrischer Antriebe verwendet einen Käfigläufermotor und kommt mit einer Drehzahl aus. Trotz ihrer geringeren Verbreitung, haben die geregelten Antriebe eine überragende Bedeutung für Produktionsbetriebe sowie Förder- und Transportanlagen. Sie werden deshalb in diesem Buch in erster Linie untersucht.

Zum Verständnis des augenblicklichen Entwicklungsstandes der geregelten Antriebe soll eine kurze historische Betrachtung dienen. Bis vor ca. 30 Jahren wurden Antriebe, deren Drehzahl veränderbar war, überwiegend gesteuert ausgeführt, da keine geeigneten schnellen, leistungsfähigen und zuverlässigen Verstärker zur Verfügung standen. Die Motoren und Leonardgeneratoren mußten deshalb durch Reihen- und Nebenschluß-Feldwicklungen, Boostermaschinen und speziell gestufte Stellwiderstände an die besonderen Betriebsbedingungen der Arbeitsmaschine angepaßt werden. Da die Technologie somit unmittelbar auf die Ausführung der elektrischen Geräte und Maschinen Einfluß nahm, waren Spezialisten notwendig, die jahrzehntelang in einem Anwendungsbereich tätig waren.

Die ursprünglich nur in Großanlagen eingesetzten Quecksilberdampfstromrichter-Antriebe haben für einen schnellen Fortschritt der Antriebs-Regelungstechnik gesorgt. Bei den Regelgeräten ging die Entwicklung vom Röhrenverstärker über die Verstärkermaschine, den Transduktor, zum Halbleiterverstärker. Die geregelten Antriebe brauchen keine so genaue Abstimmung der elektrischen Ausrüstung auf die Technologie, da die Einflüsse der meisten Störgrößen, zum Beispiel der Belastung, auf die Hauptbetriebsgrößen durch die Regelung kompensiert werden.

Seit dem letzten Jahrzehnt hat, ermöglicht durch die außerordentlichen Fortschritte der Halbleitertechnik, eine weitgehende "Konfektionierung" der elektrischen Regelgeräte und der elektrischen Stellglieder stattgefunden. Sie werden heute, unabhängig von ihrer späteren Anwendung, in großen Stückzahlen gefertigt. Sie lassen sich ohne wesentliche Änderungen in einem weiten Bereich in ihren statischen und dynamischen Kenndaten einstellen. Parallel dazu ist bei den Gleichstrommotoren die

Tendenz festzustellen, die Vielzahl der elektrischen Varianten durch eine Einheitsausführung zu ersetzen, die höchsten dynamischen Anforderungen entspricht (lamellierte Pole und Joche, Kompensationswicklung) Diese Entwicklung stellt eine Entlastung des Elektroingenieurs dar und würde seinen Wirkungsbereich einengen, wenn nicht gleichzeitig die Anforderungen an die Industrieantriebe wesentlich gestiegen wären, die den Projektierungsaufwand an anderer Stelle vergrößert.

Die Leistungsstellglieder erfüllen gegenwärtig voll die an sie gestellten Anforderungen. Die schwächeren Glieder in der elektromechanischen Wirkungskette sind heute die mechanischen Übertragungsglieder. So besteht ohne weiteres die Gefahr, daß bei falscher Einstellung der Begrenzungen durch einen Stromrichterantrieb, das nachgeschaltete Getriebe kaputt gefahren oder eine Welle tordiert wird, ohne daß ein elektrischer Ausfall erfolgt. Ein Entwicklungsbedarf besteht allerdings weiterhin bei statischen Umrichtern für geregelte Drehstromantriebe.

So konzentrieren sich die Entwicklungsaktivitäten im Bereich der elektrischen Antriebstechnik auf die Verbesserung der Regelung und der Signalverarbeitung. Durch die Einführung integrierter Verstärker sind die Kosten je Verstärkereinheit soweit gesunken, daß jede Weitschweifigkeit bei der Konzeption adaptiver Regler erlaubt ist. Durch Mikrorechner wird die digitale Signalverarbeitung mehr und mehr an den Antrieb herangeführt. Diese Entwicklungsanstrengungen werden nicht in erster Linie die Produktionsgeschwindigkeit erhöhen, vielmehr zur Bedienungsvereinfachung und zur Verkürzung von Handzeiten bei der Aufnahme und Beendigung des Fertigungsvorganges wie auch bei der Beseitigung von Störungen dienen. Die zunehmende Automatisierung von Fertigungsprozessen macht es notwendig, immer mehr Zwischengrößen des technologischen Prozesses zu erfassen, um bei unzulässigen Abweichungen rechtzeitig automatisch Abhilfemaßnahmen einleiten zu können. Das gilt auch sinngemäß für Antriebe für Förderanlagen und Elektrofahrzeuge.

Die Berücksichtigung aller Einflußgrößen eines Antriebes würde zu einer nicht mehr überschaubaren Berechnung führen und hätte schon deshalb wenig Sinn, weil diese Größen nicht genau bestimmbar sind. So ist das der Berechnung zugrunde liegende Lastspiel meist nicht mehr als ein charakteristisches Beispiel für eine große Anzahl davon abweichender, später auftretender Lastspiele. Der Betreiber der Anlage kann verlangen, daß der Antrieb in einem angemessenen Rahmen an neue Aufgaben anpaßbar ist. Weiterhin gibt es in der Antriebstechnik keine absoluten, unveränderlichen Kenngrößen. Die benutzten Konstanten sind mit einem erheblichen Toleranzbereich behaftet. Es werden beeinflußt: Die Ankerkreis- und die Feld-Zeitkonstante durch Sättigung und Temperatur, die Stromrichtertotzeit durch den Betrag der Aussteuerungsänderung und deren Richtung, die mechanische Anlaufzeitkonstante durch die Arbeitsmaschine und ihren Betriebszustand. So muß man sich im Grunde mit der Berechnung eines den tatsächlichen Verhältnissen möglichst nahe kommenden Ersatzsystems begnügen.

Allerdings darf das Antriebssystem zur Erleichterung der Berechnung nicht so radikal vereinfacht werden, daß wesentliche kritische Beanspruchungen unberücksichtigt bleiben. Wie das Ersatzsystem aussehen muß, damit es einerseits die tatsächlichen Verhältnisse befriedigend nachbildet, ohne unnötigen Datenballast zu enthalten, ist von Anlage zu Anlage verschieden. So wird man bei einem Walzgerüstantrieb die Torsionssteifigkeit der Kuppelwelle beachten müssen, während bei einem Haspelantrieb die Verluste nicht unberücksichtigt bleiben dürfen und bei einem Förderantrieb die Seilelastizität die Betriebseigenschaften der Anlage wesentlich beeinflußt. Die vorstehend erwähnten Fakten wirken weniger auf die leistungsmäßige Bemessung des Antriebes, sie müssen in erster Linie in dem regelungstechnischen Konzept Berücksichtigung finden.

Vor Beginn der Berechnung ist eine möglichst genaue Definition der Antriebsaufgabe notwendig. Sie soll enthalten: Lastspiel, Bewegungsspiel, Grenzwerte für Beschleunigung, Geschwindigkeit, Weg, minimale und maximale Lasten, Anfahr-, Stillsetz- und Nothalt-Bedingungen, zulässige Toleranzen für die Hauptregelgrößen, wie Drehzahl, Geschwindigkeit, Weg Zug. Dazu kommen Angaben über die Netzverhältnisse, räumliche Aufstellung, Kühllufttemperatur, Luftverschmutzung. Mitunter wird eine dieser Bedingungen einen unverhältnismäßig hohen Mehraufwand erfordern, so daß man sich überlegen muß, ob man diese Bedingung mildern kann.

Die Berechnung eines geregelten Antriebes in allen seinen Teilen ist umfangreich. Bei den meisten behandelten Antrieben sind die mechanischen Betriebsgrößen zu bestimmen, der Motor und der Stromrichter zu bemessen, sowie die Regelkreise zu optimieren. Die Zusammenfassung aller dieser Rechenvorgänge in einem Beispiel wäre unübersichtlich, der Vergleich mit anderen Antriebsarten erschwert. Deshalb habe ich in allen Hauptabschnitten, bis auf den letzten, nur einen in sich geschlossenen Teil der gesamten Berechnung behandelt und an unterschiedlichen Beispielen die Problemlösung erläutert.

Die in diesem Buch gebrachten Berechnungen können mit einem Taschenrechner durchgeführt werden. Deshalb besitzen die Ersatzsysteme Differentialgleichungen höchstens dritter Ordnung. Die dabei getroffenen Vereinfachungen werden diskutiert. Im übrigen wird durch ein geeignetes Regelungskonzept (unterlagerte Regelkreise) die Ordnungszahl der entkoppelten Teilsysteme niedrig gehalten. Die Lösung der Differentialgleichungen erfolgt durchweg mit der Laplace-Transformation.

Eingehend werden die bei der elektrischen Antriebstechnik auftretenden Stromrichterfragen behandelt. Das Stromrichtergerät an sich erfordert als Serienprodukt keine individuelle Gestaltung. Wegen der genau festliegenden Grenz-Kenngrößen der Leistungshalbleiter, die auch nicht kurzzeitig überschritten werden dürfen, ist eine sorgfältige strom- und spannungsmäßige Anpassung sowohl an die Netzverhältnisse als auch an die Lastverhältnisse notwendig. Für die Betriebssicherheit ist ausserdem der Störspannungsschutz durch geeignete Beschaltungsglieder wichtig.

Im Verhältnis zum Thyristor-Stromrichter findet das Transistorstellglied selten Anwendung. Durch die Entwicklung komplementärer Hochleistungstransistoren kann sich das zu Gunsten der Transistorlösung verschieben. Es wurden deshalb auch Beispiele von charakteristischen Transistor-Stellgliedern für Stellantriebe in das Buch aufgenommen.

Bei allen Größen und Gleichungen wird das internationale Einheitssystem (SI) angewendet. Deshalb ist es notwendig, die Drehzahl nicht, wie bisher üblich, in Umdrehungen pro Minute, sondern in Umdrehungen pro Sekunde einzusetzen. Dadurch, daß in den Zahlenwertgleichungen allein SI-Einheiten verwendet werden, erübrigt sich die wiederholte Einheitenangabe. Davon unberührt bleibt, daß die Resultate, um kurze Zahlen zu erhalten, in Vielfachen oder Teilen der SI-Einheiten angegeben werden.

# 1. Mechanische Aufgabenstellungen

## 1.01 Heben einer Last mit konstanter Geschwindigkeit

Eine Last mit der Masse $m_{LN}$=8000 kg wird durch einen Kran mit dem Seiltrommeldurchmesser $d_{Tr}$=0,5 m mit der Nenngeschwindigkeit $V_{hN}$=1,5 m/s gehoben. Der Antriebsmotor hat die Nenndrehzahl $n_{MN}$=20 1/s. Das Getriebe mit dem Übersetzungsverhältnis $ü_G$ hat den Wirkungsgrad $\eta_G$=0,92.

Gesucht:

(a) Übersetzungsverhältnis $ü_G$, Seilzugkraft $F_s$, Moment an der Seiltrommel $M''_L$, Moment an der Motorwelle $M'_L$, Motorleistung $P_{MN}$.

(b) Motormoment und Motorleistung beim Heben von $m_L$=5000 kg mit $V_h$=1,2 m/s.

(c) Motormoment, Motorleistung und Getriebe-Verlustleistung beim Absenken der Nennlast mit Nenngeschwindigkeit.

Lösung:

(a) Durch die Nennhubgeschwindigkeit und den Seiltrommeldruchmesser ist das Übersetzungsverhältnis des Getriebes festgelegt.

$ü_G = V_{hN}/\pi d_{Tr} n_{MN} = 1,5/\pi \cdot 0,5 \cdot 20 = 0,0477$

$F_s = g m_{LN} = 9,81 \cdot 8000 = 78480$ N.

Moment auf der Abtriebsseite des Getriebes, wenn die Verluste durch Umlenkrollen und das Seil unberücksichtigt bleiben,

$M''_{LN} = F_s d_{Tr}/2 = 78480 \cdot 0,25 = 19620$ Nm

und auf der Antriebsseite

$M'_{LN} = M''_L ü_G/\eta_G = 19620 \cdot 0,0477/0,92 = 1017$ Nm.

Die vom Motor abgegebene Nennleistung ist somit

$P_{MN} = 2\pi n_{MN} M'_L = 2\pi \cdot 20 \cdot 1017 = 127,8$ kW

(b) $M'_L = M'_{LN} m_L/m_{LN} = 1017 \cdot 5000/8000 = 635,6$ Nm

$P_M = 2\pi n_{MN} V_h M'_L/V_{hN} = 2\pi \cdot 20 \cdot 1,2 \cdot 635,6/1,5 = 63,9$ kW

(c) Die Getriebeverluste werden beim Absenken von der Last aufgebracht somit verbleibt für den Motor

$M'_{br} = -M'_{LN}\eta_G^2 = -1017 \cdot 0,92^2 = -860,8$ Nm

$P_m = 2\pi n_{MN} M'_{br} = -2\pi \cdot 20 \cdot 860,8 = -108,2$ kW.

Diese Leistung wird entweder in Widerständen in Wärme umgesetzt (Asynchronmotor), oder ins Netz zurückgeliefert (Gleichstrommotor mit Wechselrichter).

Getriebeverluste

$P_{VG} = 2\pi n_{MN} ü_G (1-\eta_G) M''_{LN} = 2\pi \cdot 20 \cdot 0,0477(1-0,92)19620 = 9,41$ kW

## 1.02 Antrieb eines Schrägaufzuges

Ein Schrägaufzug mit einem über ein Seil gezogenen Wagen hat die in Bild 1.02-1 gezeigte Streckenführung.

$l_1$=500 m, $l_2$=800 m, $h_1$=300 m, $h_2$= 550 m, Masse von Last und Wagen $m_L$=1500 kg, Fahrgeschwindigkeit V=5 m/s, Rollwiderstandsbeiwert $w_r$=0,03 Wirkungsgrad der Seilführung $\eta_S$=0,93.

Gesucht:

(a) Steigungswinkel $\alpha$, Förderwege s, Fahrzeiten $t_{ges}$

(b) Gewichtskraft $F_g$, Zugkräfte $F_L$, $F_Z$, effektive Zugkraft $F_{zeff}$ und die Zugleistung $P_Z$

(c) Die für einen Förderzug erforderliche Energie

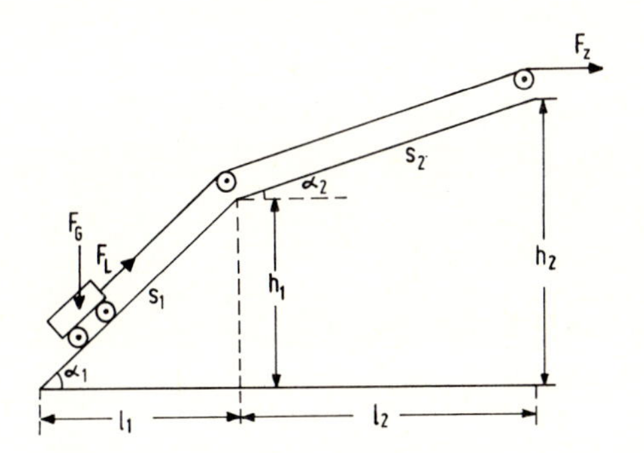


Bild 1.02-1

Lösung:

(a) $\alpha_1$= arctan($h_1/l_1$)= arctan(300/500)= 31°

$\alpha_2$= arctan(($h_2-h_1$)/$l_2$)= arctan((550-300)/800)= 17,35°

Förderwege:

$s_1 = h_1/\sin\alpha_1 = 300/\sin 31° = 582$ m

$s_2 = (h_2-h_1)/\sin\alpha_2 = (550-300)/\sin 17{,}35° = 838$ m

Förderzeiten:

$t_1 = s_1/V = 582/5 = 116{,}4$ s $\qquad t_2 = 838/5 = 167{,}6$ s

gesamte Förderzeit $t_{ges} = t_1+t_2 = 284$ s

(b) $F_g = m_L g = 1500 \cdot 9{,}81 = 14715$ N

Die Zugkraft setzt sich aus der Reibungskraft $F_r$ und der Hubkraft $F_h$ zusammen

$F_L = F_r+F_h = w_r F_g \cos\alpha + F_g \sin\alpha$

$F_z = F_L/\eta_S$

$F_{L1} = 14715(0{,}03\cos 31^\circ + \sin 31^\circ) = 7957\ N \quad F_{z1} = 7957/0{,}93 = 8556\ N$

$F_{L2} = 14715(0{,}03\cos 17{,}35^\circ + \sin 17{,}35^\circ) = 4810\ N \quad F_{z2} = 5172\ N$

$F_{zeff} = \sqrt{(F_{z1}^2 t_1 + F_{z2}^2 t_2)/t_{ges}} = 10^3\sqrt{(8{,}556^2 \cdot 116{,}4 + 5{,}172^2 \cdot 167{,}6)/284} =$

$= 6767\ N$

$P_z = F_z V; \quad P_{z1} = 8556 \cdot 5 = 42{,}78\ kW; \quad P_{z2} = 4810 \cdot 5 = 24{,}05\ kW$

$P_{zeff} = 6767 \cdot 5 = 33{,}8\ kW$

(c) $E = P_{z1}t_1 + P_{z2}t_2 = (42{,}78 \cdot 116{,}4 + 24{,}05 \cdot 167{,}6)10^3 = 9{,}01 \cdot 10^6\ Ws$

$E = 2{,}5\ kWh$

## 1.03 Kraftfahrzeug bei konstanter Geschwindigkeit

Elektrofahrzeuge wurden bisher nur mit niedriger Geschwindigkeit betrieben. In dem Maße, in dem es gelingt, das Problem der Energie= speicherung befriedigender zu lösen, steht ihrem Einsatz auch für höhere Geschwindigkeiten nichts entgegen.

Gegeben ist ein Kraftfahrzeug mit folgenden Kenndaten

| | |
|---|---|
| Wagenmasse | $m_L = 1200$ kg |
| vertikale Stirnfläche (Projekt.) | $A_s = 1{,}9\ m^2$ |
| Luftwiderstandsbeiwert | $C_w = 0{,}45$ |
| Getriebewirkungsgrad | $\eta_G = 0{,}88$ |
| Rollwiderstandsbeiwert | $w_r = 0{,}022$ |
| Maximalgeschwindigkeit | $V_m = 43$ m/s (155 km/h) |
| Luftdichte | $\rho = 1{,}2\ kg/m^3$ |

Gesucht:

(a) Fahrwiderstandsleistung $P_R$, Luftwiderstandsleistung $P_{Lu}$, Motorleistung $P_M$ bei der Fahrgeschwindigkeit $V_{50}$=13,9 m/s(50 km/h) und $V_m$.

(b) Auf welchen Wert muß der Luftwiderstandsbeiwert $C_w$ gesenkt werden, damit bei unveränderter Motorleistung die Maximalgeschwindigkeit um 8 % heraufgesetzt wird?

(c) Steigungsleistung bei den Steigungen 1:50 und 1:5, sowie V=22,2 m/s(80 km/h).

(d) Mit welcher Geschwindigkeit kann das Fahrzeug eine Steigung von 1:15 bei einer Motorleistung von $P_M$=59 kW befahren?

Lösung:

(a) Fahrwiderstandsleistung

$P_r = w_r m_L g\ v \quad P_{r50} = 0{,}022\cdot 1200\cdot 9{,}81\cdot 13{,}9 = 3{,}6$ kW

$P_{rm} = 0{,}022\cdot 1200\cdot 9{,}81\cdot 43{,}0 = 11{,}14$ kW

Luftwiderstandsleistung $P_{Lu} = 0{,}5 C_w A_s \varrho\ v^3$.

Der Luftwiderstandsbeiwert $C_w$ ist von der Karosserieform abhängig und liegt in den Grenzen 0,3 (Sportwagen) bis etwa 0,6.

$P_{Lu50} = 0{,}5\cdot 0{,}45\cdot 1{,}9\cdot 1{,}2\cdot 13{,}9^3 = 1{,}38$ kW

$P_{Lum} = 0{,}5\cdot 0{,}45\cdot 1{,}9\cdot 1{,}2\cdot 43^3 = 40{,}8$ kW

Der Motor muß zusätzlich die Getriebeverluste aufbringen

$P_M = (P_r + P_{Lu})/\eta_G \quad P_{M50} = (3{,}6+1{,}38)/0{,}88 = 5{,}66$ kW

$P_{Mm} = (11{,}14+40{,}8)/0{,}88 = 59$ kW

Für die Beschleunigung auf Höchstgeschwindigkeit muß noch eine Leistungsreserve vorhanden sein, die jedoch hier unberücksichtigt bleibt.

(b) $V_m^* = 1{,}08 V_m \quad V_m^* = 46{,}44$ m/s

$$P_{Lum}^* = 0{,}5 C_w^* A_s \varrho V_m^{*3}\ ,\quad C_w^* = \frac{P_{Lum}^*}{0{,}5 A_s \varrho V_m^{*3}} = \frac{(51{,}94-11{,}14\cdot 1{,}08)10^3}{0{,}5\cdot 1{,}9\cdot 1{,}2\cdot 46{,}44^3} = 0{,}35$$

(c) $\alpha_1 = \arctan(1/50) = 1{,}15^\circ \quad \alpha_2 = \arctan(1/5) = 11{,}3^\circ$

$P_h = g m_L v \sin\alpha \quad P_{h1} = 9{,}81\cdot 1200\cdot 22{,}2 \sin 1{,}15^\circ = 5{,}25$ kW

$P_{h2} = 9{,}81\cdot 1200\cdot 22{,}2 \sin 11{,}3^\circ = 51{,}2$ kW

(d) $P_M = (P_r + P_{Lu} + P_h)/\eta_G = [w_r g m_L v \cos\alpha + 0{,}5 C_w A_s \varrho\ v^3 + g m_L v \sin\alpha]/\eta_G$

$\alpha = \arctan(1/15) = 3{,}81^\circ$

$59000\cdot 0{,}88 = (0{,}022\cos 3{,}81^\circ + \sin 3{,}81^\circ) 9{,}81\cdot 1200\ v + 0{,}5\cdot 0{,}45\cdot 1{,}9\cdot 1{,}2\ v^3$

$51920 = 1040\ v + 0{,}513\ v^3$

$v^3 + 2027\ v - 101208 = 0$

$v = 32{,}69$ m/s (118 km/h)

## 1.04 Beschleunigung eines Kraftfahrzeuges

Für die Betriebseigenschaften eines Kraftfahrzeuges ist sein Beschleunigungsvermögen von wesentlicher Bedeutung. Für das Fahrzeug, Beispiel 1.03, sind zusätzlich gegeben: Maximale Motordrehzahl $n_{Mm} = 70\ 1/s$, Trägheitsmoment des Motors einschließlich Getriebe $J_M = 0{,}8\ kgm^2$, Übersetzungsverhältnisse des Schaltgetriebes

| Stufe | (1) | (2) | (3) | (4) |
|---|---|---|---|---|
| $\ddot{u}_G = n_2/n_1$ | 0,2 | 0,4 | 0,7 | 1,0 |

Momentenkennlinie des Motors $M_M = 0{,}5 M_{Mm}(1 + n_M/n_{Mm})$

Gesucht:

(a) Gesamtträgheitsmoment $J_{ges}$

(b) Beschleunigungsmoment $M_b'$

(c) Anfahrzeit $t_a$ bis auf $V_a = 17{,}2\ m/s$ (62 km/h)

Lösung:

(a) Umrechnung der linear bewegten Lasten auf die Drehbewegung

$$J_L'' = m_L D^2/4 \qquad D = V_m/\pi n_{Mm}$$

und bei Berücksichtigung des Getriebeübersetzungsverhältnisses und der Getriebeverluste, bezogen auf die Motorwelle

$$J_L' = J_L''\ddot{u}_G^2/\eta_G = m_L(V_m/2\pi n_{Mm})^2\ddot{u}_G^2/\eta_G$$

$$J_L' = 1200(43/2\pi\cdot 70)^2\ddot{u}_G^2/0{,}88 = 13{,}03\ddot{u}_G^2\ kgm^2$$

Gesamtträgheitsmoment $J = J_M + J_L' = 0{,}8 + 13{,}03\ddot{u}_G^2\ kgm^2$.

Das Gesamtträgheitsmoment ist annähernd proportional $\ddot{u}_G^2$.

| Stufe | (1) | (2) | (3) | (4) |
|---|---|---|---|---|
| J $kgm^2$ | 1,32 | 2,88 | 7,18 | 13,83 |

(b) Maximales Motormoment $M_{Mm} = P_{Mm}/2\pi n_{Mm} = 59000/2\pi\cdot 70 = 134\ Nm$

Fahrwiderstandsmoment $M_r' = \dfrac{P_{rm}}{2\pi n_{Mm}\eta_G}\ddot{u}_G = \dfrac{11140}{2\pi\cdot 70\cdot 0{,}88}\ddot{u}_G = 28{,}8\ddot{u}_G\ Nm$

Luftwiderstandsmoment

$$M_{Lu}' = \frac{P_{Lum}(V/V_m)^3}{2\pi n_{Mm}(V/V_m)\eta_G}\ddot{u}_G = \frac{40800}{2\pi\cdot 70\cdot 43^2\cdot 0{,}88}\ddot{u}_G V^2 = 0{,}057\ddot{u}_G V^2$$

Wird die Fahrgeschwindigkeit auf ihren Maximalwert bezogen:

$V^* = V/V_m = \ddot{u}_G n_M/n_{Mm} \qquad M'_{Lu} = 105{,}4\ \ddot{u}_G V^{*2}$

und das Motormoment $M_M = 67(1+V^*/\ddot{u}_G)$

Damit ergibt sich das Beschleunigungmoment zu:

$M_b = M_M - M'_r - M'_{Lu} = 67(1+V^*/\ddot{u}_G) - 28{,}8\ddot{u}_G - 105{,}4\ddot{u}_G V^{*2}$

$M_b = (67-28{,}8\ddot{u}_G) + 67(V^*/\ddot{u}_G) - 105{,}4\ddot{u}_G V^{*2}$

(c) Der Anfahrvorgang muß auf die Getriebestufen (1) und (2) aufgeteilt werden, da bei der Stufe (1) allein die Maximaldrehzahl nicht ausreicht, und für die Stufe (2) allein das Motormoment zu Beginn zu klein ist. Die Umschaltgeschwindigkeit wird auf $V_s^* = 0{,}2$ (31 km/h) gelegt.

$M_{b1} = 61{,}2 + 335V^* - 21{,}1V^{*2} \qquad \ddot{u}_{G1} = 0{,}2$

$M_{b2} = 55{,}5 + 168V^* - 42{,}2V^{*2} \qquad \ddot{u}_{G2} = 0{,}4$

allgemein $M_b = a + 2bV^* + cV^{*2}$

Für die Anfahrzeit gilt dann:

$$t_a = (2\pi J_1 n_{Mm}/\ddot{u}_{G1}) \int_0^{V_s^*} \frac{dV^*}{M_{b1}} + (2\pi J_2 n_{Mm}/\ddot{u}_{G2}) \int_{V_s^*}^{V_a^*} \frac{dV^*}{M_{b2}}$$

$$t_a = 2903 \int_0^{V_s^*} \frac{dV^*}{M_{b1}} + 3166 \int_{V_s^*}^{V_a^*} \frac{dV^*}{M_{b2}}$$

Berücksichtigt man, daß $\int \frac{dV^*}{a+bV^*+cV^{*2}} = \frac{1}{2\delta} \ln\left[\frac{\delta-b-cV^*}{\delta+b+cV^*}\right]$

$\delta = \sqrt{b^2-ac}$ ist, so ergibt sich mit den Grenzen $V_s^* = 0{,}2$,

$V_a^* = V_a/V_m = 17{,}2/43 = 0{,}4$

$$t_a = \frac{2903}{2\cdot 171{,}3}[\ln 0{,}024 - \ln 0{,}011] + \frac{3166}{2\cdot 97}[\ln 0{,}182 - \ln 0{,}124]$$

$t_a = 6{,}26 + 6{,}44 = 12{,}7\ s$

Bei einem Gleichstrommotor kann an Stelle des Schaltgetriebes die Feldschwächung treten, allerdings würde ein Feldschwächverhältnis von 1:5 wahrscheinlich eine Überbemessung des Motors notwendig machen.

## 1.05 Trägheitsmoment eines rotationssymmetrischen Körpers

Gegeben ist der in Bild 1.05-1 gezeigte Motorläufer

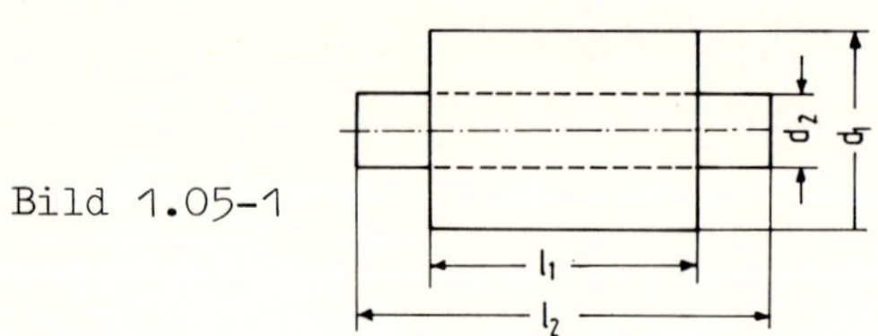


Bild 1.05-1

mit den Abmessungen:

Läufer $l_1 = 0{,}36$ m, $d_1 = 0{,}3$ m, Dichte $\varrho_1 = 7{,}4 \cdot 10^3$ kg/m$^3$

Welle $l_2 = 0{,}75$ m, $d_2 = 0{,}07$ m, Dichte $\varrho_2 = 7{,}7 \cdot 10^3$ kg/m$^3$

Gesucht:

(a) Trägheitsmoment des aus beiden Teilen bestehenden Körpers.

(b) Auf welchen Wert geht das Trägheitsmoment herunter, wenn bei konstanter Luftspaltfläche $A_l = \pi d_1 l_1$ das Länge/Durchmesserverhältnis von $l_1/d_1 = 1{,}2$ auf $l_1^*/d_1^* = 2{,}0$ vergrößert wird?

(c) Mit welchem konstanten Beschleunigungsmoment kann der Körper nach (a) in $t_a = 5$ s auf die Drehzahl $n = 40$ 1/s gebracht werden?

Lösung

(a) $J = J_l + J_w = \frac{\pi \varrho_1 l_1}{32}(d_1^4 - d_2^4) + \frac{\pi \varrho_2 l_2}{32} d_2^4$

$= \pi 7{,}4 \cdot 10^3 \cdot 0{,}36(0{,}3^4 - 0{,}07^4)/32 + \pi 7{,}7 \cdot 10^3 \cdot 0{,}75 \cdot 0{,}07^4/32$

$J = 2{,}112 + 0{,}014 = 2{,}126$ kgm$^2$

Das Trägheitsmoment wird fast vollständig durch den Läufer bestimmt.

(b) Luftspaltfläche $A_l = \pi d_1 l_1 = \pi 0{,}3 \cdot 0{,}36 = 0{,}339$ m$^2$

mit $l_1^*/d_1^* = 2{,}0$ ist $A_l = \pi d_1^* l_1^* = 2\pi d_1^{*2}$

$d_1^* = \sqrt{A_l/2\pi} = \sqrt{0{,}339/2\pi} = 0{,}232$ m

$l_1^* = 2d_1^* = 0{,}464$ m

$l_2^* = l_2 + (l_1^* - l_1) = 0{,}75 + (0{,}464 - 0{,}36) = 0{,}854$ m

$J^* = \pi 7{,}4 \cdot 10^3 \cdot 0{,}464(0{,}232^4 - 0{,}07^4)/32 + \pi 7{,}7 \cdot 10^3 \cdot 0{,}854 \cdot 0{,}07^4/32$

$J^* = 0{,}964 + 0{,}016 = 0{,}98$ kgm$^2$

Durch das größere Länge/Durchmesserverhältnis ist das Trägheitsmoment auf weniger als die Hälfte zurückgegangen.

(c) $M_b = 2\pi J n/t_a = 2\pi \cdot 2{,}126 \cdot 40/5 = 106{,}9$ Nm

## 1.06 Trägheitsmoment eines stufenlosen Getriebes

Ein stufenloses Getriebe wird, nach Bild 1.06-1, durch zwei gleiche, rotationssymmetrische, innen hohle Konuskörper mit den Abmessungen:

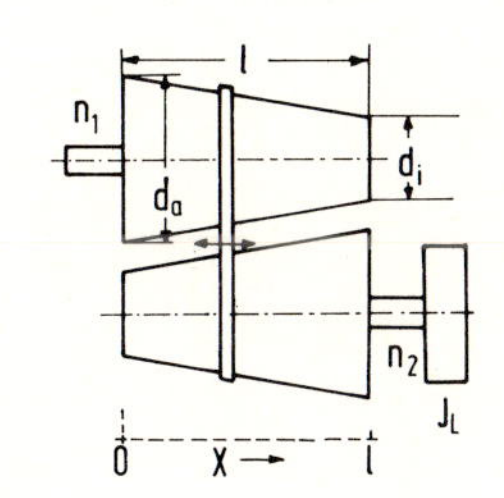


Bild 1.06-1

gebildet

$d_a = 0{,}4$ m, $d_i = 0{,}2$ m, $l = 0{,}6$ m, Wandstärke $\delta = 0{,}03$ m, Dichte $\rho = 7{,}7 \cdot 10^3$ kg/m$^3$

Gesucht:

(a) Trägheitsmoment eines Konuskörpers $J_k$

(b) Gesamtträgheitsmoment $J_g$ des Getriebes, wenn mit der Abtriebsseite eine Schwungmasse mit dem Trägheitsmoment $J_L = 1{,}2$ kgm$^2$ gekuppelt ist. Es ist das Trägheitsmoment in Abhängigkeit von der Stellung der Kuppelkette (x) zu bestimmen. Weiterhin ist gesucht $J_{gmax}$, $J_{gmin}$.

Lösung:

(a) Teilt man den Konuskörper in Ringe von der Breite dx und der Dicke $\delta$ auf, so hat jeder Ring das Trägheitsmoment

$$dJ = \pi\rho[d^4 - (d-2\delta)^4]dx/32 \qquad \text{mit} \qquad d = 0{,}4 - 0{,}2x/0{,}6 = 0{,}4 - 0{,}33x$$

Das Trägheitsmoment des ganzen Körpers ist

$$J_k = \int_0^l dJ = \pi\rho\left[\int_0^l (0{,}4-0{,}33x)^4 dx - \int_0^l (0{,}34-0{,}33x)^4 dx\right]/32$$

$$J_k = \frac{\pi\rho}{32 \cdot 5 \cdot 0{,}33}[0{,}4^5 - (0{,}4-0{,}33 \cdot l)^5 - 0{,}34^5 + (0{,}34-0{,}33 \cdot l)^5]$$

$$J_k = \frac{\pi \cdot 7{,}7 \cdot 10^3}{32 \cdot 5 \cdot 0{,}33}[0{,}4^5 - 0{,}202^5 - 0{,}34^5 + 0{,}142^5] = 2{,}48 \text{ kgm}^2$$

(b) Gesamtträgheitsmoment bei dem Übersetzungsverhältnis ü

$$J_g = J_k + ü^2(J_k + J_L) \qquad \text{dabei ist} \qquad ü = (0{,}4-0{,}33x)/(0{,}2+0{,}33x)$$

$$J_g = J_k\left[1 + \left(\frac{0{,}4-0{,}33x}{0{,}2+0{,}33x}\right)^2(1 + J_L/J_k)\right]$$

Für x=0: $J_g = J_{gmax} = 2{,}48[1+4(1+1{,}2/2{,}48)] = 17{,}2$ kgm$^2$

Für x=l: $J_g = J_{gmin} = 2{,}48[1+0{,}25(1+1{,}2/2{,}48)] = 3{,}4$ kgm$^2$

## 1.07 Energiespeicherung eines Schwungrades

Ein Schwungrad nach Bild 1.07-1, dessen Trägheitsmoment praktisch durch den äußeren Kranz bestimmt wird, hat die Abmessungen h=0,25 m, $d_a$ und $d_i$=0,85$d_a$. Es ist so zu bemessen, daß bei der Abbremsung von $n_m$=18 1/s auf 0,5$n_m$ die Energie $E_L$=4 kWh=14,4·$10^6$ Ws frei wird. Dichte des Schwungradwerkstoffes $\varrho$=7,7·$10^3$ kg/$m^3$.

Gesucht:

(a) Durchmesser $d_a$ des Schwungrades.

(b) Beschleunigungsmoment $M_b$ für den Anlauf auf $n_m$ in $t_a$=600 s.

(c) Das Schwungrad wird mit einem Kolbenverdichter gekuppelt, dessen Momentenverlauf in Bild 1.07-2 wiedergegeben ist. Mittleres Drehmoment $\bar{M}=10^4$ Nm, mittlere Drehzahl $\bar{n}$=1,8 1/s. Welcher Ungleichförmigkeitsgrad der Drehzahl $\delta_s$ ergibt sich?

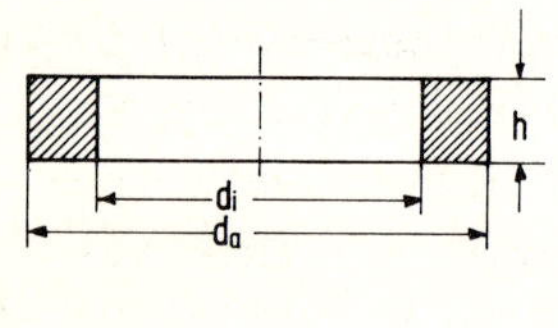


Bild 1.07-1

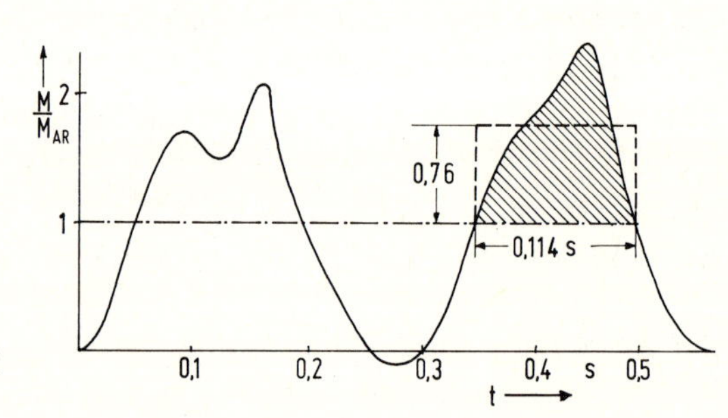


Bild 1.07-2

Lösung:

(a) Die im Schwungrad gespeicherte Energie ist $E_n = 2\pi^2 J n^2$ mit dem Trägheitsmoment $J = \pi\varrho h(d_a^4-d_i^4)/32 = \pi\varrho h d_a^4(1-0,85^4)/32 =$ $= \pi\ 7,7\cdot10^3\cdot0,25\cdot0,478 d_a^4/32 = 90 d_a^4$, so daß sich für die Energie $E_n = 1771\cdot d_a^4 n^2$ ergibt.

Die bei der vorgegebenen Drehzahländerung frei werdende Energie ist somit:

$E_L = 1771 d_a^4(n_m^2-n_m^2/4) = 1771\cdot0,75\cdot d_a^4 n_m^2$ daraus ergibt sich:

$d_a = \sqrt[4]{14,4\cdot10^6/1771\cdot0,75\cdot18^2} = 2,4$ m $\qquad d_i = 0,85 d_a = 2,04$ m

(b) Das Schwungrad hat mit diesen Abmessungen das Trägheitsmoment:

$J = 90\cdot2,4^4 = 2980$ $kgm^2$.

$M_b = 2\pi J n_m/t_a = 2\pi\cdot2980\cdot18/600 = 562$ Nm

Der Antriebsmotor liefert dabei die Energie $E_b = 2\pi M_b t_a n_m/2 =$ $= 19,06\cdot10^6$ Ws = 5,3 kWh an das Schwungrad.

(c) Die in Bild 1.07-2 schraffierte Überschuß-Momentenzeitfläche ist

$M_{\ddot{u}}\delta t = 0{,}76\,\hat{M}0{,}144 = 0{,}76\cdot 10^4\cdot 0{,}144 = 1095$ Nms und die

Überschußenergie $E_{\ddot{u}} = 2\pi M_{\ddot{u}}\delta t\cdot n = 2\pi\cdot 1095\cdot 1{,}8 = 12380$ Ws.

Der Ungleichförmigkeitsgrad ist definiert $\delta_s = (n_{max} - n_{min})/\bar{n}$.

Mit $\bar{n} = (n_{max} + n_{min})/2$ läßt sich die Überschußenergie durch den Ungleichförmigkeitsgrad ausdrücken $E_{\ddot{u}} = 4\pi^2 J\delta_s\bar{n}^2$. Daraus

$\delta_s = E_{\ddot{u}}/4\pi^2 J\bar{n}^2 = 12380/4\pi^2\cdot 2980\cdot 1{,}8^2 = 0{,}0325$.

## 1.08 Ermittlung des Gesamtträgheitsmomentes aus dem Anlaufverhalten eines Antriebes

Das Gesamtträgheitsmoment einer umfangreichen Antriebsanordnung läßt sich oft, wenn das Trägheitsmoment der Arbeitsmaschine einen wesentlichen Anteil hat, nur experimentell bestimmen. Einfach ist eine derartige Messung mit einem geregelten, konstant erregten Gleichstrommotor unter Benutzung des Stromregelkreises durchzuführen. Die Arbeitsmaschine soll sich dabei im Leerlauf befinden.

Gegeben ist die in Bild 1.08-1 gezeigte Antriebsanordnung.
Motornenndaten: $P_{MN} = 5$ kW, $U_{AN} = 400$ V, $n_N = 20$ 1/s, $\eta_M = 0{,}83$, $J_M = 0{,}15$ kgm$^2$.
Getriebe: Stufenzahl z=2, $J_G = 0{,}125$ kgm$^2$, $\ddot{u} = n_2/n_1 = 1/20$.
Arbeitsmaschine: $M_{Lo} = 115$ Nm (Leerlaufmoment).

Gesucht:

(a) Antriebskonstanten

(b) Gesamtträgheitsmoment, Nennanlaufzeit, Lastträgheitsmoment

(c) In welcher Zeit $t_v$ wird der Antrieb bei $I_A = -5{,}5$ A von $n_N$ bis auf null abgebremst?

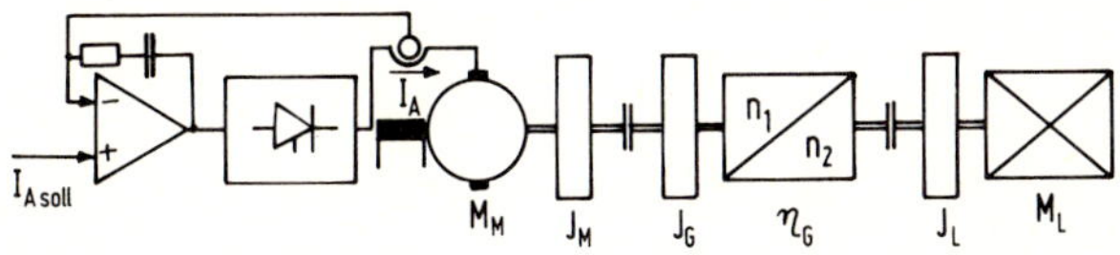

Bild 1.08-1

Lösung:

(a) Motor-Nennmoment $M_{MN} = P_{MN}/2\pi n_N = 5000/2\pi\cdot 20 = 39{,}8$ Nm

Motor-Nennstrom $I_{AN} = P_{MN}/\eta_M U_{AN} = 5000/0{,}83\cdot 400 = 15{,}1$ A

Getriebe-Wirkungsgrad $\eta_G = 1/(1+0{,}015z+0{,}03) = 1/1{,}06 = 0{,}94$

(b) Der Anlauf soll nicht von n=0 aus erfolgen, da die ruhende Reibung und das u.U. vorhandene erhebliche Losbrechmoment die Meßgenauigkeit beeinträchtigt.

Meßergebnis: Bei $I_A$=5,5 A = konst. wird der Drehzahlbereich $n_1=0{,}2n_N$ bis $n_2=n_N$ in der Zeit $t_{12}$=4,5 s durchfahren.

Beschleunigungsmoment $M_b = M_{MN} I_A/I_{AN} - M_{Lo}\ddot{u}/\eta_G = 39{,}8\cdot 5{,}5/15{,}1 - 6{,}12 = 8{,}38$ Nm

$t_{12} = 2\pi J_{ges} 0{,}8 n_N/M_b$

$J_{ges} = t_{12}M_b/2\pi 0{,}8n_N = 4{,}5\cdot 8{,}38/1{,}6\pi 20 = 0{,}375$ kgm$^2$

Die Nennanlaufzeit ist dann $t_a = 2\pi J_{ges} n_N/M_{MN} = 2\pi\cdot 0{,}375\cdot 20/39{,}8 = 1{,}18$ s

Nun läßt sich das Lastträgheitsmoment ermitteln

$J_L = \eta_G[J_{ges} - J_M - J_G]/\ddot{u}^2 = 0{,}94[0{,}375-0{,}15-0{,}125]400 = 37{,}6$ kgm$^2$

(c) Verzögerungsmoment $M_b = -(M_{MN}I_A/I_{AN} + M_{Lo}\ddot{u}\eta_G)$

$= -39{,}8\cdot 5{,}5/15{,}1 - 115\cdot 0{,}94/20 = -19{,}9$ Nm

Verzögerungszeit $t_v = 2\pi J_{ges}(-n_N)/M_b = 2\pi 0{,}375\cdot 20/19{,}9 = 2{,}37$ s

## 1.09 Motormoment eines Kranhubwerkes

Ein Motor mit der Nenndrehzahl $n_{MN}$=16,67 1/s, dem Trägheitsmoment $J_M$= 6 kgm$^2$, treibt, über ein Getriebe mit dem Übersetzungsverhältnis ü=1/30, dem Trägheitsmoment $J_G$=3,9 kgm$^2$ und dem Wirkungsgrad $\eta_G$=0,92, die Seiltrommel eines Kranes an, deren Durchmesser $d_{St}$=1,2 m beträgt. Masse von Lastaufnahmegerät und Seil $m_o$=1000kg, Nennlast $m_L$=5000 kg.

Gesucht:

(a) Gesamtträgheitsmoment $J_{ges}$ des unbelasteten und des belasteten Hubwerkes, Nennhubgeschwindigkeit der Last.

(b) Beharrungsmoment, Beharrungsleistung des Motors

(c) Motormoment, wenn die Hubbewegung und die Senkbewegung mit $a=\pm 1{,}5$ m/s$^2$ beschleunigt bzw. verzögert wird.

Lösung:

(a) $J_{oges} = J_M + J_G + \ddot{u}^2 m_o d_{St}^2/4$ (Getriebewirkungsgrad vernachlässigt)

$= 6+3{,}9+1000\cdot 1{,}2^2/30^2\cdot 4 = 9{,}9+0{,}4 = 10{,}3$ kgm$^2$

$J_{ges} = J_M + J_G + \ddot{u}^2(m_o + m_L)d_{St}^2/4\eta_G$

$= 6+3{,}9+(1000+5000)1{,}2^2/30^2 0{,}92\cdot 4 = 9{,}9+2{,}6 = 12{,}5$ kgm$^2$

(b) $V_{hN} = n_{MN}\ddot{u}d_{St}\pi = 16{,}67\cdot 1{,}2\cdot\pi/30 = 2{,}1$ m/s

(c) $M_L = (m_o+m_L)g0{,}5d_{St}\ddot{u}_G/\eta_G = 6000\cdot 9{,}81\cdot 0{,}6/30\cdot 0{,}92 = 1280$ Nm

$P_L = 2\pi M_L n_{MN} = 2\pi 1280\cdot 16{,}67 = 134{,}1$ kW

Anheben der Last

Beschleunigungsmoment bezogen auf Motorwelle $M_b' = 2\pi J_{ges} a/\ddot{u}d_{St}\pi$

$M_b' = 2\cdot 12{,}5\cdot 1{,}5\cdot 30/1{,}2 = 938$ Nm

Beschleunigung der Last $M_M = M_L + M_b' = 1280+938 = 2218$ Nm

Verzögerung der Last $M_M = M_L - M_b' = 1280-938 = 342$ Nm

Absenken der Last

$M_L^* = g(m_o+m_L)0{,}5d_{St}\ddot{u}\eta_G = 9{,}81\cdot 6000\cdot 0{,}6\cdot 0{,}92/30 = 1083$ Nm

$J_{ges}^* = J_M + J_G + \eta_G \ddot{u}_G^2(m_o+m_L)d_{St}^2/4 = 6+3{,}9+0{,}92\cdot 6000\cdot 1{,}2^2/30^2\cdot 4 = 12\ \text{kgm}^2$

$M_b^{*\prime} = -2\pi J_{ges}^* a/\ddot{u}d_{St}\pi = -2\cdot 12\cdot 1{,}5\cdot 30/1{,}2 = -908$ Nm

Beschleunigung der Last $M_M^* = M_L^* + M_b^* = 1083-908 = 175$ Nm

Abfangen der Last $M_M^* = M_L^* - M_b^* = 1083+908 = 1991$ Nm

## 1.10 Anlaufzeit eines Beschleunigungsantriebes mit Asynchronmotor

Eine Schwungmasse mit dem Trägheitsmoment $J_L = 7\ \text{kgm}^2$ soll durch einen Asynchronmotor auf $n_1 = 22{,}5$ 1/s beschleunigt werden.

Kenndaten des Motors: Synchrone Drehzahl $n_o = 25$ 1/s, $J_M = 3\ \text{kgm}^2$

Momentenkennlinie $M_M = \dfrac{M_z}{as+1/s}$ mit $M_z = 2000$ Nm, $a = 18$, $s = 1-n/n_o$ (Schlupf)

Gesucht:

(a) Zeitlicher Verlauf der Drehzahl $(n/n_o) = f(t)$

(b) Hochlaufzeit $t_a$ bis auf $n_1$

Lösung:

(a) $M_b = 2\pi(J_L+J_M)dn/dt = -2\pi n_o(J_L+J_M)ds/dt = M_M$

$-2\pi n_o(J_L+J_M)ds/dt = M_z[as+1/s]^{-1}$

$$t = -\frac{2\pi n_o(J_L+J_M)}{M_z}\int_1^s [as+1/s]ds = -\frac{2\pi n_o(J_L+J_M)}{M_z}[\tfrac{a}{2}(s^2-1)+\ln s]$$

$t = -2\pi n_o(J_L+J_M)/M_z\ [\ln(1-n/n_o)-an/n_o+a(n/n_o)^2/2]$

$t = -0{,}785[\ln(1-n/25)-0{,}72n+0{,}0144n^2]$

In Bild 1.10-1 ist diese Funktion aufgetragen.

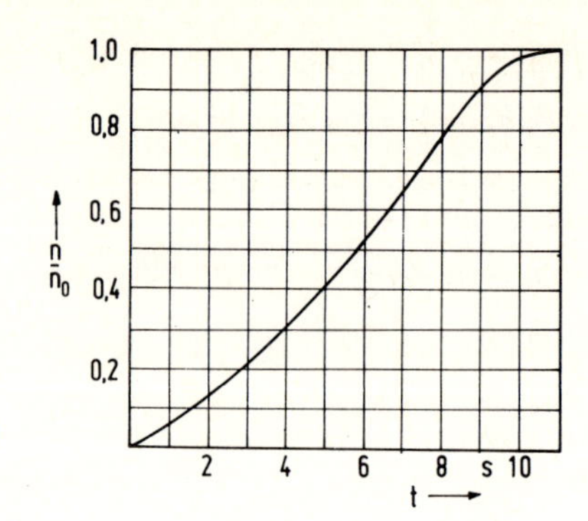


Bild 1.10-1

(b) $t_a = -0{,}785[\ln 0{,}1 - 0{,}72 \cdot 22{,}5 + 0{,}0144 \cdot 22{,}5^2] = 8{,}8$ s.

## 1.11 Optimales Getriebeübersetzungsverhältnis eines Beschleunigungsantriebes

Eine Schwungmasse mit dem Trägheitsmoment $J_L = 30$ kgm$^2$ soll in der Zeit $t_a = 10$ s auf die Drehzahl $n_{LN} = 5$ 1/s gebracht werden. Der Motor hat zusammen mit der Bremsscheibe das Trägheitsmoment $J_M = 8$ kgm$^2$. Zwischen Motor und Lastschwungmasse ist ein Getriebe mit dem Übersetzungsverhältnis $ü = n_L/n_M$ angeordnet.

Gesucht:

(a) Das Übersetzungsverhältnis $ü_o$, bei dem das Beschleunigungsmoment ein Minimum ist.

(b) Motormoment, Motordrehzahl und Motorleistung

Lösung:

(a) Trägheitsmoment, bezogen auf die Motorwelle $J' = J_M + ü^2 J_L$

$M'_b = 2\pi J' d(n_L/ü)/dt = 2\pi J' n_{LN}/ü t_a = 2\pi J_M n_{LN}[(1/ü) + ü J_L/J_M]/t_a$.

Das gesuchte Übersetzungsverhältnis ergibt sich aus

$dM'_b/dü = k[-(1/ü^2) + J_L/J_M] = 0$ zu $ü_o = \sqrt{J_M/J_L} = \sqrt{8/30} = 0{,}52$.

Bei diesem Übersetzungsverhältnis sind $J_M$ und $ü^2 J_L$ gleich groß.

(b) Für $ü_o$ erhält man $M'_b = 2\pi \cdot 8 \cdot 5[(1/0{,}516) + 0{,}516 \cdot 30/8] = 97{,}3$ Nm

$n_{MN} = n_{LN}/ü_o = 5/0{,}516 = 9{,}69$ 1/s

$P_{MN} = 2\pi M'_b n_{MN} = (2\pi n_{LN})^2 J_M (1/ü_o^2 + J_L/J_M)/t_a$

$= 8\pi^2 n_{LN}^2 J_L/t_a = 8\pi^2 \cdot 25 \cdot 30/10 = 5{,}92$ kW

## 1.12 Anlauf bei fallender Motorkennlinie und konstantem Lastmoment

Ein Motor mit der Momentenkennlinie $M_M = M_{MA} - K_M n$ treibt eine Arbeitsmaschine an, die ein Drehzahl unabhängiges Drehmoment $M_L$ aufnimmt. Die gesamte Anordnung hat das Trägheitsmoment J.
$M_{MA}$=300 Nm, $K_M$=7,5 Nms, $M_L$=200 Nm, J=5 kgm$^2$.

Gesucht:
(a) Statische Drehzahl $n_d$
(b) Anlauffunktion n=f(t)
(c) Anlaufzeit bis auf 95 % der statischen Drehzahl
(d) Anlaufzeit bis auf $n_d$ für $M_M = M_{MA}$, d.h. konstantes Motormoment.

Lösung:

(a) $M_M = M_{MA} - K_M n_d = M_L$ $\quad n_d = (M_{MA} - M_L)/K_M = (300-200)/7{,}5 = 13{,}33\ 1/s$

(b) Differentialgleichung $2\pi J \cdot dn/dt = M_{MA} - K_M n - M_L$

$(2\pi J/K_M) \cdot dn/dt - n = (M_{MA} - M_L)/K_M = n_d$ Dabei hat $2\pi J/K_M = T$ die Dimension einer Zeitkonstanten. Die Lösung der Differentialgleichung erfolgt, wie bei allen folgenden Beispielen, mit Hilfe der Laplace-Transformation. Transformationsbeziehungen siehe Anhang 1.

$T \cdot dn/dt - n = n_d$ mit der Anfangsbedingung $n(+0) = 0$

Bildfunktion: $\circ\!\!-\!\!\bullet$ $pTn(p) - n(p) = n_d/p$ und damit $n(p) = n_d/p(Tp-1)$

Rücktransformation: $\bullet\!\!-\!\!\circ$ $n = n_d(1-e^{-t/T})$ $\quad T = 2\pi \cdot 5/7{,}5 = 4{,}19$ s

$n = 13{,}33(1-e^{-0{,}239t})$

(c) $0{,}95 = 1-e^{-0{,}239t^*}$ $\quad t^* = \ln(1/0{,}05)/0{,}239 = 12{,}53$ s

(d) $2\pi J \cdot dn/dt = M_{MA} - M_L$ $\quad n = (M_{MA} - M_L)/2\pi J \int_0^t dt = [(300-200)/2\pi \cdot 5]t$

$n = 3{,}183t$ und die Anlaufzeit $t' = n_d/3{,}183 = 4{,}18$ s
Diese Anlaufzeit würde sich etwa bei einem geregelten Antrieb mit einer Momentenbegrenzung auf $M_{MA}$ ergeben.

## 1.13 Zuckerzentrifugen-Antrieb

Eine Zuckerzentrifuge hat gefüllt das Trägheitsmoment $J_z$=500 kgm$^2$. Sie wird durch einen direkt gekuppelten Gleichstrommotor mit dem Moment $M_b$=1600 Nm bis auf die Drehzahl $n_s$=25 1/s beschleunigt und anschließend mit $M_b^*$= -2500 Nm bis zum Stillstand verzögert. Die Nebenzeiten zum Füllen und Räumen der Zentrifuge betragen $t_o$=30 s. Die Beharrungsmomente für Reibung und Luftwiderstand werden vernachlässigt.

Gesucht:

(a) Anlaufzeit, Verzögerungszeit, Spielzeit, Chargenzahl (Anzahl der Schleudervorgänge/Stunde)

(b) Effektives Moment

(c) Welche Chargenzahl ergibt sich, wenn die Füllung der Zentrifuge entsprechend $J_z^*=700$ kgm$^2$ vergrößert wird?

(d) Kinetische Energie der Zentrifuge bei der maximalen Drehzahl

(e) Elektrischer Energiebedarf, bei einem Gesamtwirkungsgrad $\eta=0{,}82$ in beiden Energierichtungen

(f) Spitzenleistung und effektive Leistung des Antriebsmotors

(g) Wie lange läuft die Zentrifuge aus, wenn die elektrische wie auch die mechanische Bremse ausfallen und sie nur mit dem Reibungsmoment $M_r=150$ Nm abgebremst wird?

Lösung:

(a) Anlaufzeit $t_a = 2\pi J_z n_s / M_b = 2\pi\cdot 500\cdot 25/1600 = 49{,}1$ s

Verzögerungszeit $t_v = -2\pi J_z n_s / M_b^* = 2\pi\cdot 500\cdot 25/2500 = 31{,}4$ s

Spielzeit $t_{sp} = t_a + t_v + t_o = 49{,}1+31{,}4+30 = 110{,}5$ s

Chargenzahl $z_h = 3600/t_{sp} = 3600/110{,}5 = 32{,}6 \rightarrow 32$

(b) $M_{eff} = \sqrt{(M_b^2 t_a + M_b^{*2} t_v)/t_{sp}} = \sqrt{(1600^2 49{,}1+2500^2 31{,}4)/110{,}5} = 1707$ Nm

(c) $t_a = 2\pi 700\cdot 25/1600 = 68{,}7$ s $\quad t_v = 2\pi 700\cdot 25/2500 = 44$ s

$t_{sp} = 68{,}7+44+30 = 142{,}7$ s $\quad z_h = 3600/142{,}7 = 25{,}2 \rightarrow 25$

(d) $E_m = J_z \omega_s^2/2 = 2\pi^2 J_z n_s^2 = 2\pi^2 500\cdot 25^2 = 6{,}168\cdot 10^6$ Ws $= 1{,}71$ kWh

(e) Von dieser Energie wird der überwiegende Teil, während der Nutzbremsung, an das Drehstromnetz zurück geliefert.

$E_e = z_h E_m(-\eta+1/\eta) = 32\cdot 6{,}168\cdot 10^6(-0{,}82+1/0{,}82) = 79\cdot 10^6$ Ws $= 22$ kWh

(f) Die Spitzenleistung tritt zu Beginn der Bremsphase auf

$P_m = 2\pi M_b^* n_s \eta = -2\pi 2500\cdot 25\cdot 0{,}82 = 322$ kW

$P_{eff} = 2\pi M_{eff} n_s = 2\pi 1707\cdot 25 = 268$ kW

(g) $t_v = 2\pi 500\cdot 25/150 = 524$ s

## 1.14 Anlauf eines Kreiselverdichters

Ein Kreiselverdichter mit der Momentenkennlinie

$m_L = K_a n^{*2} + 0{,}25e^{-8n^*}$ $\qquad m_L = M_L/M_{LN} \qquad n^* = n/n_N$

soll wahlweise gegen den Betriebsdruck ($K_a$=1) oder entlastet ($K_a$=0,2) anlaufen. $\qquad M_{LN}$= 2600 Nm $\quad n_N$= 12,14 1/s

Der Antrieb erfolgt durch einen Asynchronmotor mit dem Momentenverlauf

$m_M = s/(0{,}027+1{,}88s^2)$ $\qquad m_M = M_M/M_{LN} \qquad s = 1-0{,}971n^*$

Motorträgheitsmoment $J_M$= 8,25 kgm², Verdichter-Trägheitsmoment $J_L$=15 kgm²

Gesucht:

(a) Drehzahlverlauf bei Vollastanlauf und Leerlaufanlauf

(b) Auslauf des belasteten Verdichters bei einer Netzabschaltung

Lösung:

(a) $M_b = 2\pi(J_M+J_L)\cdot dn/dt \qquad m_b = M_b/M_{LN} = 2\pi(J_M+J_L)(n_N/M_{LN})\cdot dn^*/dt$

$$m_b = m_M - m_L = \frac{1-0{,}971n^*}{0{,}027+1{,}86(1-0{,}971n^*)^2} - K_a n^{*2} - 0{,}25e^{-8n^*}$$

Die beiden Ausdrücke für $m_b$ gleich gesetzt, ergibt die Differentialgleichung

$$2\pi(J_M+J_L)\frac{n_N}{M_N}\frac{dn^*}{dt} = 0{,}57\frac{1-0{,}971n^*}{n^{*2}-2{,}06n^*+1{,}06} - (K_a n^{*2} + 0{,}25e^{-8n^*})$$

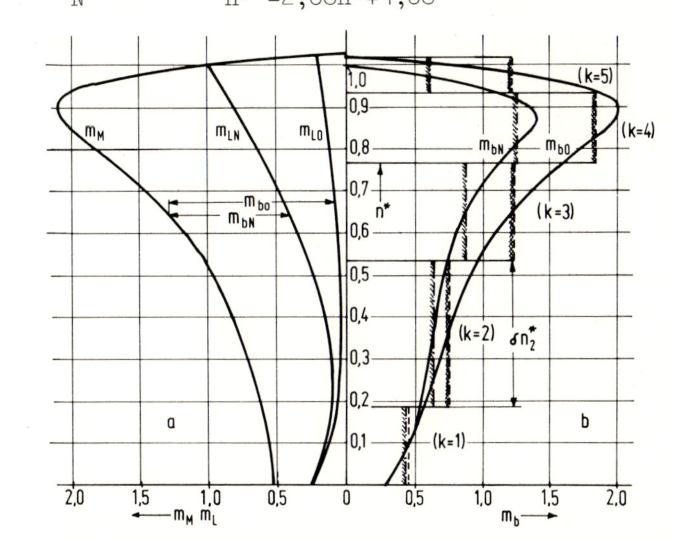


Bild 1.14-1

Die Lösung dieser Differentialgleichung läßt sich umgehen, wenn, wie in Bild 1.14-1 gezeigt, $n^*$ über $m_M$ und $m_{Lo}$ bzw. $m_{LN}$ aufgetragen wird. Die Differenz zwischen Motor- und Lastmoment, das Beschleu=

nigungsmoment, ist in Bild 1.14-1b eingezeichnet. Nun werden die $n^*(m_b)$-Kennlinien durch flächengleiche Treppenkurven ersetzt. Diese graphische Integration ist um so genauer, je größer die Stufenzahl k gewählt wird (hier k=5). In jedem Abschnitt von der Höhe $\delta n_k^*$ ist das konstante Beschleunigungsmoment $m_{bk}$ wirksam. Die Gleichung für das Beschleunigungsmoment läßt sich in der Form schreiben

$$\delta t_k = 2\pi(J_M+J_L)\frac{n_N}{M_{LN}}\frac{\delta n_k^*}{m_{bk}} \qquad k = 1, 2, 3, 4, 5$$

$$=[2\pi(8{,}25+15)12{,}14/2600]\delta n_k^*/m_{bk} = 0{,}682\ \delta n_k^*/m_{bk}\ \text{s}$$

| k | 1 | 2 | 3 | 4 | 5 |
|---|---|---|---|---|---|
| $\delta n^*$ | 0,187 | 0,347 | 0,233 | 0,167 | 0,067 |
| $m_{bNk}$ | 0,44 | 0,64 | 0,88 | 1,26 | 0,62 |
| $m_{bok}$ | 0,46 | 0,76 | 1,24 | 1,84 | 1,32 |
| $\delta t_{Nk}$ s | 0,29 | 0,37 | 0,18 | 0,09 | 0,074 |
| $\delta t_{ok}$ s | 0,277 | 0,311 | 0,128 | 0,062 | 0,035 |

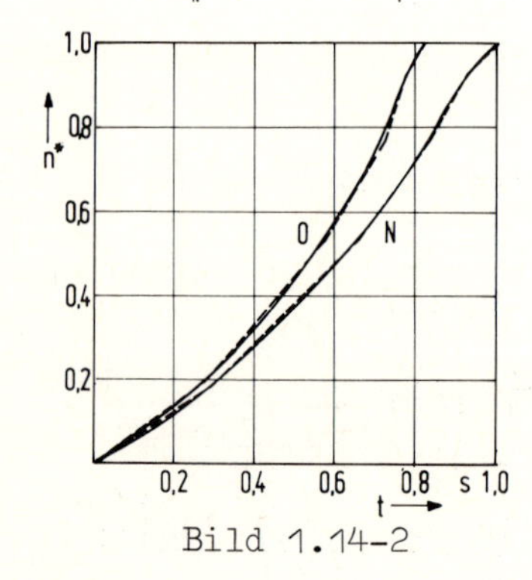

Bild 1.14-2

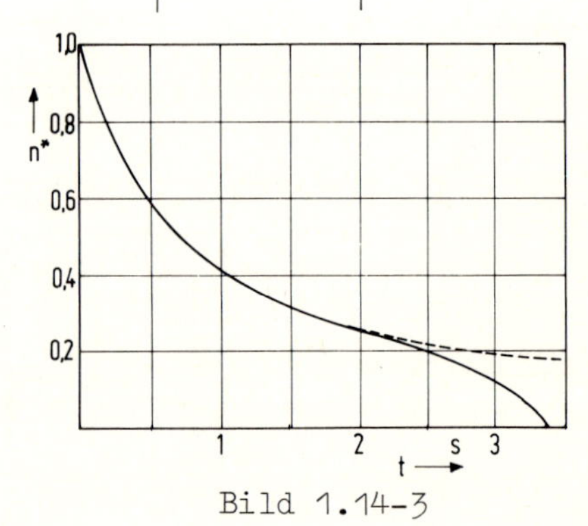

Bild 1.14-3

Trägt man n* über t auf, so ergeben sich für die beiden Belastungsfälle die in Bild 1.14-2 gestrichelten Geradenfolgen. Die tatsächlichen Hochlaufkurven haben den voll ausgezogenen Verlauf. Der Volllastanlauf dauert $t_{aN} = 1{,}0$ s, während der Leerlaufanlauf, wegen des größeren Beschleunigungsmomentes, nur $t_{ao} = 0{,}8$ s in Anspruch nimmt.

(b) $-m_{LN} = 2\pi(J_M+J_L)(n_N/M_{LN})dn^*/dt = 0{,}682\ dn^*/dt = -n^{*2}+0{,}25e^{-8n^*}$

Wird das exponentielle Glied in der Gleichung für das Lastmoment vernachlässigt, so ist

$$t \approx -0{,}682\int dn^*/n^{*2}+K \approx 0{,}682/n^*-0{,}682 \approx 0{,}682(1-n^*)/n^*$$

Diese Näherung gibt den Auslauf im Bereich n*= 1...0,2 genau wieder. Darunter weicht der Verlauf, wie in Bild 1.14-3 gestrichelt angegeben, von der tatsächlichen Auslaufkennlinie ab.

## 1.15 Momentenausgleich bei einer Exzenterpresse durch eine Schwungmasse

Bei Exzenterpressen treten kurzzeitig, während der Stößel die Verformungsarbeit leistet, hohe Momentenspitzen auf. Um eine entsprechende Überbemessung des Antriebsmotors zu vermeiden, wird mit diesem eine Schwungmasse gekuppelt. Die Schwungscheibe beteiligt sich an dem Lastmoment, wenn die Drehzahl des Antriebsmotors genügend lastabhängig ist. Es kommen deshalb hierfür Schleifringläufermotoren mit Läuferwiderständen oder Käfigläufermotoren mit Widerstandsläufern in Frage.

Das Lastmoment einer Exzenterpresse soll den in Bild 1.15-1 angegebenen Verlauf haben. Kenndaten des Antriebsmotors:
Synchrone Drehzahl $n_o$=25 1/s, Nennschlupf $s_N$=0,15, zulässiges Spitzenmoment $M_{Msp}=1{,}5M_{MN}$, Momentenkennlinie im Betriebsbereich $M_M=M_{MN}s/s_N$
Kenndaten der Presse: Lastmoment $M_L$=2500 Nm, Leerzeit $t_o$=1,6 s, Lastzeit $t_L$=0,4 s. Am Ende von $t_o$ soll $s = s_{min}$= 0,02 sein.

Gesucht:
(a) Schlupfverlauf im Lastbereich
(b) Schlupfverlauf im Leerbereich
(c) Anlaufzeitkonstante, Motornennleistung, Motornennmoment, Trägheitsmoment, Energieaufteilung
(d) Zeitlicher Verlauf des Motormomentes

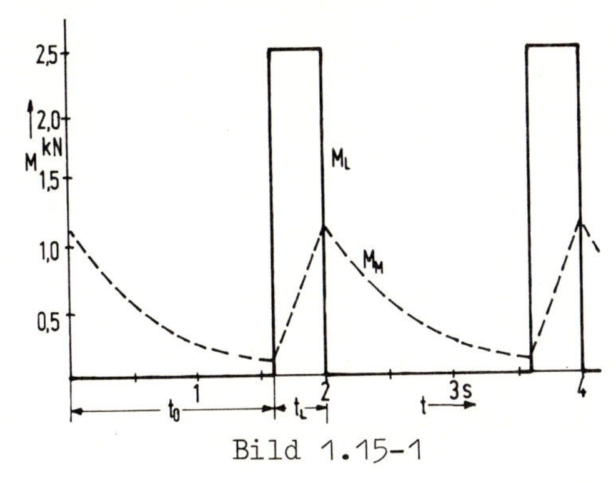


Bild 1.15-1

Lösung:

(a) $M_M - M_b = M_L \qquad M_{MN}s/s_N - 2\pi J\cdot dn/dt = M_L \qquad$ mit $s = (n_o-n)/n_o$

$ds/dt = -(1/n_o)dn/dt$ Die Differentialgleichung ist

$(M_{MN}/s_N)s + 2\pi n_o J\cdot ds/dt = M_L$ mit der Anfangsbedingung

$s(+0)$= 0,02 (praktisch null). Die zugehörige Bildfunktion (s.Anh.1)

$\circ\!\!-\!\!\bullet \; (M_{MN}/s_N)\; s(p) + 2\pi n_o J\cdot p\cdot s(p) = M_L/p$

$s(p) = (M_L/2\pi n_o J)/[p(p+M_{MN}/s_N 2\pi n_o J]$ $\qquad T_a = 2\pi s_N n_o J/M_{MN}$

Rücktransformation $\bullet\!\!-\!\!\circ$ $s(t)=(M_L s_N/M_{MN})(1-e^{-t/T_a})$ (1)

Am Ende des Lastbereiches hat der Motor den Schlupf $s_{sp}= 0,225$.

In Gl.(1) eingesetzt $s(0,4)= 0,225 = 2500\cdot 0,15(1-e^{-0,4/T_a})/M_{MN}$

Daraus $M_{MN}= 1667(1-e^{-0,4/T_a})$ (2)

(b) Im Leerbereich gilt die Differentialgleichung $(M_{MN}/s_N)\cdot s+ 2\pi n_o J\cdot ds/dt = 0$ mit der Anfangsbedingung $s(+0)= s_{sp}$

$\circ\!\!-\!\!\bullet$ $(M_{MN}/s_N)\cdot s(p)+2\pi n_o J(p\cdot s(p)-s_{sp})= 0$. Daraus $s(p)= s_{sp}/(p+1/T_a)$

$\bullet\!\!-\!\!\circ$ $s(t)= s_{sp}e^{-t/T_a}= 0,225e^{-t/T_a}$ (3)

(c) $T_a$ ist so zu bestimmen, daß der Schlupf am Ende des Leerbereiches auf $s_{min}= 0,02$ abgeklungen ist. Diese Bedingung in Gl.(3) eingesetzt ergibt: $T_a= 1,6[\ln(0,225/0,02)]^{-1}= 0,661$ s. Nun läßt sich mit Gl.(2) das Motornennmoment berechnen

$M_{MN}= 1667(1-e^{-0,4/0,661})= 755,8$ Nm und die Motornennleistung

$P_{MN}= 2\pi(1-s_N)n_o M_{MN}= 2\pi\cdot 0,85\cdot 25\cdot 755,8 = 100,9$ kW

Ohne Schwungmasse müßte, bei 1,5facher Überlastbarkeit, die Motorleistung $P^*_{MN}= 2\pi n_o M_L/1,5 = 2\pi\cdot 25\cdot 2500/1,5 = 262$ kW betragen.

Durch die Anlaufzeitkonstante ist das Trägheitsmoment festgelegt

$J = T_a M_{MN}/2\pi s_N n_o= 0,661\cdot 755,8/2\pi\cdot 0,15\cdot 25 = 21,2\ \mathrm{kgm}^2$

Während des Lastbereiches wird von der Presse die Energie $E_L$ aufgenommen $E_L= 2\pi M_L n_o[1-(s_{min}+s_{max})/2]t_L= 2\pi\cdot 2500\cdot 25\cdot 0,878\cdot 0,4 =$ $= 1,378\cdot 10^5$ Ws. Hiervon liefert die Schwungmasse

$E_J= 2\pi^2 J n_o^2[(1-s_{min})^2-(1-s_{sp})^2]= 2\pi^2\cdot 21,2\cdot 25^2\cdot 0,36 = 0,942\cdot 10^5$ Ws

Die Differenz zwischen beiden Energien liefert der Motor

$E_M= E_L-E_J=(1,378-0,943)10^5= 0,436\cdot 10^5$ Ws

(d) Motormoment im Lastbereich $M_M= M_{MN}s(t)/s_N$ und mit Gl.(1)

$M_M= M_L(1-e^{-t/T_a})= 2500(1-e^{-t/0,661})$ (4)

Motormoment im Leerbereich $M_M= M_{MN}s(t)/s_N$ und mit Gl.(3)

$M_M=(M_{MN}s_{sp}/s_N)e^{-t/T_a}= 1,5\cdot 755,8e^{-t/0,661}= 1134e^{-t/0,661}$ (5)

In Bild 1.15-1 ist das Motormoment im Leer- und im Lastbereich gestrichelt eingezeichnet. Im Leerbereich lädt der Motor den Energiespeicher auf, der im Lastbereich dann für eine entsprechende Entlastung des Motors sorgt.

## 1.16 Momentenausgleich bei Rotationsdruckmaschinen-Antrieben

Gegeben sind die Antriebe zweier Druckwerke einer Rotationsdruckmaschine. Jedes Druckwerk hat, nach Bild 1.16-1, einen eigenen Antrieb, um eine freizügige Kombination der Druckwerke und der Falzapparate zu ermöglichen. Die Einzelantriebe werden auf gleiches Motormoment geregelt. Im vorliegenden Fall sind die Druckwerke zusätzlich über eine Kuppelwelle mechanisch verbunden, die allerdings nur das kleine Moment $M_k=dM_L$ übertragen kann. Die Aufgabe der Kuppelwelle ist, den winkelgetreuen Gleichlauf sicherzustellen.

Gegeben: $M_{MN}=1000$ Nm, $M_{Msp}=1800$ Nm (kurzzeitig), $J=250$ kgm$^2$, $M_L=900$ Nm (drehzahlunabhängig konstant), $n_N=8{,}5$ 1/s, $d=0{,}1$.

Gesucht:

(a) Anlaufzeit $t_a$ auf $n_N$ für $M_{Msp}$, Beschleunigung $a_m$

(b) Welches Momentenverhältnis $K_M=M_{Ma}/M_{Mb}$ (Regelabweichung) ist mit Rücksicht auf das Kuppelmoment $M_k$, in Abhängigkeit von der Anfahrbeschleunigung a, zulässig?

(c) Bei Ausfall eines Antriebes dürfen die beiden Druckwerke, ohne Überlastung der Kuppelwelle, in welcher Zeit $t_{br}$ stillgesetzt werden?

Lösung:

(a) $t_a= 2\pi J n_N/(M_{Msp}-M_L)= 2\pi\cdot 250\cdot 8{,}5/(1800-900)= 14{,}8$ s

$a_m= n_N/t_a= 8{,}5/14{,}8 = 0{,}574$ 1/s$^2$

(b) $M_{Ma}= 2\pi J\cdot dn/dt +M_L+M_k \qquad M_{Mb}= 2\pi J\, dn/dt +M_L-M_k$

$M_{Ma}-M_{Mb}= 2M_k \qquad M_{Mb}(K_M-1)= 2dM_L \qquad$ daraus

$K_M=(2dM_L/M_{Mb})+1 = 2dM_L/(2\pi Ja+M_L(1-d)) + 1$

$K_M= 2\cdot 0{,}1\cdot 900/(2\pi\cdot 250a+900\cdot 0{,}9) + 1 = 1/(8{,}73a+4{,}5) +1$

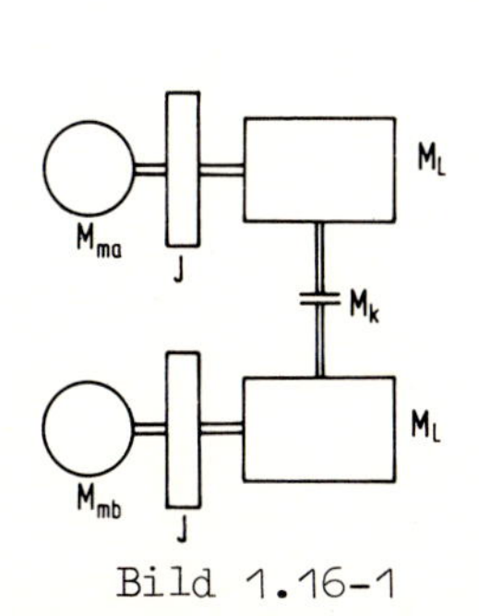

Bild 1.16-1

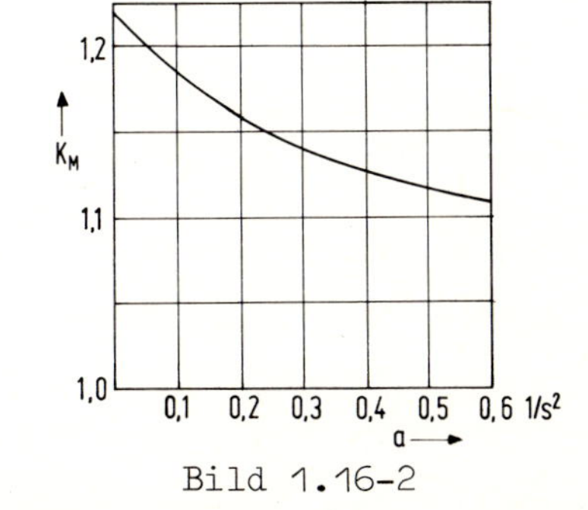

Bild 1.16-2

Die Antriebsmomente dürfen, nach Bild 1.16-2, zwischen 22 % und 10,5 % ($a=a_m$) von einander abweichen.

(c) $t_{br} = 2\pi J(-n_N)/-(M_L+M_k) = 2\pi Jn_N/(1+d)M_L = 2\pi 250\cdot 8{,}5/1{,}1\cdot 900 = 13{,}4$ s

## 1.17 Dynamische Bemessung eines Kranhubwerkes

Das Hubwerk eines Kranes wird, nach Bild 1.17-1 über einen konstant erregten Gleichstrommotor, der über einen Stromrichter in Gegenpa= rallelschaltung gespeist wird, angetrieben. Kenndaten:
Motor (M): $U_{AN}=400$ V, $I_{AN}=320$ A, $n_{MN}=12$ 1/s, $J_M=3$ kg m$^2$, $\eta_M=0{,}89$
Haltebremsscheibe (H): $J_H=3{,}5$ kgm$^2$, Seiltrommel: $d_{St}=1{,}2$ m,
Seile und Lastaufnahmemittel: $m_o=800$ kg, Nennlast: $m_L$6000 kg.
Getriebe: $\ddot{u}_G=1/30$, $J_G=1{,}5$ kgm$^2$, $\eta_G=0{,}93$ Hubgeschwindigkeit $V_N=1{,}5$ m/s
Das Kranhubwerk wird für den in Bild 1.17-2 angegebenen Hubvorgang bemessen.

Gesucht:

(a) Hubweg, Motordrehzahl bei Nenn-Hubgeschwindigkeit $n_N$
(b) Beharrungsmoment an der Motorwelle $M_L$
(c) Gesamt-Trägheitsmoment bezogen auf die Motorwelle $J_{ges}$
(d) Motormomente in den 5 Fahrabschnitten, effektives Motormoment
(e) effektiver Ankerstrom, maximaler Ankerstrom
(f) effektiver Ankerstrom bei einem Leerhub unter der Annahme einer Feldschwächung auf $\phi_f/\phi_N=0{,}6$.

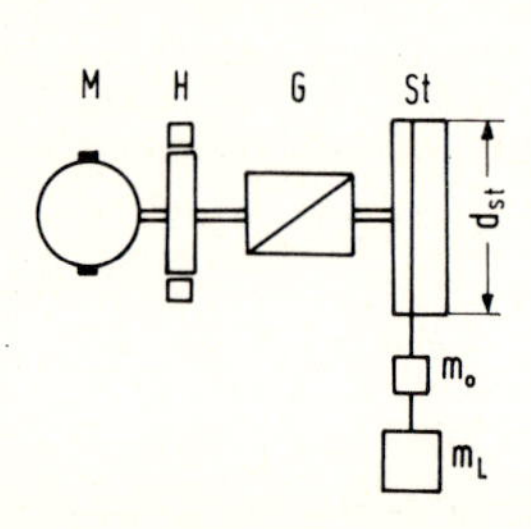


Bild 1.17-1

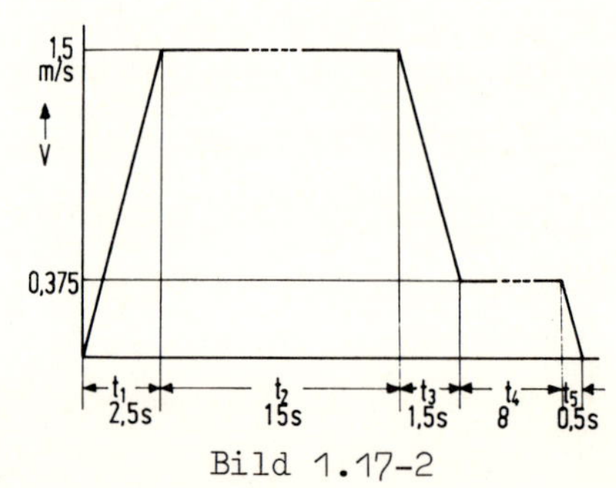


Bild 1.17-2

Lösung:

(a) Hubweg $h = (V_N t_1/2)+V_N t_2+V_N(1-0{,}25)t_3/2+V_N t_4/4+V_N t_5/8 = 28{,}9$ m
$n_N = V_N/\pi d_{St}\ddot{u}_G = 1{,}5\cdot 30/\pi 1{,}2 = 11{,}9$ 1/s

(b) $M_L = d_{St}(m_o+m_L)g\ddot{u}_G/2\eta_G = 1{,}2(800+6000)9{,}81/2\cdot 0{,}93\cdot 30 = 1435$ Nm
Dieses Beharrungsmoment ist beim Anheben der Last an der Motor= welle wirksam. Während dem Absenken der Last werden die Getriebe= verluste vom Verbraucher aufgebracht, so daß jetzt an der Motor= welle das Beharrungsmoment $M_L^*$ auftritt.
$M_L^* = d_{St}(m_o+m_L)g\eta_G\ddot{u}_G/2 = M_L\eta_G^2 = 1241$ Nm

(c) $J_{ges} = J_M + J_H + J_G + ü_G^2(m_o + m_L)d_{St}^2/4\eta_G = 8 + 6300 \cdot 1,2^2/30^2 \cdot 4 \cdot 0,93 = 10,92 \text{ kgm}^2$

Der Faktor $\eta_G$ berücksichtigt die Tatsache, daß von dem auf die Treibscheibe übertragenen Beschleunigungsmoment nur der um das Getriebe-Verlustmoment verminderte Betrag auf der Abtriebsseite für die Beschleunigung zur Verfügung steht.

(d) Das Beschleunigungsmoment

$M_b = 2\pi J_{ges} dn/dt = (2\pi/\pi d_{St} ü_G) J_{ges} dv/dt$

ist in den einzelnen Hubabschnitten k = 1...5 konstant, so daß geschrieben werden kann, wenn die bezogene Geschwindigkeit $v^* = V/V_N$ ist: $M_{bk} = (2V_N/d_{St}ü_G)J_{ges}\delta v_k^*/\delta t_k = (2 \cdot 1,5 \cdot 10,9 \cdot 30/1,2)\delta v_k^*/\delta t_k$

$M_{bk} = 819\ \delta v_k^*/\delta t_k$ und $M_{Mk} = M_L + M_{bk} = 1435 + 819\ \delta v_k^*/\delta t_k$

| k | $\delta v_k^*$ | $\delta t_k$ s | $M_{bk}$ Nm | $M_{Mk}$ Nm | $M_{Mk}^2 \delta t_k 10^{-6}$ $N^2m^2s$ |
|---|---|---|---|---|---|
| 1 | 1,0 | 2,5 | +328 | 1763 | 7,77 |
| 2 | 0 | 15,0 | 0 | 1435 | 30,89 |
| 3 | -0,75 | 1,5 | -410 | 1025 | 1,58 |
| 4 | 0 | 8,0 | 0 | 1435 | 16,47 |
| 5 | -0,25 | 0,5 | -410 | 1025 | 0,53 |

Spieldauer = Summe $\delta t_k = 27,5$ s $= t_{sp}$

Effektives Moment, das die Motorerwärmung bestimmt,

$M_{eff} = \sqrt{\sum_{k=1}^{k=5}[(M_{Mk}^2 \delta t_k)]/t_{sp}} = 10^3\sqrt{57,24/27,5} = 1443$ Nm

(e) Nennmoment des Motors

$M_{MN} = I_{AN}U_{AN}\eta_M/2\pi n_{MN} = 320 \cdot 400 \cdot 0,89/\ 2\pi \cdot 12 = 1511$ Nm

$I_{Aeff} = I_{AN}M_{eff}/M_{MN} = 320 \cdot 1443/1511 = 306$ A

Das Spitzenmoment und damit auch der Spitzenstrom treten im Bereich 1 auf. $I_{Am} = (I_{AN}/M_{MN})M_{M1} = (320/1511)1763 = 373$ A

(f) Der Einfluß der Getriebeverluste kann hier vernachlässigt werden.

$J_{oges} = J_M + J_H + J_G + ü_G^2 m_o d_{St}^2/4 = 8 + 800 \cdot 1,2^2/30^2 \cdot 4 = 8,32 \text{ kgm}^2$

Die Feldschwächung wird gewählt, um den leeren Haken schneller zu bewegen. Es ergibt sich jetzt die Hubgeschwindigkeit

$V_{Nf} = V_N\phi_N/\phi_f = 1,5/0,6 = 2,5$ m/s

Das Beharrungsmoment geht herunter auf:

$M_{Lf} = M_L m_o/(m_o + m_L) = 1435 \cdot 800/6800 = 169$ Nm

$M_{bfk} = M_{bk}J_{oges}V_{Nf}/J_{ges}V_N = M_{bk}8,32 \cdot 2,5/10,92 \cdot 1,5 = 1040 \cdot \delta v_{kf}^*/\delta t_k$

mit $\delta v_{kf}^* = \delta V_k/V_{Nf}$ Das Motormoment ist deshalb

$M_{MfK} = M_{Lf} + M_{bfk} = 169 + 1040 \cdot \delta v_{kf}^*/\delta t_k$

$I_{Ak} = I_{AN}\phi_N M_{Mfk}/M_{MN}\phi_f = (320/1511 \cdot 0{,}6) M_{Mfk} = 59{,}7 + 367\ \delta v^*_{kf}/\delta t_k$

| k | $\delta v^*_{kf}$ | $M_{bfk}$ Nm | $M_{Mfk}$ Nm | $I_{Ak}$ A | $I^2_{Ak}\delta t_k 10^{-4}$ $A^2s$ |
|---|---|---|---|---|---|
| 1 | 1,0 | +416 | +585 | +206,5 | 10,66 |
| 2 | 0 | 0 | +169 | +59,7 | 5,35 |
| 3 | -0,75 | -520 | -351 | -123,8 | 2,30 |
| 4 | 0 | 0 | +169 | +59,7 | 2,85 |
| 5 | -0,25 | -520 | -351 | -123,8 | 0,77 |

$$I_{Aeff} = \sqrt{\left[\sum_{k=1}^{k=5} (I^2_{Ak}\delta t_k)\right]/t_{sp}} = \sqrt{100^2 \cdot 21{,}93/27{,}5} = 89{,}3 \text{ A}$$

## 1.18 Dynamische Bemessung eines Kranfahrwerkes

Gegeben ist das Fahrwerk eines Bockkranes mit der Tragkraft $F_h = 3 \cdot 10^6$N. Er ruht auf vier gleichen, in Bild 1.18-1 angegebenen Radgruppen. Das Dienstgewicht von $G_o = 15 \cdot 10^6$N teilt sich somit gleichmässig auf 32 Laufräder auf. Die Hälfte der Räder werden, in Gruppen zu zweien, von je einem Gleichstrommotor angetrieben. Kenndaten:

Fahrgeschwindigkeit $V = (0{,}001 \ldots 0{,}5)$ m/s
Laufraddurchmesser $d_R = 1{,}1$ m
Rollwiderstandsbeiwert $w_r = 7{,}5 \cdot 10^{-3}$
Mechanischer Wirkungsgrad $\eta_{me} = 0{,}94$ (in Treib- u. Bremsrichtung)
Motor-Nenndrehzahl $n_N = 13$ 1/s
Motor-Trägheitsmoment $J_M = 4{,}5$ kgm$^2$
Trägheitsmoment von Bremsscheibe, Kupplung, Getriebe $J_R = 1{,}8$ kgm$^2$
maximale Windkraft entgegen Laufrichtung $F_w = 4{,}5 \cdot 10^4$N
Anfahrzeit $t_a = 5$ s
Bremszeit $t_{br} = 4$ s
Anzahl der Motoren $z = 8$

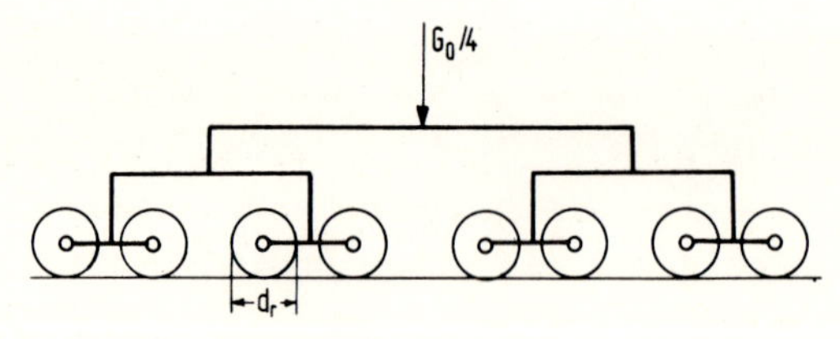


Bild 1.18-1

Gesucht:

(a) Fahrkräfte

(b) Beharrungsmomente, bezogen auf die Motorwelle

(c) Beschleunigungs- bzw. Verzögerungsmomente bezogen auf Motorwelle

(d) Gesamtmotormoment, effektives Moment für ein Lastspiel, bestehend aus Nennbeschleunigung, Fahrt mit Nenngeschwindigkeit während der Zeit 30 s, Nennverzögerung und Stillstand für 21 s.
Wegen seiner großen Abmessungen wirken auf einen Bockkran erhebliche Windkräfte. Sie müssen bei der Antriebsbemessung berücksichtigt werden. Der Betrieb ist nur bis zu einer bestimmten Windgeschwindigkeit erlaubt. Wird sie überschritten, so ist der Kran stillzulegen und mit Schienenklammern fest mit dem Untergrund zu verbinden.

Lösung:

(a) Bei der Bewegung des Kranes mit konstanter Geschwindigkeit ist, vollkommen horizontale Laufschienen vorausgesetzt, die Beharrungskraft $F_{Lo}$ und die maximale Windkraft $F_W$ aufzubringen

$$F_{Lges} = F_{Lo} + F_W = w_r G_o + F_W = 75 \cdot 10^{-3} \cdot 15 \cdot 10^6 + 4,5 \cdot 10^4 = 15,8 \cdot 10^4 \text{ N}$$

Auf jeden Motor entfällt $F_L = F_{Lges}/z = 1,98 \cdot 10^4$ N

Die Beharrungskraft kann diesen Wert, beim Anfahren (Losbrechen) und niedriger Fahrgeschwindigkeit, überschreiten, da dann der Rollwiderstandsbeiwert größer sein kann. Auch ein Schräglauf des Kranes erhöht die Beharrungskraft.

(b) Raddrehzahl $n_{rN} = V_N/\pi d_R = 0,5/\pi \cdot 1,1 = 0,145$ 1/s

Getriebe-Übersetzungsverhälnis $\ddot{u}_G = n_{RN}/n_N = 0,145/13 = 0,0111$

Beharrungsmoment an der Motorwelle bei Windkraft entgegen Fahrtrichtung

$$M_{L1} = F_L d_R \ddot{u}_G / 2\eta_{me} = 1,98 \cdot 10^4 \cdot 1,1 \cdot 0,0111/2 \cdot 0,94 = 128,6 \text{ Nm.}$$

Für die Bremsung ist der ungünstigste Fall, daß die Windkraft nicht, wie bisher angenommen, entgegen der Fahrrichtung sondern in Fahrtrichtung wirkt. Dann ergibt sich an der Welle das Beharrungsmoment

$$M_{L2} = M_{L1}(F_{Lo} - F_W)/(F_{Lo} + F_W) = 128,6(11,3-4,5)/(11,3+4,5) = 55,3 \text{ Nm}$$

(c) Auf die linear bewegten Massen wirkt die Beschleunigungskraft

je Motor $F_b = m_o V_N / z \cdot t_a = G_o V_N / z \cdot t_a g = 15 \cdot 10^6 \cdot 0,5/8 \cdot 5 \cdot 9,81 = 1,91 \cdot 10^4$ N

und die Verzögerungskraft je Motor $F_{br} = F_b t_a / t_{br} = 2,39 \cdot 10^4$ N.

Die zugehörigen Momente, bezogen auf die Motorwelle, sind:

$$M_b = 2\pi (J_M + J_R) n_N / t_a + \ddot{u}_G F_b d_R / \eta_{me} 2$$

$$= 2\pi (4,5+1,8) 13/5 + 0,0111 \cdot 1,91 \cdot 10^4 \cdot 1,1/0,94 \cdot 2 = 102,9 + 124 = 227 \text{ Nm}$$

$$M_{br} = 2\pi (J_M + J_R) n_N / t_{br} + \eta_{me} \ddot{u}_G F_{br} d_R / 2$$

$M_{br} = -2\pi(4{,}5+1{,}8)13/4-0{,}94\cdot 0{,}0111\cdot 2{,}39\cdot 10^4\cdot 0{,}55 = -128{,}6-137{,}1 = -266\,\mathrm{Nm}$

(d) Beschleunigung $M_M = M_{L1}+M_b = 128{,}6+227 = 355{,}6$ Nm
konstante Geschwindigkeit $M_M = M_{L1} = 128{,}6$ Nm
Verzögerung $M_M = M_{L2}+M_{br} = 55{,}3-266 = -210{,}7$ Nm

$$M_{eff} = \sqrt{\sum^{k} \delta t_k M_k^2 / t_{ges}} = \sqrt{(5\cdot 355{,}6^2+30\cdot 128{,}6^2+4\cdot 210{,}7^2/60} = 147{,}5 \text{ Nm}$$

Effektive Motorleistung $P_{eff} = 2\pi M_{eff} n_N = 2\pi\cdot 147{,}5\cdot 13 = 12{,}05$ kW

Maximale Motorleistung $P_m = 2\pi M_m n_N = 2\pi\cdot 355{,}6\cdot 13 = 29{,}05$ kW

Alle Werte je Motor.

## 1.19 Förderbandantrieb

Der Transport von Mineralien, Eisenerz, Kohle, Koks u.s.w. in großen Mengen über kleine bis mittlere Entfernungen erfolgt bevorzugt über Bandanlagen. Für den Antrieb der Förderbänder werden Schleifringläufermotoren oder Käfigläufermotoren in Kombination mit Anlaufkupplungen vorgesehen. Es ist der Antrieb für das in Bild 1.19-1 gezeigte Förderband zu berechnen.

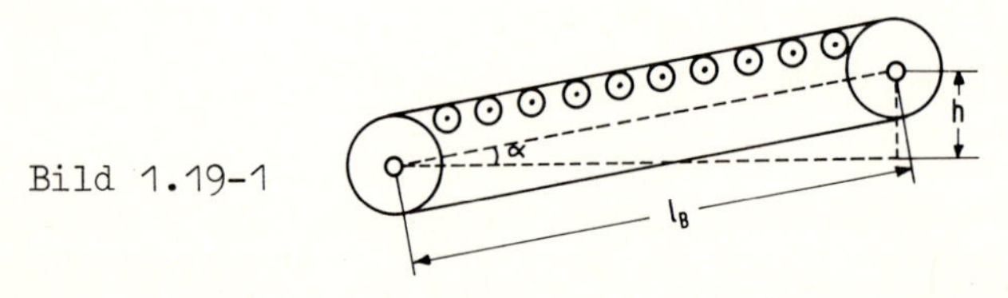


Bild 1.19-1

Es hat die Kenndaten:
Fördergutstrom $G_L^* = 2000$ N/s, Gurtgeschwindigkeit $V_G = 3$ m/s, Bandlänge $l_B = 500$ m , Förderhöhe $h = 45$ m, Bandgewicht und Gewicht der sich drehenden Teile (Tragrollen) je Meter Bandlänge $G_m^* = 500$ N/m, Durchmesser der Antriebstrommel $d_{At} = 1{,}3$ m, Reibungsbeiwert $w_r = 0{,}025$, Wirkungsgrad des Getriebes zwischen Motorwelle und Trommelwelle $\eta_G = 0{,}85$, $J_G = 1{,}8$ kgm$^2$, Motor: $n_{MN} = 12{,}1$ 1/s, $J_M = 2{,}5$ kgm$^2$. Die Bandanlage wird in der Zeit $t_a = 10$ s angefahren.

Gesucht:
(a) Beharrungszug $F_L$ und Beschleunigungszug $F_b$ am Antriebstrommelumfang
(b) Motorbemessung
(c) Überlastung des Motors, wenn der Fördergutstrom, durch Übergang auf ein Schüttgut größerer Dichte, auf $G_{L1}^* = 2500$ N/s erhöht wird.
(d) Verlauf der Bandgeschwindigkeit v, wenn, von Nennbetrieb ausgehend, der Antriebsmotor elektrisch abgeschaltet wird (Netzausfall). Wann muß spätestens die Haltebremse einfallen?

(e) Losbrechmoment beim Anfahren des belasteten Bandes, wenn im ersten Augenblick, infolge ruhender Reibung, der Reibungsbeiwert $w_{ro}=0{,}06$ ist.

Lösung:

(a) Anstiegswinkel $\alpha = \arcsin(h/l_B) = \arcsin(45/500) = 5{,}2^o$

$F_L = w_r l_B(G_m^* + G_L^*/V_G)\cos\alpha + G_L^* h/V_G$

$= 0{,}025 \cdot 500(500+2000/3)0{,}996+2000 \cdot 45/3 = 44580$ N

$F_b = l_B(G_m^* + G_L^*/V_G)V_G/gt_a = 500(500+2000/3)3/9{,}81 \cdot 10 = 17840$ N

(b) $\ddot{u}_G = V_G/\pi d_{At} n_{MN} = 3/\pi \cdot 1{,}3 \cdot 12{,}1 = 0{,}061$

Die Momente bezogen auf die Motorwelle

$M_L = F_L d_{At} \ddot{u}_G/2\eta_G = 44580 \cdot 0{,}65 \cdot 0{,}061/0{,}85 = 2080$ Nm

$M_b = 2\pi(J_M+J_G)n_{MN}/t_a + F_b d_{At}\ddot{u}_G/2\eta_G$

$= 2\pi(2{,}5+1{,}8)12{,}1/10 + 17840 \cdot 0{,}65 \cdot 0{,}061/0{,}85 = 865$ Nm.

Maximales Motormoment

$M_{Mm} = M_L + M_b = 2080+865 = 2945$ Nm.

Da das Anfahren des Bandes in größeren Abständen erfolgt, wird der Motor nach dem Beharrungsmoment bemessen.

$P_{MN} = 2\pi M_L n_{MN} = 2\pi \cdot 2080 \cdot 12{,}1 = 158$ kW

(c) $F_{L1} = w_r l_B(G_m^* + G_{L1}^*/V_G)\cos\alpha + G_{L1}^* h/V_G$

$= 0{,}025 \cdot 500(500+2500/3)+2500 \cdot 45/3 = 54167$ Nm

$P_{M1} = P_{MN}F_{L1}/F_L = 158 \cdot 54167/44580 = 192$ kW.

Der Motor wird um 21,5% überlastet.

(d) Die gesamte linear bewegte Masse ist

$m_{li} = l_B(G_m^* + G_L^*/V_G)/g = 500(500+2000/3)/9{,}81 = 59{,}5 \cdot 10^3$ kg.

Die rotierende Masse auf die lineare Bewegung umgerechnet

$m_{ro} = (J_M+J_G)4\eta_G/\ddot{u}_G^2 d_{At}^2 = (2{,}5+1{,}8)4 \cdot 0{,}85/0{,}061^2 \cdot 1{,}3^2 = 2{,}3 \cdot 10^3$ kg.

Die Differentialgleichung für den Bandauslauf nach dem elektrischen Ausschalten des Motors ist

$F_b + F_L = 0 \qquad (m_{li}+m_{ro})dv/dt + m_{li}g(w_r\cos\alpha+\sin\alpha) = 0$

und mit $K_r = 1+m_{ro}/m_{li}$

$K_r dv/dt + g(w_r\cos\alpha+\sin\alpha) = 0 \qquad$ Anfangsbedingung $v(+o) = V_G$

$\circ\!\!-\!\!\bullet \quad K_r[pv(p)-V_G]+g(w_r\cos\alpha+\sin\alpha)/p = 0$

$v(p) = V_G/p - g(w_r\cos\alpha+\sin\alpha)/K_r p^2 \quad \bullet\!\!-\!\!\circ$

$v = V_G - g(w_r \cos\alpha + \sin\alpha)t/K_r$

Das Band kommt nach der Zeit $t_{br}$ zum Stillstand

$t_{br} = V_G K_r / g(w_r \cos\alpha + \sin\alpha) = 3 \cdot 1{,}05/9{,}81(0{,}025\cos 5{,}2^o + \sin 5{,}2^o) = 2{,}8$ s

Spätestens zu diesem Zeitpunkt muß die Haltebremse einfallen.

(e) $F_{Lo} = w_{ro} l_B (G_m^* + G_L^*/V_G)\cos\alpha + G_L^* h/V_G$

$= 0{,}06 \cdot 500(500 + 2000/3)\cos 5{,}2^o + 2000 \cdot 45/3 = 64856$ N

$M_{Lo} = F_{Lo} d_{At} \ddot{u}_G / 2\eta_G = 64856 \cdot 0{,}65 \cdot 0{,}061/0{,}85 = 3025$ Nm

Das Losbrechmoment ist somit gleich dem 1,45fachen Beharrungsmoment im Betrieb.

## 1.20 Antriebsbemessung einer Hubbrücke

Es ist der Antrieb für die in Bild 1,20-1 wiedergegebene Hubbrücke zu bemessen. Brückengewicht $F_{Lo} = 750 \cdot 10^4$N, Schneelast $F_{Lz1} = 25 \cdot 10^4$N, Windlast $F_{Lz2} = \pm 20 \cdot 10^4$N, Hubhöhe $s_h = 45$ m, Nenn-Hubgeschwindigkeit $V_N = 0{,}4$ m/s, Getriebeübersetzung $\ddot{u} = n_2/n_1 = 1/300$, Motorträgheitsmoment (geschätzt) $J_M = 5$ kgm$^2$, Treibscheibendurchmesser $d_{Tr} = 2{,}4$ m, Getriebe- und Seiltriebwirkungsgrad $\eta_G = 0{,}91$, Anlaufzeit $t_a = 3$ s, Verzögerungszeit $t_v = 2$ s.

Das Gewicht der leeren Brücke wird durch zwei Gegengewichte ausgeglichen. Als Beharrungslast verbleibt die Schnee- und Windlast, sowie das Gewicht des nicht ausgeglichenen Teils des Seiles (maximal $F_{smax} = 15 \cdot 10^4$N).

Gesucht:

(a) Beharrungsmoment, bezogen auf die Motorwelle in Abhängigkeit von der Brückenstellung.

(b) Beschleunigungs- und Verzögerungsmoment, Fahrzeit.

(c) Effektives Moment, effektive Motorleistung, Spitzenmotorleistung.

Lösung:

(a) Die einzelnen Lasten über der Hubhöhe $s_h$ aufgetragen, ergibt den aus Bild 1.20-2 zu ersehenden Verlauf. Die Beharrungskraft $F_L$ kann, je nach Brückenstellung und Umwelteinflüssen, im Bereich von $+60 \cdot 10^4$N und $-35 \cdot 10^4$N liegen. Das Motormoment ist

$M_{ML} = F_L d_{Tr} \ddot{u}/4\eta_G = 2{,}4 F_L/4\ 0{,}91\ 300 = F_L/455$

Das Beharrungs-Motormoment bewegt sich in den Grenzen

$M_{ML+} = +60 \cdot 10^4/455 = 1319$ Nm, $M_{ML-} = -35 \cdot 10^4 \eta_G^2/455 = -637$ Nm

(b) Gesamtträgheitsmoment bezogen auf die Motordrehzahl

$J = J_M + \ddot{u}^2 F_{Lo} d_{Tr}^2/8g = 5+750\cdot10^4\cdot2{,}4^2/8\cdot300^2\cdot9{,}81 = 11{,}12\ \text{kgm}^2$

Motornenndrehzahl $n_{MN} = V_N/\pi d_{Tr}\ddot{u} = 0{,}4\cdot300/\pi\cdot2{,}4 = 15{,}9\ 1/\text{s}$

Beschleunigungsmoment

$M_b = 2\pi J n_{Mn}/t_a\eta_G = 2\pi\cdot11{,}12\cdot15{,}9/3\cdot0{,}91 = 407\ \text{Nm}$

Verzögerungsmoment $M_v = -2\pi J n_{Mn}\eta_G/t_v = -2\pi\cdot11{,}12\cdot15{,}9\cdot0{,}91/2 = -505\ \text{Nm}$

Beschleunigungsweg $s_b = V_N t_a/2 = 0{,}4\cdot3/2 = 0{,}6\ \text{m}$

Verzögerungsweg $s_v = V_N t_v/2 = 0{,}4\cdot2/2 = 0{,}4\ \text{m}$

Weg konstanter Geschwindigkeit $s_k = s_h - s_b - s_v = 45-0{,}6-0{,}4 = 44\ \text{m}$

Fahrzeit konstanter Geschwindigkeit $t_k = s_k/V_N = 44/0{,}4 = 110\ \text{s}$

Gesamtfahrzeit $t_f = t_b + t_k + t_v = 115\ \text{s}$

Die Beschleunigungs- und Verzögerungsvorgänge können, schon mit Rücksicht auf die Unsicherheiten bei der Festlegung der Wind- und Schneekräfte, bei der Motorbemessung unberücksichtigt bleiben.

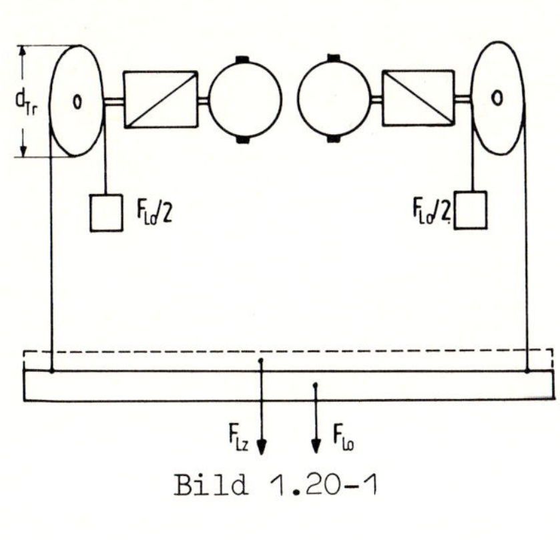


Bild 1.20-1

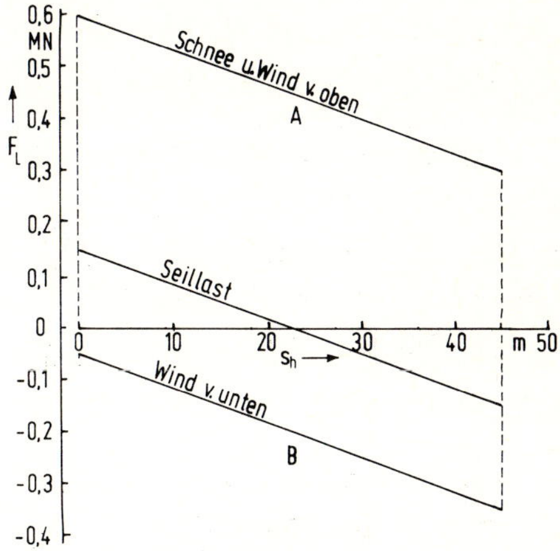

Bild 1.20-2

(c) Die höchste Motorbelastung bringt die Lastannahme A

$F_L = (60-30s/45)10^4$ mit $s = V_N t = 0{,}4\ t$

$455\ M_M = (60-30\cdot0{,}4t/45)10^4 \quad M_M = 1319-5{,}86\ t$

$M_{eff} = \sqrt{(1/t_f)\int_0^{t_f}(1319-5{,}86t)^2 dt} \quad M_{eff} = 0{,}546\sqrt{\int_0^{t_f}(t^2-450t+50640)dt}$

$= 0{,}546\sqrt{115^3/3-450\cdot115^2/2+50640\cdot115} = 1000\ \text{Nm}$

und damit die effektive Leistung $P_{eff} = 2\pi n_{Mn} M_{eff} = 2\pi\cdot15{,}9\cdot1000$

$P_{eff} = 100\ \text{kW}$; gegebenenfalls ist $J_M$ zu korrigieren.

Das Spitzenmoment tritt am Ende der Beschleunigung in Hubrichtung, in der Nähe der unteren Endlage auf

$M_{Msp} = M_{LM+} + M_b = 1319+407 = 1726\ N_m$

$P_{Msp} = 2\pi n_{Mn} M_{Msp} = 2\pi \cdot 15{,}9 \cdot 1726 = 172{,}4$ kW

Für die relative Einschaltdauer wird man ED = 25 % zugrunde legen.

## 1.21 Fahrzeug auf schiefer Ebene

Ein Fahrzeug mit der Gesamtmasse $m_L$=4000 kg soll auf einer Straße mit der Steigung 3,5 m auf je 100 m Fahrstrecke mit der Geschwindigkeit $V_N$=12 m/s (43 km/h) bewegt werden. Die Beschleunigung soll a=2,0 m/s$^2$ betragen. Der Luftwiderstand wird vernachlässigt. Der Rollwiderstandsbeiwert beträgt $w_r$=0,06. Wirkungsgrad der mechanischen Übertragungsglieder (Getriebe, Kupplung, Lager) $\eta_G$=0,94. Trägheitsmoment des Motors und des Getriebes $J_M$=1,5 kgm$^2$, bezogen auf die Motordrehzahl $n_M$=33 1/s. Durchmesser der Fahrzeugräder $d_F$=0,7 m.

Gesucht:

(a) Beharrungsmoment, Beschleunigungsmoment, Motorleistung.

(b) Mit welcher Geschwindigkeit kann das Fahrzeug mit der gleichen Antriebsleistung über eine Steigung 6,0 m/100 m fahren?

(c) In welcher Zeit wird die Fahrgeschwindigkeit von $V_N$ auf null verzögert, wenn auf die Motorwelle ein Bremsmoment $M_{br}$=200 $N_m$ wirkt?

(d) Welche Geschwindigkeit erreicht das Fahrzeug auf einem Gefälle mit $\alpha=5^o$, wenn es die Gefällstrecke, von dem Stillstand ausgehend, $s_{br}$=300 m antriebslos rollt?

Lösung:

(a) Steigungswinkel $\alpha$ = arcsin3,5/100 = 2$^o$

Beharrungs-Zugkraft

$F_L = m_L g(w_r \cos\alpha + \sin\alpha) = 4000 \cdot 9{,}81(0{,}06\cos 2^o + \sin 2^o)$ $\qquad F_L = 3722$ Nm

Getriebe-Übersetzungsverhältnis $\ddot{u}_G = V_N/\pi\ d_F n_M = 12/\pi \cdot 0{,}7 \cdot 33 = 0{,}165$

Trägheitsmoment bezogen auf Motorwelle (Treibbetrieb)

$J_{ges} = J_M + \ddot{u}_G^2 m_L d_F^2/4\eta_G = 1{,}5 + 0{,}165^2 \cdot 4000 \cdot 0{,}7^2/4 \cdot 0{,}94 = 15{,}7$ kgm$^2$

Beschleunigungsmoment

$M_b = 2\pi J_{ges} dn/dt = 2\pi^2 J_{ges} \ddot{u}_G d_F dv/dt = 2\pi^2 J_{ges} \ddot{u}_G d_F a$

$M_b = 2\pi^2 \cdot 15{,}7 \cdot 0{,}165 \cdot 0{,}7 \cdot 2{,}0 = 71{,}6$ Nm

Beharrungsmoment (Treibbetrieb)

$M_L = \ddot{u}_G F_L d_F/2\eta_G = 0{,}165 \cdot 3722 \cdot 0{,}35/0{,}94 = 229$ Nm

Der Motor wird für die Beharrungsleistung bemessen

$P_M = 2\pi M_L n_M = 2\pi \cdot 229 \cdot 33 = 47,5$ kW.

Während der Beschleunigung wird er um 31 % überlastet.

(b) Hierzu muß die Getriebeübersetzung auf $ü_{G1}$ geändert werden.

$P_M = 2\pi n_M ü_{G1} F_{L1} d_F / 2\eta_G$ , $ü_{G1} F_{L1} = ü_G F_L$ , $\alpha_1 = \arcsin 6,0/100 = 3,44^\circ$

$ü_{G1} = ü_G F_L / F_{L1} = ü_G F_L / m_L g(w_r \cos\alpha_1 + \sin\alpha_a) =$

$= 0,165 \cdot 3722/4000 \cdot 9,81(0,06\cos 3,44^\circ + \sin 3,44^\circ)$ , $ü_{G1} = 0,13$

$V_1 = V_N ü_{G1} / ü_G = 12 \cdot 0,13/0,165 = 9,46$ m/s (34 km/h)

(c) Trägheitsmoment, bezogen auf die Motorwelle (Bremsbetrieb)

$J^*_{ges} = J_M + ü_G^2 \eta_G m_L d_F^2/4 = 1,5 + 0,165^2 \cdot 0,94 \cdot 4000 \cdot 0,7^2/4 = 14,04$ kgm$^2$

Beharrungsmoment (Bremsbetrieb)

$M_L^* = M_L \eta_G^2 = 229 \cdot 0,94^2 = 202,3$ Nm

$M_{br} + M_L^* = 2\pi J^*_{ges} dn/dt = 2\pi^2 J^*_{ges} ü_G d_F dv/dt$

$t_{br} = (M_{br} + M_L^*)/2\pi^2 J^*_{ges} ü_G d_F V_N$

$= (200 + 202,3)/2\pi^2 \cdot 14,04 \cdot 0,165 \cdot 0,7 \cdot 12 = 1,05$ s.

(d) Die rotierende Schwungmasse kann hier vernachlässigt werden

$m_L dv/dt + m_L g w_r \cos\alpha = m_L g \sin\alpha$

$d^2s/dt^2 = g(\sin\alpha - w_r \cos\alpha) = 9,81(\sin 5^\circ - 0,06\cos 5^\circ) = 0,269$

$s_{br} = 0,269 t_{br}^2/2$ $t_{br} = 2 \cdot 300/0,269 = 47,2$ s.

$V_2 = 0,269 t_{br} = 12,7$ m/s (45,7 km/h).

## 1.22 Energieverbrauch eines Elektrofahrzeuges

Eine Last $m_{LL}$=3000 kg wird durch ein Elektrofahrzeug mit der Masse $m_{Lo}$=1500 kg von A nach B längs des in Bild 1.22-1 angegebenen Weges transportiert. Die maximale Zugkraft ist auf $F_{Lm}$=7000 N, die maximale Bremskraft auf $F_{brm}$= -4000 N begrenzt. Fahrgeschwindigkeit $V_N$=10 m/s, Rollwiderstandsbeiwert $w_r$=0,08, elektromechanischer Gesamtwirkungsgrad $\eta_{ges}$=0,85, $l_1$=500 m, $l_2$=300 m, $l_3$=200 m, h=20 m.

Gesucht:

(a) Zugkräfte, Fahrzeiten und Fahrstrecken in den Fahrabschnitten (1) bis (5).

(b) Energieverbrauch in den Fahrabschnitten, Gesamtenergieverbrauch unter Berücksichtigung der Nutzbremsung, mittlere aufgenommene Leistung des Fahrmotors.

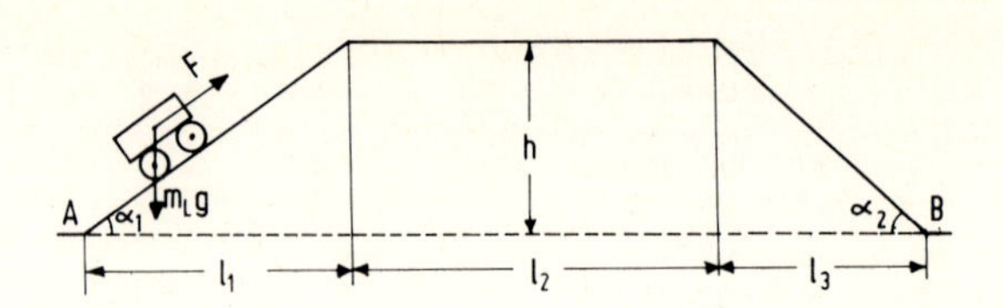


Bild 1.22-1

Lösung:

(a) Die Fahrstrecke unterteilt sich in fünf Fahrabschnitte:

1 Beschleunigung, Bergfahrt
2 Nenngeschwindigkeit, Bergfahrt
3 Nenngeschwindigkeit, ebene Fahrt
4 Nenngeschwindigkeit, Talfahrt
5 Verzögerung, Talfahrt

Neigungswinkel $\alpha_1 = \arctan(h/s_1) = \arctan(20/500) = 2{,}29^\circ$

$\alpha_2 = \arctan(-h/s_3) = -\arctan(20/200) = -5{,}71^\circ$

Beharrungskräfte $F_{L1} = F_{L2} = m_L g(w_r \cos\alpha_1 + \sin\alpha_1)$

$= 4500 \cdot 9{,}81(0{,}08\cos 2{,}29^\circ + \sin 2{,}29^\circ) = 5300\ N$

$F_{L3} = m_L g w_r = 4500 \cdot 9{,}81 \cdot 0{,}08 = 3532\ N$

$F_{L4} = F_{L5} = m_L g(w_r \cos\alpha_2 + \sin\alpha_2)$

$= 4500 \cdot 9{,}81(0{,}08\cos 5{,}71^\circ - \sin 5{,}71^\circ) = -878\ N$

Beschleunigungskraft $F_{b1} = F_{Lm} - F_{L1} = 7000 - 5300 = 1700\ N$

Verzögerungskraft $F_{b5} = F_{brm} - F_{L5} = -4000 + 878 = -3122\ N$

Beschleunigungszeit $t_1 = m_l V_N / F_{b1} = 4500 \cdot 10/1700 = 26{,}5\ s$

Beschleunigungsweg $s_1 = V_N t_1/2 = 5 \cdot 26{,}5 = 132{,}5\ m$

Verzögerungszeit $t_5 = -m_L V_N / F_{b5} = 4500 \cdot 10/3122 = 14{,}4\ s$

Verzögerungsweg $s_5 = V_N t_5/2 = 5 \cdot 14{,}4 = 72\ m$

Die Fahrwege/Fahrzeiten der Abschnitte mit konstanter Geschwindigkeit $s_2 = l_1/\cos\alpha_1 - s_1 = 500/\cos 2{,}29^\circ - 132{,}5 = 367{,}9\ m$

$t_2 = s_2/V_N = 36{,}8\ s \qquad t_3 = l_2/V_N = 30\ s \qquad t_4 = s_4/V_N = 12{,}9\ s$

$s_4 = l_3/\cos\alpha_2 - s_5 = 200/\cos 5{,}71^\circ - 72 = 129\ m$

Damit wird die Spieldauer $t_{sp} = t_1 + t_2 + t_3 + t_4 + t_5 = 120{,}6\ s$

(b) In den einzelnen Abschnitten k = 1...5 ist:

Die Zugkraft $F_k = F_{Lk} + F_{bk}$

Die aufgewendete Energie k = 2,3,4 $\quad E_k = F_k t_k V_N$

k = 1,5 $\quad E_k = F_k t_k V_N/2$

| k | $F_k$ N | $t_k$ s | $s_k$ m | $E_k \cdot 10^{-6}$ Ws |
|---|---|---|---|---|
| 1 | 7000 | 26,5 | 132,5 | 0,9275 |
| 2 | 5300 | 36,8 | 367,9 | 1,9504 |
| 3 | 3532 | 30,0 | 300,0 | 1,0596 |
| 4 | -878 | 12,9 | 129,0 | -0,1133 |
| 5 | -4000 | 14,4 | 72,0 | -0,2265 |

Von dem Antriebsmotor wird auf der Fahrstrecke die elektrische Energie aufgenommen

$$E_{el} = (E_1 + E_2 + E_3)/\eta_{ges} + \eta_{ges}(E_4 + E_5)$$

$$= (3{,}9375 \cdot 10^6/0{,}85) - 0{,}85 \cdot 0{,}3398 \cdot 10^6 = 4{,}3435 \cdot 10^6 \text{ Ws}$$

$E_{el} = 1{,}2o7$ kWh

Die mittlere vom Motor aufgenommene elektrische Leistung ist:

$P_{el} = E_{el}/t_{sp} = 4{,}3435 \cdot 10^6/120{,}6 = 36$ kW

## 1.23 Aufhaspelantrieb einer Kaltwalz-Tandemstraße.

Beim Kaltwalzen von Stahlbändern hängt die erzielte Genauigkeit der Banddicke mit von der Konstanz des Bandzuges ab. Sie wird bei einem Umkehrwalzwerk durch die Abhaspel und die Aufhaspel sichergestellt. Das trifft auch bei einem Tandemwalzwerk für das erste und letzte Gerüst zu. Der Bandzug muß nicht nur während des eigentlichen Walzvorganges bei konstanter Bandgeschwindigkeit, sondern auch beim Anfahren und Stillsetzen des Walzwerkes auf seinem Sollwert gehalten werden, um eine Ausschußwalzung der Anfangs- und Endlängen oder einen Bandriß bzw. eine Bandlose zu vermeiden. Als Stögrößen treten der sich ändernde Bunddurchmesser und die damit verbundene Änderung des Haspel-Trägheitsmomentes auf (*Abschn.9.4*).

Es ist der Antrieb einer Aufhaspel eines Kaltwalz-Tandemwalzwerkes zu berechnen. Der Antrieb der Haspel erfolgt, wie in Bild 1.23-1 gezeigt, durch drei gleiche, unter sich und mit der Haspel direkt gekuppelte Motoren. Diese Motoranordnung hat ein kleineres Trägheitsmoment $J_M$ als ein einziger Motor entsprechend größerer Leistung. Gegeben: Dorndurchmesser $d_{wo}=0{,}6$ m, Bunddurchmesser max. $d_{wm}=2{,}2$ m, Bandbreite $b_B=1{,}9$ m, Banddicke $\delta_B=(0{,}2...2{,}0)10^{-3}$ m, Banddichte $\varrho=7{,}65 \cdot 10^3$ kg/m$^3$, Bandzug max. $F_{zm}=20 \cdot 10^4$ N, Bandzug min. $F_{zmin}=0{,}8 \cdot 10^4$ N Bandgeschwindigkeit, einziehen $V_e=0{,}15$ m/s, Bandgeschwindigkeit, walzen $V_N=20$ m/s, Beschleunigungszeit $t_a= 7$ s, Verzögerungszeit $t_{br}=5$ s, Trägheitsmoment der leeren Haspel $J_{Ho}=450$ kgm$^2$,

Trägheitsmoment Dreifachmotor (geschätzt) $J_M$=1200 kgm$^2$,
Nenn-Ankerspannung $U_{AN}$=650 V, Motor-Wirkungsgrad (geschätzt) $\eta_M$=0,92.

Gesucht:

(a) Beharrungsmoment, Drehzahlen, Beharrungsleistung.

(b) Gesamtträgheitsmoment $J_H$, maximales Beschleunigungsmoment, Maximales Verzögerungsmoment.

(c) Bandlaufzeit, effektives Motormoment, Nenn-Motorleistung.

(d) Beschleunigungsstrom $I_{Ab}$, Verluststrom $I_{AV}$.

(e) Betrieb mit begrenztem Feldschwächbereich.

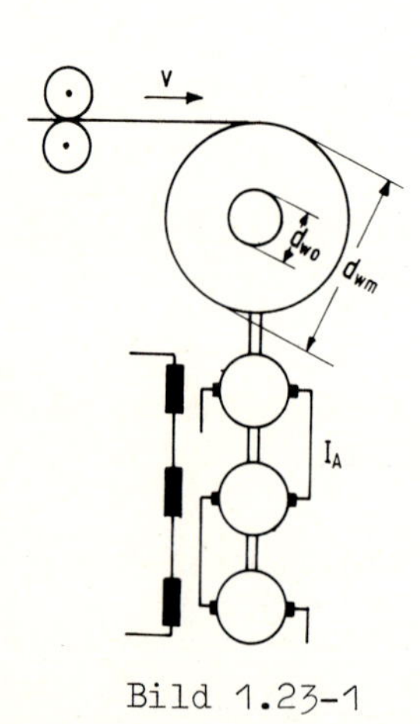


Bild 1.23-1

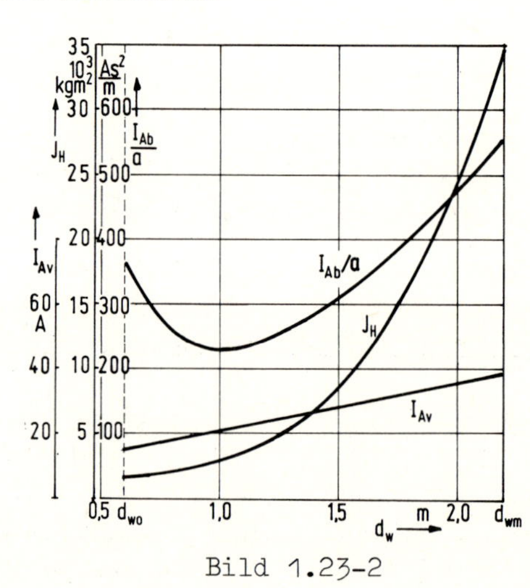


Bild 1.23-2

Lösung:

(a) Das maximale Drehmoment tritt bei vollem Bund und maximalem Zug auf $M_{zm} = F_{zm} d_{wm}/2 = 20 \cdot 10^4 \cdot 2,2/2 = 22 \cdot 10^4$ Nm

Die höchste Motordrehzahl ist bei den ersten Lagen des Bundes und bei Nenn-Bandgeschwindigkeit vorhanden. Da aber die Drehzahlerhöhung, beim Übergang von vollem Bund auf leeren Bund, durch Feldschwächung durchgeführt wird, kann die Grunddrehzahl (Nenn-Ankerspannung, volles Feld) bestimmt werden aus:

$n_N = V_N / \pi\, d_{wm} = 20/\pi \cdot 2,2 = 2,894$ 1/s

Die maximale Feldschwächdrehzahl muß sein:

$n_m = n_N d_{wm}/d_{wo} = 2,894 \cdot 2,2/0,6 = 10,61$ 1/s

Das minimale Feldschwächverhältnis ist:

$\varphi_{fmin} = \phi_f/\phi_N = d_{wo}/d_{wN} = 0,273$

Die maximale Beharrungsleistung ist somit:

$P_{Lm} = 2\pi M_{Lm} n_N = 2\pi \cdot 22 \cdot 10^4 \cdot 2,894 = 4000$ kW

(b) Das Gesamtträgheitsmoment ändert sich während des Haspelvorganges in weiten Grenzen

$J_H = J_M + J_{Ho} + J_B = J_M + J_{Ho} + \pi \cdot b_B \varrho/32(d_w^4 - d_{wo}^4)$

$= 1200 + 450 + (\pi \cdot 1{,}9 \cdot 7{,}65 \cdot 10^3/32)(d_w^4 - 0{,}6^4) = 1650 + 1426(d_w^4 - 0{,}13)$

$J_H = 1465 + 1426\ d_w^4$ In Bild 1.23-2 ist $J_H = f(d_w)$ wiedergegeben

mit dem Maximalwert $J_{Hm} = 1465 + 1426 \cdot 2{,}2^4 = 34870\ \text{kgm}^2$

und dem Minimalwert $J_{Hmin} = 1650\ \text{kgm}^2$ $J_{Hm}/J_{Hmin} = 21$

Das maximale Beschleunigungsmoment ist:

$M_{bm} = 2\pi J_{Hm} n_N/t_a = 2\pi \cdot 37870 \cdot 2{,}894/7 = 9{,}84 \cdot 10^4\ \text{Nm}$

$M_{Mm} = M_{zm} + M_{bm} = (22 + 9{,}84)10^4 = 31{,}84 \cdot 10^4\ \text{Nm}$

und das maximale Verzögerungsmoment

$M_{bm}^* = 2\pi J_{Hm}(-n_N/t_{br}) = 2\pi \cdot 37870(-2{,}894/5) = 13{,}78 \cdot 10^4\ \text{Nm}.$

Während der Beschleunigung a wird die Bandlänge $s_a$ aufgehaspelt

$a = V_N/t_a = 20/7 = 2{,}86\ \text{m/s}^2$ $a = d^2s/dt^2$

$s_a = at_a^2/2 = 2{,}86 \cdot 49/2 = 70{,}1\ \text{m}.$

Bei dem Bremsvorgang ist der minimale Zug von Interesse

$M_{zmin} = M_{Lm} F_{zmin}/F_{zm} = 22 \cdot 10^4 \cdot 0{,}8/20 = 0{,}88 \cdot 10^4\ \text{Nm}$

$M_{Mm}^* = M_{zmin} + M_{bm}^* = (0{,}88 - 13{,}78)10^4\ \text{Nm}$ $M_{Mm}^* = -12{,}9 \cdot 10^4\ \text{Nm}$

Um die verlangte Verzögerung zu erhalten, müssen die Motoren ein Bremsmoment aufbringen, und der Stromrichter sich in Wechselrichteraussteuerung befinden. Bandlänge während der Bremsung

$a = V_N/t_{br} = 20/5 = 4\ \text{m/s}^2$ $s_{br} = at_{br}^2/2 = 4{,}0 \cdot 25/2 = 50\ \text{m}$

(c) Das gehaspelte Band stellt eine Archimedische Spirale dar. Seine Länge in Abhängigkeit vom Bunddurchmesser $d_w$ ergibt sich aus

$s = \delta_B/2\pi \int_{\beta_o}^{\beta} \sqrt{1+\beta^2}\,d\beta$ ; (1) mit $\beta = \pi d_w/\delta_B$ ; $\beta_o = \pi d_{wo}/\delta_B$

Da die Banddicke klein gegen den Dorndurchmesser $d_{wo}$ und damit $\beta_o \gg 1$ ist, erhält man aus Gl.(1) mit guter Näherung

$s = \pi(d_w^2 - d_{wo}^2)/4\delta_B$

$s_m = \pi(d_{wm}^2 - d_{wo}^2)/4\delta_B = \pi(2{,}2^2 - 0{,}6^2)/4\delta_B = 3{,}52/\delta_B.$

Bei der größten Banddicke $\delta_B = 2\ 10^{-3}$ m ist $s_{m2,0} = 1760$ m

und dem dünnsten Band $\delta_B = 0{,}2\ 10^{-3}$ m ist $s_{m0,2} = 17600$ m zugeordnet.

Der maximale Bandzug wird für das dickste Band benötigt.

Die Walzzeit mit Nenngeschwindigkeit ist dann

$t_{wN}=(s_{m2,0}-s_a-s_{br})/V_N=(1760-70,1-50)/20 = 82$ s

Nun läßt sich das effektive Antriebsmoment über ein Walzspiel

ermitteln $M_{Meff}=\sqrt{(M_{Mm}^2 t_a+M_{zm}^2 t_{wN}+M_{Mm}^{*2} t_{br})/(t_a+t_{wN}+t_{br})}$

$= 10^4\sqrt{(31,84^2\cdot 7+22^2\cdot 82,0+12,9^2\cdot 5)/(7+82,0+5)}= 22,5\cdot 10^4$ Nm

Das effektive Moment stimmt praktisch mit dem maximalen Beharrungsmoment überein

$P_{MN}= 2\pi M_{Meff} n_N= 2\pi\cdot 22,5\cdot 10^4\cdot 2,894 = 4091$ kW

(d) Der Nennstrom des Motors ist:

$I_{AN}= P_{MN}/3U_{AN}\eta_M= 4,09\cdot 10^6/3\cdot 650\cdot 0,92 = 2280$ A

Bei diesem Ankerstrom ist, unabhängig von dem Bunddurchmesser, der maximale Bandzug vorhanden, wenn ein besonderer Regelkreis (*Bild 9,25*) das Motorfeld auf das Verhältnis

$\varphi_f= \phi_f/\phi_N= d_w/d_{wm}$ (2) einstellt, in dem die Motor-Quellenspannung auf den Wert $U_{Aq}= U_{AqN}v/V_N$ geregelt wird.

Bei dem Beharrungsstrom $I_{AzN}= I_{AN}$ ist der Bandzug $F_{zm}= 20\cdot 10^4$ N vorhanden. Somit besteht zwischen Bandzug und Ankerstrom die Beziehung $I_A= 2280F_z/20\cdot 10^4 = 0,0114F_z$. Diese Gleichung ist von dem Bunddurchmesser $d_w$ unabhängig, (*Gl.9.24; 9.25*).

Die Proportionalität zwischen Zug und Ankerstrom ist nur bei konstanter Bandgeschwindigkeit vorhanden. Wird die Haspel beschleunigt oder verzögert, so muß das Beschleunigungs- bzw. Verzögerungsmoment durch einen entsprechenden Zusatzstrom berücksichtigt werden (*Gl.9.28*).

$3M_b= 2\pi J_H\ dn/dt = 2\pi(1465+1426d_w^4)\ dn/dt$

$M_b = [2(1465+1426d_w^4/3d_w]\ dv/dt$ (3) andererseits ist

$M_M/M_{MN}= I_A\phi_f/I_{AN}\phi_N= I_A\varphi_f/I_{AN}= I_A d_w/I_{AN}d_{wm}$

und damit der Beschleunigungsstrom

$I_{Ab}=(I_{AN}d_{wm}/M_{MN})(M_b/d_w)$ (4)

Gl.(3) in Gl.(4) eingesetzt

$I_{Ab}=(3I_{AN}d_{wm}/2M_{MN})(1426d_w^2+1465/d_w^2)\ dv/dt$

$I_{Ab}= 0,08(1426d_w^2+1465/d_w^2)\ dv/dt$ (5) $dv/dt = a$

In Bild 1.23-2 ist $I_{Ab}/a$ über $d_w$ in den Grenzen $d_{wo}$ und $d_{wm}$ aufgetragen (*Bild 9.26a*). Der Beschleunigungsstrom durchläuft bei $d_w$=1,0 m ein Minimum und nimmt mit größerem Bunddurchmesser annähernd quadratisch zu.

Wird bei der Bandbeschleunigung a=dv/dt der in Gl.(5) gegebene Strom zusätzlich dem Ankerstromregler als Sollwert aufgeschaltet, so bleibt, trotz des Beschleunigungsmomentes, der Bandzug aufrecht erhalten. Eine weitere vor allem bei niedrigen Bandzügen zu berücksichtigende Komponente sind die Haspelverluste, z.Bsp. Lagerreibung. Wie aus *Bild 9.26b* zu ersehen ist, sind die Verluste in erster Linie von dem Bunddurchmesser und von der Bandgeschwindigkeit abhängig. Wird die zweite Abhängigkeit vernachlässigt, so zeigt Bild 1.23-2 die entsprechende Verlustkomponente $I_{AV}$ in Abhängigkeit von $d_w$.

$I_{Av}= 15+25(d_w-d_{wo})/(d_{wm}-d_{wo})= 24{,}4+15{,}6d_w$ A

Der gesamte Stromsollwert $I_{Asoll}$ für den Bandzug $F_z$, die Beschleunigung a und den Bunddurchmesser $d_w$ muß somit sein:

$I_{Asoll}= 0{,}0114F_z+0{,}08(1426d_w^2+1465/d_w^2)a+24{,}4+15{,}6d_w$ A

Beispiel: $F_z= F_{zm}/4 = 5\cdot10^4$ N , $a = V_N/t_a= 20/7 = 2{,}86$ m/s$^2$

$I_{Asoll}= 594\pm0{,}229(1426d_w^2+1465/d_w^2)+15{,}6d_w$ A

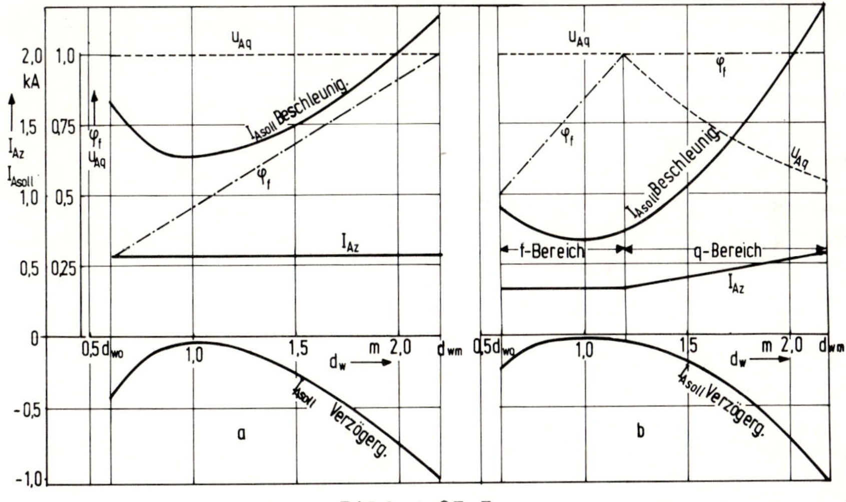


Bild 1.23-3

Das untere Vorzeichen gilt für die Verzögerung mit -a= -2,86 und den gleichen Bandzug. In Bild 1.23-3a ist $I_{Asoll}$ über $d_w$ für die Beschleunigung und Verzögerung aufgetragen. Wird die Haspel nicht beschleunigt oder verzögert, so ist für den verlangten Bandzug der Ankerstrom $I_{Az}=594+15{,}6d_w$ erforderlich..

Bei dem hier angewendeten Verfahren wird der Einfluß der Verluste und der Beschleunigung auf den Bandzug durch eine entsprechende Störgrößenaufschaltung kompensiert. Da die Haspelverluste sich nur annähernd berücksichtigen lassen, treten Fehler vor allen Dingen bei kleinen Haspelzügen auf. Eine größere Genauigkeit ist möglich, wenn der Bandzug, wie in *Abschnitt 9.42* gezeigt, über Umlenkrollen und Druckmeßgeber direkt gemessen und auf konstanten Bandzug geregelt wird. Sind hohe Bandbeschleunigungen vorgesehen, so wird man trotzdem, zur Dynamikverbesserung, eine Beschleunigungsaufschaltung vorsehen.

(e) Die Bunddurchmesseranpassung über das Feld ($\varphi_f$) hat den Vorteil, daß der Zug $F_z$ proportional dem Ankerstrom $I_A$ ist. Nachteilig ist, daß bei kleinem Bunddurchmesser weit in die Feldschwächung gefahren werden muß. Bei einer Feldschwächung $\varphi_{fmin}$=0,27 ist die Kommutierung der Motoren kritisch, außerdem ist die Nenn-Anlaufzeitkonstante der Motoren groß und damit die dynamischen Eigenschaften schlecht. Mit Rücksicht auf die Kommutierung wird deshalb eine Überbemessung der Motoren erforderlich sein.

Es ist möglich, auf die Bunddurchmesser-Anpassung über das Motorfeld ganz zu verzichten (*Bild 9.25*). Der Haspelzug ist dann nicht mehr vom Bunddurchmesser unabhängig, proportional dem Ankerstrom (*Gl.9.29*). Hier soll als Kompromiß im Bereich $d_{wo}<d_w<d_{w1}$ die Feldanpassung und im Bereich $d_{w1}<d_w<d_{wm}$ die Anpassung über die Quellenspannung vorgesehen werden. Es wird festgelegt $\varphi^*_{fmin}$= 0,5. Gegenüber der vorstehenden Bemessung muß die Grunddrehzahl im Verhältnis $\varphi^*_{fmin}/\varphi_{fmin}$=0,5/0,272=1,83 höher gewählt werden. Wie aus Bild 1.23-3b zu ersehen, ist $\varphi_f$=1 bei $d_{w1}$=1,2 dann gilt:

Feldanpassungsbereich (f-Bereich)

$$I^*_{Ab}/(dv/dt) = I_{Ab}\varphi_{fmin}/(dv/dt)\varphi^*_{fmin} = 0{,}546 I_{Ab}/(dv/dt)$$

$$I^*_{Asoll} = I^*_{Asoll}\varphi_{fmin}/\varphi^*_{fmin} = 0{,}546 I_{Asoll} \quad ; \quad I^*_{Az} = 0{,}546 I_{Az}$$

Quellspannungs-Anpassungsbereich (q-Bereich)

$$I^*_{Ab}/(dv/dt) = I_{Ab}/(dv/dt)\cdot\varphi_{fmin}/\varphi^*_{fmin}\cdot d_w/d_{w1} = 0{,}467 d_w I_{Ab}/(dv/dt)$$

$$I^*_{Asoll} = I_{Asoll}\varphi_{fmin}/\varphi^*_{fmin}\cdot d_w/d_{w1} = 0{,}467 d_w I_{Asoll}$$

$$I^*_{Az} = 0{,}467 d_w I_{Asoll}$$

In Bild 1.23-36 ist $u_{Aq}=U_{Aq}/U_{AqN}$ und $\varphi_f$ sowie $I_{Asoll}$ und $I_{Az}$ über $d_w$ aufgetragen. Ein Vergleich von Bild a und Bild b zeigt, daß im f-Bereich der Ankerstrom wesentlich niedriger liegt, während im q-Bereich der Gesamtstrom $I_{Asoll}$ mit $d_w$ steiler ansteigt, und der Zugstrom linear zunimmt. Die Endwerte bei $d_{wm}$ entsprechen etwa denen bei reiner Feldanpassung.

## 1.24 Übergangsverhalten eines elastisch gekuppelten Zweimassen-Systems

Gegeben ist die in Bild 1.24-1 gezeigte Antriebsanordnung, bestehend aus zwei Massen mit den Trägheitsmomenten $J_M$=72,1 kgm$^2$ und $J_L$=61,5 kgm$^2$, die über eine torsionselastische Welle mit der Torsionskonstante $K_W$=54,4·10$^4$ Nm/rad miteinander gekuppelt sind. Auf diese Anordnung wird ein Momentenstoß von der Höhe $M_M$=18000 Nm gegeben.

Gesucht:

(a) Differentialgleichung für das Wellenmoment $M_W$

(b) Zeitlicher Verlauf des Torsionswinkels $\varphi_W$

(c) Zeitlicher Verlauf der Drehzahl $n_L$ der Masse $m_L$.

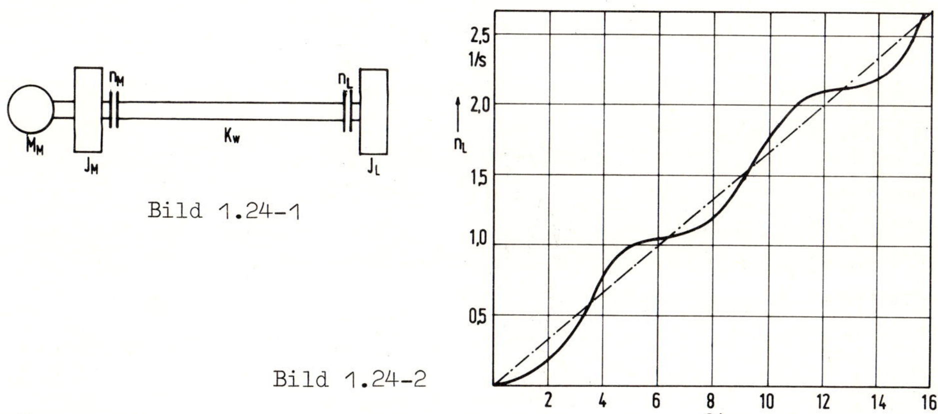


Bild 1.24-1

Bild 1.24-2

Lösung:

(a) Die Differentialgleichung läßt sich aus folgenden Bestimmungsgleichungen ermitteln

$M_W(t) = K_W\varphi_W(t) = 2\pi K_W \int n_W(t)dt \rightarrow dn_W(t)/dt = (1/2\pi K_W)\cdot d^2M_W(t)/dt^2$

$M_W(t) = 2\pi J_L \cdot dn_L(t)/dt \rightarrow dn_L(t)/dt = (1/2\pi J_L)M_W(t)$

$M_W(t) = M_M - 2\pi J_M \cdot dn_M(t)/dt \quad ; \quad n_M(t) = n_W(t) + n_L(t)$

daraus $M_W(t) = M_M - 2\pi J_M[dn_W(t)/dt + dn_L(t)/dt]$

$= M_M - J_M[(1/K_W)\cdot d^2M_W(t)/dt^2 + (1/J_L)M_W(t)]$

Umgeformt $d^2M_W(t)/dt^2 + [(J_L+J_M)K_W/J_LJ_M]M_W(t) = M_MK_W/J_M$

$\sqrt{(J_L+J_M)K_W/J_LJ_M} = \omega_{or}$ Resonanz-Kreisfrequenz des Schwingungssystems.

$d^2M_W(t)/dt^2 + \omega_{or}^2 M_W(t) = M_MK_W/J_M$ Die erste Ableitung fehlt in der Differentialgleichung, da die Dämpfung vernachlässigt ist.

(b) Anfangsbedingungen $M_W(+o) = 0$; $dM_W(+o)/dt = 0$

$\circ\!\!-\!\!\bullet\; M_W(p)(p^2+\omega_{or}^2)=(M_M K_W/J_M)(1/p)$

$M_W(p)=(M_M K_W/J_M)/p(p^2+\omega_{or}^2)$

Rücktransformation nach Anh. 1

$\bullet\!\!-\!\!\circ\; M_W(t)=(2M_M K_W/J_M\omega_{or}^2)\sin^2(\omega_{or}t/2)=(M_M K_W/J_M\omega_{or}^2)(1-\cos\omega_{or}t)$

unter Berücksichtigung von $\varphi_W(t)= M_W(t)/K_W$ rad

$\varphi_W(t)=(M_M/J_M\omega_{or}^2)(1-\cos\omega_{or}t)$ rad

Mit den gegebenen Daten

$\omega_{or} = \sqrt{(72,1+61,5)54,4\cdot 10^4/72,1\cdot 61,5} = 128$ 1/s

$\varphi_W^o(t)=(18000\cdot 180/72,1\cdot\pi\cdot 128^2)(1-\cos 128t)$

$\varphi_W^o(t)= 0,873(1-\cos 128t)$

Wird gesetzt $128t = \tau$ $\quad\varphi_W^o(\tau)= 0,873(1-\cos\tau)$

Der periodisch sich ändernde Torsionswinkel liegt zwischen 0 und $1,746^o$.

(c) $n_L(t)=(1/2\pi J_L)\int_0^t M_W(t)dt =(M_M K_W/2\pi J_L J_M\omega_{or}^2)[t-\sin\omega_{or}t/\omega_{or}]$

$n_L(\tau)=(M_M K_W/2\pi J_L J_M\omega_{or}^3)[\tau-\sin\tau]$

$n_L(\tau)=(18000\cdot 54,4\cdot 10^4/2\pi\cdot 61,5\cdot 72,1\cdot 128^3)[\tau-\sin\tau]= 0,168(\tau-\sin\tau)$

Der linear ansteigenden Drehzahl ist eine sinusförmige Wechselkomponente überlagert. Dieser Verlauf ist in Bild 1.24-2 wiedergegeben.

## 1.25 Verhalten eines elastisch gekoppelten Zweimassen-Systems bei sinusförmiger Anregung.

Auf das Zweimassen-System von Beispiel 1.24 soll ein sinusförmiges Moment $M_M=M_{Mm}\sin\omega_e t$ wirken. $M_{Mm}$=18000 Nm, $\omega_e$=115 1/s, alle übrigen Konstanten sind die gleichen.

Gesucht:

(a) Zeitlicher Verlauf des Torsionswinkels $\varphi_W(t)$

(b) Maximaler Torsionswinkel $\varphi_{Wm}$

(c) Zeitlicher Verlauf der Drehzahl $n_L(t)$

Lösung:

(a) Aus Beispiel 1.24 läßt sich die Differentialgleichung für $M_W(t)$ entnehmen.

$d^2M_W(t)/dt^2+\omega_{or}^2 M_W(t)=(K_W M_{Mm}/J_M)\sin\omega_e t$. Alle Anfangsbedingungen sind auch hier null, so daß sich nach Anh. 1 im Bildbereich ergibt:

$\circ\!\!-\!\!\bullet \; M_w(p)(p^2+\omega_{or}^2)=(K_w M_{Mm}/J_M)\;\omega_e/(p^2+\omega_e^2)$

$M_w(p)=(K_w M_{Mm}/J_M)\cdot\omega_e\cdot 1/(p^2+\omega_{or}^2)(p^2+\omega_e^2)\;\bullet\!\!-\!\!\circ$

$M_w(t)=(K_w M_{Mm}/J_M\omega_{or})(1/(\omega_{or}^2-\omega_e^2))[\omega_{or}\sin\omega_e t-\omega_e\sin\omega_{or}t]$

Werden die Abkürzungen $\mu=\omega_e/\omega_{or}$ und $\tau=\omega_e t$ eingeführt, so ist:

$M_w(\tau)=(K_w M_{Mm}/J_M\omega_{or}^2)(1/(1-\mu^2))[\sin\tau-\mu\sin(\tau/\mu)]$

$\varphi_w(\tau)= M_w(\tau)/K_w=(M_{Mm}/J_M\omega_{or}^2)(1/(1-\mu^2))[\sin\tau-\mu\sin(\tau/\mu)]$

(b) Der maximale Torsionswinkel tritt bei $\tau_m$ auf.

$d\varphi_w(\tau_m)/d\tau = A[\cos\tau_m-\cos(\tau_m/\mu)]= 0$ diese Bedingung ist erfüllt für

$\tau_m-k2\pi = -\tau_m/\mu$ somit $\tau_m= k2\pi\mu/(1+\mu)$ und der maximale Torsionswinkel

$\varphi_{wm}=(M_{Mm}/J_M\omega_{or}^2)(1/(1-\mu^2))[\sin(k2\pi\mu/(1+\mu))-\mu\sin(k2\pi/(1+\mu))]$

$k = 1;2;3;4...$ Hier ist $\mu = \omega_e/\omega_{or}= 115/128 = 0{,}9$

$\varphi_{wm}^o=(18000/72{,}1\cdot 128^2)(1/(1-0{,}81))[\sin(0{,}9\cdot 2\pi k/1{,}9)$
$-0{,}9\sin(2\pi k/1{,}9)](180/\pi)$

$\varphi_{wm}^o= 4{,}6[\sin(0{,}947\;\pi k)-0{,}9\sin(1{,}053\;\pi k)]$

In Bild 1.25-1 ist $\varphi_w^o$ über $\tau=\omega_e t$ aufgetragen. Auf der gestrichelt gezeichneten Einhüllenden liegen die Punkte $\varphi_{wm}$. Der größte Torsionswinkel $\varphi_{wm}^o= -8{,}6^o$ ist 4,9 mal so groß, wie er in Beispiel 1.24 für einen Momentenstoß gleicher Höhe (18000 Nm) errechnet wurde. Je näher die Anregungsfrequenz ($\omega_e$) der Eigenfrequenz ($\omega_{or}$) liegt, um so größer ist die Resonanzüberhöhung. Nach Bild 1.25-1 ist der Schwingung mit der Eigenfrquenz $f_{or}= \omega_{or}/2\pi = 128/2\pi =$ $= 20{,}4$ Hz eine Schwebung mit der Frequenz $f_{sw}= f_{or}/10 = 2$ Hz überlagert.

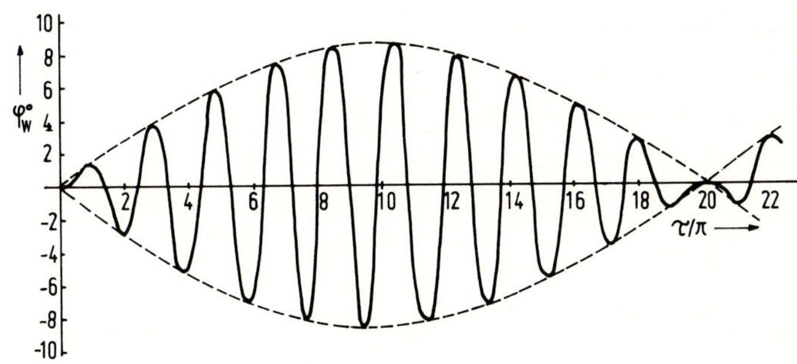


Bild 1.25-1

(c) $n_L(\tau)=(1/2\pi J_L\omega_e)\int M_w(\tau)d\tau+k$

$=(K_w M_{Mm}/2\pi J_L J_M\omega_e\omega_{or}^2(1-\mu^2))[-\cos\tau+\mu^2\cos(\tau/\mu)]+k$

Da $n_L(+o)= 0$ sein soll, muß die Integrationskonstante sein

$k = K_w M_{Mm}/2\pi J_M J_L\omega_e\omega_{or}^2$ damit ergibt sich

$$n_L(\tau)=(K_w M_{Mm}/2\pi J_L J_M \omega_{or}^3 \mu(1-\mu^2))[1-\mu^2-\cos\tau+\mu^2\cos(\tau/\mu)]$$

$$n_L(\tau)=(54{,}4\cdot 10^4\cdot 1{,}8\cdot 10^4/2\pi\cdot 72{,}1\cdot 61{,}5\cdot 128^3\cdot 0{,}9(1-0{,}9^2))$$
$$[1-0{,}9^2-\cos\tau+0{,}9^2\cos(\tau/0{,}9)]$$

$$n_L(\tau)= 0{,}98[0{,}19-\cos\tau+0{,}81\cos(\tau/0{,}9)]$$

Die maximale Drehzahl beträgt $n_{Lm}= 2$ 1/s. Die Lastdrehzahl folgt der Schwebung des Torsionswinkels.

## 1.26 Eigenfrequenz eines Walzenantriebes.

Gegeben ist der in Bild 1.26-1 gezeigte Doppelantrieb eines Quarto-Reversierwalzwerkes. Die Arbeitswalzen A werden über die Gelenkwellen G durch die Gleichstrommotoren M1 und M2 angetrieben, während die Stützwalzen S nur mitlaufen. Da die Motoren versetzt hintereinander angeordnet sind, ist zwischen Motor 1 und der Gelenkwelle eine Verlängerungswelle V notwendig. Kenndaten:
Stützwalzendurchmesser $d_s$=1,7 m, Arbeitswalzendurchmesser $d_A$=0,9 m, Walzenlänge (Ballenlänge) $l_B$=3,6 m, Gelenkwellenlänge $l_G$=2,0 m, Verlängerungswellenlänge $l_V$=5,5 m, Dichte Stahl $\varrho=7{,}6\cdot 10^3$ kg/m$^3$, Gleitmodul $G_T=78\cdot 10^9$ N/m$^2$, zulässige Schubspannung $\tau_{Zul}=120\cdot 10^6$ N/m$^2$, Motor-Nennmoment $M_{MN}=0{,}5\cdot 10^6$Nm, maximales Motormoment $M_{Mm}=2{,}25\cdot 10^6$ Nm Motor-Nenndrehzahl $n_N$=1,5 1/s, Motor-Trägheitsmoment $J_M$=7000 kgm$^2$, Die Trägheitsmomente der Kupplungen, Gelenke und Wellen werden vernachlässigt.

Gesucht:

(a) Der Wellendurchmesser $d_w$ ist so zu wählen, daß bei dem Nennmotormoment zwischen Motor M1 und Arbeitswalze ein Torsionswinkel von $\varphi_w^o=1{,}2^o$ auftritt.
(b) Bei welchem Motormoment wird die maximale Schubspannung erreicht?
(c) Torsionselastische Eigenfrequenz für beide Einzelantriebe.
(d) Elektrische Ersatzschaltung für den Gesamtantrieb.

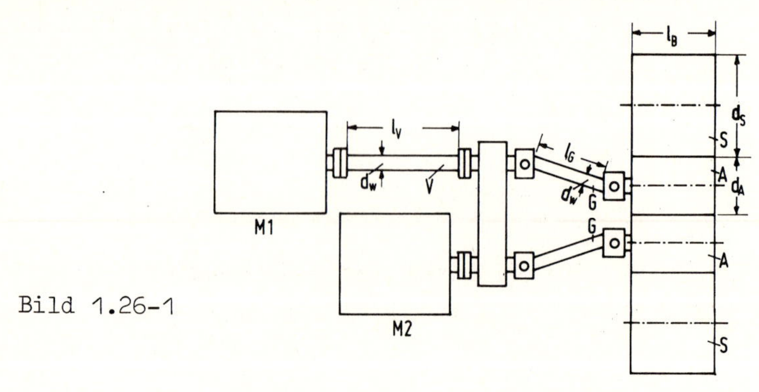


Bild 1.26-1

Lösung:

(a) Lastträgheitsmoment $J_L = J_A + J_s = (\pi \varrho l_B/32)(d_A^4 + d_A^2 d_s^2)$

$J_L = (\pi \cdot 7{,}6 \cdot 10^3 \cdot 3{,}6/32)(0{,}9^4 + 1{,}72 \cdot 0{,}9^2) = 8050\ \mathrm{kgm}^2$

Maximale Motorleistung $P_{Mm} = 2\pi M_{Mm} n_N = 2\pi \cdot 2{,}25 \cdot 10^6 \cdot 1{,}5 = 21\ \mathrm{MW}$

$P_{MN} = 2\pi M_{MN} n_N = 2\pi \cdot 0{,}5 \cdot 10^6 \cdot 1{,}5 = 4{,}7\ \mathrm{MW}$

Der Torsionswinkel $\varphi_W$ ist bei dem übertragenen Moment $M_W$

$\varphi_W = M_W(l_V + l_G)/G_T I_p$ dabei ist $I_p$ das polare Trägheitsmoment

$I_p = \pi d_W^4/64$ , $\varphi_W = 64 M_W(l_V + l_G)/G_T \pi d_W^4$

$d_W = \sqrt[4]{64 M_W(l_V + l_G)/G_T \pi \varphi_W}$ für $M_W = 0{,}5 \cdot 10^6$ Nm, $\varphi_W = 1{,}2 \cdot \pi/180 = 0{,}021$

$d_W = \sqrt[4]{64 \cdot 0{,}5 \cdot 10^6 (5{,}5 + 2{,}0)/78 \cdot 10^9 \cdot \pi \cdot 0{,}021} = 0{,}47\ \mathrm{m}$

(b) Das zulässige Moment errechnet sich aus

$M_{Wzul} = \pi \tau_{zul} d_W^3/16 = \pi \cdot 120 \cdot 10^6 \cdot 0{,}47^3/16 = 2{,}36 \cdot 10^6\ \mathrm{Nm}$

(c) Die torsionselastische Eigenfrequenz wird bestimmt durch das Kombinations-Trägheitsmoment

$J_k = J_M \cdot J_L/(J_M + J_L) = 7000 \cdot 8050/(7000 + 8050) = 3744\ \mathrm{kgm}^2$

und die Torsionssteifigkeit der Welle, gekennzeichnet durch

$K_W = M_W/\varphi_W = G_T I_p/l_W = \pi G_T d_W^4/64 l_W = \pi \cdot 78 \cdot 10^9 \cdot 0{,}47^4/64 l_W = 18{,}1 \cdot 10^6/l_W$

$f_{res} = (1/2\pi)\sqrt{K_W/J_k} = (1/2\pi)\sqrt{18{,}1 \cdot 10^6/3744}\,/\sqrt{l_W} = 11{,}07/\sqrt{l_W}$

Antrieb 1: $l_{W1} = l_V + l_G = 5{,}5 + 2{,}0 = 7{,}5\ \mathrm{m}$; $f_{res1} = 11{,}07/\sqrt{7{,}5} = 4{,}04\ \mathrm{Hz}$

Antrieb 2: $l_{W2} = l_G = 2\ \mathrm{m}$; $f_{res2} = 11{,}07/\sqrt{2} = 7{,}82\ \mathrm{Hz}$

Diese Resonanzfrequenzen liegen im Arbeitsbereich des Stromregelkreises und können deshalb zu Eigenschwingungen der betrachteten Übertragungsglieder führen. Die sicherste Abhilfe ist, durch Verkürzung der Wellen oder Wahl eines größeren Wellendurchmessers die Resonanzfrequenz auf über 30 Hz anzuheben. Ist beides nicht möglich, so muß ein aktives Bandsperrglied die Regelkreisverstärkung im Resonanzbereich auf kleine Werte herabsetzen.

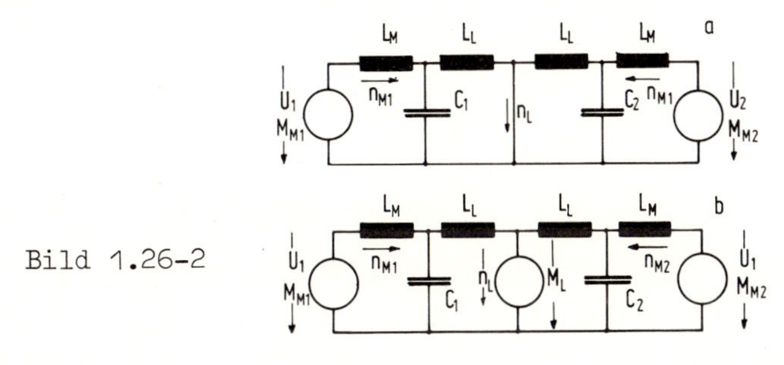


Bild 1.26-2

(d) Die dynamischen Eigenschaften der Antriebsanordnung lassen sich durch eine elektrische Ersatzschaltung erläutern. Verwendet man die Analogien: Moment ~ elektrische Spannung, Drehzahl ~ elektrischer Strom, so wird die Federkraft der Welle durch eine Induktivität L, die Massenträgheit durch eine Kapazität C nachgebildet. Umrechnungsbeziehungen $C = h_r/2\pi \cdot K_w$, $L = 2\pi \cdot J/h_r$ , Die Konstante $h_r$ ist frei wählbar. Im vorliegenden Fall für $h_r = 10^3$ Nms/Ω

$C_1 = 10^3 \cdot 7{,}5/2\pi \cdot 18{,}1 \cdot 10^6 = 65{,}9\ \mu F$
$C_2 = 10^3 \cdot 2{,}0/2\pi \cdot 18{,}1 \cdot 10^6 = 17{,}6\ \mu F$

$L_L = 2\pi J_L/h_r = 2\pi \cdot 8050/10^3 = 50{,}6$ H
$L_M = 2\pi J_M/h_r = 2\pi \cdot 7000/10^3 = 44$ H

Das Bild 1.26-2 zeigt die Ersatzschaltung, wenn die Motoren ein konstantes Moment $M_M$ abgeben, und sich die Anordnung im Leerlauf befindet (a), bzw. mit einem konstanten Moment belastet ist (b).

## 1.27 Momentenstoss bei einem Walzwerksantrieb.

Betrachtet wird ein Walzgerüstantrieb mit Kammwalzengetriebe, bei dem ein Motor über das Getriebe und zwei Gelenkwellen beide Arbeitswalzen antreibt. Der Motor wird auf die konstante Drehzahl $n_{MN}$=8 1/s geregelt. Beim Fassen des Walzgutes tritt an den Arbeitswalzen das Lastmoment $M_L = K_L n_L$ mit $K_L$=4500 Nms stoßartig auf. Infolge der Drehzahlregelung hat das Lastmoment keinen Einfluß auf die Motordrehzahl. Diese Tatsache läßt sich in der Schwingungsberechnung durch $J_M = \infty$ berücksichtigen.
Torsionskonstante der Wellen $K_w = 5{,}5 \cdot 10^5$ Nm/rad
Trägheitsmoment der Walzen $J_L$=62 kgm$^2$

Gesucht:
(a) Differentialgleichung für das Wellenmoment $M_w$
(b) Zeitlicher Verlauf des Wellenmomentes $M_w(t)$
(c) Zeitlicher Verlauf der Walzendrehzahl $n_L(t)$.

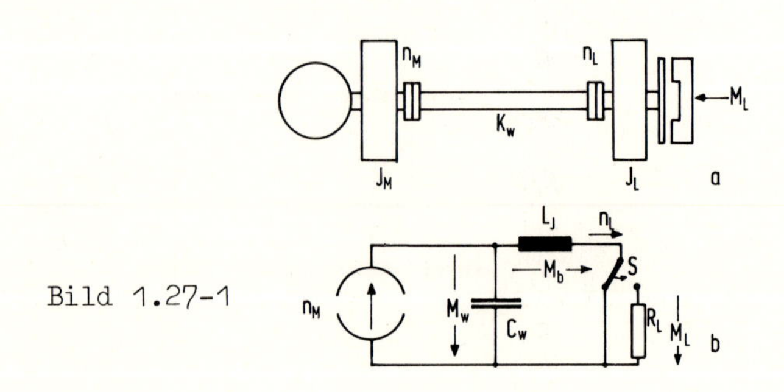


Bild 1.27-1

Lösung:

(a) Die mechanische Schwingungs-Ersatzanordnung ist in Bild 1.27-1a wiedergegeben. Die Verformungslast ist durch eine Scheibenbremse ersetzt, die zum Zeitpunkt t=0 eingelegt wird und danach die Anordnung mit dem Moment $M_L$ belastet. Die zugehörige elektrische Ersatzschaltung nach Bild 1.27-1b wird, der Drehzahlregelung wegen, durch eine $n_M$ darstellende Konstant-Stromquelle gespeist. Der Laststoß wird durch Umlegen des Schalters S in Pfeilrichtung nachgebildet. Wird die frei wählbare Konstante $h_r$=100 Nms/Ω festgelegt, so ist:

$C_W = h_r/2\pi K_W = 100/2\pi \cdot 0{,}55 \cdot 10^6 = 29\ \mu F$

$L_J = 2\pi J_L/h_r = 2\pi \cdot 62/100 = 3{,}89\ H$ ;  $R_L = K_L/h_r = 4500/100 = 45\ \Omega$.

Die Bestimmungsgleichungen für die Differentialgleichung sind:

$n_M = n_W(t)+n_L(t)$ ;  $M_W(t) = K_W\varphi_W(t) = 2\pi K_W \int n_W(t)dt$

$M_W(t) = M_L(t)+2\pi J_L dn_L(t)/dt = K_L n_L(t)+2\pi J_L dn_L(t)/dt$

Damit ergibt sich:

$M_W(t) = K_L(n_M-n_W(t))+2\pi J_L[d(n_M-n_W(t))/dt]$

$\quad = K_L n_M - K_L n_W(t) - 2\pi J_L dn_W(t)/dt$

und $n_W(t)$ durch $M_W(t)$ ersetzt:

$d^2M_W(t)/dt^2+(K_L/2\pi J_L)dM_W(t)/dt+(K_W/J_L)M_W(t) = K_L K_W n_M/J_L$

(b) Anfangsbedingungen $M_W(+o) = 0$,  $dM_W(+o)/dt = 0$

$\circ\!\!-\!\!\bullet\ [p^2+(K_L/2\pi J_L)p+K_W/J_L]M_W(p) = (K_L K_W n_M/J_L)/p$

$M_W(p) = (K_L K_W n_M/J_L)/p(p+p_1)(p+p_2)$  mit

$p_{1/2} = (K_L K_W n_M/J_L) \mp j\ (K_W/J_L)-(K_L/4\pi J_L)^2 = d \mp j\omega$

nach Anhang 1 $\bullet\!\!-\!\!\circ$

$M_W(t) = (K_L K_W n_M/J_L)[1-(p_2 e^{-p_1 t}-p_1 e^{-p_2 t})/(p_1-p_2)]/p_1 p_2$

nach Umformung

$M_W(t) = K_L n_M[1-\sqrt{1+(d/\omega_o)^2}\, e^{-dt}\cos(\omega_o t-\arctan(d/\omega_o))$  (1)

$d = K_L/4\pi J_L = 4500/4\pi \cdot 62 = 5{,}78\ 1/s$

$\omega_o = \sqrt{(K_W/J_L)-d^2} = \sqrt{(5{,}5 \cdot 10^5/62)-5{,}78^2} = 93{,}67\ 1/s$  damit

$M_W(t) = 36000[1-e^{-5{,}78t}\cos(93{,}67t-0{,}062)]$

In Bild 1.27-2 ist $M_W(t)$ aufgetragen. Der rechteckigen Stoßfunktion ist eine schwach gedämpfte, periodische Schwingung mit der Eigenfrequenz $f_o=\omega_o/2\pi = K_W/J_L/2\pi = 14{,}9$ Hz überlagert. Das maximale Wellenmoment beträgt $M_{Wm}$=66 kNm, das ist das 1,83fache des statischen Momentes. Da der Torsionswinkel sich nach der Gleichung $\varphi_w^o(t)=(180/\pi K_w)M_w(t)= 1{,}04\cdot 10^{-4}M_w(t)$ proportional dem Wellenmoment verändert, stellt Bild 1.27-2 auch den zeitlichen Verlauf des Torsionswinkels dar. Sein Maximalwert ist $\varphi_{wm}^o= 6{,}9^o$.

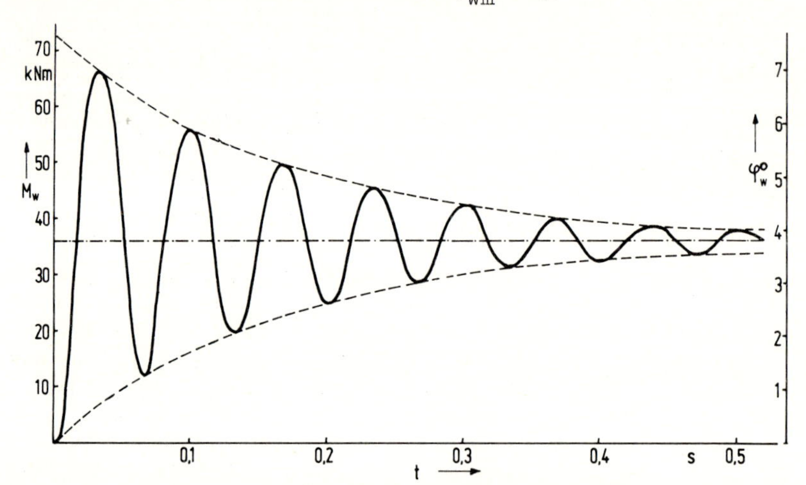


Bild 1.27-2

(c) Aus den Bestimmungsgleichungen läßt sich entnehmen:

$n_L(t)= n_M-n_w(t)= n_M-(1/2\pi K_w)dM_w(t)/dt$ Gleichung (1) eingesetzt

$n_L(t)= n_M[1-e^{-dt}(1+(d/\omega_o)^2)(K_L\omega_o/2\pi K_w)e^{-dt}\sin\omega_o t]$

$n_L(t)= 8[1-0{,}124e^{-5{,}78t}\sin 93{,}67t]$

Auch hier treten die gleiche Dämpfung und die gleiche Eigenfrequenz wie bei dem Wellenmoment auf.

## 1.28 Anfahren über Speicherschwungmasse und Schlupfkupplung.

Zum schnellen Anfahren einer großen Schwungmasse $m_L$ wird ein hohes Beschleunigungsmoment und damit eine große Antriebsleistung benötigt. Steht nur ein schwaches Energieversorungsnetz zur Verfügung, so muß ein Zwischen-Energiespeicher vorgesehen werden. Dieser kann eine weitere Schwungmasse $m_z$ sein, die langsam auf die Drehzahl $n_z$ beschleunigt, dann von dem Antriebsmotor getrennt und über eine Schlupfkupplung mit der Lastmasse $m_L$ verbunden wird. Gegeben: Trägheitsmoment der Speichermasse $m_z$: $J_z$=40 kgm$^2$, Trägheitsmoment der Lastmasse $m_L$: $J_L$=10 kgm$^2$, Kupplungskonstante $K_K=10^{-3}$ 1/Nms, Torsionskonstante der Zwischenwelle $K_w=20\cdot 10^3$ Nm/rad. Die Last $m_L$ soll auf die Drehzahl $n_L$=6 1/s beschleunigt werden.

Gesucht:

(a) Antriebsanordnung, elektrische Ersatzschaltung, Ausgangsdrehzahl der Speicher-Schwungmasse $n_{zo}$.

(b) Die in der Schlupfkupplung während des Anlaufs umgesetzte Energie $E_z$.
(c) Differentialgleichung für das von $m_z$ auf $m_L$ ausgeübte Moment M
(d) Zeitlicher Verlauf des Momentes M(t)
(e) Zeitlicher Verlauf der Drehzahl $n_L(t)$
(f) Die Schlupfkupplung wird härter auf $K_K=0{,}6\cdot10^{-3}$ 1/Nms eingestellt. Es sind für diesen Fall M(t) und $n_L(t)$ zu berechnen.
(g) Beschleunigung der Masse $m_L$, wenn anstelle der Schlupfkupplung eine Schaltkupplung vorgesehen wird.
(h) Beschleunigung der Masse $m_L$ mit Schlupfkupplung ($K_K=10^{-3}$ 1/Nms, $K_K=0{,}6\cdot10^{-3}$ 1/Nms) und starrer Welle ($K_W=\infty$).

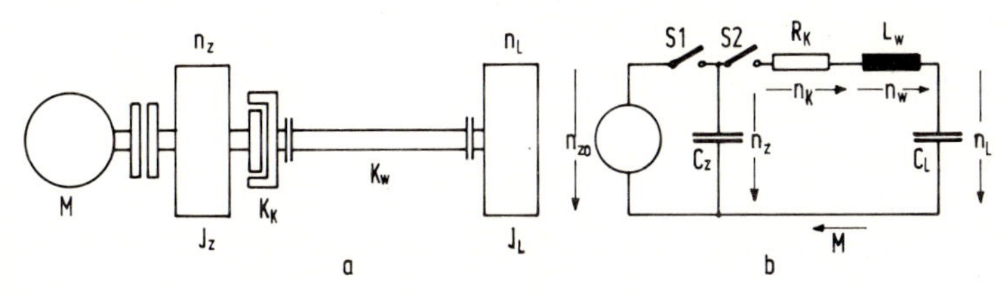


Bild 1.28-1

Lösung:

(a) Die zu berechnende Anordnung ist in Bild 1.28-1a wiedergegeben. Auch hierzu läßt sich eine elektrische Ersatzschaltung aufstellen. Da diese Anordnung wegen des Fehlens eines Beharrungsmomentes momentenschlüssig ist, d.h. alle Elemente das gleiche Moment führen, empfiehlt sich die folgende Analogiezuordnung zwischen den mechanischen und den elektrischen Größen:
Drehzahl ~ elektrische Spannung, Moment ~ elektrischer Strom. Dann gilt: $L_W = h_r/2\pi K_W$ , $C = 2\pi J/h_r$ , $R_K = h_r K_K$ dabei ist $h_r$ NmsΩ wieder frei wählbar. Die Ersatzschaltung ist aus Bild 1.28-1b zu ersehen. Der Zwischenspeicher wird durch Schließen des Schalters S1 aufgeladen und durch Schließen des Schalters S2 auf die Lastkapazität geschaltet. Wird $h_r=10^6$ NmsΩ gewählt, so ergibt sich $L_W= 10^6/2\pi\cdot2\cdot10^4 = 7{,}96$ H ; $C_L= 2\pi\cdot10/10^6 = 62{,}8$ µF
$C_z= 2\pi\cdot40/10^6 = 251$ µF und $R_K= 10^6\cdot10^{-3} = 1000$ Ω
Durch $m_z$ wird $m_L$ auf die Drehzahl $n_L= n_{zo}J_z/(J_z+J_L)$ beschleunigt. Somit muß die Speichermasse auf die Drehzahl
$n_{zo}= n_L(J_z+J_L)/J_z= 6(40+10)/40 = 7{,}5$ 1/s gebracht werden.

(b) Kinetische Energie der Speicherschwungmasse vor dem Kuppeln
$E_{zo}= 2\pi^2 n_z^2 J_z= 2\pi^2\cdot 7{,}5^2\cdot 40 = 0{,}444\cdot10^5$ Ws.
Nachdem $m_L$ auf $n_L$ beschleunigt worden ist, beträgt die Energie beider Schwungmassen:

$E_{ze} = 2\pi^2 n_L^2(J_z+J_L) = 2\pi^2\cdot 6^2(40+10) = 0{,}355\cdot 10^5$ Ws

Die Differenz wird in der Schlupfkupplung in Wärme umgesetzt

$E_K = E_{zo} - E_{ze} = (0{,}444-0{,}355)10^5 = 89\cdot 10^3$ Ws.

Diese Verlustenergie ist von der Kennlinie der Schlupfkupplung $M_K = n_K/K_K$ unabhängig. Dabei ist $n_K$ die Schlupfdrehzahl der Kupplung.

(c) Es ist $M_z = M_K = M_w = M_L = M$ , somit sind die Bestimmungsgleichungen für die einzelnen Elemente:

Speicherschwungmasse $n_z(t) = (1/2\pi J_z)\int M(t)dt$

Kupplung $n_K(t) = K_K M(t)$

elastische Welle $n_w(t) = (1/2\pi K_w)dM(t)/dt$

Lastschwungmasse $n_L(t) = (1/2\pi J_L)\int M(t)dt$

Dazu kommt die Beziehung $n_L(t)+n_w(t)+n_K(t)+n_z(t) = n_{zo}$

Werden die ersten vier Bestimmungsgleichungen in die fünfte eingesetzt

$$(1/2\pi J_L)\int M(t)dt + (1/2\pi K_w)dM(t)/dt + K_K M(t) + (1/2\pi J_z)\int M(t)dt = n_{zo} \quad (1)$$

Gleichung (1) differenziert

$$[(J_z+J_L)/2\pi J_L J_z]M(t) + (1/2\pi K_w)d^2M(t)/dt^2 + K_K dM(t)/dt = 0 \quad (2)$$

mit den Abkürzungen $d = \pi K_w K_K$ und $\omega_{or}^2 = (J_z+J_L)K_w/J_z J_L$

$$d^2M(t)/dt^2 + 2d\cdot dM(t)/dt + \omega_{or}^2 M(t) = 0$$

(d) Anfangsbedingungen: Die elastische Welle läßt keine sprunghafte Momentenänderung zu, deshalb $M(+o) = 0$. Da außerdem $n_L(+o) = 0$ ist, ergibt sich aus Gl.(1) $(1/2\pi K_w)dM(+o)/dt = n_{zo}$ somit ist $dM(+o)/dt = 2\pi K_w n_{zo}$. Gl.(2) in den Bildbereich transformiert:

$$\circ\!\!-\!\!\bullet \quad p^2M(p) - 2\pi K_w n_{zo} + 2dpM(p) + \omega_{or}^2 M(p) = 0$$

$$M(p) = 2\pi K_w n_{zo}/(p^2+2dp+\omega_{or}^2) = 2\pi K_w n_{zo}/(p+p_1)(p+p_2) \quad (3)$$

$$p_{1,2} = d \mp \sqrt{d^2-\omega_{or}^2} = d \mp \omega_o$$

$$\bullet\!\!-\!\!\circ \quad M(t) = 2\pi K_w n_{zo}(e^{-p_1 t} - e^{-p_2 t})/(p_2-p_1) = (\pi K_w n_{zo}/\omega_o)(e^{-p_1 t} - e^{-p_2 t}) \quad (4)$$

$d = \pi K_w K_K = \pi\cdot 20\cdot 10^3\cdot 10^{-3} = 62{,}8$ 1/s

$\omega_{or}^2 = (J_z+J_L)K_w/J_z J_L = 50\cdot 2\cdot 10^4/400 = 2500$ 1/s$^2$

$\omega_o = \sqrt{d^2-\omega_{or}^2} = \sqrt{62{,}8^2-2500} = 38$ 1/s

$p_1 = 62{,}8-38{,}0 = 24{,}8$ 1/s ; $p_2 = 62{,}8+38{,}0 = 100{,}8$ 1/s

Die Konstanten in Gl.(4) eingesetzt

$$M(t) = 2\pi\cdot 2\cdot 10^4\cdot 7{,}5/76(e^{-24{,}8t} - e^{-100{,}8t})$$

$$M(t) = 12{,}4\cdot 10^3(e^{-24{,}8t} - e^{-100{,}8t}) \quad (5)$$

Das Maximalmoment tritt im Zeitpunkt

$t_m = (\ln p_2/p_1)/(p_2-p_1) = \ln 4,06/76 = 0,0185$ s auf und beträgt

$M_m = 12,4\cdot 10^3(e^{-0,458} - e^{-1,86}) = 5915$ Nm.

In Bild 1.28-2 ist M(t) nach Gl.(5) aufgetragen (I).

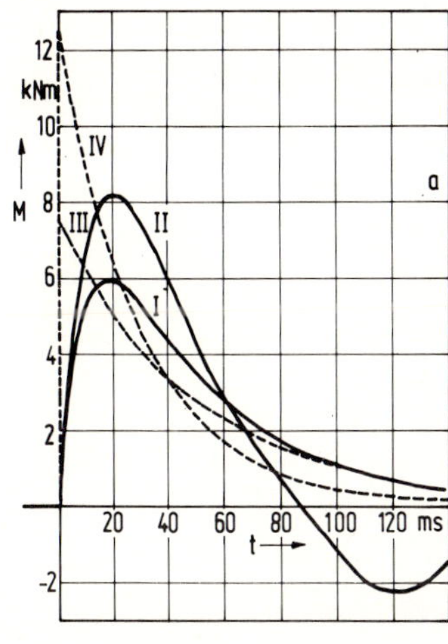


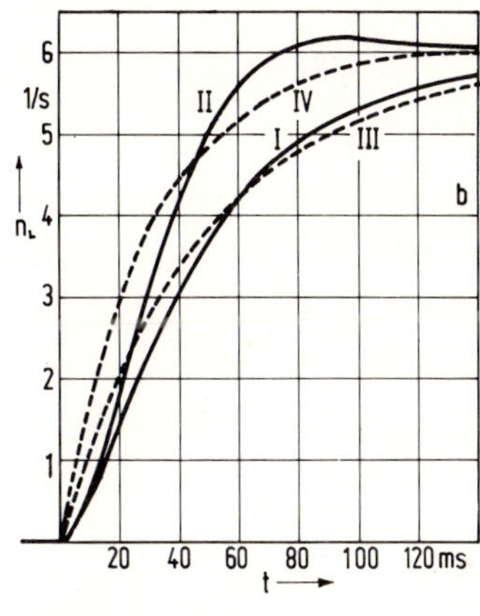


Bild 1.28-2

(e) Nachdem das Moment bekannt ist, läßt sich die Drehzahl $n_L(t)$ bestimmen: $n_L(t) = (1/2\pi J_L)\int M(t)dt$ , Gl.(4) eingesetzt:

$$n_L(t) = [K_w n_{zo}/J_L(p_2-p_1)](-e^{-p_1 t}/p_1 + e^{-p_2 t}/p_2) + K$$

Da $n_L(+o) = 0$ ist, $K = K_w n_{zo}/J_L p_1 p_2$ und damit

$$n_L(t) = (K_w n_{zo}/J_L p_1 p_2)[1-(p_2 e^{-p_1 t} - p_1 e^{-p_2 t})/(p_2-p_1)] \qquad (6)$$

$$= (2\cdot 10^4\cdot 7,5/10\cdot 24,8\cdot 100,8)[1-(100,8e^{-24,8t} - 24,8e^{-100,8t})/76]$$

$$n_L(t) = 6[1-1,326e^{-24,8t} + 0,326e^{-100,8t}] \ 1/s$$

Diese Übergangsfunktion ist in Bild 1.28-2 eingezeichnet (I).

(f) Die Dämpfung des Antriebes hat sich vermindert

$d = \pi\cdot 20\cdot 10^3\cdot 0,6\cdot 10^{-3} = 37,7$ 1/s

$$p_{1,2} = d \mp j\sqrt{\omega_{or}^2 - d^2} = 37,7 \mp j\sqrt{2500-37,7^2} = 37,7 \mp j32,8 \ 1/s$$

Für diesen periodisch gedämpften Kreis nimmt Gl.(4) die Form an:

$$M(t) = (2\pi K_w n_{zo}/\omega_o)e^{-dt}\sin\omega_o t = (2\pi\cdot 2\cdot 10^4\cdot 7,5/32,8)e^{-37,7t}\sin 32,8t$$

$M(t) = 28734e^{-37,7t}\sin 32,8t$ Nm      Bild 1,28-2, Kurve II

Gl.(6) mit den komplexen Wurzeln $p_1$, $p_2$ liefert das Ergebnis für die Lastdrehzahl

$n_L(t) = 6[1-1,523e^{-37,7t}\sin(32,8t+0,716)]$. Bild 1.28-2, Kurve II.

(g) Eine Schaltkupplung hat die Konstante $K_K=0$. Der Anlauf mit dieser Anordnung würde ohne torsionselastische Welle im ersten Augenblick zu einem unendlich großen Moment führen, d.h. gar nicht möglich sein.

Die Differentialgleichung (2) nimmt für $K_K=0$ die Form an:

$d^2M(t)/dt^2+[(J_z+J_L)K_w/J_LJ_z]M(t)= d^2M(t)/dt^2+\omega_{or}^2M(t)= 0$

Die Anfangsbedingungen sind unverändert

$\circ\!\!-\!\!\bullet \quad p^2M(p)-2\pi K_wn_{zo}+\omega_{or}^2M(p)= 0$

$M(p)= 2\pi K_wn_{zo}/(p^2+\omega_{or}^2)$ Rücktransformation nach Anhang 1

$\bullet\!\!-\!\!\circ \quad M(t)=(2\pi K_wn_{zo}/\omega_{or})\sin\omega_{or}t \qquad \omega_{or}= 50\ 1/s$

$M(t)=(2\pi\cdot 2\cdot 10^4\cdot 7,5/50)\sin 50t = 18849\sin 50t$ Nm

Das Moment verläuft in der Form einer ungedämpften Sinusschwingung. Das Spitzenmoment ist für die vorliegende Welle zu groß. Es müßte deshalb die Torsionskonstante $K_w$ vergrößert werden. Dadurch wird allerdings nach

$M_m= 2\pi K_wn_{zo}/\sqrt{(J_z+J_L)K_w/J_zJ_L} =(2\pi\cdot 7,5/\ 50/400)\sqrt{K_w}= 133,3\sqrt{K_w}$

das Maximalmoment weiter zunehmen.

(h) Die Differentialgleichung (2) vereinfacht sich zu:

$dM(t)/dt +[(J_z+J_L)/2\pi K_KJ_LJ_z]M(t)= 0$

$(J_z+J_L)/2\pi K_KJ_LJ_z=50/2\pi\cdot 400K_K= 0,02/K_K$

$dM(t)/dt +(0,02/K_K)M(t)= 0$ mit der Anfangsbedingung $M(+o)= n_{zo}/K_K$

$\circ\!\!-\!\!\bullet \quad pM(p)-n_{zo}/K_K+(0,02/K_K)M(p)= 0 \quad ; \quad M(p)=(n_{zo}/K_K)/p+0,02/K_K$

$\bullet\!\!-\!\!\circ \quad M(t)=(7,5/K_K)e^{-0,02t/K_K}$ Nm

und die Lastdrehzahl $n_L(t)= -(1/20\pi)\int M(t)dt +K = -6e^{-0,02t/K_K}+K$

Da $n_L(+o)= 0$ ist $K = 6$ ; $n_L(t)= 6(1-e^{-0,02t/K_K})$ 1/s

Für $K_K=10^{-3}$ und $K_K=0,6\cdot 10^{-3}$ sind $M(t)$ und $n_L(t)$ in Bild 1.28-2 als Übergangsfunktionen III, bzw. IV aufgetragen.

## 1.29 Hubwerk mit elastischem Seil

Bei Kranen großer Hubhöhe werden die Betriebseigenschaften durch die Elastizität des Seiles beeinflußt. Neben der lastabhängigen Längung des Seiles treten bei einer plötzlichen Änderung der Hubkraft Longitudinalschwingungen auf, die schwach gedämpft sind.

Bei einem Kranhubwerk wird die Nennlast $G_{LN}$ durch das Motormoment $M_{MN}$ in der Schwebe gehalten (mechanische Haltebremse geöffnet). Anschliessend wird die Last dadurch angehoben, daß das Motormoment für die Zeit $t_1=3$ s von $M_{MN}$ auf $aM_{MN}$ vergrößert wird. Die Elastizität des Seiles ist bei der Ermittlung des Einschwingvorganges zu berücksichtigen.

Gegeben: Seillänge $l_S$=45 m, eff. Seildurchmesser $d_S$=0,026 m, Seilgewicht, je Meter Seillänge $G'_S$=25 N/m, Seilelastizität, je Meter Seillänge $K'_S=10^{-6}/40{,}6$ 1/N, Seiltrommeldurchmesser $d_{Tr}$=0,8 m, Hubgeschwindigkeit $V_{LN}$=5 m/s, Nennlast $G_{LN}=8\cdot10^4$ N, Gewicht Geschirr $G_G$=500 N, Trägheitsmoment von Motor und Getriebe, bezogen auf die Seiltrommelachse $J_T=7000$ kgm$^2$, Momentenverhältnis a=2.

Gesucht:

(a) Bestimmung der Konstanten

(b) Schwingungs-Ersatzanordnung und analoge elektrische Ersatzschaltung. Ermittlung der Übergangsfunktion $v_L(t)$ über den elektrischen Frequenzgang

(c) Differentialgleichung für die Seilkraft

(d) zeitlicher Verlauf der Seilkraft $F_S(t)$ und der Lastgeschwindigkeit $v_L(t)$.

Lösung:

(a) Seiltrommeldrehzahl $n_{MN}= V_{LN}/\pi(d_{Tr}+d_S)= 5/\pi(0{,}8+0{,}026)= 1{,}927$ 1/s.

Beharrungskraft am Seiltrommelumfang

$G_L= G_{LN}+G'_S l_S+G_G= 8\cdot10^4+25\cdot45+500 = 8{,}16\cdot10^4$ N.

Hubleistung $P_L= V_{LN}G_L= 5\cdot8{,}16\cdot10^4 = 408$ kW.

Umrechnung der rotierenden Masse auf eine linear bewegte Masse

$m_M= 4J_T/(d_{Tr}+d_S)^2 = 4\cdot7000/0{,}826^2 = 4{,}1\cdot10^4$ kg.

Die Masse von Last, Seil und Geschirr soll am Lastangriffspunkt konzentriert gedacht werden

$m_L= G_L/g = 8{,}16\cdot10^4/9{,}81 = 0{,}83\cdot10^4$ kg.

Elastizitätskonstante des Seiles

$K_S= K'_S l_S= 45\cdot10^{-6}/40{,}6 = 1{,}11\cdot10^{-6}$ m/N.

Unter der Einwirkung der Kraft G längt sich das Seil somit um

$\delta l_S= G_L K_S= 8{,}16\cdot10^4\cdot 1{,}11\cdot10^{-6} = 0{,}09$ m.

(b) Das aus den beiden Massen und der Federkraft des Seiles gebildete Schwingungssystem ist in Bild 1.29-1 wiedergegeben. Die durch die Seilumlenkungen und die Verluste der hierzu notwendigen Rollen bedingte geringe Systemdämpfung wird vernachlässigt. Mit der Analogiefestlegung: Kraft$\sim$elektrische Spannung und Geschwindigkeit $\sim$ elektrischer Strom ergibt sich die in Bild 1.29-2 ebenfalls eingezeichnete elektrische Ersatzschaltung mit den Umrechnungsbeziehungen: $C = h_r K_S$ , $L = m/h_r$ mit der frei wählbaren Konstante $h_r$ in Ns/Ωm. Für $h_r$= 100 Ns/Ωm ergibt sich $C_S= 100K_S= 111$ µF, $L_M= m_M/100 = 410$ H, $L_L= m_L/100 = 83$ H.

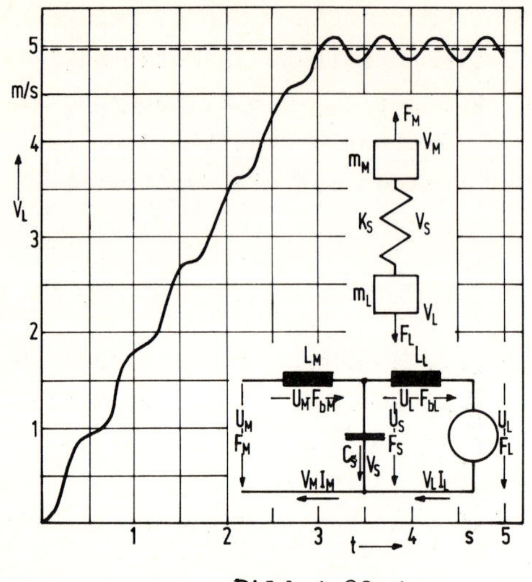


Bild 1.29-1

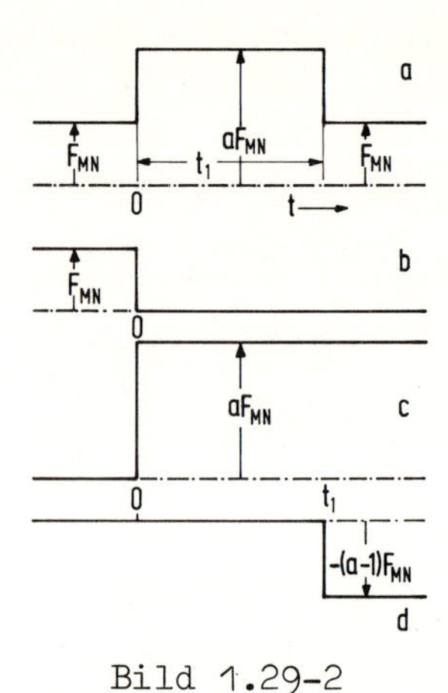


Bild 1.29-2

Mit Hilfe der elektrischen Ersatzschaltung ist die Übergangsfunktion sehr einfach über den Frequenzgang zu ermitteln. Voraussetzung ist, daß alle Anfangsbedingungen null sind. Diese Bedingung läßt sich für die Übergangsfunktion $v_L(t)$ dadurch erfüllen, daß bei der tatsächlichen Kraft $F_M = aF_L$ nur die Komponente $F'_M = (a-1)F_L$ als Eingangsgröße angesetzt wird.

Aus der elektrischen Ersatzschaltung von Bild 1.29-1 kann als Frequenzgang abgelesen werden

$$\frac{i_L(j\omega)}{u_M(j\omega)} = \frac{j\omega L_L(1/j\omega C_s)}{j\omega L_L + 1/j\omega C_s} \frac{1}{1 + j\omega L_L(1/J\omega C_s)/(j\omega L_L + 1/j\omega C_s)}$$

und nach einigen Umformungen

$$\frac{i_L(j\omega)}{u_M(j\omega)} = \frac{1}{L_M L_L C_s} \frac{1}{j\omega[\omega_r^2 + (j\omega)^2]} \text{ mit } \omega_r^2 = \frac{L_M + L_L}{L_M L_L C_s} = 11{,}42^2 \text{ und } j\omega = p$$

ist die Bildgleichung der Übergangsfunktion

$$\frac{i_L(p)}{(a-1)U_L} \frac{1}{p} = \frac{1}{L_M L_L C_s} \frac{1}{p^2(p^2 + \omega_r^2)} \quad \text{Rücktransformation nach Anhang 1}$$

$$\bullet\!\!-\!\!\circ \; i_L(t) = (a-1)U_L[\omega_r t - \sin(\omega_r t)]/\omega_r^3 L_M L_L C_s$$

$$i_L(t) = \frac{(a-1)U_L}{(L_M + L_L)\omega_r}[\omega_r t - \sin(\omega_r t)]$$

und die entsprechende Gleichung des mechanischen Systems

$$v_L(t) = \frac{(a-1)G_L}{(m_M + m_L)\omega_r}[\omega_r t - \sin(\omega_r t)] = \frac{(2-1)8{,}16 \cdot 10^4}{(4{,}1+0{,}83)10^4 \cdot 11{,}42}[11{,}42t - \sin(11{,}42t)]$$

$$v_L(t) = 1{,}66t - 0{,}145\sin(11{,}42t) \text{ m/s}$$

(c) Der sicherste Weg ist die Aufstellung der Differentialgleichung. Die Bestimmungsgleichungen für das elektrische und das mechanische Ersatzsystem lassen sich aus Bild 1.29-1 ablesen. Sie werden zum Vergleich nebeneinander geschrieben.

| | |
|---|---|
| $F_M = m_M dv_M(t)/dt + F_S(t)$ | $U_M = L_M di_M(t)/dt + u_S(t)$ |
| $v_M(t) = v_S(t) + v_L(t)$ | $i_M(t) = i_S(t) + i_L(t)$ |
| $F_S(t) = (1/K_S)\int v_S(t)dt$ | $u_S(t) = (1/C_S)\int i_S(t)dt$ |
| $F_S(t) = m_L dv_L(t)/dt + G_L$ | $u_S(t) = L_L di_L(t)/dt + U_L$ |
| daraus ergibt sich: | |
| $\frac{d^2F_S(t)}{dt^2} + \omega_r^2 F_S(t) = \frac{1}{K_S}\left(\frac{F_M}{m_M} + \frac{G_L}{m_L}\right)$ | $\frac{d^2u_S(t)}{dt^2} + \omega_r^2 u_S(t) = \frac{1}{C_S}\left(\frac{U_M}{L_M} + \frac{U_L}{L_L}\right)$ |
| mit der Resonanzkreisfrequenz | |
| $\omega_r = \sqrt{\frac{m_M + m_L}{m_M m_L K_S}} = \sqrt{\frac{(4,1+0,83)100}{4,1\cdot 0,83\cdot 1,11}} =$ | $\omega_r = \sqrt{\frac{L_M + L_L}{L_M L_L C_S}} = \sqrt{\frac{410+83}{410\cdot 83\cdot 111}\,10^6} =$ |
| $= 11,42\ 1/s$ | $= 11,42\ 1/s$ |

Die weitere Rechnung wird anhand der mechanischen Differentialgleichung durchgeführt.

(d) Den zeitlichen Verlauf der Hubkraft $F_M$ zeigt Bild 1.29-2a. Diese Blockfunktion läßt sich durch die Summe von drei Einheitsstößen nachbilden. Der in b wiedergegebene Stoß wird durch die Anfangsbedingungen berücksichtigt. Somit setzt sich der Einschwingvorgang aus zwei Bereichen zusammen. In dem Bereich I ist ein positiver Stoß von der Höhe $aF_{MN}$ wirksam (Bild 1.29-2c), und in dem Bereich II kommt zu dem positiven Stoß noch ein um $t_1$ verspäteter negativer von der Höhe $(a-1)F_{MN}$ hinzu (Bild 1.29-2d).

Bereich I (Gültigkeitsbereich $0<t<t_1$)

$F_M = aF_{MN} = aG_L$ in die Differentialgleichung eingesetzt:

$$d^2F_S(t)/dt^2 + \omega_r^2 F_S(t) = G_L\omega_1^2 \quad (1) \qquad \omega_1^2 = [(a/m_M) + 1/m_L]/K_S$$

Anfangsbedingungen $F_S(+o) = G_L$ ; $dF_S(+o)/dt = 0$

$$\circ\!\!-\!\!\bullet \quad F_S(p)p^2 - G_L p + \omega_r^2 F_S(p) = G_L\omega_1^2/p$$

$F_S(p) = G_L[p/(p^2+\omega_r^2) + \omega_1^2/p(p^2+\omega_r^2)]$ Rücktransformation nach Anhang 1

$$\bullet\!\!-\!\!\circ \quad F_S(t) = G_L[\cos\omega_r + (1-\cos\omega_r t)\omega_1^2/\omega_r^2] = G_L[\omega_1^2/\omega_r^2 + (1-\omega_1^2/\omega_r^2)\cos\omega_r t]$$

Für $a=1$ ist $\omega_1=\omega_r$ und damit $F_S(t)=G_L$; die Last bleibt in Ruhe.

Daraus die Lastgeschwindigkeit

$$v_L(t) = (1/m_L)\int(F_S(t)-G_L)dt + K = (G_L/m_L)[(-1+\omega_1^2/\omega_r^2)t - (-1+\omega_1^2/\omega_r^2)\sin\omega_r t]$$

$$v_L(t) = [G_L/(m_M+m_L)\omega_r][t-(1/\omega_r)\sin\omega_r t]$$

Bereich II (Gültigkeitsbereich $t_1<t<\infty$)

Jetzt ist zusätzlich der negative, verzögerte Stoß wirksam. Die Bildfunktion der Differentialgleichung (1) ist:

$$\circ\!\!-\!\!\bullet \quad F_S(p)p^2 - G_L p + \omega_r^2 F_S(p) = G_L\omega_1^2/p - [G_L(a-1)/K_S m_M]e^{-t_1 p}/p$$

$F_S(p) = G_L[p/(p^2+\omega_r^2)+\omega_1^2/p(p^2+\omega_r^2)-((a-1)/K_S m_M)e^{-t_1 p}/p(p^2+\omega_r^2)]$

Rücktransformation nach Anhang 1

$\bullet\!\!-\!\!\circ\ F_S(t)=G_L[\cos\omega_r t+(1-\cos\omega_r t)\omega_1^2/\omega_r^2-((a-1)/\omega_r^2 m_M K_S)(1-\cos\omega_r(t-t_1))]$

und die Lastgeschwindigkeit $v_L(t)=(1/m_L)\int(F_S(t)-G_L)dt +K$.

Nach einigen Umformungen ergibt sich

$v_L(t)= G_L(a-1)/\omega_r(m_M+m_L)[\omega_r t_1-\sin\omega_r t+\sin(t-t_1)]$.

Werden die Konstanten eingesetzt, so erhalten wir die Ergebnisse

Bereich I $v_L= 1{,}66t-0{,}145\sin 11{,}42t$ m/s

Bereich II $v_L= 4{,}96-0{,}145\sin 11{,}42t+0{,}145\sin 11{,}42(t-3)$ m/s.

In Bild 1.29-1 ist die sich aus beiden Gleichungen zusammensetzende Übergangsfunktion aufgetragen. In Wirklichkeit nimmt die Amplitude der Seilschwingungen durch die hier nicht berücksichtigten Verluste mit der Zeit ab.

## 1.30 Fahrverhalten einer Gestellfördermaschine

An Gestellfördermaschinen werden, da sie sowohl für den Förderguttransport als auch für die Personenbeförderung (Seilfahrt) benutzt werden, hohe Anforderungen gestellt. Wegen der hohen Förderhöhe sind die Seilschwingungen besonders ausgeprägt und müssen durch geeignete Sollwertvorgabe begrenzt werden.

Gegeben ist die in Bild 1.30-1 gezeigte Gestellfördermaschine. Es wird der Fall untersucht, daß sich der beladene Förderkorb in der unteren und der leere Förderkorb in der oberen Endlage befinden. Der Antriebsmotor wird auf lastunabhängige Treibscheibendrehzahl geregelt. Bei der Betrachtung eines Förderzuges, bzw. bei der Bewegung um eine Etagenhöhe (Umsetzvorgang), ist die Seilelastizität zu berücksichtigen. Die Verluste, bestehend aus den Luftreibungs- und den Seilverlusten, werden proportional der Korbgeschwindigkeit angenommen ($K_r$). Konstanten:

| | |
|---|---|
| Gewicht Förderkorb leer | $G_{Ko}= 36\cdot10^4$ N |
| Nutzlast | $G_{KL}= 25\cdot10^4$ N |
| Seillängen | $l_S= 950$ m |
| " | $l_{S1}= 900$ m |
| " | $l_{S2}= 30$ m |
| Seilgewicht, je Meter | $G'_S= 364$ N/m |
| Seilelastizität für 1 m Seillänge | $K'_S= 2{,}88\cdot10^{-8}$ 1/N |
| Treibscheibendurchmesser | $d_{Tr}= 5$ m |
| Nenn-Fahrgeschwindigkeit | $V_N= 16$ m/s |
| Anfahrzeit auf $V_N$ | $t_{aN}= 9$ s |

| | |
|---|---|
| Umsetzweg | $s_u = 2{,}8$ m |
| Umsetzzeit | $t_u = 10$ s |
| Trägheitsmoment Motor+Treibscheibe | $J_T = 22{,}6\cdot10^4$ kgm$^2$ |
| Verlustkonstante, je Korb | $K_r = 0{,}5\cdot10^4$ Ns/m |

Gesucht:

(a) Maximales Motormoment, Motorleistung, Anfahr-, Förder-, Brems-Weg und -Zeit

(b) Effektives Motormoment eines Förderzuges, effektive Antriebsleistung

(c) Schwingungsersatzschaltung und elektrische Analogieschaltung

(d) Zeitlicher Verlauf der beiden Förderkorbgeschwindigkeiten $v_{K1}(t)$ und $v_{K2}(t)$ beim Anfahren der Fördermaschine

(e) Zeitlicher Verlauf der Förderkorbgeschwindigkeit $v_{K1}(t)$ und des Förderkorbweges $s_{K1}(t)$ beim Umsetzen mit Vorgabe eines Doppelrampen-Sollwertes. Während des Umsetzens, es erfolgt ja mit niedriger Fahrgeschwindigkeit, soll beim Förderkorb am langen Seil, durch ein zusätzliches Dämpfungsglied, die Verlustkonstante auf $K_r = 2{,}5\cdot10^4$ Ns/m heraufgesetzt werden.

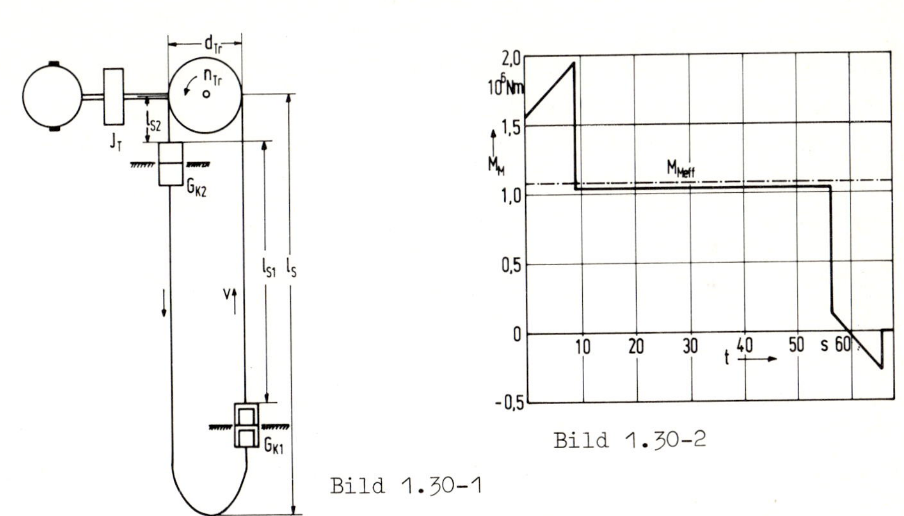


Bild 1.30-1

Bild 1.30-2

Lösung:

(a) Die Gewichtskräfte werden in den Förderkörben konzentriert gedacht.

$G_{K1} = G_{Ko} + G_{KL} + l_S G'_S = (36+25+950\cdot0{,}0364)10^4 = 95{,}6\cdot10^4$ N

$G_{K2} = G_{Ko} + l_S G'_S = (36+950\cdot0{,}0364) = 70{,}6\cdot10^4$N

Beharrungsmoment $M_L = d_{Tr}(G_{K1} - G_{K2})/2 = d_{Tr} G_{KL}/2 = 62{,}5\cdot10^4$ Nm

Nenngeschwindigkeit Treibscheibe $n_{TrN} = V_N/\pi\cdot d_{Tr} = 16/\pi\cdot 5 = 1{,}02$ 1/s

Ersatzträgheitsmoment der linear bewegten Massen, bezogen auf die

Treibscheibenwelle

$J_K=(d_{Tr}^2/4g)(G_{K1}+G_{K2})=(25/4\cdot9,81)(95,6+70,6)\cdot10^4 = 106\cdot10^4$ kgm$^2$

Beschleunigungsmoment $M_b= 2\pi(J_T+J_K)n_{TrN}/t_{aN}= 2\pi\cdot128,6\cdot10^4\cdot1,02/9$

$M_b= 91,6\cdot10^4$ Nm ; Lastmoment $M_L= G_{KL}d_{Tr}/2 = 25\cdot2,5\cdot10^4= 62,5\cdot10^4$Nm

maximales Reibungsmoment $M_{vm}= 2K_rV_Nd_{Tr}/2 = 0,5\cdot16\cdot5\cdot10^4= 40\cdot10^4$ N

maximales Antriebsmoment, während der Beschleunigung, voller Korb aufwärts $M_{Mm}= M_b+M_L+M_{vm}=(91,6+62,5+40)10^4 = 197,1\cdot10^4$ N

maximale Antriebsleistung

$P_{Mm}= 2\pi n_{TrN}M_{Mm}= 2\pi\cdot1,02\cdot197,1\cdot10^4 = 12631$ kW

Anfahrbeschleunigung $a_N= V_N/t_a= 16/9 = 1,78$ m/s$^2$

Anfahrweg $s_a= a_Nt_a^2/2 = 1,78\cdot9^2/2 = 72$ m

Fahrstrecke mit Nenngeschwindigkeit $s_h= l_{S1}-2s_a= 900-144 = 756$ m

Fahrzeit mit Nenngeschwindigkeit $t_h= s_h/V_N= 756/16 = 47,25$ s

Gesamtfahrzeit $t_{ges}= t_h+2t_a= 47,25+2\cdot9 = 65,25$ s.

(b) Der Verlauf des Antriebsmomentes während eines Förderzuges ist aus Bild 1.30-2 zu ersehen.

Anfahrbereich: $M_M= M_b+M_L+M_{vm}v/V_N= 154,1\cdot10^4+40\cdot10^4v/V_N$ Nm

und der Mittelwert $\overline{M}_M= M_b+M_L+M_{vm}/2 = 174,1\cdot10^4$ Nm

Hauptfahrbereich: $M_M= M_L+M_{vm}= 102,5\cdot10^4$ Nm

Verzögerungsbereich: $M_M= -M_b+M_L+M_{vm}v/V_N= -29,1\cdot10^4+M_{vm}v/V_N$ Nm

Mittelwert $\overline{M}_M= -M_b+M_L+M_{vm}/2 = -9,1\cdot10^4$ Nm

Das effektive Moment ist somit

$$M_{Meff}= 10^4\sqrt{(174,1^2\cdot9+102,5^2\cdot47,25+9,1^2\cdot9)/65,25} = 108,6\cdot10^4 \text{ Nm}$$

$P_{eff}= 2\pi n_{TrN}M_{Meff}= 2\pi\cdot1,02\cdot108,6\cdot10^4 = 6960$ kW

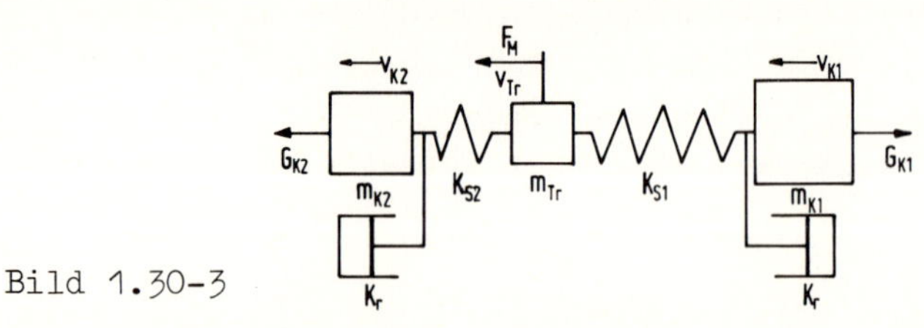


Bild 1.30-3

(c) In Bild 1.30-3 ist das Schwingungs-Ersatzsystem, bezogen auf die lineare Bewegung, wiedergegeben. Die Konstanten sind:

$m_{K1}= G_{K1}/g = 97,43\cdot10^3$ kg ; $m_{K2}= G_{K2}/g = 71,95\cdot10^3$ kg

$m_{Tr}= 4J_T/d_{Tr}^2= 4\cdot22,6\cdot10^4/25 = 36,2\cdot10^3$ kg

$K_{S1} = K'_S l_{S1} = 2{,}88 \cdot 10^{-8} \cdot 930 = 0{,}0268 \cdot 10^{-4}$ m/N

$K_{S2} = K'_S l_{S2} = 2{,}88 \cdot 10^{-8} \cdot 30 = 0{,}00864 \cdot 10^{-4}$ m/N ; $K_r = 0{,}5 \cdot 10^4$ Ns/m

Bei dem Drei-Massen-System greift die Antriebskraft bei der mittleren Masse an. Da die Masse $m_{Tr}$ erheblich kleiner als die Korbmassen ist, teilt sich die Schwingung des einen Korbes auch dem anderen Korb mit. Die beiden Schwinger sind über $m_{Tr}$ miteinander gekoppelt.

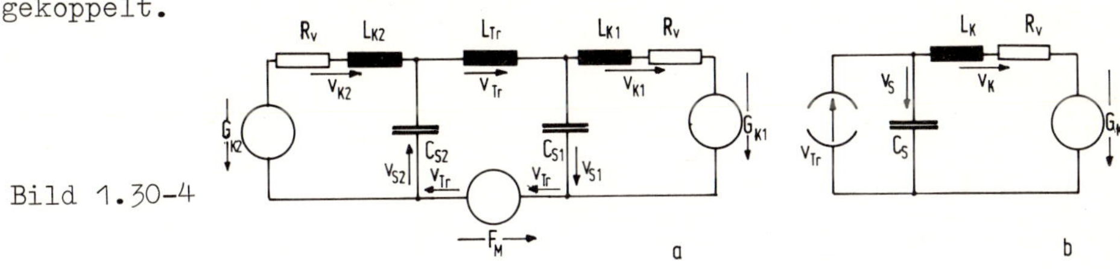


Bild 1.30-4

Die dem mechanischen Modell entsprechende Ersatzschaltung für die Zuordnung v~i und F~u ist aus Bild 1.30-4a zu ersehen. Beide Modelle enthalten fünf Energiespeicher. Zur Lösung der sich dafür ergebenden Differentialgleichung muß ein Analog- oder Digitalrechner herangezogen werden.

Die Schwingungsdifferentialgleichung vereinfacht sich wesentlich, wenn, wie in diesem Beispiel angenommen, die Treibscheibe auf eine dem Sollwert entsprechende und Last unabhängige Drehzahl geregelt wird. Kann ein Rutschen der Förderseile auf der Treibscheibe ausgeschlossen werden, so kann sich die Eigenschwingung des einen Korbes nicht auf den anderen übertragen, d.h., beide Schwingungssysteme sind vollständig entkoppelt, und jedes kann für sich betrachtet werden. Das mechanische Modell, Bild 1.30-3, läßt sich dieser Betriebsweise anpassen, in dem $m_{Tr} = \infty$ gesetzt und als Eingangsgröße die Geschwindigkeit $v_{Tr}$ angenommen wird. Bei der elektrischen Ersatzschaltung wird die Eingangsspannung $u_{Tr}$ nach Bild 1.30-4b durch einen Eingangsstrom ersetzt.

(d) Für jedes der beiden aus Korb und Seil gebildeten Schwingungssysteme gelten die Bestimmungsgleichungen

$v_{Tr}(t) = v_S(t) + v_K(t)$ ; $F_S(t) = G_K + m_K dv_K(t)/dt + K_r v_K(t)$

und $F_S(t) = (1/K_S) \int v_S(t)dt$.

Daraus ergibt sich die Differentialgleichung:

$G_K + m_K dv_K/dt + K_r v_K(t) = (1/K_S) \int (v_{Tr}(t) - v_K(t))dt$

durch $m_K$ dividiert und differenziert

$d^2 v_K(t)/dt^2 + (K_r/m_K) dv_K(t)/dt + (1/K_S m_K) v_K(t) = (1/K_S m_K) v_{Tr}(t)$

Im Vergleich dazu, für das elektrische Ersatzschaltbild

$d^2 i_K(t)/dt^2 + (R_V/L_K) di_K(t)/dt + (1/C_S L_K) i_K(t) = (1/C_S L_K) i_{Tr}(t)$

Die mechanische Differentialgleichung läßt sich in der Form

schreiben $d^2 v_K(t)/dt^2 + 2dv_K(t)/dt + \omega_{or}^2 v_K(t) = \omega_{or}^2 v_{Tr}(t)$ (1)

| | Korb am langen Seil | Korb am kurzen Seil |
|---|---|---|
| $\omega_{or} = \sqrt{1/K'_S l_S m_K}$ | $\omega_{or1} = \sqrt{1/2{,}88 \cdot 930 \cdot 97{,}43 \cdot 10^{-5}}$ | $\omega_{or2} = \sqrt{1/2{,}88 \cdot 30 \cdot 71{,}95 \cdot 10^{-5}}$ |
| Resonanz-Kreisfrequenz | $\omega_{or1} = 0{,}619$ 1/s | $\omega_{or2} = 4{,}01$ 1/s |
| $d = K_r/2m_K$ | $d_1 = 0{,}5 \cdot 10^4/2 \cdot 97{,}43 \cdot 10^3$ | $d_2 = 0{,}5 \cdot 10^4/2 \cdot 71{,}95 \cdot 10^3$ |
| Dämpfung | $d_1 = 0{,}02566$ 1/s | $d_2 = 0{,}0347$ 1/s |

Die Treibscheibengeschwindigkeit $v_{Tr}$ soll, wie in Bild 1.30-5 gestrichelt eingezeichnet, einen rampenförmigen Verlauf haben. Es treten zwei verschiedene Bereiche auf.

| | Zeitfunktion | Bildfunktion |
|---|---|---|
| Bereich I $0<t<t_a$ | $v^*_{Tr}(t) = a_N t$ | $v^*_{Tr}(p) = a_N/p^2$ |
| Bereich II $t_a<t<\infty$ | $v^{**}_{Tr}(t) = a_N t - a_N(t-t_a)$ | $v^{**}_{Tr}(p) = a_N(1-e^{-t_a p})/p^2$ |

Diese Eingangsfunktionen in die Differentialgleichung (1) eingesetzt und die Anfangsbedingungen $v_K(+0) = 0$ , $dv_K(+0)/dt = 0$ berücksichtigt, ergibt: o——● $v^*_K(p)[p^2 + 2dp + \omega_{or}^2] = \omega_{or}^2 a_N/p^2$ und

$v^{**}_K(p)[p^2 + 2dp + \omega_{or}^2] = \omega_{or}^2 a_N/p^2 - \omega_{or}^2 a_N e^{-t_a p}/p^2$

$$v^{**}_K(p) = v^*_K(p) - v'_K(p) = \omega_{or}^2 a_N/p^2(p+p_1)(p+p_2) - \omega_{or}^2 a_N e^{-t_a p}/p^2(p+p_1)(p+p_2) \quad (2)$$

$p_{1,2} = d \mp j\omega_o = d \mp j\omega_{or}\sqrt{1-(d/\omega_{or})^2}$, bei der geringen Dämpfung ist $p_{1/2} = d \mp j\omega_{or}$.

Rücktransformation der Gl.(2) nach Anhang 1

●——o $v^{**}_K(t) = v^*_K(t) - v'_K(t) =$

$$= a_N[t-(1/\omega_{or})e^{-dt}\sin\omega_{or}t] - a_N[(t-t_a)-(1/\omega_{or})e^{-d(t-t_a)}\sin\omega_{or}(t-t_a)] \quad (3)$$

Die gegebenen und errechneten Werte $a_N$, $\omega_{or}$, d eingesetzt, ergeben für den vollen Korb am langen Seil

$v^*_K(t) = 1{,}78[t - 1{,}616e^{-0{,}02566t}\sin 0{,}619t]$

$v^{**}_K(t) = 1{,}78[9 - 1{,}616e^{-0{,}02566t}(\sin 0{,}619t - 1{,}26\sin 0{,}619(t-9))]$

Die Seilschwingung ist in der Zeit $t_1 = 3/0{,}0266 = 117$ s auf 5 % ihres Anfangswertes abgeklungen. Aus Bild 1.30-5 ist der zeitliche Verlauf der Geschwindigkeit des Förderkorbes am langen Seil zu ersehen. Die Übergangsfunktionen des leeren Förderkorbes am kurzen Seil sind:

$v_K^*(t) = 1{,}78[t-0{,}25e^{-0{,}0347t}\sin 4{,}01t]$

$v_K^{**}(t) = 1{,}78[9-0{,}25e^{-0{,}0347t}(\sin 4{,}01t-1{,}37\sin 4{,}01(t-9))]$

Die Abklingzeit der Seilschwingung ist hier $t_1 = 3/0{,}0347 = 86$ s. Die Anfangsamplitude der Seilschwingung ist jedoch nur 15 % der des Förderkorbes am langen Seil.

(e) Der Umsetzvorgang soll, wie aus Bild 1.30-6 zu ersehen ist, nach einer Doppelrampe erfolgen.

Umsetzbeschleunigung $a_u = 4s_u/t_u^2 = 4\cdot 2{,}8/10^2 = 0{,}112$ m/s$^2$.

Es wird nur der Förderkorb am langen Seil betrachtet. Jetzt sind drei Fahrbereiche zu unterscheiden.

| | | |
|---|---|---|
| Bereich I | $0<t<t_u/2$ | $v_{Tr}^*(t) = a_u t$ |
| Bereich II | $t_u/2<t<t_u$ | $v_{Tr}^{**}(t) = a_u t-2a_u(t-t_a)$ |
| Bereich III | $t_u<t<\infty$ | $v_{Tr}(t) = 0$ |

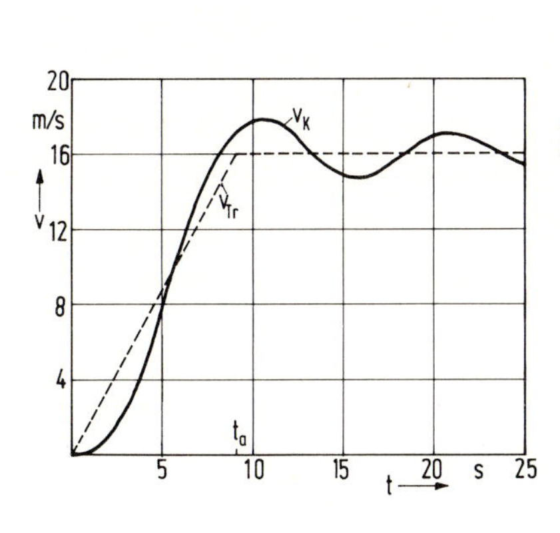


Bild 1.30-5

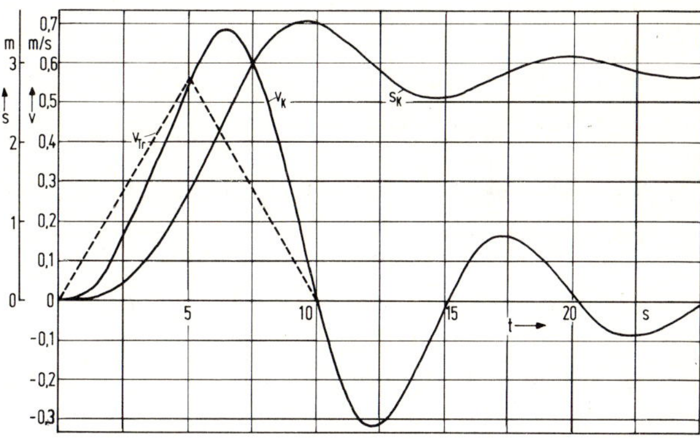


Bild 1.30-6

Unter Berücksichtigung von Gl.(3) ist

$v_K^*(t) = a_u[t-(1/\omega_{or})e^{-dt}\sin\omega_{or}t = 0{,}112[t-1{,}616e^{-0{,}02566t}\sin 0{,}619t]$

$v_K^{**}(t) = v_K^*(t)-2a_u[(t-t_u/2)-(1/\omega_{or})e^{dt_u/2}e^{-dt}\sin\omega_{or}(t-t_u/2)]$

$v_K^{**}(t) = 0{,}112[10-t-1{,}616e^{-0{,}02566t}(\sin 0{,}619t-2{,}27\sin(0{,}619(t-5)))]$

Am Ende des Bereiches II ist $v_K^{**}(t_u) = 0$ , $dv_K^{**}(t_u)/dt = -0{,}28$ m/s$^2$.

Das sind die Anfangsbedingungen für die den Bereich III bestimmende homogene Differentialgleichung

$$d^2v_K(\tau)/d\tau^2+2d'dv_K(\tau)/d\tau+\omega_{or}^2v_K(\tau)=0 \quad \text{mit } \tau=t-t_u$$

$$\circ\!\!-\!\!\bullet \quad q^2v_K(q)+0{,}28+2d'qv_K(q)+\omega_{or}^2v_K(q)=0$$

$$v_K(q)=-0{,}38/(q^2+2d'q+\omega_{or}^2)=-0{,}38/(q+q_1)(q+q_2)\ ; \quad q_{1/2}=d'\mp j\omega_{or}$$

$$d'=5d=5\cdot 0{,}02566=0{,}1283\ \ 1/s\ ; \quad \omega_{or}=0{,}619\ \ 1/s$$

$$\bullet\!\!-\!\!\circ \quad v_K(\tau)=-(0{,}28/\omega_{or})e^{-d'\tau}\sin 0{,}619\tau$$

$$v_K(t)=-0{,}435e^{-0{,}1283(t-10)}\sin 0{,}619(t-10)$$

Die gesamte Übergangsfunktion ist in Bild 1.30-6 wiedergegeben. Die Integration der Gesamtübergangsfunktion $v_K$ liefert den zeitlichen Wegverlauf $s_K(t)$ des Förderkorbes am langen Seil.
Die hier angenommenene Doppelrampe ist, wegen der plötzlichen Beschleunigungsänderung, zu den Zeiten $t=0$, $t=t_u/2$ und $t=t_u$ (Ruck) nicht optimal, da hierdurch das Schwingungssystem angestoßen wird.

## 1.31 Optimale Sollwertvorgabe und Antriebsbemessung für einen Personen-Schnellaufzug

Personenaufzüge für Hochhäuser und Fernsehtürme werden mit möglichst hoher Fahrgeschwindigkeit betrieben, um große Transportleistungen zu erreichen. Dabei ist zu berücksichtigen, daß, mit Rücksicht auf die Fahrgäste, die Beschleunigung und die zeitliche Änderung der Beschleunigung, der Ruck, begrenzt werden müssen. Ein derartiger Aufzug fährt in der Regel nicht nur über die ganze Fahrstrecke, sondern muß auch nahe beieinander liegende Haltestellen bedienen, zwischen denen natürlich nicht die Nennfahrgeschwindigkeit erreicht wird. Ein wesentlicher Störfaktor ist die unterschiedliche Belastung der Kabine. Trotz der Drehzahlregelung des Antriebsmotors ist es deshalb erforderlich, beim Einfahren der Kabine in die Haltestation, eine Schleichfahrt einzulegen, die jedoch bei den folgenden Betrachtungen unberücksichtigt bleibt.
Gegeben ist der Personenaufzug eines Fernsehturmes, Bild 1.31-1, mit folgenden Kenndaten: Maximaler Fahrbereich $s_{hm}=300$ m, kleinster Haltestellenabstand $s_{h1}=3{,}5$ m, großer Haltestellenabstand $s_{h2}=80$ m, Nutzlast 14 Personen $G_{KL}=10500$ N, Fahrkorb leer $G_{Ko}=16000$ N, Seile 14 x 0,008 m Durchmesser, Seilgewicht je m Länge $G'_S=33{,}25$ N/m, Treibscheibendurchmesser $d_{Tr}=0{,}65$ m; Nenn-Fahrgeschwindigkeit $V_N=7$ m/s, Beschleunigung max. $a_m=1{,}5$ m/s$^2$, Ruck max. $\dot{a}_m=1{,}1$ m/s$^3$, Trägheitsmoment von Treibscheibe und Bremsscheibe $J_{Tr}=13{,}6$ kgm$^2$, Trägheitsmoment Motor $J_M=20$ kgm$^2$ (Motor direkt mit Treibscheibe gekuppelt), Seillänge $l_S=650$ m

mechanischer Wirkungsgrad, bedingt durch Schacht- und Reibungsverluste $\eta_{me}=0{,}96$.

Gesucht:

Sollwertverlauf für maximalen Ruck und maximale Beschleunigung.

(a) Anfahren auf Nenngeschwindigkeit

(b) Durchfahrt des großen Haltestellenabstandes

(c) Anfahren bis zur Geschwindigkeit $V_g$, bei der gerade $a_m$ erreicht wird.

(d) Durchfahrt des kleinsten Haltestellenabstandes

(e) Momentenverlauf beim Durchfahren des großen Haltestellenabstandes, effektives Moment, Motortypenleistung, Fahrkabinenweg s=f(t).

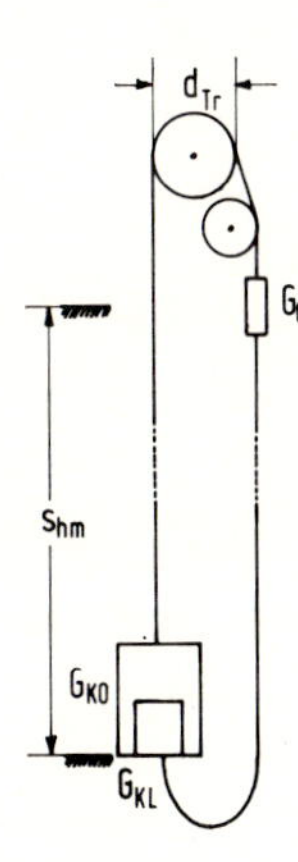


Bild 1.31-1

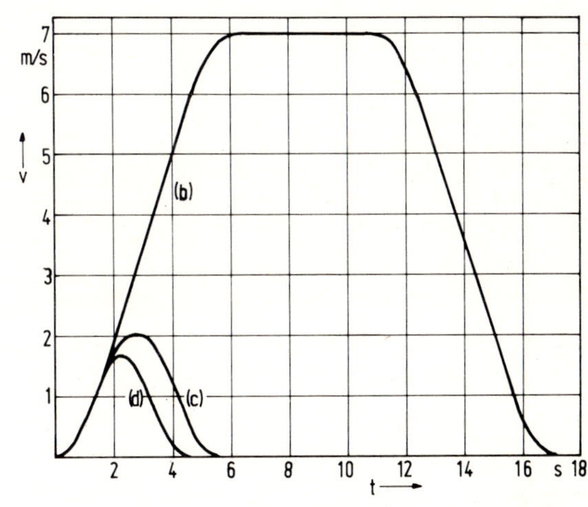


Bild 1.31-2

Lösung:

(a) Es sind während der Beschleunigung drei Bereiche zu unterscheiden.

Fahrbereich 1 maximaler positiver Ruck $0<t<t_1$

Beschleunigung $a = \int_0^t \dot{a}\cdot dt = \dot{a}_m t = 1{,}1t \text{ m/s}^2$

Geschwindigkeit $v = \int_0^t a\cdot dt = \int_0^t \dot{a}_m t\cdot dt = \dot{a}_m t^2/2 = 0{,}55t^2 \text{ m/s}$ (1)

Weg $s = \int_0^t v\cdot dt = \int_0^t (\dot{a}_m t^2/2)dt = \dot{a}_m t^3/6 = 0{,}183t^3 \text{ m}$.

Für $t_1 = a_m/\dot{a}_m = 1{,}5/1{,}1 = 1{,}364$ s ergibt sich

$a_1 = 1{,}5 \text{ m/s}^2$ ; $v_1 = 1{,}023$ m/s ; $s_1 = 0{,}465$ m

Fahrbereich 2 maximale Beschleunigung $t_1<t<t_2$

Geschwindigkeit $v = v_1 + \int_{t_1}^t a_m dt = v_1 + a_m(t-t_1)$ (2)

Weg $s = s_1 + \int_{t_1}^t v\, dt = s_1 + v_1(t-t_1) + a_m(t-t_1)^2/2$

Da die Geschwindigkeitskurve v(t) symmetrisch sein soll, ist

$v_2 = V_N - v_1 = 7-1{,}023 = 5{,}977$ m/s damit

$t_2 = t_1 + (v_2 - v_1)/a_m = 1{,}364 + (5{,}977 - 1{,}023)/1{,}5 = 4{,}667$ s

und $s_2 = 0{,}465 + 1{,}023(4{,}667 - 1{,}364) + 1{,}5(4{,}667 - 1{,}364)^2/2 = 12{,}02$ m

Fahrbereich 3 maximaler negativer Ruck $\quad t_2 < t < t_a$

Beschleunigung $a = a_m - \int_{t_2}^{t} \dot{a}_m dt = a_m - \dot{a}_m(t - t_2)$

Geschwindigkeit $v = v_2 + \int_{t_2}^{t} (a_m - \dot{a}_m t)dt = v_2 + a_m(t - t_2) - \dot{a}_m(t - t_2)^2/2 \quad (3)$

Weg $s = s_2 + \int_{t_2}^{t} [v_2 + a_m t - \dot{a}_m t^2/2]dt = s_2 + v_2(t - t_2) + a_m(t - t_2)^2/2 - \dot{a}_m(t - t_2)^3/6 \quad (4)$

Da $t_a - t_2 = t_1$ ist, gilt $t_a = t_1 + t_2 = 1{,}364 + 4{,}667 = 6{,}03$ s

$v_a = 5{,}977 + 1{,}5 \cdot 1{,}364 - 1{,}1 \cdot 1{,}364^2/2 = 7{,}0$ m/s

$s_a = 12{,}02 + 5{,}977 \cdot 1{,}364 + 1{,}5 \cdot 1{,}364^2/2 - 1{,}1 \cdot 1{,}364^3/6 = 22{,}5$ m.

Die Nenngeschwindigkeit wird, wenn die Grenzen $a_m$ und $\dot{a}_m$ eingehalten werden, nach einem Fahrweg von $s_a = 22{,}5$ m erreicht. Der Verzögerungsbereich muß spiegelbildlich dazu verlaufen. Für das Durchfahren des gesamten Weges $s_{hm}$ wird die Zeit

$t_f = 2t_a + (s_{hm} - 2s_a)/V_N = 2 \cdot 6{,}03 + (300 - 2 \cdot 22{,}5)/7 = 48{,}5$ s benötigt.

(b) Damit der Aufzug die Nenn-Fahrgeschwindigkeit erreicht, muß der Haltestellenabstand gleich/größer $2s_a = 45$ m sein. Diese Bedingung ist bei dem großen Haltestellenabstand $s_{h2} = 80$ m erfüllt. Die Fahrzeit beträgt

$t_f = 2t_a + t_n = 2t_a + (s_{h2} - 2s_a)/V_N = 2 \cdot 6{,}03 + (80 - 2 \cdot 22{,}5)/7 = 17{,}06$ s

Fahrzeit mit konstanter Beschleunigung $t_b = 3{,}3$ s. Der zeitliche Verlauf des Geschwindigkeitssollwertes, wie er sich aus den Gleichungen (1), (2), (3) ergibt, ist in Bild 1.31-2 aufgetragen.

(c) Fällt in (a) der Bereich 2 fort, d.h. wird nach dem Erreichen der Beschleunigung $a_m$ sofort wieder verzögert, so ergibt sich, wenn $v_2 = v_1$, $t_2 = t_1$ und $t_a = 2t_1$ gesetzt wird, aus Gl. (3)

$0 < t < t_1 \quad v = \dot{a}_m t^2/2$

$t_1 < t < t_a \quad v = \dot{a}_m t^2/2 + a_m(t - t_1) - \dot{a}_m(t - t_1)^2/2.$

Da $t_1 = a_m/\dot{a}_m = 1{,}364$ s ist, liegt die Spitzengeschwindigkeit bei $t = t_a = 2t_1 = 2 \cdot 1{,}364 = 2{,}728$ s

$v_m = 1{,}1 \cdot 2 \cdot 1{,}364^2 + 1{,}5 \cdot 1{,}364 - 1{,}1 \cdot 2 \cdot 1{,}364 = 2{,}05$ m/s.

Der Haltestellenabstand ist nach Gl. (4)

$s_h = 2[\dot{a}_m t_a/6 + v_m t_a/4 + a_m t_a^2/8 - \dot{a}_m t_a^3/48]$

$= 2[1{,}1 \cdot 2{,}728/6 + 2{,}05 \cdot 2{,}728/4 + 1{,}5 \cdot 2{,}728^2/8 - 1{,}1 \cdot 2{,}728^3/48] = 5{,}65$ m.

Der Verlauf des Geschwindigkeitssollwertes ist aus Bild 1.31-2 zu ersehen.

(d) Bei dem geringen Haltestellenabstand wird die Beschleunigung $a_m$ nicht erreicht. Es ist: $t_1 = t_a/2$; $v_1 = a_m t_a^2/8 = v_2$; $s_1 = \dot{a}_m t_a^3/48 = s_2$ und mit Gl.(4)

$$s_{h1}/2 = \dot{a}_m t_a^3/48 + \dot{a}_m t_a^3/16 + a_m t_a/8 - \dot{a}_m t_a^3/48$$

$$(\dot{a}_m/16)t_a^3 + (a_m/8)t_a - s_{h1}/2 = 0 \;; \quad t_a^3 + 2{,}73 t_a - 25{,}46 = 0$$

$t_a = 2{,}26$ s  Fahrzeit $t_f = 2t_a = 4{,}52$ s.

Die höchste erreichte Geschwindigkeit ist nach Gl.(3)

$$v_m = \dot{a}_m t_a^2/8 + a_m t_a/2 - \dot{a}_m t_a^2/8 = 1{,}5 \cdot 2{,}26/2 = 1{,}7 \text{ m/s.}$$

Der Geschwindigkeitsverlauf ist aus Bild 1.31-2 zu ersehen.

Aus den vorstehenden Ausführungen ergibt sich, daß, wegen der notwendigen Begrenzung von $a_m$ und $\dot{a}_m$, eine hohe Nenn-Fahrgeschwindigkeit nur bei entsprechend großen Haltestellenabständen die Transportleistung heraufsetzt.

(e) Das Gegengewicht in Bild 1.31-1 wird so bemessen, daß der leere Fahrkorb ausgeglichen ist $G_G = G_{Ko} = 1{,}6 \cdot 10^4$ N.

Teibscheibendrehzahl $n_{TrN} = V_N/\pi d_{Tr} = 7/\pi \cdot 0{,}65 = 3{,}428$ 1/s.

Das Gesamtträgheitsmoment setzt sich aus dem Trägheitsmoment der rotierenden und der linear bewegten Massen zusammen.

$$J = J_M + J_T + (d_{Tr}^2/4g)(G_{Ko} + G_{KL} + l_S G'_S + G_G)$$

$$= 20 + 13{,}6 + (0{,}65^2/4 \cdot 9{,}81)(1{,}6 + 1{,}05 + 650 \cdot 33{,}25 \cdot 10^{-4} + 1{,}6)10^4$$

$$J = 33{,}6 + 690{,}4 = 724 \text{ kgm}^2.$$

Beschleunigungsmoment

$$M_b = 2\pi J dn_{Tr}/dt = (2J/d_{Tr})dv/dt = (2 \cdot 724/0{,}65)dv/dt = 2228 \; dv/dt \text{ Nm}$$

mit dem Höchstwert $M_{bm} = 2228 \cdot a_m = 2228 \cdot 1{,}5 = 3342$ Nm.

Das Beharrungsmoment ist abhängig von der Belastung der Kabine, da mit $G_{Ko}$ nur das Gegengewicht ausgeglichen ist. Bei Berücksichtigung der Verluste, Kabine aufwärts

$$G_L = (G_{Ko} + G_{KL})/\eta_{me} + \eta_{me} G_G = (1{,}6 + 1{,}05)10^4/0{,}96 - 0{,}96 \cdot 1{,}6 \cdot 10^4 = 1{,}224 \cdot 10^4 \text{ N}$$

Kabine abwärts

$$G_L^* = (G_{Ko} + F_{KL})\eta_{me} + G_G/\eta_{me} = (1{,}6 + 1{,}05)10^4 \cdot 0{,}96 - 1{,}6 \cdot 10^4/0{,}96 = 0{,}877 \cdot 10^4 \text{ N}$$

Beharrungsmomente

$$M_L = G_L d_{Tr}/2 = 1{,}224 \cdot 10^4 \cdot 0{,}65/2 = 3978 \text{ Nm}$$

$$M_L^* = G_L^* d_{Tr}/2 = 0{,}877 \cdot 10^4 \cdot 0{,}65/2 = 2850 \text{ Nm}$$

Motormomente

$$M_M = M_L + M_b = 3978 + 2228 \cdot dv/dt \;; \quad M_{Mm} = 3978 + 2228 \cdot 1{,}5 = 7320 \text{ Nm}$$

$$M_M^* = M_L^* - M_b = 2850 - 2228 \cdot dv/dt$$

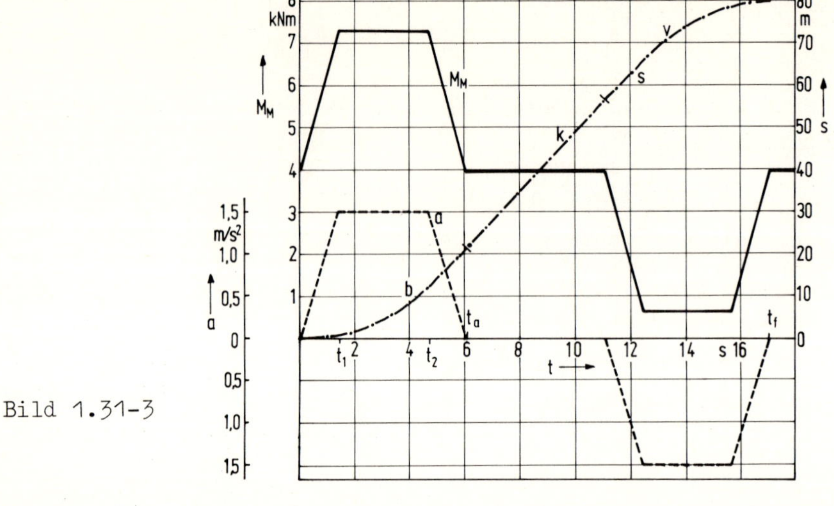


Bild 1.31-3

In Bild 1.31-3 sind für das Durchfahren des großen Haltestellenabstandes in Richtung aufwärts die Beschleunigung a, das Motormoment und der Kabinenweg über der Zeit aufgetragen. Es ist zwischen 7 Fahrabschnitten zu unterscheiden, aus denen sich das effektive Moment zusammensetzt:

$$M_{eff} = 10^3 \sqrt{[4(3{,}978^2 t_1 + 2{,}45^2 t_1^3/3) + 7{,}32^2 \cdot t_b + 3{,}978^2 t_n + 0{,}636^2 \cdot t_b]/t_f}$$

$$= 10^3 \sqrt{\frac{[4(3{,}978^2 \cdot 1{,}364 + 2{,}45^2 \cdot 1{,}364^3/3) + 7{,}32^2 \cdot 3{,}3 + 3{,}978^2 \cdot 5 + 0{,}636^2 \cdot 3{,}3]}{17{,}06}}$$

$M_{eff}$ = 4619 Nm.

Typenleistung des Motors ist

$P_M = 2\pi M_{eff} n_{TrN} = 2\pi \cdot 4619 \cdot 3{,}428 = 99{,}49$ kW.

Die in Bild 1.31-3 eingezeichnete Wegkennlinie s(t) setzt sich aus dem Beschleunigungsast b (nach Abschnitt (a)), dem Konstantfahrast k (Steigung $ds/dt = V_N$) und dem Verzögerungsast v zusammen. Die Kennlinie im Bereich v ergibt sich, wenn der Beschleunigungsast b vom Punkt $(t_f/s_{h2}) = (17{,}06/80)$ nach unten abgetragen wird.

# 2. Drehstromantriebe

## 2.01 Anlauf eines Käfigläufermotors bei konstantem Lastmoment und Losbrechmoment

Eine Arbeitsmaschine nimmt im Drehzahlbereich n=(5...16) 1/s das konstante Lastmoment $M_L$=625 Nm auf. Beim Anlauf ist mit einem Losbrechmoment von $M_{La}$=1030 Nm zu rechnen. Der Antrieb soll durch einen Käfigläufermotor erfolgen. Mit Rücksicht auf die mechanischen Übertragungsglieder darf das mittlere Beschleunigungsmoment nicht größer als das Beharrungsmoment $M_L$ sein. Lastträgheitsmoment $J_L$=7,5 kgm$^2$.

Gesucht:

(a) Motorauswahl

(b) Zulässiger Netzspannungseinbruch beim Anlauf, Netzreaktanz

(c) Anlaufverhalten

(d) Stillsetzzeit beim Auslauf ohne elektrische Bremsung

Lösung:

(a) Der Antrieb der Arbeitsmaschine wird durch das hohe Losbrechmoment erschwert. Eine Überbemessung des Motors mit Rücksicht auf $M_{La}$ ist unzweckmäßig, da bei Nenndrehzahl ein niedriger Leistungsfaktor auftreten würde. Zweckmäßiger wird man einen Motor hoher Momentenklasse (KL16) wählen, der gegen das 1,6fache Nennmoment anlaufen kann. $P_L = 2\pi M_L n_N = 2\pi \cdot 625 \cdot 16 = 62{,}8$ kW.

Es wird ein Motor mit folgenden Kenndaten gewählt: $P_{MN} = 75$ kW; $U_{sN} = 380$ V; $n_N = 16{,}4$ 1/s; $\cos\varphi_N = 0{,}85$; $\eta_M = 0{,}935$; $M_{Ki} = 2{,}3 M_{MN}$, $M_{Ma} = 2{,}3 M_{MN}$; $I_{sa} = 6{,}0 I_{sN}$; $J_M = 3{,}0$ kgm$^2$.

Daraus ergibt sich

$M_{MN} = P_{MN}/2\pi n_N = 7{,}5 \cdot 10^4/2\pi \cdot 16{,}4 = 728$ Nm

$I_{sN} = P_{MN}/\sqrt{3}\, U_{sN} \eta_M \cos\varphi_N = 7{,}5 \cdot 10^4/\sqrt{3} \cdot 380\ 0{,}935 \cdot 0{,}85 = 144$ A

$I_{sa} = 6{,}0 I_{sN} = 6{,}0 \cdot 144 = 864$ A.

Diese hohe Stromspitze läßt sich nicht durch besondere Einschaltmaßnahmen wie zum Beispiel Stern/Dreieck-Umschaltung herabsetzen, da dann das Anzugsmoment nicht ausreichen würde. Stellt $I_{sa}$ für das Netz eine zu große Belastung dar, so muß ein Schleifringläufermotor gewählt werden.

Werden die Momente auf das Motornennmoment bezogen, so ergeben sich mit $m_M = M_M/M_{MN}$ die Motorkennlinie und mit $m_L = M_L/M_{MN}$ die Lastkennlinie, wie sie aus Bild 2.01-1 zu ersehen sind.

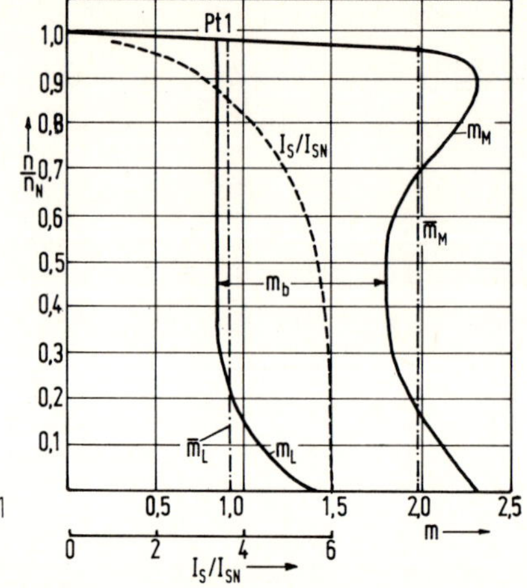


Bild 2.01-1

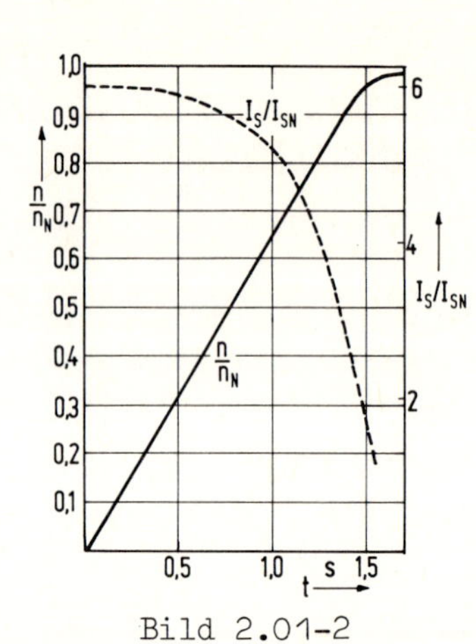


Bild 2.01-2

(b) Bei einem Spannungseinbruch nimmt das Motormoment proportional $U_s^2$ ab. Wird das Mindestbeschleunigungsmoment auf $M_{bmin} = 0{,}1 M_{La}$ festgelegt, so ist

$(U_s/U_{sN})^2 = 1{,}1 M_{La}/M_{Ma} = 1{,}1 \cdot 1030/2{,}3 \cdot 728 = 0{,}677$

$U_{smin} = 0{,}822 U_{sN} = 380 \cdot 0{,}822 = 312{,}6$ V.

Die Netzreaktanz darf nicht größer als

$X_K = (U_{sN} - U_{smin})/\sqrt{3}\, I_{sa} = (380-312{,}6)/\sqrt{3} \cdot 864 = 0{,}045\ \Omega$

sein. Bei Nennstrom beträgt der Spannungsabfall

$\delta U_{sN} = \sqrt{3}\, X_K I_{sN} = \sqrt{3} \cdot 0{,}045 \cdot 144 = 11{,}2$ V.

Die Kurzschlußleistung am Einspeisepunkt muß größer/gleich sein

$S_K = U_{sN}^2/X_K = 380^2/0{,}045 = 3{,}28$ MVA.

An dem Einspeisepunkt sollten nicht weitere Verbraucher angeschlossen sein, die durch den Einschalt-Spannungseinbruch von 18 % gestört werden.

(c) Zur Bestimmung der Hochlaufzeit werden nach Bild 2.01-1 die Momentenkennlinien von Last und Motor durch die Mittelwerte $\bar{m}_L$ und $\bar{m}_M$ angenähert. Der Anlauf wird von der Gleichung

$n = [M_{MN}(\bar{m}_M - \bar{m}_L)/2\pi(J_M + J_L)]t$

$n = [728(1{,}98-0{,}92)/2\pi(3+7{,}5)]t = 11{,}7t$ 1/s.bestimmt.

Das eingesetzte Beschleunigungsmoment steht bis zu $n_1 \approx 16$ 1/s zur Verfügung. Diese Drehzahl wird erreicht nach der Zeit

$t_1 = 16/11{,}7 = 1{,}37$ s.

Wie aus Bild 2.01-2 zu ersehen ist, nimmt danach die Beschleunigung ab. Der Motorstrom behält für ca. die Hälfte der Anfahrzeit den hohen Einschaltwert $I_{sa}$ bei.

(d) Verzögernd wirkt das Lastmoment $\bar{m}_L$

$t_v = -n_N 2\pi(J_M+J_L)/(-M_{MN}\bar{m}_L) = 16{,}4 \cdot 2\pi \cdot 10{,}5/728 \cdot 0{,}92 = 1{,}62$ s

## 2.02 Käfigläufermotor für Stellantrieb mit hoher Schalthäufigkeit

Bei einer Verpackungsmaschine muß ein Stellantrieb alle 10 Sekunden reversiert werden. Das drehzahlunabhängige Lastmoment beträgt $M_L$=8 Nm, die Nenndrehzahl $n_N$=23,5 1/s, das Lastträgheitsmoment, bezogen auf die Motorwelle $J_L$=0,004 kgm$^2$. Der Antrieb soll mit einem Käfigläufermotor bei direkter Umschaltung erfolgen.

Gesucht:

(a) Auswahl des Motors

(b) Umsteuerzeit

(c) Wie wirkt sich eine Erhöhung des Lastmomentes auf $M_L = M_{MN}$= 15 Nm auf die zulässige Umschalthäufigkeit und auf die Umsteuerzeit aus?

Lösung:

(a) $P_L = 2\pi n_N M_L = 2\pi \cdot 23{,}5 \cdot 8 = 1181$ W

In die Wahl gezogen werden folgende Motoren:

| | | I | II | |
|---|---|---|---|---|
| Nennleistung | $P_{MN}$ | 1500 | 2200 | W |
| Nenndrehzahl | $n_{MN}$ | 23,6 | 23,7 | 1/s |
| Wirkungsgrad | $\eta$ | 0,76 | 0,78 | |
| Leistungsfaktor | $\cos\varphi_N$ | 0,79 | 0,79 | |
| Nennspannung | $U_{sN}$ | 380 | 380 | V |
| Nennstrom | $I_{sN}$ | 3,8 | 5,4 | A |
| Nennmoment | $M_{MN}$ | 10 | 15 | Nm |
| Anzugsmoment | $M_a$ | $2{,}4M_{MN}$ | $2{,}4M_{MN}$ | Nm |
| Anzugsstrom | $I_{sa}$ | $5{,}4I_{sN}$ | $5{,}6I_{sN}$ | A |
| Kippmoment | $M_{ki}$ | $2{,}6M_{MN}$ | $2{,}7M_{MN}$ | Nm |
| Trägheitsmoment | $J_M$ | 0,0035 | 0,0048 | kgm$^2$ |
| Leerumschalthäufigkeit | $Z_o$ | 0,833 | 0,778 | 1/s |

Die zulässige Umschalthäufigkeit ohne Berücksichtigung der anderen Abkühlungsverhältnisse ist:

$$Z^* = \frac{(1-M_L/M_{MN})[1-(P_L/P_{MN})^2]Z_o}{(J_M+J_L)/J_M} \qquad (1)$$

Für die beiden Motoren ergibt sich

$$Z_I^* = \frac{(1-8/10)[1-(1{,}181/1{,}5)^2]0{,}833}{(0{,}0035+0{,}004)/0{,}0035} = 0{,}0296$$

$$Z_{II}^* = \frac{(1-8/15)[1-(1{,}181/2{,}2)^2]0{,}778}{(0{,}0048+0{,}004)/0{,}004} = 0{,}117.$$

Der Motor I ist für die geforderte Schalthäufigkeit zu klein, es wird deshalb Motor II gewählt. Die Kühlungsverhältnisse im Schaltbetrieb werden berücksichtigt durch die Beziehung für die tatsächliche, zulässige Schalthäufigkeit

$$Z = (0{,}925+0{,}0725Z^*/Z_o)Z^* = (0{,}925+0{,}0725\cdot 0{,}117/0{,}778)0{,}117 = 0{,}11.$$

Erforderlich $Z_L = 0{,}10$.

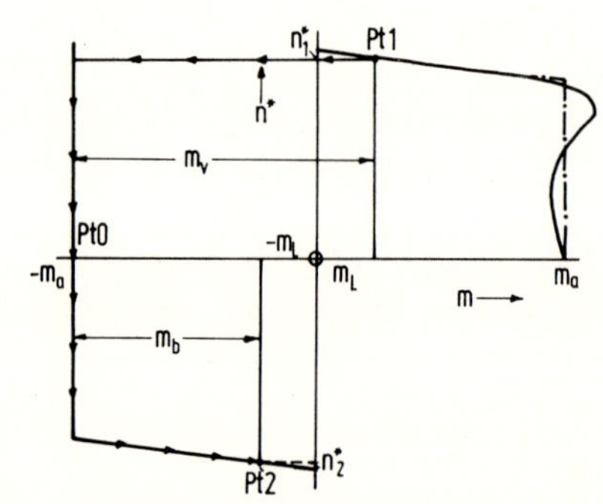


Bild 2.02-1

(b) Für die genaue Bestimmung der Umsteuerzeit muß die Momentenkennlinie des Motors im untersynchronen und im übersynchronen Bereich bekannt sein. In den meisten Fällen genügt es, das Motormoment konstant gleich dem Anzugsmoment anzusetzen. In Bild 2.02-1 ist der Reversiervorgang von $n_1$ auf $n_2 = -n_1$ eingezeichnet. Es ist:

$n_1 = n_o-(n_o-n_N)M_L/M_{MN}$ $\qquad$ $n_1^* = n_1/n_o = 1-(1-n_N^*)m_L$

$m_L = 8/15 = 0{,}533$ $\qquad$ $n_N^* = 23{,}7/25 = 0{,}95$

$n_1^* = 1-(1-0{,}95)0{,}533 = 0{,}973$ $\qquad$ $n_2^* = -0{,}973.$

Für den Bremsbereich Pt1 → Pt0 ist das Verzögerungsmoment

$$m_v = -(m_M+m_L) = -(m_a+m_L) = -(2{,}4+0{,}533) = -2{,}933$$

und die Verzögerungszeit

$$t_v = 2\pi(J_M+J_L)n_N(-n_1^*)/M_{MN}m_v = 2\pi(0{,}0048+0{,}004)23{,}7\cdot 0{,}973/15\cdot 2{,}933$$

$$t_v = 0{,}029 \text{ s}.$$

Im anschließenden Beschleunigungsbereich ist

$$m_b = m_M-m_L = m_a-m_L = 2{,}4-0{,}533 = 1{,}867$$

$t_b = 2\pi(J_M+J_L)n_N(-n_2^*)/M_{MN}m_b = 2\pi\cdot 0{,}0088\cdot 23{,}7\cdot 0{,}973/15\cdot 1{,}867$

$t_b = 0{,}046$ s

Die Umsteuerzeit beträgt $t_u = t_v + t_b = 0{,}075$ s.

(c) Der Motor darf nicht mehr periodisch umgesteuert werden, da keine thermischen Reserven für die Umsteuerverluste vorhanden sind. Deshalb ergibt sich aus Gl.(1) $Z^* = 0$.

Mit $m_v = 3{,}4$ und $m_b = 1{,}4$ wird

$t_u = 0{,}029\cdot 2{,}933/3{,}4 + 0{,}046\cdot 1{,}867/1{,}4 = 0{,}025+0{,}062 = 0{,}087$ s.

## 2.03 Käfigläufermotor für Beschleunigungsantrieb

Eine Schwungmasse mit dem Trägheitsmoment $J_L = 200$ kgm$^2$ soll in der Zeit $t_a = 15$ s auf die Drehzahl $n_L = 4$ 1/s beschleunigt werden. Das Beharrungsmoment ist zu vernachlässigen. Der Anlauf erfolgt alle $t_{sp} = 60$ s. In der Zwischenzeit wird die Masse mechanisch bis zum Stillstand abgebremst. Synchrone Drehzahl des Asynchronmotors $n_{Mo} = 16{,}67$ 1/s.

Gesucht:

(a) Beschleunigungsmoment

(b) Motornennmoment, Motornennleistung

(c) Läuferverlustleistung

(d) Anlaufverhalten bei 15 % Spannungsabfall

(e) Läuferverlustleistung bei einem umschaltbaren Asynchronmotor $n_{Mo1}/n_{Mo2} = 16{,}67/8{,}33$ 1/s.

Lösung:

(a) Übersetzungsverhältnis des zwischengeschalteten Getriebes

$\ddot{u}_G = n_L/n_{Mo} = 4/16{,}67 = 0{,}24$

Bei Vernachlässigung des Motor-Trägheitsmomentes ist

$J = J_L\ddot{u}_G^2 = 200\cdot 0{,}24^2 = 11{,}5$ kgm$^2$

und das Beschleunigungsmoment

$M_b = 2\pi J n_{Mo}/t_a = 2\pi\cdot 11{,}5\cdot 16{,}67/15 = 80{,}3$ Nm

(b) Der Motor soll die Momentenklasse KL16 haben, d.h. er kann gegen das 1,6fache Nennmoment anlaufen. Das mittlere Motormoment (siehe Bild 2.01-1) ist dann $M_{Mi} = 2{,}0M_{MN}$ und wegen $M_{Mi} = M_b$

$M_{MN} = M_b/2 = 40{,}15$ Nm (Dauerlast)

$P_{MN} = 2\pi M_{MN}(1-s_N)n_{Mo} = 2\pi\cdot 40{,}15\cdot 0{,}97\cdot 16{,}67 = 4{,}08$ kW.

Relative Einschaltdauer des Motors

$ED = (t_a/t_{sp})100 = 25$ %

Die effektive Motorbelastung ist somit

$$M_{Meff}=\sqrt{M_b^2 ED/100} = \sqrt{80,3^2 \cdot 0,25} = 40,15 \text{ Nm}.$$

Die zulässige Belastung des Motors unter Berücksichtigung der Einschaltdauer ist

$$M_{MN}= M_{MN}/\sqrt[3]{ED/100} = 40,15/0,63 = 63,7 \text{ Nm}.$$

Die effektive Belastung ist geringer.

(c) Bei einer reinen Beschleunigungslast ist, unabhängig von dem Verlauf der Momentenkennlinie, die im Läufer umgesetzte Energie gleich der kinetischen Energie der Schwungmasse

$$E_f= 2\pi^2 J_L n_L^2 = 2\pi^2 \cdot 200 \cdot 4^2 = 63165 \text{ Ws}.$$

Es ist zu prüfen, ob der ausgewählte Motor eine so große Läufer-Verlustenergie zuläßt

$$P_{fmittel}= E_f/t_{sp}= 63165/60 = 1053 \text{ W}.$$

(d) Bei einem Spannungsabfall von 15 % geht das mittlere Motormoment auf $\bar{M}^*= 2M_{MN}0,85^2= 58 \text{ Nm} = M_b^*$ zurück, und die Anlaufzeit verlängert sich $t_a^* = t_a/0,85^2= 15/0,85^2= 20,8$ s.

Die Läuferverlustenergie wird von dem Spannungseinbruch nicht beeinflußt.

(e) Die Läuferbelastung während des Anlaufs läßt sich durch Polumschaltung verkleinern. Bei einer Polumschaltung im Verhältnis 2 zu 1 halbiert sich die Läuferverlustenergie.

## 2.04 Schlupfsteuerung eines Schleifringläufer-Motors über den Läuferwiderstand

Die Beeinflussung der Drehzahl eines Schleifringläufermotors über den Läuferwiderstand wird bei Hebezeugantrieben häufig angewendet.
Gegeben ist ein Schleifringläufer-Motor mit folgenden Kenndaten:
$P_{MN}$=50 kW, synchrone Drehzahl $n_o$=16,67 1/s, Drehzahl bei Belastung mit dem Nennmoment und kurzgeschlossenen Schleifringen $n_N$=16,1 1/s, Ständerspannung $U_s$=380 V, Ständerstrom bei Nennbelastung $I_{sN}$=96 A, Ständer-Leerlaufstrom $I_{so}$=34 A, Läufer-Stillstandsspannung $U_{fN}$=140 V, Läufer-Nennstrom $I_{fN}$=222 A, Kippmoment $M_{ki}$=3,0$M_{MN}$, $J_M$=1,27 kgm$^2$.

Gesucht:

(a) Schlupf-Momentenkennlinie M = f(s)

(b) Widerstand der Läuferwicklung $R_{fc}$

(c) Schlupf- Momentenkennlinie für Läuferwiderstände, bei denen der Nenn-Schlupf $s_N$= 0,034; 0,1; 0,2; 0,4; 1,0; 2,0 beträgt.

(d) Ständerstrom in Abhängigkeit vom Motormoment.

(e) Leistungsfaktor in Abhängigkeit vom Motormoment

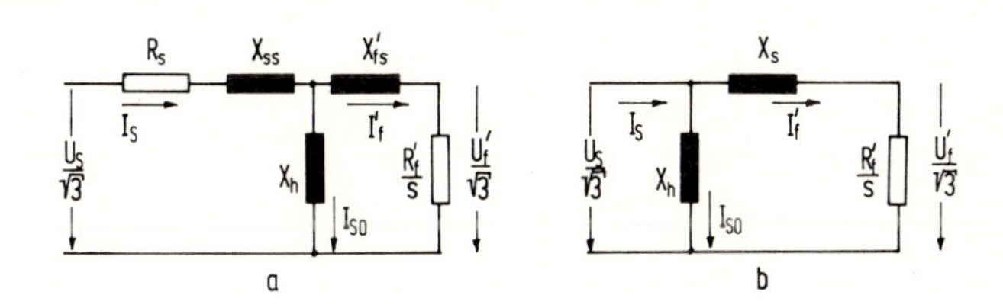


Bild 2.04-1

Lösung:

(a) Nennschlupf $s_N = 1-n_N/n_o = 1-16,1/16,67 = 0,034$

Nennmoment $M_{MN} = P_{MN}/2\pi(1-s_N)n_o = 5\cdot10^4/2\pi\cdot0,966\cdot16,67 = 494$ Nm

Vereinfacht man das in Bild 2.04-1a wiedergegebene einphasige Ersatzschaltbild, in dem der Widerstand der Ständerwicklung $R_s$ vernachlässigt und die Ständer-Streureaktanz $X_{ss}$ zu der auf die Ständerwicklung umgerechneten Läufer-Streureaktanz $X_{fs}$ addiert wird, so ergibt sich das Ersatzschaltbild nach Bild 2.04-1b. Die Gesamt-Streureaktanz ist

$X_s = X_{ss}+X'_{fs} = X_{ss}+X_{fs}(U_s/U_{fN})^2$.

Die Momentenkennlinie erhält man aus *Gl.(1.19)* für $X_{ss} \ll X_h$ zu

$$M = \frac{1}{2\pi n_o}\,\frac{R'_f U_s^2}{sX_s^2+R_f'^2/s} \qquad (1) \qquad R'_f = R_f(U_s/U_{fN})^2 = R_f(380/140)^2 = 7,34\ R_f.$$

Die Streureaktanz $X_s$ läßt sich nach *Gl.(1.22)* aus dem Kippmoment bestimmen.

$M_{ki} = 3,0M_{MN} = U_s^2/4\pi n_o X_s$

$X_s = U_s^2/12\pi n_o M_{MN} = 380^2/12\pi\cdot16,67\cdot494 = 0,465\ \Omega$

Der Läuferwiderstand, bei dem das Anzugsmoment (s=1) gleich dem Nennmoment ist, wird mit $R'_{fN}$ bezeichnet. Gl.(1) nimmt die Form an:

$M_{MN} = R'_{fN}U_s^2/2\pi n_o(R_{fN}'^2+X_s^2)$ daraus

$$R'_{fN} = (U_s^2/4\pi n_o M_{MN})+\sqrt{(U_s^2/4\pi n_o M_{MN})^2-X_s^2} = 1,4+\sqrt{1,96-0,22} = 2,72\ \Omega$$

mit den Abkürzungen

$M/M_{MN} = m$ ; $M_{ki}/M_{MN} = m_{ki}$ ; $R'_f/R'_{fN} = R_f/R_{fN} = K_L$ und der Näherung

$m_{ki} = (R_{fN}'^2+X_s^2)/2R'_{fN}X_s \approx R'_{fN}/2X_s$ erhält man aus Gl.(1) die normierte Momentengleichung

$$m = \frac{K_L}{s}\,\frac{1+(R'_{fN}/X_s)^2}{1+(R'_{fN}/X_s)^2 K_L^2/s^2} \approx \frac{K_L}{s}\,\frac{1+4m_{ki}^2}{1+m_{ki}^2 K_L^2/s^2} \qquad (2)$$

Für kleine Schlupfwerte ($s < s_N$) vereinfacht sich Gl.(2) zu $m = K_L/s$ , einer Geradengleichung. Hier ist $m_{ki} = 3$.

$$m = (K_L/s)[37/(1+36K_L^2/s^2)] \qquad (3)$$

(b) Der Widerstand der Läuferwicklung ist:

$$R_{fc} = R'_{fc}/(U_s/U_{fN})^2 = K_{Lc}R'_{fN}/(U_s/U_{fN})^2 = s_N R'_{fN}/(U_s/U_{fN})^2$$

$$R_{fc} = 0{,}034\cdot 2{,}72/7{,}34 = 0{,}0126\ \Omega.$$

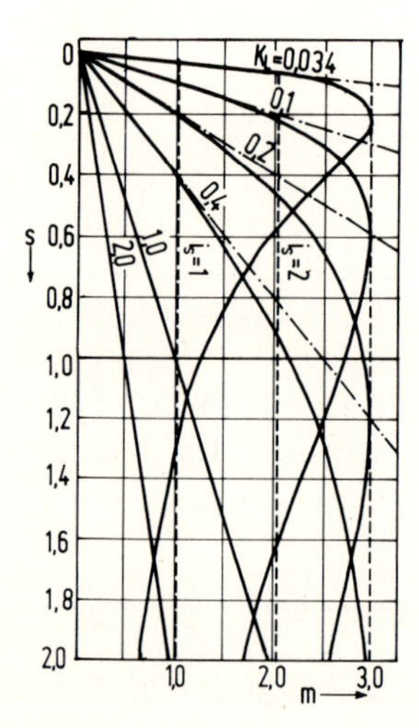


Bild 2.04-2

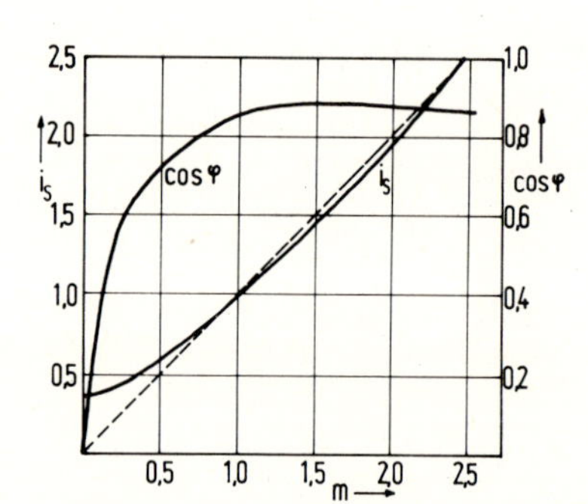


Bild 2.04-3

(c) Es ist $K_L = s_N$ und nach *Gl.(1.21)* der Kippschlupf $s_{ki} = R'_f/X_s = (R'_{fN}/X_s)K_L = 5{,}85\ K_L$ , er ändert sich mit dem Läuferwiderstand, während das Kippmoment konstant bleibt.

In Bild 2.04-2 sind die Momentenkennlinien nach Gl.(3) aufgetragen. Die strichpunktierten Geraden entsprechen der Näherungsgleichung $m = s/K_L$. Bis $m = 1$ stimmt sie recht genau mit dem tatsächlichen Verlauf überein.

(d) Für das vereinfachte Ersatzschaltbild 2.04-1b ergibt sich aus *Gl.(1.13)* ($X_{ss} = 0$ ; $X'_{fs} = X_s$) für den Gesamtleitwert

$$Y_s = \frac{1}{jX_h}\,\frac{j(X_h+X_s)+R'_f/s}{jX_s+R'_f/s} = \frac{R'_f}{sX_s^2+R'^2_f/s}\left[1-j\left(\frac{R'_f}{sX_h}+\frac{X_s s}{R'_f}\left(1+\frac{X_s}{X_h}\right)\right)\right] \qquad (4)$$

$$= \frac{2\pi n_o M}{U_s^2}\left[1-j\left(\frac{X_s}{X_h}\left(\frac{s_{ki}}{s}+\frac{s}{s_{ki}}\right)+\frac{X_s}{R'_f}\,s\right)\right]$$

Da $s_{ki}/s+s/s_{ki} = 2\,m_{ki}/m$ ist, ist der Betrag des Gesamtleitwertes

$$|Y_s| = \frac{2\pi n_o M}{U_s^2}\sqrt{1+(2\frac{m_{ki}}{m}\frac{X_s}{X_h} + \frac{X_s}{R_f'}s)^2} \qquad (5)$$

und für das Nennmoment, unter Berücksichtigung von $(X_s/R'_{fN}) \approx (1/2m_{ki})$ ; $s \approx mK_L$

$$|Y_{sN}| = \frac{2\pi n_o M_N}{U_s^2}\sqrt{1+(2m_{ki}\frac{X_s}{X_h} + \frac{1}{2m_{ki}})^2}$$

Der Ständerstrom ist proportional dem Gesamtleitwert, so daß sich für den auf den Nennstrom bezogenen Ständerstrom ergibt:

$$|i_s| = \left|\frac{I_s}{I_{sN}}\right| = \left|\frac{Y_s}{Y_{sN}}\right| = m\sqrt{\frac{1+(2m_{ki}X_s/mX_h + m/2m_{ki})^2}{1+(2m_{ki}X_s/X_h + 1/2m_{ki})^2}} \qquad (6)$$

mit der Hauptreaktanz $X_h = U_s/\sqrt{3}I_{so} = 380/\sqrt{3}\cdot 34 = 6{,}45\ \Omega$ liefert Gl.(6) das Ergebnis

$$|i_s| = m\sqrt{[1+(0{,}43/m + m/6)^2]/1{,}36} \qquad (7)$$

Der Ständerstrom ist vom Schlupf unabhängig und nur eine Funktion des Lastmomentes. In Bild 2.04-3 ist der bezogene Ständerstrom über dem bezogenen Moment, entsprechend Gl.(7) aufgetragen. Bei geringer Belastung wird $i_s$ in erster Linie durch den Magnetisierungsstrom bestimmt. In Bild 2.04-2 stellen sich die Kennlinien konstanten Ständerstromes als vertikale Geraden dar.

(e) Mit dem Realteil und dem Imaginärteil von Gl.(4) ist:

$$\tan\varphi = JmY_s/ReY_s = R_f'/X_h s + (1+X_s/X_h)sX_s/R_f' = 2m_{ki}X_s/mX_h + m/2m_{ki}$$

$$\cos\varphi = [1+(2m_{ki}X_s/mX_h + m/2m_{ki})^2]^{-0,5} = [1+(0{,}43/m + m/6)^2]^{-0,5}$$

Wie aus Bild 2.04-3 zu ersehen ist, nimmt der Leistungsfaktor, vom Leerlauf ausgehend, mit m schnell zu und hat bei 1,5facher Nennlast den Höchstwert $\cos\varphi = 0{,}88$.

## 2.05 Schleifringläufermotor-Antrieb für das Hubwerk eines Greiferkranes

Das Hubwerk eines Greiferkranes mit der Tragkraft $G_N=10^5$ N, Greifergewicht $G_o=0{,}5\cdot 10^5$ N, und einer Hubgeschwindigkeit $V_N=1{,}2$ m/s wird durch einen Drehstrom-Schleifringläufermotor angetrieben. Die Einstellung der Hub- und Senkgeschwindigkeit soll über die Läuferwiderstände erfolgen. Anzahl der Widerstandsstufen z=8. Beim Absenken der Last wird mit Gegenstrom bzw. übersynchron gebremst. Mechanischer Gesamtwirkungsgrad $\eta=0{,}85$.

Gesucht:

(a) Bemessung des Antriebsmotors

(b) Widerstandsstufung für konstanten Momentensprung

(c) Widerstandsstufung für konstante Schlupfänderung $\delta s$.

(d) Leistungsmäßige Bemessung der Läuferwiderstände

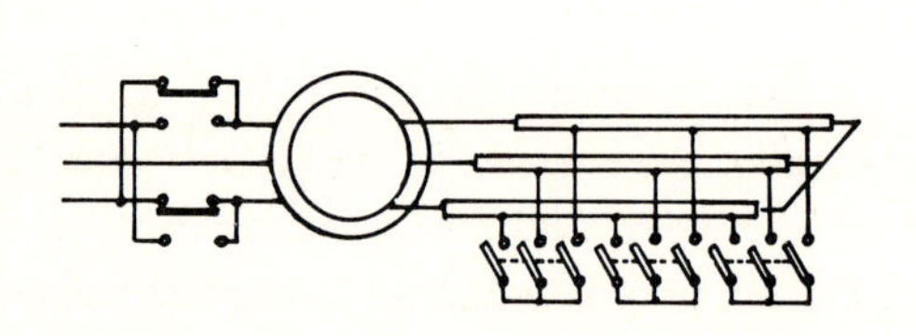

Bild 2.05-1

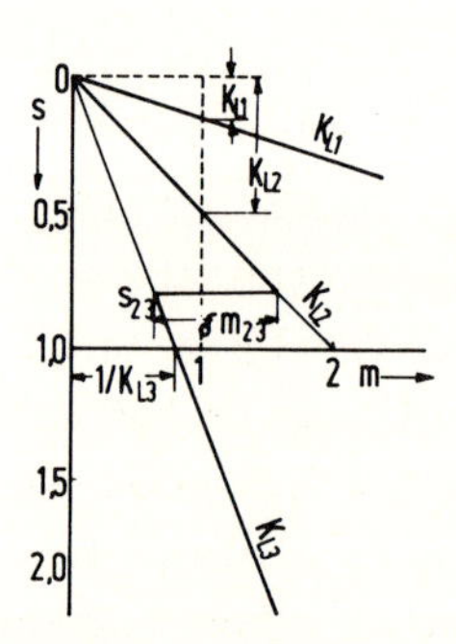


Bild 2.05-2

Lösung:

(a) $P_{MN}= G_N V_N/\eta = 10^5\cdot 1{,}2/0{,}85 = 141$ kW

Hierfür wird ein Motor mit folgenden Kenndaten gewählt

| | | |
|---|---|---|
| Nennleistung | $P_{MN}=140$ kW | bei ED = 40 % |
| Synchrone Drehzahl | $n_o = 25$ 1/s | |
| Nenndrehzahl, bei kurzgeschlossenen Schleifringen | $n_N= 24{,}58$ 1/s | |
| Kippmoment | $M_{ki}= 3{,}7\ M_N$ | |
| Nenn-Ständerspannung | $U_s= 380$ V | |
| Nenn-Ständerstrom | $I_{sN}= 250$ A | |
| Läufer-Stillstandsspannung | $U_{fN}= 367$ V | |
| Leerlaufstrom | $I_{so}= 72$ A | |

$M_N= P_{MN}/2\pi n_N= 1{,}4\cdot 10^5/2\pi\cdot 24{,}58 = 913$ Nm

$M_{ki}= 3{,}7 M_N= 3{,}7\cdot 913 = 3378$ Nm $\qquad m_{ki}= 3{,}7$

$X_s= U_s^2/4\pi n_o M_{ki}= 380^2/4\pi\cdot 25\cdot 3378 = 0{,}136\ \Omega$

$\ddot{u} = U_{sN}/U_{fN}= 380/367 = 1{,}035$

$R'_{fN} = X_s(m_{ki} + \sqrt{m_{ki}^2 - 1}) = 0{,}136(3{,}7 + \sqrt{3{,}7^2 - 1}) = 0{,}99\ \Omega$

$R_{fN} = R'_{fN}/ü^2 = 0{,}923\ \Omega$

$s_N = (n_o - n)/n_o = (25 - 24{,}58)/25 = 0{,}0168$

Widerstand der Läuferwicklung

$R_{fc} = U_s^2 s_N / ü^2 2\pi n_o M_N = 380^2 \cdot 0{,}0168/0{,}962^2 \cdot 2\pi \cdot 25 \cdot 913 = 0{,}0184\ \Omega.$

(b) Die Schaltung des Motors ist aus Bild 2.05-1 zu ersehen. Von den 7 Anzapfungen des Läuferwiderstandes sind nur 3 gezeichnet. Für die übersynchrone Bremsung wird die Phasenfolge über das Umschaltschütz geändert.

Zur Bemessung der Läuferwiderstände wird von der Geradennäherung ($s \ll 1$) der Momentenkennlinie, nach Gl.(2.04.1) ausgegangen

$M = U_s^2 s/2\pi n_o R_f$ und $M_N = U_s^2/2\pi n_o R'_{fN}$

$m = M/M_N = sR'_{fN}/R'_f = s/K_L$ $\qquad$ $K_L = R'_f/R'_{fN} = R_f/R_{fN}.$

In Bild 2.05-2 sind drei Momentengeraden wiedergegeben. $K_L$ gibt den Schlupf bei Belastung mit dem Nennmoment ($s_N$) an. Das Anzugsmoment ist im Bereich der Geradennäherung gleich $1/K_L$. Das Umschalten des Läuferwiderstandes ist mit einem Momentensprung $\delta m$ verbunden. Dieser Momentensprung stellt eine zusätzliche Belastung der Motorwelle, des Getriebes und der Seile dar. Da der Momentensprung bei kleinem $K_L$ besonders groß ist, darf der Motor nicht mit kurzgeschlossenem Läuferwiderstand betrieben werden. Gewählt

$K_{L1} = K_{Lmin} = 0{,}1$ $\qquad$ $R_{f1} = K_{L1} \cdot R_{fN} = 0{,}107\ \Omega.$

Widerstandsstufung für konstanten Momentensprung

Im Falle der Widerstandssteuerung ist die Motordrehzahl lastabhängig. Es müssen deshalb die beiden Grenzlastfälle

leerer Greifer $m_1 = 0{,}5$ $\qquad$ voller Greifer $m_2 = 1{,}0$

betrachtet werden. Der maximale Läuferwiderstand ist so zu bemessen, daß die Last im Falle $m_1$ mit einer brauchbaren Teilgeschwindigkeit abgesenkt wird. Gewählt

$m = 0{,}5$ ; $s = 1{,}6$ ; d.h. $K_{L8} = 1{,}6/0{,}5 = 3{,}2.$

Damit bei den einzelnen Umschaltungen der Momentensprung konstant ist, muß sein

$K_{L(k+1)}/K_{Lk} = \sqrt[z-1]{K_{L8}/K_{L1}} = \sqrt[7]{3{,}2/0{,}1} = 1{,}64$ $\qquad$ $k = 1 \dots z-1$ $\quad$ $z = 8$

Da $R_f = R_{fN} K_L$ ist, ergeben sich die Läuferwiderstände

| Stufe | 1 | 2 | 3 | 4 | 5 | 6 | 7 | 8 |
|---|---|---|---|---|---|---|---|---|
| $K_L$ | 0,1 | 0,164 | 0,269 | 0,442 | 0,725 | 1,19 | 1,95 | 3,20 |
| $R_f$ Ω | 0,0923 | 0,151 | 0,248 | 0,408 | 0,669 | 1,098 | 1,80 | 2,95 |

Der Momentensprung ist $\delta m = m_L[(K_{L(k+1)}/K_{Lk})-1]$

$m_L = m_1$ $\qquad \delta m = 0,5(1,64-1) = 0,32$

$m_L = m_2$ $\qquad \delta m = 1,0(1,64-1) = 0,64$.

Die übersynchrone Bremsung wird mit dem kleinsten Läuferwiderstand $K_{L1}$ durchgeführt. In Bild 2.05-3 sind die Momentenverläufe für leeren Greifer ($m_1$) und vollen Greifer ($m_2$) aufgetragen.

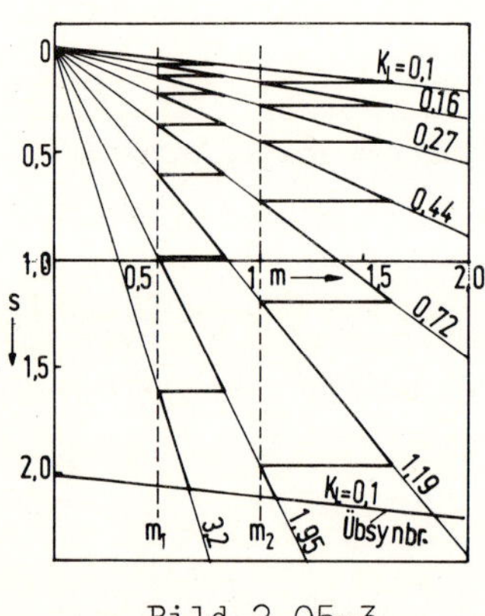


Bild 2.05-3

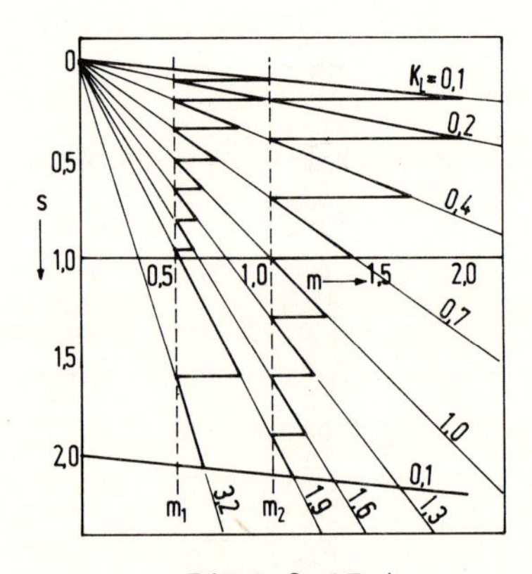


Bild 2.05-4

(c) Die Bemessung nach (b) zeigt den Nachteil, daß sich im Hubbereich ($s < 1$) die Umschaltstufen zusammendrängen, während im Senkbereich nur eine grobe Stufung vorhanden ist. Eine gleichmäßigere Stufung ist zu erwarten, wenn die Läuferwiderstände so bemessen werden, daß die Schlupfänderung $\delta s$ zwischen den einzelnen Umschaltungen konstant ist. Es gilt dabei

$\delta s = (s_8 - s_1)/(z-1)$ $\qquad \delta s = m_L \delta K_L$

$K_{L(k+1)} = K_{Lk} + (s_8 - s_1)/m_L(z-1)$ $\qquad \delta m = m_L[(K_{L(k+1)}/K_{Lk})-1]$.

Die Bemessung auf konstante Schlupfänderung bringt zwangsläufig unterschiedliche Momentensprünge. $\delta m$ ist am größten beim Zurückschalten von der zweiten auf die erste Stufe. Deshalb muß dieser Sprung zunächst überprüft werden.

$m_L = 1$ ; $\quad s_8 = 2,0$ ; $\quad s_1 = 0,1$ ; $\quad z = 8$ ; $\quad K_{L1} = 0,1$

$\delta s = 2-0,1/7 = 0,271$ $\qquad K_{L2} = 0,1+1,9/7 = 0,371$

$\delta m = 1[(0,371/0,1)-1] = 2,71$

Der Momentensprung beim Übergang von der 2. auf die 1. Stufe ist zu groß. Es müssen deshalb, wie in Bild 2.05-4 gezeigt, zwischen der 1. und der 3. Stufe kleinere Schlupfänderungen vorgegeben und eine 9. Stufe hinzugenommen werden. Wird als maximaler Momentensprung $\delta m = 1$ zugelassen, so ist

| Stufe | 1 | 2 | 3 | 4 | 5 | 6 | 7 | 8 | 9 |
|---|---|---|---|---|---|---|---|---|---|
| $K_L$ | 0,1 | 0,2 | 0,4 | 0,7 | 1,0 | 1,3 | 1,6 | 1,9 | 3,2 |
| $R_f$ Ω | 0,0923 | 0,185 | 0,37 | 0,646 | 0,923 | 1,2 | 1,48 | 1,75 | 2,95 |

| | | | | | | | | | |
|---|---|---|---|---|---|---|---|---|---|
| $m_L$=1 | $\delta m$ | 1,0 | 1,0 | 0,75 | 0,43 | 0,30 | 0,23 | 0,19 | |
| | $\delta s$ | 0,1 | 0,2 | 0,3 | 0,3 | 0,3 | 0,3 | 0,3 | |
| $m_L$=0,5 | $\delta m$ | 0,50 | 0,50 | 0,38 | 0,22 | 0,15 | 0,12 | 0,10 | 0,34 |
| | $\delta s$ | 0,05 | 0,10 | 0,15 | 0,15 | 0,15 | 0,15 | 0,15 | 0,15 |

Die Stufe 9 hat nur beim Absenken des leeren Greifers betriebliche Bedeutung. Bei vollem Greifer ist das Motormoment kleiner als das Lastmoment. Ein Abstürzen der Last $m = 1$ in der Stufe 9 wird dadurch vermieden, daß beim Erreichen des Schlupfes $s = 2$ automatisch die übersynchrone Bremsstufe (Umkehr der Phasenfolge und $K_L = 0{,}1$) eingelegt wird.

(d) Die Läuferwiderstände sind bei der Bemessung nach (c) bis $K_L = 1{,}9$ für $m_L = 1$ und $K_L = 1{,}9 \ldots 3{,}2$ für $m_L = 0{,}5$ zu wählen.

Nennläuferstrom $I_{fN} = \ddot{u}^2 \sqrt{I_{sN}^2 - I_{so}^2} = 1{,}035^2 \sqrt{250^2 - 72^2} = 256$ A.

Die Widerstände der Stufen 1 bis 8 sind zusammen für die Verlustleistung $P'_{Rf} = I_{fN}^2 K_{L8} R_{fN} = 256^2 \cdot 1{,}9 \cdot 0{,}923 = 114{,}9$ kW und der Stufe 9 $P''_{Rf} = (0{,}5 I_{fN})^2 (K_{L9} - K_{L8}) R_{fN} = 128^2 (3{,}2 - 1{,}9) 0{,}923 = 19{,}7$ kW und einer relativen Einschaltdauer von ca 25 % zu bemessen. In diesem Leistungsbereich kommen Guß- oder Stahlblechwiderstände zur Anwendung.

## 2.06 Drehzahlsteuerung eines Schleifringläufermotors über die Ständerspannung

Die Drehzahlsteuerung über den Läuferwiderstand hat den Nachteil, daß die Widerstandseinstellung stufenweise und über Schütze erfolgt und damit für geregelte Antriebe ungeeignet ist. Der Schlupf des belasteten Motors läßt sich auch über die Ständerspannung $U_s$ beeinflussen. Das Spannungsstellglied ist in der Regel ein Thyristor-Drehstromsteller. Die einphasige Ersatzschaltung zeigt Bild 2.06-1. Bei der folgenden Rechnung bleibt der Drehstromsteller unberücksichtigt, sowohl hinsichtlich der Spannungskurvenform als auch des Blindstromes. Gegeben ist der bereits dem Beispiel 2.04 zugrunde liegende Schleifringläufermotor mit den Kenndaten:

$P_{MN}$=50 kW, $n_o$=16,67 1/s, $n_N$=16,1 1/s, $U_{sN}$=380 V, $I_{sN}$=96 A, $I_{so}$=34 A, $U_{fN}$=140 V, $I_{fN}$=222 A, $M_{ki}$=3,0$M_{MN}$.

Er soll über die Ständerspannung $U_s$ in der Drehzahl eingestellt werden. Der Läuferwiderstand wird zunächst mit $R_{f\alpha}$=0,03 Ω und $R_{fß}$=0,074 Ω fest gegeben.

Gesucht:

(a) Schlupf-Momentenkennlinie M=f($U_s$) für $u_s=U_s/U_{sN}$=1,0; 0,9; 0,8; 0,7; 0,6; 0,5; 0,4.

(b) Kennlinien konstanten Ständerstromes $i_s=I_s/I_{sN}$

(c) Strombelastung beim Nenn-Stillstandsmoment

(d) Der Läuferwiderstand soll in zwei Stufen unterteilt und so umgeschaltet werden, daß bei dem konstanten Lastmoment $M_L=M_{MN}$ und dem Stellbereich $1 < s < s_N$ der Ständerstrom den Wert $i_{sm}$=1,5 nicht überschreitet. Die Läuferwiderstände sind dabei so zu bemessen, daß $s_N$ einen Kleinstwert annimmt.

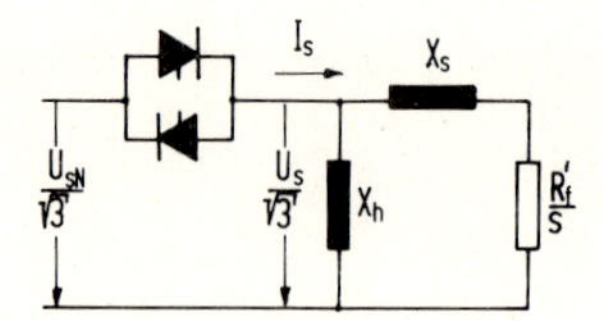


Bild 2.06-1

Lösung:

(a) Aus der Lösung von Beispiel 2.04 läßt sich entnehmen: $M_{MN}$= 494 Nm, $X_h$= 6,45 Ω, $X_s$= 0,465 Ω, $R'_{fN}$= 2,72 Ω, $R_{fN}= R'_{fN}(U_{fN}/U_{sN})^2$ = = 2,72(140/380)$^2$= 0,37 Ω. Damit ergibt sich

$K_{L\alpha}= R_{f\alpha}/R_{fN}$= 0,03/0,37 = 0,08 ; $K_{Lß}= R_{fß}/R_{fN}$= 0,074/0,37 = 0,2.

Die Momentengleichung (2.04.2) gilt für konstante Ständerspannung.

Ihre Gültigkeit läßt sich durch Multiplikation mit $u_s^2 = (U_s/U_{sN})^2$ auf veränderliche Ständerspannung erweitern

$$m = \frac{K_L}{s} \frac{1+4m_{kiN}^2}{1+4m_{kiN}^2 K_L/s^2} u_s^2 \tag{1}$$

Dabei ist $m_{kiN} = M_{ki}/M_{MN}$ bei $U_s = U_{sN}$, hier also $m_{kiN} = 3{,}0$.
In Gl.(1) eingesetzt $m = 37K_L u_s^2/s(1+36K_L^2/s^2)$ und unter Berücksichtigung der beiden gegebenen Läuferwiderstände

$$m_\alpha = 3u_s^2/(s+0{,}23/s) \quad (2) \qquad m_\beta = 7{,}4u_s^2/(s+1{,}44/s) \quad (3)$$

mit den Kippschlupfwerten

$$s_{ki\alpha} = (R_{f\alpha}/X_s)(U_{sN}/U_{fN})^2 = 0{,}03 \cdot 7{,}34/0{,}465 = 0{,}474$$

$$s_{ki\beta} = (R_{f\beta}/X_s)(U_{sN}/U_{fN})^2 = 0{,}074 \cdot 7{,}34/0{,}465 = 1{,}17.$$

Die Momentenkennlinien nach den Gleichungen (2) und (3) sind in Bild 2.06-2 aufgetragen. Im gesteuerten Betrieb, wenn zum Beispiel die Spannung $U_s$ über einen Stelltransformator eingestellt wird, ist ein stabiler Arbeitspunkt nur im Bereich $0 < s < s_{ki}$ möglich. Wird dagegen der Motor über einen Thyristor-Drehstromsteller auf konstante Drehzahl geregelt, lassen sich auch Schlupfwerte $s > s_{ki}$ einstellen.

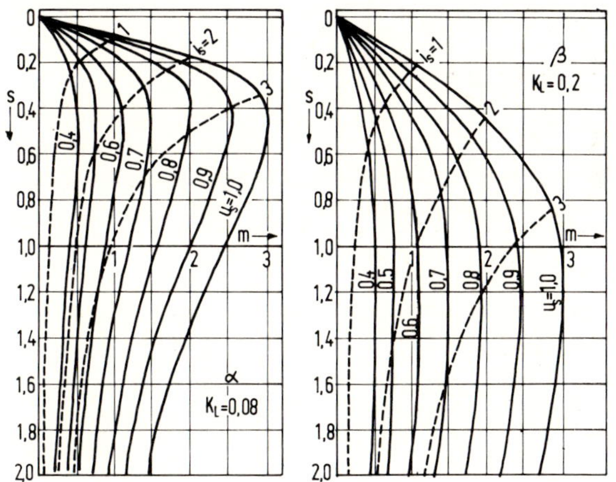


Bild 2.06-2

(b) Der Gesamtleitwert der Ersatzschaltung, Bild 2.06-1, läßt sich in der Form schreiben

$$Y_s = \frac{1}{jX_h} + \frac{1}{jX_s + R_f'/s} = \frac{R_f'/s}{X_s^2 + R_f'^2/s} \left[1 - j\frac{s}{R_f' X_h} \left(X_s(X_s+X_h) + R_f'^2/s^2\right)\right] \tag{4}$$

Für s = 1 und $R'_f = R'_{fN}$ ergibt sich aus Gl.(4) der Gesamtleitwert $Y_{sN}$

Berücksichtigt man, daß nach Gl.(2.04.1)

$$\frac{R'_f/s}{X_s^2+R_f'^2/s} = \frac{M_M}{U_s^2 2\pi n_o} \quad \text{und} \quad \frac{R'_{fN}}{X_s^2+R_{fN}'^2} = \frac{M_{MN}}{U_{sN}^2 2\pi n_o} \quad \text{ist, so erhält man}$$

$$|i_s| = \left|\frac{I_s}{I_{sN}}\right| = \frac{U_s|Y_s|}{U_{sN}|Y_{sN}|} = \frac{M_M}{M_{MN}}\frac{U_{sN}}{U_s}\sqrt{\frac{1+s^2[X_s(X_s+X_h)+R_f'^2/s^2]^2/R_f'^2X_h^2}{1+[X_s(X_s+X_h)+R'_{fN}]R'_{fN}X_h^2}} \tag{5}$$

Unter Berücksichtigung von $m_{kiN} \approx R'_{fN}/2X_s$ läßt sich Gl.(1) in der Form schreiben

$$1/u_s = \sqrt{\frac{K_L}{m}\frac{(R'_{fN}/X_s)^2+1}{s_{ki}^2/s+s}} = \frac{U_{sN}}{U_s}$$ Dieser Ausdruck in Gl.(4) eingesetzt

$$i_s = \sqrt{A_m}\cdot\sqrt{m}\sqrt{\frac{1+[(1+X_s/X_h)s/s_{ki}+s_{ki}X_s/sX_h]^2}{s_{ki}/s + s/s_{ki}}} \tag{6}$$

Dabei enthält der Ausdruck $A_m$ nur Konstanten

$$A_m = \frac{1}{2m_{kiN}}\frac{1+4m_{kiN}^2}{1+[(1+X_s/X_h)/2m_{kiN} + 2m_{kiN}X_s/X_h]^2} \tag{7}$$

Im vorliegenden Fall ist $m_{kiN} = 3$; $X_s/X_h = 0{,}465/6{,}45 = 0{,}072$

$$A_m = \frac{1}{6}\frac{1+36}{1+[1{,}072/6+0{,}072\cdot 6]} = 3{,}83.$$

Wird Gl.(6) nach dem Einsetzen der Konstanten in folgender Form geschrieben

$$\frac{m}{i_s^2} = \frac{1}{3{,}83}\left[\frac{s_{ki}/s + s/s_{ki}}{1+(1{,}072s/s_{ki}+0{,}072s_{ki}/s)^2}\right] \tag{8}$$

so erhält man eine Funktion mit der einzigen Veränderlichen $s/s_{ki} = X_s(s/R'_f)$.

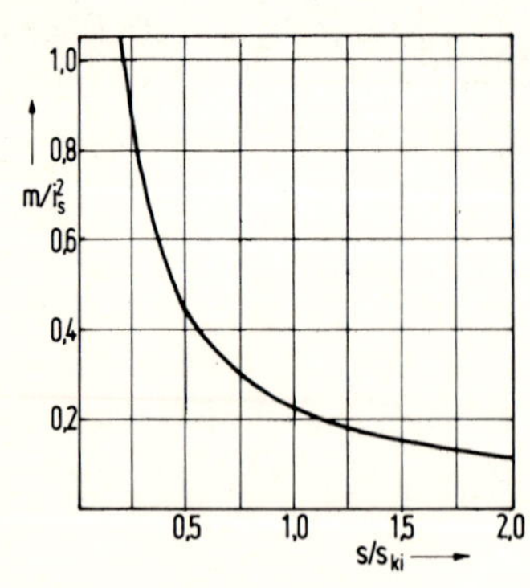


Bild 2.06-3

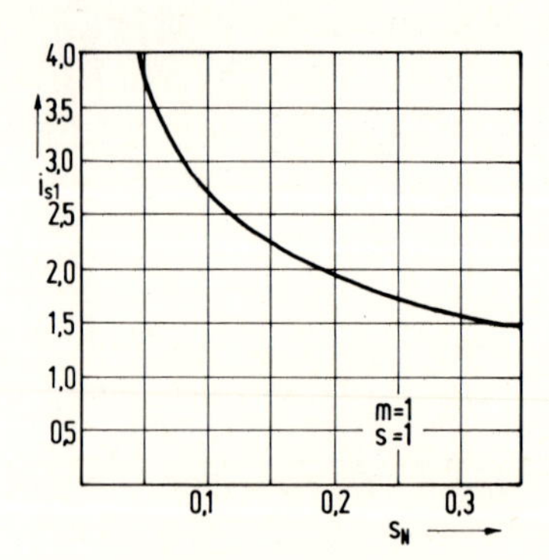


Bild 2.06-4

Gl.(8) ist in Bild 2.06-3 aufgetragen. Für $s_{ki\alpha}$ = 0,474, bzw. $s_{ki\beta}$ = 1,17 ergeben sich aus Gl.(5), wenn $i_s$ = 1; 2; 3 gesetzt wird, die in Bild 2.06-2 gestrichelt eingezeichneten Kennlinien konstanten Ständerstromes. Im Gegensatz zur Schlupfsteuerung über den Läuferwiderstand, bei der der Ständerstrom unabhängig von dem Schlupf ist, (siehe Bild 2.04-2), drängen sich hier die Kennlinien konstanten Stromes im Bereich großen Schlupfes eng zusammen. Im Bereich $s > 1$ ist das Nennmoment nur mit hohem Überstrom zu erreichen. Bei der Spannungssteuerung sollte deshalb möglichst auf eine Gegenstrombremsung verzichtet werden. Wie ein Vergleich der beiden Kennlinienfelder von Bild 2.06-2 zeigt, läßt sich durch Vergrösserung des Läuferwiderstandes, im Bereich großen Schlupfes, die Strombelastung des Motors herabsetzen.

(c) Wird der Betriebsbereich auf $0 < s < 1$ beschränkt, so tritt der größte Strom bei s = 1 auf. Für s = 1 und m = 1 liefert Gl.(5)

$$i_{s1} = \sqrt{A_m}\sqrt{\frac{1+[(1+X_s/X_h)/s_{ki}+s_{ki}X_s/X_h]^2}{s_{ki}+1/s_{ki}}}$$

$$i_{s1} = \sqrt{3,83}\sqrt{\frac{1+[1,072/s_{ki}+0,072s_{ki}]^2}{s_{ki}+1/s_{ki}}} .$$

Der zu $s_{ki}$ gehörige Nennschlupf ist

$$s_N = K_L = R_f'/R_{fN}' = s_{ki}X_s/R_{fN}' = s_{ki}\frac{0,465}{2,72} = 0,171 s_{ki}$$

In Bild 2.06-4 ist $i_{s1}$ über $s_N$ aufgetragen. Wenn zum Beispiel ein Nennschlupf von $s_N$ = 0,15 zugelassen wird, führt der Motor, bei einem Anzugsmoment gleich dem Nennmoment, im ersten Augenblick des Anlaufs, den 2,2fachen Nennstrom.

(d) Für s = 1, m = 1 und $i_s$ = 1,5 läßt sich aus dem Diagramm, Bild 2,06-4, entnehmen $s_{NI}$ = 0,34. Mit dieser Widerstandsstufe läßt sich der Schlupfbereich $1,0 > s_I > s_{NI}$ bei $S_{kiI} = s_{NI}/0,171$ = 2,0 überstreichen. Bei m = 1 und $s_N$ = 0,34 liegt am Motor $u_s$ = 1. Eine weitere Verkleinerung des Schlupfes ist nur durch Umschalten auf einen kleineren Läuferwiderstand möglich.

Mit m = 1 und $i_s$ = 1,5, das heißt $m/i_s^2 = 1/1,5^2 = 0,444$

liefert das Diagramm Bild 2.06-3 $\quad s/s_{kiII} = 0,5$

und für s = 0,34 $\quad s_{kiII} = 0,34/0,5 = 0,68$.

Dann ist $K_{LII} = s_{NII} = s_{kiII}X_s/R_{fN}' = 0,68 \cdot 0,465/2,72 = 0,116$.

Die beiden Läuferwiderstände sind somit

$R_{fI} = s_{NI} R'_{fN}/\ddot{u}^2 = 0{,}34 \cdot 2{,}72/7{,}34 = y0{,}126\ \Omega$

$R_{fII} = s_{NII} R'_{fN}/\ddot{u}^2 = 0{,}116 \cdot 2{,}72/7{,}34 = 0{,}034\ \Omega.$

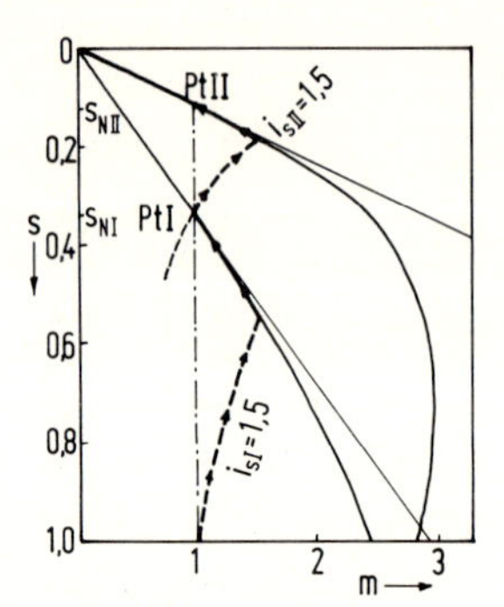


Bild 2.06-5

In Bild 2.06-5 sind die Momentenkennlinien ($u_s = 1$) für beide Läuferwiderstände aufgetragen

$$m = \frac{K_L}{s} \frac{1+4m_{kiN}}{1+4m_{kiN}^2 K_L^2/s^2}$$

$$m_I = \frac{0{,}34}{s} \frac{37}{1+4{,}16/s^2} \qquad m_{II} = \frac{0{,}116}{s} \frac{37}{1+0{,}48/s^2}.$$

Beim Anlauf des Motors mit der Widerstandsstufe I nimmt er im ersten Augenblick den Strom $i_s = 1{,}5$ auf. Wenn er den Arbeitspunkt PtI erreicht hat, ist der Strom auf $i_s = 1$ abgesunken. Beim Umschalten auf die Widerstandsstufe II springt der Strom wieder auf $i_s = 1{,}5$ und geht, wenn er sich dem Arbeitspunkt PtII nähert, auf $i_s = 1$ zurück. Die Widerstandsumschaltung ermöglicht einen großen Stellbereich bei mäßigem Überstrom. Hohe Momentenspitzen beim Umschalten des Läuferwiderstandes treten nicht auf, da die hier vorgesehene Strombegrenzung des Regelkreises die Ständerspannung soweit zurücknimmt, daß der Grenzstrom nicht überschritten wird.

## 2.07 Steuerverhalten eines Schleifringläufermotors bei Spannungssteuerung

Gegeben ist ein Schleifringläufermotor mit folgenden Kenndaten: $P_{MN}=37$ kW; $n_o=25$ 1/s; $n_N=23{,}75$ 1/s; $M_{kiN}=2{,}6M_{MN}$; $I_{sN}=82$ A; $U_{sN}=380$ V; Läuferstillstandsspannung $U_{fN}=330$ V; $R_{fN}=2{,}6\ \Omega$; Leerlaufstrom bei $U_{sN}$ ist $I_{sN}=25$ A; bezogener Läuferwiderstand $K_L=0{,}2$; Lastmoment $M_L=M_{MN}$. Die Drehzahl wird über die Ständerspannung im Bereich $s_N$ und $s_m=1$ eingestellt.

Gesucht:

(a) Steuerkennlinie $U_s = f(s)$

(b) Ständerstrom $I_s = f(s)$. Es wird die Stromkennlinie mit und ohne Berücksichtigung der Hauptreaktanz $X_h$ auch für den Fall $R_{fN} \gg X_s$ gesucht.

Lösung:

(a) Aus den gegebenen Daten lassen sich folgende Konstanten berechnen:

$R'_{fN} = R_{fN}(U_{sN}/U_{fN})^2 = 2,6(380/330)^2 = 3,4\ \Omega$

$s_N = 1 - n_N/n_o = 1-23,75/25 = 0,05$

$M_{MN} = P_{MN}/2\pi n_N = 37000/2\pi\cdot 23,75 = 248\ \text{Nm}$

$M_{ki} = 2,6 M_{MN} = 2,6\cdot 248 = 645\ \text{Nm} \qquad m_{kiN} = 2,6$

$X_s = U_s^2/4\pi n_o M_{ki} = 380^2/4\pi\cdot 25\cdot 645 = 0,713\ \Omega$

$X_h = U_{sN}/\sqrt{3} I_{so} = 380/\sqrt{3}\cdot 25 = 8,87\ \Omega$

$R'_f = K_L R'_{fN} = 0,2\cdot 3,45 = 0,69\ \Omega$

$R_f = R'_f(U_{fN}/U_{sN})^2 = 0,69(330/380)^2 = 0,52\ \Omega$

$s_{ki} = R'_f/X_s = 0,69/0,713 = 0,97$.

Für die Momentenkennlinie gilt nach Gl.(2.04,1)

$$M = \frac{1}{2\pi n_o}\,\frac{R'_f/s}{(R'_f/s)^2 + X_s^2}\,U_s^2 \quad \text{und damit } U_s = \sqrt{2\pi n_o (R'_f/s + X_s s/R'_f) M}$$

$$U_s = \sqrt{2\pi\cdot 25(0,69/s + 0,713\cdot s/0,69)248} = 100\sqrt{2,87s + 2,69/s} \qquad (1)$$

In Bild 2.07-1 ist Gl.(1) aufgetragen. Für das Nennmoment muß im Stillstand die Spannung auf $U_s = 236$ V eingestellt werden.

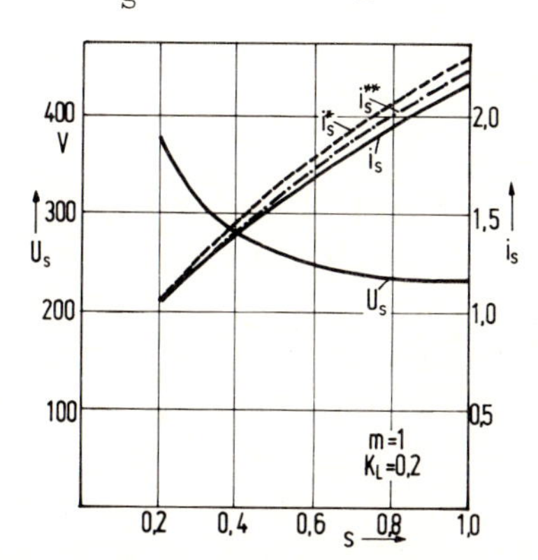


Bild 2.07-1

Wie die Krümmung der Kennlinie ($U_s$) zeigt, nimmt die Steilheit der Steuerkennlinie $s = f(U_s)$ mit steigendem Schlupf zu. Das ist bei der Einstellung der Regelkreise zu berücksichtigen.

(b) Gl.(2.06,6) $A_m = \frac{1}{2m_{kiN}} \frac{1+4m_{kiN}^2}{1+[(1+X_s/X_h)/2m_{kiN}+2m_{kiN}X_s/X_h]^2} =$

$$= \frac{1}{2\cdot 2{,}6} \frac{1+4\cdot 2{,}6^2}{1+[(1+0{,}713/8{,}87)/2\cdot 2{,}6 + 2\cdot 2{,}6\cdot 7{,}13/8{,}87]^2} = 3{,}86$$

und mit Gl.(2.06.5) unter Berücksichtigung von m = 1

$$i_s = I_s/I_{sN} = \sqrt{A_m m}\sqrt{1+[s(1+X_s/X_h)/s_{ki} + s_{ki}X_s/sX_h]^2}/\sqrt{s_{ki}/s + s/s_{ki}} \quad (2)$$

Die Konstanten eingesetzt

$$i_s = 1{,}96\sqrt{\frac{1+[1{,}12s+0{,}08/s]^2}{1{,}03s+0{,}97/s}} \quad (3)$$

Wird der Magnetisierungsstrom vernachlässigt ($X_h = \infty$), so vereinfacht sich Gl.(2) zu

$$i_s^* = \sqrt{2m_{kiN}ms/s_{ki}} \qquad \text{hier} \quad i_s^* = \sqrt{2\cdot 2{,}6s/0{,}97} = 2{,}31\sqrt{s} \quad (4)$$

Geht man von der Beziehung aus

$m_{kiN} = 0{,}5(R'_{fN}/X_s + X_s/R'_{fN})$ so läßt sich dieser Ausdruck für den Fall $(R'_{fN}/X_s) \gg 1$ vereinfachen

$$m_{kiN} \approx R'_{fN}/2X_s = (R'_{fN}/R'_f)(R'_f/X_s)/2 = s_{ki}/2K_L$$

in Gl.(4) eingesetzt ergibt die weitere Näherung

$$i_s^{**} = \sqrt{m\cdot s/K_L} = \sqrt{1\cdot s/0{,}2} = 2{,}24\sqrt{s} \quad (5)$$

In Bild 2.07-1 sind die genaue Gleichung (3) und die beiden Näherungen Gl.(4) und Gl.(5) aufgetragen. Schon die Näherungsausdrücke geben recht genau die Strombelastung des Motors wieder.

## 2.08 Hebezeug-Fahrantrieb mit Schleifringläufermotor

Fahrantriebe von Kranen haben eine geringe relative Einschaltdauer. Die Beschleunigung und Verzögerung muß ruckfrei erfolgen. Der Schleifringläufermotor mit Drehzahleinstellung über die Ständerspannung ist hierfür gut geeignet. Ein derartiger Antrieb wird, mit Rücksicht auf den Stellbereich (Stabilisierung des instabilen Bereiches), mit Drehzahlregelung ausgeführt.

Es ist der Schleifringläufermotor für einen Kran-Fahrantrieb zu bemessen. Die Einstellung der Drehzahl erfolgt über die Ständerspannung bei konstantem Läuferwiderstand. Zwischen Motor und Antriebsrädern ist ein Getriebe mit dem Übersetzungsverhältnis $ü_G$ und dem Wirkungsgrad $\eta_G = 0{,}92$ angeordnet. Das Lastspiel hat den in Bild 2.08-1 gezeigten Verlauf. Gegeben: Beharrungskraft am Radumfang $F''_L = 3\cdot 10^4$ N, Fahrgeschwindigkeit V=0...8 m/s, Beschleunigung/Verzögerung a= ±0,6 $m/s^2$, Antriebsraddurchmesser $d_a$=0,7 m, Trägheitsmoment von Last und Getriebe, bezogen auf die Radwelle $J_L''$=4600 $kgm^2$, synchrone Drehzahl Motor $n_o$=25 1/s, Drehzahl bei Nenn-Fahrgeschwindigkeit $n_m$=20 1/s, bezogener Läuferwiderstand $K_L$=0,15; Trägheitsmoment Motor ( geschätzt ) $J_M$=0,6 $kgm^2$.

Gesucht:

(a) Konstantenberechnung

(b) effektives Moment

(c) effektiver Ständerstrom, Motortypenleistung

(d) Vergleich mit Widerstandssteuerung

(e) Spannungseinstellung in den einzelnen Fahrbereichen

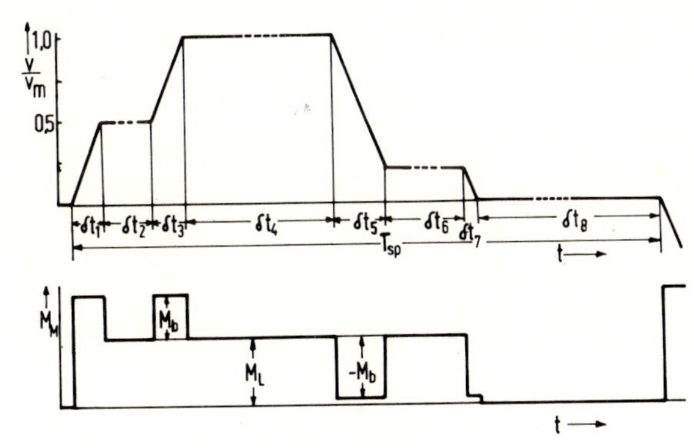


Bild 2.08-1

Lösung:

(a) Drehzahl auf der Abtriebsseite bei $V_m$= 0,8 m/s

$n_m''= V_m/\pi d_a = 0,8/\pi\cdot 0,7 = 0,364$ 1/s

Beharrungsmoment auf der Abtriebsseite

$M_L'' = F_L'' d_a/2 = 3,0\cdot 10^4\cdot 0,35 = 10,5\cdot 10^3$ Nm

Übersetzungsverhältnis des Getriebes

$\ddot{u}_G = n_m''/n_m' = 0,364/20 = 0,0182$

Beharrungsmoment Antriebsseite

$M_L' = M_L''\ddot{u}_G 1/\eta_G = 10,5\cdot 10^3\cdot 0,0182/0,92 = 208$ Nm

Lastträgheitsmoment, bezogen auf die Antriebsseite

$J_L' = J_L''\ddot{u}_G^2 = 4600\cdot 0,0182^2 = 1,52$ $Nms^2$

Beschleunigung/Verzögerung, bezogen auf die Antriebsseite

$a' = |dn'/dt| = a_L/\pi d_a \ddot{u}_G = 0,6/\pi\cdot 0,7\cdot 0,0182 = 15$ $1/s^2$

Beschleunigungs-/Verzögerungsmoment

$M_b' = \pm 2\pi(J_M + J_L')a' = \pm 2\pi(0,6+1,52)15 = \pm 200$ Nm

(b) Für die Beschleunigungs- bzw. Verzögerungsbereiche 1; 3; 5; 7 gilt $\delta t = \delta n/a$, und für das Motormoment $M_M = M'_L + M'_b$.

| Bereich | k | 1 | 2 | 3 | 4 | 5 | 6 | 7 | 8 |
|---|---|---|---|---|---|---|---|---|---|
| $\delta n'_k$ | 1/s | 10 | 0 | 10 | 0 | -16 | 0 | -4 | 0 |
| $\delta t_k$ | s | 0,67 | 10 | 0,67 | 20 | 1,07 | 12 | 0,27 | 65 |
| $M'_{bk}$ | Nm | +200 | 0 | +200 | 0 | -200 | 0 | -200 | 0 |
| $M_{Mk}$ | Nm | 408 | 208 | 408 | 208 | 8 | 208 | 8 | 0 |
| $M^2_{Mk}\delta t_k/10^6$ | | 0,112 | 0,433 | 0,112 | 0,865 | - | 0,519 | - | 0 |

Spieldauer $t_{sp} = \sum_1^k \delta t_k = 109{,}7$ s

relative Einschaltdauer $ED = 100\sum_1^7 \delta t/\sum_1^8 \delta t = 44{,}7\cdot 100/109{,}7 = 40{,}7$ %

effektives Moment $M_{eff} = \sqrt{\sum_1^k (M^2_{Mk}\delta t_k)/t_{sp}} = 10^3\sqrt{2{,}04/109{,}7} = 136{,}4$ Nm.

(c) Bei der Berechnung des Motorstromes können die Bereiche 5 und 7 unberücksichtigt bleiben, hier befindet sich der Motor praktisch im Leerlauf. Seine Masse wird mit von der Last abgebremst. Der Leerlaufstrom des Motors wird nicht berücksichtigt.
Nach Gl.(2.07.5) ist

$i^*_s = I_s/I_{sN} = \sqrt{ms/K_L} = \sqrt{ms/0{,}15} = 2{,}58\sqrt{ms}$

und der mittlere Strom in den einzelnen Fahrbereichen

$i_s = (i^*_{s1} - i^*_{s2})/2$

wenn $i^*_{s1}$ der Strom zu Beginn und $i^*_{s2}$ am Ende des betreffenden Abschnittes ist.

| Bereich | k | 1 | 2 | 3 | 4 | 6 |
|---|---|---|---|---|---|---|
| m | | 1,96 | 1,0 | 1,96 | 1,0 | 1,0 |
| n' | 1/s | 0...10 | 10 | 10...20 | 20 | 4 |
| s | | 1...0,6 | 0,6 | 0,6...0,2 | 0,2 | 0,84 |
| $i^*_{sk}$ | | 3,6...2,8 | 2,0 | 2,8...1,6 | 1,2 | 2,36 |
| $i_{sk}$ | | 3,2 | 2,0 | 2,2 | 1,2 | 2,36 |
| $i^2_{sk}\delta t_k$ | s | 6,86 | 40 | 3,24 | 28,8 | 66,8 |

$i_{seff} = \sqrt{(\sum_1^k i^2_{sk}\delta t_k)/t_{sp}} = \sqrt{145{,}7/109{,}7} = 1{,}15$ bezogen auf die Spieldauer,

$i_{seff} = \sqrt{(\sum_1^k i^2_{sk}\delta t_k)/(t_{sp} - \delta t_5 - \delta t_7 - \delta t_8)} = \sqrt{145{,}7/43{,}3} = 1{,}83$ bezogen auf die Belastungsdauer.

In Bild 2.08-2 ist für den Anfahrbereich (voll ausgezogen) und für den Bremsbereich (gestrichelt) der zeitliche Verlauf des bezogenen Motorstromes aufgetragen.

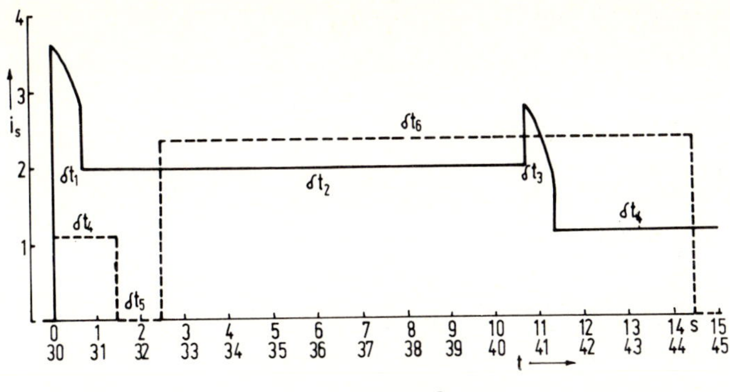


Bild 2.08-2

Der Motor wird bei der Bemessung auf m = 1, das heißt, $M_M$= 208 Nm um den Faktor 1,15 überlastet. Da $m \sim i_s^2$ muß ohne strommäßige Überlastung

$M_{MN}$= 208·1,15$^2$= 275 Nm sein, und damit die Typenleistung

$P_{MN}= 2\pi n_o(1-s_N)M_{MN}$ $\qquad s_N \approx 0{,}05 \qquad$ ($U_s$-Steuerung)

$P_{MN}= 2\pi\cdot 25\cdot 0{,}95\cdot 275 = 41{,}037$ kW gewählt werden.

Für serienmäßige, oberflächengekühlte Schleifringläufermotoren besteht zum Beispiel die Typenreihe $P_{MN}$= 20 kW; 24 kW; 29 kW; 39 kW; 48 kW. Für das gegebene Lastspiel ist somit die Typenleistung $P_{MN}$= 39 kW vorzusehen.

(d) Würde die Drehzahl nicht über die Ständerspannung, sondern durch Veränderung der Läuferwiderstände eingestellt werden, so bestimmt das effektive Moment die Typenleistung

$P_{MN}=2\pi n_o(1-s_N)M_{eff}= 2\pi\cdot 25\cdot 0{,}95\cdot 136{,}4 = 20{,}4$ kW $\qquad$ ($R_f$-Steuerung).

Die Verdoppelung der Typenleistung wird in erster Linie durch den Spielbereich 6 hervorgerufen, in dem der Motor, bei einer sehr niedrigen Drehzahl (s=0,84), das Nennmoment abgeben muß. Ohne den Bereich 6 ergibt sich

$i_{seff}= \sqrt{78{,}8/97{,}7} = 0{,}898 \qquad M_{MN}= 208\cdot 0{,}898^2= 167{,}8$ Nm

$P_{MN}= 2\pi\cdot 25\cdot 0{,}95\cdot 167{,}8 = 25$ kW.

Die Typenleistung des Motors läßt sich auch dadurch verkleinern, daß die Läuferwiderstände etwa bei s = 0,6 auf $K_L$= 0,4 umgeschaltet werden. Dann gilt für den Bereich 6

$i^*_{s6}= \sqrt{ms/K_L} = \sqrt{1\cdot 0{,}84/0{,}4} = 1{,}449 \quad ; \quad \delta t_6 i^{*2}_{s6} = 12\cdot 1{,}449^2= 25{,}2$ s

und für das ganze Lastspiel

$i_{seff}= \sqrt{104/109{,}7} = 0{,}974$

$M_{MN} = 208 \cdot 0{,}974^2 = 197{,}2$ Nm ; $P_{MN} = 2\pi \cdot 25 \cdot 0{,}95 \cdot 197{,}2 = 29{,}4$ kW.

(e) Der gewählte Motor hat die Listendaten: $P_{MN} = 39$ kW ; ED = 40 %
$n_o = 25$ 1/s ; $n_N = 24{,}25$ 1/s ; $M_{ki} = 3{,}8 M_{MN}$ ; $U_{sN} = 380$ V ; $R_{fN} = 2{,}6\ \Omega$
$U_{fN} = 330$ V. Daraus ergibt sich

$R'_{fN} = 2{,}6(380/330)^2 = 3{,}45\ \Omega$ ; $s_N = (1-24{,}25/25) = 0{,}03$

$M_{MN} = 39000/2\pi \cdot 24{,}25 = 256$ Nm ; $M_{ki} = 3{,}8 \cdot 256 = 973$ Nm

$X_s = 380^2/2\pi \cdot 25 \cdot 2 \cdot 973 = 0{,}472\ \Omega$ ; $K_L = 0{,}15$ ; $R'_f = 0{,}15 \cdot 3{,}45 = 0{,}518\ \Omega$

$U_s = \sqrt{2\pi n_o(R'_f/s + X_s^2 s/R'_f)M_M} = \sqrt{M_M}\ \sqrt{(81{,}4/s)+67{,}6\ s}$

| Bereich | 1 | 2 | 3 | 4 | 5 | 6 | 7 | 8 |
|---|---|---|---|---|---|---|---|---|
| $M_M$ Nm | 408 | 208 | 408 | 208 | 8 | 208 | 8 | 0 |
| s | 1..0,6 | 0,6 | 0,6..0,2 | 0,2 | 0,2...0,84 | 0,84 | 0,84...1,0 | 1,0 |
| $U_s$ V | 247...167 | 119,1 | 167..414 | 296 | 58...35,1 | 179 | 35,1...34,5 | 0 |

Am Ende des Bereiches 3 errechnet sich eine Spannung $U_s$ größer als die Netzspannung $U_{sN}$. Da eine solche nicht einstellbar ist, wird kurzzeitig vom Motor nicht das volle Beschleunigungsmoment geliefert.

## 2.09 Förderband-Antrieb mit Schleifringläufermotor

Hierbei handelt es sich um einen durchlaufenden Antrieb, bei dem die selten auftretenden Anlaufverluste für die Motorerwärmung keine Rolle spielen. Wichtig ist dagegen ein sanfter Anlauf, um ein Rutschen des Fördergutes auf dem Band zu vermeiden, das zu unerwünschten Abrieben führen würde. Ein geeignetes Mittel hierfür ist die Spannungssteuerung.

Der Antrieb eines Förderbandes erfolgt über einen Schleifringläufermotor mit der Drehzahl $n_N = 16{,}33$ 1/s ($n_o = 16{,}67$ 1/s) mit dem Beharrungsmoment $M'_L = 2000$ Nm und dem Trägheitsmoment $J'_L = 60$ kgm$^2$, bezogen auf die Motorwelle. Das Anfahren des Förderbandes soll mit konstanter Beschleunigung $a = dn/dt = 3{,}5$ 1/s$^2$ erfolgen. Das Motormoment soll während des Hochlaufes $M_M = 1{,}5 M_{MN}$ nicht übersteigen. Es werden zweistufige Läuferwiderstände vorgesehen, die am Ende des Hochlaufvorganges kurzzuschliessen sind. Das Kippmoment soll $M_{ki} = 3{,}2 M_{MN}$ sein ($m_{kiN} = 3{,}2$). $U_{sN} = 380$ V; $\eta = 0{,}95$; $U_{fN} = 600$ V (Stillstandsspannung), $\cos\varphi = 0{,}88$ (geschätzt); Motor-Trägheitsmoment $J'_M = 20$ kgm$^2$ (geschätzt).

Gesucht:

(a) Kenndaten des Motors

(b) Widerstandsstufung, Ständerstrom während des Anlaufs

(c) Ständerspannung während des Anlaufs

Lösung:

(a) Beschleunigungsmoment $M_b' = 2\pi(J_M + J_L')a = 2\pi(20+60)3{,}5 = 1759$ Nm

Motormoment während des Anlaufs $M_M = M_L' + M_b' = 2000+1759 = 3759$ Nm

Nach Aufgabenstellung ist dann $M_{MN} = M_M/1{,}5 = 3759/1{,}5 = 2506$ Nm

$P_{MN} = 2\pi n_N M_{MN} = 2\pi \cdot 16{,}33 \cdot 2506 = 257$ kW

sechspoliger Motor $n_o = 16{,}67$ 1/s

Nennschlupf $s_N = 1 - n_N/n_o = 1 - 16{,}33/16{,}67 = 0{,}02$

Nenn-Läuferstrom $I_{fN} = P_{MN}/\eta\sqrt{3}U_{fN} = 257000/0{,}95\sqrt{3}\cdot 600 = 260$ A

Nenn-Läuferwiderstand $R_{fN} = U_{fN}/\sqrt{3}I_{fN} = 600/\sqrt{3}\cdot 260 = 1{,}332\ \Omega$,

bezogen auf den Ständer $R_{fN}' = R_{fN}(U_{sN}/U_{fN})^2 = 1{,}332(380/600)^2 = 0{,}534\ \Omega$

Kippmoment $M_{kiN} = 3{,}2 M_{MN} = 3{,}2 \cdot 2506 = 8019$ Nm

Streureaktanz $X_s = U_{sN}^2/2\pi n_o 2M_{kiN} = 380^2/2\pi\cdot 16{,}67\cdot 2\cdot 8019 = 0{,}086\ \Omega$

Nenn-Ständerstrom $I_{sN} = P_{MN}/\eta\sqrt{3}U_{sN}\cos\varphi = 257000/0{,}95\sqrt{3}\cdot 380\cdot 0{,}88 =$
$= 467$ A.

(b) Nach Gl.(2.07.5) ist $i_s = I_s/I_{sN} = \sqrt{ms/K_L}$ (1)

Das Losbrechmoment soll nach Aufgabenstellung $m_a = 1{,}5$ sein. Ausserdem wird festgelegt, daß der Ständerstrom kleiner/gleich dem 2,5fachen Nennstrom sein soll ($i_{sm} = i_{sa} \leqq 2{,}5$).

Bestimmung des Losbrech-Läuferwiderstandes mit Gl.(1)

$K_{L2} = m_a/i_{sa}^2 = 1{,}5/2{,}5^2 = 0{,}24.$

Wird das Moment über die Regelung auf $m = 1{,}5$ konstant gehalten, ist nach Gl.(1)

$i_s = \sqrt{1{,}5\cdot s/0{,}24} = 2{,}5\sqrt{s}$ (2)

Die Umschaltung auf einen kleineren Läuferwiderstand muß erfolgen, sobald bei $m = 1{,}5$ die Spannung $u_s = 1$ geworden ist. Der Umschalteschlupf ist nach der Beziehung $m = s/K_L$ ; $s_{u21} = 1{,}5\cdot 0{,}24 = 0{,}36$

$K_{L1} = ms/i_s^2 = 1{,}5\cdot 0{,}36/2{,}5^2 = 0{,}0864$

$i_s = \sqrt{1{,}5s/0{,}0864} = 4{,}17\sqrt{s}$ (3)

mit der Stellbereichsgrenze $s_{u10}' = 1{,}5\cdot 0{,}0864 = 0{,}13.$

Bei diesem Schlupf wird man noch nicht die Schleifringe kurzschließen, sondern zugestehen, daß das Motormoment bis auf m = 1 heruntergeht. Das ist bei $s_{u10} = 1,0 \cdot 0,0864 = 0,0864$ der Fall. In diesem Betriebszustand fließt der Ständerstrom $i_s = 1$. Wenn bei $s_{u10}$ der Läufer kurzgeschlossen ist, beträgt der bezogene Läuferwiderstand (Kupferwiderstand) $K_{Lo} = s_N = 0,02$.

$$I_s = \sqrt{1,5s/0,02} = 8,66\sqrt{s} \qquad (4)$$

mit dem Anfangswert $i_s = 8,66 \cdot \sqrt{0,0864} = 2,54$
und am Ende des Anlaufs mit m = 1,5; $i_s = 8,66 \cdot \sqrt{0,03} = 1,5$.

Das Bild 2.09-1 zeigt den Verlauf des Ständerstromes als Funktion des Schlupfes nach den Gleichungen (2) bis (4). In den gestrichelten Bereichen ist $1 < m < 1,5$. Die Läuferwiderstände sind:

$K_{L2} = 0,24$; $\quad R_{f2} = K_{L2}R_{fN} = 0,24 \cdot 1,332 = 0,32\ \Omega$

$R'_{f2} = 0,32(380/600)^2 = 0,128\ \Omega$

$K_{L1} = 0,0864$; $\quad R_{f1} = K_{L1}R_{fN} = 0,0864 \cdot 1,332 = 0,115\ \Omega$

$R'_{f1} = 0,115(380/600)^2 = 0,046\ \Omega$

$K_{Lo} = 0,02$; $\quad R_{fo} = K_{Lo}R_{fN} = 0,02 \cdot 1,332 = 0,0266\ \Omega$

$R'_{fo} = 0,0266(38/600)^2 = 0,0107\ \Omega$

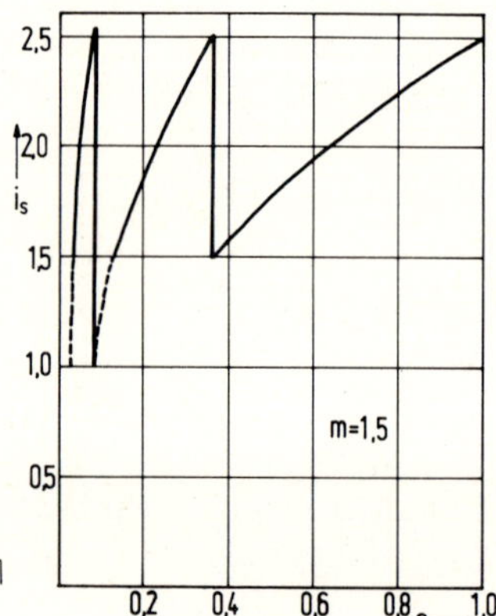


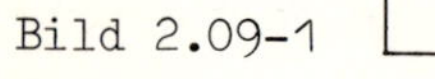
Bild 2.09-1

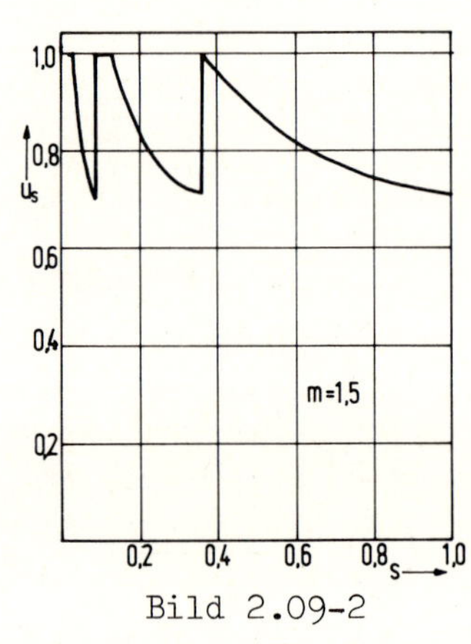

Bild 2.09-2

(c) $u_s = (1/U_{sN})\sqrt{2\pi n_o M_M(R'_f/s + X_s^2 s/R'_f)} =$

$= (1/380)\sqrt{2\pi \cdot 16,67 \cdot 3759(R'_f/s + 0,086^2 s/R'_f)}$

$u_s = 1,65\sqrt{R'_f/s + 7,4 \cdot 10^{-3} s/R'_f}$

Für die Widerstandsstufen

$K_{L2} = 0,24 \qquad u_s = 1,65\sqrt{0,128/s + 0,0578s}$

$K_{L1} = 0,0864 \qquad u_s = 1,65\sqrt{0,046/s + 0,16s}$

$K_{Lo} = 0,02 \qquad u_s = 1,65\sqrt{0,0107/s + 0,691s}$

In Bild 2.09-2 ist $u_s$ über dem Schlupf s aufgetragen. So weit $u_s < 1$, gibt der Motor das Moment $m = 1,5$ das heißt, $M_M = 3759$ Nm ab.

## 2.10 Gleichstrombremsung eines Schleifringläufermotors

Ein Schleifringläufermotor soll mit Gleichstrom abgebremst werden. Seine Kenndaten sind: $P_{MN}=2,5$ kW bei 40 % ED, $n_o=16,67$ 1/s, $n'_N=15$ 1/s (Läufer kurzgeschlossen), $U_{sN}=380$ V (Sternschaltung), $I_{sN}=7,3$ A, $\cos\varphi_N=0,68$; $I_{fN}=23$ A, $U_{fN}=92$ V, Ständerwiderstand $R_s=1,85$ Ω/Phase, Läuferwiderstand $R_f=0,76$ Ω/Phase, Kippschlupf $s_{ki}=1,1$.

Leerlaufkennlinie:

| $U_s/\sqrt{3}$ V | 40 | 80 | 120 | 160 | 180 | 200 | 220 | 240 | 245 | 250 |
|---|---|---|---|---|---|---|---|---|---|---|
| $I_{so}$ A | 0,64 | 1,28 | 1,92 | 2,68 | 3,28 | 4,04 | 5,04 | 6,50 | 8,0 | 10 |

Gesucht:

(a) Motorkonstanten, Momentenkennlinie für Treibbetrieb

(b) Momentenkennlinien für Bremsbetrieb

(c) $I_d=f(n)$ für $m_{br}=M_{br}/M_{MN}=1,0;\ 0,5;\ 0,25$ im Bereich $I_d \leq 15$ A

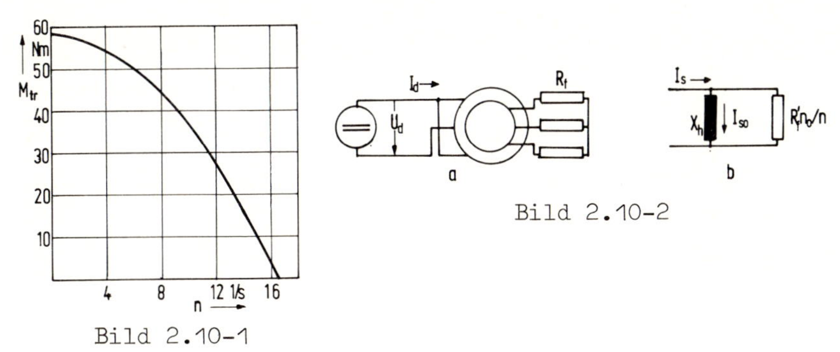


Bild 2.10-2

Bild 2.10-1

Lösung:

(a) Übersetzungsverhältnis $ü = U_{sN}/U_{fN} = 380/92 = 4,13$

$R'_f = ü^2 R_f = 4,13^2 \cdot 0,76 = 13\ \Omega$ ; $X_s = R'_f/s_{ki} = 13/1,1 = 11,8\ \Omega$

$M_{kiN} = U_{sN}^2/4\pi n_o X_s = 380^2/4\pi \cdot 16,67 \cdot 11,8 = 58,4$ Nm

$M_{MN} = P_{MN}/2\pi n'_N = 2500/2\pi \cdot 15 = 26,5$ Nm

$m_{kiN} = M_{kiN}/M_{MN} = 58,4/26,5 = 2,2$

$s_N = 2\pi n_o R'_f M_{MN}/U_{sN}^2 = 2\pi \cdot 16,67 \cdot 13 \cdot 26,5/380^2 = 0,25$

Momentengleichung für den Treibbetrieb

$$M_{tr} = \frac{1}{2\pi n_o} \frac{R'_f U_{sN}^2}{R'^2_f/s + sX_s^2} = \frac{13 \cdot 380^2}{2\pi \cdot 16,67(13^2/s + s11,8^2)} = \frac{106s}{1+0,824s^2}$$

$s = (1-n/n_o)$

Sie ist in Bild 2.10-1 wiedergegeben. Das Anzugsmoment ist mit $M_a = 58{,}1$ Nm annähernd gleich dem Kippmoment.

(b) Von den möglichen Erregerschaltungen zur Gleichstrombremsung wird die in Bild 2.10-2a gezeigte gewählt. Dabei führt ein Wicklungsstrang den vollen und zwei Wicklungsstränge den halben Bremsstrom $I_d$ Dadurch bildet sich in der Maschine eine im Raum feststehende Wechseldurchflutung aus, die der Durchflutung des Wechselstromes $I_s = (3/\pi\sqrt{2}) I_d$ (1) entspricht.

Zur Bestimmung des Bremsmomentes soll die Streuung vernachlässigt werden, so daß die in Bild 2.10-2b angegebene Ersatzschaltung der Berechnung zugrunde gelegt wird. Fließt der Ersatzstrom $I_s$, so nimmt der Motor die Scheinleistung auf

$$S_M = 3I_s^2 Z_s = 3I_s^2 \frac{jX_h R_f' n_o/n}{R_f' n_o/n + X_h^2} = 3I_s^2 \left[\frac{X_h^2 R_f' n_o/n}{(R_f' n_o/n)^2 + X_h^2} + j\frac{X_h (R_f' n_o/n)^2}{(R_f' n_o/N)^2 + X_h^2}\right]$$

und die Wirkleistung

$$P_M = \mathrm{Re}(S_M) = 2\pi M_{br} n_o = 3I_s^2 \frac{X_h^2 R_f' n_o/n}{(R_f' n_o/n)^2 + X_h^2}$$

$$M_{br} = \frac{3}{2\pi n_o} I_s^2 \frac{X_h^2 R_f' n_o/n}{(R_f' n_o/n)^2 + X_h^2}\ ; \qquad (2)$$

andererseits läßt sich aus Bild 2.10-2b ablesen

$$I_{so}/I_s = (R_f' n_o/n)/(R_f' n_o/n + jX_h)$$

$$|I_{so}/I_s| = (R_f' n_o/n)/\sqrt{(R_f' n_o/n)^2 + X_h^2)} \qquad (3)$$

Wird in Gl.(2) mit Hilfe von Gl.(3) $I_s$ durch $I_{so}$ ersetzt, so ergibt sich für das Bremsmoment

$$M_{br}/n = 3X_h^2 I_{so}^2 / 2\pi n_o^2 R_f' . \qquad (4)$$

Wird dagegen Gl.(1) in Gl.(3) eingesetzt, so erhält man eine Beziehung zwischen dem Gleichstrom $I_d$ und dem Magnetisierungsstrom $I_{so}$

$I_d^2 = (2\pi^2/9) I_{so}^2 [1 + (X_h/R_f' n_o)^2 n^2]$ und nach der Drehzahl aufgelöst

$$n = (R_f' n_o/X_h)\sqrt{(9/2\pi^2)(I_d/I_{so})^2 - 1} \qquad (5)$$

Die Konstanten dieses Beispiels in Gl.(4) und Gl.(5) eingesetzt

$$M_{br}/n = (3/2\pi\cdot 13\cdot 16{,}67^2)(X_h I_{so})^2 = 1{,}32\cdot 10^{-4}(X_h I_{so})^2 \qquad (4a)$$

$$n = (13\cdot 16{,}67/X_h)\sqrt{(9/2\pi^2)(I_d/I_{so})^2 - 1} = (216{,}7/X_h)\sqrt{0{,}456(I_d/I_{so})^2 - 1} \qquad (5a)$$

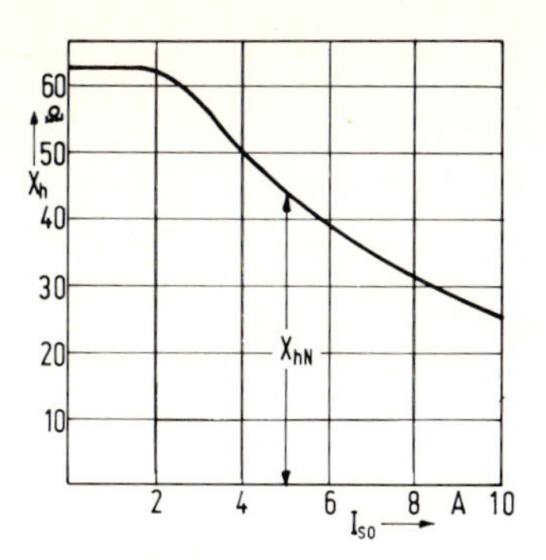


Bild 2.10-3

Die Berechnung wird dadurch erschwert, daß die Hauptreaktanz keine Konstante ist, sondern sich nach Maßgabe der Sättigung des magnetischen Kreises ändert. Es ist $X_h = U_s/\sqrt{3}I_{so}$. Aus der Leerlaufkennlinie läßt sich die in Bild 2.10-3 gezeigte Abhängigkeit der Hauptreaktanz $X_h$ von $I_{so}$ berechnen. Die Sättigung wird berücksichtigt, wenn in den Gleichungen (4a) und (5a) die zu $I_{so}$ zugehörigen Werte von $X_h$ eingesetzt werden.

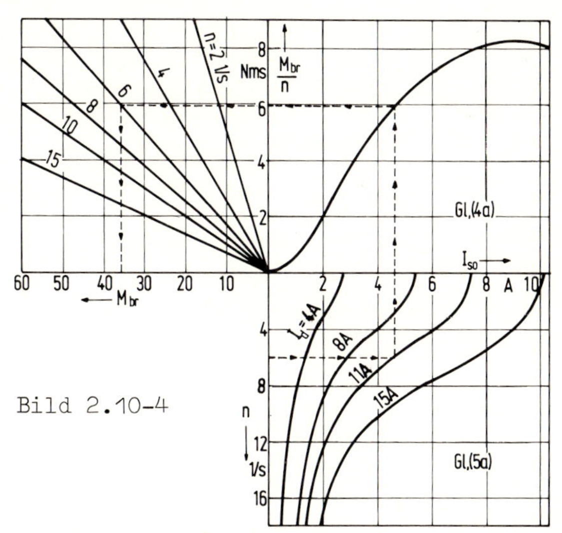


Bild 2.10-4

Die Berechnung des Bremsmomentes erfolgt mit dem Nomogramm Bild 2.10-4. Es enthält für die Gleichströme $I_d$= 4 ; 8 ; 11 ; 15 A die Kennlinien nach Gl.(5a), so wie die von $I_d$ unabhängige Kennlinie nach Gl.(4a). Eingezeichnet ist die Ermittlung des Bremsmomentes für n = 6 1/s und $I_d$= 11 A mit dem Ergebnis $M_{br}$= 36 Nm.
Führt man die Konstruktion bei konstantem $I_d$ für verschiedene Drehzahlen durch, so erhält man die in Bild 2.10-5 aufgetragenen Momentenkennlinien $M_{br}$= f(n) (voll ausgezogen). Das Bremsmoment hat ein Maximum, das mit zunehmendem Gleichstrom $I_d$, wegen der Sättigung,

in Richtung höherer Drehzahlen verschoben wird.

Die Rechnung ist wesentlich einfacher, wenn die Sättigung vernachlässigt, also $X_h$ als konstant angenommen wird. Hier soll die Hauptreaktanz bei Nenn-Wechselspannung $X_{hN} = 43{,}7\ \Omega$ eingesetzt werden. Gl.(2) unter Berücksichtigung von Gl. (1) ergibt

$$M_{br} = \frac{1}{4}\left(\frac{3}{\pi}\right)^3 \frac{X_{hN}^2}{R_f' n_o^2} \frac{n I_d^2}{1+(X_{hN}/R_f' n_o)^2 n^2} \tag{6}$$

Die Konstanten $R_f' = 13\ \Omega$, $n_o = 16{,}67\ 1/s$, $X_{hN} = 43{,}7\ \Omega$ eingesetzt

$$M_{br} = 0{,}115\ n I_d^2/(1+0{,}04 n^2) \tag{6a}$$

Diese Funktion ist für $I_d = 4$ ; 8 ; 11 ; 15 A in Bild 2.10-5 gestrichelt eingezeichnet. Die Abweichung gegenüber den genauen Momentenkennlinien ist bei hohem Gleichstrom und im Bereich kleiner Drehzahl erheblich.

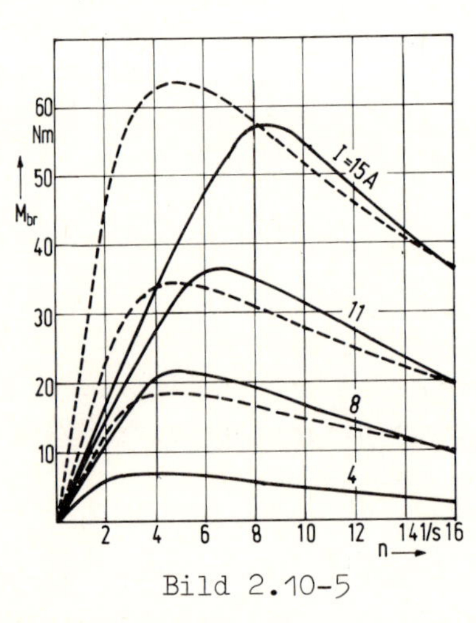


Bild 2.10-5

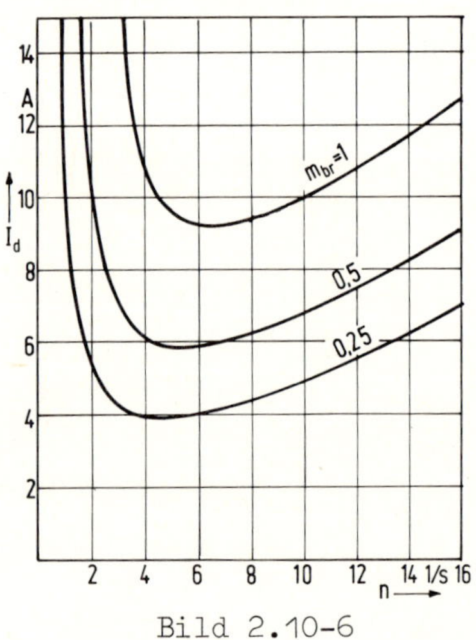


Bild 2.10-6

(c) Die Gleichstromleistung bei der hier gewählten Erregerschaltung ist $P_d = I_d^2(R_s+R_s/2) = I_d^2 1{,}5\cdot 1{,}85 = 2{,}775 I_d^2$.

Die Kupferverlustleistung bei Nenn-Treibstrom ist

$P_{sc} = 3 I_{sN}^2 R_s = 3\cdot 7{,}3^2\cdot 1{,}85 = 296$ W.

Geht man davon aus, daß nur kurzzeitig gebremst wird (keine Betriebsbremsung), so kann gesetzt werden

$P_{dm} = 2{,}0 P_{sc} = 2{,}0\cdot 296 = 2{,}775 I_{dm}^2$ ; $I_{dm} = \sqrt{2{,}0\cdot 296/2{,}775} = 14{,}6$ A.

Soll das Bremsmoment während der Bremsung möglichst konstant sein, so muß der Bremsstrom drehzahlabhängig verändert werden. Aus Bild 2.10-5 lassen sich die Kennlinien Bild 2.10-6 entnehmen. Bei kleinen Drehzahlen läßt sich das konstante Bremsmoment nicht aufrecht erhalten.

Als Brems-Stellglied wird im allgemeinen ein voll gesteuerter zweipulsiger Stromrichter vorgesehen, der wegen der niedrigen Speisespannung (hier $U_{dm} \geq I_{dm} \cdot 1{,}5R_s = 14{,}6 \cdot 1{,}5 \cdot 1{,}85 = 40{,}5$ V) einen Netztransformator benötigt.

## 2.11 Aufzugsantrieb mit polumschaltbarem Käfigläufermotor

Polumschaltbare Käfigläufermotoren finden zum Antrieb von Personenaufzügen bis zur Fahrgeschwindigkeit von $V_N=1{,}2$ m/s Anwendung. Die Bemessung des Motors erfolgt nicht nur nach der Belastung, sondern auch nach Beschleunigung und Verzögerung.

Für einen Personenaufzug ist ein polumschaltbarer Käfigläufermotor (Polpaarzahl p=3/12) zu berechnen. Aufzugsdaten:

Tragkraft 8 Personen $G_{KL}=6000$ N, Kabinengewicht $G_{Ko}=9500$ N, Nenn-Fahrgeschwindigkeit $V_N=1{,}2$ m/s, zulässige Beschleunigung $a_m=1{,}1$ m/s$^2$, Treibscheibendurchmesser $d_{Tr}=0{,}5$ m, Schachtwirkungsgrad $\eta_{rs}=0{,}95$, Wirkungsgrad Umlenkrolle $\eta_{ru}=0{,}97$; Wirkungsgrad Gegengewicht $\eta_{rg}=0{,}97$; Wirkungsgrad Schneckengetriebe, Treibrichtung $\eta_{Gtr}=0{,}7$, Wirkungsgrad Schneckengetriebe, Bremsrichtung $\eta_{Gbr}=0{,}57$; Haltestellenabstand $s_h=3{,}5$ m.

Gesucht:

(a) Lastmoment, Motor-Beharrungsleistung

(b) Beschleunigungs- und Verzögerungsmoment, Zusatzschwungmasse

(c) Fahrverlauf V=f(t), M=f(t) bei Vollastfahrt über einen Haltestellenabstand.

Lösung:

(a) An dem Treibscheibenumfang wirkt, wenn das Gegengewicht das Korbgewicht und die halbe Nutzlast ausgleicht, die Gewichtskraft

$$G_{LN}=(G_{Ko}+G_{KL})/\eta_{rs}\eta_{ru} - (G_{Ko}+G_{KL}/2)\eta_{rg}$$
$$=(9500+6000)/0{,}95\ 0{,}97 - (9500+3000)0{,}97 = 4695\ \text{N}.$$

Synchrone Motordrehzahlen $n_{o3}= 50/3 = 16{,}67$ 1/s

$n_{o12}= 50/12 = 4{,}17$ 1/s.

Getriebeübersetzung $ü = n_2/n_1= V_N/\pi d_{Tr} n_{o3}(1-s_N)$

$s_N= 0{,}05$ (geschätzt) $\qquad ü = 1{,}2/\pi\cdot 0{,}5\cdot 16{,}67\cdot 0{,}95 = 0{,}048$.

Lastmoment, bezogen auf Motorwelle

Treiben $M_{Ltr}= G_{LN} d_{Tr} ü/2\eta_{Gtr}= 4695\cdot 0{,}5\cdot 0{,}048/2\cdot 0{,}7 = 80{,}5$ Nm

Bremsen $M_{Lbr}= G_{LN} d_{Tr} ü\eta_{Gbr}/2 = 4695\cdot 0{,}5\cdot 0{,}048\cdot 0{,}57/2 = 32$ Nm

Motor-Beharrungsleistung für die Bewegung Vollast aufwärts

$P_{MN} = 2\pi n_{o3} M_{Ltr} = 2\pi \cdot 16{,}67 \cdot 80{,}5 = 8{,}43$ kW

gewählt $P_{MN} = 8{,}5$ kW $\qquad M_{MN} = 8500/2\pi \cdot 16{,}67 \cdot 0{,}95 = 85$ Nm .

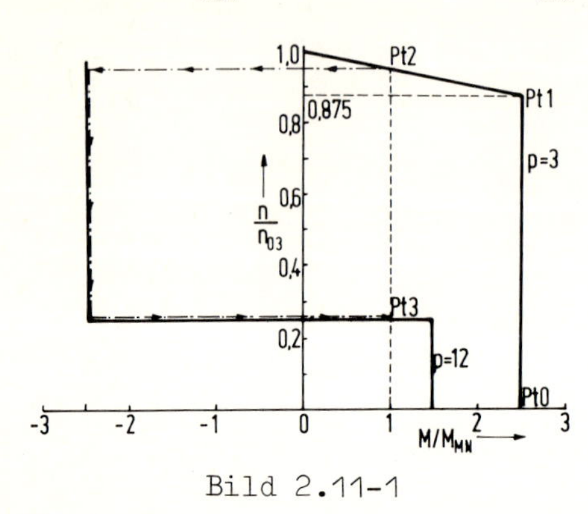


Bild 2.11-1

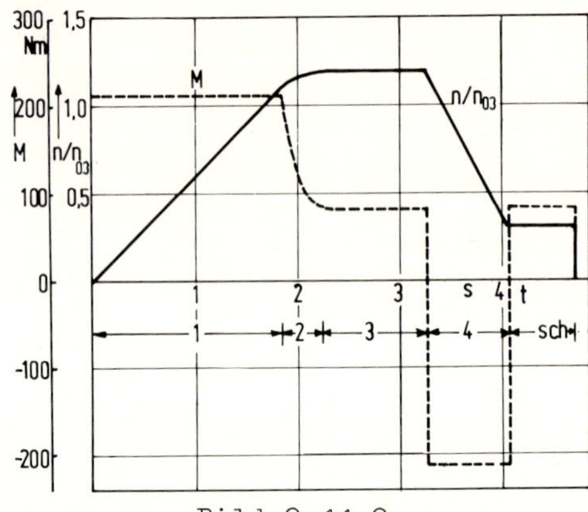


Bild 2.11-2

(b) Die gegenüber normalen polumschaltbaren Käfigläufermotoren besonderen Anforderungen, wie niedriger Einschaltstrom (geringe Netzbelastung) und lange Anlaufzeit (hohe Läuferbelastung), macht Sonderbauweisen notwendig. In Bild 2.11-1 sind die idealisierten Drehzahl-Momentenkennlinien eines derartigen Motors bei Betrieb mit niedriger und hoher Polpaarzahl wiedergegeben. Angefahren wird allein mit der schnellen Stufe, während zu Beginn der Verzögerungsphase, rechtzeitig vor der Zielstation, auf die langsame Stufe umgeschaltet wird. Dort wird der Motor ausgeschaltet, gleichzeitig fallen die mechanischen Haltebremsen ein. In Bild 2.11-1 ist strichpunktiert der Weg des Arbeitspunktes während der Abbremsung auf die Schleichgeschwindigkeit eingezeichnet, (Pt2 nach Pt3).

Gesamtträgheitsmoment:

Trägheitsmoment des Motors $J_M = 0{,}5$ kgm$^2$

Trägheitsmoment der linear bewegten Massen, bezogen auf die Motordrehzahl, wenn mit dem mittleren Getriebewirkungsgrad

$\eta_G = 0{,}5(\eta_{Gtr} + \eta_{Gbr}) = 0{,}635$ gerechnet wird

$J_L = m_L d_{Tr}^2 \ddot{u}^2 / 4\eta_{Gtr} = (2G_{Ko} + 1{,}5G_{KL}) 0{,}5^2 \cdot 0{,}048^2 / 4 \cdot 9{,}81 \cdot 0{,}635 = 0{,}65$ kgm$^2$.

Trägheitsmoment von Bremsscheibe + Kupplung + Schnecke $J_o = 0{,}7$ Nms$^2$.

Damit die Maximalbeschleunigung nicht überschritten wird, muß mit dem Motor eine zusätzliche Schwungscheibe gekuppelt werden ($J_z$)

$J_{ges} = J_L + J_o + J_M + J_z = 0{,}65 + 0{,}7 + 0{,}5 + J_z = 1{,}85 + J_z$ .

Nach Bild 1.11-1 besitzt der Motor in beiden Geschwindigkeitsstufen das Maximalmoment

$M_{Mm} = 2{,}5 M_{MN} = 2{,}5 \cdot 85 = 212{,}5$ Nm

Die größte Beschleunigung tritt auf beim Abbremsen aufwärts und Nennbelastung der Kabine, da sowohl das übersynchrone Bremsmoment des Motors als auch die Lastverzögerung wirkt. Für diesen Fall ist die Zusatzschwungmasse zu berechnen.

Nach Bild 2.11-1 ist das übersynchrone Bremsmoment der langsamen Stufe $M_{br} = -2{,}5 M_{MN}$

$M_b = -2{,}5 M_{MN} - M_{Lbr} = -(2{,}5 \cdot 85 + 32) = -244{,}5$ Nm

$M_b = 2\pi J_{ges}(dn/dt)_m = 2\pi(1{,}85 + J_z)(dn/dt)_m = 2\pi(1{,}85 + J_z) a_m / \pi d_{Tr} ü$

$J_z = M_b d_{Tr} ü / 2a_m - 1{,}85 = 244{,}5 \cdot 0{,}5 \cdot 0{,}048/2 \cdot 1{,}1 - 1{,}85 = 0{,}82$ kgm$^2$

$J_{ges} = 1{,}85 + 0{,}82 = 2{,}67$ kgm$^2$.

$J_z$ wird durch eine, direkt mit dem Motor gekuppelte Scheibe von der Dicke $b = 0{,}04$ m und dem Durchmesser $d_s$ gebildet.

Dichte $\rho = 7{,}5 \cdot 10^3$ kg/m$^3$ $\qquad J_z = \pi \rho b d_s^4 / 16$

$d_s = \sqrt[4]{16 \cdot 0{,}82/\pi \cdot 7{,}5 \cdot 10^3 \cdot 0{,}04} = 0{,}343$ m

(c) Der Fahrverlauf zwischen zwei Haltestellen gliedert sich in vier Teilbereiche.

Bereich 1 Beschleunigung mit konstantem Moment beim Übergang von Pt0 nach Pt1 $(0 < n < 0{,}875 n_{o3})$

$v = ü \pi d_{Tr} n = 0{,}048 \cdot \pi \cdot 0{,}5 n = 0{,}0754 n$

$v_1 = 0{,}0754 \cdot 0{,}875 \cdot 16{,}67 = 1{,}1$ m/s

$M_b = 2\pi J_{ges}(dn/dt) = (2\pi/0{,}0754) J_{ges}(dv/dt)$

$= 83{,}33 J_{ges}(dv/dt) = 83{,}33 J_{ges}\, a$

$M_b = M_{Mm} - M_{Ltr} = 2{,}5 \cdot 85 - 80{,}5 = 132$ Nm

$dv/dt = 132/83{,}33 \cdot 2{,}67 = 0{,}593$ m/s $\qquad v = 0{,}593 t$

Beschleunigungszeit bis auf $v_1$ $\quad t_1 = v_1/0{,}593 = 1{,}1/0{,}593 = 1{,}85$ s.

In dieser Zeit zurückgelegter Weg $s_1 = 0{,}593 t_1^2/2 = 0{,}593 \cdot 1{,}85^2/2 = 1{,}01$ m

Bereich 2 Nach Bild 2.11-1 nimmt das Motormoment beim Übergang von Pt1 nach Pt2 linear ab $(0{,}875 < n < n_2)$, bis die Beharrungsdrehzahl $n_2$ erreicht ist $\quad M_M = 20\, M_{MN}[1 - (n/n_{o3})]$

$M_b = M_M - M_{Ltr} = 20 \cdot 85[1 - (n/16{,}67)] - 80{,}5 = 1619{,}5 - 102 n = 1619{,}5 - 1353 v$.

Beschleunigungszeit

$t - t_1 = 83{,}33 J_{ges} \int dv/M_b = 222 \int_{1{,}1}^{v} dv/(1619{,}5 - 1353 v)$

$= -(222/1353)[\ln(1619{,}5 - 1353 v) - \ln(1619{,}5 - 1353 \cdot 1{,}1)]$

$-6{,}09 t = \ln(1619{,}5 - 1353 v) - 16{,}15 \quad ; \quad v = 1{,}2(1 - 6374 e^{-6{,}09 t})$ m/s.

Der Aufzug läuft asymptotisch in die Endgeschwindigkeit $v_2$= 1,2 m/s ($n_2$= 1,2/0,0754 = 15,9 1/s) ein. Das Ende dieses Bereiches soll sein, wenn die Geschwindigkeit v = 0,99 ; $v_2$= 1,188 erreicht ist.

$t_2=(1/6,09)[16,15-\ln(1619,5-1353\cdot 1,188)]= 2,24$ s

$s_2= \int_{1,85}^{2,24} v\,dt = 1,2[0,39-(6374/6,09)(e^{-6,09\cdot 1,85}-e^{-6,09\cdot 2,24})]= 0,45$ m.

Bereich 4 Verzögerung bis auf die Schleichdrehzahl. Die Abbremsung erfolgt durch umschalten auf die hohe Polpaarzahl Pt2→Pt3

$\delta n =[(16,67/4)-15,9]$ 1/s $\qquad \delta n = 4,17-15,9 = -11,7$ 1/s

$\delta v = \delta n\cdot 0,0754 = -0,882$ m/s

$M_b= -2,5M_{MN}-M_{LNbr}= -2,5\cdot 85-32 = -244,5$ Nm

Verzögerung $a_{br}= M_b/83,33J_{ges}= -244,5/83,33\cdot 2,67 = -1,1$ m/s$^2$.

Somit ist die Bremszeit bis zur Schleichgeschwindigkeit

$t_4= \delta v/a_{br}= 0,882/1,1 = 0,8$ s $\qquad v_{sch}= 0,314$ m/s

und der Bremsweg $s_4= t_{br}(2v_{sch}+\delta v)/2 = 0,8(2\cdot 0,314+0,882)/2 = 0,6$ m.

Danach muß der Aufzug noch $s_{sch}$= 0,2 m mit der Einfahrgeschwindigkeit fahren, damit beim Einfallen der Haltebremse in der Sollposition mit Sicherheit alle Einschwingvorgänge beendet sind.

Schleichzeit $t_{sch}= s_{sch}/v_{sch}= 0,2/0,314 = 0,64$ s.

Bereich 3 Fahrt mit konstanter Geschwindigkeit $v_3$= 1,2 m/s

Fahrstrecke $s_3= s_h-s_1-s_2-s_4-s_{sch}= 3,5-1,01-0,45-0,6-0,2 = 1,24$ m

Fahrzeit $t_3= s_3/v_3= 1,24/1,2 = 1,03$ s .

Die gesamte Fahrzeit für einen Stockwerksabstand ist

$t_{ges}= t_2+t_3+t_4+t_{sch}= 2,24+1,03+0,8+0,64 = 4,71$ s .

In Bild 2.11-2 ist der zeitliche Verlauf der Motordrehzahl und des Motormomentes aufgetragen. Je ein Ruck tritt zu Beginn der Beschleunigung, so wie zu Beginn und am Ende der Verzögerung auf. Die Ruckbeanspruchung der Fahrgäste wird durch die Seilelastizität herabgesetzt.

## 2.12 Frequenzsteuerung eines Käfigläufermotors

Für einen Stellantrieb, der wegen seiner Unzulänglichkeit möglichst wartungsfrei sein soll, ist ein Käfigläufermotor, der von einem Umrichter gespeist wird, vorgesehen.

Motorkenndaten: $P_{MN}$=400 W; $n_o$=12,5 1/s; $n_N$=11,8 1/s; $U_{sN}$=380 V; $I_{sN}$=2,0 A; $I_{so}$=2,0 A; $R_s$=19 Ω/Phase, $M_{kiN}$=3,0$M_{MN}$, $\cos\varphi_N$=0,65; $f_s$=50 Hz.
An den Motor werden folgende Anforderungen gestellt:

| Drehzahlbereich | $n_L$ | max. Lastmoment $M_L$ |
|---|---|---|
| (3,5...11,5) | 1/s | 5 Nm |
| (11,5...46) | 1/s | 1,5 Nm |

Gesucht:

(a) Motorreaktanzen

(b) Spannungsbemessung bei niedriger Betriebsfrequenz, Oberschwingungsgehalt

(c) Kippmomentgeraden, Lastkennlinien, Wahl des Feldschwächbereiches, Wirkungsgrad

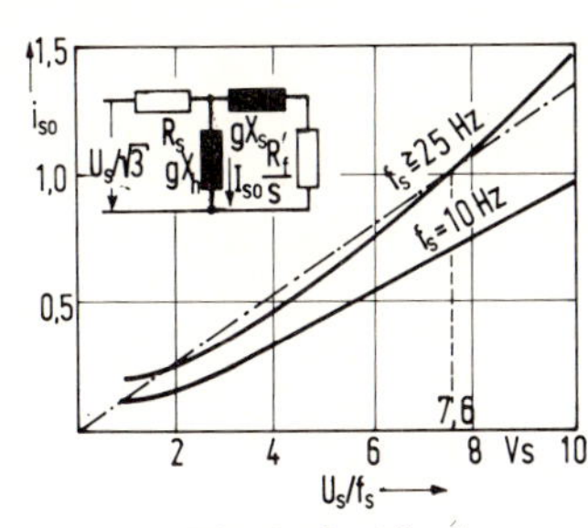


Bild 2.12-1

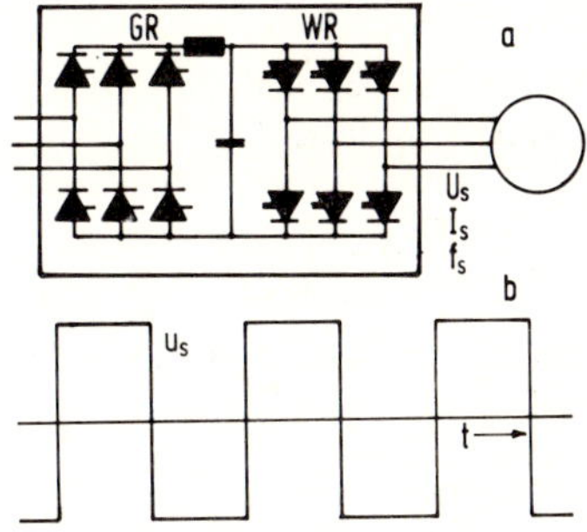


Bild 2.12-2

Lösung:

(a) Für $f_s$= 50 Hz gilt:

Aufgenommene Scheinleistung $S_{sN}=\sqrt{3}U_{sN}I_{sN}=\sqrt{3}\cdot 380\cdot 2$ = 1316 VA.

Aufgenommene Wirkleistung $P_{sN}=S_{sN}\cos\varphi_N$= 1316·0,65 = 855 W.

Wirkungsgrad im Nennarbeitspunkt $\eta_N=P_{MN}/P_{sN}$= 400/855 = 0,468.

Ein Maß für den Motorfluß ist der Quotient $U_s/f_s$. In Bild 2.12-1 ist deshalb der bezogene Leerlaufstrom $i_{so}=I_{so}/I_{sN}$ über $U_s/f_s$ aufgetragen. Der 50 Hz-Nennarbeitspunkt liegt bei $U_s/f_s$= 7,6. Bei niedriger Frequenz, zum Beispiel $f_s$= 10 Hz, hängt der Leerlaufstrom, wegen des stärkeren Einflusses des Kupferwiderstandes der Ständerwicklung, von $R_s$ ab. Nähert man die Kennline $f_s \geq 25$ Hz durch die strichpunktierte Gerade an, so gilt die Gleichung

$$U_s/\sqrt{3}I_{so} = 380/\sqrt{2}\cdot 2 = 110 = \sqrt{X_h^2+R_s^2} \qquad X_h = \sqrt{110^2-19^2} = 108\ \Omega.$$

Nennmoment $M_{MN}=P_{MN}/2\pi n_N$= 400/2π 11,8 = 5,4 Nm

Die Streureaktanz ist bei einem Stromverdrängungsläufer schlupfabhängig. Für kleine Schlupfwerte ($s \ll s_{ki}$) läßt sich $X_s$ annähernd aus dem Kippmoment bestimmen

$$X_s = U_{sN}^2/4\pi n_o M_{ki} = 380^2/4\pi \cdot 12,5 \cdot 3 \cdot 5,4 = 56,7\ \Omega.$$

(b) Der statische Umrichter ist in Bild 2.12-2a angedeutet. Der Umrichter besteht aus einem gesteuerten Gleichrichter (GR) und einem selbstgeführten Wechselrichter (WR). Von der Ausgangswechselspannung $U_s$ wird die Amplitude über GR und die Frequenz über WR eingestellt. Spannung und Frequenz werden über einen Funktionsgeber miteinander verknüpft, der nach *Gl.(1.44), Gl.(1.45)* den Spannungssollwert vorgibt.

$$U_s = U_{sN} g \sqrt{(\gamma^2 + 1/g^2)/(\gamma^2+1)}\ ; \quad \gamma \approx X_h/R_s = 108/19 = 5,68\ ; \quad g = f_s/50.$$

Bei der hier vorgesehenen niedrigsten Betriebsfrequenz $f_{smin} = 14$ Hz ($g = 0,28$) ist $U_{s15} = U_{sN} 0,28\sqrt{(5,68^2+1/0,28^2)/(5,68^2+1)}$

$$= 0,28 \cdot 1,163 U_{sN} = 0,326 U_{sN} = 123,8\ \text{V}.$$

Ist die Frequenz größer, geht der Wurzelausdruck gegen 1 und die Spannungsbemessung erfolgt nach $U_s/f_s =$ konstant.

Die Kurvenform der Spannung ist aus Bild 2.12-1b zu ersehen. Die Amplituden der Grundschwingung und der 5ten, sowie der 7ten Harmonischen sind

$$\sqrt{2}\,U_{s1} = 1,1 U_d\ ; \quad \sqrt{2}\,U_{s5} = 0,22 U_d\ ; \quad \sqrt{2}\,U_{s7} = 0,157 U_d\ .$$

Wegen der verhältnismäßig großen Streureaktanz $X_s^* = gX_s$ ist der Oberschwingungsgehalt des Stromes geringer. Bei $g = 0,28$ sind näherungsweise die Oberschwingungsströme vorhanden

$$\sqrt{2} I_{s5} = 0,22 U_d/\sqrt{(5gX_s)^2 + R_s^2} \quad \text{mit } U_d = (\sqrt{2}/1,1)\,0,326 U_{sN}$$

$$I_{s5} = 0,22 \cdot 0,326 \cdot 380/1,1\sqrt{(5 \cdot 0,28 \cdot 56,7)^2 + 19^2} = 0,3\ \text{A}$$

$$I_{s7} = 0,157 \cdot 0,326 \cdot 380/1,1\sqrt{(7 \cdot 0,28 \cdot 56,7)^2 + 19^2} = 0,16\ \text{A}.$$

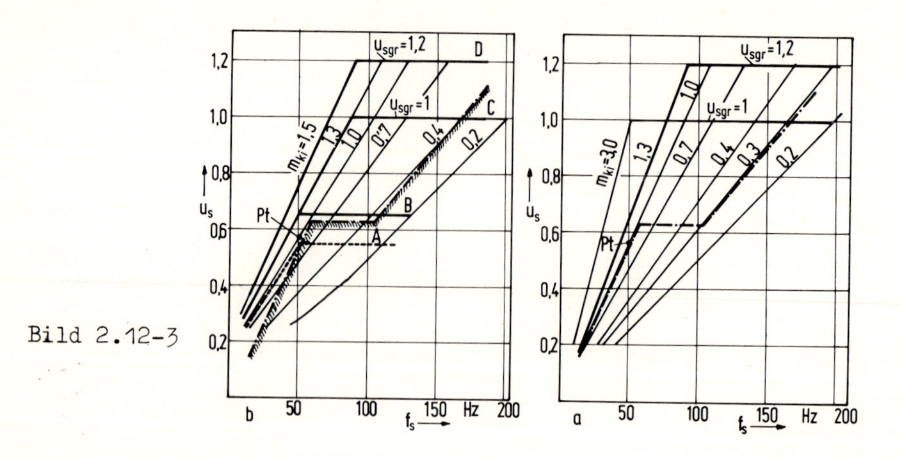


Bild 2.12-3

(c) Unter der Annahme $R_s = 0$ ; $X_s =$ konst. ist das Kippmoment

$M_{ki}/M_{kiN} = (U_s/U_{sN})^2 \cdot (f_{sN}/f_s)^2$ $\qquad m_{ki} = M_{ki}/M_{MN} = 3M_{ki}/M_{kiN}$

$u_s = U_s/U_{sN}$ $\qquad m_{ki} = 3u_s^2/g^2.$

Der Motor hat somit ein Kippmoment gleich dem Nennmoment bei $u_s = 1/\sqrt{3} = 0,58$. Dieser Arbeitspunkt Pt ist in Bild 2.12-3a eingezeichnet. Die Kennlinien konstanten Kippmomentes sind Geraden durch den Nullpunkt

$f_s = 50 \cdot n_L/n_o$ $\qquad m_L = M_L/M_{MN}$

Der Betriebsbereich ist somit

| $f_s$ Hz | 14...46 | 46...184 |
|---|---|---|
| $m_L$ | 0,93 | 0,28 |

Die Grenzen des Betriebsbereiches lassen sich in Bild 2.12-3a durch die strichpunktierten Geraden kennzeichnen. Die Kippgeraden des Antriebes müssen links davon liegen.

Bei einem Frequenzstellbereich 1:13 ist es unzweckmäßig, über den ganzen Bereich die Spannung proportional der Frequenz zu führen, da die Typenleistung des statischen Umrichters unnötig groß würde, und außerdem der Motor für eine sehr hohe Spannung isoliert werden müßte. Die Spannung wird vielmehr nur bis zu einer Grenzfrequenz $f_{sgr}$ proportional der Frequenz $f_s$ verändert. In diesem Bereich ist das Kippmoment konstant. Im Bereich $f_{sgr} < f_s < f_{sm}$ bleibt dagegen die Spannung auf dem Wert $u_s = u_{sgr}$ konstant. Hier nimmt mit steigender Frequenz das Kippmoment quadratisch der Frequenzsteigerung ab. Dieser Feldschwächbereich stellt sich in Bild 2.12-3a durch eine horizontale Gerade dar.

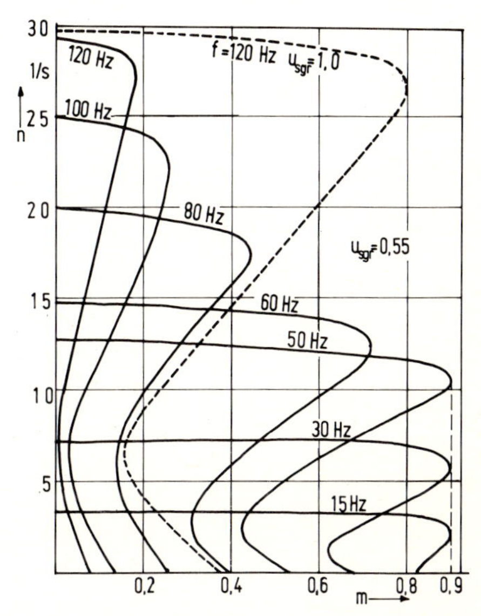


Bild 2.12-4

Die gemessenen Kippmomentkennlinien, Bild 2.12-3b, stimmen bei hohen Frequenzen gut mit den Geraden von a überein. Bei niedrigen Frequenzen treten, wegen der Vernachlässigung von $R_s$, Abweichungen auf, so daß die Geraden in b nicht mehr durch den Nullpunkt gehen. Für die in Bild 2.12-3b gestrichelt eingezeichnete Bemessung A ($u_{sgr}$= 0,55; $f_{sgr}$= 50 Hz) sind in Bild 2.12-4 die genauen Drehzahl-Momentenkennlinien aufgetragen. Bis zur Grenzfrequenz bleibt das Kippmoment konstant und nimmt darüber proportional $(f_s/f_{sg})^2$ ab. Wichtig ist, daß im Feldschwächbereich auch das Anzugsmoment bei steigender Frequenz heruntergeht. Die gestrichelte Kennlinie zeigt, welchen Einfluß eine Vergrößerung der Ständerspannung bei $f_s$= 120 Hz auf die Momentenkennlinie hat.
In Bild 2.12-3b sind drei weitere Bemessungen (B,C,D) eingezeichnet. Der Fall B genügt den Anforderungen im Bereich $U_s/f$ = konst. Im Feldschwächbereich dagegen würde ab $f_s$= 105 Hz das Motormoment kleiner als das Lastmoment werden. Auch die Bemessung C ist nicht ganz ausreichend, da hier ein Schnittpunkt mit der Lastkennlinie bei $f_s$= 165 Hz vorliegt. Erst bei der Bemessung D ist sichergestellt, daß im ganzen Frequenzbereich das Kippmoment größer als das Lastmoment ist. Bei Frequenzen größer als 90 Hz liegen an dem Motor, gegenüber dem Nennarbeitspunkt, 20 % Überspannung. Trotzdem bleibt der Motor ungesättigt, da $U_s/f_s \leqq 5$ bleibt und hierfür, nach Bild 2.12-1, $i_{so} \leqq 0,7$ ist.
In Bild 2.12-5 ist der Wirkungsgrad des Motors für drei Betriebsfrequenzen bei der Spannungsbemessung $U_s/f_s$= 5, in Abhängigkeit von der aufgenommenen Wirkleistung, aufgetragen. Der Wirkungsgrad steigt mit zunehmender Betriebsfrequenz leicht an.

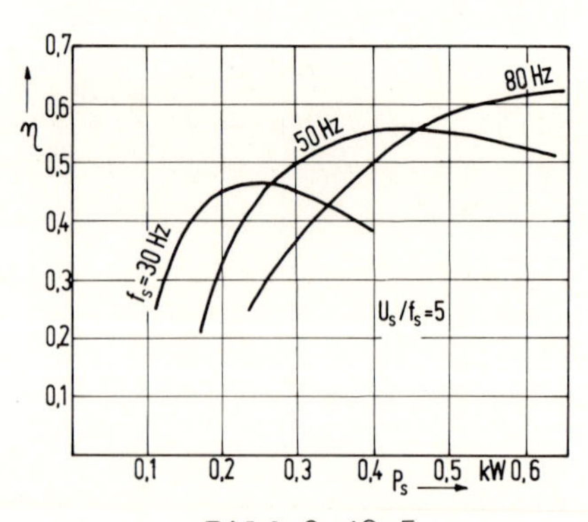


Bild 2.12-5

# 3. Gleichstromantriebe

Gleichstromantriebe werden heute fast ausschließlich mit Stromrichterspeisung ausgeführt. Das hat im wesentlichen zwei Konsequenzen. Die Gleichspannung und im geringen Maße auch der Gleichstrom besitzen eine mehr oder weniger große Welligkeit. Auf Glättungsdrosseln wird weitgehend verzichtet. Die Welligkeit ist am größten bei Bahnmotoren, die deshalb auch Wellenstrommotoren genannt werden. Für alle anderen Gleichstromantriebe werden, soweit sie die Leistung von ca. 10 kW übersteigen, sechspulsige Stromrichter vorgesehen, deren Gleichspannung nur eine geringe Welligkeit aufweist, so daß keine Leistungsreduzierung des Motors notwendig ist. Trotzdem beeinflußt die Stromwelligkeit über das Stromlücken die Betriebseigenschaften des Gleichstromantriebes im Schwachlastbereich und bei Reversierbetrieb.

Die zweite Zusatzbeanspruchung des Gleichstrommotors resultiert aus der hohen Stromanstiegsgeschwindigkeit bei Stromrichterspeisung. Sie läßt sich zwar durch regelungstechnische Maßnahmen herabsetzen, doch erhöht sich dadurch die Regelzeit.

Durch lamellierte Wendepole und Ständerjoche, das heißt, Lamellierung des gesamten aktiven Ständereisens ist es gelungen, die Kommutierung der Gleichstrommaschinen auch bei welliger Speisespannung und hohen $di_A/dt$-Werten wesentlich zu verbessern und darüber hinaus die Abmessungen und das Leistungsgewicht herabzusetzen.

## 3.01 Stelleigenschaften eines konstant erregten Gleichstrommotors

Ein Gleichstrommotor mit den Kenndaten: $P_{MN}=75$ kW, $U_{AN}=460$ V, $I_{AN}=180$ A $n_N=20{,}7$ 1/s, $R_{AM}=0{,}15\ \Omega$, $M_{Mm}/M_{MN}=1{,}8$; $L_A=6$ mH, $J_M=1{,}2$ kgm$^2$ wird gespeist durch einen Stromrichter mit der Lastkennlinie $U_A=U_d-0{,}04I_A/I_{AN}$. Leitungswiderstand der Verbindung zwischen Stromrichter und Motor $R_{Lt}=0{,}07\ \Omega$. Die Anordnung zeigt Bild 3.01-1.

Gesucht:

(a) Motorquellenspannung $U_{AqN}$, Motorwirkungsgrad $\eta_M$, Nennmoment $M_{MN}$, Anlaufzeit $t_a$

(b) Motordrehzahl bei $U_d=280$ V und dem Lastmoment $M_L=1{,}2M_{MN}$

(c) Speisespannung bei $n=18$ 1/s und $M_L=0{,}8M_{MN}$

(d) Verlauf des Ankerstromes $i_A=f(t)$ und der Drehzahl $n(t)$, wenn der unbelastete Motor an die Speisespannung $U_d=80$ V gelegt wird.

(e) Wie ändern sich die Übergangsfunktionen von (d), wenn der Leitungswiderstand auf $R^*_{Lt}=0{,}007\ \Omega$ herabgesetzt wird?

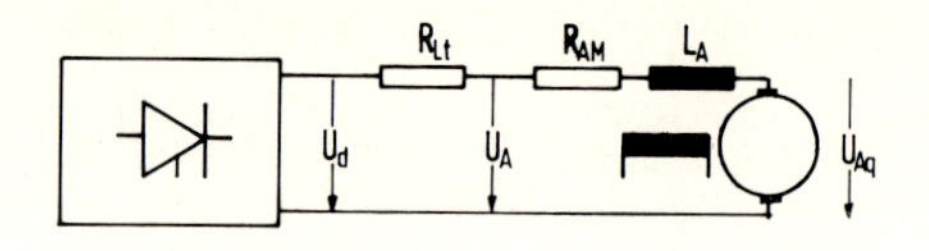


Bild 3.01-1

<u>Lösung:</u>

(a) $U_{AqN} = U_{AN} - I_{AN}R_{AM} = 460-180\cdot 0,15 = 433$ V

$\eta_M = P_{MN}/U_{AN}I_{AN} = 75000/460\cdot 180 = 0,906$

$M_{MN} = P_{MN}/2\pi n_N = 75000/2\pi\cdot 20,7 = 577$ Nm

$t_a = 2\pi J_{nN}/M_{MN} = 2\pi\cdot 1,2\cdot 20,7/577 = 0,27$ s.

(b) Ersatz-Innenwiderstand des Stromrichters $R_{sR} = 0,04/I_{AN} = 0,22\cdot 10^{-3}\ \Omega$.
Die Drehzahl ergibt sich aus der Beziehung

$$n = n_N\left[\frac{U_d}{U_{AqN}} - \frac{M_L}{M_{MN}}\,\frac{I_{AN}}{U_{Aqn}}\,(R_{AM}+R_{Lt}+R_{sR})\right] \qquad (1)$$

$n = 20,7[280/433 + (1,2\cdot 180/433)(0,15+0,07+0,22\cdot 10^{-3})] = 11,1$ 1/s.

(c) Die Gl.(1) nach $U_d$ aufgelöst

$$U_d = U_{AqN}\left[\frac{n}{n_N} + \frac{M_L}{M_{MN}}\,\frac{I_A}{U_{AqN}}\,(R_{AM}+R_{Lt}+R_{sR})\right] \qquad (2)$$

$U_d = 433[(18/20,7 + 0,8\cdot 180\cdot 0,22/433] = 345$ V.

(d) Ausgang der Berechnung ist die Differentialgleichung (3.04.1)
$L_A(d^2i_A(t)/dt^2)+(R_{AM}+R_{Lt}+R_{sR})(di_A(t)/dt)+(M_{MN}U_{AqN}/2\pi J_M I_{AN}n_N)i_A(t)=0.$
Die Konstanten eingesetzt ergibt

$$d^2i_A(t)/it^2+59,6\cdot di_A(t)/dt+2404i_A(t) = 0 \qquad (3)$$

mit den Anfangsbedingungen $i_A(+0) = 0$, $di_A(+0)/dt = U_d/L_A$

$\circ\!\!-\!\!\bullet\ p^2i_A(p)-80/3,7\cdot 10^{-3}+59,6pi_A(p)+2404i_A(p) = 0$

$i_A(p) = 21,6\cdot 10^3[p^2+59,6p+2404]^{-1}$ mit den Nennerwurzeln

$p_{1,2} = 29,8\mp j\sqrt{2404-29,8^2} = 29,8\mp j38,9$ 1/s

$i_A(p) = 21,6\cdot 10^3/(p+p_1)(p+p_2)$ Rücktransformation nach Anhang 1

$\bullet\!\!-\!\!\circ\ i_A(t)=(21,6\cdot 10^3/2j38,9)e^{-29,8t}[e^{j38,9t}-e^{-j38,9t}]$

$i_A(t) = 555e^{-29,8t}\sin 38,9t.$

In Bild 3.01-2 ist vorstehende Gleichung aufgetragen. Wegen des geringen Ankerkreiswiderstandes erfolgt der Übergang periodisch.

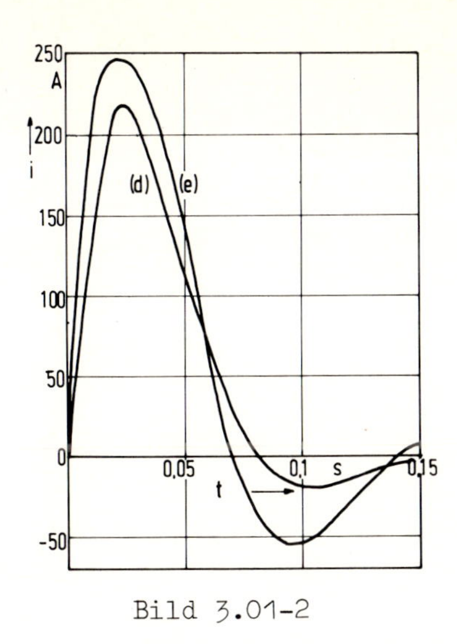


Bild 3.01-2

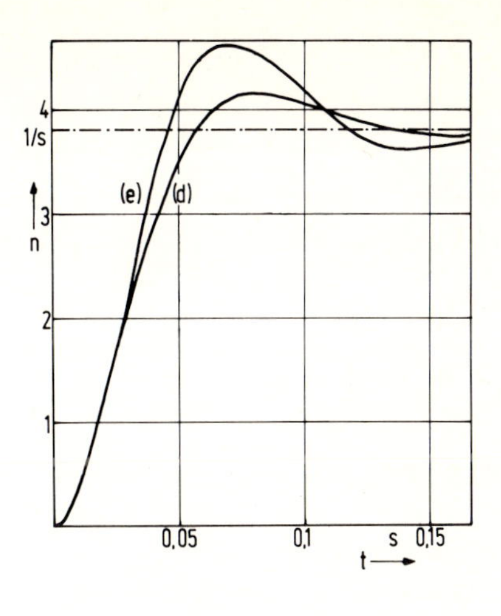


Bild 3.01-3

Aus dem Strom läßt sich die Drehzahl ermitteln

$$n(t)=(M_{MN}/2\pi JI_{AN})\int i_A(t)dt+K=(555\cdot 577/2\pi\cdot 1,2\cdot 180)\int e^{-29,8t}\sin 38,9t\,dt+K$$
$$= [236/(29,8^2+38,9^2)]e^{-29,8t}[-29,8\sin 38,9t-38,9\cos 38,9t]$$
$$= -4,816\sin(38,9t+0,917)e^{-29,8t}+K.$$

Da $n(+0)= 0$ ist, muß gesetzt werden $K = 4,816\sin 0,917 = 3,82$

$$n(t)= 3,82[1-1,26e^{-29,8t}\sin(38,9t+0,917)].$$

Nach Bild 3.01-3 schwingt die Drehzahl um 9 % über.

(e) Der resultierende Ankerkreiswiderstand geht von 0,220 Ω auf 0,159 Ω zurück. Anstelle der Differentialgleichung (3) ergibt sich hier $d^2i_A(t)/dt^2 + 43di_A(t)/dt + 2404 = 0$ mit dem Ergebnis $i_A(t)= 490e^{-21,5t}\sin 44,1t$ und dem Drehzahlverlauf

$$n(t)= 3,82[1-1,11e^{-21,5t}\sin(44,1t+1,12)].$$

Beide Übergangsfunktionen sind in Bild 3.01-2, bzw. Bild 3.01-3 eingezeichnet. Infolge des kleineren Ankerkreiswiderstandes ist das System schwächer gedämpft.

## 3.02 Führungs- und Lastverhalten eines fremderregten Gleichstrommotors

Gegeben ist ein Gleichstrommotor, innengekühlt, fremdbelüftet, mit geblechten Jochen und Polen mit folgenden Nenndaten: $P_{MN}$=46 kW, $n_N$=23,3 1/s, $U_{AN}$=440 V, $I_{AN}$=120 A, $R_{AM}$=0,36 Ω, $L_A$=4 mH, $J_M$=0,44 kgm$^2$, $P_{eN}$=950 W, $I_{eN}$=5,3 A, $T_e$=0,3 s, maximale Feldschwächdrehzahl $n_{fm}$=42 1/s zulässiges Spitzenmoment für 15 s $M_{Mm}$= 1,6 $M_{MN}$

Magnetisierungskennlinie

| $I_e/I_{eN}$ | 1 | 0,75 | 0,5 | 0,3 |
|---|---|---|---|---|
| $\phi/\phi_N$ | 1 | 0,95 | 0,7 | 0,44 |

Gesucht:

(a) Wirkungsgrad $\eta_M$, Nennmoment $M_{MN}$, Nenn-Quellenspannung $U_{AqN}$, Nenn-Leerlaufdrehzahl $n_{oN}$, Nenn-Anlaufzeitkonstante $T_m'$, Kurzschluß-Anlaufzeitkonstante $T_m$, Ankerkreiszeitkonstante $T_A$.

(b) Führungsfrequenzgang $F_f(j\omega)$, Führungs-Übergangsfunktion $f_f(t)$, Motor im Leerlauf

(c) Lastfrequenzgang $F_L(j\omega)$, Last-Übergangsfunktion $f_L(t)$ bei einem Nennlaststoß

(d) Der Erregerstrom wird von $I_e$ auf $0{,}5I_e$ vermindert. Wie ändern sich dadurch folgende Kenngrößen: Leerlaufdrehzahl $n_{oNf}$, Motormoment bei Nennstrom $M_{MNf}$, Drehzahl bei Nennstrom $n_{Nf}$, Nenn-Anlaufzeitkonstante $T_{mf}$, Kurzschluß-Anlaufzeitkonstante $T_{mf}$, Führungsfrequenzgang $F_{ff}(j\omega)$, Führungs-Übergangsfunktion $f_{ff}(t)$?

Lösung:

(a) $\eta_M = P_{MN}/(U_{AN}I_{AN}+P_{eN}) = 46\cdot10^3/(440\cdot120+950) = 0{,}856$

$M_{MN} = P_{MN}/2\pi n_N = 46\cdot10^3/2\pi\cdot23{,}3 = 314{,}2$ Nm

$U_{AqN} = U_{AN}-I_{AN}R_{AM} = 440-120\cdot0{,}36 = 397$ V

Drehzahl bei Nenn-Ankerspannung und Leerlauf

$n_{oN} = n_N U_{AN}/U_{AqN} = 23{,}3\cdot440/397 = 25{,}8$ 1/s

$T_m' = t_a = 2\pi J_M n_N/M_{MN} = 2\pi\cdot0{,}44\cdot23{,}3/314{,}2 = 0{,}205$ s

Verhältnis Nenn-Ankerspannung/Nenn-Ankerspannungsabfall

$V_A = U_{AN}/I_{AN}R_{AM} = 440/120\cdot0{,}36 = 10{,}19$

$T_m = T_m'/V_A = 0{,}205/10{,}19 = 0{,}02$ s

$T_A = L_A/R_{AM} = 4\cdot10^{-3}/0{,}36 = 0{,}011$ s.

Bei den vorstehenden Konstanten sind der Innenwiderstand des Stromrichters und der Widerstand der Zuleitung vernachlässigt worden (starre Einspeisung).

(b) Nach *Gl.(1.78)* ist der Führungsfrequenzgang des konstant erregten Gleichstrommotors

$$F_f(j\omega)=\frac{n(j\omega)/n_N}{u_A(j\omega)/U_{AN}}=\frac{1}{1+j\omega T_m+(j\omega)^2T_mT_A}=\frac{1}{1+j\omega 0{,}02+(j\omega)^2\cdot 2{,}23\cdot 10^{-4}} \qquad (1)$$

Wird in Gl.(1) $j\omega$ durch die komplexe Veränderliche $p=\delta+j\omega$ ersetzt, so erhält man die Übertragungsfunktion

$G(p)=1/(1+pT_m+p^2T_mT_A)$.

Für eine sprunghafte Änderung der Ankerspannung ergibt sich die Führungs-Übergangsfunktion aus

$$f_f(t)=L^{-1}\{G_f(p)/p\}=L^{-1}\{1/p(1+pT_m+p^2T_mT_A)\}$$

Bestimmung der Wurzeln aus $p^2+p/T_A+1/T_mT_A=0$

$$p_{1,2}=(1/2T_A)\mp j\sqrt{(1/T_mT_A)-(1/2T_A)^2}=d\mp j\omega_o=45\mp j50\ 1/s$$

$$\frac{G(p)}{p}=\frac{1}{T_mT_A}\,\frac{1}{p(p+p_1)(p+p_2)} \qquad \text{zurück transformiert}$$

$$\bullet\!\!-\!\!\circ\ f_f(t)=\frac{1}{T_mT_A}\,\frac{1}{p_1p_2}\left[1+\frac{1}{p_1-p_2}(p_2e^{-p_1t}\,p_1e^{-p_2t})\right]$$

$p_1$ und $p_2$ eingesetzt

$$f_f(t)=1-(1/2j\omega_o)e^{-dt}[d(e^{j\omega_o t}-e^{-j\omega_o t})+j\omega_o(e^{j\omega_o t}+e^{-j\omega_o t})]$$

und nach einigen Umformungen

$$f_f(t)=1-\sqrt{1+(d/\omega_o)^2}\,e^{-dt}\cos(\omega_o t-\arctan(d/\omega_o)) \qquad (2) \qquad d/\omega_o=45/50=0{,}9$$

$$n(t)=n_{oN}f_f(t)=25{,}7[1-1{,}345e^{-45t}\cos(50t-0{,}733)] \qquad (3)$$

In Bild 3.02-1 ist die Übergangsfunktion Gl.(3) wiedergegeben.

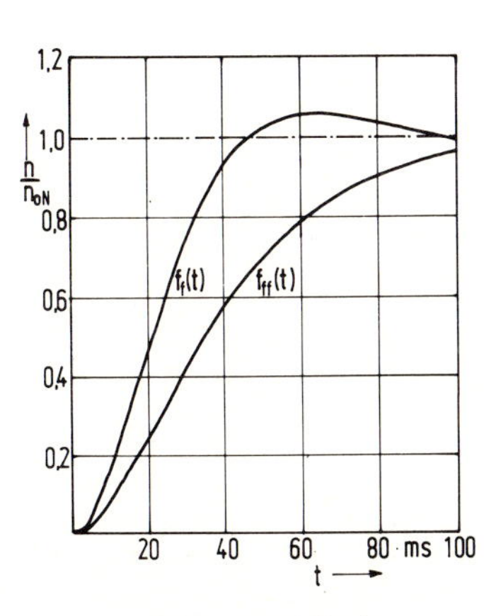


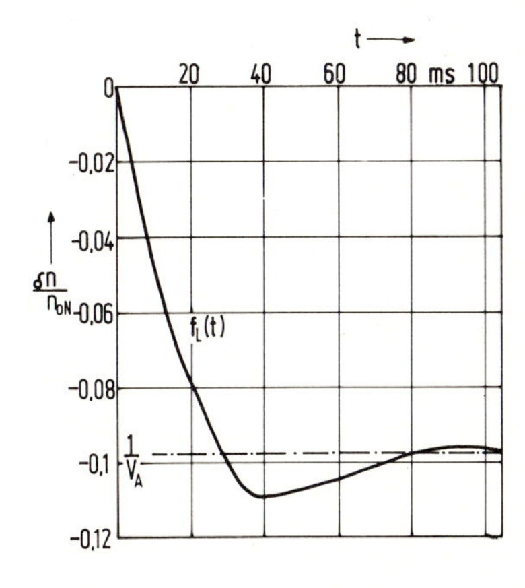


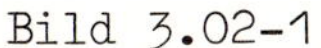

Bild 3.02-1 Bild 3.02-2

(c) Nach *Gl.(1,79)* ist der Lastfrequenzgang

$$F_L(j\omega)= \frac{\delta n(\omega t)/n_{oN}}{M_L(\omega t)/M_{MN}} = -\frac{1}{V_a}\frac{1+j\omega T_A}{1+j\omega T_m+j\omega T_m T_A}$$

und die Übertragungsfunktion

$$G_L(p)= -\frac{1}{V_A}\frac{1+pT_A}{1+pT_m+p^2T_mT_A}$$ Die Übergangsfunktion ist somit

$$f_L(t)= L^{-1}\left\{G_L(p)/p\right\} = -\frac{1}{V_A T_m T_A}\cdot L^{-1}\left\{\frac{1}{p(p+p_1)(p+p_2)} + T_A\frac{p}{p(p+p_1)(p+p_2)}\right\}$$

Das erste Glied stimmt mit der Führungs-Bildfunktion überein. Beim zweiten Glied ist zusätzlich die Multiplikation mit p vorhanden; das bedeutet aber die Differentiation im Zeitbereich. Somit gilt

$$f_L(t)= -(1/V_A)[f_f(t)+T_A\, df_f(t)/dt] \qquad (4)$$

Gl.(2) in Gl.(4) eingesetzt

$$V_Af(t)= 1 + \sqrt{1+(d/\omega_o)^2}e^{-dt}[\cos(\omega_o t-\gamma)-\omega_o T_A\sin(\omega_o t-\gamma)-dT_A\cos(\omega_o t-\gamma)]$$

mit $\gamma= \arctan(d/\omega_o)$. Die Konstanten eingesetzt

$$f_L(t)= -0{,}098\left\{1-1{,}35e^{-45t}[0{,}5\cos(50t-0{,}733)-0{,}555\sin(50t-0{,}733)]\right\} \qquad (5)$$

Die durch den Laststoß (Aufschalten des Nennmomentes) hervorgerufene Drehzahländerung ist $\delta n = f_L(t)n_{oN}$. Nach Bild 3.02-2 wird die Lastdrehzahl nach 30 ms erreicht. Danach erfolgt noch ein leichtes Überschwingen.

(d) Die Leerlauf-Drehzahl bei Nenn-Ankerspannung ist im Falle der Feldschwächung bei der gegebenen Magnetisierungskennlinie

$n_{oNf}= n_N U_{AN}/U_{AqN}\varphi_f$ mit $\varphi_f= \phi_f/\phi_N= 0{,}7$

$n_{oNf}= 23{,}3\cdot 440/397\cdot 0{,}7 = 36{,}9$ 1/s

$M_{MNf}= M_{MN}\varphi_f= 314{,}2\cdot 0{,}7 = 220$ Nm ; $n_{Nf}= n_N/\varphi_f= 23{,}3/0{,}7 = 33{,}3$ 1/s

$T'_{mf}= 2\pi J_M n_{Nf}/M_{MNf}= T'_m/\varphi_f^2 = 0{,}205/0{,}49 = 0{,}418$ s

$T_{mf}= T'_{mf}/V_A= 0{,}418/10{,}19 = 0{,}041$ s.

Die Führungsfrequenz ist

$$F_{ff}(j\omega)= 1/(1+j\omega T_{mf}+(j\omega)^2T_{mf}T_A)= 1/(1+j\omega 0{,}041+(j\omega)^2 4{,}51\cdot 10^{-4})$$

und die Übertragungsfunktion

$$G_{ff}(p)= 1/T_{mf}T_A(p^2+p/T_A+1/T_{mf}T_A)= 1/4{,}51\cdot 10^{-4}(p^2+90{,}9p + 2217)$$

mit den Wurzeln $p_{1/2}= d\mp j\omega_o= 45{,}45\mp j\sqrt{2217-45{,}45^2}= 45{,}45\mp j12{,}3$

somit $d = 45{,}45$ 1/s ; $\omega_o= 12{,}3$ 1/s ; $d/\omega_o= 45{,}45/12{,}3 = 3{,}69$.

Diese Werte in Gl.(2) eingesetzt

$f_{ff}(t) = 1 - \sqrt{1+3,69^2}e^{-45,45t}\cos(12,3t - \arctan 3,69)$

$f_{ff}(t) = 1 - 3,83e^{-45,45t}\cos(12,3t - 1,31)$

Wie aus Bild 3.02-1 zu ersehen ist, wird durch die Feldschwächung das System stärker gedämpft, so daß der Übergang annähernd aperiodisch erfolgt.

## 3.03 Gleichstromantrieb mit Feldschwächbereich

Der Motor von Beispiel 3.02 ist durch eine direkt gekuppelte Arbeitsmaschine drehzahlunabhängig belastet mit $M_L = 190$ Nm, Lastträgheitsmoment $J_L = 1,1$ kgm$^2$, Widerstand der Motorzuleitung $R_{Lt} = 0,25\ \Omega$. Der speisende Stromrichter wird mit einer auf $I_{Am} = 1,6 I_{AN} = 192$ A eingestellten Strombegrenzung betrieben. Im Überlastfall wird die Stromgrenze nach 15 s selbsttätig auf $I_{AN} = 120$ A herabgesetzt.

Gesucht:

(a) Antriebskonstanten und Übergangsfunktionen unter Berücksichtigung der Belastung

(b) Lastkennlinien $n = f(M_M)$ für $I_{eN}$, $U_d$ = konst. und die Leerlaufdrehzahlen $n_o = 6;\ 13;\ 20;\ 27$ 1/s. Drehzahlen bei der gegebenen Belastung

(c) Lastkennlinien $n = f(M_M)$ für $I_e$ = konst., $U_{dm}$ und die Leerlaufdrehzahlen $n_o = 30;\ 34;\ 38;\ 42$ 1/s. Drehzahlen bei der gegebenen Belastung

(d) Feldschwächverhältnis $\varphi_{f1}$ für $n_1 = 35$ 1/s, Ankerstrom $I_{A1}$

(e) Der Antrieb wird langsam aus dem Stillstand auf $n_1 = 35$ 1/s angefahren, so daß das Beschleunigungsmoment zu vernachlässigen ist ($t_a > 15$ s). (α) mit ankerspannungsabhängiger Feldschwächung (ß) von Anfang an mit konstanter Feldschwächung.

Lösung:

(a) Die maximale Speisespannung

$U_{dm} = U_{AqN} + I_{AN}(R_{AM} + R_{Lt}) = 397 + 120(0,36 + 0,25) = 470$ V wird benötigt,

wenn der Motor bei Nenndrehzahl das Nennmoment abgeben soll.

Anlaufzeit im Ankerstellbereich bei Beschleunigung an der Stromgrenze

$t_a = 2\pi(J_M + J_L)n_N/(1,6 M_{MN} - M_L) = 2\pi(0,44 + 1,1)23,3/(1,6 \cdot 314,2 - 190) = 0,72$ s

$T'_m = t_a$. Gegenüber dem leerlaufenden Motor ist die Anlaufzeit auf das 3,5fache gestiegen. Geändert hat sich auch $V^*_A = U_{AN}/I_{Am}(R_{AM} + R_{Lt})$

$V^*_A = 440/192(0,36 + 0,25) = 3,76$ so daß sich die Kurzschluß-Anlaufzeitkonstante zu $T_m = T'_m/V^*_A = 0,72/3,76 = 0,19$ s ergibt. Sie hat, gegenüber dem leerlaufenden Motor, um das 8,6fache zugenommen.

Die Ankerkreiszeitkonstante dagegen ist von 11 ms auf

$T_A = L_A/(R_{AM}+R_{Lt}) = 0{,}004/(0{,}36+0{,}25) = 6{,}6$ ms heruntergegangen.

Bei dem Verhältnis $T_m/T_A = 0{,}19/0{,}0066 = 29$ kann in Gl.(3.02.1) die charakteristische Gleichung $1+j\omega T_m+(j\omega)^2 T_m T_A \approx (1+j\omega T_m)(1+j\omega T_A)$ gesetzt und damit das Verzögerungsglied 2. Ordnung durch die Reihenschaltung von zwei Verzögerungsgliedern 1. Ordnung ersetzt werden. Für die Führungs-Übergangsfunktion gilt dann

$$f_f(t) \approx L^{-1}\left\{1/T_m T_A(p+1/T_A)(p+1/T_m)p\right\} = 1-\frac{T_m T_A}{T_m - T_A}\left(\frac{1}{T_A}e^{-t/T_m} - \frac{1}{T_m}e^{-t/T_A}\right)$$

$$f_f(t) \approx 1-e^{-t/T_m}.$$

Setzt man diese Näherung in Gl.(3.02.4) ein, so ergibt sich für die Lastübergangsfunktion

$$f_L(t) \approx -(1/V_A)[1-e^{-t/T_m}-(T_A/T_m)e^{-t/T_m}] \approx -(1/V_A)[1-e^{-t/T_m}(T_A+T_m)/T_m]$$

Beide Übergänge sind aperiodisch.

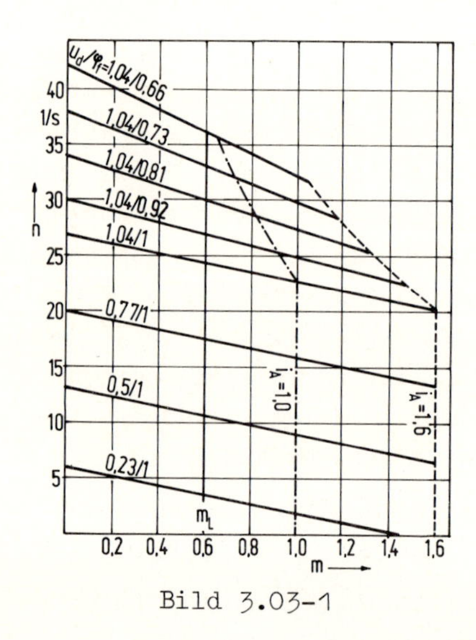


Bild 3.03-1

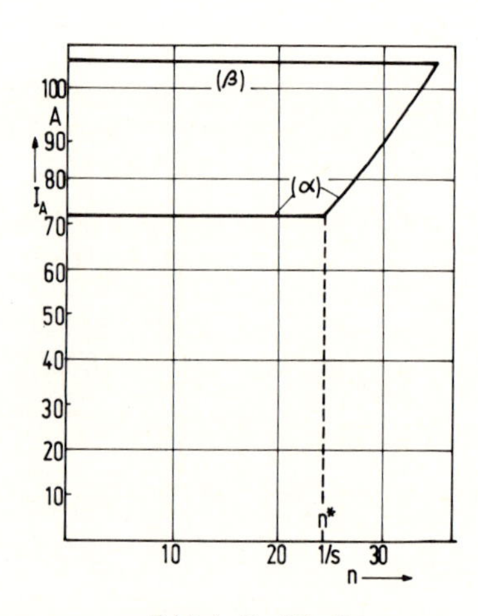


Bild 3.03-2

(b) Leerlaufspannungen $U_d = U_{Ao} = (U_{AqN}/n_N)n_o = (397/23{,}3)n_o = 17n_o$.

Sie sollen auf die Nenn-Ankerspannung $U_{AN} = 440$ V bezogen werden

$u_d = U_{do}/U_{AN} = (17/440)n_o = 0{,}039n_o$.

Für die geforderten Leerlaufdrehzahlen müssen somit die Spannungen $u_d = 0{,}23;\ 0{,}5;\ 0{,}77;\ 1{,}04$ vorhanden sein. Bei Belastung stellt sich die Drehzahl ein

$$n = \frac{n_N U_{AN}}{U_{AqN}}\left[\frac{U_d}{U_{AN}} - \frac{I_{AN}(R_{AM}+R_{Lt})}{U_{AN}}\frac{M}{M_{MN}}\right] = \frac{n_N}{u_{AqN}}\left[u_d - \frac{m}{V_A}\right] \qquad (1)$$

mit den Abkürzungen $u_A = U_A/U_{AN}$ ; $u_d = U_d/U_{AN}$ ; $m = M/M_{MN}$.

$u_{AqN} = 397/440 = 0{,}902$  $V_A = 440/120(0{,}36+0{,}25) = 6{,}01$

$$n = (23{,}3/0{,}902)[u_d - m/6{,}01] = 25{,}8[u_d - 0{,}166m] \quad (2)$$

In Bild 3.03-1 sind diese Lastkennlinien aufgetragen.

(c) Das Feldschwächverhältnis $\varphi_f = \phi/\phi_N$ wird durch die Leerlaufdrehzahlen bestimmt

$\varphi_f = n_N U_{dm}/U_{AqN} n_o = 23{,}3 \cdot 470/397n = 27{,}6/n_o$

$\varphi_f = 0{,}92$; $0{,}81$; $0{,}726$; $0{,}657$ und aufgrund der in Beispiel 3.02 gegebenen Magnetisierungskennlinie $i_e = I_e/I_{eN} = 0{,}77$; $0{,}62$; $0{,}52$; $0{,}45$. Die Lastdrehzahl bestimmt sich aus

$$n = \frac{n_N U_{AN}}{U_{AqN}}\left[\frac{U_{dm}}{U_{AN}\varphi_f} - \frac{I_{AN}(R_{AM}+R_{Lt})}{U_{AN}}\frac{M}{M_{MN}}\frac{1}{\varphi_f^2}\right] = \frac{n_N}{u_{AqN}}\left[\frac{u_{dm}}{\varphi_f} - \frac{m}{V_A\varphi_f^2}\right] \quad (3)$$

$$n = (23{,}3/0{,}902)[1{,}068/\varphi_f - m/6{,}01\varphi_f^2] = 27{,}59/\varphi_f - 4{,}3m/\varphi_f^2 \quad (4)$$

Gl.(4) stellt wieder eine Gerade dar, deren Neigung von dem Feldschwächverhältnis $\varphi_f$ abhängt. Die Lastkennlinien sind in Bild 3.02-1 wiedergegeben. Der Dauerbetriebsbereich ($I_A \leqq I_{AN}$) ist durch die strichpunktierte Kurve, der Überlastbereich ($I_A \leqq 1{,}6\, I_{AN}$) durch die gestrichelte Kurve nach oben begrenzt.

(d) Gl.(4) läßt sich in der Form schreiben

$\varphi_f^2 - (27{,}59/n)\varphi_f + 4{,}3m/n = 0$ ; $m_L = M_L/M_{MN} = 190/314{,}2 = 0{,}6$ ; $n_1 = 35$ 1/s

$\varphi_f^2 - 0{,}788\varphi_f + 0{,}0737 = 0$ ;  $\varphi_{f1} = 0{,}394 + \sqrt{0{,}394^2 - 0{,}0737} = 0{,}68$.

In diesem Arbeitspunkt fließt der Ankerstrom

$I_{A1} = i_{A1} I_{AN} = (m/\varphi_{f1}) I_{AN} = 0{,}6 \cdot 120/0{,}68 = 106$ A.

(e) Bei der ankerspannungsabhängigen Feldschwächung wird mit dem voll erregten Motor ($\varphi_f = 1$) zunächst der Ankerstellbereich ($0 < n < n^*$) durchfahren und erst, wenn $u_d = u_{dm}$ erreicht ist, das Feld geschwächt ($n^* < n < n_1$). Aus Gl.(2) ergibt sich für $m = 0{,}6$

$n^* = 25{,}8[u_{Am} - 0{,}166m] = 25{,}8[1{,}04 - 0{,}166 \cdot 0{,}6] = 24{,}3$ 1/s .

Im Ankerstellbereich fließt der konstante Ankerstrom

$I_A = i_A I_{AN} = m I_{AN} = 0{,}6 \cdot 120 = 72$ A .

Im Feldschwächbereich ist $m = i_A \varphi_f$ und mit Gl.(4)

$n = 27{,}59 i_A/m - 4{,}3 i_A^2/m = 46 i_A - 7{,}17 i_A^2$

$i_A^2 - 6{,}4 i_A + 0{,}14n = 0$  $i_A = 3{,}2 - \sqrt{3{,}2^2 - 0{,}14n} = 3{,}21[1 - \sqrt{1 - 0{,}0136n}]$

$I_A = 385[1 - \sqrt{1 - 0{,}0136n}]$ (Feldschwächbereich)

Damit ergibt sich der in Bild 3.03-2 wiedergegebene Stromverlauf (α) Wird dagegen von vornherein mit der Feldschwächung $\varphi_f = 0{,}68$ angefahren, so ist, wie die Gerade (ß) zeigt, während des ganzen Anfahrvorganges der Maximalstrom vorhanden.

## 3.04 Grobschaltung eines Gleichstrommotors

Ein permanent erregter, mit der Schwungmasse $J_L$ gekuppelter Gleichstrommotor wird auf eine konstante Gleichspannung $U_d=350$ V geschaltet. Zur Begrenzung des maximalen Ankerstromes liegt in der Zuleitung ein Widerstand $R_v'=0{,}4\ \Omega$, bzw. $R_v''=1{,}6\ \Omega$. Kenndaten des Motors: $U_{AN}=400$ V, $I_{AN}=60$ A, $n_N=34$ 1/s, $\eta_M=0{,}83$, $R_{AM}=0{,}8\ \Omega$, $L_A=6{,}4$ mH, Gesamtträgheitsmoment $J=J_M+J_L=0{,}2\ \text{kgm}^2$.

Gesucht:

(a) Differentialgleichung des Ankerstromes

(b) zeitlicher Verlauf des Ankerstromes $i_A=f(t)$

(c) zeitlicher Verlauf der Drehzahl $n=f(t)$

Lösung:

(a) Aus Bild 3.04-1 ist die gegebene Anordnung zu ersehen.

$$U_{AqN}= U_{AN}-I_{AN}R_{AM}= 400-60\cdot 0{,}8 = 352\ \text{V}$$

$$M_{MN}= \eta_M U_{AN} I_{AN}/2\pi n_N= 0{,}83\cdot 400\cdot 60/2\pi\cdot 34 = 93{,}2\ \text{Nm}$$

$$P_{MN}= \eta_M U_{AN} I_{AN}= 0{,}83\cdot 400\cdot 60 = 19{,}9\ \text{kW}$$

Bestimmungsgleichungen:

$$U_d= i_A(t)(R_v+R_{AM})+L_A di_A(t)/dt + u_{Aq}(t)$$

$$M_M(t)= 2\pi J\cdot dn(t)/dt \qquad M_M(t)=(M_{MN}/I_{AN})i_A(t) \qquad n(t)=(n_N/U_{AqN})u_{Aq}(t).$$

Die letzten drei Gleichungen zusammengefaßt

$$du_{Aq}(t)/dt =(M_N U_{AqN}/2\pi J I_{AN} n_N)i_A(t)$$

in die erste Bestimmungsgleichung, nach deren Differentiation, eingesetzt

$$L_A \frac{d^2 i_A(t)}{dt^2} +(R_v+R_{AM})\frac{di_A(t)}{dt} +\frac{1}{2\pi J}\,\frac{M_{MN}}{n_N}\,\frac{U_{AqN}}{I_{AN}}\,i_A(t)= 0 \qquad (1)$$

(b) Mit den Abkürzungen

$d =(R_v+R_{AM})/2L_A \qquad \omega_{or}^2= M_{MN}U_{AqN}/2\pi J n_N I_{AN} L_A$ erhält man

$d^2 i_A(t)/dt^2 +2d\cdot di_A(t)/dt + \omega_{or}^2 i_A(t)= 0$ (2) Die Anfangsbedingungen sind $i_A(+0)= 0$; $di_A(+0)/dt = U_d/L_A$ und die zugehörige Bildfunktion $\circ\!\!-\!\!\bullet$ $p^2 i_A(p)-U_d/L_A+2dp i_A(t)+\omega_{or}^2 i_A(p)= 0$ daraus

$$i_A(p)=(U_d/L_A)/(p^2+2dp+\omega_{or}^2)=(U_d/L_A)/(p+p_1)(p+p_2) \quad (3)$$

Die Wurzeln sind $p_{1/2}= d\mp\sqrt{d^2-\omega_{or}^2}= d\mp k$

Die zu Gl.(3) gehörige Zeitfunktion ist nach Anhang 1

$$\circ\!\!-\!\!\bullet \quad i_A(t)=\frac{U_d}{L_A}\frac{1}{2k}(e^{-p_1t}-e^{-p_2t}) \quad (4)$$

$\omega_{or}^2= 93{,}2\cdot 352/2\pi\cdot 0{,}2\cdot 34\cdot 60\cdot 0{,}0064 = 2000\ 1/s^2$

und unter Berücksichtigung der beiden Vorwiderstände

$d' = 1{,}2/2\cdot 0{,}0064 = 93{,}75\ 1/s \qquad d''= 2{,}4/2\cdot 0{,}0064 = 187{,}5\ 1/s$

$p'_{1/2}= 93{,}75\mp\sqrt{93{,}75^2-2000} = 93{,}75\mp 82{,}4\ 1/s \qquad k' = 82{,}4\ 1/s$

$p''_{1/2}= 187{,}5\mp\sqrt{187{,}5^2-2000} = 187{,}5\mp 182{,}1\ 1/s \qquad k'' = 182{,}1\ 1/s.$

In Gl.(4) eingesetzt

$i'_A(t)= 332(e^{-11{,}35t}-e^{-176{,}1t})$ A ; $i''_A(t)=150{,}2(e^{-5{,}4t}-e^{-370t})$ A

In Bild 3.04-2 sind diese Funktionen aufgetragen. Die Anfangssteigung wird nur von der Ankerinduktivität bestimmt und ist deshalb unabhängig von $R_v$.

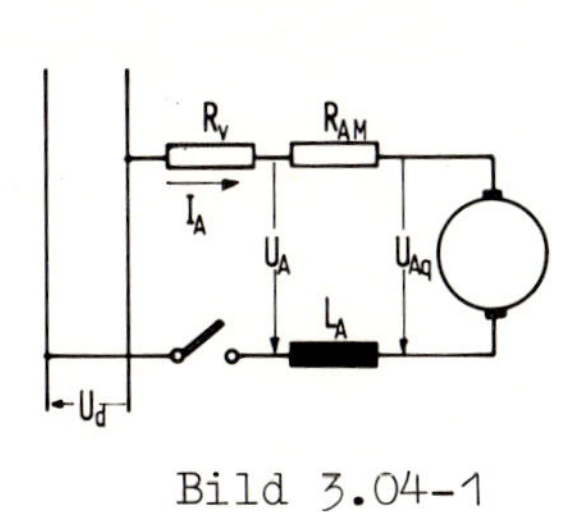


Bild 3.04-1

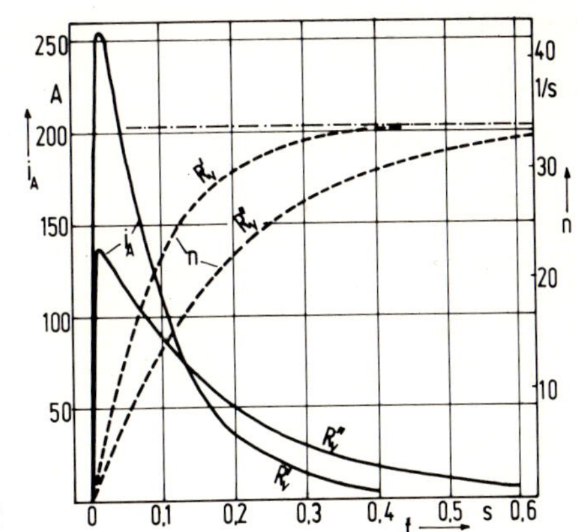


Bild 3.04-2

(c) Da kein Beharrungsmoment vorhanden ist, wirkt das volle Motormoment als Beschleunigungsmoment

$$n(t)=(1/2\pi J)\int M_M(t)dt +K =(M_{MN}/I_{AN}2\pi J)\int i_A(t)dt +K$$

Gl.(4) eingesetzt

$$n(t)=\frac{M_{MN}U_d}{4\pi J I_{AN}L_A k}\left(-\frac{1}{p_1}e^{-p_1t}+\frac{1}{p_2}e^{-p_2t}\right)+K$$

Die Integrationskonstante K bestimmt sich aus der Anfangsbedingung n(+0)= 0 und das Endergebnis lautet

$$n(t)=\frac{n_N U_d}{U_{AqN}}\left[1-\frac{\omega_{or}}{2k}\left(\frac{1}{p_1}e^{-p_1t}-\frac{1}{p_2}e^{-p_2t}\right)\right]$$

Die Konstanten eingesetzt

$$n'(t) = 33{,}8[1-1{,}07e^{-11{,}35t}+0{,}07e^{-176{,}1t}]\ 1/s$$

$$n''(t) = 33{,}8[1-1{,}015e^{-5{,}41t}+0{,}015e^{-370t}]\ 1/s\ .$$

Diese Ergebnisse sind ebenfalls in Bild 3.04-2 eingezeichnet. Die kürzeste zu erzielende Anlaufzeit ist davon abhängig, welcher maximale Ankerstrom dem Motor mit Rücksicht auf seine Kommutierung zugemutet werden kann. Um die Ankerrückwirkung bei dem Spitzenstrom herabzusetzen, wird man zweckmäßig eine Kompensationswicklung vorsehen.

## 3.05 Bemessung eines Gleichstrommotors bei Aussetzbetrieb

Gegeben ist ein fremderregter Gleichstrommotor mit folgenden Kenndaten: $P_{MN}=36{,}1$ kW, $U_{AN}=400$ V, $I_{AN}=101$ A, $n_N=29{,}8$ 1/s, $\eta_M=0{,}891$; $R_{AM}=0{,}27\ \Omega$, $P_{eN}=870$ W, $T_{th}=900$ s, $M_{Mm}=2{,}0\ M_{MN}$.

Gesucht:

(a) Nennmoment $M_{MN}$, Gesamtverluste $P_v$, stromabhängige Verluste $P_I$, stromunabhängige Verluste $P_k$, Verlustverhältnis $\alpha$

(b) Motorleistung für Kurzzeitbelastung($S_2$) in Abhängigkeit von der Lastdauer $t_L$

(c) Motorleistung für Aussetzbetrieb (S3) in Abhängigkeit von der relativen Einschaltdauer ED

Lösung:

(a) Die angegebene Motorleistung bezieht sich auf Dauerbetrieb (S1)

$$P_v = P_{MN}(1-\eta_M)/\eta_M = 36100(1-0{,}811)/0{,}891 = 4416\ W,$$

stromabhängige Verluste

$$P_I = I_{AN}^2 R_{AM} = 101^2 \cdot 0{,}27 = 2754\ W.$$

Die stromunabhängigen Verluste, zu denen die Eisenverluste, die Lagerverluste und die Luftreibungsverluste zu rechnen sind, sind dann

$$P_k = P_v - P_I - P_{eN} = 4416-2754-870 = 792\ W.$$

Die Verluste $P_k$ und $P_e$ sind von der Betriebsart des Motors unabhängig. Verlustverhältnis

$$\alpha = P_I/(P_k+P_{eN}) = 2754/(792+870) = 1{,}66.$$

(b) Der Motor erreicht die Endtemperatur etwa nach der Zeit $t = 3T_{th} = 2700$ s = 45 min. Bei der Kurzzeitbelastung ist die Lastdauer $t_L < T_{th}$ und die Pausendauer $t_o \gg 3T_{th}$, so daß sich vor der nächsten

Belastung die Umgebungstemperatur einstellt. Erwärmungsfaktor

$K_{th2}=(1-e^{-t_L/T_{th}})^{-1}=(1-e^{-t_L/900})^{-1}$

$P_{s2}= P_{MN}\sqrt{(1+1/\alpha)K_{th2}-1/\alpha} = P_{MN}\sqrt{1,6K_{th2}-0,6}$

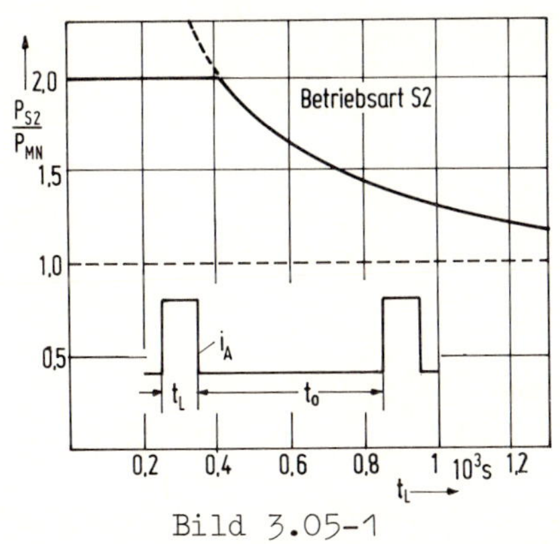


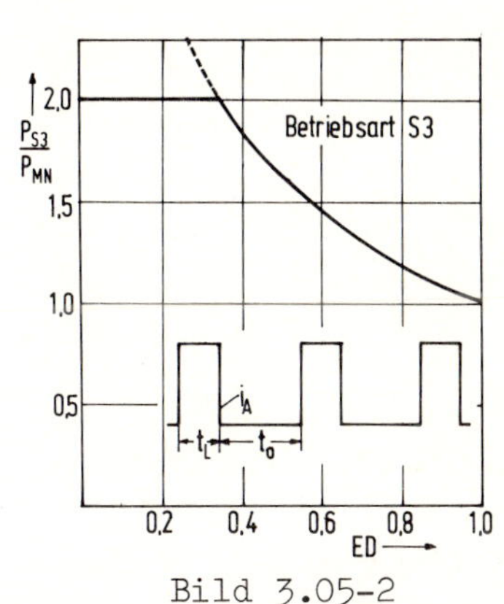


Bild 3.05-1 Bild 3.05-2

In Bild 3.05-1 ist diese Funktion wiedergegeben. Nach oben wird die Überlastbarkeit durch $P_{Mm}/P_{MN}= M_{Mm}/M_{MN}= 2$ begrenzt.

(c) Der Aussetzbetrieb S3 ist dadurch gekennzeichnet, daß der Motor sowohl in den Lastzeiten $t_L$, als auch in den Pausenzeiten $t_o$ nicht die Endtemperaturen erreicht, somit bleibt $t_o$, $t_L < 3T_{th}$. Unter diesen Voraussetzungen ist der Erwärmungsfaktor

$K_{th3}=(t_L+t_o)/t_L= 1/ED$ ED = relative Einschaltdauer

$P_{s3}= P_{MN}\sqrt{(1+1/\alpha)/ED - 1/\alpha} = P_{MN}\sqrt{1,6/ED - 0,6}$

Die Funktion ist in Bild 3.05-2 wiedergegeben.

Die errechneten Überlastungen wurden allein aufgrund der Erwärmung bestimmt. Mit Rücksicht auf die ordnungsgemäße Kommutierung kann es notwendig sein, die zulässigen Grenzen tieferzulegen.

## 3.06 Widerstandsbremsung eines Gleichstrommotors

Für Antriebe, bei denen betriebsmäßig nur eine Momentenrichtung auftritt, kann in der Regel auf eine Stromrichter-Gegenparallelschaltung verzichtet werden, zumal, wenn eine Bremsung nur gelegentlich notwendig ist (Lastabwurf und Notaus), genügt eine Widerstandsbremsung. Dabei ist zu berücksichtigen, daß das Bremsmoment Drehzahl abhängig ist. Deshalb wird, wenn keine hohen Momentenspitzen auftreten dürfen, der Bremswiderstand während des Bremsvorganges umgeschaltet. Gegeben:
Ein Motor mit den Kenndaten $P_{MN}$=46,1 kW, $n_N$=36,5 1/s, $U_{AN}$=400 V, $\eta_M$=0,904; $R_{AM}$=0,17 Ω, $L_A$=2,7 mH, $T_e$=0,25 s, $P_{eN}$=870 W, $U_{eN}$=200 V,

$J_M$=0,26 kgm$^2$, Lastträgheitsmoment $J_L$=0,85 kgm$^2$ soll über einen vierstufigen Bremswiderstand abgebremst werden. Der Läuferwiderstand ist so zu stufen, daß die Momentensprünge bei den einzelnen Umschaltungen konstant sind.

Gesucht:

(a) Stufung des Bremswiderstandes, Spitzenbremsmoment $M_{brm}=1{,}5M_{MN}$, Bremszeit $t_{br}$, Motor mit Nennerregung ($\varphi_f=1$)

(b) Die Momentenspitzen sind durch entsprechende Feldschwächung auszugleichen. Konstantes Bremsmoment $M_{br}=0{,}8M_{MN}$, Bremszeit $t_{br}$.

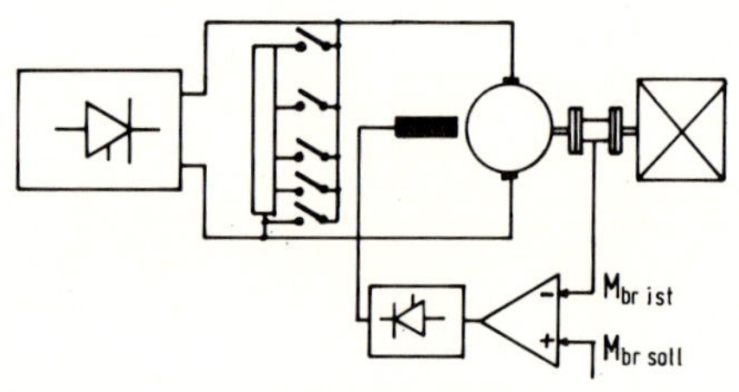


Bild 3.06-1

Lösung:

(a) $I_{AN}=P_{MN}/U_{AN}\eta_M=46100/400\cdot 0{,}904=127{,}4$ A

$U_{AqN}=U_{AN}-I_{AN}R_{AM}=400-127{,}4\cdot 0{,}17=378{,}3$ V

$M_{MN}=P_{MN}/2\pi n_N=46100/2\pi\cdot 36{,}5=201$ Nm

Aus Bild 3.06-1 ist die Anordnung des Bremswiderstandes zu ersehen. Ausgang der Berechnung ist die Gleichung

$$\frac{n}{n_N}=\frac{U_A}{U_{AqN}}\frac{1}{\varphi_f}-\frac{I_{AN}R^*_{br}}{U_{AqN}}\frac{M}{M_{MN}}\frac{1}{\varphi_f^2}\quad \text{mit den Abkürzungen}$$

$R^*_{br}=R_{br}+R_{AM}\qquad \varphi_f=\phi/\phi_N\approx I_e/I_{eN}$.

Das erste Glied wird bei der Bremsung, wegen der Sperrung des Stromrichters, null. Der Strom kehrt sein Vorzeichen um

$$m=M/M_{MN}=(U_{AqN}/n_N I_{AN})(n\varphi_f^2/R^*_{br})=0{,}081(n\varphi_f^2/R^*_{br}). \qquad (1)$$

Hier ist $\varphi_f=1$; $R^*_{brmin}=R_{AM}=0{,}17\ \Omega$

$R^*_{brm}=R^*_{br4}=0{,}081 n_N/m_m=0{,}081\cdot 36{,}5/1{,}5=1{,}97\ \Omega$.

Unter der Bedingung konstanten Momentensprunges ist

$$R^*_{br1}/R^*_{brmin}=R^*_{br2}/R^*_{br1}=R^*_{br3}/R^*_{br2}=R^*_{br4}/R^*_{br3}=\sqrt[4]{R^*_{br4}/R_{brmin}}=$$
$$=\sqrt[4]{1{,}97/0{,}17}=1{,}845=K_r$$

Momentensprung $\delta m=0{,}081\frac{n_N}{K_r}\left(\frac{1}{R^*_{br3}}-\frac{1}{R^*_{br4}}\right)=\frac{0{,}081 n_N}{R^*_{br4}K_r}(K_r-1)=$

$= 0{,}081 \cdot 36{,}5 \cdot 0{,}845/1{,}97 \cdot 1{,}845 = 0{,}687$

$m_{min} = m_m - \delta m = 1{,}5 - 0{,}687 = 0{,}813.$

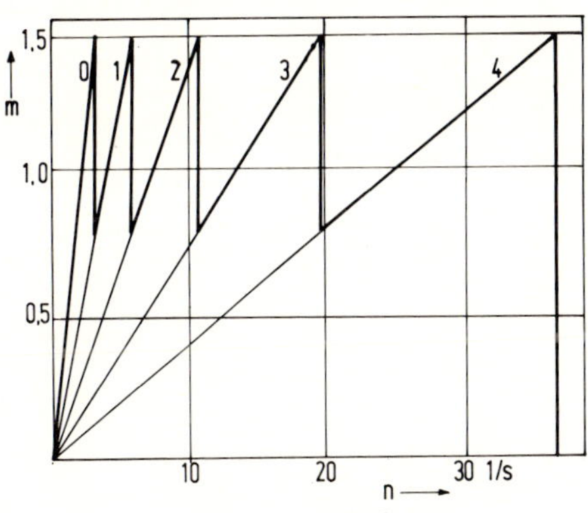


Bild 3.06-2

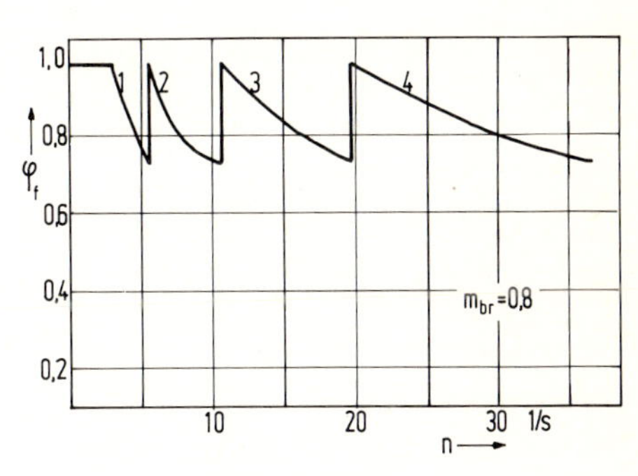


Bild 3.06-3

Umschaltdrehzahl $n_s = m_{min} R^*_{br}/0{,}081 = (0{,}813/0{,}081) R^*_{br} = 10{,}04 R^*_{br}$

| Stufe | 0 | 1 | 2 | 3 | 4 |
|---|---|---|---|---|---|
| $R^*_{br}$ Ω | 0,17 | 0,314 | 0,579 | 1,068 | 1,97 |
| $R_{br}$ Ω | 0 | 0,144 | 0,409 | 0,898 | 1,80 |
| $n_s$ 1/s | - | 3,15 | 5,81 | 10,72 | 19,8 |

Das Bremsmoment $m_{br} \geqq m_{min}$ ist von $n_N$ bis $n_{min} = 10{,}04 \cdot 0{,}17 = 1{,}707$ 1/s wirksam. In Bild 3.06-2 ist das Bremsmoment über der Drehzahl aufgetragen. Das mittlere Bremsmoment ist

$\bar{m} = (m_m + m_{min})/2 = (1{,}5 + 0{,}813)/2 = 1{,}157.$

Die Bremszeit von $n_N$ bis $n_{min}$ ist somit

$t_{br} = 2\pi(J_M + J_L)(n_N - n_{min})/\bar{m} M_{MN} = 2\pi(0{,}26 + 0{,}85)(36{,}5 - 1{,}707)/1{,}157 \cdot 201$

$t_{br} = 1{,}04$ s.

(b) Können die Momentenspitzen nicht zugelassen werden, so lassen sie sich durch eine auf das Motorfeld wirkende Momentenregelung ausgleichen (Bild 3.06-1). Aus Gl.(1)

$\varphi_f = \sqrt{m R^*_{br}/0{,}081 n}$. Da m = 0,8 konstant sein soll, ist

$\varphi_f = \sqrt{0{,}8/0{,}081} \sqrt{R^*_{br}/n} = 3{,}143 \sqrt{R^*_{br}/n}.$

Hierbei sind die in den einzelnen Bremsabschnitten eingeschalteten Bremswiderstände einzusetzen. In Bild 3.06-3 ist $\varphi_f$ über n aufgetragen. Die Grenzwerte sind $\varphi_{fmin} = 0{,}73$ und $\varphi_{fm} = 0{,}99$. Da m = 0,8 kleiner als $\bar{m}$ = 1,1565 ist, nimmt die Bremszeit zu

$t_{br} = 1{,}044 \bar{m}/m = 1{,}044 \cdot 1{,}1565/0{,}8 = 1{,}51$ s.

## 3.07 Fahrantrieb mit fremderregtem Gleichstrommotor

Der Antrieb eines Elektrofahrzeuges mit den Kenngrößen

| | |
|---|---|
| Fahrzeugmasse | $m_F$=2100 kg |
| Nutzlast-Masse | $m_Z$=1000 kg |
| Höchstgeschwindigkeit in der Ebene (70 km/h) | $V_m$=19,5 m/s |
| zulässige Steigung/Fahrweg | $s^*$=10 m/100 m |
| Höchstgeschwindigkeit bei obiger Steigung | $V_s$=5,56 m/s |
| mittlere Beschleunigung | $\bar{a}$=1,0 m/s |
| Reifen-Außendurchmesser | $d_R$=0,62 m |
| Rollwiderstandsbeiwert | $w_r$=0,015 |
| Luftwiderstandsbeiwert | $C_w$=0,5 |
| vertikale Fahrzeugstirnfläche | $A_s$=3,3 $m^2$ |
| Luftdichte | $\rho_L$=1,2 $kg/m^3$ |
| Wirkungsgrad der mechanischen Übertragungsglieder | $\eta_G$=0,93 |
| Trägheitsmoment der mechanischen Übertragungsglieder | $J_G$=0,03 $kgm^2$ |
| Batteriespannung | $U_B$=150 V |
| Motordrehzahl bei Höchstgeschwindigkeit | $n_m$=80 1/s |

erfolgt durch einen fremderregten Gleichstrommotor. Der Ankerstrom wird, nach Bild 3.07-1, über einen Gleichstromsteller SA, der Feldstrom über einen Gleichstromsteller SF eingestellt. Der Ankerstellbereich wird zum Anfahren und bei der Bergfahrt in Anspruch genommen. Im übrigen Betriebsbereich ist SA voll durchgesteuert und das Antriebsmoment wird über SF eingestellt.

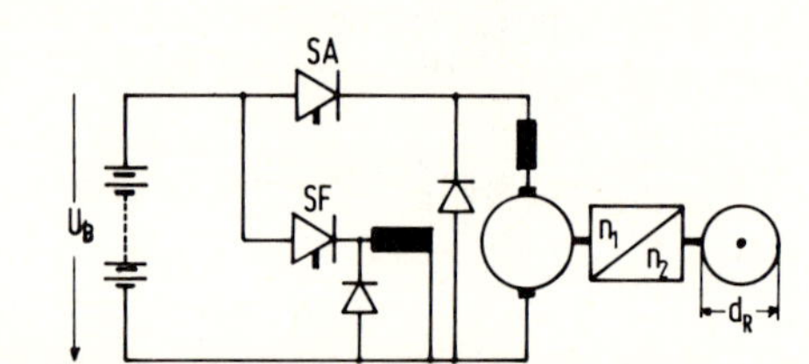


Bild 3.07-1

Gesucht:

(a) Beharrungsmomente

(b) Beschleunigungsmoment

(c) Motorbemessung

(d) Momenten-Drehzahlkennlinien

(e) Effektiver Ankerstrom, Motorleistung, Energieverbrauch bei dem folgenden Lastspiel (Beschleunigung und Verzögerung vernachlässigt)

| Fahrabschnitt | Fahrstrecke l m | Fahrgeschwindigkeit v m/s |
|---|---|---|
| I ebene Fahrt | 500 | 3 |
| II " " | 3000 | 19,5 |
| III Bergfahrt | 2000 | 5,56 |
| IV " | 300 | 3 |

Lösung:

(a) Getriebeübersetzung

$\ddot{u}_G = n_2/n_1 = V_m/n_m\pi d_R = 19{,}5/\pi\cdot 0{,}62\cdot 80 = 0{,}125.$

Zwischen Motordrehzahl und Fahrgeschwindigkeit besteht die

Beziehung $n/v = 1/\pi d_R\ddot{u}_G = 4{,}11\ 1/m$.

Beharrungszugkraft (Ebene) $F_{Le} = (m_F+m_z)gw_r + 0{,}5C_wA_s\varrho_Lv^2$

$F_{Le} = 3100\cdot 9{,}81\cdot 0{,}015 + 0{,}5\cdot 0{,}5\cdot 3{,}3\cdot 1{,}2v^2$

$F_{Le} = 456 + 0{,}99v^2$

und dem Motormoment

$M_{Le} = F_{Le}d_R\ddot{u}_G/2\eta_G = F_{Le}0{,}62\cdot 0{,}125/2\cdot 0{,}93 = 0{,}042F_{Le}$

$M_{Le} = 19 + 0{,}0416v^2$ $\qquad M_{Lem} = 19 + 0{,}0416\cdot 19{,}5^2 = 34{,}7$ Nm.

Steigungswinkel $\alpha = \arcsin 0{,}1 = 5{,}74^0$

Beharrungszugkraft (Bergfahrt)

$F_{Ls} = (m_F+m_z)g(w_r\cos\alpha + \sin\alpha) + 0{,}5C_wA_s\varrho_Lv^2$

$= 3100\cdot 9{,}81(0{,}015\cos 5{,}74^0 + \sin 5{,}74^0) + 0{,}99v^2 = 3495 + 0{,}99v^2$

$M_{Ls} = 0{,}042F_{Ls} = 147 + 0{,}0416v^2$

$M_{Lsm} = 147 + 0{,}0416\cdot 5{,}56^2 = 148{,}3$ Nm.

Der Luftwiderstand ist somit bei der langsamen Bergfahrt zu vernachlässigen.

(b) Das auf die Motorwelle bezogene Trägheitsmoment ist

$J_{ges} = J_M + J_G + \ddot{u}_G^2(m_F+m_z)d_R^2/4\eta_G$.

Das Motor-Trägheitsmoment wird angenommen zu: $J_M = 0{,}1$ kgm$^2$

$J_{ges} = 0{,}1 + 0{,}033 + 0{,}125^2\cdot 3100\cdot 0{,}31^2/0{,}93 = 5{,}14$ kgm$^2$.

Damit ist das Beschleunigungsmoment

$M_b = 2\pi J_{ges}dn/dt = 2\pi J_{ges}4{,}11\bar{a} = 2\pi\cdot 5{,}14\cdot 4{,}11\cdot 1{,}0 = 132{,}7$ Nm.

(c) Dieses Beschleunigungsmoment läßt sich nicht bis $V_m$ aufrecht halten, die Typenleistung des Motors würde zu groß werden. Begnügt man sich bei $V_m$ mit $\bar{a}/4$, so ist

$M_{Mem} = M_{Lem} + M_b/4 = 34{,}7 + 132{,}7/4 = 67{,}9$ Nm.

Wird ein Feldschwächverhältnis $n_m/n_N = 4{,}5$ ($n_N$ Grunddrehzahl) gewählt, so ist im Ankerstellbereich das Nennmoment

$M_{MN} = M_{Mem}4{,}5 = 67{,}9\cdot 4{,}5 = 305{,}6$ Nm

bei $n_N = n_m/4{,}5 = 80/4{,}5 = 17{,}8\ 1/s$

und die Motorleistung $P_{MN} = 2\pi M_{Mm} n_N = 2\pi \cdot 305,6 \cdot 17,8 = 34,14$ kW.

Beträgt der Motor-Wirkungsgrad, stromunabhängige Verluste vernachlässigt, $\eta_M = 0,88$, so ist der Spitzenstrom

$I_{AN} = P_{MN}/U_B\eta_M = 34140/150 \cdot 0,88 = 259$ A.

(d) In Bild 3.07-2 ist die Drehzahl, in Abhängigkeit vom Motormoment, bei Nennstrom wiedergegeben, außerdem sind die Beharrungsmomente bei ebener Fahrt $M_{Me}/M_{MN}$ und bei Bergfahrt $M_{Ms}/M_{MN}$ aufgetragen. Da

$M_{be} = M_M - M_{Me}$ , $\quad M_{bs} = M_M - M_{Ms}$ und $a = M_b/132,7$ ist,

kann aus Bild 3.07-2 der in Bild 3.07-3 wiedergegebene Verlauf der Beschleunigung, in Abhängigkeit von der Drehzahl für ebene Fahrt, bzw. Bergfahrt, ermittelt werden. Im Geschwindigkeitsbereich $V < 5$ m/s ist die Beschleunigung bei ebener Fahrt $2,2\bar{a}$. Der Widerstand der Ankerwicklung soll $R_{AM} = 0,07\ \Omega$ und der Zuleitungen $R_{Av} = 0,02\ \Omega$ betragen. Mit dem Feldschwächverhältnis

$\varphi_f = \phi/\phi_N = U_A n_N / n_o U_{AqN}$

und der Nenn-Quellenspannung

$U_{AqN} = U_B - I_{AN}R_{AM} = 150 - 259 \cdot 0,07 = 131,9$ V

ergibt sich die Lastdrehzahl

$$n^* = \frac{n}{n_N} = \frac{U_A}{U_{AqN}}\frac{1}{\varphi_f} - \frac{I_{AN}(R_{AM}+R_{Av})}{U_{AqN}}\frac{m}{\varphi_f^2} \qquad U_A/U_B = u_A$$

$$n^* = \frac{u_A 150}{131,9}\frac{1}{\varphi_f} - \frac{259(0,07+0,02)}{131,9}\frac{m}{\varphi_f^2}$$

$n^* = 1,14/\varphi_f - 0,177m/\varphi_f^2$ Feldstellbereich

$n^* = 1,14u_A - 0,177m$ Ankerstellbereich

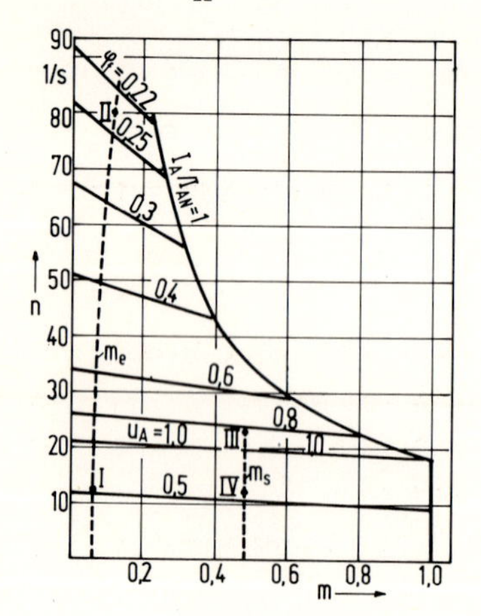


Bild 3.07-2

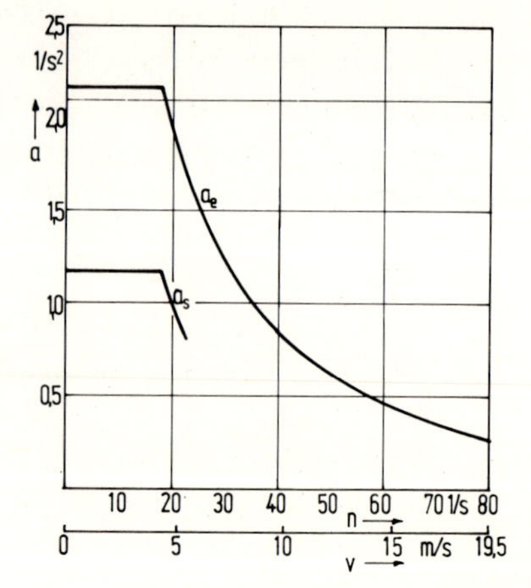


Bild 3.07-3

Diese Kennlinien sind in Bild 3.07-2 eingezeichnet. Im Ankerstellbereich ist die Drehzahl annähernd drehzahlunabhängig. Im Feldstellbereich geht diese Eigenschaft mit zunehmender Feldschwächung verloren, so daß hier eine Drehzahlregelung mit Ankerstrombegrenzung zweckmäßig ist.

(e) Für die gegebenen Fahrabschnitte sind die Fahrzeiten $\delta t = l/v$, der Ankerstrom $i_A = I_A/I_{AN} = m/\varphi_f$ und der effektive Ankerstrom $i_{Aeff} = \sqrt{(\sum_{I}^{IV} i_A^2 \delta t)/\sum_{I}^{IV} \delta t}$

Die vom Motor abgegebene Leistung ist in den einzelnen Fahrabschnitten $P_M = 2\pi n m M_{MN}$. Die gesamte während des Fahrspiels aufgenommene und von der Batterie gelieferte elektrische Energie ist

$$E_{el} = I_{AN} U_B \sum_{I}^{IV} i_A u_A \delta t = 38850 \sum_{I}^{IV} i_A u_A \delta t$$

| Fahrabschnitt | n 1/s | m | $\varphi_f$ | $i_A$ | $u_A$ | $\delta t$ s | $P_M$ W |
|---|---|---|---|---|---|---|---|
| I | 12,33 | 0,063 | 1,0 | 0,063 | 0,5 | 167 | 1492 |
| II | 80 | 0,114 | 0,23 | 0,496 | 1,0 | 154 | 17512 |
| III | 22,9 | 0,485 | 0,85 | 0,570 | 1,0 | 360 | 21326 |
| IV | 12,33 | 0,482 | 1,0 | 0,482 | 0,55 | 100 | 11412 |

$\sum_{I}^{IV} \delta t = 781$ s $\quad i_{Aeff} = \sqrt{178{,}75/781} = 0{,}478$

$I_{Aeff} = i_{Aeff} I_{AN} = 0{,}478 \cdot 259 = 124$ A $\quad E_{el} = 12{,}17 \cdot 10^6$ Ws $= 3{,}38$ kWh

## 3.08 Fahrantrieb mit Reihenschluß-Gleichstrommotor

Das Fahrzeug nach Beispiel 3.07 soll nun mit einem Reihenschluß-Gleichstrommotor ausgerüstet werden. Die Sättigung des Motors wird vernachlässigt.

Gesucht:

(a) Langsamfahrt bei geringer Belastung

(b) Momentengleichung

(c) Motorbemessung

(d) Vergleich Reihenschluß-Gleichstrommotor mit fremderregtem Gleichstrommotor.

Lösung:

(a) In Bild 3.08-1a ist die Schaltung angegeben. Die Drehzahlregelung erfolgt über den Gleichstromsteller SA. Bei der normalen Schaltung des Reihenschlußmotors lassen sich niedrige Geschwindigkeiten bei kleinen Lastmomenten nicht einstellen. Deshalb wird in diesem Bereich zu dem Motor über einen Schalter S ein Widerstand $R_{Ap}$

parallel geschaltet. Bei langsamer Fahrt in der Ebene ist der Parallelwiderstand eingeschaltet. Bei Bergfahrten ist, wegen des ausreichenden Lastmomentes, $R_{Ap}$ nicht notwendig.

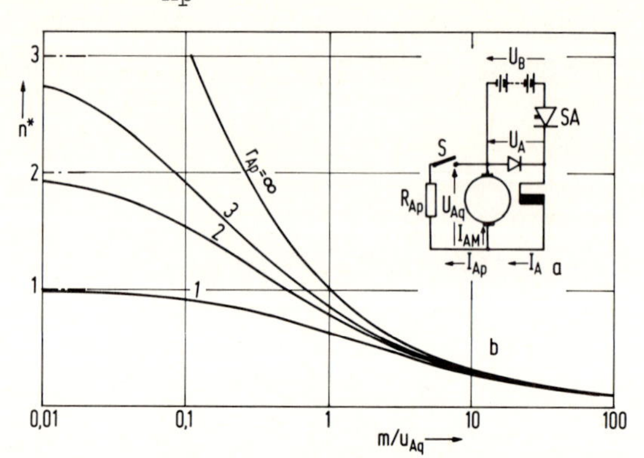


Bild 3.08-1

(b) Das Reihenschlußfeld bringt eine so starke Lastabhängigkeit der Drehzahl, daß der Einfluß des Ankerkreiswiderstandes vernachlässigt werden kann.

$U_A \approx U_{Aq} = U_A - (R_{Ae} + R_{AM}) I_A$ Dann gilt, wenn Schalter S geschlossen

$U_A = K_o n \phi = K_1 n I_A$

$I_A = I_{AM} + I_{Ap} = I_{AM} + U_A/R_{Ap} = I_{AM} + K_1 n I_A / R_{Ap}$ und damit

$I_{AM} = I_A (1 - K_1 n / R_{Ap})$. Andererseits ist

$M = K_2 I_{AM} \phi = K_3 I_{AM} I_A = K_3 I_A^2 (1 - K_1 n / R_{Ap})$.

Das maximale Motormoment soll sein $M_m = K_3 I_{Am}^2$

mit den Normierungen

$m = M/M_m$ , $i_A = I_A/I_{Am}$ , $u_A = U_A/U_B$ , $r_{Ap} = R_{Ap} I_{Am}/U_B$

$$m = i_A^2\left(1 - \frac{U_A}{I_A R_{Ap}}\right) = i_A^2\left(1 - \frac{u_A U_B}{i_A I_{Am} R_{Ap}}\right) \qquad m = i_A^2\left(1 - \frac{u_A}{i_A}\frac{1}{r_{Ap}}\right).$$

Wird mit $n_N$ die Grunddrehzahl bei $I_A = I_{Am}$ $U_A = U_B$ bezeichnet, ist

$$n^* = \frac{n}{n_N} = \frac{U_A I_{Am} K_1}{I_A K_1 U_B} = \frac{u_A}{i_A} \qquad u_A = n^* i_A \qquad \text{und somit}$$

$$m = (u_A^2/n^{*2})(1 - n^*/r_{Ap})$$

und für offenen Schalter S, d. h. $r_{Ap} = \infty$ , $m = u_A^2/n^{*2}$.

In Bild 3.08-1b ist n* über $m/u_A^2$ aufgetragen. Während ohne Parallelwiderstand die Leerlaufdrehzahl gegen $\infty$ geht, ist die Leerlaufdrehzahl mit Parallelwiderstand $n_o^* = r_{Ap}$.

(c) Es werden der Motorbemessung die in Beispiel 3.07 berechneten und in Bild 3.07-2 gezeichneten Lastkennlinien zugrunde gelegt. Damit das Fahrzeug mit Reihenschlußmotor die gleichen Beschleunigungseigenschaften wie mit fremderregtem Motor aufweist, müssen M bei n = 18 1/s und M bei $n_m$ = 80 1/s gleich gewählt werden, wie in Beispiel 3.07. Deshalb

$n = 80\ 1/s \rightarrow m = 0{,}2 \rightarrow n^* = u_A^2/\sqrt{m} = 1/\sqrt{0{,}2} = 2{,}24$

$80/n_N = 2{,}24 \qquad n_N = 80/2{,}24 = 35{,}7\ 1/s$

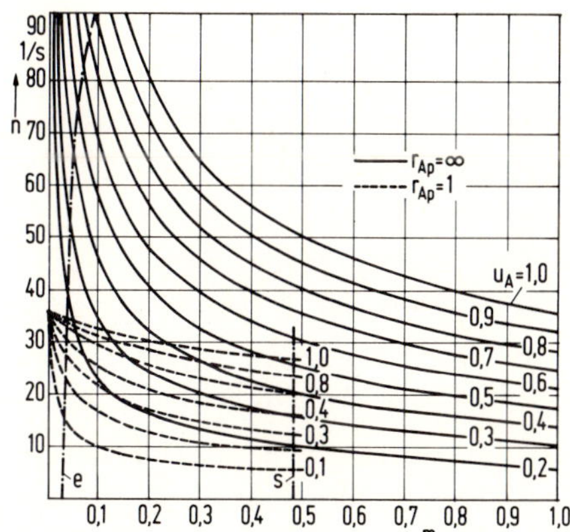


Bild 3.08-2

Die Grunddrehzahl (Nenn-Ankerspannung, maximaler Ankerstrom) muß somit doppelt so groß gewählt werden wie beim Nebenschlußmotor. Aus Bild 3.08-1 lassen sich die in Bild 3.08-2 wiedergegebenen Kennlinien, mit der bezogenen Ankerspannung $u_A$ als Parameter, entnehmen. In das Diagramm ist die Lastkennlinie für ebene Fahrt (e) und für Bergfahrt (s) eingetragen. Der Parallelwiderstand wird entsprechend $r_{Ap} = 1$ bemessen. Mit $M_m = 305{,}6$ Nm, nach Beispiel 3.07

$P_{Mm} = 2\pi M_m n_N = 2\pi \cdot 305{,}6 \cdot 35{,}7 = 68{,}5$ kW. Wird angenommen $\eta_M = 0{,}92$ (stromunabhängige Verluste vernachlässigt), so ist

$I_{Am} = P_{Mm}/\eta_M U_B = 68500/0{,}92 \cdot 150 = 496$ A

$R_{Ap} = r_{Ap} U_B/I_{Am} = 1 \cdot 150/496 = 0{,}3\ \Omega$.

Mit einem Parallelwiderstand soll im Bereich $0 < u_A < 0{,}3$ und $0 < m < 0{,}1$ gefahren werden. $R_{Ap}$ ist somit für die Kurzzeitleistung $P_{Ap} = U_B^2 0{,}3^2/R_{Ap} = 150^2 \cdot 0{,}09/0{,}3 = 6{,}75$ kW zu bemessen.

(d) Der Reihenschlußmotor zeigt ungünstigere Betriebseigenschaften als der fremderregte Motor. Im Bereich niedriger Belastung, wie sie bei ebener Fahrt auftritt, ist die Drehzahl stark lastabhängig. Dieser Nachteil läßt sich allerdings durch eine Drehzahlregelung kompensieren. Schwerer wiegt die Notwendigkeit, die Grunddrehzahl, mit Rücksicht auf das Moment bei maximaler Drehzahl, verhältnismäßig hoch legen zu müssen. Das günstigere Verhalten des Reihenschlußmotors bei Grobschaltungen hat bei geregelten Antrieben keine Bedeutung. Dagegen erlauben die beiden unabhängigen Stellgrößen des fremderregten Gleichstrommotors, Feldstrom und Ankerspannung, eine bessere Anpassung des Motors an die Antriebsaufgabe.

## 3.09 Gleichlaufbetrieb von Gleichstrommotoren durch Feldsteuerung

Der Gleichlauf mehrerer Gleichstromantriebe kann durch Beeinflussung der Ankerspannungen oder der Feldströme sichergestellt werden. Sind die Antriebe in einer Fertigungsstraße angeordnet, so wird diese Aufgabe durch die Kopplung über die Stoffbahn erleichtert, wenn diese ein ausreichendes Ausgleichsmoment übertragen kann. Einem Antrieb wird dann die Aufgabe des Leitantriebes zugewiesen, während die anderen die Folgeantriebe sind (siehe *Abschnitt 6.24*). Bei dynamisch einfacher Aufgabenstellung, gekennzeichnet durch das Fehlen großer Störgrößen (Lastschwankungen), so wie geringer Beschleunigungs- und Verzögerungsmomente, werden die Motoren über eine gemeinsame Ankerspannungs-Sammelschiene gespeist, deren Spannung entsprechend der Fertigungsstraßen-Geschwindigkeit gewählt wird.

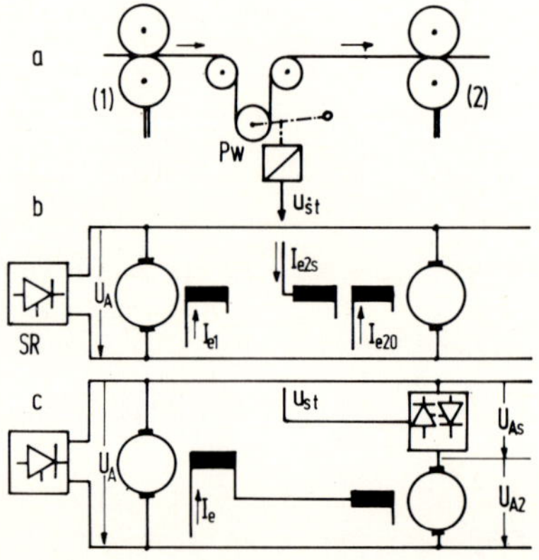


Bild 3.09-1

Gegeben sind zwei Motoren aus einer Textilausrüstungsstraße. Nach Bild 8.09-1a erfolgt die Gleichlaufüberwachung durch die Pendelwalze $P_W$, die gleichzeitig einen begrenzten Bandspeicher darstellt, der vor allen Dingen beim Anfahren in Anspruch genommen wird. Die Steuerspannung $u_{st}$ ist proportional der Stellung der Pendelwalze. Der linke Antrieb (1) ist der Leitantrieb, der rechte (2) der Folgeantrieb.

| Motor | | | (1) | (2) |
|---|---|---|---|---|
| Nennleistung | $P_{MN}$ | kW | 22,9 | 11,1 |
| Nennankerspannung | $U_{AN}$ | V | 400 | 400 |
| Nenndrehzahl | $n_N$ | 1/s | 35,8 | 36,8 |
| Nennstrom | $I_{AN}$ | A | 65 | 32,3 |
| Ankerwiderstand | $R_{AM}$ | Ω | 0,48 | 1,13 |

Die Ankerspeisung erfolgt durch einen gemeinsamen Stromrichter SR, dessen Innenwiderstand zu vernachlässigen ist. Die Sättigung bleibt unberücksichtigt. Die Treibrollen haben alle gleichen Durchmesser, somit ist $n_1 = n_2$. Der Leitmotor ist mit $M_{M1} = 0{,}7 M_{MN1}$ konstant belastet, und der Feldstrom ist auf $I_{e1} = 0{,}8 I_{eN1}$ eingestellt.

Gesucht:

(a) Der Pendelwalzen-Stelleingriff wirkt, nach Bild 3.09-1b, auf die Feldwicklung des Folgemotors. Stellbereich $I_{e2min} = I_{e2o} + I_{e2smin}$ bis $I_{e2m} = I_{e2o} + I_{e2sm}$. Die Anlage soll im Gleichlauf angefahren werden. Die Belastung des Folgemotors liegt, je nach Betriebszustand, zwischen $M_{M2min} = 0{,}5 M_{MN2}$ und $M_{M2m} = 1{,}0 M_{MN2}$. Wie groß ist die Feldschwächung des Folgemotors in Abhängigkeit von der Ankerspannung und dem Motormoment $\varphi_{f2} = f(u_A,\ m_2)$ bei welchem Ankerstrom $i_{A2} = f(u_A, m_2)$?

(b) Der Folgemotor wird, wie in Bild 3.09-1c gezeigt, ebenfalls konstant erregt. Der Pendelwalzen-Stelleingriff wirkt auf einen Zusatzstromrichter in kreisstromfreier Gegenparallelschaltung, der in Reihe mit dem Folgemotor liegt. Wie groß ist die Zusatzspannung für den Folgemotor, in Abhängigkeit von der Ankerspannung und dem Motormoment $u_{As} = f(u_A, m_2)$.

Lösung:

(a) Nennquellenspannungen

$$U_{AqN1} = U_{AN} - I_{AN1} R_{AM1} = 400 - 65 \cdot 0{,}48 = 368{,}8 \text{ V}$$

$$U_{AqN2} = U_{AN} - I_{AN2} R_{AM2} = 400 - 32{,}3 \cdot 1{,}13 = 363{,}5 \text{ V}.$$

Bezogene Größen

$\varphi_{f1} = I_{e1}/I_{e1N} = 0{,}8$ $\qquad \varphi_{f2} = (I_{e2o} + I_{e2s})/I_{e2N} = 0{,}6 \ldots 1{,}0$

$m_1 = M_{M1}/M_{MN1} = 0{,}7$ $\qquad m_2 = M_{M2}/M_{MN2} = 0{,}5 \ldots 1{,}0$

$i_{A1} = I_{A1}/I_{AN1} = m_1/\varphi_{f1} = 0{,}7/0{,}8 = 0{,}875$ $\qquad i_{A2} = I_{A2}/I_{AN2}$

$u_A = U_{A1}/U_{AN} = U_{A2}/U_{AN}$ $\qquad$ Für den Leitmotor gilt:

$$n_1 = n_{N1}\left[\frac{u_A U_{AN}}{U_{AqN1}\varphi_{f1}} - \frac{I_{AN1} R_{AM1} m_1}{U_{AqN1}\varphi_{f1}^2}\right] = \frac{35{,}8 \cdot 400}{368{,}8 \cdot 0{,}8} u_A - \frac{35{,}8 \cdot 65 \cdot 0{,}48 \cdot 0{,}7}{368{,}8 \cdot 0{,}64}$$

$n_1 = 48{,}5u_A - 3{,}3\ 1/s$ (1)

und für den Folgemotor

$$n_2 = n_{N2}\left[\frac{u_A U_{AN}}{U_{AqN2}\varphi_{f2}} - \frac{I_{AN2}R_{AM2}m_2}{U_{AqN2}\varphi_{f2}^2}\right] = \frac{36{,}8\cdot 400}{363{,}5}\frac{u_A}{\varphi_{f2}} - \frac{36{,}8\cdot 32{,}3\cdot 1{,}13}{363{,}5}\frac{m_2}{\varphi_{f2}^2}$$

$n_2 = 40{,}5(u_A/\varphi_{f2}) - 3{,}7(m_2/\varphi_{f2}^2)$ (2)

Da $n_1 = n_2 = n$ ist, können Gl.(1) und Gl.(2) einander gleichgesetzt werden.

$48{,}5u_A - 3{,}3 = 40{,}5(u_A/\varphi_{f2}) - 3{,}7(m_2/\varphi_{f2}^2)$

$\varphi_{f2}^2 - [40{,}5/(48{,}5u_A - 3{,}3)]\varphi_{f2} + 3{,}7m_2/(48{,}5u_A - 3{,}3) = 0$

$A = 20{,}25/(48{,}5u_A - 3{,}3)$; $B = 3{,}7m_2/(48{,}5u_A - 3{,}3)$; $\varphi_{f2} = A + \sqrt{A^2 - B}$ (3)

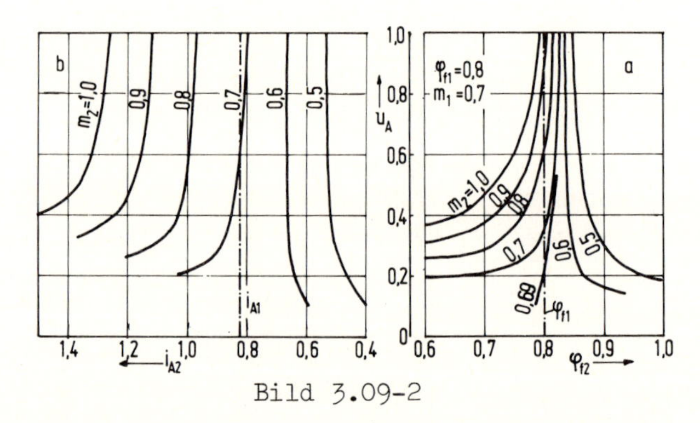


Bild 3.09-2

Für $m_2 = 0{,}5$; 0,6; 0,69; 0,7; 0,8; 0,9; 1,0 ergeben sich aus Gl.(3) die in Bild 3.09-2a wiedergegebenen Kennlinien. Bei hoher Drehzahl ($u_A$ groß) genügen schon kleine Feldänderungen, um Lastschwankungen auszugleichen. Umgekehrt sind die Stelleigenschaften der Feldsteuerung bei niedrigen Drehzahlen ($u_A$ klein) schlecht. Ein synchroner Anlauf aus dem Stand ist nur bei der Belastung $m_2 = 0{,}69$ möglich. Im Fall $m_2 = 1{,}0$ wird erst ab $u_A > 0{,}36$ und damit nach Gl.(1) ab $n = 14{,}16$ 1/s, ein Gleichlauf sichergestellt. Beim Anfahren wird zunächst die Pendelwalze aus ihrer Mittellage wandern. Die durch die maximale Auslenkung bestimmte Speicherstrecke muß groß genug sein, daß sie in dieser Anlaufphase nicht ihren Anschlag erreicht, da sonst eine Lose, bzw. ein Recken der Stoffbahn eintritt.

Aus den Kennlinien in Bild 3.09-2a läßt sich mit der Beziehung $i_{A2} = m_2/\varphi_{f2}$ die Strombelastung des Motors ermitteln. Die daraus gewonnenen Stromkennlinien sind in Bild 3.09-2b aufgetragen. Da bei Feldschwächung die Kommutierung, wegen des verstärkten Einflusses der Ankerrückwirkung, kritisch ist, muß bei $i_{A2m} = 1{,}5$ für den

Folgeantrieb ein kompensierter Motor vorgesehen werden. Andernfalls ist der Folgemotor entsprechend überzubemessen.

(b) Bessere Anlaufeigenschaften und eine geringere Lastabhängigkeit des Stellbereiches erhält man, wenn beide Motoren konstant erregt werden und nach Bild 3.09-1c in Reihe mit dem Folgemotor eine steuerbare Zusatz-Spannungsquelle liegt. Auch hier ist $n_1 = n_2 = n$, so daß geschrieben werden kann

$$\left(\frac{n_{N1}U_{AN}}{U_{AqN1}}\right)\frac{u_A}{\varphi_{f1}} - \left(\frac{n_{N1}I_{AN1}R_{AM1}}{U_{AqN1}}\right)\frac{m_1}{\varphi_{f1}^2} = \left(\frac{n_{N2}U_{AN}}{U_{AqN2}}\right)\frac{u_A+u_{As}}{\varphi_{f2}} - \left(\frac{n_{N2}I_{AN2}R_{AM2}}{U_{AqN2}}\right)\frac{m_2}{\varphi_{f2}^2}$$

daraus ergibt sich

$$u_{As} = \frac{\varphi_{f2}}{40{,}5}\left[\left(\frac{38{,}8}{\varphi_{f1}} - \frac{40{,}5}{\varphi_{f2}}\right)u_A - 3{,}03\frac{m_1}{\varphi_{f1}^2} + 3{,}7\frac{m_2}{\varphi_{f2}^2}\right] \tag{4}$$

Wird $\varphi_{f1} = \varphi_{f2} = 1{,}0$ gewählt, so ergibt sich, unter Berücksichtigung von $m_1 = 0{,}7$ aus Gl.(4),

$$u_{As} = -0{,}042u_A - 0{,}047 + 0{,}091m_2 \tag{5}$$

und bei der Erregung $\varphi_{f1} = \varphi_{f2} = 0{,}8$ und $m_1 = 0{,}7$

$$u_{As} = -0{,}042u_A - 0{,}059 + 0{,}114m_2 \tag{6}$$

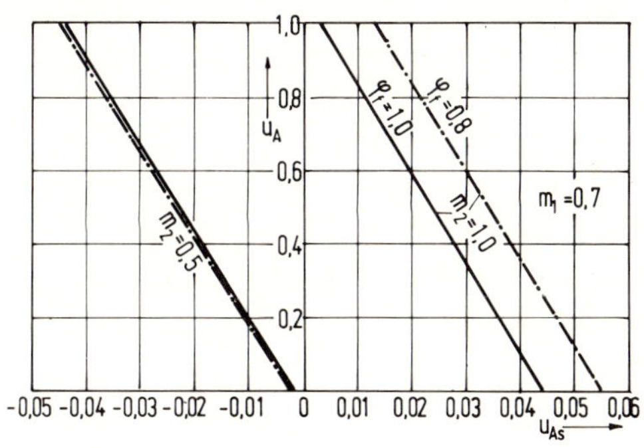


Bild 3.09-3

Die Geradengleichungen (5) und (6) sind in Bild 3.09-3 für die beiden Grenzfälle $m_{2min} = 0{,}5$ und $m_{2m} = 1{,}0$ aufgetragen. Danach muß der Reihenstromrichter mindestens für die maximale Spannung $U_{Asm} = \pm u_{Asm}U_{AN} = \pm 0{,}055 \cdot 400 = \pm 22$ V bemessen werden. Wegen der Temperaturabhängigkeit der Kupferwiderstände und zur Ausregelung größerer Momentenschwankungen wird man $U^*_{Asm} \approx \pm 50$ V wählen. Bei dieser Schaltung ist ein synchroner Anlauf aus dem Stillstand sichergestellt.

## 3.10 Motorbemessung für eine Walzenanstellung

Für die Walzenanstellung eines Quartogerüstes einer Kaltwalz-Tandemstraße sind die Gleichstrommotoren zu bemessen. Die Betätigung erfolgt über ein auf die Anstellspindel wirkendes Getriebe. Gegeben:

Walzkraft max. $F_{wm}=24 \cdot 10^6$ N, Walzkraft min. $F_{wmin}=9 \cdot 10^6$ N.

| | |
|---|---|
| Steigung Anstellspindel, je Umdrehung | $f_{sp}= 0{,}020$ m |
| Anstellgeschwindigkeit zum Walzenwechsel | $V_{sm}=5$ mm/s |
| Betriebs-Anstellgeschwindigkeit | $V_{sb}=2{,}0$ mm/s |
| Betriebs-Anstellbeschleunigung | $a_b=20$ mm/s$^2$ |
| Anstellhub max. | $h_m=300$ mm |
| Betriebs-Anstellhub, Höchstwert | $h_b=9$ mm |
| Federkonstante, Gerüst | $K_f=10 \cdot 10^6$ N/mm |
| Getriebe-Übersetzungsverhältnis | $ü_G=0{,}007$ |
| Getriebewirkungsgrad | $\eta_G=0{,}85$ |
| Getriebe-Trägheitsmoment | $J_G=0{,}40$ kgm$^2$ |

Gesucht:

(a) Beharrungsleistung

(b) Spitzenleistung, Typenleistung

(c) Bestimmung der Anstellkraft

(d) Ausregelung einer Walzkraftänderung

Lösung:

(a) Bei einem Kaltwalzgerüst läßt sich über die Anstellung nicht der Walzspalt, sondern nur die Walzkraft einstellen, die, unter Berücksichtigung des Bandwerkstoffes, der Einlauf-Banddicke und der Bandzüge, die Auslaufbanddicke bestimmt. Im Allgemeinen wird möglichst nahe hinter dem Walzspalt die Banddicke gemessen und in Abhängigkeit von der Banddickenabweichung die Anstellung eingestellt. Die Anstellspindeln wirken auf die Lager der Stützwalzen. Um Unterschiede in der Banddicke quer zur Bandlaufrichtung ausgleichen zu können, lassen sich, unabhängig von der Banddickenregelung, die vordere und die hintere Anstellung gegeneinander verstellen (Schwenken der Walzen). Zum Walzenwechsel wird ein großer Anstellhub benötigt. Um die Wechselzeit zu verkürzen, muß die Anstellgeschwindigkeit durch Feldschwächung der Gleichstrommotoren heraufgesetzt werden. Zwischen Motordrehzahl und Anstellhub besteht die

Beziehung $h = \int f_{sp} ü \, n_M dt$

und die Anstellgeschwindigkeit $V_s = dh/dt = f_{sp} ü n_M$

Für die Betriebs-Anstellgeschwindigkeit $V_{sp}$ ist somit die Motordrehzahl $n_M = V_{sb}/f_{sp}ü = 2{,}0\cdot10^{-3}/0{,}02\cdot0{,}007 = 14{,}3$ 1/s erforderlich.

Bei der geforderten Anstellbeschleunigung wird aus dem Stillstand heraus $V_{sb}$ in der Zeit

$t_a = V_{sb}/a_b = 2\cdot10^{-3}/20\cdot10^{-3} = 0{,}1$ s erreicht. Dabei wird der Anstellhub $h_a = a_b t_a^2/2 = 20\cdot10^{-3}\cdot 0{,}1^2/2 = 0{,}1$ mm durchfahren.

Die Anfahrzeit und der Anfahrhub sind so klein, daß sie bei der Motorerwärmung unberücksichtigt bleiben können.

Die maximale Motor-Beharrungsleistung tritt auf, wenn gegen die maximale Walzkraft $F_{wm}$ mit der maximalen Betriebsgeschwindigkeit angestellt wird

$2P_{ML} = F_{wm}V_{sb}/\eta_G = 24\cdot10^6\cdot 2\cdot10^{-3}/0{,}85 = 56{,}5$ kW.

Jeder Motor muß somit die Beharrungsleistung $P_{ML} = 28{,}2$ kW und das Moment $M_{ML} = P_{ML}/2\pi n_N = 28200/2\pi\cdot14{,}3 = 314$ Nm haben. Diese Belastung ist maximal vorhanden für die Zeit

$t_{ML} = h_b/V_{sb} = 9\cdot10^{-3}/2\cdot10^{-3} = 4{,}5$ s.

Es liegt hier ein Kurzzeitbetrieb (S2) mit extrem kleiner Einschaltzeit vor.

(b) Das maximale Beschleunigungsmoment ist

$M_{bm} = 2\pi(J_M+J_G)n_M/t_a$.

Wird das Motorträgheitsmoment zu $J_M = 1{,}2$ kgm$^2$ angenommen, so ergibt sich $M_{bm} = 2\pi(1{,}2+0{,}4)14{,}3/0{,}1 = 1438$ Nm

$M_{Mm} = M_{ML}+M_{bm} = 314+1438 = 1751$ Nm; $P_{Mm} = 157$ kW.

Der Motor ist nach dem Maximalmoment $M_{Mm} = 1751$ Nm zu bemessen. Um eine möglichst hohe Überlastbarkeit und eine optimale zulässige Stromänderungsgeschwindigkeit sicherzustellen, müssen die Motoren mit geblechten Wendepolen und Jochen und mit Kompensationswicklung ausgeführt werden. Die mechanischen Übertragungsglieder (Welle) müssen für ein hohes Spitzenmoment bemessen sein, dann kann das Spitzenmoment $M_{Mm} = 3M_{MN}$ gesetzt werden, wenn $M_{MN}$ das Nennmoment bei Dauerbetrieb (S1) ist. Die Typenleistung ist somit

$P_{MN} = 2\pi n_M M_{MN}/3 = 2\pi\cdot14{,}3\cdot1751/3 = 52{,}4$ kW.

(c) Bei einem Kaltwalzwerk ließe sich über Anstellung nur dann ein konstanter Walzspalt einstellen, wenn Gerüst und Walzen absolut starr wären. Das ist jedoch nicht möglich. Nach den gegebenen Daten federt das Gerüst bei einer Walzkraft von $10^7$ N um 1 mm auf. Bei einer Banddicke von $\delta_e/\delta_a = 0{,}4/0{,}25$ mm beträgt der Federbereich (Walzkraft von $1{,}6\cdot10^7$ N) $\qquad s_f = 1{,}6$ mm $= 6{,}4\delta_a$.

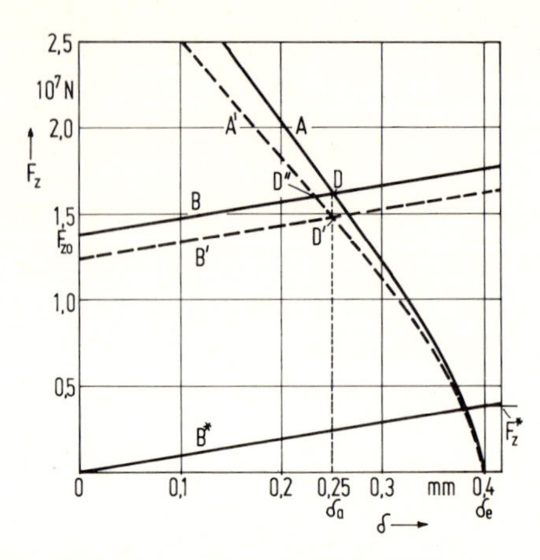


Bild 3.10-1

Das Bild 3.10-1 zeigt, mit der Kennlinie A die Abhängigkeit der Walzkraft $F_w$ von der Banddicke für ein Walzwerk mit der Ballenlänge $l_w = 2$ m, Durchmesser der Arbeitswalzen $d_{za} = 0{,}5$ m und dem Reibungsbeiwert $\mu = 0{,}05$. Die Einlauf-Banddicke beträgt $\delta_e = 0{,}4$ mm.
Die Gerade B* gibt den Druck auf die Arbeitswalzen nach der Federkonstanten $K_f$ an

$F_z^* = K_f\delta$, $\qquad$ wenn die Anstellung so eingestellt wird, daß die Walzen ohne Band drucklos aufeinanderliegen. Bei $\delta = 0{,}4$ ergibt sich dann ein Druck $\qquad F_{z1}^* = 0{,}4\cdot10^7$ N.

Um eine Austrittsdicke von $\delta_a = 0{,}25$ mm zu erhalten, ist, nach dem Arbeitspunkt D, eine wesentlich größere Walzkraft, nämlich $1{,}62\cdot10^7$ N, erforderlich. Das Gerüst muß deshalb über die Anstellung mit $F_{zo}$ vorgespannt werden

$F_z = F_{zo} + \delta_a K_f \qquad F_{zo} = 1{,}62\cdot10^7 - 0{,}25\cdot10^7 = 1{,}37\cdot10^7$ N.

Die Einstellposition der Anstellung ist dann

$h = F_z/K_f - \delta_a = 1{,}62 - 0{,}25 = 1{,}37$ mm.

Das Gerüst federt bei diesem Walzdruck um 1,62 mm auf.

(d) Es wird nun angenommen, daß die Walzkraftkennlinie in Bild 3.10-1 von A in A' übergeht. Das kann durch die Erhöhung des äußeren Bandzuges in Walzrichtung oder Verringerung der Reibungsbeiwerte (Schmierstoffe) erfolgen. Die Walzkraft geht auf $F_z' = 1{,}49\cdot10^7$ N zurück. Würde die Anstellung unverändert gelassen werden, ginge die Banddicke nach Arbeitspunkt D'' auf $\delta_a'' = 0{,}233$ mm, also um 6,8 % zurück. Die Anstellung muß deshalb um

$\delta h = (F_z - F_z')/K_f = (1{,}62 - 149)10^7/10^7 = 0{,}13$ mm

auseinander gefahren werden. Nun gilt in Bild 3.10-1 die Gerüstgerade B' und es stellt sich der Arbeitspunkt D' ein.
Der Anstellhub bis zur Geschwindigkeit $V_{sb}$ beträgt 0,1 mm. Daraus ergibt sich, daß bei der Anstellungskorrektur $\delta h$ = 0,13 mm die Geschwindigkeit $V_{sb}$ jetzt erreicht wird. Anstellzeit für die Korrektur ist

$$\delta h = a_b (t_{\delta h}/2)^2 \qquad t_{\delta h} = 2\sqrt{\delta h/a_b} = 2\sqrt{0,13/20} = 0,16 \text{ s.}$$

Beträgt die Bandgeschwindigkeit zum Beispiel 16,7 m/s, so sind während der Anstellungskorrektur 0,16·16,7 = 2,7 m Band hindurchgelaufen. Die tatsächliche Regelzeit ist wegen der regelungstechnischen Verzögerungen größer. Um die Ausschußlängen zu verkleinern, besteht Interesse an noch kürzeren Stellzeiten.

## 3.11 Motorbemessung für eine Kaltwalz-Tandemstraße

Von der Tandemstraße sind folgende Kenndaten gegeben:
Anzahl der Gerüste z = 4
Durchmesser Arbeitswalzen $d_A$=0,535 m,
Durchmesser Stützwalzen $d_S$=1,42 m
Ballenlänge $l_w$=2,03 m
Durchmesser Zwischenwellen $d_Z$=0,4 m
Längen Zwischenwellen $l_{w11}=l_{w21}$=2,5 m; $l_{w12}$=10 m; $l_{w22}$=2 m
Bandzug zwischen Abhaspel und Gerüst 1 $F_{z01}=0,96\cdot 10^4$ N
Bandzug zwischen Gerüst 1 und Gerüst 2 $F_{z12}=5,45\cdot 10^4$ N
Bandzug zwischen Gerüst 2 und 3 $F_{z23}=9,66\cdot 10^4$ N
Bandzug zwischen Gerüst 3 und 4 $F_{z34}=12,3\cdot 10^4$ N
Bandzug zwischen Gerüst 4 und Aufhaspel $F_{z45}=3,84\cdot 10^4$ N
Bandgeschwindigkeit hinter Gerüst 4 beim Einziehen $V_{min}$=0,12 m/s
beim Walzen, je nach Banddicke $V_w$=(0,8...16,7) m/s
Anfahrzeit $t_a$=10 s, Bremszeit $t_{br}$=7,5 s, Notbremszeit $t^*_{br}$=3,5 s
Aufhaspel Dorndurchmesser $d_{wo}$=0,6 m, Bunddurchmesser $d_{wm}$=1,9 m.

Gesucht:
(a) Antriebsanordnung
(b) Trägheitsmomente
(c) Motorbemessung für
Eingangsbanddicke $\delta_e$=2 mm, Ausgangsbanddicke $\delta_a$=0,4 mm
Bandbreite $b_B$=1,6 m, Bandgeschwindigkeit hinter Gerüst 4 $V_w$=16 m/s
(d) Motorbelastung beim Anfahren, Bremsen und bei Nothalt.

Lösung:
(a) Aus Bild 3.11-1 ist die Antriebsanordnung zu ersehen. Oberwalzen

und Unterwalzen werden durch je einen Doppelmotor angetrieben. Der geringe Gerüstabstand von 4,3 m würde bei dem größeren Durchmesser von Einzelmotoren nicht einzuhalten sein. Die beiden Doppelmotoren eines Gerüstes sind, nach Bild 3.11-2, übereinander versetzt (Untermotor vorn, Obermotor hinten) angeordnet. Alle 16 Einzelmotoren werden gleich ausgeführt, um eine einfache Reservehaltung zu ermöglichen. Die Speisung der Doppelmotoren erfolgt durch je einen Stromrichter in Gegenparallelschaltung. Dadurch ist es möglich, die unterschiedlichen Gerüstdrehzahlen über die Ankerspannung einzustellen. Die Motoren der ersten Gerüste werden, wenn der Stichplan es erfordert, mit Teil-Ankerspannung betrieben. Weiterhin ist ein Feldschwächbereich 1:2 vorgesehen.

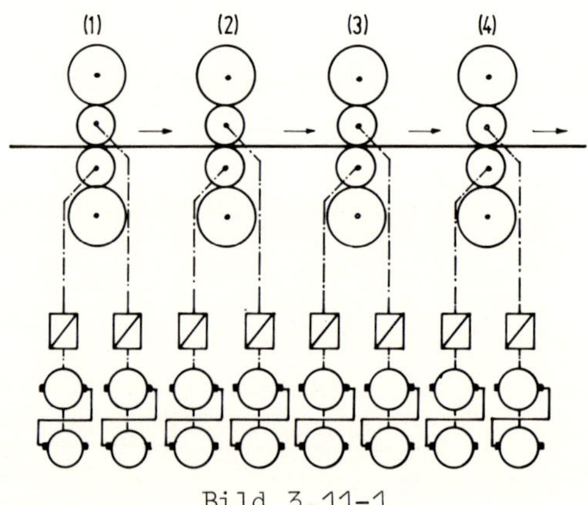


Bild 3.11-1

Das Regelungskonzept einer solchen Straße soll hier nicht Gegenstand der Untersuchung sein. Es wird auf *Abschnitt 9,3*, insbesondere auf die *Bilder 9.17 bis 9.19*, verwiesen.

(b) Einzelträgheitsmomente der Anordnung Bild 3.11-2

Getriebe (einstufig) $J_G = J'_G(1+\ddot{u}^2)$ $\qquad J'_G = 240\ \text{kgm}^2$

Bogenzahnkupplungen $J_K = 82\ \text{kgm}^2$

Zwischenwellen $J_{Zw} = 20{,}1 \cdot l_W\ \text{kgm}^2$

Walzen $J_W = (\pi/32)\rho l_w(d_A^4 + d_A^2 d_S^2)$ $\qquad \rho = 8\cdot 10^3\ \text{kg/m}^3$

$J_W = (\pi/32)8\cdot 10^3\cdot 2{,}03(0{,}535^4 + 0{,}535^2\cdot 1{,}42^2) = 1050\ \text{kgm}^2.$

Daraus ergibt sich das Gesamtträgheitsmoment der mechanischen Übertragungsglieder

$J_m = [J_W + J''_{Zw} + 2J_K + J'_G]\ddot{u}^2 + J'_{Zw} + 2J_K + J'_G$

Oberantrieb $J_{mo} = [1050 + 20{,}1\cdot 2{,}5 + 2\cdot 82 + 240]\ddot{u}^2 + 20{,}1\cdot 10 + 2\cdot 82 + 240$

$J_{mo} = 1504\ddot{u}^2 + 605\ \text{kgm}^2.$

Unterantrieb $J_{mu} = J_{mo} - 20,1 \cdot 8 = 1504\ddot{u}^2 + 444$ kgm$^2$.

Das Trägheitsmoment des Doppelmotors soll $J_M = 5000$ kgm$^2$ betragen. Wie aus der Tabelle 1 hervorgeht, unterscheiden sich die Trägheitsmomente von Ober- und Unterantrieb, unter Berücksichtigung von $J_M$, nur unwesentlich, deshalb soll für das Gesamtträgheitsmoment gesetzt werden

$J_{ges} = J_M + (J_{mo} + J_{mu})/2$

| Gerüst | $\ddot{u}=n_W/n_M$ | $J_{mo}$ kgm$^2$ | $J_{mu}$ kgm$^2$ | $J_{ges}$ kgm$^2$ |
|---|---|---|---|---|
| 1 | 0,79 | 1544 | 1383 | 6464 |
| 2 | 0,79 | 1544 | 1383 | 6464 |
| 3 | 1,09 | 2392 | 2231 | 7312 |
| 4 | 1,265 | 3011 | 2851 | 7931 |

Tabelle 1

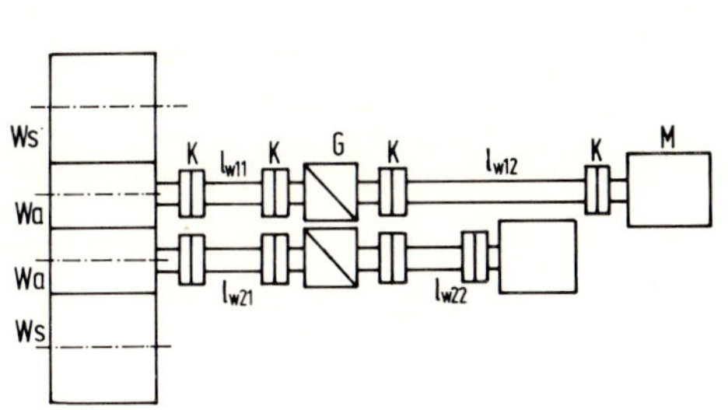


Bild 3.11-2

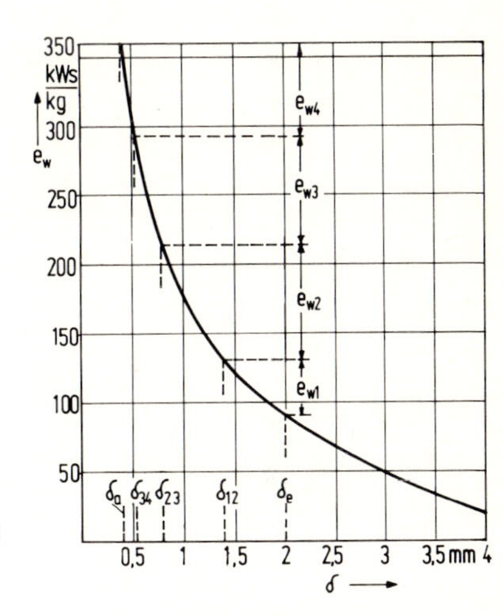


Bild 3.11-3

(c) Die Bemessung der Antriebsmotoren einer Tandemstraße richtet sich nach den vorgesehenen Walzprogrammen, gekennzeichnet durch Walzstahlsorte, Ausgangsdicke, Dickenabnahme in den einzelnen Gerüsten und Enddicke. Im vorliegenden Fall wird die Motorbemessung für ein die höchste Belastung darstellendes Walzprogramm durchgeführt. Ausgegangen wird von der in Bild 3.11-3 wiedergegebenen Walzarbeitskennlinie. Es handelt sich hierbei um Erfahrungswerte, wie sie für einen bestimmten Walzstahl, aus dem Betrieb unterschiedlicher Tandemstraßen, gewonnen werden konnten (Stahl u.Eisen 84 (1964)S.389).

In Bild 3.11-3 ist die auf 1 kg Walzgut bezogene Walzarbeit über der Banddicke $\delta$ aufgetragen. Bei dem gewählten Walzprogramm ($\delta_e = 2$ mm, $\delta_a = 0,4$ mm) muß die bezogene Walzarbeit $e_{wges} = 270$ kWs/kg aufgebracht werden. Sie ist auf die vier Gerüste aufzuteilen. Hier wird das Verhältnis $e_{w1}/e_{w2}/e_{w3}/e_{w4} = 1/2/2/1{,}5$ gewählt. Das Gerüst 1 erhält die geringste Walzarbeit zugeteilt, da die Dickenabnahme an dieser Stelle bereits 29 % beträgt und aus walztechnischen Gründen nicht noch größer werden darf.

Die Produktion bei dem angegebenen Walzprogramm beträgt

$Q = V_w \delta_a b_B \varrho = 16\cdot 0{,}4\cdot 10^{-3}\cdot 1{,}6\cdot 8\cdot 10^{3} = 82$ kg/s, so daß sich, nach der Beziehung $P_w = Qe_w$, die in der Tabelle aufgeführten Walzleistungen ergeben.

Die Walzleistung eines Gerüstes bringt nicht nur der eigene Antrieb auf, sondern an ihr beteiligen sich über die Bandzüge auch die benachbarten Gerüste, bzw. Haspeln. Ist $f_z$ der spezifische Bandzug $N/m^2$, so ist die Bandzugleistung $P_z = \delta b_B f_z V$, wenn $\delta$ die Banddicke und V die Bandgeschwindigkeit an der betreffenden Stelle ist. Der Bandzug in Walzrichtung ($P_{zv}$) entlastet den Gerüstantrieb, während der Bandzug entgegen Walzrichtung ($P_{zr}$) für die Gerüstmotoren eine zusätzliche Belastung darstellt. Leistung eines Einzelmotors:

$$P_M = 0{,}5[P_w + P_{zr} - P_{zv}] = 0{,}5[P_w + \delta b_B V(f_{zr} - f_{zv})]$$

| Gerüst | | 1 | | 2 | | 3 | | 4 | |
|---|---|---|---|---|---|---|---|---|---|
| Bandstrecke | E/1 | | 1/2 | | 2/3 | | 3/4 | | 4/A |
| spez.Walzarbeit $e_w$ kWs/kg | | 42 | | 83 | | 83 | | 62 | |
| Banddicke $\delta$ $10^{-3}$m | 2,0 | | 1,42 | | 0,86 | | 0,55 | | 0,40 |
| Bandquerschnitt $A 10^{-6}m^2$ | 3200 | | 2270 | | 1380 | | 880 | | 640 |
| Bandgeschwindigkt.V m/s | 3,2 | | 4,5 | | 7,4 | | 11,6 | | 16 |
| Walzleistung $P_w$ kW | | 3440 | | 6800 | | 6800 | | 5080 | |
| spez.Bandzug $f_z 10^6 N/m^2$ | 3 | | 44 | | 70 | | 140 | | 60 |
| Bandzug $F_z$ $10^4$N | 0,96 | | 9,99 | | 9,66 | | 12,3 | | 3,84 |
| Bandzugleistg.$P_z$ kW | 31 | | 450 | | 715 | | 1427 | | 614 |
| res.Bandzugleistung $P_{zr}-P_{zv}$ kW | | -419 | | -265 | | -712 | | +813 | |
| Einzelmotorleistg.$P_M$ kW | | 1511 | | 3268 | | 3044 | | 2947 | |
| Motordrehzahl $n_M$ 1/s | | 3,39 | | 5,57 | | 6,33 | | 7,53 | |
| Motormoment $M_M$ $10^4$ Nm | | 7,1 | | 9,33 | | 7,65 | | 6,23 | |
| Ankerspannung $U_A$ V | | 770 | | 1000 | | 1000 | | 1000 | |
| Feldschwächverhältn. $\varphi_f$ | | 1,0 | | 0,79 | | 0,69 | | 0,58 | |
| Ankerstrom $I_{AL}$ A | | 2066 | | 3437 | | 3226 | | 3125 | |

Tabelle 2

Für das Gerüst 3 gilt zum Beispiel

$P_{M3} = 0{,}5[6800 \cdot 10^3 + 0{,}55 \cdot 10^{-3} \cdot 1{,}6 \cdot 11{,}6(70-140)10^6] = 3044$ kW.

In Tabelle 2 sind die Züge zwischen den Gerüsten und die einzelnen Leistungskomponenten zusammengestellt. Es zeigt sich, daß bei diesem Stichplan die Motoren des ersten Gerüstes durch die eigentliche Walzarbeit nur halb so stark leistungsmäßig belastet sind wie die der anderen Gerüste, zusätzlich werden sie noch durch die negative Walzzugleistung (kleiner Haspelzug, großer Vorwärtszug durch Gerüst 2)entlastet. Wenn das resultierende Motormoment von Gerüst 1 ($M_M$) trotzdem in der gleichen Größenordnung liegt wie das der anderen, so liegt das an seiner niedrigen Drehzahl. Bei einem anderen Stichplan wird sich eine davon abweichende Lastaufteilung ergeben.

Die Gerüstdrehzahl wird durch die Geschwindigkeit des auslaufenden Bandes bestimmt, dabei bleibt die geringe Voreilung der Arbeitswalzen gegenüber dem Band unberücksichtigt.

Motordrehzahl $n_M = V/\pi d_A ü = 0{,}595\ V/ü$

$n_{M3} = 0{,}595 \cdot 11{,}6/1{,}09 = 6{,}33$ 1/s.

Nun läßt sich das Motormoment berechnen

$M_M = P_M/2\pi n_M$ $\qquad$ $M_{M3} = 3044 \cdot 10^3/2\pi \cdot 6{,}33 = 7{,}65 \cdot 10^4$ Nm.

Die Nenndrehzahl der Motoren (Drehzahl bei Nennerregung und Nennankerspannung $U_{AN} = 1000$ V) wird auf $n_{MN} = 4{,}4$ 1/s festgelegt. Dann ergibt sich die Ankerspannung von Gerüst 1 zu

$U_{A1} = U_{AN} n_M/n_{MN} = 1000 \cdot 3{,}39/4{,}4 = 770$ V.

An den Motoren der folgenden Gerüste liegt dagegen die Nenn-Ankerspannung, und die erforderliche Drehzahl wird durch eine ankerspannungsabhängige Feldschwächung erreicht.

Grundsätzlich besteht die Möglichkeit, Laststörungen und Netzspannungseinbrüche, soweit sie sich auf das Motormoment auswirken, über die Ankerspannung oder die Feldspannung auszuregeln. Um Ausschußbandlängen zu vermeiden, muß die Ausregelung von Banddickenfehlern so schnell erfolgen, daß nur der Stelleingriff über die Ankerspannung in Frage kommt. Da mindestens ein Teil der Antriebe mit Nenn-Ankerspannung gefahren wird, muß der Ankerstromrichter eine genügend große Spannungsreserve aufweisen. Die speisenden Ankerstromrichter werden deshalb für $U_{Am} = 1{,}1 U_{AN} = 1100$ V bemessen. In Kauf genommen werden muß, daß dadurch ein größerer Netz-Blindstrom fließt. Bei leistungsstarken Stromrichteranlagen wird man nicht auf eine schnell regelbare Blindstrom-Kompensationseinrichtung verzichten können.

Die Feldschwächung $\varphi_f = \phi/\phi_N$ der Motoren von Gerüst 2 bis 4 ergibt sich aus $\varphi_f = n_{MN}/n_M$ $\qquad \varphi_{f3} = 4{,}4/6{,}33 = 0{,}7$.

Alle Motoren sollen gleich sein, deshalb muß die Typenleistung nach dem am höchsten belasteten Gerüst gewählt werden. Außerdem ist die Feldschwächung zu berücksichtigen. Für den Ankerstrom gilt $I_A \sim M_M/\varphi_f$. Bei Nennerregung müssen deshalb die Motoren der einzelnen Gerüste folgendes Nennmoment aufweisen

$$M_{MN} \geq M_{M1}\ ;\ M_{M2}/\varphi_{f2}\ ;\ M_{M3}/\varphi_{f3}\ ;\ M_{M4}/\varphi_{f4}$$

$$M_{MN} \geq 7{,}1\cdot 10^4\ ;\ 11{,}8\cdot 10^4\ ;\ 11{,}1\cdot 10^4\ ;\ 10{,}7\cdot 10^4\ \text{Nm}$$

gewählt $M_{MN} = 11{,}8\cdot 10^4$ Nm.

Somit ergibt sich die Typenleistung eines Gerüstmotors zu

$$P_{MN} = 2\pi M_{MN} n_{MN} \doteq 2\pi\cdot 11{,}8\cdot 10^4\cdot 4{,}4 = 3262\ \text{kW}.$$

Bei einem Motorwirkungsgrad von $\eta_M = 0{,}95$ ist der Nenn-Ankerstrom

$$I_{AN} = P_{MN}/\eta_M U_{AN} = 3262\cdot 10^3/0{,}95\cdot 1000 = 3434\ \text{A}$$

und die Ankerströme bei dem behandelten Lastfall sind

$$I_A = I_{AN} M_M/\varphi_f M_{MN}\ ;\ I_{A3} = 3434\cdot 7{,}65\cdot 10^4/0{,}69\cdot 11{,}8\cdot 10^4 = 3226\ \text{A}.$$

Abschließend ist die Belastungsdauer, also die Walzzeit für einen Bund zu ermitteln. Auf einen Bund läßt sich bei einer Banddicke von $\delta_a = 0{,}4$ mm folgende Bandlänge unterbringen

$$s_B = (\pi/4\delta_a)(d_{wm}^2 - d_{wo}^2) = (\pi/4\cdot 0{,}4\cdot 10^{-3})(1{,}9^2 - 0{,}6^2) = 6381\ \text{m}.$$

Die Laufzeit $t_w$ einer Bundlänge ergibt sich aus

$$s_B = V_w t_a/2 + V_w(t_w - t_a - t_{br}) + V_w t_{br}/2$$

$$t_w = 0{,}5(t_a + t_{br}) + s_B/V_w = 0{,}5(10+7{,}5) + 6381/16 = 407{,}6\ \text{s} = 6{,}8\ \text{min}.$$

Es interessieren noch die Bandlängen während der Beschleunigung, bezw. Verzögerung

$$s_{Bb} = V_w t_a/2 = 16\cdot 10/2 = 80\ \text{m}\ ;\quad s_{Bbr} = V_w t_{br}/2 = 16\cdot 7{,}5/2 = 60\ \text{m}.$$

Wird eine kleinere Beschleunigungs- bzw. Bremszeit vorgegeben, so erfolgt der Hochlauf mit kleineren Längen $s_{Bb}$ und $s_{Bbr}$, gleichzeitig hat die Banddickenregelung weniger Zeit, Dickenabweichungen auszugleichen.

Das Ein- und Ausfädeln des Bandes, zum Beispiel nach einem Bandriß, erfolgt bei der niedrigen Geschwindigkeit $V_{min} = 0{,}12$ m/s. Beim anschließenden Hochfahren der Straße werden hohe Anforderungen an die Gleichlauf- und die Zugregelung gestellt, da weder zu große Bandzüge noch Bandlose auftreten dürfen. Erschwerend ist, daß die Anlaufzeitkonstanten der einzelnen Gerüste, infolge der unterschiedlichen Feldschwächungen, von einander abweichen.

Der Rückzug von Gerüst 1 ist nur klein, da die Abhaspel, wegen des lose gewickelten Rohbandes, nur mit kleinem Zug gefahren werden kann.

(d) Sollen die Bandlängen $s_{Bb}$ und $s_{Bbr}$ keine unzulässigen Dickenabweichungen aufweisen und damit Ausschuß sein, so muß der Bandzug zwischen den Gerüsten während der Beschleunigung und Verzögerung unverändert aufrecht erhalten werden. Das Motormoment muß um das Beschleunigungsmoment vergrößert, bzw. um das Verzögerungsmoment vermindert werden. Das geschieht automatisch über die Bandzugregelung (siehe *Bild 9.17*). Die Zugregelung kann dynamisch entlastet werden, indem auf den Stromregler des betreffenden Stromrichters eine der Beschleunigung bzw. Verzögerung proportionale Störgrößenaufschaltung gegeben wird. Dabei ist auch das Feldschwächverhältnis zu berücksichtigen. Es ist

$M_b = 2\pi J_{ges} n_M / t_a$ ; $M_{br} = -2\pi J_{ges} n_M / t_{br}$ ; $M^*_{br} = -2\pi J_{ges} n_M / t^*_{br}$

$M_{Mm} = M_M + M_b/2$

und die Ströme $I_{Ab} = I_{AN} M_b / M_{MN} \varphi_f$ ; $I_{Abr} = I_{AN} M_{br} / M_{MN} \varphi_f$

$I^*_{Abr} = I_{AN} M^*_{br} / M_{MN} \varphi_f$ ; $I_{Am} = I_{AL} + I_{Ab}/2$.

Dabei ist zu berücksichtigen, daß sich während der Beschleunigung die Feldschwächung von 1 auf $\varphi_f$, während der Abbremsung von $\varphi_f$ auf 1 ändert, d.h. die Stromkomponenten $I_{Ab}$, $I_{Abr}$, $I^*_{Abr}$ sind während des Drehzahlüberganges nicht konstant.

Die Motorbelastung während der Beschleunigung und der Verzögerung ist in Tabelle 3 zusammengestellt.

| Gerüst | 1 | 2 | 3 | 4 |
|---|---|---|---|---|
| $n_M$ 1/s | 3,39 | 5,57 | 6,33 | 7,53 |
| $J_{ges}$ $kgm^2$ | 6464 | 6464 | 7312 | 7931 |
| $M_b$ $10^4$ Nm | 1,38 | 2,26 | 2,91 | 3,75 |
| $M_{br}$ $10^4$ Nm | -1,84 | -3,01 | -3,88 | -5,0 |
| $M^*_{br}$ $10^4$ Nm | -3,94 | -6,46 | -8,31 | -10,7 |
| $M_{Mm}$ $10^4$ Nm | 7,79 | 10,46 | 9,11 | 8,13 |
| $I_{Ab}$ A | 402 | 833 | 1227 | 1881 |
| $I_{Abr}$ A | -536 | -1109 | -1218 | -2508 |
| $I^*_{Abr}$ A | -1148 | -2381 | -2608 | -5367 |
| $I_{Am}$ A | 2267 | 3854 | 3840 | 4066 |
| $I_{Am}/I_{AN}$ | 0,66 | 1,12 | 1,12 | 1,18 |

Tabelle 3

Die normale Verzögerung stellt gegenüber dem Beharrungsbetrieb eine Entlastung dar. Anders verhält es sich beim Nothalt, er kann, zum Beispiel bei einem Bandriß, notwendig sein, so daß $I_{AL} = 0$ gesetzt werden muß, und die Stromrichter sich im Wechselrichterbetrieb befinden.

## 3.12 Motorbemessung für eine Papierrollen-Schneidmaschine

Die Aufgabe einer Papierrollen-Schneidmaschine ist die Längsteilung der von der Papiermaschine kommenden Papierbahn und deren Wiederaufwicklung mit einstellbarer Wickelhärte. Der prinzipielle Aufbau ist aus Bild 3.12-1 zu ersehen. Die ungeteilte Papierbahn ist auf dem Tambour (1) aufgewickelt (Mutterrolle (2)), der über den Motor (3) abgebremst wird. Die Papierbahn ist zwischen Umlenkrollen um die Messerwalze (4) geführt, die für die gewünschte Längsteilung sorgt. Die Papierbahn wird danach auf die Wickelhülse (7) aufgewickelt, deren Antrieb nicht achsial, sondern über die Tragwalzen (5) und (6) also über den Umfang der Fertigrolle (8) erfolgt. Hier liegt somit die Kombination zwischen einem Achs-Abroller und einem Tragwalzen-Aufroller vor. Die beiden Tragwalzen haben die getrennten Antriebe (9) (Marschantrieb) und (10) (Folgeantrieb). Die Momentenaufteilung zwischen beiden bestimmt die Wickelhärte.

Es sind die Gleichstrommotoren für eine Schneidmaschine mit folgenden Kenndaten zu bemessen:

Nenn-Papiergeschwindigkeit $V_N = 40$ m/s, Einziehgeschwindigkeit $V_e = 0{,}2$ m/s Papierbreite b = 8,0 m, Papierdicke $\delta_P = 7 \cdot 10^{-5}$ m, spezifische Masse $\rho_P = 1{,}53 \cdot 10^3$ kg/m³, maximaler Papierzug $F_{zm} = 4000$ N, minimaler Papierzug $F_{zmin} = 400$ N, Anfahrzeit $t_a = 50$ s, Stillsetzzeit $t_{br} = 50$ s, Stillstandszeit $t_o = 600$ s, mechanischer Wirkungsgrad Abroller (') und Aufroller (") $\eta' = \eta'' = 0{,}9$; Durchmesser Tambour $d_i' = 0{,}4$ m, Durchmesser Mutterrolle $d_a' = 1{,}5$ m (max.), Durchmesser Wickelhülse $d_i'' = 0{,}1$ m, Durchmesser Fertigrolle $d_a'' = 1{,}45$ m (max.), Tragwalzendurchmesser $d_T = 0{,}3$ m, Trägheitsmoment Achsroller leer $J_{me}' = 20$ kgm², Trägheitsmoment Tragwalzenroller leer mit Messerwalze und Umlenkrollen, bezogen auf Tragwalzendrehzahl $J_{me}'' = 80$ kgm², Momentenverhältnis Marschantrieb/Folgeantrieb = 0,2...4,0 (einstellbar), Motor-Ankerspannung $U_A = 400$ V, Motor-Wirkungsgrad $\eta_M = 0{,}92$.

Gesucht:

(a) Trägheitsmomente, Wickelzeit

(b) Bemessung des Achswicklermotors

(c) Bemessung der Motoren des Tragwalzenwicklers

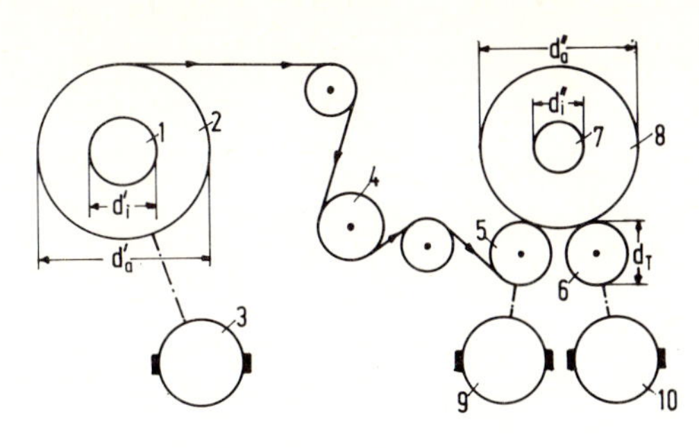


Bild 3.12-1

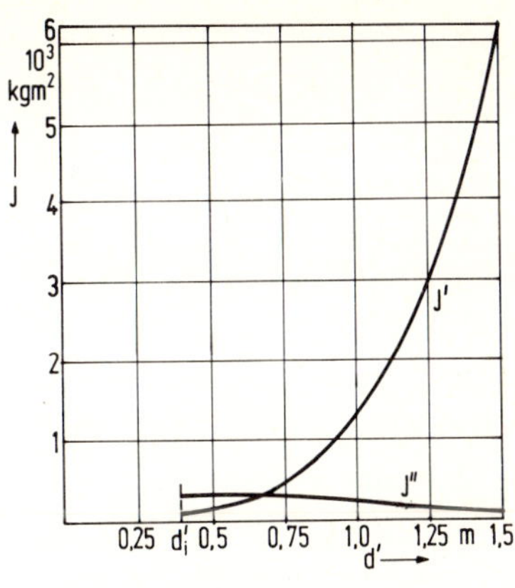


Bild 3.12-2

Lösung:

(a) Trägheitsmoment Achswickler

Das Trägheitsmoment des Tambours, bestehend aus einer Hohlwelle mit der Wandstärke $h = 0{,}03$ m und der Länge $l = 8{,}5$ m (Dichte $\rho = 7{,}64\ 10^3\ \mathrm{N/m^3}$), ist

$$J_{Ta} = (\pi \rho l/32)[d_i'^4 - (d_i' - 2h)^4] = (\pi \cdot 7{,}64 \cdot 10^3 \cdot 8{,}5/32)[0{,}4^4 - 0{,}34^4] = 78\ \mathrm{kgm^2}$$

Trägheitsmoment der Mutterrolle

$$J_{Mu} = (\pi \rho_P b/32)[d'^4 - d_i'^4] = (\pi \cdot 1{,}53 \cdot 10^3 \cdot 8/32)[d'^4 - 0{,}4^4] = 1201 d'^4 - 31.$$

Somit ist das Trägheitsmoment des Achswicklers in Abhängigkeit vom Durchmesser der Mutterrolle $d'$

$$J' = J'_{me} + J_{Ta} + J_{Mu} = 67 + 1201 d'^4 \qquad (1)$$

mit $J'_m = 6147\ \mathrm{kgm^2}$ $\qquad J'_{min} = 98\ \mathrm{kgm^2}$.

In Bild 3.12-2 ist $J'$ in Abhängigkeit von $d'$ aufgetragen. Das Trägheitsmoment ändert sich beim Abwickeln im Verhältnis 63 zu 1.

Trägheitsmoment Tragwalzenwickler

Das Trägheitsmoment der Wickelhülse ist vernachlässigbar.

Trägheitsmoment der Fertigrollen

$$J_{Fr} = (\pi \rho_P b/32)(d''^4 - d_i''^4) = (\pi \cdot 1{,}53 \cdot 10^3 \cdot 8/32)(d''^4 - 0{,}1^4) = 1201 d''^4 - 0{,}12$$

bezogen auf die Tragwalzendrehzahl

$$J^*_{Fr} = (d_T/d'')^2 J_{Fr} = (0{,}3/d'')^2 (1201 d''^4 - 0{,}12) = 108 d''^2 - 0{,}01/d''^2$$

und, da das letzte Glied vernachlässigt werden kann,

$$J'' = J''_{me} + J^*_{Fr} = 80 + 108 d''^2 \qquad (2)$$

Zwischen $d'$ und $d''$ besteht die Beziehung

$d'^2+d''^2 = d_a'^2+d_i''^2 = 1,5^2+0,1^2 = 2,26$ In Gl.(2) $d''$ durch $d'$ ersetzt

$J'' = 324-108d'^2$ (3) (bezogen auf die Tragwalzendrehzahl)

Auch dieses Trägheitsmoment ist in Bild 3.12-2 über $d'$ aufgetragen. Das Trägheitsmoment des Tragwalzenwicklers ändert sich während des Umwickelvorganges wesentlich weniger als das Trägheitsmoment des Achswicklers. $J''$ ist wesentlich kleiner als $J'$, da die Tragwalzendrehzahl erheblich größer als die von $d'$ abhängige Mutterrollendrehzahl ist.

Wickelzeit

Die Länge der Papierbahn ist

$s_P=(\pi/4\delta_P)(d_a'^2-d_i'^2)=(\pi/4\cdot 7\cdot 10^{-5})(1,5^2-0,4^2) = 23450$ m.

In Bild 3.12-3 ist der Geschwindigkeitsverlauf wiedergegeben.

$s_P = 0,5V_N t_a+0,5V_N t_{br}+V_N(t_w-t_a-t_{br}) = s_b+s_{br}+s_w$

$s_b = s_{br} = 0,5\cdot 40\cdot 50 = 1000$ m und die gesamte Wickelzeit beträgt

$t_w = 100+(23450-2000)/40 = 636$ s

und die relative Einschaltdauer der Gleichstrommotoren

$ED = 100\cdot t_w/(t_w+t_o) = 100\cdot 636/1236 = 51$ %.

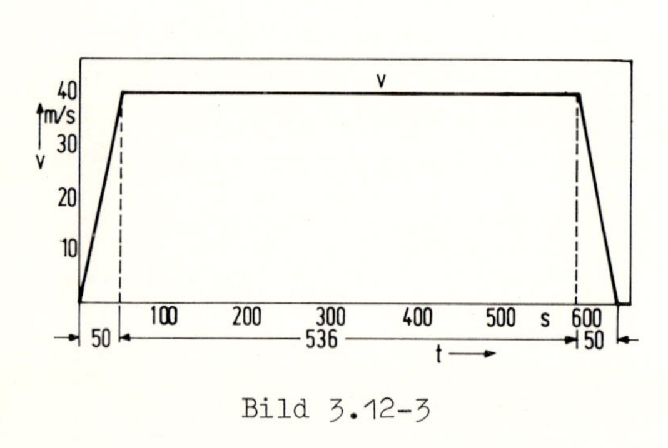


Bild 3.12-3

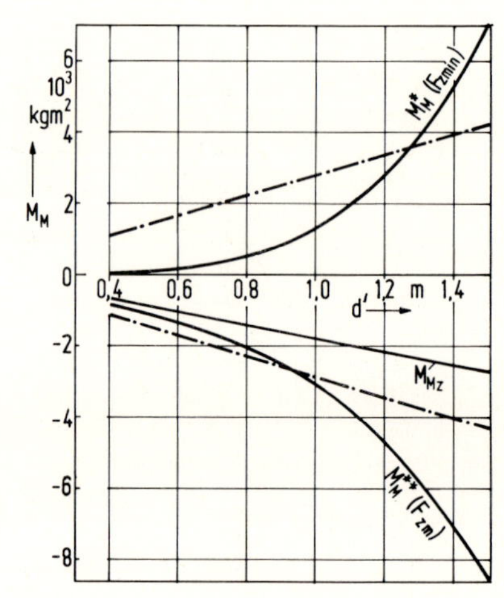


Bild 3.12-4

(b) Die schwierigeren Antriebsprobleme liegen beim Achswickler vor. Zunächst ist das maximale Drehzahlverhältnis mit

$n_m' = V_N/\pi d_i' = 40/\pi\cdot 0,4 = 31,8$ 1/s

$n_{min}' = V_e/\pi d_a' = 0,2/\pi\cdot 1,5 = 0,042$ ; $n_m'/n_{min}' = 31,8/0,042 = 750$

sehr groß. Dazu kommt die große Änderung des Trägheitsmomentes während des Wickelvorganges. Zwar wird im Normalfall mit voller Mutterrolle angefahren und bei leerem Tambour stillgesetzt, doch muß, nach einem Papierriß, bei jedem beliebigen Rollendurchmesser angefahren werden können.

Bei dem verhältnismäßig niedrigen Durchmesserverhältnis von $d'_a/d'_i = 1{,}5/0{,}4 = 3{,}75$ erfolgt die Wickeldurchmesseranpassung nur über das Feld (siehe *Bild 9.25a*). Ist $\phi$ der Erregerfluß bei Feldschwächung und $\phi_N$ der Nennerregerfluß, so muß, damit der Papierzug proportional dem Ankerstrom ist, $\varphi_f = \phi/\phi_N = d'/d'_a$ sein. Das wird erreicht, indem die Motor-Quellespannung auf den Wert $U_{Aq} = U_{AqN} v/V_N$ geregelt wird.

Im Beharrungsbetrieb wird die Mutterrolle mit dem Moment $M_z$ abgebremst

$$M_z = F_z d'/2 = M_{Mz} \varphi_f I_A / I_{Az} \eta' = M_{Mz} d' I_A / d'_a I_{Az} \eta'$$

Hierbei ist $M_{Mz}$ und $I_{Az}$ das Motormoment, bzw. der Ankerstrom bei voller Mutterrolle und Nennzug.

$F_z = (2M_{Mz}/\eta' d'_a I_{Az}) I_A$ ist unabhängig von $d'$ proportional $I_A$. Wird die Nenn-Ankerspannung $U_{AN} = 400$ V gewählt, so ist

$$P_{Mz} = 2\pi M_{Mz} n'_N = I_{Az} U_{AN}/\eta_M \quad \text{und} \quad n_N = V_N/\pi d'_a = 40/\pi \cdot 1{,}5 = 8{,}5\ 1/s$$

damit $2M_{Mz}/I_{Az} = U_{AN} \eta_M d'_a / V_N = 400 \cdot 0{,}92 \cdot 1{,}5/40 = 13{,}8$ Nm/A

$$F_z = (13{,}8/0{,}9 \cdot 1{,}5) I_A = 10{,}2\ I_A \qquad (4) \qquad M_z = 5{,}1 d' I_A.$$

Das ist das Beharrungsmoment bei konstanter Papiergeschwindigkeit. Zusätzlich muß der Motor das Beschleunigungsmoment $M_b$, bzw. das Verzögerungsmoment $M_{br}$ aufbringen.

$$M_b = 2\pi J'(dn/dt)/\eta' \qquad M_{br} = -2\pi J'(dn/dt)\eta'$$

mit $dn'/dt = \pm n'_N/t_a = \pm 8{,}5/50 = \pm 0{,}17\ 1/s^2$ und $J'$ aus Gl.(1)

$M_b = (2\pi \cdot 0{,}17/0{,}9)(67 + 1201 d'^4) = 79{,}5 + 1425 d'^4$ entsprechend ist

$$M_{br} = -(2\pi \cdot 0{,}17 \cdot 0{,}9)(67 + 1201 d'^4) = -(64{,}4 + 1154 d'^4).$$

Die höchsten Motorbelastungen treten auf bei Beschleunigung mit minimalem Papierzug

$$M^*_M = -F_{zmin} d'\eta'/2 + M_b = -180 d' + 79{,}5 + 1425 d'^4 \qquad M^*_{Mm} = 7024 \text{ Nm} \quad (d' = d'_a)$$

und Verzögerung mit maximalem Papierzug

$$M^{**}_M = -F_{zm} d'\eta'/2 + M_{br} = -1800 d' - 64{,}4 - 1154 d'^4 \qquad M^{**}_{Mm} = -8606 \text{ Nm} \ (d' = d'_a).$$

Gegenüber diesen beiden Momenten ist das maximale Beharrungsmoment $M_{Mzm} = F_{zm} d'_a \eta'/2 = 4000 \cdot 0{,}75 \cdot 0{,}9 = 2700$ Nm verhältnismäßig klein.

In Bild 3.12-4 ist $M^*_M$, $M^{**}_M$ und $M_{Mz}$ über $d'$ aufgetragen. Im vorliegenden Fall erfolgt die Bemessung des Motors nicht nach dem effektiven Moment, sondern nach dem Spitzenmoment. Wird der Motor aus einer Typenreihe entnommen, bei der für die Verzögerungszeit von 50 s das 2,0fache Nennmoment zulässig ist (kompensierte Maschine, lamellierte Joche und Pole), so ergibt sich das Motornennmoment zu $M_{MN} \geqq 8606/2 = 4303$ Nm mit der Nennleistung

$P_{MN} \geqq 2\pi M_{MN} n'_N = 2\pi \cdot 4303 \cdot 8{,}5 = 229{,}8$ kW.

Die Verzögerung bei voller Mutterrolle wird nur in Ausnahmefällen notwendig sein, während die Beschleunigung bei voller Mutterrolle die Regel ist. Es wird der Motor gewählt:

$P_{MN} = 230$ kW, $n_N = 8{,}5$ 1/min , $U_{AN} = 400$ V , $I_{AN} = 680$ A

$M_{MN} = 4307$ Nm , $\eta_M = 0{,}92$ , $J_M = 13$ kgm$^2$.

Bei der Feldschwächung $\varphi_f$ ist $M_{MfN} = M_{MN}\varphi_f = M_{MN} d'/d'_a =$
$=(4307/1{,}5)d' = 2871\ d'$ Nm .

In Bild 3.12-4 ist strichpunktiert $M_{MfN}$ über d' aufgetragen.
Die Vernachlässigung des Motor-Trägheitsmomentes wirkt sich nur bei leerem Tambour aus. Da in diesem Betriebszustand die Motorbelastung verhältnismäßig niedrig ist, braucht die Rechnung mit korrigierten Werten nicht wiederholt zu werden. Danach läßt sich der effektive Ankerstrom für einen Wickelvorgang mit maximalem Papierzug $F_{zm} = 4000$ N bestimmen. Es ist zwischen 4 Betriebsabschnitten zu unterscheiden.

Beschleunigung: $d' \approx d'_a$

$M_{M1} = -F_{zm} d'_a \eta'/2 + M_b = -4000 \cdot 1{,}5 \cdot 0{,}9/2 + 79{,}5 + 1425 \cdot 1{,}5^4 = 4594$ Nm
$I_{A1} = M_{M1} I_{AN}/M_{MN} = 4594 \cdot 680/4307 = 725$ A $\qquad t_1 = t_a = 50$ s.

konstante Papiergeschwindigkeit:

Nach Gl.(4) $I_{A2} = -F_{zm}/10{,}2 = -4000/10{,}2 = -392$ A ; $t_2 = t_w - t_a - t_{br} = 536$ s.

Verzögerung: $d' \approx d'_i$

$M_{M3} = -F_{zm} d'_i \eta'/2 + M_{br} = -4000 \cdot 0{,}4 \cdot 0{,}9/2 - 64{,}4 - 1154 \cdot 0{,}4^4 = -814$ Nm

$I_{A3} = -M_{M3} I_{AN} d'_a/d'_i M_{MN} = -814 \cdot 680 \cdot 1{,}5/0{,}4 \cdot 4307 = -482$ A ; $t_3 = t_{br} = 50$ s

Stillstandszeit: $t_o = 600$ s

$$I_{Aeff} = \sqrt{(I_{A1}^2 t_1 + I_{A2}^2 t_2 + I_{A3}^2 t_3)/(t_o + t_w)} =$$
$$= \sqrt{(725^2 \cdot 50 + 392^2 \cdot 536 + 482^2 \cdot 50)/(600+636)} = 312 \text{ A}$$

$I_{Aeff}/I_{AN} = 312/680 = 0{,}46$ . Der Motor ist thermisch nicht ausgenutzt.

(c) Die beiden Tragwalzen werden je durch einen konstant erregten Gleichstrommotor angetrieben. Der durch die Papierbahn umschlungene Marschmotor (9) legt die Geschwindigkeit der Papierbahn fest, er wird deshalb über die Ankerspannung auf konstante Drehzahl geregelt. Der Folgemotor (10) wird auf ein einstellbares Momentenverhältnis zwischen den beiden Tragwalzenmotoren geregelt. Zu Beginn des Wickelvorganges (Anwickeln) trägt die Hauptlast der Folgemotor, um einen festen Wickel zu erhalten. Mit steigendem Wickeldurchmesser wird der Momentensollwert so verändert, daß das Moment des Marschmotors, gegenüber dem des Folgemotors, immer größer wird, um einer zu grossen Wickelhärte entgegen zu arbeiten.

Bei maximaler Papiergeschwindigkeit ist die Tragwalzendrehzahl

$n''_m = V_N/\pi d_T = 40/\pi \cdot 0,3 = 42,44\ 1/s.$

Diese Drehzahl ist vom Wickeldurchmesser d' unabhängig.

Der Motor wird mit Nennerregung gefahren und über die Ankerspannung geregelt.

Zugmoment $M_{zm} = F_{zm} d_T/2\eta'' = 4000 \cdot 0,3/2 \cdot 0,9 = 667$ Nm

Beschleunigungsmoment $M_b = 2\pi J''(dn''/dt)/\eta'' = 2\pi J'' n''_m/t_a \eta''$

$M_b = 2\pi(324-108d'^2)42,44/50 \cdot 0,9 = 1920-640d'^2$ Nm.

Der Maximalwert tritt bei $d' = 0,4$ m auf, $M_{bm} = 1818$ Nm

und das Verzögerungsmoment

$M_{br} = 2\pi J''(dn''/dt)\eta'' = -M_b \eta''^2 = -1555+518d'^2.$

Die Motormomente während Beschleunigung und Verzögerung sind

$M^*_M = M_{zm}+M_b = 667+1920-640d'^2 = 2587-640d'^2$ Nm; $M^*_{Mm} = 2485$ Nm ($d' = 0,4$ m)

$M^{**}_M = M_{zm}+M_{br} = 667-1555+518d'^2 = -888+518d'^2$ Nm; $M^{**}_{Mm} = -805$ Nm ($d' = 0,4$ m).

Wird auch bei diesen Motoren ein Spitzenmoment $M_{Mm} = 2,0 M_{MN}$ zugelassen, so muß sein $M_{MNges} \geq M^*_{Mm}/2 = 1242$ Nm.

Dieses Moment teilt sich auf beide Motoren auf, aber nicht gleichmäßig, sondern im ungünstigsten Fall im Verhältnis 0,83/0,17. Somit

$M_{MN} \geq 0,83 \cdot 1242 = 1031$ Nm ; $P_{MN} \geq 2\pi M_{MN} n''_m = 2\pi \cdot 1031 \cdot 42,44 = 275$ kW.

Gewählter Motor: $P_{MN} = 280$ kW; $n_N = 45$ 1/s; $U_{AN} = 400$ V; $I_{AN} = 753$ A;

$M_{MN} = 990$ Nm; $J_M = 5,2$ kgm$^2$.

Das Motorträgheitsmoment ist klein gegen das Lastträgheitsmoment, so daß sich eine Korrektur des Beschleunigungsmomentes erübrigt.

Effektiver Ankerstrom bei einem normalen Lastspiel

$I_A = 0,83 M_M I_{AN}/M_{MN} = 0,63 M_M$

Beschleunigung ($d' = d'_a$) $I_{A1} = 0,63(2587-640 \cdot 1,5^2) = 723$ A

konstante Papiergeschwindigkeit $I_{A2} = 0,63 \cdot 667 = 420$ A

Verzögerung ($d' = d'_i$) $I_{A3} = 0,63(-888+518 \cdot 0,4^2) = -507$ A

$$I_{Aeff} = \sqrt{[I_{A1}^2 t_b + I_{A2}^2 (t_w - t_b - t_{br}) + I_{A3}^2 t_{br}]/(t_o + t_w)}$$

$$= \sqrt{[723^2 \cdot 50 + 420^2 \cdot 536 + 507^2 \cdot 50]/1236} = 329\ \text{A}\ ;\quad I_{Aeff}/I_{AN} = 0{,}44.$$

# 4. Halbleitersteuerungen

## 4.1 Verstärker in Emitterschaltung

Es ist ein Verstärker in Emitterschaltung mit folgendem NPN-Transistor zu entwerfen: Stromverstärkung B=145, maximaler Kellektorstrom $I_{Cm}$=100 mA, Basis-Emitterwiderstand $r_{BE}$=2,5 kΩ, Kollektorleitwert $g_{CE}$=0,1 mS, Speisespannung $U_h$=25 V. Die Aussteuerung erfolgt durch eine Spannungsquelle $u_g$ mit dem Innenwiderstand $R_g$=5 kΩ. Der Arbeitspunkt ist so einzustellen, daß sich bei $u_g$=0 die Ausgangsspannung $U_{ao}$=10 V ergibt. Die maximale Ausgangsspannung soll $U_{am}$=18 V betragen. Der Verstärker ist mit $R_a$=1 kΩ belastet.

Gesucht:

(a) Bemessung der Widerstände $R_{B1}$, $R_C$ und $B_{Bo}$

(b) Leerlauf-Spannungsverstärkung $V_{uo}$ und Spannungsverstärkung unter Belastung $V_u$

(c) Eingangsspannung für $U_{a1}$= 3 V

(d) Spannungsverstärkung $V_{uo}$ und $V_u$ bei Bemessung für $R_a$= 10 kΩ

(e) Einstellung der Verstärkung $V_u^*$= 20 über einen Emitterwiderstand $R_E$ bei $R_a$= 10 kΩ. Einfluß der Gegenkopplung auf den Eingangswiderstand

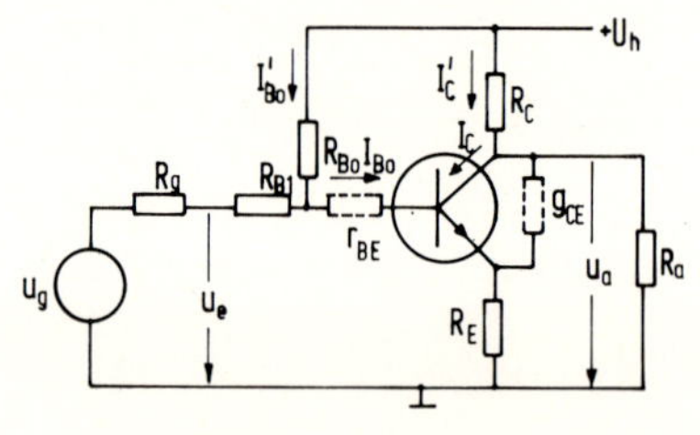


Bild 4.01-1

Lösung:

(a) In Bild 4.01-1 ist die Schaltung wiedergegeben. Für (a) bis (d) ist $R_E$= 0, d.h. keine Emitterstrom-Gegenkopplung vorhanden.
Zur Leistungsanpassung muß sein $R_{B1} = R_g - r_{BE}$ = 5000-2500 = 2500 Ω.
Der Kollektorwiderstand $R_C$ läßt sich aus der maximalen Ausgangsspannung $U_{am}$ bestimmen

$$U_{am} = U_h R_a^*/(R_a^* + R_C)$$

$$R_a^* = (R_a/g_{CE})/(R_a + 1/g_{CE}) = 10^3(1/0{,}1)/(1+1/10) = 909\ \Omega$$

$$R_C = U_h R_a^*/U_{am} - R_a^* = 25 \cdot 909/18 - 909 = 354\ \Omega.$$

Über $R_{Bo}$ erfolgt die Einstellung des Arbeitspunktes.

Bei $u_g = 0$ fließt über $R_C$ der Strom

$I'_{Co} = (U_h - U_{ao})/R_C = (25-10)/354 = 42$ mA

und der Kollektorstrom $I_{Co} = I'_{Co} - U_{ao}/R_a^* = 0{,}042 - 10/909 = 31$ mA.

Der dazu gehörige Basisstrom ist $I_{Bo} = I_{Co}/B = 31 \cdot 10^{-3}/145 = 0{,}21$ mA

und die Basisspannung $U_{Bo} = I_{Bo} r_{BE} = 0{,}21 \cdot 2{,}5 = 0{,}525$ V.

Der über den Widerstand $R_{Bo}$ fließende Vorstrom muß sein

$I'_{Bo} = I_{Bo} + U_{Bo}/(R_g + R_{B1}) = 0{,}21 \cdot 10^{-3} + 0{,}525/(5+2{,}5)10^3 = 0{,}28$ mA

$R_{Bo} = (U_h - U_{Bo})/I'_{Bo} = (25-0{,}525)/0{,}28 \cdot 10^{-3} = 87$ kΩ.

(b) Leerlauf-Spannungsverstärkung

$$V_{uo} = \frac{u_a}{u_e} = \frac{BR_C/g_{CE}}{(R_{B1}+r_{BE})(R_C+1/g_{CE})} = \frac{145 \cdot 354/10^{-4}}{(2{,}5+2{,}5)(0{,}354+10)10^6} = 9{,}9$$

Last-Spannungsverstärkungen

$$V_u = \frac{u_a}{u_e} = \frac{B \cdot R_C R_a^*}{(R_{B1}+r_{BE})(R_C+R_a^*)} = \frac{145 \cdot 354 \cdot 909}{(2{,}5+2{,}5)10^3(354+909)} = 7{,}4.$$

(c) Für $U_a = 3$ V ist $u_A = U_a - U_{ao} = 3-10 = -7$ V

$u_e = u_a/V_u = -7/7{,}4 = -0{,}95$ V.

(d) Nun kann $R_C$ größer gewählt werden

$R_a^* = 10^3(10/0{,}1)/(10+10) = 5$ kΩ

$R_C = 25 \cdot 5 \cdot 10^3/18 - 5 \cdot 10^3 = 1944$ Ω

und die Spannungsverstärkungen

$$V_{uo} = \frac{145 \cdot 1944/10^{-4}}{(2{,}5+2{,}5)(1{,}944+10)10^6} = 47{,}2$$

$$V_u = \frac{145 \cdot 1944 \cdot 5000}{(2{,}5+2{,}5)(1{,}944+5)10^6} = 40{,}6.$$

(e) Mit Gegenkopplung über $R_E$ gilt

$V_u^* = (1/V_u + R_E/R_C)^{-1}$ dabei ist $V_u$ die unter (d) errechnete Verstärkung $R_E = R_C(1/V_u^* - 1/V_u) = 1944(1/20 - 1/40{,}6) = 49{,}3$ Ω.

Der Eingangswiderstand wird durch die Gegenkopplung von $r_e = R_{B1} + r_{BE} = 5$ kΩ auf $r_e^* = R_{B1} + r_{BE} + BR_E = 5000 + 145 \cdot 49{,}3 = 12{,}15$ kΩ vergrößert.

## 4.02 Verstärker in Kollektorschaltung

Es ist ein Verstärker in Kollektorschaltung mit dem in Beispiel 4.01 gegebenen NPN Transistor zu berechnen. Die Aussteuerung erfolgt durch eine Spannungsquelle mit dem Innenwiderstand $R_g$=20 kΩ. Der Verstärker ist mit dem Widerstand $R_a$=200 Ω belastet. Der Arbeitspunkt bei $u_e$=0 ist so einzustellen, daß $U_{ao}$=0 ist. Der Kollektorleitwert $g_{CE}$ kann vernachlässigt werden.

Gesucht:

(a) Eingangswiderstand $r_e$, Spannungsverstärkung $V_u$ und Leistungsverstärkung $V_p$.

(b) Lastwiderstand $R_a'$ für einen Eingangswiderstand $r_e$=100 kΩ, $V_u$, $V_p$.

(c) Es soll nur eine Versorungsspannung $U_h$= +25 V zur Verfügung stehen. Der dann zur Arbeitspunkteinstellung auf $U_{ao}$=10 V notwendige Spannungsteiler $R_{B1}$,$R_{B2}$ ist zu bemessen. Es sind zu berechnen $r_e$, $V_u$,$V_p$.

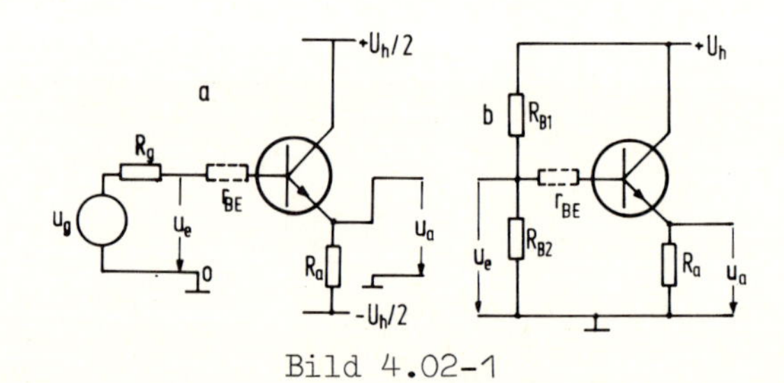


Bild 4.02-1

Lösung:

(a) Das Bild 4.02-1a zeigt die Schaltung. Zur Einstellung des Arbeitspunktes ist eine Spannungsversorgung $+U_h/2$ -0- $-U_h/2$ vorhanden. Der Eingangswiderstand ist

$r_e = r_{BE}+BR_E = r_{BE}+BR_a$ $\qquad r_e = 2500+145\cdot 200 = 31500\ \Omega$

Spannungsverstärkung $V_u = 1-\dfrac{r_{BE}}{BR_E} = 1-\dfrac{r_{BE}}{BR_a} = 1-\dfrac{2500}{145\cdot 200} = 0{,}914$

Leistungsverstärkung $V_p = \dfrac{u_a^2/R_a}{u_e^2/r_e} = V_u^2\,\dfrac{r_e}{R_a} = \dfrac{0{,}914^2\cdot 31500}{200} = 131{,}6$

(b) $r_e = r_1+BR_E = r_1+BR_a$ $\qquad R_a' = (r_e-r_1)/B = (100-2{,}5)10^3/145 = 672\ \Omega$

$V_u = 1-2500/145\cdot 672 = 0{,}974$ $\qquad V_p = 0{,}974^2\cdot 100\cdot 10^3/672 = 141{,}2.$

(c) Der Spannungsteiler $R_{B1}$, $R_{B2}$ ist, nach Bild 4.02-1b, parallel zu $R_{B2}$ mit dem Widerstand $r_e$= 31,5 kΩ belastet. Damit der Eingangswiderstand durch $R_{B2}$ nicht zu stark herabgesetzt wird, soll $R_{B2} = 3r_e$ = 94,5 kΩ gewählt werden.

$U_{ao}/U_h = R^*_{B2}/(R_{B1}+R^*_{B2})$

$R^*_{B2} = r_e R_{B2}/(r_e + R_{B2}) = 31{,}5 \cdot 94{,}5 \cdot 10^3/(31{,}5+94{,}5) = 23{,}6\ \text{k}\Omega$

$R_{B1} = R^*_{B2} U_h/U_{ao} - R^*_{B2} = 23{,}6 \cdot 10^3 \cdot 25/10 - 23{,}6 \cdot 10^3 = 35{,}4\ \text{k}\Omega$

Der Eingangswiderstand geht auf

$r^*_e = R_{B1} R^*_{B2}/(R_{B1} + R^*_{B2}) = 35{,}4 \cdot 23{,}6 \cdot 10^3/(35{,}4+23{,}6) = 14{,}2\ \text{k}\Omega$

zurück. Die Spannungsverstärkung ist unverändert. Die Leistungsverstärkung ergibt sich zu

$V_p = V_u^2 r^*_e/R_a = 0{,}974^2 \cdot 14{,}2/0{,}2 = 67{,}4.$

## 4.03 Stetiger Leistungsverstärker mit induktiver Belastung

Ein Verbraucher $R_f = 9{,}3\ \Omega$, $L_f = 0{,}05$ H soll mit dem maximalen Strom $I_{fm} = 6$ A über einen stetig gesteuerten Transistorverstärker gespeist werden. Stellbereich $i_f = 0 \dots I_{fm}$ bei der Eingangsspannung $u_e = 0 \dots 8$ V. Eingangswiderstand $r_e \geqq 20\ \text{k}\Omega$. Maximale Eingangsspannung $U_{em} = 10$ V.

Gesucht:

(a) Bemessung der Endstufe und der Darlington-Treiberstufen

(b) Regelung auf konstantes Übertragungsverhältnis, Ausgangsstrom $i_f$/Eingangsspannung $u_e$.

Lösung:

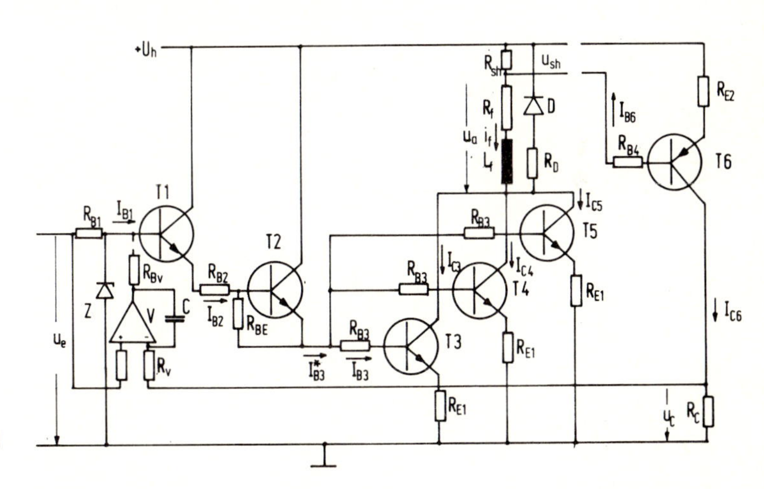


Bild 4.03-1

(a) Betriebsspannung $U_h$

maximale Verbraucherspannung $U_{fm} = I_{fm} R_f = 6 \cdot 9{,}3 = 56{,}0$ V

Kollektor-Restspannung der Endtransistoren $U_{CEsat} = 1{,}0$ V

Spannung am Vorwiderstand $U_{sh} = I_{fm} R_{sh} = 1{,}0$ V

Gegenkopplungsspannung $U_E = I_{fm} R_E/3 = 2{,}0$ V

zusammen = 60 V.

Verlustleistung

Die höchste Verlustleistung der Endtransistoren tritt bei halber Aussteuerung $U_{CE} = U_h/2$ auf.

$P_{Tm} = U_{CE} I_{fm}/2 = U_h I_{fm}/4 = 60 \cdot 6/4 = 90$ W.

Auf die Transistoren T3/T4/T5 entfallen somit je 30 W.
In der folgenden Tabelle sind die Kenndaten der verwendeten Transistoren angegeben.

| Typ | T1<br>BD 139 | T2<br>BD 169 | T3/T4/T5<br>BD 599 | T6<br>BCY 65E |
|---|---|---|---|---|
| $U_{CEo}$ Koll.-Emitter-Durchbruchspannung V | 80 | 80 | 80 | 80 |
| $I_{Cgr}$ Kollektor-Grenzstrom A | 1,0 | 1,5 | 8 | 0,1 |
| $I_{Cm}$ Kollektor-Spitzenstrom | 1,5 | 3,0 | 12 | - |
| $I_{Bgr}$ Basis-Grenzstrom A | 0,1 | 0,5 | 2,5 | - |
| $U_{CEsat}$ Kollektor-Sättigungsspannung V | 0,5 | 0,5 | 1,0 | 0,9 |
| $I_{CBo}$ Kollektor-Reststrom mA | 0,1 | 0,1 | 0,1 | 0,02 |
| B Stromverstärkung | 40...100 | 25...40 | 20...30 | 200...350 |
| $P_N$ Nennverlustleistung W | 8 | 20 | 55 | 1,0 |
| $t_j^o$ Sperrschichttemperatur $^oC$ | 150 | 150 | 150 | 200 |
| $R_{thJA}/R_{thJC}$ Wärmewiderstand K/W | 100/10 | 100/6,25 | -/2,3 | 450/150 |

Tabelle 1

Kühlmitteltemperatur

Die Endtransistoren erhalten einen Kühlkörper mit dem thermischen Widerstand $R_{thK} = 1,6$ K/W. Zwischen Verlustleistung, Temperaturgefälle und den thermischen Widerständen besteht die Beziehung

$P_{Tm} = 3(t_j^o - t_A^o)/(R_{thJC} - R_{thK})$.

Die verlangte Verlustleistung bedingt deshalb eine Lufttemperatur von $t_A^o \leqq t_j^o - P_{Tm}(R_{thJC} + R_{thK})/3 \leqq 150 - 90(2,3+1,6)/3 \leqq 33^oC$.

Dabei wird vorausgesetzt, daß sich der Strom gleichmäßig auf T3, T4, T5 aufteilt. Das wird durch die Stromgegenkopplung über die

Emitterwiderstände $R_{E1}$ und die Basiswiderstände $R_{B3}$ sichergestellt. Die Gegenkopplungsspannung $U_E = R_{E1}I_{fm}/3$ wird, genau wie der Spannungsabfall $R_{B3}I^*_{B3}/3$, mit 2 V gewählt.

$R_{E1} = 3U_E/I_{fm} = 3 \cdot 2/6 = 1\ \Omega$.

Basisströme

Für die Bemessung der Basiswiderstände $R_{B3}$, $R_{B2}$, $R_{B1}$ werden die Mindesttromverstärkungen (dynamische Stromverstärkung ß gleich statischer Stromverstärkung B gesetzt) zugrunde gelegt.

$I^*_{B3} = I_{fm}/B_3 = 6/20 = 0{,}3$ A $\qquad I_{B2} = I_{fm}/B_3B_2 = 6/20 \cdot 25 = 12$ mA

$I_{B1} = I_{fm}/B_1B_2B_3 = 6/20 \cdot 25 \cdot 40 = 0{,}3$ mA ;

wird weiterhin festgelegt

$R_{B3}I^*_{B3}/3 = R_{B2}I_{B2} = R_{B1}I_{B1} = 2$ V $\qquad$ so ergibt sich

$R_{B3} = 2 \cdot 3/0{,}3 = 20\ \Omega \qquad R_{B2} = 2/0{,}012 = 167\ \Omega$

$R_{B1} = 2/0{,}3 \cdot 10^{-3} = 6667\ \Omega$.

Eingangswiderstand des Verstärkers ist

$r_e = R_{B1} + B_1R_{B2} + B_1B_2R_{B3}/3 + B_1B_2B_3R_E/3$

$= 6667 + 40 \cdot 167 + 40 \cdot 25 \cdot 6{,}67 + 40 \cdot 25 \cdot 20 \cdot 0{,}333 = 4 \cdot 6667 = 26{,}67\ \text{k}\Omega$

und die zugehörige Eingangsspannung

$U_{em} = r_eI_{B1} = 26{,}67 \cdot 10^3 \cdot 0{,}3 \cdot 10^{-3} = 8$ V.

Der Widerstand $R_{BE}$ soll verhindern, daß der Transistor T2 bei $u_e = 0$ durch den Kollektorreststrom des Transistors T1 aufgesteuert wird. Bei einer Schleusenspannung von 0,5 V muß gewählt werden

$R_{BE} \leqq 0{,}5/I_{CBo} = 0{,}5/0{,}1 \cdot 10^{-3} = 5000\ \Omega \qquad R_{BE} = 4000\ \Omega$.

Die Zenerdiode Z begrenzt die Eingangsspannung.

Übersteuerung

Bei einem Aussteuerungsstoß $\delta u_e = +u_{egr}$ ist, wegen der Lastinduktivität $L_f$, im ersten Augenblick $i_f = 0$. Der Strom $i_f$ steigt etwa mit der Zeitkonstante $T_f = L_f/(R_f + R_{Sh} + R_E/3)$ an. Deshalb ist zunächst $B_3 = 0$ und damit

$r'_e = R_{B1} + B_1R_{B2} + B_1B_2R_{B3}/3 = 20\ \text{k}\Omega$.

Die Basisströme liegen auch in diesem Fall mit

$i_{B1} = u_{egr}/r'_e = 10/20000 = 0{,}5$ mA

$i_{B2} = u_{egr}B_1/r'_e = 10 \cdot 40/20 \cdot 10^3 = 20$ mA

$i_{B3} = u_{egr}B_1B_2/r'_e3 = 10 \cdot 40 \cdot 25/20 \cdot 10^3 \cdot 3 = 0{,}167$ A

unterhalb der in der Tabelle gegebenen Basisgrenzströme $I_{Bgr}$.

Freilaufkreis

Bei einem negativen Aussteuerungsstoß $u_e = 10$ V $\rightarrow u_e = 0$ V wird $i_f$ plötzlich null. Soll durch $L_f$ keine unzulässige Abschaltüberspannung hervorgerufen werden, ist der aus $R_D$ und der Diode D bestehende Freilaufkreis vorzusehen. Unmittelbar nach dem Aussteuerungsstoß liegt an den Endtransistoren die Spannung

$$U_h^* = U_h R_D/(R_f+R_{Sh}).$$

Ist $U_h^* = 80$ V zulässig, so errechnet sich

$$R_D = U_h^*(R_f+R_{Sh})/U_h = 80(9,3+0,17)/60 = 12,6\ \Omega .$$

Die Entregungszeitkonstante ist

$$T_f = L_f/(R_f+R_{Sh}+R_D) = 0,05/22,07 = 2,3 \text{ ms} .$$

Werden Endtransistoren mit höherer Durchbruchspannung eingesetzt, so läßt sich $R_D$ entsprechend höher bemessen, was die Entregungszeit herabsetzt.

(b) Der Übertragungsleitwert ist

$$g_{ü} = \frac{i_f}{u_e} = \frac{B_1B_2B_3i_{B1}}{r_e i_{B1}} = \frac{B_1B_2B_3}{R_{B1}+B_1R_{B2}+B_1B_2R_{B3}/3+B_1B_2B_3R_E/3}$$

mit den minimalen B-Werten $g_{ümin} = 40\cdot25\cdot20/26670 = 0,75$ S und

$$g_{ümax} = \frac{100\cdot40\cdot30}{6667+100\cdot167+100\cdot40\cdot6,67+100\cdot40\cdot30\cdot0,33} = 1,33 \text{ S}.$$

Während sich $B_1B_2B_3$ im Verhältnis 1:6 ändert, ist das bei $g_ü$ nur im Verhältnis 1:1,8 der Fall. Das ist der Verdienst der Gegenkopplung über $R_{B2}$, $R_{B3}$ und $R_{E1}$.

Leistungsverstärkung für $B_{min}$

$$V_p = \frac{I_{fm}^2R_f}{U_{em}^2/r_e} = \frac{6^2\cdot9,3}{8^2/26,67\cdot10^3} = \frac{334,8}{2,4\cdot10^{-3}} = 140000.$$

Soll der Übertragungsleitwert $g_ü$, unabhängig von Temperatureinflüssen (Kupferwiderstand $R_f$), konstant gehalten werden, so ist eine zusätzliche Regeleinrichtung, bestehend aus dem Transistor T6 und dem Operationsverstärker V, erforderlich. Durch den zu der bisherigen Anordnung komplementären Transistor T6 wird an $R_C$ eine $i_f$ proportionale Spannung gebildet

$i_f = I_{fm}$: $u_{Sh} = I_{fm}R_{Sh} = 6\cdot0,167 = 1$ V

$u_C = R_CI_{C6} = 8$ V $\qquad I_{C6} = 10$ mA

$R_C = 8\cdot10^3/10 = 800\ \Omega.$

Infolge der hohen Stromverstärkung $B_6$= 200 ist mit guter Näherung

$u_C/u_{Sh} = R_C/R_{E2} = 8/1$ $\qquad R_{E2} = 800/8 = 100\ \Omega$

$I_{B6} = I_{C6}/B_6 = 10 \cdot 10^{-3}/200 = 0{,}05$ mA .

Der Spannungsabfall an $R_{B4}$ soll vernachlässigbar klein sein

$I_{B6} R_{B4} = 0{,}05$ V $\qquad R_{B4} = 0{,}05 \cdot 10^3/0{,}05 = 1000\ \Omega$.

Der Operationsverstärker V benötigt eine eigene Spannungsversorgung -15 V/0/+15 V, wobei 0 mit dem Bezugspotential des Hauptverstärkers verbunden wird. Bewertungswiderstände $R_v$= 10 kΩ, Entkopplungswiderstand $R_{Bv}$= 10 kΩ. Der Beschaltungskondensator C setzt die Grenzfrequenz des Regelkreises herab und stabilisiert ihn.

## 4.04 Stetiger Leistungsverstärker für Reversier-Stellantrieb.

Ein Scheibenläufer-Gleichstrommotor soll über ein stetig gesteuertes Transistor-Stellglied in Reversierschaltung gespeist werden.
Motor-Kenndaten: $P_{MN}$= 244 W
$n_N$=41,7 1/s, $M_{MN}$=0,93 Nm, $U_{AN}$=45 V, $I_{AN}$=6,2 A, $R_{AM}$=0,75 Ω, $L_{AM}$=0,1 mH, $J_M = 0{,}16 \cdot 10^{-3}$ kgm$^2$.
Last: $M_L$=0,1 Nm (Drehzahl unabhängig), $J_L = 0{,}1 \cdot 10^{-3}$ kgm$^2$. Die Drehzahl soll in den Grenzen $-n_{MN} \leq n \leq +n_{MN}$ einstellbar sein. Für die Endstufe sind die Darlington-Leistungstransistoren BD701/BD702 vorzusehen mit den Kenndaten: $U_{CEo}$=100 V, $I_{Cgr}$=8 A, $P_{vgr}$=70 W, $t_j^o$=150°C, $I_{CBo}$=0,2 mA, $U_{BEsat}$=1,5 V, $U_{CEsat}$=1,5 V, Stromverstärkung B=750, $R_{thJC}$=1,79 /W, Kühlkörper $R_{thK}$=1,6 k/W, Lufttemperatur $t_A^o$=30°C.

Gesucht:
(a) Endstufenbemessung
(b) Vorverstärker

Lösung:

(a) Die Endstufe wird nach Bild 4.04-1 als komplementärer Emitterfolger ausgeführt. Diese Schaltung hat den Vorteil, daß die positive Gruppe und die negative Gruppe ein gemeinsames Bezugspotential haben.

Strombegrenzung

In Bild 4.04-2 ist stark ausgezogen die Stromgrenze des Endtransistors, in Abhängigkeit von der Kollektor-Emitterspannung, angegeben. Es zeigen sich drei Bereiche: Konstanten Spitzenstrom ($U_{EC}$= 0...10 V), konstante Verlustleistung bei der Gehäusetemperatur von 25°C ($U_{AC}$= 10...32 V) und schließlich der Bereich reduzierter Verlustleistung mit Rücksicht auf die Gefahr ungleichmäßiger Stromaufteilung über dem Kristallquerschnitt ($U_{CE}$= 32 V...100 V).

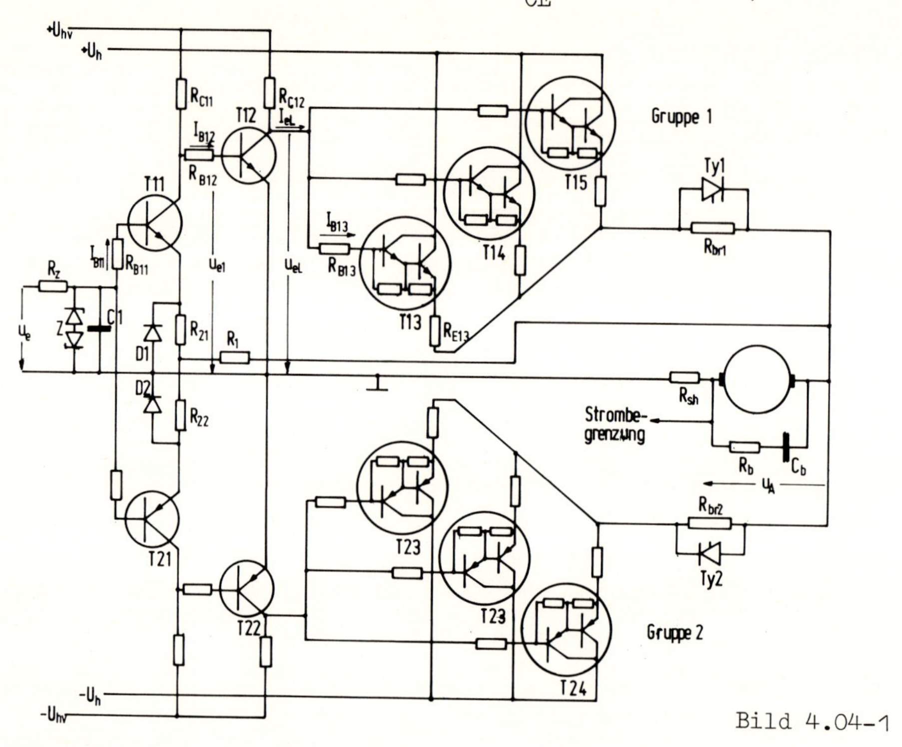


Bild 4.04-1

Durch den Wärmewiderstand des Kühlkörpers vermindert sich die zulässige Verlustleistung auf

$P_v=(t_j^o-t_A^o)/(R_{thJC}+R_{thK})=(150-30)/(1,79+1,6)= 35,4$ W.

Diese Verlustgerade ist in Bild 4.04-2 gestrichelt eingezeichnet. Da an der gesperrten Transistorgruppe bei voll durchgesteuerter zweiter Gruppe die Spannung $U_h+U_{AN}$ liegt, wird von den Endtransistoren eine Sperrfähigkeit von ca. $U_{CEm}$= 100 V (in Sperrichtung) und von ca. $U_{CE}$= 50 V in Durchlaßrichtung verlangt.

Nach Bild 4.04-2 würde bei einer festen Stromgrenze eine Begrenzung auf $I_{Cm1}$= 0,7 A notwendig sein. Um bessere Stelleigenschaften zu erzielen, empfiehlt es sich, die Stromgrenze für $U_{CE}\leqq$ 30 V auf 1,2 A und für $U_{CE}\leqq$ 9 V auf 4,0 A umzuschalten. Die Stromgrenze $I_{Cm1}$ bestimmt wesentlich die dynamischen Eigenschaften des Antriebes. Sie wird deshalb zeitabhängig folgendermaßen festgelegt:

$U_{CE}>30$ V : $\delta t \leqq 0,3$ s, Grenzstrom $1,7\ I_{Cm1}= I_{Cm2}$ und

$U_{CE}>30$ V : $\delta t \geqq 0,3$ s, Grenzstrom $1,0\ I_{Cm1}$.

Dabei ist $\delta t$ die Zeit, in der sich die Endtransistoren in dem angegebenen Aussteuerungsbereich befinden.

Ohne eine schnelle Strombegrenzung kann das Stellglied nicht betrieben werden, da sich die Endtransistoren, wegen zu geringer Überlastbarkeit, nicht für alle Belastungsfälle durch Schmelzsicherungen schützen lassen. Die strichpunktierten Geraden begrenzen in Bild 4.04-2 nach oben den Betriebsbereich.

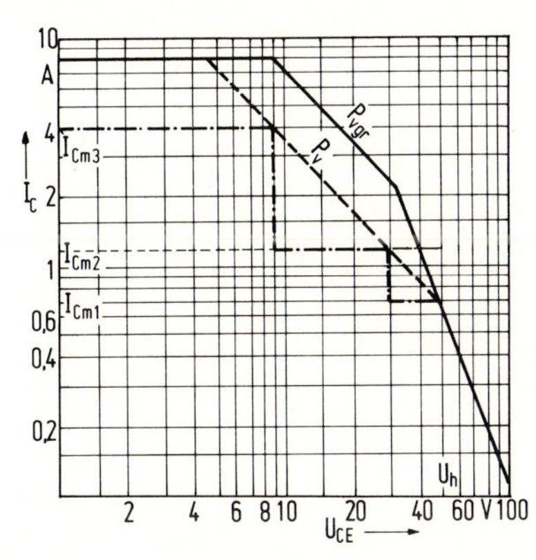


Bild 4.04-2

Spannungsaufteilung:

| | |
|---|---|
| Nenn-Ankerspannung | $U_{AN} = 45{,}0$ V |
| Strommeß-Shunt $I_{AN}R_{Sh} = 6{,}2 \cdot 0{,}16$ | 1,0 V |
| Kollektor-Sättigungsspannung $U_{CEsat}$ | 1,5 V |
| Emitterwiderstand $R_{E13}I_{AN}/3 = 0{,}726 \cdot 2{,}07$ | 1,5 V |
| Durchlaßspannung Thyristor | 1,0 V |
| Damit $R_{Sh} = 0{,}16\ \Omega$ $\quad R_{E13} = 0{,}73\ \Omega$ | $U_h = 50{,}0$ V |

Bremsung:

Mit den beiden Transistorgruppen läßt sich der Motor in beiden Richtungen antreiben, nicht jedoch bremsen. Die zusätzliche Bremseinrichtung besteht aus den Widerständen $R_{br1}$, $R_{br2}$, die je durch einen Thyristor Ty1, bzw. Ty2 kurzgeschlossen werden können, wenn die zugehörige Transistorgruppe den Motor antreibt.

| | Gr.1 | Gr.2 | Ty1 | Ty2 |
|---|---|---|---|---|
| Treiben +n | ein | aus | ein | aus |
| Bremsen +n | aus | ein | aus | aus |
| Treiben -n | aus | ein | aus | ein |
| Bremsen -n | ein | aus | aus | aus |

Wird der Bremswiderstand unmittelbar parallel zum Motor geschaltet, so nimmt das Bremsmoment proportional der Drehzahl ab. Liegt der Bremswiderstand dagegen in Reihe mit der Gegengruppe, so läßt sich durch deren Aussteuerung auch noch bei Teildrehzahl der volle Bremsstrom aufrecht erhalten. Wird die Bremsung bei Nenn-Ankerspannung eingeleitet, so muß die Spannung der Bremsgruppe auf null heruntergesteuert sein. In diesem Betriebszustand ist der Dauer-Transistorstrom $I_{Cm1} = 0{,}7$ A. Für Zeiten $\delta t \leqq 0{,}3$ s sei der 1,7fache Strom zulässig. Dann ergibt sich für den Bremswiderstand

$$R_{br1} = R_{br2} = U_{AN}/3 \cdot 1{,}7 I_{Cm1} = 45/3 \cdot 1{,}7 \cdot 0{,}7 = 45/3{,}57 = 12{,}6\ \Omega.$$

Der Bremsstrom $I_{br} = 3{,}57$ A kann bis zum Stillstand durch Nachsteuern der Bremsgruppe aufrecht erhalten werden. Die Zeit für die Abbremsung von Nenndrehzahl bis zum Stillstand ist

$$t_{br} = 2\pi(J_M + J_L)n_N/(M_L + M_{MN} I_{br}/I_{AN})$$

$$= 2\pi(0{,}16+0{,}1)10^{-3} \cdot 41{,}7/(0{,}1+0{,}93 \cdot 3{,}57/6{,}2) = 0{,}11 \text{ s}$$

und die Anlaufzeit, unter Berücksichtigung der gestuften Stromgrenzen

$$t_a = 2\pi(J_M + J_L)\frac{n_N}{U_h}\left[\frac{U_h - U_{C2}}{-M_L + M_{MN} 3 \cdot 1{,}7 I_{Cm1}/I_{AN}} + \frac{U_{C2} - U_{C3}}{-M_L + M_{MN} 3 I_{Cm2}/I_{AN}} + \frac{U_{C3}}{-M_L + M_{MN} 3 I_{Cm3}/I_{AN}}\right]$$

$$t_a = 2\pi \cdot 0{,}26 \cdot 10^{-3}\, \frac{41{,}7}{50}\left[\frac{50-30}{-0{,}1+0{,}93 \cdot 3{,}57/6{,}2} + \frac{30-9}{-0{,}1+0{,}93 \cdot 3{,}6/6{,}2} + \frac{9}{-0{,}1+0{,}93 \cdot 12/6{,}2}\right]$$

$$t_a = 0{,}063+0{,}065+0{,}007 = 0{,}135 \text{ s}.$$

Basiskreis:

Die Dahlander-Endtransistoren zeichnen sich durch eine hohe Stromverstärkung $B_{13} = 750$ aus

$$I_{B13m} = I_{Cm3}/B_{13} = 4{,}0/750 = 5{,}3 \text{ mA}.$$

Wird der Spannungsabfall an $R_{B13}$ auf 2 V festgelegt, so ist

$$R_{B13} = 2 \cdot 10^3/5{,}3 = 377\ \Omega.$$

Das maximale Basispotential $u_{eLm}$ tritt bei voller Durchsteuerung der betreffenden Gruppe und maximalem Ankerstrom auf

$$U_{eLm} = U_{AN} + R_{Sh} I_{Am} + R_{E13} I_{Am}/3 + R_{B13} I_{Am}/3B_{13} \qquad I_{Am} = 3 \cdot 4 = 12 \text{ A}$$

$$U_{eLm} = 45+0{,}16 \cdot 12+0{,}73 \cdot 4+377 \cdot 4/750 = 51{,}9 \text{ V}.$$

Der Vorverstärker muß einen maximalen Steuerstrom liefern

$$I_{eLm} = 3 I_{B13m} = 3 \cdot 5{,}3 \cdot 10^{-3} = 15{,}9 \text{ mA}.$$

Steuerleistung der Endstufe $P_{em} = U_{eLm} I_{eLm} = 51{,}9 \cdot 15{,}9 \cdot 10^{-3} = 0{,}825$ W

Spannungsverstärkung der Endstufe $V_{uL} = u_A/u_{eLm} = 45/51{,}9 = 0{,}87$

und ihr Eingangswiderstand $R_{eL} = U_{eLm}/I_{eLm} = 3264\ \Omega$.

(b) Die Ansteuerung eines derartigen Stellgliedes erfolgt in der Regel über Operationsverstärker mit einem Signalpegel von $\pm$ 10 V. Es wird somit ein Vorverstärker benötigt, der eine ca. 6fache Spannungsverstärkung besitzt. Die Schaltung ist aus Bild 4.04-1 zu entnehmen. Sie besteht aus zwei Emitterstufen. Verwendete Transistoren T12:BD139, T22:BD140, T11:BCY65E, T12:BCY77. Die Kenndaten sind in Tabelle 403,1 mit der Zuordnung T12, T22 → T1 und T11, T12 → T6 unter Berücksichtigung der komplementären Ausführung angegeben.

Die Betriebsspannung des Vorverstärkers soll sein $U_{hv} = 60$ V.
Bei gesperrtem Transistor T12 gilt

$U_{hv} = I_{eLm} R_{C12} + U_{eLm}$

$R_{C12} = (U_{hv} - U_{eLm})/3I_{B13m} = (60-51,9)/3 \cdot 5,3 \cdot 10^{-3} = 509\ \Omega$.

Um eine sichere Aussteuerungsreserve zu haben, wird $R_{C12} = 450\ \Omega$ gewählt. Der Spannungsabfall des Kollektorreststromes ist zu vernachlässigen. Der maximale Kollektorstrom von T12 ist

$I_{e12m} = (U_{hv} - U_{CEsat})/R_{C12} = (60-0,5)/450 = 132$ mA und zulässig.

$I_{B12m} = I_{C12m}/B_{12} = 0,132/40 = 3,3$ mA.

Es wird gewählt $R_{B12} = R_{C11} = 3,0\ k\Omega$.

Die Spannungsverstärkung der zweiten Vorverstärkerstufe (T12) ist

$$V_{u12} = \frac{u_{eL}}{u_{e1}} = B_{12} \frac{R_{C12} R_{eL}}{(R_{B12} + R_{C11})(R_{C12} + R_{eL})} = \frac{80 \cdot 450 \cdot 3264}{(3000+3000)(450+3264)} = 5,27.$$

Die Gesamtspannungsverstärkung der Anordnung ist so einzustellen, daß sich für $u_e = \pm$ 10 V die Ankerspannung $u_A = \pm$ 45 V einstellt. Die erste Vorverstärkerstufe soll eine größere Spannungsverstärkung, als dieser Zielsetzung entspricht, erhalten. Die überschüssige Verstärkung soll durch eine Spannungsgegenkopplung über den Spannungsteiler $R_1$, $R_{22}$ auf die erste Stufe kompensiert werden. Dadurch werden Schwankungen der Stromverstärkungsfaktoren zum größten Teil ausgeglichen. Die Dioden D1 und D2 sind vorgesehen, um zu verhindern, daß die Gegenkopplungsspannung auf die nicht treibende Gruppe im mitkoppelnden Sinn wirkt und sie aufsteuert.

Mit $R_{21} = R_{22} = 150\ \Omega$ ist der Emitterwiderstand von T11

$R_{E11} = R_{21} + R_{22} = 300\ \Omega$.

Bleibt zunächst die Gegenkopplung unberücksichtigt, d.h. wird $R_1 = \infty$ gesetzt, so ist die Spannungsverstärkung der ersten Vorverstärkerstufe

$V^*_{u11} = R_{C11}R_{B12}/(R_{C11}+R_{B12})R_{E11} = 3000 \cdot 3000/6000 \cdot 300 = 5$ .

Damit ergibt sich die gesamte Vorwärtsverstärkung

$V_{uv} = V_{uL}V_{u12}V^*_{u11} = 0{,}87 \cdot 5{,}27 \cdot 5 = 22{,}9$.

Mit der Rückwärtsverstärkung $V_{ur} = R_{22}/(R_1+R_{22}) = 150/(R_1+150)$

ist die resultierende Spannungsverstärkung

$$V_u = V_{uv}/(1+V_{uv}V_{ur}) = 22{,}9/[1+22{,}9 \cdot 150/(R_1+150)] \qquad (1)$$

Maximaler Basisstrom des Eingangstransistors

$I_{B11} = U_{hv}/(R_{21}+R_{22}+R_{C11}/2)B_{11} = 60/(150+150+1500)300 = 0{,}11$ mA

$R_z = R_{B11} = 5$ kΩ und die Zenerdioden Z begrenzen die Eingangsspannung auf ± 10 V. Die Gesamtverstärkung muß sein

$$V_u = \frac{U_{AN}+I_{AN}R_{Sh}}{U_{em}-I_{B11}(R_z+R_{B11})} = \frac{46}{10-0{,}11 \cdot 10} = 5{,}17 .$$

Nun läßt sich $R_1$ aus Gl.(1) bestimmen

$$R_1 = \frac{22{,}9 \cdot 150 V_u}{22{,}9-V_u} -150 = \frac{22{,}9 \cdot 150 \cdot 5{,}17}{22{,}9-5{,}17} -150 = 852\ \Omega .$$

Der Eingangswiderstand der Gesamtschaltung ist

$r_e = U_{em}/I_{B11} = (10/0{,}11)10^3 = 91$ kΩ.

## 4.05 Impulsbreitengesteuerter Leistungsverstärker für Reversier-Stellantrieb.

Für Stellantriebe mit hohen dynamischen Anforderungen (Vorschubantriebe von numerisch gesteuerten Werkzeugmaschinen) bietet sich als Stellglied der Leistungstransistor an. Während beim netzgeführten Stromrichter der Stelleingriff diskontinuierlich im Abstand von 10 ms, bzw. 3 ms erfolgt, tritt bei einer Transistorsteuerung keine Kontrollücke auf. Allerdings ist, wie in dem Beispiel 4.04 gezeigt wird, die Belastbarkeit des Transistors wegen der hohen Verluste gering. Deshalb empfiehlt es sich, den Transistor im Schaltbetrieb zu betreiben. Damit läßt sich eine quasi stetige Steuerung verwirklichen, wenn die Schaltfrequenz genügend hoch gewählt wird.

Für einen Gleichstrom-Stellmotor mit den Nenndaten $U_{AN}=150$ V, $I_{AN}=2$ A, Spitzenstrom $I_{Am}=10$ A, $n_N=42$ 1/s, $J_M=0{,}16 \cdot 10^{-3}$ kgm$^2$, Spitzenmoment $M_{Mm}=5{,}0$ Nm, $L_M=0{,}8$ mH, $R_{AM}=0{,}5$ Ω, Lastmoment $M_L=0{,}2$ Nm= konst., Lastträgheitsmoment $J_L=0{,}25 \cdot 10^{-3}$ kgm$^2$ ist ein Transistorstellglied für Vierquadrantenbetrieb und Pulsbreitensteuerung zu entwerfen. Pulsfrequenz $f_p=5000$ Hz.

Gesucht:

(a) Gesamtschaltung
(b) Gleichspannungsversorung
(c) Bemessung der Schalttransistoren
(d) Begrenzung der Schaltleistung
(e) Basisstromsteuerung
(f) Überstromschutz
(g) Reversiervorgang

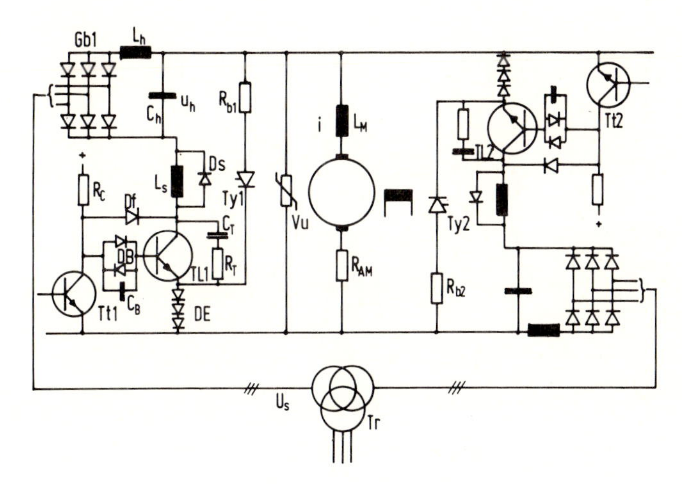


Bild 4.05-1

Lösung:

(a) Gesamtschaltung

Bei einem Vierquadrantenbetrieb muß der Motor in beiden Drehrichtungen sowohl angetrieben als auch gebremst werden können. Hierzu sind zwei Transistorgruppen mit entgegengesetzter Durchlaßrichtung erforderlich. Der einfachste Aufbau mit gemeinsamem Nullpotential ergibt sich bei Verwendung von zwei komplementären Schalttransistoren. Leider stehen diese vorläufig nur mit Kollektor-Emitter-Sperrspannung unter 200 V zur Verfügung. Da hier aber eine Sperrspannung von $U_{CEm}$ 300 V benötigt wird, müssen für beide Gruppen NPN-Transistoren vorgesehen werden. Die Gesamtschaltung ist in Bild 4.05-1 wiedergegeben.

Es werden galvanische, getrennte Spannungsversorgungen für die beiden Endtransistoren und die beiden Treiberstufen benötigt. Jeder Gruppe ist ein Freilaufkreis, bestehend aus dem Widerstand $R_b$ und dem Ventil Ty zugeordnet. Als Freilaufventil ist hier ein Thyristor erforderlich, der durchgeschaltet ist, solange die eigene Transistorgruppe Strom führt, während er bei der Freigabe der Gegengruppe gesperrt wird. Die Freilaufzweige setzen wirkungsvoll die Welligkeit des Motorstromes herab und vermeiden Abschaltüberspannungen beim periodischen Sperren der Schalttransistoren TL.

Die Induktivität $L_s = 50\ \mu H$ soll den Stromanstieg beim Durchschalten des Endtransistors TL verlangsamen, während das Beschaltungsglied $C_T$, $R_T$ die Ausschaltverluste in dem Endtransistor herabsetzen soll. Auf beide Funktionen wird noch näher eingegangen.

(b) Gleichspannungsversorgung

Die geringen Verluste der Kugellaufspindeln von Vorschubantrieben von Werkzeugmaschinen erklärt das geringe Beharrungsmoment $M_L$. Der Spitzenstrom und das Spitzenmoment sind nur während der Beschleunigung und der Verzögerung vorhanden.

Anlaufzeit $t_a = 2\pi(J_M+J_L)n_N/(M_{Mm}-M_L)$

$= 2\pi(0,16+0,25)10^{-3}\cdot 42/(5,0-0,2) = 22,5$ ms

Bremszeit $t_{br} = 2\pi(J_M+J_L)n_N/(M_{Msp}+M_L)$

$= 2\pi(0,16+0,25)10^{-3}\cdot 42/(5,0+0,2) = 20,8$ ms

im Mittel $\bar{t}_a = (t_a+t_{br})/2 = 21,7$ ms.

Wird die Laufzeit mit Nenngeschwindigkeit, während der zur Sicherheit mit Nennstrom gerechnet wird, zu $t_N = 2$ s angesetzt und eine relative Einschaltdauer von ED = 0,25 angenommen, so ist die Spieldauer $t_{sp} = (2\bar{t}_a+t_N)/ED = (2\cdot 0,0217+2)/0,25 = 8,2$ s.

Der effektive Gleichstrom ist dann

$I_d = \sqrt{(2I_{Am}^2\bar{t}_a+I_{AN}^2 t_N)/t_{sp}} = \sqrt{(200\cdot 0,0217+4\cdot 2)/8,2} = 1,23$ A.

Die ideelle Leerlaufspannung des Gleichrichters Gb muß bei Spitzenstrom und Nenn-Motorquellenspannung des Motors sein

$U_{di} = [U_{AN}+(I_{Am}-I_{AN})R_{AM}+U_{DE}+U_{CEsat}]/(1-u_{kT}I_{Am}/2I_{AN})$.

Dabei ist $U_{DE} = 3,0$ V die Durchlaßspannung der Vorspanndioden DE und $U_{CEsat} = 1,5$ V die Kollektor-Sättigungsspannung. Streuspannung des Transformators $u_{kT} = 0,03$

$U_{di} = [150+(10-2)0,5+3,0+1,5]/(1-0,03\cdot 10/2\cdot 2) = 171,4$ V.

Die Scheinleistung des Transformators ist

$S_{Tr} = 1,57 U_{di} I_{AN} = 1,57\cdot 171,4\cdot 2 = 538$ VA.

Die Dioden der Drehstrombrücke Gb wird man für einen Nennstrom von $>I_{AN}/3$ und für einen Dauergrenzstrom von $>I_{Am}/3$ bemessen. Die Induktivität $L_h$ stellt einen Energiespeicher dar, der dafür sorgt, daß der Pufferkondensator $C_h$, trotz impulsförmiger Belastung, gleichmäßig nachgeladen wird.

Es wird gewählt $L_h = 4{,}8$ mH $\qquad C_h = 48$ µF

Die Spannungsschwankung an $C_h$ bei einem Tastverhältnis 1:1 und einem rechteckigen Laststrom von 10 A ergibt sich aus der Über= legung, daß $L_h$ den Strommittelwert von 5 A liefert und somit der Kondensatorstrom $i_C = C_h\, \Delta u_C/\Delta t$ beträgt. Mit $\Delta t = 1/2f_p$ ist $\Delta u_C = i_C \Delta t/C_h = 5/2\cdot 5000\cdot 48\cdot 10^{-6} = 10{,}4$ V .

Ist die zugehörige Transistorgruppe gesperrt, so lädt sich $C_h$ auf $\hat{U}_h = \pi U_{di}/3 = \pi\cdot 171{,}4/3 = 180$ V auf.

(c) Bemessung der Schalttransistoren

An dem gesperrten Endtransistor liegt die eigene Versorgungsspannung und die Motorspannung

$U_{CEm} = \hat{U}_h + U_{AN} + (I_{Asp} - I_{AN})R_{AM} \qquad U_{CEm} = 180+150+(10-2)0{,}5 = 334$ V.

Die Transistoren TL müssen somit eine Kollektor-Emitter-Durchbruchspannung von $U_{CEo} = 350$ V haben. Die zulässige Spannungsbeanspruchung, oder anders ausgedrückt, die Spannungsreserve läßt sich durch eine negative Vorspannung der Basis gegenüber dem Emitter heraufsetzen. Dadurch nähert sich die $U_{CEo}$ der Kollektor-Basis-Durchbruchspannung, die im vorliegenden Fall bei $U_{CBo} = 700$ V liegt. Hierzu dienen die Dioden DE.

In Bild 4.05-2 ist die $I_C/U_{CE}$ Grenzstromkennlinie des Endtransistors wiedergegeben. Sie gilt für ein maximales Tastverhältnis von 0,01 (hier $2\bar{t}_a/t_{sp} = 0{,}0027$). Ein Kollektorstrom von $I_C = 10$ A ist nur im Bereich $U_{CE} \leqq 9$ V zulässig. Sollen die Schaltverluste sich in zulässigen Grenzen halten, muß der Übergang von dem gesperrten Zustand in den durchgeschalteten Zustand und umgekehrt in wenigen µs erfolgen. Der Basisstrom muß weiterhin bei leitendem Transistor den Wert haben

$I_B = I_C/B$.

Die Stromverstärkung hat im vorliegenden Fall die Werte

$U_{CE} = 2$ V, $\quad I_C = 2$ A $\rightarrow B = 20 \qquad (I_B = 100$ mA)

$U_{CE} = 2$ V, $\quad I_C = 10$ A $\rightarrow B = 5 \qquad (I_B = 2000$ mA).

Nimmt der Kollektorstrom, infolge zunehmender Motorbelastung, von 2 A auf 10 A, also um den Faktor 5, zu, so ist $I_B$ um den Faktor 20 zu vergrößern. Bleibt $I_B$ unter dem zu $I_C$ zugehörigen Wert, so wird unter Umständen $U_{CE} > 9$ V, und die Verlustleistung übersteigt den zulässigen Grenzwert. Wird dagegen der Basis ein zu großer Basisstrom ($I_B > I_C/B$) zugeführt, so nimmt $U_{CE}$ einen sehr kleinen Sättigungswert $U_{CEsat} \approx 0{,}5$ V bei entsprechend kleinen Durchlaßverlusten an. Bei einer derartigen Übersteuerung nimmt aber die Ausschaltzeit sehr hohe Werte an, so daß bei einer Pulsfrequenz von 5000 Hz der

Schalttransistor nicht mehr in Sperrung geht. Eine basismäßige Übersteuerung ist somit zu vermeiden.

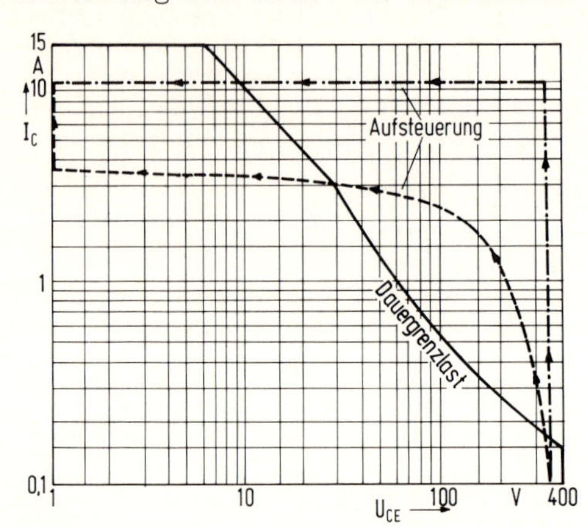


Bild 4.05-2

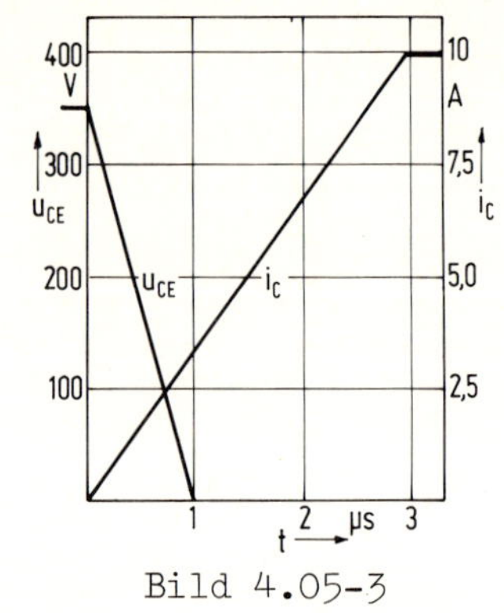


Bild 4.05-3

(d) Begrenzung der Schaltleistung

Bei dem optimalen Einschaltvorgang hat die Kollektor-Emitterspannung bereits ihren Sättigungswert $U_{CEsat}$ erreicht, wenn der Kollektorstrom seinen vollen Endwert angenommen hat. Zum Durchschalten von TL ist bei geeigneter Treiberfunktion eine Zeit von $t_{ein} = 1$ μs erforderlich. Die Induktivität $L_s = 0{,}05$ mH muß deshalb den Anstieg von $i_C$ entsprechend verzögern. Wird angenommen, daß die Spannung an TL in der Zeit $t_{ein}$ linear von $U_{CEm}$ auf null abnimmt, so gilt

$$L_s di_C/dt = U_{CEm} t/t_{ein}$$

und der Kollektorstrom im Zeitpunkt $t_{ein}$ ist

$$i_C^* = \frac{U_{CEm}}{L_s t_{ein}} \int_0^{t_{ein}} t \cdot dt = \frac{U_{CEm} t_{ein}}{2L_s} = \frac{334 \cdot 10^{-6}}{2 \cdot 0{,}05 \cdot 10^{-3}} = 3{,}34 \text{ A}.$$

In Bild 4.05-3 ist der zeitliche Verlauf des Kollektorstromes $i_C$ und der Kollektor-Emitterspannung bei einem Einschaltvorgang angegeben. In Bild 4.05-2 ergibt sich die gestrichelte Kennlinie. Ohne $L_s$ würde sich dagegen der strichpunktierte Verlauf mit wesentlich höheren Einschaltverlusten ergeben. Damit beim Abschalten $L_s$ keine Überspannungen erzeugt, ist ihr eine schnelle Freilaufdiode Ds parallelgeschaltet. Durch die Stromanstiegsbegrenzung wird die Einschaltverlustleistung von $P_{ein} = 11$ W auf $P^*_{ein} = 2{,}4$ W verringert. Beim Ausschalten von TL muß der Kollektorstrom nach dem Freilaufkreis kommutieren. Solange die Gruppe 1 wirksam ist, erhält der Thyristor Ty1 einen Dauerzündstrom, hat also die Funktion einer Diode. Trotzdem vergeht, bis Ty1 den vollen Kollektorstrom übernommen hat, eine Zeit von 2 μs. Die dann mögliche durch $L_M$ hervorgerufene Überspannung wird durch ein Beschaltungsglied $C_T R_T$ vermieden. Auf die Beschaltung kann verzichtet werden, wenn Ty1 die Eigenschaft einer schnellen Diode hat, d.h. in ca. 0,1 µs durchschaltet. Die Ausschaltverlustleistung des Leistungsttransistors beträgt

$P_{aus} = 6$ W.

Ist beim durchgeschalteten Endtransistor $U_{CEmin} = 1{,}5$ V, so beträgt die maximale Verlustleistung

$P_V = P^*_{ein} + P_{aus} + U_{CEmin} I_{Cm} = 2{,}4+6{,}0+1{,}5\cdot 10 = 23{,}4$ W,

Wärmewiderstand Transistor $R_{thJC} = 2{,}5$ K/W,

Wärmewiderstand Kühlkörper $R_{thK} = 1{,}8$ K/W,

Außentemperatur $t^o_L = 25$ °C.

Dann ergibt sich die Sperrschichttemperatur zu

$t^o_J = P_V(R_{thJC}+R_{thK})+t^o_L = 23{,}4(2{,}5+1{,}8)+25 = 125{,}6$ °C.

Erlaubt ist die Sperrschichttemperatur $t^o_{Jm} = 175$ °C. Die Spitzenbelastung ist deshalb dauernd zulässig.

(e) Basisstromsteuerung

Die Treiberstufe, deren genaue Schaltung hier nicht betrachtet wird, hat die Aufgabe, im Durchschaltaugenblick den Basisstrom schnell auf einen maximalen Wert zu bringen, ihn anschließend dem gerade fließenden Kollektorstrom anzupassen und im Ausschaltaugenblick durch einen genügend großen, negativen Kollektorstrom für eine schnelle Sperrung des Endtransistors zu sorgen.

TL wird durch Sperrung des Treibertransistors Tt durchgeschaltet. Bei dem schnellen Basisstromanstieg schließt $C_B$ die in der Basiszuleitung liegenden Dioden DB kurz, wodurch die Basis kurzzeitig übersteuert wird. Die Anpassung des Basisstromes an den Kollektorstrom von TL erfolgt durch die Fangdiode Df. Ist $U_{Df}$ die Durchlaßspannung von Df, so schaltet sie durch, wenn die Bedingung

$U_{DB}+U_{BE,TL} = U_{CE,TL}+U_{Df}$ erfüllt ist.

$U_{CE,TL} = U_{DB}+U_{BE,TL}-U_{Df} = 1{,}0+0{,}9-0{,}8 = 1{,}1$ V.

$U_{CE,TL}$ kann unter diesen Wert nicht absinken, da sonst ein zunehmender Teil des Treiberstromes an der Basis vorbei über Df abfließt. Nimmt der Motorstrom $i_A$, infolge einer Änderung des Motormomentes, ab, so ist im ersten Augenblick $I_B > I_C/B$. Dadurch geht $U_{CE,TL}$ auf ca. 0,5 V herunter, und Df wird leitend, bis $U_{CE}$ wieder auf $> 1{,}1$ V angestiegen ist.

Zur Sperrung von TL wird der Treibertransistor leitend geschaltet.

Dann ist $U_{BE,TL} = -U_{DE}+U_{CE,TR}+U_{DB} = -3{,}0+0{,}5-1{,}0 = -3{,}5$ V

Durch diese negative Vorspannung wird der Endtransistor in ca. 1 µs von Ladungsträgern befreit.

(f) Überstromschutz

Während Thyristoren für 10 ms mindestens mit dem 15fachen des Nennstromes überlastet werden können, ist der vorliegende Endtransistor auch kurzzeitig über 15 A nicht belastbar. Deshalb ist ein Überstromschutz durch Schmelzsicherungen nicht möglich. Auch die übliche Überstrombegrenzung durch einen unterlagerten Stromregelkreis stellt keinen sicheren Schutz dar. Bei kritischen Übergängen, zum Beispiel beim Anfahren aus dem Stillstand, ist der Stromregelkreis zu langsam, um unzulässige Stromspitzen zu vermeiden, da ja die Reglerbeschaltung nach regelungstechnischen Richtlinien bemessen wird.

Man wird deshalb zusätzlich eine schnelle Schwellwertstrombegrenzung vorsehen, die im Überlastfall den Treibertransistor leitend schaltet und dadurch TL sperrt. Ein gleicher Sperrvorgang läßt sich auch bei Überwachung von $U_{CE,TL}$ einleiten, wenn diese Spannung einen Grenzwert überschreitet.

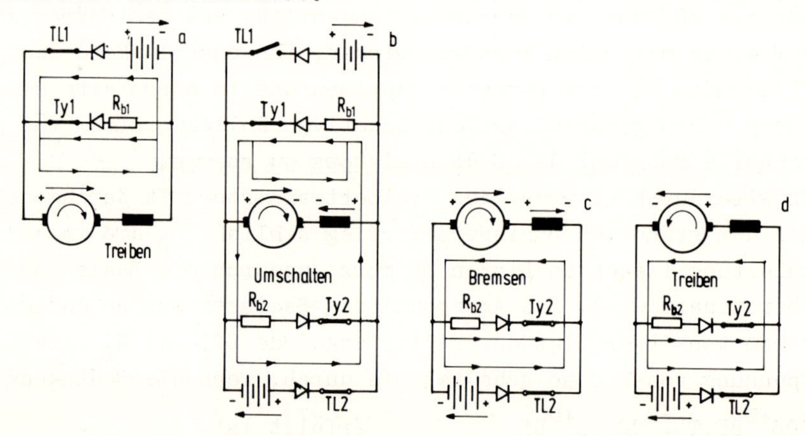


Bild 4.05-4

(g) Reversiervorgang

Das Bild 4.05-4a zeigt die stark vereinfachte Schaltung. Die steuerbaren Ventile sind durch Schalter ersetzt. TL1 und Ty1 führen immer wechselweise den Laststrom. Soll der Motor reversieren, so wird TL1 gesperrt, wie aus Bild 4.05-4b zu ersehen ist. Weiterhin wird der Dauergatestrom von Ty1 abgeschaltet. Trotzdem bleibt zunächst Th1 leitend, da $L_M$ den Strom in der bisherigen Richtung aufrecht hält. Gleichzeitig wird Ty2 leitend geschaltet und nach einer Pause von ca. 100 µs TL2 ebenfalls freigegeben.

Während $L_M$ zunächst die bisherige Motorstromrichtung aufrecht erhält, fließt ein TL2-Strom über den Ty1-Kreis. Trotzdem geht Ty1 in Sperrung, sobald der Motorstrom null geworden ist, da der TL2-Strom gepulst ist und somit Strompausen aufweist. Die Strompausen müssen nur länger als die Freiwerdezeit sein. Die dabei auftretende Überspannung wird durch den Varistor-Widerstand Vu auf einen zulässigen Wert begrenzt.
Das Bild 4.05-4c zeigt den Bremsbetrieb. Der Motor wird über $R_{b2}$ abgebremst, dabei bestimmt $R_{b2}$ den Höchstbremsstrom. Deshalb die Bemessung

$R_{b1} = R_{b2} = U_{AN}/I_{Asp} = 150/10 = 15\ \Omega.$

Wird von einer Teildrehzahl aus reversiert, so ist der Bremsstrom über Ty2 kleiner, er läßt sich durch größere Einschaltzeiten von TL2 heraufsetzen, so daß der Bremsstrom und damit das Bremsmoment konstant bleiben. In Bild 4.05-4d ist die Treibphase des Reversiervorganges wiedergegeben. Die Quellenspannung des Motors hat sich umgedreht. Ty2 arbeitet jetzt wieder als Freilaufventil.

Umsteuerzeit mit Spitzenstrom $\delta n = 2n_N$ , $|M_{br}| = |M_b| = M_{Mm}$

$t_u = 2\pi(J_M+J_L)\delta n/M_{Mm} = 2\pi(0,16+0,25)10^{-3} \cdot 84/5 = 43,3$ ms.

## 4.06 Strombelastbarkeit und Überstromschutz von Halbleiterventilen

Die strommäßige Belastbarkeit eines Thyristors wird bei netzgeführten Stromrichtern durch die Erwärmung, infolge der Durchlaßverluste, bestimmt.
Gegeben ist ein Thyristor mit der in Bild 4.06-1 gegebenen Durchlaßkennlinie. Der innere thermische Widerstand ist $R_{thG}$=0,1 K/W. Der thermische Widerstand des zugehörigen Kühlkörpers beträgt bei natürlicher Kühlung $R_{thKn}$=0,55 K/W, bei verstärkter Kühlung $R_{thKv}$=0,15 K/W. Bei Dauerstrom wird die Kristalltemperatur auf $t_j^o$=90 °C festgesetzt, um noch eine ausreichende kurzzeitige Überlastbarkeit sicherzustellen. Die Temperatur des Kühlmediums (Luft) beträgt $t_A^o$=30 °C. Grenzlastintegral $W_{gr}=10^5\ A^2s$. Mit diesem Thyristor wird erstens eine halbgesteuerte, einphasige Brückenschaltung HEB und zweitens eine vollgesteuerte Drehstrombrückenschaltung VDB aufgebaut. Wechselspannung ca. $U_s$=400 V.

Gesucht:

(a) Die zulässige Verlustleistung des Thyristors
(b) die zulässigen Nennströme beider Stromrichter
(c) Bemessung der Dioden für die HEB

(d) Auswahl der Schmelzsicherungen

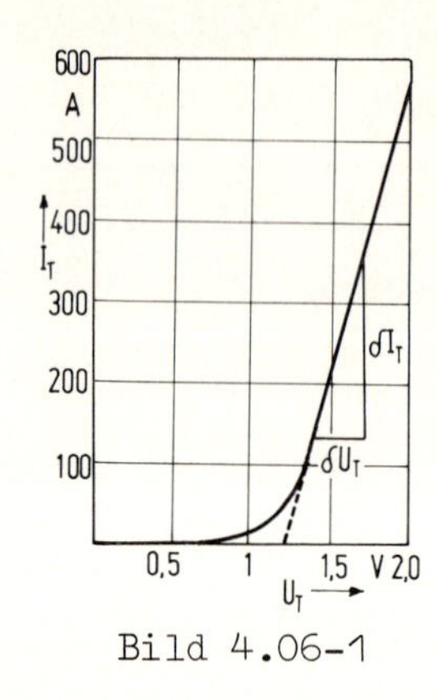


Bild 4.06-1

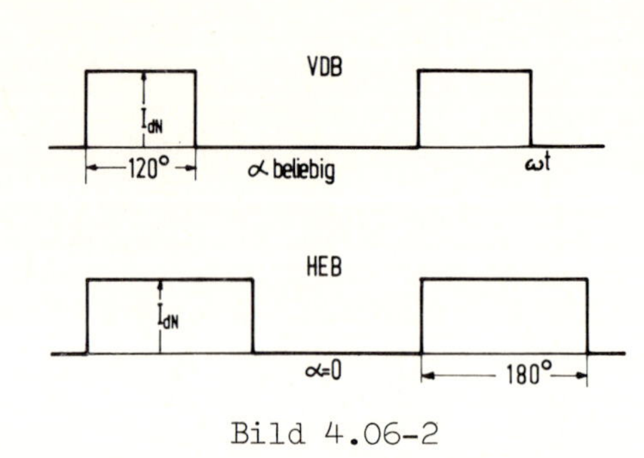


Bild 4.06-2

Lösung:

(a) Aus der Durchlaßkennlinie läßt sich die Schleusenspannung $U_{To} = 1{,}2$ V und der differentielle Widerstand (Bahnwiderstand) $R_{diff} = \delta U_T / \delta I_T = 1{,}4$ mΩ entnehmen. Die zulässigen Verlustleistungen für die beiden Kühlungsarten sind

$P_{vn} = (t_j^o - t_A^o)/(R_{thG} + R_{thKn}) = (90-30)/(0{,}1+0{,}55) = 92{,}3$ W

$P_{vv} = (t_j^o - t_A^o)/(R_{thG} + R_{thKv}) = (90-30)/(0{,}1+0{,}15) = 240$ W .

(b) Der zeitliche Verlauf der Thyristorströme bei vollständiger Glättung und ohne Berücksichtigung der Überlappung ist aus Bild 4.06-2 zu ersehen. Die Thyristorströme bei beiden Schaltungen sind

HEB: $I_{TNar} = I_{dN}/2$ $\qquad I_{TNeff} = I_{dN}/\sqrt{2}$

VDB: $I_{TNar} = I_{dN}/3$ $\qquad I_{TNeff} = I_{dN}/\sqrt{3}$ $\qquad$ es ist

$P_v = I_{TNar} U_{To} + I_{TNeff}^2 R_{diff} = I_{TNar} U_{To} + F^2 I_{TNar}^2 R_{diff}$

Formfaktor $F = I_{TNeff}/I_{TNar}$ $\qquad$ HEB: $F = \sqrt{2}$ $\qquad$ VDB: $F = \sqrt{3}$

$$I_{TNar}^2 + \frac{U_{To}}{F^2 R_{diff}} I_{TNar} - \frac{P_v}{F^2 R_{diff}} = 0$$

$$I_{TNar} = -\frac{U_{To}}{2F^2 R_{diff}} + \sqrt{\left(\frac{U_{To}}{2F^2 R_{diff}}\right)^2 + \frac{P_v}{F^2 R_{diff}}}$$ . Die Werte eingesetzt

| Schaltung | | | nat. Kühlung | verst. Kühlung |
|---|---|---|---|---|
| HEB | $I_{Tar}$ | A | 67 | 149 |
| | $I_{Teff}$ | A | 94 | 210 |
| | $I_{dN}$ | A | 133 | 297 |
| VDB | $I_{Tar}$ | A | 63 | 136 |
| | $I_{Teff}$ | A | 109 | 235 |
| | $I_{dN}$ | A | 189 | 407 |

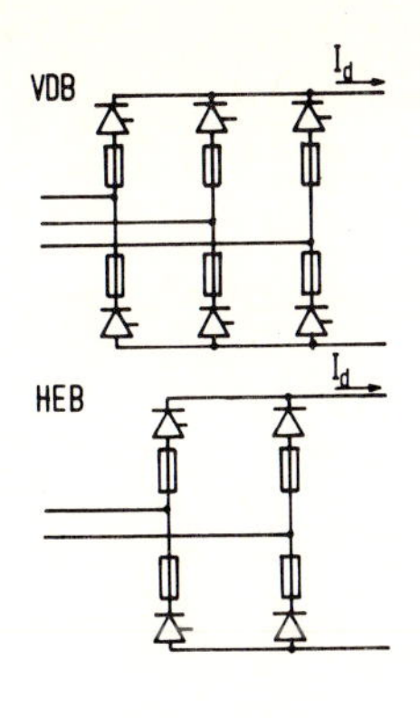


Bild 4.06-3

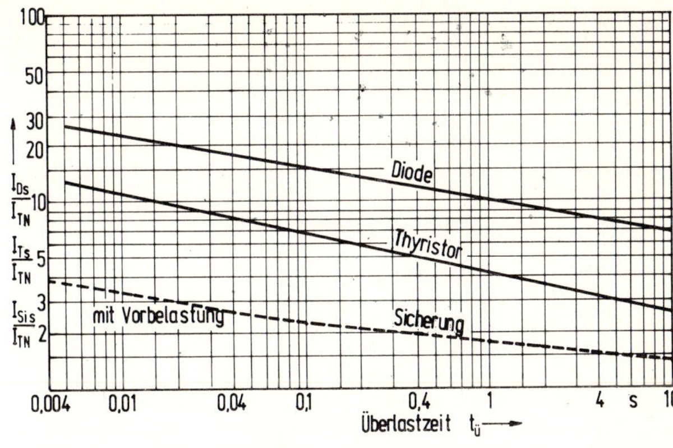


Bild 4.06-4

(c) In der HEB-Schaltung erfolgt für die Dioden bei $\alpha = 180^o$ die größte strommäßige Belastung. Bei dieser Aussteuerung führen die Dioden, infolge ihrer Freilauffunktion, während $360^o$ Strom. Der Dioden-Nennstrom ist

$I_{DN} = I_{dN} = 133$ A/297 A.

Es werden Dioden mit folgenden Kennwerten gewählt:
Schleusenspannung $U_{Do} = 0{,}9$ V, differentieller Widerstand $R_{diff} = 0{,}4 \cdot 10^{-3}$ Ω, innerer thermischer Widerstand $R_{thG} = 0{,}09$ $^oK/W$. Es werden die gleichen Kühlkörper wie für die Thyristoren vorgesehen.
Kristalltemperatur bei Nennlast

$$t_j^o = P_v(R_{thG}+R_{thK})+t_A^o = (I_{dN}R_{Do}+I_{dN}^2R_{diff})(R_{thG}+R_{thK})+t_A^o$$

natürliche Kühlung

$$t_{jn}^o = (133 \cdot 0{,}9+133^2 \cdot 0{,}4 \cdot 10^{-3})(0{,}09+0{,}55)+30 = 111{,}1 \ ^oC$$

verstärkte Kühlung

$$t_{jv}^o = (297 \cdot 0{,}9+297^2 \cdot 0{,}4 \cdot 10^{-3})(0{,}09+0{,}15)+30 = 102{,}6 \ ^oC.$$

Da bei Dioden die maximale Betriebstemperatur 150 $^oC$ ist (Thyristoren 125 $^oC$), können die errechneten Temperaturen zugelassen werden.

(d) Die Schmelzsicherungen schützen das eigene Halbleiterventil, bzw. die anderen Thyristoren und Dioden in Störungsfällen, wie äußere und innere Kurzschlüsse des Stromrichters, Kippung des Wechselrichters, Verlust der Sperrfähigkeit. Zur Sicherungsanpassung ist für jedes Ventil vom Hersteller das Grenzlastintegral angegeben $W_{gr} = \int i_{gr}^2 dt$. Hier gilt:

$W_{grT} = 100000$ $A^2s$ (Thyristor), $W_{grD} = 245000$ $A^2s$ (Diode).

Das Abschaltintegral $W_{ab} = \int i_{ab}^2 dt$ der Sicherung muß kleiner als das

Grenzlastintegral sein. Aus dem Diagramm, Anhang 2, lassen sich die zugehörigen Sicherungen entnehmen.

| | | | natürliche Kühlung | verstärkte Kühlung | |
|---|---|---|---|---|---|
| | $I_{Teff}$ | A | 94 | 210 | |
| HEB | Sicherungs= nennstrom $I_{SiN}$ | A | 100 | 250 | Thyristoren |
| | Abschalt= integral $W_{ab}$ | $A^2s$ | 3000 | 80000 | |
| | $I_{DN}$ | A | 133 | 297 | Dioden |
| | $I_{SiN}$ | A | 160 | 300 | |
| | $W_{ab}$ | $A^2s$ | 15500 | 106000 | |
| VDB | $I_{Tar}$ | A | 109 | 235 | |
| | $I_{SiN}$ | A | 125 | 250 | |
| | $W_{ab}$ | $A^2s$ | 6300 | 80000 | |

Nur bei verstärkter Kühlung kommt das Abschaltintegral in die Nähe des Grenzlastintegrals, bleibt aber erheblich darunter.
Im störungsfreien Betrieb ist es nicht die Aufgabe der Schmelzsicherungen, die Ventile vor betrieblichen Überströmen (2- bis 5facher Nennstrom) zu schützen. Das übernimmt die regelungstechnische Strombegrenzung. Thyristor und Diode haben die in Bild 4.06-4 wiedergegebene Überlastbarkeit. Sie ist, wie der Vergleich mit der gestrichelten Auslösekennlinie zeigt, größer als die der Sicherungen, so daß im Störungsfall die Sicherungen zuerst ansprechen. Die Ventile überstehen allerdings eine Überstromabschaltung nur dann, wenn bis zum Erreichen des Abschaltintegrals der Kurzschlußstrom noch nicht den Stoßstrom-Grenzwert überschritten hat. Das macht in der Regel eine Netzreaktanz, entsprechend $u_{kT}$= 0,04, notwendig.

## 4.07 Abschaltüberspannungsbegrenzung durch Ventilbeschaltung

Geht ein Thyristor in Sperrung, so fließt kurzzeitig ein hoher Sperrstrom, der nach der Zeit $t_{stg}$ schnell zu null wird. Diese schnelle Stromänderung ruft an den Längsinduktivitäten Impulsspannungen hervor, die den Thyristor gefährden. Sie müssen durch parallel zum Ventil liegende RC-Glieder unterdrückt werden.
Für einen Stromrichter in dreiphasiger Sternschaltung (DS) mit den Kenndaten $I_{dm}$=170 A, $U_s$=541 V, $I_{sN}$=69 A und der Transformator-Kurzschlußspannung $u_{kT}$=0,04; ω=314 1/s ist die Ventilbeschaltung zu bemessen.

Gesucht:

(a) Verlauf der an einem Thyristor liegenden Spannung $u_T$ und des über den Thyristor fließenden Stromes für $\alpha=90^o-\mu$

(b) maximaler Sperrstrom

(c) Abschaltspannung $u_{Ti}$ beim Abreißen des maximalen Sperrstromes.

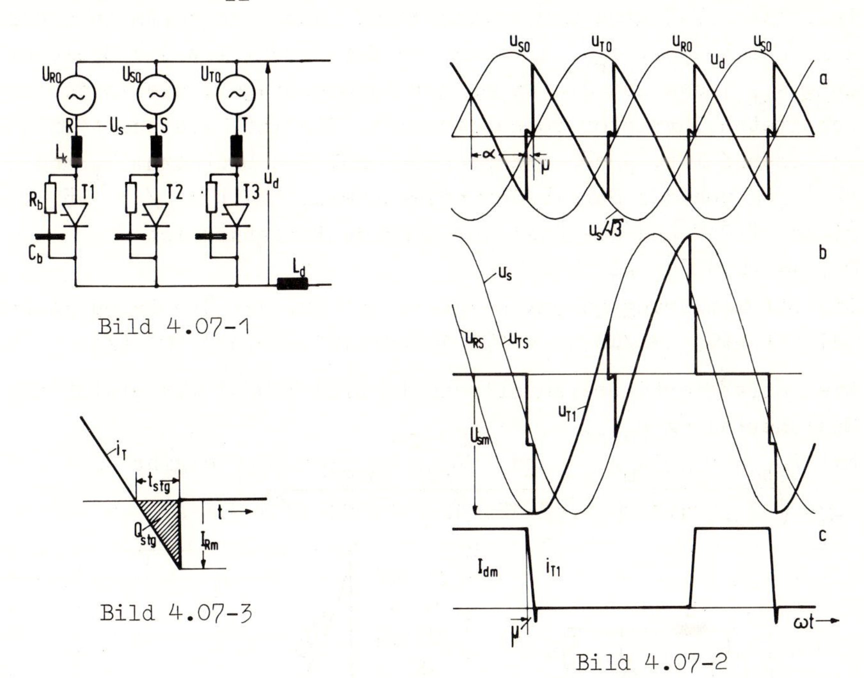


Bild 4.07-1

Bild 4.07-3

Bild 4.07-2

Lösung:

(a) Das Bild 4.07-1 zeigt die Stromrichterschaltung. Der Transformator ist durch drei Ersatzspannungsquellen $U_{RO}$, $U_{SO}$, $U_{TO}= U_s/\sqrt{3}$ und die Kommutierungsdrosseln $L_k$ ersetzt worden.

$L_k= u_{kT}U_s/\sqrt{3}\omega I_{sN}= 0,04\cdot 541/\sqrt{3}\cdot 314\cdot 69 = 0,577$ mH.

Durch $L_k$ erfolgt die Kommutierung des Stromes von einem Thyristor zum nächsten nicht augenblicklich, sondern nimmt eine gewisse Zeit, gemessen durch den Überlappungswinkel $\mu$, in Anspruch (siehe *Abschnitt 3.2*).

Nach (*Gl. 3.07*) ist $\cos\alpha-\cos(\alpha+\mu)= K_x u_{kT} I_{dm}/I_{dN}$.

Für die Sternschaltung ist $K_x=\sqrt{3}$ und $I_{dN}=\sqrt{3/2}I_{sN}=\sqrt{3/2}\cdot 69 = 84,5$ A.

Bei dem gegebenen Zündwinkel $\alpha = 90^o-\mu$

$\cos(90^o-\mu)=\sqrt{3}\cdot 0,04\cdot 170/84,5$ $\qquad$ $\mu = 90^o-\arccos 0,139 = 8^o$.

In Bild 4.07-2a ist die ungeglättete Gleichspannung aufgetragen. An dem Thyristor T1 liegt die in Bild 4.07-2b gezeigte Spannung. Der Zündwinkel ist hier so gewählt, daß die am Ende des Stromfüh-

rungsbereiches am Thyristor auftretende wiederkehrende Spannung mit $\sqrt{2}\ U_s = 765$ V ein Maximum ist.
Der Thyristorstrom hat bei vollständiger Glättung des Gleichstromes durch die Induktivität $L_d$ den in Bild 4.07-2c gezeigten Verlauf. Am Ende der Stromführung treten negative Stromspitzen auf. Sie sind in Bild 4.07-3 groß herausgezeichnet. Von besonderem Interesse ist der Scheitelwert $I_{Rm}$. Ausgang der Berechnung ist die Speicherladung $Q_{stg}$, das ist die Summe der Ladungsträger, die in dem durchgeschalteten Thyristor vorhanden sind. Sie ist, wie aus (*Bild 2.27*) zu ersehen ist, annähernd proportional dem Laststrom $I_T$ und auch abhängig von der Stromänderungsgeschwindigkeit $di_T/dt$. Für den Thyristor T221N und die hier vorliegende Belastung ist
$Q_{stg} \approx 120 \cdot 10^{-6}$ As.
Die Stromänderungsgeschwindigkeit ist bei dem Überlappungswinkel $\mu$
$-di_T/dt = I_{dm}180/\mu 0{,}01 = 170 \cdot 180/8 \cdot 0{,}01 = 0{,}383 \cdot 10^6$ A/s.

Die schraffierte Dreiecksfläche in Bild 4.07-3 ist gleich der der Speicherladung $Q_{stg}$.
Mit $Q_{stg} = t_{stg} I_{Rm}/2$ und $I_{Rm} = t_{stg}|di_T/dt|$ ergibt sich
$I_{Rm} = \sqrt{2Q_{stg}\,|di/dt|} = \sqrt{2 \cdot 120 \cdot 10^{-6} \cdot 0{,}383 \cdot 10^6} = 9{,}6$ A.

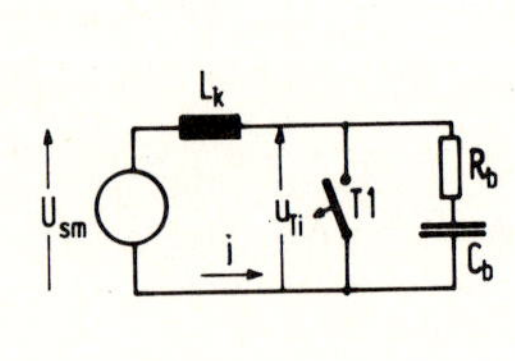


Bild 4.07-4

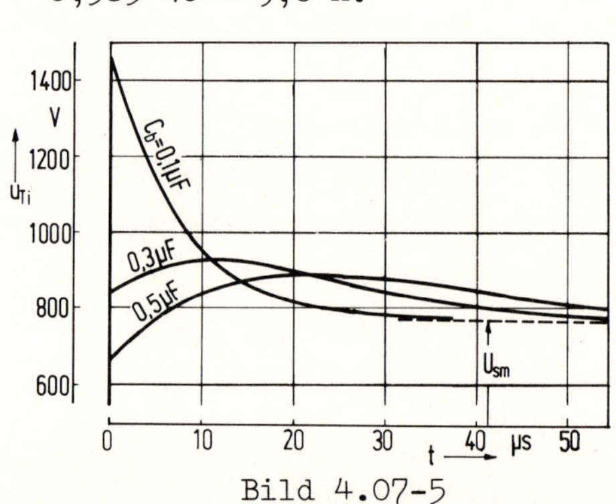


Bild 4.07-5

(c) Das Bild 4.07-4 zeigt das Ersatzschaltbild für den Ausgleichsvorgang nach dem Sperren des Thyristors T1, der hier durch einen mechanischen Schalter ersetzt ist. Die Differentialgleichung
$-U_{sm} = L_k di(t)/dt + R_b i(t) + 1/C_b \int i(t)dt$ mit den Anfangsbedingungen
$i(+o) = -I_{Rm}$, $(1/C_b)\int_{-\infty}^{o} i(t)dt = 0$ ergibt die Bildfunktion o——●

$$-\frac{U_{sm}}{p} = L_k p i(p) + L_k I_{Rm} + R_b i(p) + \frac{1}{C_b p} i(p)$$

$$i(p)[p^2 + (R_b/L_k)p + 1/C_b L_k] = -[I_{Rm}p + U_{sm}/L_k] \qquad (1)$$

Die chrakteristische Gleichung $p^2 + (R_b/L_k)p + 1/C_b L_k = 0$ hat die Nullstellen $p_{1,2} = d \mp \sqrt{d^2 - 1/C_b L_k}$ mit $d = R_b/2L_k$.

Der Widerstand $R_b$ soll für den aperiodischen Grenzfall eingestellt werden, bei dem die Wurzel null ist $(R_b/2L_k)^2 = 1/C_bL_k$ und somit

$R_b = 2\sqrt{L_k/C_b}$ (2) $p_1 = p_2 = d$. Gl.(1) nimmt die Form an

$$i(p) = -I_{Rm}\frac{p}{(p+d)^2} - \frac{U_{sm}}{L_k}\frac{1}{(p+d)^2} \quad \bullet\!\!-\!\!\circ$$

$$i(t) = -I_{Rm}(1-dt)e^{-dt} - \frac{U_{sm}}{L_k}te^{-dt} = -I_{Rm}e^{-dt}[1-t(d-U_{sm}/L_kI_{Rm})] \qquad (3)$$

Am Thyristor liegt die Spannung

$$u_{Ti}(t) = -(U_{sm}+L_k di(t)/dt) = -U_{sm}-L_kI_{Rm}e^{-dt}[d+(d-U_{sm}/L_kI_{Rm})(1-dt)]$$

$$u_{Ti}(t) = -U_{sm}-0{,}5I_{Rm}R_be^{-dt}[1+(1-2U_{sm}/I_{Rm}R_b)(1-dt)] \qquad (4)$$

mit dem Anfangswert $u_{Ti}(+0) = -I_{Rm}R_b$ und dem Endwert $u_{Ti}(\infty) = -U_{sm}$.

Für $C_b = 0{,}1\ \mu F$, $0{,}3\ \mu F$ und $0{,}5\ \mu F$ ergibt sich aus Gl.(2) und Gl.(4)

| $C_b$ µF | $R_b$ Ω | d 1/s | $u_{Ti}(t)$ V | $u_{Ti}(+0)$ | $u_{Ti}(\infty)$ |
|---|---|---|---|---|---|
| 0,1 | 152 | $132\cdot10^3$ | $-765-(694+35dt)e^{-dt}$ | -1459 | -765 |
| 0,3 | 88 | $76\cdot10^3$ | $-765-(77+344dt)e^{-dt}$ | -842 | -765 |
| 0,5 | 68 | $59\cdot10^3$ | $-765+(112-439dt)e^{-dt}$ | -653 | -765 |

In Bild 4.07-5 ist $u_{Ti}(t)$ für die drei Beschaltungskombinationen aufgetragen. Dabei erweist sich $C_b = 0{,}1\ \mu F$ als zu klein. Die optimale Beschaltung ist $C_b = 0{,}3\ \mu F$, $R_b = 88\ \Omega$. Berücksichtigt man, daß Bild 4.07-5 mit unterdrücktem Nullpunkt gezeichnet ist, so kann mit guter Näherung die maximale Thyristorspannung $U_{Tm} = u_{Ti}(+0) = -I_{Rm}R_b$ gesetzt werden.

$$U_{Tm} = -I_{Rm}2\sqrt{L_k/C_b} = -\sqrt{8Q_{stg}\,|di/dt|\,L_k/C_b}$$

$$C_b = \frac{8Q_{stg}\,|di/dt|\,L_k}{U_{Tm}^2} \qquad R_b = 2\sqrt{L_k/C_b}$$

Bei der vorstehenden Bemessung von $R_b$ springt im Sperraugenblick die Spannung auf einen hohen Wert. Wird dadurch die zulässige du/dt-Grenze des Thyristors überschritten, muß $R_b$ kleiner gewählt werden. Der Einschwingvorgang der Spannung erfolgt dann periodisch gedämpft. Eine untere Grenze für $R_b$ ergibt sich dadurch, daß sich beim Durchschalten des Thyristors der Kondensator über $R_b$ und das Ventil entlädt. Die Entladestromspitze, sie beansprucht den noch nicht vollständig durchgeschalteten Thyristor, muß genügend klein gegen den Nennstrom sein.

## 4.08 Impulsbreitensteuerung von Thyristoren mit Umschwing-Löschschaltung

Der Gleichstrommotor eines Elektrofahrzeuges mit den Kenndaten $P_{MN}$=4,8 kW, $n_N$=36 1/s, $I_{AN}$=30 A, $U_{AN}$=200 V, $R_{AM}$=1,0 Ω, $L_M$=7 mH wird aus einer Batterie $U_B$=230 V gespeist. Es ist mit einer Absenkung der Batteriespannung um 5 % zu rechnen.
Der Ankerstrom ändert sich in den Grenzen $I_A$=0,25$I_{AN}$ und $I_A$=$I_{AN}$. Kurzzeitig wird $I_{Am}$=1,5$I_{AN}$ zugelassen.
Die Motordrehzahl soll über einen periodisch gezündeten Thyristor mit einer Umschwinglöscheinrichtung gesteuert werden. Die konstante Schaltfrequenz soll $f_p$=2000 Hz betragen (Pulsbreitensteuerung). Für den Thyristor ist eine Freiwerdezeit $t_q$=15 µs und eine zulässige Stromsteilheit $(di/dt)_m$=100 A/µs anzusetzen. Maximaler Umschwingstrom $I_{Cm}$=$I_{AN}$.

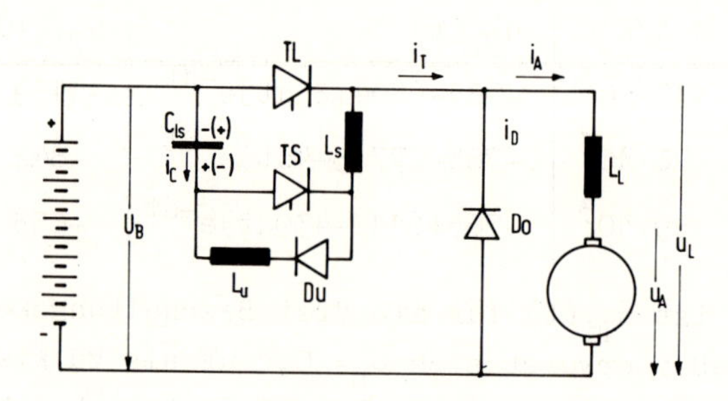


Bild 4.08-1

Gesucht:

(a) Bemessung der Lastinduktivität, wenn sich während einer Schaltperiode, bei minimaler Einschaltzeit, der Laststrom nur um 0,1$I_{AN}$ ändern soll.

(b) Berechnung der Strombegrenzungsdrossel $L_s$, des Löschkondensators $C_{Ls}$ und der Umschwingdrossel $L_u$.

(c) Bemessung des Hauptthyristors TL und des Löschthyristors TS.

Lösung:

(a) In Bild 4.08-1 ist die gesamte Schaltung wiedergegeben. Vorausgesetzt wird eine induktionsfreie Spannungsquelle. Ist diese Bedingung nicht erfüllt, so muß, wie in Beispiel 5.16 ausgeführt, durch einen Pufferkondensator die Spannungsquelle vom Impulsstrom entlastet werden.

Lastinduktivität $L_L$

Während TL sperrt, fließt der Laststrom $i_A$ über die Freilaufdiode Do weiter. Soll in diesem Betriebszustand $i_A$ nur um $\delta i_A$= 0,1$I_{AN}$ absinken, muß nach dem Induktionsgesetz sein

$U_{AN}=(L_L+L_M)(\delta i_A/\delta t)=(L_L+L_M)0,1I_{AN}f_p$ und daraus

$L_L= U_{AN}/0,2\ I_{AN}f_p-L_M= 200/0,2\cdot30\cdot2000-0,007 = 9,7$ mH.

(b) Strombegrenzungsdrossel $L_s$

$L_s$ hat die Anstiegsgeschwindigkeit des Kondensatorstromes $i_C$ nach dem Zünden des Löschthyristors TS zu begrenzen

$U_B= L_s(di/dt)_m$ , $L_s=U_B/(di/dt)_m= 230\cdot10^{-6}/100 = 2,3$ µH.

Die Kommutierungszeit beim Übergang des Stromes von TL auf den Löschkondensator $C_{ls}$ ist

$t_1= 1,5I_{AN}/(di/dt)_m= 1,5\cdot30\cdot10^{-6}/100 = 0,45$ µs.

Die in dieser Zeit vom Kondensator abgeflossene Ladung kann vernachlässigt werden.

Löschkondensator

In Bild 4.08-2 ist der Lösch-, der Umlade- und der Umschwingbereich stark gedehnt wiedergegeben, während der Einschalt- und der Freilaufbereich (Ausschaltzeit), die fast die ganze Pulsperiode in Anspruch nehmen, nur angedeutet sind. Die Zeitzählung beginnt bei t = 0 mit dem Beginn des Löschvorganges. Nach dem Löschen von TL wird der Kondensator über $L_L$ und den Motor auf die Polarität der Speisespannung $U_B$ umgeladen. Dabei hält $L_L$ den Umladestrom auf $i_C=I_A$ konstant. In Bild 4.08-2 ist der Umladevorgang wiedergegeben. Von besonderer Bedeutung ist die Zeit $t_2^*$ bis zum Nulldurchgang der Kondensatorspannung, da in diesem Zeitraum an TL Spannung in Sperrrichtung anliegt. Es muß sein $t_2^* > t_q$, da erst nach dem Ablauf der Freiwerdezeit der Thyristor in Durchlaßrichtung sperrfähig ist.

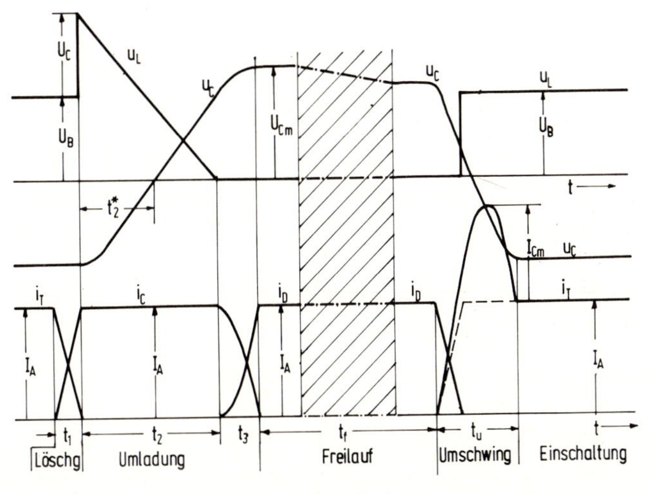


Bild 4.08-2

Wird die Kondensatorspannung zu $U_C = U_{Bmin} = 0{,}95U_B = 218{,}5$ V und der Umladestrom $i_C = i_{Am} = 1{,}5I_{AN} = 45$ A angesetzt, so ergibt sich unter Berücksichtigung von

$$i_C = C_{1s} du_C/dt \ , \quad C_{1s} \geq \frac{i_C dt}{du_C} = \frac{1{,}5I_{AN}t_q}{0{,}95U_B} = \frac{1{,}5\cdot 30\cdot 15\cdot 10^{-6}}{0{,}95\cdot 230} = 3{,}09\ \mu F$$

gewählt $C_{1s} = 3{,}2\ \mu F$.

Maximale Kondensatorspannung nach dem Löschen von TL.

Die Freilaufdiode Do wird leitend, sobald $u_L$ zum Zeitpunkt $t = t_1 + t_2$ $u_L = 0$ wird. Danach steigt, denn $C_{1s}$ und $L_s$ bilden einen Reihenresonanzkreis, $u_C$ weiter an und erreicht zum Zeitpunkt $t = t_1 + t_2 + t_3$ den Maximalwert $U_{Cm}$.

$$U_{Cm} = U_B + i_A\sqrt{L_s/C_{Ls}} = 230 + i_A\sqrt{2{,}3/3{,}2} = 230 + 0{,}848 i_A$$

$$i_A = I_{Amin} = 7{,}5\ A \rightarrow U'_{Cm} = 236\ V\ ; \quad i_A = I_{Am} = 45\ A \rightarrow U''_{Cm} = 268\ V.$$

Minimale Ausschaltzeit

Der Thyristor TL muß mindestens während der Umladezeit $t_2 + t_3$ ausgeschaltet bleiben.

$$t_{aus} = C_{1s}\frac{\delta U_C}{I_A} = \frac{C_{1s}(U_B + U_{Cm})}{I_A}$$ und die maximal einstellbare Ankerspannung ist $$U_{Am} = U_B \frac{1/f_p - t_{aus}}{1/f_p}$$

$$I_A = I_{Amin} = 7{,}5\ A : \ t_{aus} \geq \frac{3{,}2\cdot 10^{-6}(230+236)}{7{,}5} = 0{,}2\ ms \qquad U_{Am} = 138\ V$$

$$I_A = I_{AN} = 30\ A : \ t_{aus} \geq \frac{3{,}2\cdot 10^{-6}(230+255)}{30} = 0{,}052\ ms \qquad U_{Am} = 206\ V$$

$$I_A = I_{Am} = 45\ A : \ t_{aus} \geq \frac{3{,}2\cdot 10^{-6}(230+268)}{45} = 0{,}035\ ms \qquad U_{Am} = 214\ V.$$

Umschwingdrossel

In der Zeit $t_f$ führt die Freilaufdiode Do den Laststrom. Zur Zeit $t = t_1 + t_2 + t_3 + t_f$ wird TL gezündet. Durch das Zünden von TL wird der mit der in Bild 4.08-1 eingeklammerten Polarität aufgeladene Kondensator über $L_u$, Du, $L_s$ und TL kurzgeschlossen. Ist der Wirkwiderstand dieses Kreises klein, so ergibt sich der Umschwingstrom zu

$$i_C(t) = U_{Co}\sqrt{\frac{C_{1s}}{L_u + L_s}}\ \cdot \sin\left(\frac{t}{\sqrt{C_{1s}(L_u + L_s)}}\right)$$

mit dem Maximalwert $I_{Cm} = U_{Co}\sqrt{C_{1s}/(L_u + L_s)}$ .

Daraus die Induktivität der Umschwingdrossel

$$L_u = (U_{Co}/I_{Cm})^2 C_{1s} - L_s = (268/30)^2\cdot 3{,}2\cdot 10^{-6} - 2{,}3\cdot 10^{-6} = 0{,}25\ mH.$$

Minimale Einschaltzeit

Der Umschwingstrom wird durch die Diode Du unterbrochen, sobald $i_C$ sein Vorzeichen bei

$$\frac{1}{\sqrt{C_{1s}(L_u+L_s)}}\, t = \pi \text{ wechselt.}$$

Umschwingzeit $t_u = \pi\sqrt{C_{1s}(L_u+L_s)} = \pi\sqrt{3{,}2\cdot 10^{-6}\cdot 248\cdot 10^{-6}} = 0{,}028$ ms

$U_{Amin} = U_B t_u f_p = 230\cdot 0{,}028\cdot 10^{-3}\cdot 2000 = 12{,}9$ V.

Die Umschwingzeit ist nicht von dem Laststrom abhängig. Wegen der Drosselverluste ist der Kondensator am Ende des Umschwingvorganges in der in Bild 4.08-1 uneingeklammerten Polarität nicht auf $U_{Co}$, sondern auf einen etwas kleineren Wert aufgeladen

$$U_C = -U_{Co}e^{-\pi/T} \qquad T = (L_u+L_s)/2(R_u+R_s)$$

($R_u$, $R_s$ Kupferwiderstände der Induktivitäten $L_u$, $L_s$). Der Umschwingvorgang ist ebenfalls in Bild 4.08-2 wiedergegeben.

(c) Leistungsthyristor TL

Die höchste Spannungsbeanspruchung liegt in Durchlaßrichtung und beträgt $U_{Cm} = 268$ V. Mit Rücksicht auf die verbleibende Trägerstauüberspannung (begrenzt durch $C_b$, $R_b$) und die Störspannungsimpulse sollte die periodische Spitzensperrspannung $U_{RRM} \geqq 500$ V sein. Kann der maximale Ankerstrom $I_{Am} = 45$ A für mehrere Sekunden, (zum Beispiel während der Beschleunigung des Fahrzeuges), anstehen, so ist er bei der Bemessung des Thyristors als Dauerstrom zu rechnen $I_T = 45$ A.

In der Umschwingphase kommt der Umschwingstrom $I_{Cm} = I_{AN}$ hinzu $I_{Tm} = I_{AN}(1{,}5+1{,}0) = 2{,}5\cdot 30 = 75$ A.

Das Überstromverhältnis $I_{Tm}/I_T = 75/45 = 1{,}67$ kann ein üblicher F-Thyristor (kleine Freiwerdezeit) für ca. 28 µs ohne Schwierigkeiten führen.

Löschthyristor TS

Der Löschthyristor führt nur während der Umladephase für $t_{aus} = 35$ µs Spitzenstrom. Wenn

$(I_{Tm}/I_{TN}) \leqq 3{,}6$ zulässig ist, so empfiehlt sich, den Löschthyristor mindestens für

$I_{TN} = I_{Tm}/3{,}6 = 45/3{,}6 = 12{,}5$ A zu bemessen. Die Sperrspannung entspricht der des Leistungsthyristors.

Freilaufdiode Do

Sie ist strommäßig für $I_{Am} = 45$ A als Dauerstrom zu bemessen (Fall minimaler Einschaltzeit). Die höchste Sperrspannung tritt unmittelbar nach dem Sperren von TL auf und ist $U_{RRM} = 2U_B = 230\cdot 2 = 460$ V.

# 5. Stromrichterantriebe

## 5.01 Begrenzung der Ausschaltüberspannung eines einphasigen Transformators

Gegeben ist ein einphasiger Transformator mit den Kenndaten S=800 VA, $U_p=U_s=220$ V, Magnetisierungsstrom bei Nennspannung $I_{po}=0{,}077$ A, Schaltkapazität $C_{sch}=0{,}75\cdot 10^{-9}$ F, Kupferwiderstand jeder Wicklung $R_p=R_s=3{,}2\ \Omega$, Kurzschlußspannung $u_{kt}=0{,}04$; Netz-Kreisfrequenz $\omega_e=314$ 1/s.

Gesucht:

(a) Ausschaltüberspannung ohne Beschaltung

(b) Ausschaltüberspannung mit Beschaltung durch $R_b$, $C_b$

(c) Verlustleistung des Beschaltungswiderstandes

(d) Überspannung beim Abschalten des Stromes $I_{sN}$ mit der optimalen Beschaltung nach (b)

Lösung:

(a) Das Bild 5.01-1 zeigt das Ersatzschaltbild des Transformators mit Beschaltung.

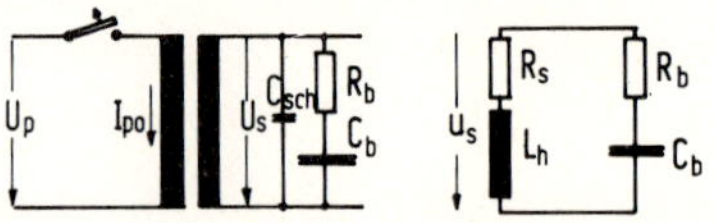

Bild 5.01-1

Zunächst soll die Abschaltung ohne Beschaltung betrachtet werden. Bei einem Transformator ohne Schaltkapazität würde sich, vernachlässigbare Schaltzeit vorausgesetzt, eine unendlich hohe Überspannung einstellen. Mit einer Schaltkapazität ergeben sich hierfür endliche Werte. Bei den folgenden Rechnungen wird der ungünstigste Schaltaugenblick, das ist die Abschaltung im Maximum des Magnetisierungsstromes, zugrunde gelegt.

Hauptinduktivität $L_h = U_p/I_{po}\omega_e = 220/0{,}077\cdot 314 = 9{,}1$ H

Nennstrom $I_{pN} = S/U_p = 800/220 = 3{,}64\ \text{A} = I_{sN}$

Streureaktanz $L_s = u_{kT}U_p/I_{pN}\omega_e = 0{,}04\cdot 220/3{,}64\cdot 314 = 7{,}7$ mH.

Die Streureaktanz kann wegen $L_h \gg L_s$ bei der Berechnung der Abschaltüberspannung des leer laufenden Transformators vernachlässigt werden.

Nach (*Gl.4.44a*) ist

$$U_{sm}=\sqrt{2}U_s\omega_o/\omega_e=\sqrt{2}U_s/\omega_e\sqrt{L_h C_{sch}}=\sqrt{2}\cdot 220/314\sqrt{9{,}1\cdot 0{,}75\cdot 10^{-9}}=12\ \text{kV} \qquad (1)$$

(b) Ist $C_b \gg C_{sch}$, so kann der Einfluß der Schaltkapazität auf den Einschwingvorgang unberücksichtigt bleiben.

Nach dem Öffnen des Schalters gilt die Differentialgleichung

$$L_h \frac{di(t)}{dt} + (R_s+R_b)i(t) + \frac{1}{C_b}\int i(t)dt = 0 \qquad R_s+R_b = R$$

mit den Anfangsbedingungen $i(+0) = -\sqrt{2}U_s/\omega_e L_h$ und $(1/C_b)\int_{-\infty}^{0} i(t)dt \approx 0$

$$\circ\!\!-\!\!\bullet \; L_h p i(p) + \sqrt{2}U_s/\omega_e + Ri(p) + (1/C_b p)i(p) = 0$$

$$i(p) = -\frac{\sqrt{2}U_s}{\omega_e L_h}\frac{p}{p^2+(R/2L_h)p+1/C_b L_h} = -\frac{\sqrt{2}U_s}{\omega_e L_h}\frac{p}{(p+p_1)(p+p_2)}$$

mit den Wurzeln $p_{1/2} = R/2L_h \mp j\sqrt{(1/C_b L_h)-(R/2L_h)^2} = d \mp j\omega_o$

Wegen der großen Hauptreaktanz liegt hier immer periodische Dämpfung vor

$d = R/2L_h$ , $\omega_o = \sqrt{(1/C_b L_h)-(R/2L_h)^2}$ Rücktransformation nach Anhang 1.

$$\bullet\!\!-\!\!\circ \; i(t) = -\frac{\sqrt{2}U_s}{\omega_e L_h}\frac{1}{p_2-p_1}[p_2 e^{-p_2 t} - p_1 e^{-p_1 t}]$$

Nach einigen Umformungen ist

$$i(t) = -\frac{\sqrt{2}U_s}{\omega_e L_h}\sqrt{1+(\frac{d}{\omega_o})^2}\, e^{-dt}\cos(\omega_o t+\Theta) \qquad (2) \qquad \Theta = \arctan(d/\omega_o).$$

Da $L_h(di(t)/dt) \gg R_s i(t)$ ist, kann gesetzt werden

$$u_s(t) = L_h\frac{di(t)}{dt} = \frac{\sqrt{2}U_s\omega_o}{\omega_e}[1+(\frac{d}{\omega_o})^2]e^{-dt}\sin(\omega_o t+2\Theta) \qquad (3)$$

mit dem Maximalwert

$$U_{sm} = \frac{\sqrt{2}U_s\omega_o}{\omega_e}\sqrt{1+(\frac{d}{\omega_o})^2}\, e^{-\pi d/2\omega_o} = \frac{\sqrt{2}U_s}{\omega_e}\frac{1}{\sqrt{L_h C_b}}e^{-\pi d/2\omega_o} \qquad (4)$$

Für $d = 0$ nimmt Gl.(4) die Form von Gl.(1) an.

Der Widerstand $R_b$ wird so bestimmt, daß der Einschwingvorgang nach $t_b^* = 0{,}5$ s auf 5 % abgeklungen ist.

$e^{-dt_b^*} = 0{,}05$, das heißt, $dt_b = 3$

$R_b = (6L_h/t_b^*) - R_s = (6\cdot 9{,}1/0{,}5) - 3{,}2 = 106\ \Omega$ , $d = 6$

und nach Gl.(4)

$$U_{sm} = \frac{\sqrt{2}\cdot 220}{314}\sqrt{\omega_o^2+36}\, e^{-\pi 3/\omega_o} = 0{,}99\sqrt{\omega_o^2+36}\, e^{-9{,}4/\omega_o} \text{ mit } \omega_o = \sqrt{(1/9{,}1C_b)-36}$$

| $C_b$ | µF | 0,1 | 0,3 | 0,5 | 1,0 | 1,5 | 2,0 | 3,0 |
|---|---|---|---|---|---|---|---|---|
| $\omega_o$ | 1/s | 1048 | 605 | 469 | 331 | 271 | 234 | 191 |
| $U_{sm}$ | V | 1028 | 590 | 460 | 319 | 259 | 223 | 180 |

In Bild 5.01-2 ist $U_{sm}$ über $C_b$ aufgetragen. Optimaler Wert $C_b = 1,0\ \mu F$.

(c) Da $R_b \ll (1/\omega_e C_b)$ ist, ergibt sich die im Beschaltungswiderstand umgesetzte Grundwellenleistung zu

$$P_{b1} = (U_s \omega_e C_b)^2 R_b = (220 \cdot 314 \cdot C_b)^2 106 = 0,506 \cdot 10^{+12} C_b^2 .$$

Die errechnete Leistung setzt sinusförmige Netzspannung voraus. Enthält die Netzspannung Oberschwingungen, so fließen über das Beschaltungsglied, wegen seiner Hochpaßeigenschaften, erhebliche Oberschwingungsströme.

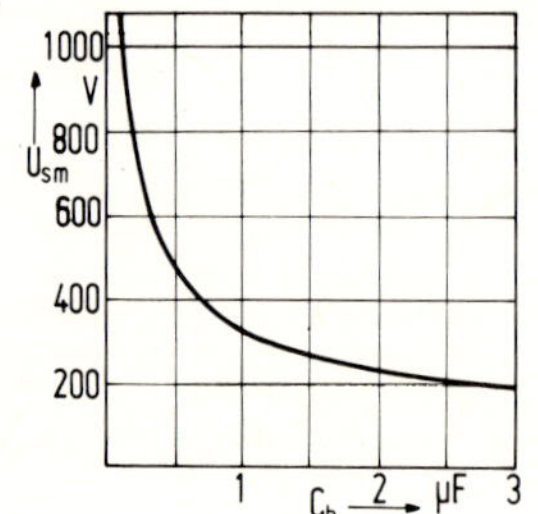


Bild 5.01-2

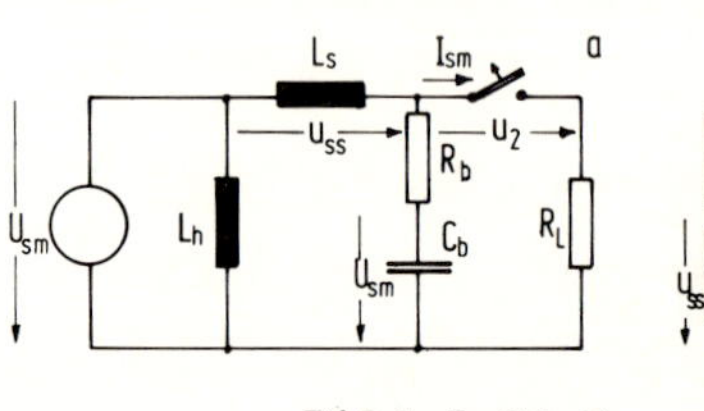


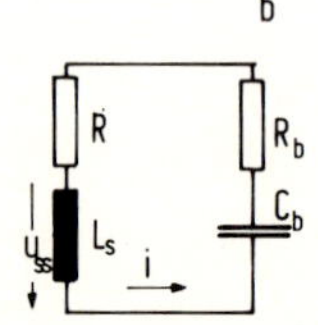


Bild 5.01-3

(d) Auch beim Abschalten einer Last kann eine Überspannung auftreten. Verursacht wird sie durch die Streureaktanz $L_s$ des Transformators. Der kritischste Fall ist das Abschalten einer Wirklast, während die Speisespannung ihren Maximalwert $U_{sm} = \sqrt{2}\, U_s$ hat. Da $L_s$ klein gegenüber $L_h$ ist, läuft der Ausgleichsvorgang in so kurzer Zeit ab, daß $U_s$ als konstant angenommen werden kann. In Bild 5.01-3a ist die Ersatzschaltung für die Lastabschaltung wiedergegeben. Die Hauptinduktivität $L_h$ liegt an einer konstanten Spannung, sie beeinflußt somit nicht den Ausgleichsvorgang. Am Schalter liegt die Spannung $u_2 = U_{sm} + u_{ss}$. Für die Berechnung von $u_{ss}$ kann $U_{sm}$ unberücksichtigt bleiben, so daß die Ersatzschaltung 5.01-3b mit der Anfangsbedingung $i(+0) = \sqrt{2}\, I_{sN}$ gültig ist. Die Differentialgleichung lautet

$$L_s di(t)/dt + (R_p + R_s + R_b) i(t) + (1/C_b) \int i(t) dt = 0 \qquad R = R_p + R_s + R_b .$$

Eine ähnliche Differentialgleichung wurde in (b) gelöst. Das Ergebnis ist somit, in Anlehnung an Gl.(2)

$$i(t) = \sqrt{2}\, I_{sN} \sqrt{1 + (d/\omega_o)^2}\, e^{-dt} \cos(\omega t + \Theta) \qquad \Theta = \arctan(d/\omega_o)$$

$$d = (R_p + R_s + R_b)/2L_s \qquad \omega_o = \sqrt{(1/L_s C_b) - d^2} .$$

Für $C_b = 10^{-6}$ F , $R_b = 106\ \Omega$ ist $d = (6,2+106)/2 \cdot 7,7 \cdot 10^{-3} = 7286$ 1/s

$$\omega_o = \sqrt{(1/7,7 \cdot 10^{-3} \cdot 10^{-6}) - 7286^2} = 8763 \text{ 1/s}$$

$$u_{ss} = -L_s di(t)/dt = \sqrt{2}\, I_{sn} \omega_o L_s [1 + (d/\omega_o)^2] e^{-dt} \sin(\omega_o t + 2\Theta)$$

$$= \sqrt{2} \cdot 3,64 \cdot 8763 \cdot 7,7 \cdot 10^{-3} [1 + (7286/8763)^2] e^{-7286 t} \sin[8763t + 2\arctan(7286/8763)]$$

$$u_{ss} = 587,5 e^{-7286 t} \sin(8763t + 1,387).$$

Der Maximalwert tritt bei $t = 0$ auf.

$U_{2m} = \sqrt{2}\ 220 + 587{,}5 \sin 1{,}387 = 889$ V.

Diese Überspannung ist nicht bei mechanischen Schaltern zu erwarten, sondern nur, wenn der Lastkreis über Leistungshalbleiter in vernachlässigbarer Zeit aufgerissen wird.

## 5.02 Begrenzung der Ausschaltüberspannung eines dreiphasigen Transformators

Gegeben ist ein dreiphasiger Transformator in der Schaltung Stern/Stern mit den Kenndaten: $S_N = 360$ kVA $U_p = 380$ V, $U_s = 450$ V, $I_{po} = 0{,}02 I_{pN}$, $u_{kT} = 0{,}04$, $\omega_e = 314$ 1/s. Die Wicklungswiderstände werden vernachlässigt.

Gesucht:

(a) Die Überspannung beim Ausschalten des leer laufenden Transformators ist durch eine direkte $R_bC_b$-Beschaltung auf $U_{sm} = 1000$ V zu begrenzen, wenn das Ausschalten im Spannungsnulldurchgang erfolgt.

(b) Die Spannungsbegrenzung nach (a) soll durch eine indirekte $R_bC_b$-Beschaltung erfolgen.

(c) Die Spannungsbegrenzung nach (a) soll mit Selen-Überspannungsdioden (U-Dioden) erreicht werden.

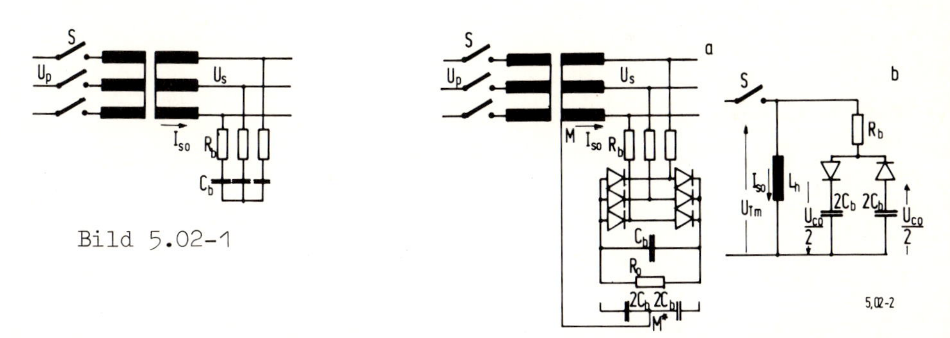


Bild 5.02-1

Bild 5.02-2

Lösung:

(a) In Bild 5.02-1 ist die dreiphasige Schaltung mit den Beschaltungsgliedern wiedergegeben.

$I_{sN} = S_N/\sqrt{3}\, U_s = 3{,}6 \cdot 10^5/\sqrt{3}\ 450 = 462$ A $\qquad I_{so} = 0{,}02 I_{sN} = 9{,}24$ A

$L_h = U_{sN}/\sqrt{3}\, I_{so}\omega_e = 450/\sqrt{3} \cdot 9{,}24 \cdot 314 = 0{,}09$ H

$L_s = u_{kT}U_s/\sqrt{3}\, I_{sN}\omega_e = 0{,}04 \cdot 450/\sqrt{3} \cdot 462 \cdot 314 = 0{,}07$ mH.

Der Ausgleichsvorgang soll in $t_b = 0{,}1$ s auf 5% abgeklungen sein. Nach Beispiel 5.01 ist dann für $R_b$ zu wählen

$dt_b = R_b t_b / 2L_h = 3$ ; $R_b = 6L_h/t_b = 6 \cdot 0{,}09/0{,}1 = 5{,}4\ \Omega$ ; $d = 30\ 1/s$

$\omega_o = \sqrt{(1/L_h C_b) - d^2} = \sqrt{(11{,}1/C_b) - 900}$ und nach Gl.(5.01.4) ist

$$U_{Tm} = \frac{\sqrt{2}U_s}{\omega_e} \frac{1}{\sqrt{L_h C_b}} e^{-\pi d/2\omega_o} = \frac{\sqrt{2}\cdot 450}{314} \frac{1}{\sqrt{0{,}09C_b}} e^{-\pi \cdot 15/2\omega_o} = \frac{6{,}76}{\sqrt{C_b}} e^{-23{,}6/\omega_o} \quad (1)$$

Die ungünstigste Abschaltung im Maximum des Magnetisierungsstromes kann nur in einer Phase auftreten, deshalb ist $U_{sm}/\sqrt{3} < U_{Tm} < U_{sm}$. Es wird gesetzt $U_{Tm} = U_{sm}/1{,}2 = 833$ V.

Da $(23{,}6/\omega_o) \ll 1$ ist, ist $U_{sm} = 6{,}76/\sqrt{C_b}$ und damit

$C_b = (6{,}76/U_{Tm})^2 = (6{,}76/833)^2 = 65{,}8\ \mu F$

$\omega_o = \sqrt{11{,}1/65{,}8 \cdot 10^{-6} - 900} = 410\ 1/s.$

Bei Dreieckschaltung des $R_bC_b$-Gliedes ist $R_b^* = 3R_b = 16{,}2\ \Omega$, $C_b^* = C_b/3 = 22\ \mu F$. Die Typenleistung des Beschaltungswiderstandes wird von den Spannungsoberschwingungen mitbestimmt. Wird folgendes Oberschwingungsspektrum angenommen

$U_{s5} = 0{,}05U_{s1}$ ; $U_{s7} = 0{,}03U_{s1}$ ; $U_{s11} = 0{,}01U_{s1}$ so ist

$$P_{Rb} = (\omega_e C_b U_s/\sqrt{3})^2 R_b [1 + 0{,}05^2 \cdot 5^2 + 0{,}03^2 \cdot 7^2 + 0{,}01^2 \cdot 11^2] \quad (2)$$

$$= 1{,}12(314 \cdot 65{,}8 \cdot 10^{-6} \cdot 450/\sqrt{3})^2 \cdot 5{,}4 = 174\ W.$$

In den Beschaltungswiderständen werden 0,15 % der Nenn-Scheinleistung in Wärme umgesetzt.

(b) Diese Verluste lassen sich durch die in Bild 5.02-2a wiedergegebene indirekte Beschaltung vermeiden. Im normalen Betrieb ist der Kondensator $C_b$ auf die Spannung $U_{Co} = \sqrt{2}U_s$ aufgeladen. Die Beschaltungsdioden sind gesperrt und die Widerstände $R_b$ sind stromlos. Der Widerstand $R_o$ sorgt für die Entladung von $C_b$ bei abgeschaltetem Transformator. $R_o$ kann bei dem Einschwingvorgang unberücksichtigt bleiben.

Ersetzt man die Kapazität $C_b$ durch die Reihenschaltung von zwei Kondensatoren mit der Kapazität $2C_b$, so kann in Bild 5.02-2a der Punkt M* mit dem Sternpunkt M verbunden werden, ohne daß sich an der Wirkung Der Beschaltung etwas ändert. Dann ergibt sich die in Bild 5.02-2b wiedergegebene einphasige Ersatzschaltung, die ein Parallelresonanzkreis ist, in dem zum Zeitpunkt $t = 0$ die Kondensatoren $2C_b$ auf $U_{Co} = U_s/\sqrt{2}$ aufgeladen sind. Einer der Ersatzkondensatoren bleibt während des Ausgleichsvorganges unwirksam, da durch die Schaltüberspannung die Sperrung der vorgeschalteten Diode nur verstärkt wird. Über das Beschaltungsglied fließt erst ein Strom, wenn die von $L_h$ induzierte Spannung den Wert $U_{Co}/2$ übersteigt.

Für den Ausgleichsvorgang nach dem Öffnen des Schalters S gilt die Differentialgleichung

$$L_h di(t)/dt + R_b i(t) + (1/2C_b)\int i(t)dt = 0$$

mit den Anfangsbedingungen

$$i(+0) = \sqrt{2/3}\,U_s/\omega_e L_h \qquad (1/2C_b)\int_{-\infty}^{0} i(+0)dt = U_s/\sqrt{2}$$

$$\circ\!\!-\!\!\bullet\; i(p)[L_h p + R_b + 1/2C_b p] = \sqrt{2/3}\,U_s/\omega_e + U_s/\sqrt{2}p$$

$$i(p) = \frac{\sqrt{2}U_s}{\omega_e L_h}\left[\frac{1}{\sqrt{3}}\frac{p}{p^2+(R_b/L_h)p+1/2L_hC_b} - \frac{\omega_e}{2}\frac{1}{p^2+(R_b/L_h)p+1/2L_hC_b}\right]$$

$$= \frac{\sqrt{2}U_s}{\omega_e L_h}\left[\frac{1}{\sqrt{3}}\frac{p}{(p+p_1)(p+p_2)} - \frac{\omega_e}{2}\frac{1}{(p+p_1)(p+p_2)}\right]$$

mit $p_{1/2} = d \mp j\omega_o$ ; $d = R_b/2L_h$ ; $\omega_o = \sqrt{(1/2L_hC_b) - (R_b/2L_h)^2} \approx 1/\sqrt{2L_hC_b}$ $(R_b \ll \sqrt{2L_h/C_b})$. Die Rücktransformation nach Anlage 1 liefert $\bullet\!\!-\!\!\circ$

$$i(t) = -\sqrt{\frac{2}{3}}\frac{U_s}{\omega_e L_h}e^{-dt}\left[\left(\frac{\sqrt{3}}{2}\frac{\omega_e}{\omega_o} + \frac{d}{\omega_o}\right)\sin\omega_o t - \cos\omega_o t\right] \quad \text{da } \frac{d}{\omega_o} \ll \sqrt{3}\omega_e/2\omega_o \text{ ist.}$$

$$i(t) = -(\sqrt{2/3}\,U_s/\omega_e L_h)e^{-dt}[(\sqrt{3}\omega_e/2\omega_o)\sin\omega_o t - \cos\omega_o t]$$

$$u_T(t) = -L_h\frac{di(t)}{dt} = -\sqrt{\frac{2}{3}}U_s\frac{\omega_o}{\omega_e}e^{-dt}\left[\left(1-\frac{\sqrt{3}\,d\omega_e}{2\omega_o^2}\right)\sin\omega_o t + \left(\frac{d}{\omega_o} + \frac{\sqrt{3}}{2}\frac{\omega_e}{\omega_o}\right)\cos\omega_o t\right]$$

$$u_T(t) = \sqrt{\frac{2}{3}}U_s\frac{\omega_o}{\omega_e}\sqrt{1+\frac{3}{2}\left(\frac{\omega_e}{\omega_o}\right)^2}\,e^{-dt}\sin[\omega_o t + \Theta] \qquad \Theta = \arctan\frac{\sqrt{3}}{2}\frac{\omega_e}{\omega_o} \qquad (3)$$

Infolge der schwachen Dämpfung liegt das Maximum bei $\omega_o t_m + \Theta = \pi/2$

$$U_{Tm} = \sqrt{\frac{2}{3}}U_s\frac{\omega_o}{\omega_e}\sqrt{1+\frac{3}{2}\left(\frac{\omega_e}{\omega_o}\right)^2}\,e^{-R_bC_b\omega_o(\pi/2-\Theta)} \qquad (4) \qquad \omega_o = 1/\sqrt{2L_hC_b}$$

für $R_b = 5{,}4\ \Omega$, $L_h = 0{,}09$ H, $U_s = 450$ V, $\omega_e = 314$ 1/s ergibt sich aus Gl.(4)

| $C_b$ | µF | 4 | 6 | 8 | 10 | 12 | 14 | 16 |
|---|---|---|---|---|---|---|---|---|
| $\omega_o$ | 1/s | 1178 | 962 | 833 | 745 | 680 | 630 | 589 |
| d | 1/s | 30 | 30 | 30 | 30 | 30 | 30 | 30 |
| $U_{Tm}$ | V | 1401 | 1164 | 1027 | 934 | 875 | 817 | 777 |

In Bild 5.02-3 ist $U_{Tm}$ über $C_b$ aufgetragen.

Für $U_{sm} = 1000$ V und $U_{Tm} = U_{sm}/1{,}2 = 833$ V ist $C_b = 14$ µF die geeignete Beschaltungskapazität.

Der Entladewiderstand $R_o$ wird so bemessen, daß nach Abschalten des Transformators die Kondensatorspannung in 0,1 s auf 5% ihres Ausgangswertes abgesunken ist $0{,}1/R_oC_b = 3$ ; $R_o = 0{,}1/3\cdot 14\cdot 10^{-6} = 2380\ \Omega$.

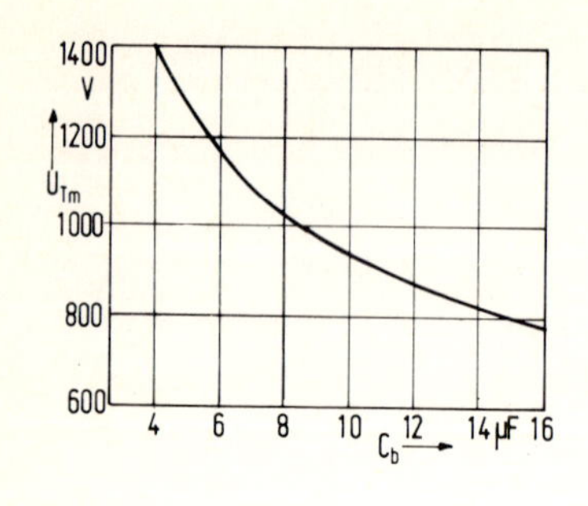


Bild 5.02-3

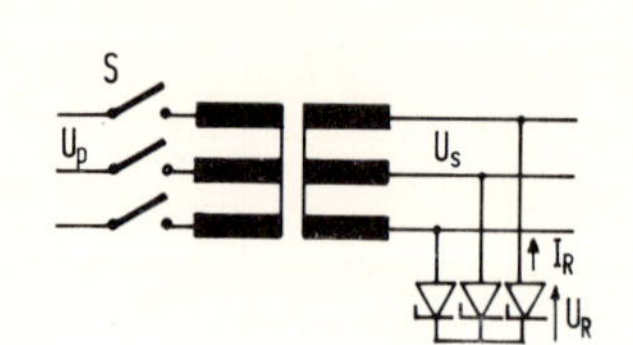


Bild 5.02-4

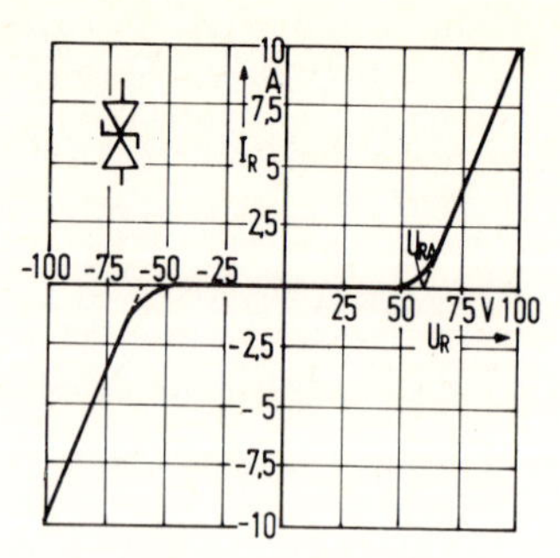


Bild 5.02-5

(c) Anstelle der in (a) und (b) vorgesehenen Beschaltungsglieder lassen sich auch Selen-Überspannungsdioden (U-Diode) verwenden, siehe *Abschnitt 4.31* . Zur Begrenzung der Abschaltüberspannung wird die in Bild 5.02-4 gezeigte Schaltung gewählt. Für einen Abschaltstrom von $I_{so}$= 9,24 A genügen Selenplatten von der Größe 2,3x2,3 cm mit einer wirksamen Selenfläche $A_R$= 3,3 $cm^2$ und einem höchstzulässigen Sperrstrom von 25 A. Der Verlauf der Sperrkennlinie ist aus Bild 5.02-5 zu ersehen. Die gewählte U-Diode ist oberhalb der Sperrspannung $U_{RA}$= 60 V durchlässig und besitzt im Durchlaßbereich den differentiellen Widerstand $R_R$= n·0,576 Ω, wenn n die Anzahl der in Reihe geschalteten Platten ist. Die maximale Betriebsspannung im ungestörten Betrieb muß kleiner als $n \cdot U_{RA}$ sein.

Wird angenommen, daß die Netzspannung um 10% gegenüber ihrem Nennwert ansteigen kann ($d_{u+}$= 1,1), so ist die Anzahl der in Reihe zu schaltenden Platten

$n \geq d_{u+}\sqrt{2}\, U_s/\sqrt{3}\, U_{RA} = 1{,}1 \cdot \sqrt{2} \cdot 450/\sqrt{3} \cdot 60 = 6{,}74$   gewählt n = 7.

Der differentielle Widerstand ist $R_R$= 7·0,576 = 4 Ω. Bei einer Abschaltung wird somit auf die Überspannung

$U_{sm} = \sqrt{3}(nU_{RA} + \sqrt{2}\, I_{so} R_R) = \sqrt{3}(7 \cdot 60 + \sqrt{2} \cdot 9{,}24 \cdot 4{,}0) = 818$ V  begrenzt.

Die im Augenblick des Abschaltens in der Hauptinduktivität gespeicherte Energie

$E_T = L_h I_{so}^2/2 = 0{,}5 \cdot 0{,}09 \cdot 9{,}24^2 = 3{,}84$ Ws

wird in den U-Dioden in Wärme umgesetzt. Die gewählte Selenplatte läßt eine Sperrverlustenergie von $E_R$= 1,0 Ws/Platte, im ganzen 7·1,0 = 7,0 Ws zu. Eine unzulässige Erwärmung tritt somit nicht auf.

## 5.03 Gleichstrommotor gespeist von Dioden-Drehstrombrückenschaltung

Ein konstant erregter Gleichstrommotor mit den Nenndaten $P_{MN}$=4200 W, $U_{AN}$=200 V, $I_{AN}$=25 A, $R_{AM}$=0,3 Ω, $n_N$=20 1/s wird aus dem Drehstromnetz über eine Dioden-Drehstrombrückenschaltung gespeist. Während des Anlaufs (entlastet) wird zur Strombegrenzung ein konstanter Widerstand $R_V$ in den Ankerkreis geschaltet. Da der Motor im Aussetzbetrieb arbeitet, soll ein Transformator mit der Typenleistung $S_{Tr}$=4 kVA und der Kurzschlußspannung $u_{kT}$=0,04 verwendet werden. Die Motorzuleitung hat den Widerstand $R_{Lt}$=0,4 Ω. Netzspannung $U_p$=380 V.

Gesucht:

(a) Ideelle Leerlaufspannung $U_{di}$, spannungsmäßige Bemessung des Transformators, strommäßige Überlastung des Transformators bei Nenn-Motorbelastung

(b) Anlaßwiderstand $R_V$, wenn bei dem Motor kurzzeitig der 1,5fache Nennstrom zulässig ist.

(c) Drehzahl in Abhängigkeit vom Lastmoment, wenn die Netzspannung um 7% abgesunken ist ($d_{u-}$=0,93).

(d) Die Drehzahl wird durch Feldschwächung auf $n_N$=20 1/s konstant gehalten. $d_{u-}$=0,95. Es ist zu ermitteln $\varphi_f=\phi/\phi_N=f(M_M)$, $I_A=f(M_M)$.

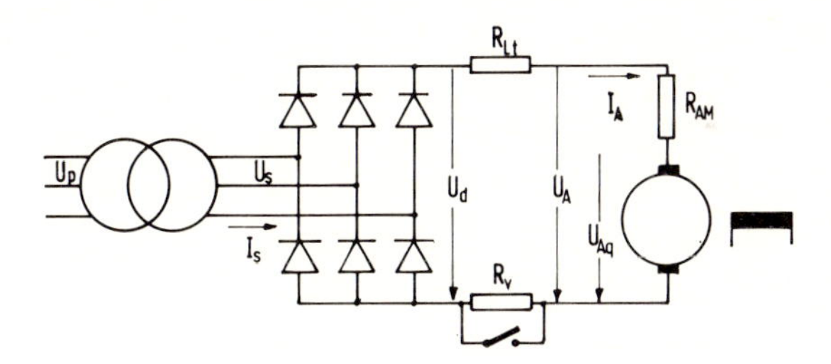


Bild 5.03-1

Lösung:

(a) In Bild 5.03-1 ist die Antriebsanordnung wiedergegeben.

Motor-Quellenspannung $U_{AqN}= U_{AN}-I_{AN}R_{AM}$= 200-25·0,3 = 192,5 V

Ideelle Leerlaufspannung $$U_{di}=\frac{U_{AqN}+I_{AN}(R_{AM}+R_{Lt})}{1-0,5u_{kT}I_{sN}/I_{TrsN}} \qquad (1)$$

$I_{TrsN}$= Nenn-Sekundärstrom des Transformators

$I_{TrsN}= S_{Tr}/\sqrt{3}\,U_s$ und mit $U_s=\pi U_{di}/3\sqrt{2}$

$I_{TrsN}=\sqrt{6}\,S_{Tr}/\pi U_{di}=\sqrt{6}\cdot 4000/\pi U_{di}= 3119/U_{di}$.

Weiterhin ist $I_{sN}=\sqrt{2/3}\,I_{AN}$= 20,4 A. In Gl.(1) eingesetzt

$$U_{di}=\frac{192,5+25(0,3+0,4)}{1-0,5\cdot 0,04\cdot 20,4U_{di}/3119}=\frac{210}{1-1,3\cdot 10^{-4}U_{di}}$$

$U_{di} = 10^4(0,3823-\sqrt{0,3823^2-0,0161}) = 216\ \text{V}$ ; $I_{TrsN} = 3119/216 = 14,4\ \text{A}$

$U_s = \pi \cdot 216/3\sqrt{2} = 160\ \text{V}$.

Der Transformator wird im Verhältnis $I_{sN}/I_{TrsN} = 20,4/14,4 = 1,42$ überlastet.

(b) Unmittelbar nach dem Einschalten gilt

$U_{di}[1-0,5u_{kT}1,5I_{sN}/I_{TrsN}] = 1,5I_{AN}(R_{AM}+R_{Lt}+R_v)$

$R_v = (U_{di}/1,5I_{AN})[1-0,5u_{kT}1,5I_{sN}/I_{TrsN}]-R_{AM}-R_{Lt}$

$R_v = (216/1,5\cdot 25)[1-0,5\cdot 0,04\cdot 1,5\cdot 20,4/14,4]-0,3-0,4 = 4,8\ \Omega$.

(c) $M_{MN} = P_{MN}/2\pi n_N = 4200/2\pi\cdot 20 = 33,4\ \text{Nm}$

$$U_{di} = \frac{U_{Aq}+I_A(R_{AM}+R_{Lt})}{d_{u-}-0,5u_{kT}\sqrt{2/3}\ I_A/I_{TrsN}} \qquad (2) \qquad I_A = M_M I_{AN}/M_{MN} \quad n = n_N U_{Aq}/U_{AqN}$$

$$n = (n_N/U_{AqN})[U_{di}d_{u-}-M_M(I_{AN}/M_{MN})(0,5u_{kT}\sqrt{2/3}\ U_{di}/I_{TrsN}+R_A+R_{Lt})] \qquad (3)$$

$$= (20/192,5)[216\cdot 0,93-M_M(25/33,4)(0,5\cdot 0,04\cdot 0,816\cdot 216/20,4\ +0,3+0,4)]$$

$$n = 20,87-0,063M_M\ \ 1/\text{s} \qquad (4)$$

(d) Im Bereich $M_M = 0 \ldots M_{M1}$ gilt Gl.(3) $M_{M1} = (20,87-20)/0,063 = 13,8\ \text{Nm}$.

Hier ist also eine Überdrehzahl vorhanden. Für $M_M > M_{M1}$ läßt sich Gl.(3) auf Feldschwächung erweitern.

$$n_N = (n_N/U_{AqN})[U_{di}d_{u-}/\varphi_f + M_M(I_{AN}/M_{MN})(0,5u_{kT}\sqrt{2/3}\,U_{di}/I_{TrsN}+R_A+R_{Lt})/\varphi_f^2]$$

$$n_N = 20,87/\varphi_f - 0,063M_M/\varphi_f^2 = 20$$

$$\varphi_f^2-1,044\varphi_f+0,00315M_M = 0 \qquad \varphi_f = 0,522+\sqrt{0,522^2-3,15\cdot 10^{-3}M_M}$$

mit den Ergebnissen

| $M_M$ Nm | 13,8 | 16 | 20 | 25 | 30 | 35 | 40 |
|---|---|---|---|---|---|---|---|
| $\varphi_f$ | 1 | 0,993 | 0,980 | 0,962 | 0,943 | 0,925 | 0,905 |
| $I_A$ A | 10,3 | 12,0 | 15,3 | 19,5 | 23,8 | 28,3 | 44,2 |

Der Ankerstrom $I_A = I_{AN}M_M/M_{MN}\varphi_f = 0,7485\ M_M/\varphi_f$.

Soll die Nenndrehzahl zwischen Leerlauf und Nennlast über die Feldschwächung konstant gehalten werden, so ist der Motor so zu bemessen, daß im Nennarbeitspunkt ($n_N$, $M_{MN}$) die Feldschwächung $\varphi_f^*$ vorhanden ist, zum Beispiel $\varphi_f^* = 0,9$. Das ist mit einer Vergrößerung der Motortypenleistung um $1/\varphi_f^*$ verbunden.

## 5.04 Gleichstromantrieb mit Stelltransformator und Dioden-Drehstrombrückenschaltung

Für einen Gleichstrommotor $P_{MN}$=10 kW, $n_N$=16,7 1/s, $U_{AN}$=440 V, $I_{AN}$=27 A, kurzzeitig (10 s) $I_{Am}$=40 A, Leerlaufstrom $I_{Ao}$=3 A, $R_{AM}$=0,5 Ω, $L_{AM}$=25 mH soll die in Bild 5.04-1 gezeigte Antriebsanordnung bemessen werden. Widerstand der Motorzuleitung $R_{Lt}$=0,65 Ω, Netzspannung $U_p$=380 V +5%-8%.

Gesucht:

(a) Transformatorbemessung

(b) Diodenbemessung

(c) unterer Grenzstrom $I_{Alk}$, bei dem Lücken einsetzt

(d) Lastkennlinie $n=f(M_M)$ für $n_o$=10 1/s, $U_p=U_{pN}$

(e) Verschiebungsfaktor $\cos\varphi_1$ bei Nennmoment

(f) Kurzschluß-Gleichstrom $I_{Ak}$ bei Ausfall der Motorerregung im Nennbetriebspunkt, zeitlicher Verlauf der Gleichspannung $u_d$.

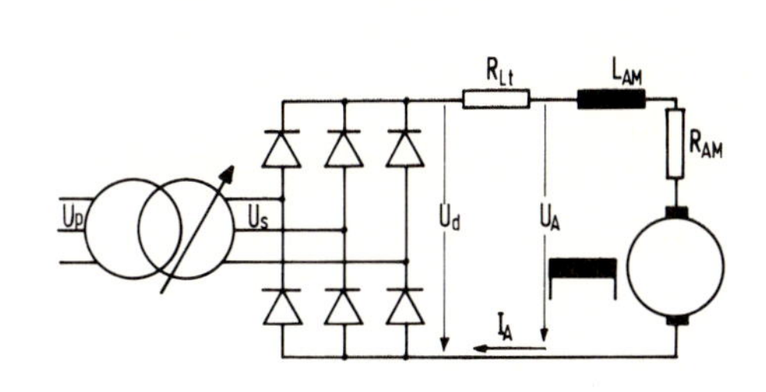

Bild 5.04-1

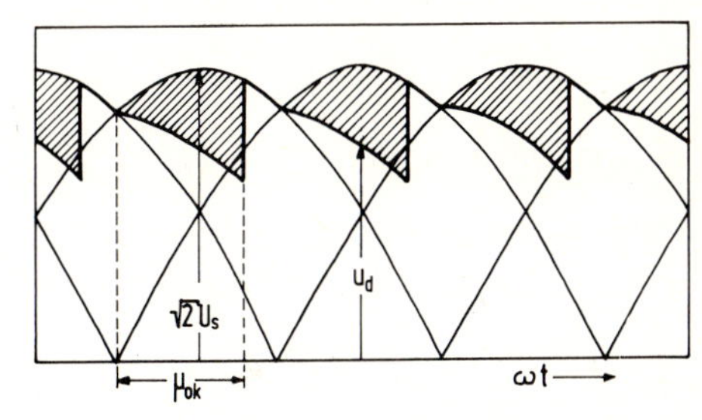

Bild 5.04-2

Lösung:

(a) Bei der vorliegenden Ankerspannung könnte auch ein Stelltransformator in Sparschaltung verwendet werden. Dann nimmt die Kurzschlußspannung $u_{kT}$ bei hohem Spannungsabgriff sehr kleine Werte an, und es müssen zusätzliche Kommutierungsdrosseln vorgesehen werden. Hier findet ein Zweiwicklungs-Stelltransformaotr mit der Kurzschlußspannung $u_{kT}$= 0,06 Anwendung.

Die Spannungsbemessung erfolgt so, daß die Nenndrehzahl bei niedrigster Netzspannung und maximalem Moment eingestellt werden kann.

Nenn-Quellenspannung des Motors

$U_{AqN}= U_{AN}-I_{AN}R_{AM}$= 440-27·0,5 = 426,5 V.

Induktiver Spannungsabfall des Gleichrichters

$d_x= 0,5u_{kT}I_{Am}/I_{AN}$= 0,03·40/27 = 0,0444 $\qquad d_{u-}= U_{pmin}/U_{pN}$= 0,92.

Ideelle Leerlaufspannung $$U_{di}=\frac{U_{AqN}+I_{Am}(R_{AM}+R_{Lt})}{d_{u-}-d_x} \qquad (1)$$

$U_{di}=[426{,}5+40(0{,}5+0{,}65)]/(0{,}92-0{,}0444)= 539{,}6$ V.

Die am Stelltransformator einstellbare Wechselspannung muß sein

$U_{sm}= \pi U_{di}/3\sqrt{2} = \pi\cdot 539{,}6/3\sqrt{2} = 399{,}6$ V.

Typenleistung des Transformators

$S_{Tr}= 1{,}05 U_{di} I_{AN}= 1{,}05\cdot 539{,}6\cdot 27 = 15{,}3$ kVA.

(b) Der Transformator erhält eine Überspannungsbeschaltung. Trotzdem können leistungsstarke Störspannungsimpulse, wie sie in Industrienetzen durch Schaltvorgänge hervorgerufen werden, nicht ganz von den Dioden ferngehalten werden. Sie müssen bei der Spannungsbemessung durch einen Sicherheitsfaktor $d_{st}= 1{,}35$ berücksichtigt werden. Die Dioden müssen eine maximale Sperrfähigkeit von

$U_{DSM} \geqq \sqrt{2}\, U_{sm} d_{u+} d_{st}= \sqrt{2}\cdot 399{,}6\cdot 1{,}05\cdot 1{,}35 = 801$ V besitzen.

Die Dioden sind für den Spitzenstrom zu bemessen

$I_{Dar}= I_{Am}/3 = 13{,}3$ A ; $I_{Deff}= I_{Am}/\sqrt{3} = 23{,}1$ A.

Gewählt wird die Si-Diode AEG-D42/1100 $I_{DarN}= 20$ A mit Kühlkörper KL21 D bei natürlicher Kühlung.

(c) Eine Glättungsdrossel erübrigt sich, da die ungesteuerte Drehstrom-Brückenschaltung eine sehr kleine Spannungswelligkeit aufweist. Trotzdem wird unterhalb eines Stromes $I_{Alk}$ ein Lücken des Ankerstromes einsetzen.

Nach *Bild 3,38* und (*Gl.3.57*) ist für $\alpha = 0$

$I_{Alk}= 0{,}05\cdot 10^{-3} U_{di}/L_{AM}= 0{,}05\cdot 10^{-3}\cdot 539{,}6/25\cdot 10^{-3}= 1{,}08$ A.

Der Leerlaufstrom des Antriebes $I_{Ao}$ ist größer.

(d) Ist $U^*_{di}$ die Leerlaufspannung bei der Sekundärspannung $U^*_s$ des Stelltransformators, so erhält man aus den Einzelgleichungen

$n = n_N U_{Aq}/U_{AqN}$ ; $M_M/M_{MN}= I_A/I_{AN}$ ; $U^*_{di}=(\sqrt{2}\cdot 3/\pi)U^*_s = 1{,}35 U^*_s$

$U_{Aq}= U^*_{di}-U^*_{di} d_x I_A/I_{Am} - I_A(R_{AM}+R_{Lt})$ die Gesamtbeziehung

$$n =(n_N/U_{AqN})[1{,}35U^*_s-M_M(I_{AN}/M_{MN})(1{,}35U^*_s d_x/I_{Am} +R_{AM}+R_{Lt})] \quad (2)$$

$M_{MN}= P_{MN}/2\pi n_N= 10^4/2\pi\cdot 16{,}7 = 95{,}3$ Nm

$M_{Mm}= M_{MN} I_{Am}/I_{AN}= 95{,}3\cdot 40/27 = 141{,}2$ Nm

$M_{Mo}= I_{Ao} M_{MN}/I_{AN}= 3\cdot 95{,}3/27 = 10{,}6$ Nm.

Diese Werte in Gl.(2) eingesetzt

$n =(16{,}7/426{,}5)[1{,}35U^*_s-M(27/95{,}3)(1{,}35U^*_s 0{,}0444/40 +0{,}5+0{,}65)]$

$$n = 0{,}053U^*_s-M(1{,}66\cdot 10^{-5}U^*_s+ 0{,}0128) \quad (3)$$

Daraus läßt sich $U_s^*$ bestimmen

$$10 = 0{,}053U_s^* - 10{,}6(1{,}66\cdot 10^{-5}U_s^* + 0{,}0128)$$

$$U_s^* = (10 + 10{,}6\cdot 0{,}0128)/(0{,}053 - 10{,}6\cdot 1{,}66\cdot 10^{-5}) = 192\ \text{V}.$$

In Gl.(3) eingesetzt $n = 10{,}18 - 0{,}016M$

und bei Spitzenmoment $n' = 10{,}18 - 2{,}26 = 7{,}92\ 1/\text{s}$.

Der lastabhängige Drehzahlabfall wird in erster Linie durch die Widerstände im Gleichstromkreis hervorgerufen. Soll die Drehzahl möglichst lastunabhängig sein, wird man den Leitungswiderstand auf kleine Werte bringen, die Kurzschlußspannung auf $u_{kT} = 0{,}04$ verkleinern und unter Umständen den Motor strommäßig überbemessen.

(e) Die gesamte von dem Antrieb aus dem Netz aufgenommene Blindleistung setzt sich aus der Magnetisierungsblindleistung des Transformators und der Kommutierungsblindleistung des Gleichrichters zusammen. Wird die Magnetisierungsblindleistung vernachlässigt, so ist

$$\cos\varphi_1 = 1 - 2d_x M_M/M_{Mm} = 1 - 2\cdot 0{,}0444 M_M/141{,}2 = 1 - 0{,}629\cdot 10^{-3} M_M$$

$$\cos\varphi_{1N} = 1 - 0{,}629\cdot 10^{-3}\cdot 95{,}3 = 0{,}94$$

(f) $U_{diN} = [U_{AqN} + I_{AN}(R_{AM} + R_{Lt})]/(1 - d_x I_{AN}/I_{Am}) = [426{,}5 + 27\cdot 1{,}15]/(1 - 0{,}03) = 472\ \text{V}.$

Beim Ausfall des Feldstromes wird die Motor-Quellenspannung null.

$U_{diN}(1 - d_x I_{Ak}/I_{Am}) = I_{Ak}(R_{Am} + R_{Lt})$ daraus

$$I_{Ak} = \left[\frac{d_x}{I_{Am}} + \frac{R_{Am} + R_{Lt}}{U_{diN}}\right]^{-1} = \left[\frac{0{,}0444}{40} + \frac{0{,}5 + 0{,}65}{472}\right]^{-1} = 282\ \text{A}.$$

Die gewählte Diode kann diesen Überstrom bei einer Vorbelastung mit Nennstrom 100 ms führen, lange genug für eine Abschaltung durch eine angepaßte Schmelzsicherung. Der Überstrom verlängert den Kommutierungsbereich auf einen Überlappungswinkel

$$\mu_{ok} = \arccos(1 - d_x I_{Ak}/I_{Am}) = \arccos(1 - 0{,}0444\cdot 282/40) = 46{,}6^\circ.$$

In Bild 5.04-2 ist die ungeglättete Gleichspannung $u_d$ für den Kurzschlußfall aufgetragen. Die schraffierten Spannungsflächen stellen den Spannungsabfall des Kurzschlußstromes am Transformator dar.

## 5.05 Feldspeisung über halbgesteuerte einphasige Brückenschaltung

Die halbgesteuerte einphasige Brückenschaltung (HEB) findet Anwendung zur Feldstromversorgung, wenn keine kurzen Regelzeiten für den Feldstrom gefordert sind. Von Vorteil ist, gegenüber der vollgesteuerten einphasigen Brückenschaltung (VEB), die geringere Welligkeit der Gleichspannung und der höhere Verschiebungsfaktor.
Eine halbgesteuerte einphasige Brückenschaltung liegt, nach Bild 5.05-1, über einen Transformator mit der Kurzschlußspannung $u_{kT}=0,06$ an der Netzspannung $U_p=380$ V +5%-10%. Der Stromrichter speist eine Feldwicklung $R_e=8\ \Omega$ (betriebswarm), $L_e=6$ H mit $I_{eN}=42$ A. Der Feldstrom soll im Bereich $I_e=0...I_{eN}$ einstellbar sein. Regelreserve $\alpha_r=25^o$. Die Stromistwert-Erfassung muß hier auf der Gleichstromseite erfolgen.

Gesucht:

(a) Bemessung des Transformators und der Ventile

(b) Steuerkennlinie $I_e=f(\alpha)$

(c) Verschiebungsfaktor $\cos\varphi_1=f(I_e)$

(d) Übergangszeiten für $\delta I_{e1}=1A \to 5A$ und $\delta I_{e2}=1A \to 40A$ mit Feldstromregelung (Totzeit des Stromrichters und induktiver Spannungsabfall vernachlässigt).

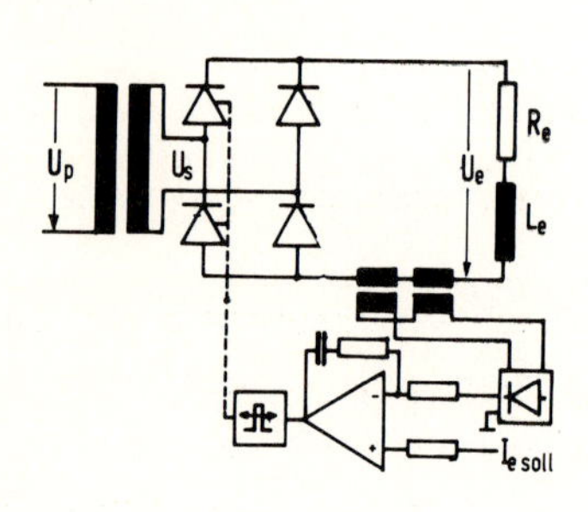


Bild 5.05-1

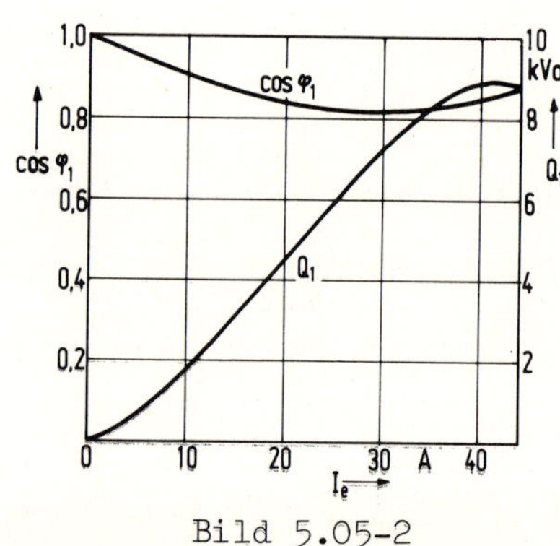


Bild 5.05-2

Lösung:

(a) $I_{eN}$ muß bei der niedrigsten Netzspannung einstellbar sein ($d_{u-}=0,9$).

Ideelle Leerlaufspannung $U_{di}= R_e I_{eN}/[0,5d_{u-}(1+\cos\alpha_r)-d_{xN}]$

mit dem bezogenen induktiven Spannungsabfall $d_{xN}= u_{kT}/\sqrt{2}$

$U_{di}= 8\cdot 42/[0,5\cdot 0,9(1+\cos 25^o)-0,06/\sqrt{2}]= 412$ V

$U_s= \pi U_{di}/2\sqrt{2} = \pi\cdot 412/2\sqrt{2} = 458$ V $\qquad I_{sN}= I_{eN}= 42$ A.

Transformator-Scheinleistung $S_{Tr}= 1,11 U_{di} I_{eN}= 1,11\cdot 412\cdot 42 = 19,2$ kVA

Periodische Spitzensperrspannung der Ventile $U_{RRM} \geq \sqrt{2}\, U_s d_{u+} d_{st}$

$d_{u+}= 1,05$ ist die zu erwartende Netzüberspannung

$d_{st} = 1{,}5$ berücksichtigt energiereiche Störimpule im Netz, die nicht vollständig durch die Transformatorbeschaltung kurzgeschlossen werden.

$U_{RRM} \geq 2 \cdot 458 \cdot 1{,}05 \; 1{,}5 = 1020$ V

Ventilströme:

Thyristoren $I_{Tar} = I_{eN}/2 = 21$ A $(\alpha = 0^\circ)$ $\qquad I_{Teff} = I_{eN}/\sqrt{2} = 30$ A

Dioden $I_{Dar} = I_{eN} = 42$ A $(\alpha = 180^\circ)$ $\qquad I_{Deff} = I_{Dar} = 42$ A

Die Dioden müssen für doppelten Strom bemessen werden, da bei ihnen, wegen ihrer Freilauffunktion, bei $\alpha = 180^\circ$ vorübergehend ein Stromflußwinkel von $360^\circ$ auftreten kann. Die Schmelzsicherungen sind für die effektiven Ventilströme zu bemessen.

(b) $U_e = U_{di}[0{,}5(1+\cos\alpha) - d_x] \qquad I_e R_e = U_{di}[0{,}5(1+\cos\alpha) - d_{xN} I_e/I_{eN}]$

$I_e(R_e + u_{kT} U_{di}/\sqrt{2}\, I_{eN}) = 0{,}5 U_{di}(1+\cos\alpha)$

$I_e = 24{,}5(1+\cos\alpha)$ A $\qquad (1)$

(c) Die von dem Stromrichter aufgenommene Grundwellen-Blindleistung ist

$Q_1 \approx S_1 \cos(\alpha/2) \sin[(\alpha/2) + \mu_o(1+\alpha/180^\circ)/2] \qquad (2)$

dabei ist $\mu_o$ der Überlappungswinkel bei $\alpha = 0$

$\mu_o = \arccos(1-2d_x) = \arccos(1-\sqrt{2} u_{kT} I_e/I_{eN}) = \arccos(1-\sqrt{2} \cdot 0{,}06 I_e/42)$

$\mu_o = \arccos(1-0{,}002 I_e) \qquad (3)$

Verschiebungsfaktor

$\cos\varphi_1 = \sqrt{1-(Q_1/S_1)^2} = \sqrt{1-[\cos\alpha/2 \sin[(\alpha/2)+\mu_o(1+\alpha/180^\circ)]]^2} \qquad (4)$

In Bild 5.05-2 ist $\cos\varphi_1$ und $Q_1$ über $I_e$, entsprechend den Gleichungen (1) bis (4), aufgetragen.

(d) Eine Stromregelung ist im vorliegenden Fall zur Strombegrenzung nicht erforderlich, da sich unzulässige Überströme nicht einstellen können. Die Stromregelung verkürzt aber die Einstellzeit bei kleinen Sollwertänderungen. Ist $I_e^*$ der bisherige und $I_e^{**}$ der neue Sollwert, so ist die Übergangsfunktion

$i_e(t) = I_e^* + (U_{di}/R_e - I_e^*)(1-e^{-t/T_e})$. $\qquad$ Nach t aufgelöst

$$t = T_e \ln\left[\frac{U_{di} - R_e I_e^*}{U_{di} - R_e i_e(t)}\right] \qquad \delta t_1 = \frac{L_e}{R_e} \ln\left[\frac{U_{di} - R_e I_{e1}^*}{U_{di} - R_e I_{e1}^{**}}\right]$$

$$\delta t_1 = \frac{6}{8} \ln\left[\frac{420-8 \cdot 1}{420-8 \cdot 5}\right] = 0{,}061 \text{ s} \qquad \delta t_2 = \frac{6}{8} \ln\left[\frac{420-8 \cdot 1}{420-8 \cdot 40}\right] = 1{,}06 \text{ s}$$

Ohne Stromregelung wäre in beiden Fällen die Stellzeit $\delta t \approx 3T_e = 3 \cdot 0{,}75 = 2{,}25$ s notwendig.

## 5.06 Feldspeisung über eine vollgesteuerte einphasige Brückenschaltung

Werden für den Feldstrom höhere Stellgeschwindigkeiten verlangt, so ist eine entsprechend hohe Deckenspannung und zur Schnellentregelung eine vollgesteuerte einphasige Brückenschaltung (VEB) zu wählen.
Es soll der Berechnung die gleiche Maschine wie in Beispiel 5.05 zugrunde gelegt werden. Dann würde die Erhöhung der Deckenspannung auf die 1,8fache Nennerregerspannung für die Ventile eine periodische Spitzensperrspannung von $U_{RRM} \geqq 1{,}8 \cdot 1020 = 1836$ V notwendig machen. Deshalb wird die Feldwicklung in zwei gleiche Gruppen aufgeteilt, die parallelgeschaltet werden. Die Felddaten sind jetzt $R_e = 2\ \Omega$, $L_e = 1{,}5$ H, $I_{eN} = 84$ A. Transformator-Kurzschlußspannung $u_{kT} = 0{,}06$, $U_p = 380$ V +5%-10%. Eine Regelreserve braucht hier nicht gesondert berücksichtigt zu werden. In Bild 5.06-1 ist die Schaltung wiedergegeben. Der Wechselstrom $I_s$ ist proportional dem Erregerstrom, die Stromistwerterfassung kann deshalb auf der Wechselstromseite erfolgen. Die bei der Netzabschaltung auftretende Überspannung läßt sich, trotz der großen Lastinduktivität durch eine entsprechend überbemessene Transformatorbeschaltung begrenzen. Wirtschaftlicher ist es, eine gesonderte Lastbeschaltung, bestehend aus den U-Dioden Du und den Freilaufdiode Do, vorzusehen.

Gesucht:

(a) Bemessung des Transformators und der Ventile

(b) Bemessung der Netzbeschaltung

(c) Steuerkennlinie $I_e = f(\alpha)$

(d) Verschiebungsfaktor $\cos\varphi_1 = f(I_e)$ und Grundschwingungs-Blindleistung $Q_1 = f(t)$

(e) Übergangszeiten für $\delta I_{e1} = 2\ \text{A} \rightarrow 80\ \text{A}$ und $\delta I_{e2} = 80\ \text{A} \rightarrow 2\ \text{A}$ (Totzeit des Stromrichters und induktiver Spannungsabfall vernachlässigt).

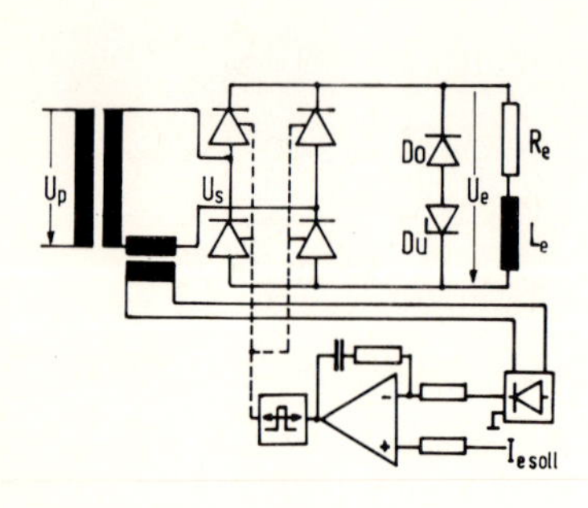


Bild 5.06-1

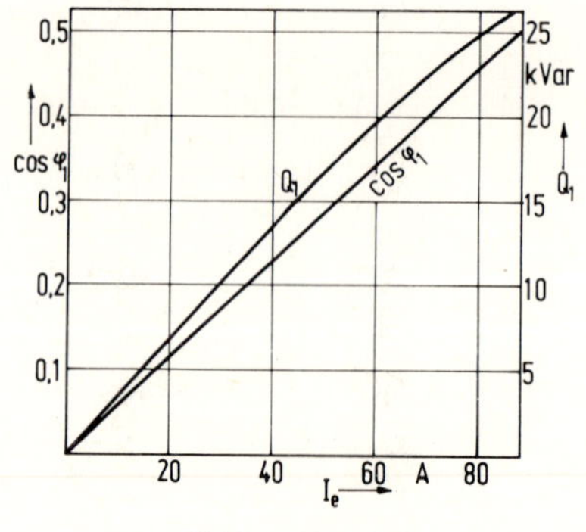


Bild 5.06-2

Lösung:

(a) Ideelle Leerlaufspannung $U_{di} = \frac{1{,}8 R_e I_{eN}}{d_{u-} - d_{xN}} = \frac{1{,}8 \cdot 2 \cdot 84}{0{,}9 - 0{,}06/\sqrt{2}} = 353$ V

$U_s = \pi U_{di}/2\sqrt{2} = \pi \cdot 353/2\sqrt{2} = 392$ V.

Transformator-Scheinleistung $S_{Tr} = 1{,}11 U_{di} I_{eN} = 1{,}11 \cdot 353 \cdot 84 = 32{,}9$ kVA

Periodische Spitzensperrspannung der Thyristoren

$U_{RRM} \geqq \sqrt{2}\, U_s d_{u+} d_{st} = \sqrt{2} \cdot 392 \cdot 1{,}05 \cdot 1{,}5 = 873$ V, gewählt $U_{RRM} = 1000$ V.

Die Thyristoren sind für Nennstrom zu bemessen.

$I_{Tar} = I_{eN}/2 = 42$ A und die Halbleitersicherungen für $I_{Teff} = I_{eN}/\sqrt{2}$.

(b) Die Bemessung der U-Diode erfolgt nach *Abschnitt 4.31, Lastbeschaltung*. Bei einer plötzlichen Unterbrechung des Erregerkreises durch eine Transformatorabschaltung oder dem Ansprechen der Halbleitersicherungen muß die magnetische Energie $E_e = 0{,}5 L_e I_{eN}^2 = 5292$ Ws im wesentlichen von der Lastbeschaltung ohne unzulässige Überspannungen aufgenommen werden. Kann eine Selenplatte die Spannung $U_{RA} = 60$ V aufnehmen, so müssen

$n \geqq \sqrt{2}\, U_s d_{u+}/U_{RA} = \sqrt{2} \cdot 392 \cdot 1{,}05/60 = 9{,}7$; also n = 10 Platten in Reihe geschaltet werden. Die Plattengröße wird bei der großen Feldzeitkonstanten durch $E_e$ bestimmt. Bei der Parallelschaltung von vier Platten mit der Abmessung 5x5 cm (wirksame Plattenfläche $A_R = 19{,}4$ cm$^2$, differentieller Widerstand je Platte 0,098 Ω) ist der differentielle Widerstand der gesamten Anordnung $R_R = 10 \cdot 0{,}098/4 = 0{,}25\ \Omega$. Ein Teil der magnetischen Energie wird in dem Widerstand $R_e$ in Wärme umgesetzt, so daß für die U-Dioden der Teil $E_R$ übrigbleibt. Es ist

$$\frac{E_R}{E_e} = 1 - \frac{R_e}{R_e + R_R}\left[1 - 2m_R + 2m_R^2 \ln\left(\frac{1+m_R}{m_R}\right)\right] \text{ mit } m_R = \frac{nU_{RA}}{I_{eN} R_e}\,\frac{R_e}{R_e + R_R}$$

$$m_R = \frac{10 \cdot 60}{84 \cdot 2}\,\frac{2}{2+0{,}25} = 3{,}17$$

$$\frac{E_R}{E_e} = 1 - \frac{2}{2+0{,}25}\left[1 - 2 \cdot 3{,}17 + 2 \cdot 3{,}17^2 \ln\left(\frac{1+3{,}17}{3{,}17}\right)\right] = 0{,}85$$

auf jede Platte entfällt eine nichtperiodische Spitzenenergie $e_R = 0{,}85 E_e/40 = 0{,}85 \cdot 5292/40 = 112$ Ws.

Im ersten Augenblick führt jede Platte den Sperrstrom $I_{eN}/4 = 21$ A. Die maximale Abschaltspannung ist

$U_{em} = nU_{RA} + I_{eN} R_R = 10 \cdot 60 + 84 \cdot 0{,}25 = 621$ V

und der Feldstrom wird null in der Zeit

$t_o = (L_e/R_e)\ln[1 + I_{eN}(R_e + R_R)/nU_{RA}] = (1{,}5/2)\ln[1 + 84(2+0{,}25)/10 \cdot 60] = 0{,}2$ s

Die Freilaufdiode Do legt die U-Dioden während der Entregung an Spannung. Da bei der betriebsmäßigen Entregung die Erregerspannung kleiner als $nU_{RA}$ bleibt, führen die U-Dioden nur bei einer Netzabschaltung oder im Störungsfall Strom.

(c) $R_e I_e = U_{di}(\cos\alpha - d_x) = U_{di}(\cos\alpha - u_{kT} I_e / I_{eN}\sqrt{2})$

$I_e(R_e + U_{di} u_{kT}/I_{eN}\sqrt{2}) = U_{di}\cos\alpha$

$I_e = [353/(2+353\cdot 0{,}06/84\sqrt{2})]\cos\alpha = 162\cos\alpha$ A (1)

(d) In dem Arbeitsbereich $I_e = 0 \ldots I_{eN}$ ist der Verschiebungsfaktor

$\cos\varphi_1 = \cos(\alpha + \mu/2)$ (2) mit $\mu = \arccos[\cos\alpha - \sqrt{2} u_{kT} I_e / I_{eN}] - \alpha$

$\mu = \arccos[\cos\alpha - \sqrt{2}\cdot 0{,}06 I_e/84] - \alpha$

und die Grundschwingungsblindleistung

$Q_1 = U_{di} I_e \sqrt{1-\cos^2\varphi_1} = 353 I_e \sqrt{1-\cos^2\varphi_1}$.

In Bild 5.06-2 ist $\cos\varphi_1$ und $Q_1$ über $I_e$ aufgetragen. Wegen der hohen Deckenspannung und der dadurch hohen ideellen Leerlaufspannung, wird Nennerregung bereits bei Teilaussteuerung ($\alpha = 59^\circ$) erreicht. Entsprechend groß ist bei $I_{eN}$ die Blindleistungsaufnahme ($Q_1 =$ $= 26{,}1$ kVar).

(e) Durch den Stromregelkreis wird die Stellzeit des Feldstromes wesentlich verkürzt. Im Falle der Erregerstromänderung $\delta I_{e1} = 2\text{ A} \rightarrow 80\text{ A}$ stellt der Regler während der Auferregung die höchste Erregerspannung ein ($\alpha = 0$). Die Übergangsfunktion lautet dann

$i_e(t) = 2 + 160(1 - e^{-t/T})$ $T_e = L_e/R_e = 1{,}5/2 = 0{,}75$ s

Die Übergangszeit ergibt sich aus $80 = 2 + 160(1 - e^{t_1/0{,}75})$

$t_1 = 0{,}75 \ln[160/(160-78)] = 0{,}5$ s.

Bei der Erregerstromänderung $\delta I_{e2} = 80\text{ A} \rightarrow 2\text{ A}$ arbeitet der Stromrichter in der äußersten Wechselrichterlage ($\alpha_m$). Der maximale Zündverzögerungswinkel wird auf

$\alpha_m = 180^\circ - \mu_o = 180^\circ - \arccos(1 - \sqrt{2} u_{kT}) = 180^\circ - \arccos(1 - \sqrt{2}\cdot 0{,}06) = 156^\circ$

festgelegt. Die maximale Wechselrichterspannung ist somit

$U_{dm} = U_{di}(\cos\alpha_m - u_{kT}/\sqrt{2}) = 353(\cos 156^\circ - 0{,}06/\sqrt{2}) = -338$ V.

Bei dieser Spannung ist durch die U-Dioden der Freilaufkreis gesperrt, so daß er keinen Einfluß auf die Übergangsfunktion ausübt. Es gilt die Übergangsfunktion $L_e di_e(t)/dt + R_e i_e(t) - U_{dm} = 0$ mit der Anfangsbedingung $i_e(+0) = I_{eo} = 80$ A

$\circ\!\!-\!\!\bullet$ $L_e p i_e(p) - L_e I_{eo} + R_e i_e(p) = U_{dm}/p$

$i_e(p) = (I_{eo} p + U_{dm}/L_e)/p(p + 1/T_e)$

$\bullet\!\!-\!\!\circ$ $i_e(t) = I_{eo}e^{-t/T_e} + (U_{dm}/R_e)(1-e^{-t/T_e}) = 80e^{-t/0,75} - (338/2)(1-e^{-t/0,75})$

$i_e(t) = -169+249e^{-t/0,75}$. Daraus die Übergangszeit

$2 = -169+249e^{-t_2/0,75}$ $\qquad t_2 = 0,75\ln 1,46 = 0,28$ s.

Würde nur eine Freilaufdiode ohne U-Dioden vorgesehen werden, so erfolgte die Aberregung langsam mit der natürlichen Zeitkonstante $T_e$ des Feldkreises.

## 5.07 Ankerspeisung eines Gleichstrommotors über eine vollgesteuerte einphasige Brückenschaltung

Eine Arbeitsmaschine belastet einen Gleichstromantrieb mit $M_L$=38 Nm, Lastträgheitsmoment $J_L$=0,35 kgm$^2$. Sie soll in der Zeit $t_b$=3 s auf die Nenndrehzahl $n_N$= 21 1/s beschleunigt werden. Im Störungsfall (Lastabwurf) muß die leer laufende Arbeitsmaschine ($M_{Lo}$=12 Nm) in $t_{br}$=2 s von Nenndrehzahl bis zum Stillstand abgebremst werden können. Der Motor wird, wie in Bild 5.07-1 gezeigt, durch einen direkt am Netz liegenden Stromrichter in vollgesteuerter einphasiger Brückenschaltung gespeist. Netzspannung $U_s$=380 V +5%-8%. Zwischen Treib- und Bremsbetrieb erfolgt eine Ankerumschaltung.

Gesucht:

(a) Motorbemessung

(b) Induktivität der Glättungsdrossel $L_D$ für die Lückgrenze $I_{dlk}=0,3I_{AN}$

(c) Stromrichterbemessung, bei welcher Überdrehzahl wird Kippgrenze erreicht?

(d) Steuerkennlinie n=f(α) für $M_M$=$M_L$ und $U_s$=$U_{sN}$

(e) Bei welchem Steuerwinkel $\alpha_1$, bzw. $\alpha_2$ hat der mit $M_M$=60 Nm belastete Motor die Drehzahl $n_1$=15 1/s, bzw. $n_2$=0 ?

(f) Verschiebungsfaktor im Nennarbeitspunkt.

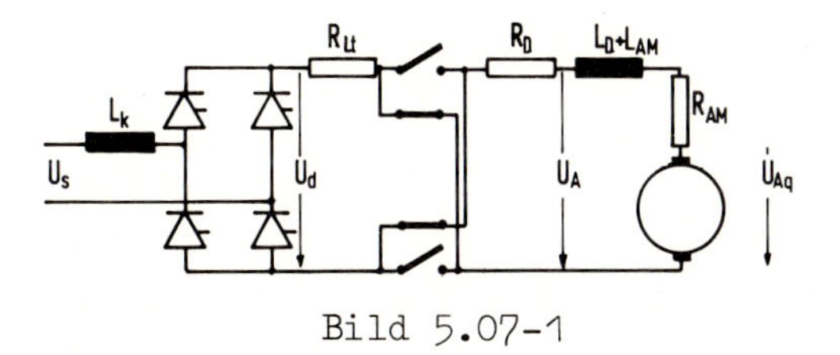


Bild 5.07-1

Lösung:

(a) Motor-Nennleistung $P_{MN} = 2\pi M_L n_N = 2\pi\cdot 38\cdot 21 = 5$ kW.

Durch den direkten Netzanschluß ist die Ankerspannung $U_{AN}$=260 V festgelegt. Aus der Maschinenliste läßt sich entnehmen

$I_{AN} = 22{,}4$ A, $\eta_M = 0{,}87$; $L_{AM} = 10$ mH, $R_{AM} = 0{,}72\ \Omega$, $J_M = 0{,}2$ kgm$^2$

Beschleunigungsmoment $M_b = 2\pi(J_M+J_L)n_N/t_b = 2\pi(0{,}2+0{,}35)21/3 = 24{,}2$ Nm.

Während der Beschleunigung wird der Motor mit dem maximalen Ankerstrom $I_{Am} = I_{AN}(M_L+M_b)/M_L = 22{,}4(38+24{,}2)/38 = 36{,}7$ A belastet.

Nenn-Quellenspannung $U_{AqN} = U_{AN} - I_{AN}R_{AN} = 260-22{,}4 \cdot 0{,}72 = 244$ V.

(b) Ein wesentlicher Nachteil der vollgesteuerten einphasigen Brückenschaltung ist die große Welligkeit der ungeglätteten Gleichspannung. Nach (*Gl.1.37*) befindet sich für $\alpha = 90^o$ die Lückgrenze bei $I_{dlk} = U_{di}/\omega L_A$, wenn $L_A$ die Induktivität des gesamten Ankerkreises ist. Einen genaueren Überblick über das Lückverhalten liefern die in Anlage 3a wiedergegebenen Lückkennlinien. Während im Gleichrichterbetrieb ein lückender Ankerstrom nur die Verluste des Motors vergrößert und die Stelleigenschaften des Stromregelkreises verschlechtert, läßt sich eine hohe Wechselrichteraussteuerung nur bei lückfreiem Ankerstrom erreichen.

$L_A = L_D + L_{AM} = U_{di}/\omega I_{dlk} = 2\sqrt{2}\,U_s/\pi\omega 0{,}3 I_{AN} = 2\sqrt{2} \cdot 380/\pi \cdot 314 \cdot 0{,}3 \cdot 22{,}4 = 0{,}162$ H

$L_D = L_A - L_{AM} = 0{,}162 - 0{,}01 = 0{,}152$ H.

Darf die Drosselinduktivität bei Nennstrom auf $0{,}25\ L_D$ heruntergehen, so ist nach (*Gl.4.14*) die Typenleistung der Glättungsdrossel

$S_D = (\omega/2)\sqrt{L_{DN}/L_D}\,I_{AN}^2 L_D = (314/2)0{,}5 \cdot 22{,}4^2 \cdot 0{,}152 = 6$ kVA.

Kupferverluste bei Nennstrom $P_D = 200$ W daraus

$R_D = P_D/I_{AN}^2 = 200/22{,}4^2 = 0{,}4\ \Omega$. Wird der Widerstand der Zuleitung mit $R_{lt} = 0{,}2\ \Omega$ angenommen, so ist $R_{Av} = R_D + R_{lt} = 0{,}4+0{,}2 = 0{,}6\ \Omega$.

(c) $U_{di} = 2\sqrt{2}\,U_s/\pi = 2\sqrt{2} \cdot 380/\pi = 342$ V.

Die Kommutierungsdrossel wird entsprechend einer Kurzschlußspannung $u_{kT} = 0{,}04$ gewählt.

$u_{kT}U_s = \omega L_k I_{AN}$ $\quad L_k = 0{,}04 \cdot 380/314 \cdot 22{,}4 = 2{,}2$ mH

Typenleistung der Kommutierungsdrossel

$S_k = \omega L_k I_{AN}^2 = 314 \cdot 2{,}2 \cdot 10^{-3} \cdot 22{,}4^2 = 347$ VA.

Kontrolle der Aussteuerungsgrenzen - äußerste Gleichrichteraussteuerung

$$U_{di} = \frac{U_{AqN} + I_{Am}(R_{Av}+R_{AM})}{d_{u-}\cos\alpha_{min} - u_{kT}I_{Am}/\sqrt{2}\,I_{AN}} = \frac{244+36{,}7(0{,}6+0{,}72)}{0{,}92\cos\alpha_{min} - 0{,}04 \cdot 36{,}7/\sqrt{2}\ 22{,}4}$$

$$= \frac{292{,}4}{0{,}92\cos\alpha_{min} - 0{,}046}$$

$\cos\alpha_{min} = (1/0{,}92)[(292{,}4/342)+0{,}046] = 0{,}98 \qquad \alpha_{min} = 11{,}7^\circ.$

Zur Bestimmung der äußersten Wechselrichteraussteuerung muß zunächst der Ankerstrom ermittelt werden.

$M_{br} = 2\pi(J_M+J_L)(-n_N)/t_{br} = 2\pi(0{,}2+0{,}35)(-21/2) = -36{,}3$ Nm

$M_M = M_{br}+M_{Lo} = -36{,}3+12 = -24{,}3$ Nm

$I_A = I_{AN}M_M/M_{MN} = 22{,}4(-24{,}3/38) = -14{,}3$ A

$$U_{di} = \frac{-U_{AqN}-I_A(R_{Av}+R_{AM})}{d_{u-}\cos\alpha_m - u_{kT}|I_A|/\sqrt{2}\,I_{AN}} = \frac{-244+14{,}3(0{,}6+0{,}72)}{0{,}92\cos\alpha_m - 0{,}04\cdot 14{,}3/\sqrt{2}\cdot 22{,}4}$$

$$= \frac{-225}{0{,}92\cos\alpha_m - 0{,}018}$$

$\cos\alpha_m = (1/0{,}92)[(-225/342)+0{,}018] = -0{,}696 \qquad \alpha_m = 134^\circ.$

Der Abstand vom Kippwinkel $\alpha = 180^\circ - \mu$ ist mehr als ausreichend. Es ist nun die Überdrehzahl $n^*$ auszurechnen, bei der der Stromrichter den Motor gerade noch mit $I_A = 14{,}3$ A abbremsen kann.

$\mu_o = \arccos(1-\sqrt{2}u_{kT}I_A/I_{AN}) = \arccos(1-\sqrt{2}\cdot 0{,}04\cdot 14{,}3/22{,}4) = 15{,}4^\circ$

$$U_{di} = \frac{-U^*_{Aq}-I_A(R_{Av}+R_{AM})}{d_{u-}\cos(180^\circ-\mu_o) - u_{kT}|I_A|/\sqrt{2}\,I_{AN}} = \frac{-U^*_{Aq}+14{,}3(0{,}6+0{,}72)}{0{,}92\cos 164{,}6^\circ - 0{,}018}$$

$U^*_{Aq} = -342[0{,}92\cos 164{,}6^\circ - 0{,}018]+14{,}3(0{,}6+0{,}72) = -291$ V

$n^* = +n_N U^*_{Aq}/U_{AqN} = +21\cdot 291/244 = 25$ 1/s, also rd. 20% Überdrehzahl

(d) Gleichrichteraussteuerung ($\alpha < 90^\circ$)

$n = n_N U_{Aq}/U_{AqN} = (n_N/U_{AqN})[U_{di}(\cos\alpha - u_{kT}/\sqrt{2}) - I_{AN}(R_{Av}+R_{AM})]$

$= (21/244)[342(\cos\alpha - 0{,}04/\sqrt{2}) - 22{,}4(0{,}6+0{,}72)] = 29{,}4\cos\alpha - 3{,}4.$

Wechselrichteraussteuerung ($\alpha > 90^\circ$)

$n = (n_N/U_{AqN})[-U_{di}(\cos\alpha - u_{kT}/\sqrt{2}) + I_{AN}(R_{Av}+R_{AM})] = -29{,}4\cos\alpha + 3{,}4$

(e)
$$U_{di} = \frac{U_{AqN}n/n_N + (I_{AN}M_M/M_{MN})(R_{Av}+R_{AM})}{\cos\alpha - u_{kT}M_M/M_{MN}\sqrt{2}}$$

$$342 = \frac{244n/21 + (22{,}4\cdot 60/38)(0{,}6+0{,}72)}{\cos\alpha - 0{,}04\cdot 60/38\sqrt{2}} = \frac{11{,}6n+46{,}7}{\cos\alpha - 0{,}045}$$

$n = 15$ 1/s $\qquad \cos\alpha_1 = 0{,}045+(11{,}6\cdot 15+46{,}7)/342 = 0{,}69 \qquad \alpha_1 = 46^\circ$

$n = 0 \qquad \cos\alpha_2 = 0{,}045+46{,}7/342 = 0{,}18 \qquad \alpha_2 = 79{,}5^\circ$

(f)
$$U_{di} = \frac{U_{AqN}+I_{AN}(R_{Av}+R_{AM})}{\cos\alpha_N - u_{kT}/\sqrt{2}} = \frac{244+22{,}4(0{,}6+0{,}72)}{\cos\alpha_N - 0{,}04/\sqrt{2}} = \frac{276{,}6}{\cos\alpha_N - 0{,}028}$$

$\alpha_N = \arccos[0{,}028+276{,}6/342] = 33{,}2^\circ$

Überlappungswinkel

$\mu = \arccos[\cos\alpha_N - \sqrt{2}\, u_{kT}] - \alpha_N = \arccos[0{,}837 - \sqrt{2}\cdot 0{,}04] - 33{,}2°$

$\mu = 5{,}5^{\circ}$ $\quad \cos\varphi_1 = \cos(\alpha_N + \mu/2) = \cos(33{,}2 + 2{,}75) = 0{,}81$.

## 5.08 Ankerspeisung eines Gleichstrommotors über eine halbgesteuerte einphasige Brückenschaltung

Gleichstromantriebe mit Nennleistungen $<10$ kW werden über eine halbgesteuerte einphasige Brückenschaltung gespeist, wenn keine elektrische Bremsung erforderlich ist. Gegenüber der vollgesteuerten einphasigen Brückenschaltung ist die Welligkeit der Gleichspannung niedriger, so daß eine kleinere Glättungsdrossel ausreicht.

Ein Stromrichter in halbgesteuerter einphasiger Brückenschaltung (HEB) speist, nach Bild 5.08-1, einen Gleichstrommotor, der die Kenndaten hat $P_{MN}=5$ kW, $\eta_M=0{,}86$, $n_N=20$ 1/s, $U_{AN}=250$ V, $R_{AM}=0{,}6\ \Omega$, $L_{AM}=7$ mH.

Der Motor muß kurzzeitig ein Spitzenmoment $M_{Mm}=1{,}4M_{MN}$ abgeben. Widerstand der Motorzuleitung einschließlich Drosselwiderstand $R_{Av}=0{,}45\ \Omega$, Transformator-Kurzschlußspannung $u_{kT}=0{,}06$; Netzspannung $U_p=380$ V +5%–8%, Regelreserve $\alpha_r=30^{\circ}$, Störspannungsfaktor $d_{st}=1{,}3$.

Gesucht:

(a) Spannungs- und strommäßige Bemessung des Transformators, der Thyristoren und der Dioden.

(b) Bemessung der Glättungsdrossel für die Lückgrenze bei $I_{dlk}=0{,}3\ I_{AN}$

(c) Steuerkennlinie $n=f(\alpha)$ für $I_A=I_{AN}$, $U_p=U_{pN}$
Zündwinkel $\alpha_N$ für Nenndrehzahl $n_N$

(d) Abhängigkeit der aufgenommenen Grundwellenblindleistung von der Drehzahl $[Q_1=f(n)]$, wenn der Motor drehzahlunabhängig mit dem Moment $M_{M1}=30$ Nm belastet ist. $U_p=U_{pN}$.

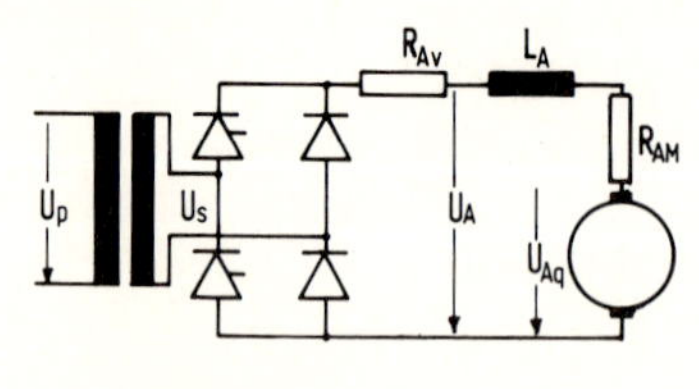


Bild 5.08-1

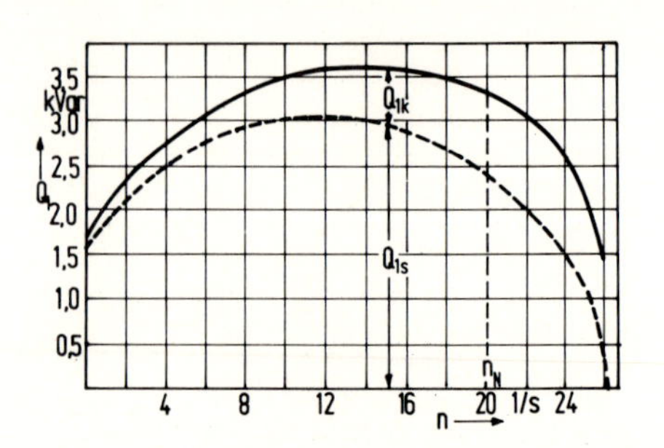


Bild 5.08-2

(a) $I_{AN} = \frac{P_{MN}}{\eta_M U_{AN}} = \frac{5000}{0{,}86 \cdot 250} = 23{,}3$ A

Nenn-Quellenspannung des Motors

$U_{AqN} = U_{AN} - I_{AN}R_M = 250 - 23{,}3 \cdot 0{,}6 = 236$ V

$d_{xN} = u_{kT}/\sqrt{2} = 0{,}06/\sqrt{2} = 0{,}042$ $\qquad d_{u-} = 0{,}92$

ideelle Leerlaufspannung

$$U_{di} = \frac{U_{AqN} + 1{,}4 I_{AN}(R_{AM} + R_{Av})}{d_{u-}(1+\cos\alpha_r)/2 - 1{,}4 d_{xN}} = \frac{236 + 1{,}4 \cdot 23{,}3 \cdot 1{,}05}{0{,}92(1+\cos 30^o)/2 - 1{,}4 \cdot 0{,}042} = 338 \text{ V}$$

$U_s = \pi U_{di}/2\sqrt{2} = \pi \cdot 338/2\sqrt{2} = 375{,}4$ V.

Scheinleistung des Transformators

$S_{Tr} = 1{,}11 U_{di} I_{AN} = 1{,}11 \cdot 338 \cdot 23{,}3 = 8{,}74$ kVA.

Die Thyristoren werden für den Spitzenstrom $I_{Am}$ bemessen.

$I_{Am} = 1{,}4 I_{AN} = 1{,}4 \cdot 23{,}3 = 32{,}6$ A

$I_{Tar} = I_{Asp}/2 = 16{,}3$ A $\qquad I_{Teff} = I_{Asp}/\sqrt{2} = 21{,}1$ A

und die Dioden $\quad I_{Dar} = I_{Deff} = I_{Am} = 32{,}6$ A.

Die Sperrspannungsbeanspruchung von Thyristoren und Dioden ist gleich

$U_{RRM} \geqq \sqrt{2}\, U_s\, d_{u+}\, d_{st} = \sqrt{2} \cdot 375{,}4 \cdot 1{,}05 \cdot 1{,}3 = 724{,}7$ V.

Somit sind Ventile mit einer periodischen Spitzensperrspannung von $U_{RRM} = 800$ V erforderlich.

(b) Nach (*Gl.3.28*) ist

$L_D = 1{,}79 \cdot 10^{-3}(U_{di}/I_{A1}) - L_M = 1{,}79 \cdot 10^{-3}(338/0{,}3 \cdot 23{,}3) - 7 \cdot 10^{-3} = 80$ mH.

(c) Bei dieser Belastung ist

$$U_{di} = \frac{U_{Aq} + I_{AN}(R_M + R_{Lt})}{0{,}5(1+\cos\alpha) - d_{xN}}$$

$U_{Aq}/U_{AqN} = n/n_N$ $\qquad U_{Aq} = 236n/20$

$U_{di} = 338 = (11{,}8n + 23{,}3 \cdot 1{,}05)/(0{,}5\cos\alpha + 0{,}5 - 0{,}042)$

$n = 14{,}32\cos\alpha + 11{,}0$ $\qquad \alpha_N = \arccos[(20-11)/14{,}32] = 51{,}1^o$

(d) Nennmoment des Motors $\quad M_{MN} = P_{MN}/2\pi n_N = 5000/2\pi \cdot 20 = 39{,}8$ Nm.

Da der Motor konstant erregt ist, gilt

$I_{A1} = I_{AN} M_{M1}/M_{MN} = 23{,}3 \cdot 30/39{,}8 = 17{,}6$ A

$$U_{di} = 338 = \frac{11{,}8n + 17{,}6 \cdot 1{,}05}{0{,}5\cos\alpha + 0{,}5 - 0{,}042 \cdot 17{,}6/23{,}3}$$

$n = 14{,}32\cos\alpha + 11{,}8$ 1/s $\qquad (1)$

Ohne Berücksichtigung der Kommutierungsblindleistung ist die Grundwellenblindleistung

$Q'_1 = U_{di} I_{A1} \cos(\alpha/2) \sin(\alpha/2)$ und mit Kommutierungsblindleistung

$Q_1 \approx U_{di} I_{A1} \cos(\alpha/2) \sin[(\alpha/2) + \mu_o(1+\alpha/180^\circ)/2]$

dabei ist der Überlappungswinkel

$\mu_o = \arccos(1-2d_{xN} I_{A1}/I_{AN}) = \arccos(1-0{,}084\cdot 17{,}6/23{,}3) = 20{,}5^\circ$

und damit die Grundschwingungsblindleistung

$Q_1 \approx 5949 \cos(\alpha/2) \sin[(\alpha/2) + 10{,}25^\circ(1+\alpha/180^\circ)]$.

Weiterhin ist nach Gl.(1) $\alpha = \arccos[(n-11{,}8)/14{,}32]$.

In Bild 5.08-2 ist die vom Motor aufgenommene Grundschwingungsblindleistung $Q_{1s}$ über der Drehzahl n aufgetragen. Der gestrichelte Halbkreis stellt die Steuerblindleistung dar. Dazu addiert sich die Kommutierungsblindleistung $Q_{1k}$. Bei der hier vorliegenden Teillast wird die Nenndrehzahl bereits bei Teilaussteuerung erreicht, entsprechend hoch ist die Blindleistungsaufnahme.

## 5.09 Traktionsantrieb mit zwei halbgesteuerten Brückenschaltungen in Folgesteuerung

Bei der Speisung von Gleichstrom-Bahnmotoren großer Leistung über netzgeführte Stromrichter wird durchweg die halbgesteuerte einphasige Brükkenschaltung (HEB) angewendet. Diese Schaltung hat den Vorteil, daß bei Teilaussteuerung die Welligkeit der Gleichspannung und die aufgenommene Blindleistung niedriger sind als bei vollgesteuerten zweipulsigen Stromrichtern. Die Betriebseigenschaften lassen sich noch weiter dadurch verbessern, daß, wie in Bild 5.09-1 gezeigt, zwei Brückenschaltungen in Reihe geschaltet und nacheinander ausgesteuert werden (Folgesteuerung).

Gegeben ist ein Bahnmotor mit den Kenndaten: $P_{MN}$=1300 kW, $n_N$=19,3 1/s, $U_{AN}$=1000 V, $I_{AN}$=1360 A, Anfahrstrom $I_{Am}=1{,}5 I_{AN}$=2040 A, $R_{AM}$=0,03 Ω, $L_{AM}$=1,8 mH, Leitungswiderstand zwischen Motor und Stromrichter und Widerstand der Glättungsdrossel (geschätzt) $R_{Av}$=0,008 Ω, Fahrleitungsspannung $U_p$=15 kV ±10%, Betriebsfrequenz f=50 Hz, Transformator-Kurzschlußspannung $u_{kT}$=0,04; Regelreserve $\alpha_r=20^\circ$, Lückgrenze $I_{A1k}=0{,}3 I_{AN}$.

Gesucht:

(a) Bemessung einer einzigen halbgesteuerten einphasigen Brückenschaltung.

(b) Bemessung der Reihenschaltung von zwei halbgesteuerten einphasigen Brückenschaltungen in Folgesteuerung.

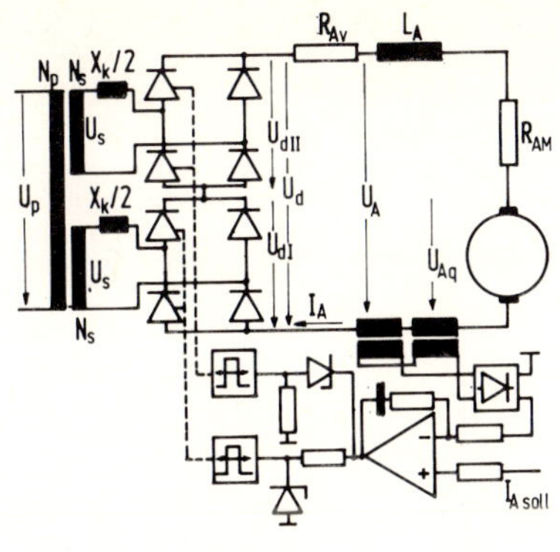

Bild 5.09-1

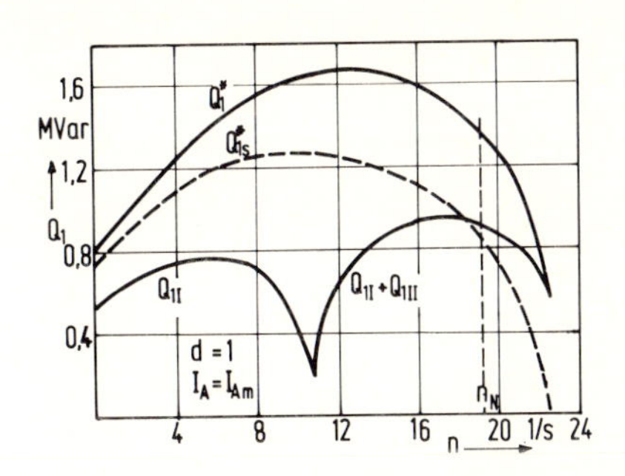


Bild 5.09-2

Lösung:

(a) Nenn-Quellenspannung des Motors $U_{AqN} = U_{AN} - I_{AN}R_{AM}$

$U_{AqN} = 1000 - 1360 \cdot 0{,}03 = 959$ V

Netzspannungsfaktor $d_{u-} = 0{,}9$

induktiver Spannungsabfall $d_{xN} = u_{kT}/\sqrt{2} = 0{,}04/\sqrt{2} = 0{,}028$.

Dann ergibt sich für den ungünstigsten Betriebsfall die ideelle Leerlaufspannung

$$U_{di} = \frac{U_{AqN} + I_{Am}(R_{AM} + R_{Av})}{0{,}5d_{u-}(1+\cos\alpha_r) - d_{xN}I_{Am}/I_{AN}} = \frac{959 + 2040(0{,}03 + 0{,}008)}{0{,}5 \cdot 0{,}9(1+\cos 20^\circ) - 0{,}028 \cdot 1{,}5} = 1247 \text{ V}$$

Wechselspannung $U_s = \pi U_{di}/2\sqrt{2} = \pi \cdot 1247/2\sqrt{2} = 1385$ V

Ersatz-Kommutierungsreaktanz

$X_k = u_{kT}U_s/I_{AN} = 0{,}04 \cdot 1385/1360 = 0{,}0407\ \Omega$

Transformatortypenleistung

$S_{Tr} = 1{,}11 U_{di} I_{AN} = 1{,}11 \cdot 1247 \cdot 1360 = 1882$ kVA

Überlappungswinkel ($\alpha = 0$)

$\mu_o = \arccos(1 - 2d_{xN}I_{Am}/I_{AN}) = \arccos(1 - 2 \cdot 0{,}028 \cdot 1{,}5) = 23{,}7^\circ$.

Nach *Bild 3.19* liegt die Größte Welligkeit bei $\alpha = 60^\circ$ vor. Für die geforderte Lückgrenze ist mit (*Gl.3.28*)

$L_A = L_{AM} + L_D = 1{,}79 \cdot 10^{-3} U_{di}/I_{Alk} = 1{,}79 \cdot 10^{-3} \cdot 1247/0{,}3 \cdot 1360 = 5{,}47 \cdot 10^{-3}$ H.

Die Glättungsdrossel muß die Induktivität $L_D = L_A - L_{AM}$, somit $L_D = (5{,}47 - 1{,}8) \cdot 10^{-3} = 3{,}67$ mH haben. Darf bei Nennstrom die Induktivität auf $L_{D\bar{N}} = 0{,}25 L_D$ heruntergehen, so ist die Drosseltypenleistung (*Gl.4.14*)

$S_D = \pi f \sqrt{L_{DN}/L_D}\, I_{AN}^2 L_D = 157\sqrt{0{,}25} \cdot 1360^2 \cdot 3{,}67 \cdot 10^{-3} = 533$ kVA.

Das Reaktanzverhältnis $X_A/X_k = \omega L_A/X_k = 314\cdot 5{,}47\cdot 10^{-3}/0{,}0407 = 42{,}2$ ist groß, so daß die Restwelligkeit des Gleichstroms unberücksichtigt bleiben kann.

Die Steuerkennlinie für $d_u = 1$ (Nenn-Fahrleitungsspannung) und $I_A = I_{Am}$ ergibt sich unter Berücksichtigung der Gleichungen

$$n = n_N U_{Aq}/U_{AqN} \quad \text{und} \quad U_{di} = \frac{U_{Aq}+I_{Am}(R_{AM}+R_{Av})}{0{,}5(1+\cos\alpha)-d_{xN}I_{Am}/I_{AN}} \quad \text{zu}$$

$$n = (n_N U_{di}/2U_{AqN})[1-(2d_{xN}I_{Am}/I_{AN})-2I_{Am}(R_{AM}+R_{Av})/U_{di} + \cos\alpha] \qquad (1)$$

$$= (19{,}3\cdot 1247/2\cdot 959)[1-3\cdot 0{,}028-2\cdot 2040\cdot 0{,}038/1247 + \cos\alpha]\ 1/\mathrm{s}$$

$$n = 9{,}93+12{,}55\cos\alpha\ 1/\mathrm{s} \qquad (2)$$

mit den Grenzwerten $n=0 \rightarrow \alpha_o = 142{,}3^\circ$; $\quad n = n_N \rightarrow \alpha_N = 41{,}7^\circ$.

Der Stromrichter nimmt während des Anfahrvorganges aus der Fahrleitung die Grundschwingungsblindleistung

$$Q_1^* \approx U_{di}I_{Am}\cos(\alpha/2)\sin[\alpha/2 + \mu(1+\alpha/180^\circ)/2] \qquad (3)$$

$$\approx 2{,}54\cdot 10^6\cos(\alpha/2)\sin[\alpha/2+11{,}8^\circ(1+\alpha/180^\circ)]\,\mathrm{Var} \quad \text{auf.} \qquad (4)$$

Mit den Gleichungen (2) und (4) läßt sich $Q_1^* = f(n)$ bestimmen. Diese Funktion ist in Bild 5.10-2 aufgetragen. Ohne Kommutierungsreaktanz ($X_k = 0$ ; $\mu_o = 0$) wäre die Blindleistung (nur Steuerblindleistung)

$$Q_{1s}^* = U_{di}I_{Am}\cos(\alpha/2)\sin(\alpha/2) = 2{,}54\cdot 10^6\cos(\alpha/2)\sin(\alpha/2).$$

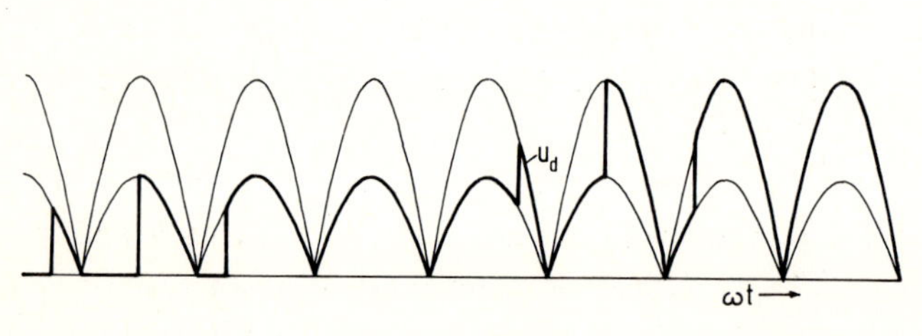


Bild 5.09-3

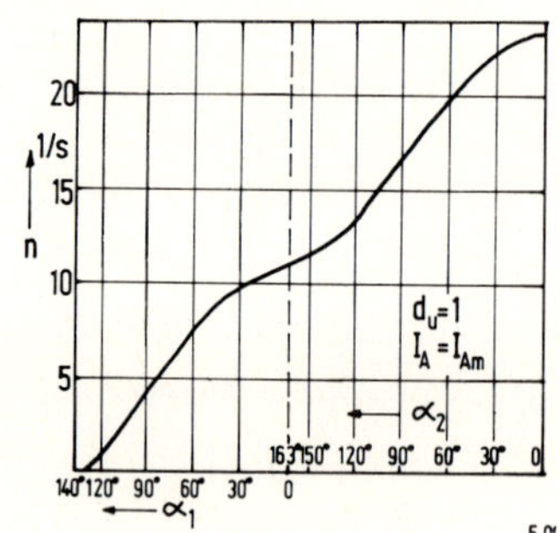


Bild 5.09-4

(b) Der Transformator hat zwei entkoppelte Sekundärwicklungen mit $U_{sI} = U_{sII} = U_s/2 = 693$ V und $U_{diI} = U_{diII} = U_{di}/2 = 624$ V.

Dadurch, daß jetzt jede Sekundärwicklung die halbe Windungszahl hat, ist $X_{kI} = X_{kII} = X_k/2 (d_{xN} = 0{,}014)$.

$I_{AN}$, $I_{Am}$, $I_s$ haben dagegen die bisherigen Werte behalten.

Für $d_u = 1$ und $I_A = I_{Am}$ ergibt sich aus Gl.(1) für die Brücke I

$n = (19{,}3\cdot 624/2\cdot 959)[1-(2\cdot 0{,}014\cdot 1{,}5)-2\cdot 2040\cdot 0{,}038/624+\cos\alpha_I]$

$n = 4{,}45+6{,}28\cos\alpha_I \ 1/s$ . (5)

Der Aussteuerbereich erstreckt sich von $\alpha_{I1} = 135^\circ$ $(n = 0)$ bis $\alpha_{I2} = 0^\circ$ $(n = 10{,}73\ 1/s)$. Dabei nimmt die Brücke I die Blindleistung auf

$Q_{1I} \approx U_{diI} I_{Am} \cos(\alpha_I/2) \sin[\alpha_I/2+\mu_0(1+\alpha_I/180^\circ)/2]$ mit

$\mu_0 = \arccos(1-2\cdot 0{,}014\cdot 1{,}5) = 16{,}7^\circ$

$Q_{1I} \approx 1{,}27\cdot 10^6 \cos(\alpha_I/2) \sin[\alpha_I/2+8{,}35(1+\alpha_I/180^\circ)]$ Var (6)

anschließend wird die zweite Brücke ausgesteuert. Da der Wirkspannungsabfall $I_{Am}(R_{AM}+R_{Av})$ bereits von der Brücke I gedeckt wird, ist die Steuerkennlinie der Brücke II

$n = 10{,}74+(19{,}3\cdot 624/2\cdot 959)[1-3\cdot 0{,}014+\cos\alpha_{II}]$

$n = 10{,}74+6{,}01+6{,}28\cos\alpha_{II} = 16{,}75+6{,}28\cos\alpha_{II} \ 1/s$ (7)

Nenndrehzahl wird erreicht bei $\alpha_{IIN} = \arccos[(19{,}3-16{,}75)/6{,}28] = 66^\circ$.

Der Stellbereich der Brücke II erstreckt sich von $163^\circ$ bis $66^\circ$. Der verbleibende Aussteuerbereich wird für die Kompensation der Spannungsabsenkung $(d_{u-} = 0{,}9)$, der Fahrleitung und als Regelreserve benötigt.

Die Blindleistungsaufnahme der Brücke II ist in Übereinstimmung mit Gl.(6)

$Q_{1II} \approx 1{,}27\cdot 10^6 \cos(\alpha_{II}/2) \sin[\alpha_{II}/2 +8{,}35(1+\alpha_{II}/180^\circ)]$ Var.

In Bild 5.09-2 ist die resultierende Blindleistung über n aufgetragen. Ein Vergleich mit $Q_1^*$ zeigt, daß durch die Folgesteuerung eine erhebliche Blindleistungseinsparung erfolgt.

Die Folgesteuerung von zwei Brücken setzt außerdem die Welligkeit der ungeglätteten Gleichspannung $u_d$ herab. Das Bild 5.09-3 zeigt die Veränderung von $u_d$ während einer Durchsteuerung von $\alpha_I = 45^\circ$ bis $\alpha_{II} = 0^\circ$. Die größte Welligkeit liegt vor bei $\alpha_I = 0^\circ$, $\alpha_{II} = 60^\circ$. Dadurch, daß eine Brücke voll durchgesteuert ist, ist jetzt die Ankerkreisinduktivität für die Lückgrenze bei $I_{Alk}$ gleich

$L_A = (1{,}79+1{,}33)10^{-3} U_{diI}/I_{Alk} = 3{,}12\cdot 10^{-3}\cdot 624/0{,}3\cdot 1360 = 4{,}77\cdot 10^{-3}$ H

$L_D = (4{,}77-1{,}8)10^{-3} = 2{,}97$ mH.

Die Glättungsdrossel ist um 19% kleiner geworden.

Mit den Gleichungen (5) und (7) läßt sich die in Bild 5.09-4 gezeigte gesamte Steuerkennlinie ermitteln. Im Übergabebereich zeigt sich ein flacherer Verlauf. Er läßt sich vermeiden, wenn die Aufsteuerung der zweiten Brücke eher erfolgt. Allerdings nimmt dadurch die Blindleistung zu.

## 5.10 Nutzbremsung mit netzgeführtem Stromrichter

Ein Verbrennungsmotor mit angebautem Schaltgetriebe soll durch eine Gleichstrommaschine über einen Stromrichter in dreiphasiger Sternschaltung (DS) im Dauerbetrieb abgebremst werden. Abtriebsdrehzahlen des Schaltgetriebes bei der Nenndrehzahl $n_{VM}$=70 1/s des Verbrennungsmotors:
$n_{M1}$=30 1/s $n_{M2}$=45 1/s $n_{M3}$= 70 1/s.
Getriebewirkungsgrad $\eta_{Gs}$=0,87, Motornennmoment $M_{VM}$=40 Nm. Kurzzeitig (300 s) kann der Motor das 1,5fache Nennmoment abgeben ($M_{VMm}$=60 Nm), das kleinste Motormoment beträgt $M_{VMmin}$=6 Nm.
Netzspannung $U_p$=380 V $\pm$5%, Transformator-Kurzschlußspannung $u_{kT}$=0,04
Sicherheitswinkel $\alpha_{si}$=30°.

Gesucht:

(a) Gesamtschaltung
(b) Bemessung der Gleichstrommaschine
(c) Feldspeisung
(d) Strom- und spannungsmäßige Bemessung des Stromrichters
(e) Induktivität und Typenleistung der Glättungsdrossel
(f) Nennarbeitspunkt, Kippursachen
(g) Zulässige Quellenspannung/Maximaldrehzahl bei Nennmoment, mit Rücksicht auf die Kippgrenze
(h) Zulässiger Netzspannungseinbruch

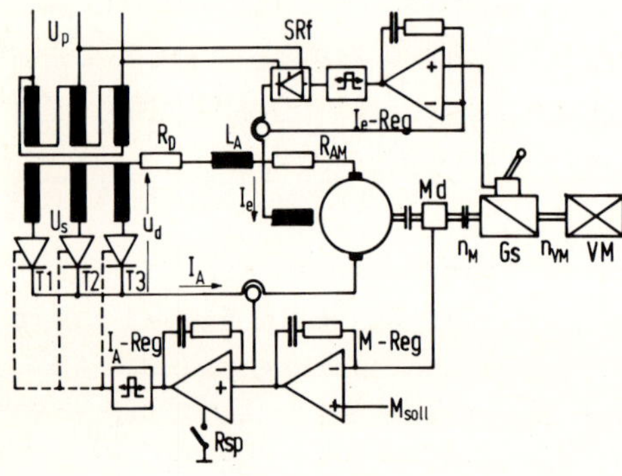


Bild 5.10-1

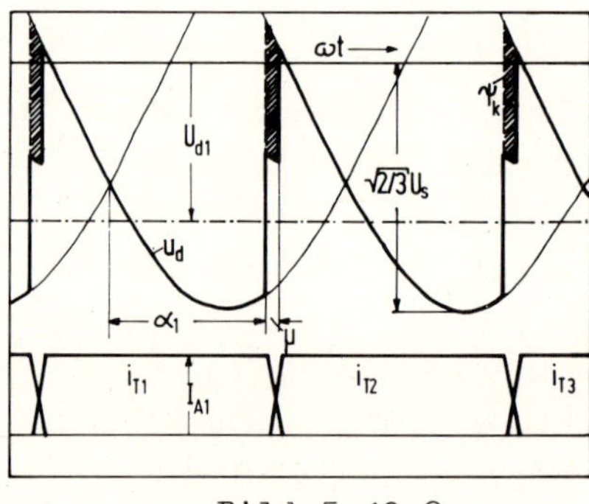


Bild 5.10-2

Lösung:

(a) In Bild 5.10-1 ist die Prinzipschaltung wiedergegeben. Der Verbrennungsmotor VM und das Schaltgetriebe Gs sind die zu untersuchende Einheit. Die Gleichstrommaschine wird auf die unterschiedlichen Übersetzungsverhältnisse durch Feldschwächung eingestellt. Hierzu dient ein Feldstrom-Regelkreis, dessen Sollwert von dem Getriebeschalthebel der gerade eingeschalteten Übersetzung angepaßt wird. Dadurch ist das am Verbrennungsmotor wirksame Bremsmoment annähernd, von der Getriebeübersetzung unabhängig, proportional dem

Ankerstrom. Wegen der vor allen Dingen bei weitgehender Feldschwächung ins Gewicht fallenden Ankerrückwirkung ist Ankerstrom und Bremsmoment nicht genau genug einander proportional. Deshalb ist dem Ankerstrom-Regelkreis ein Momentenregelkreis überlagert. Das Bremsmoment wird über eine Drehmomentenmeßwelle Md ermittelt.

(b) Die Grunddrehzahl der Gleichstrommaschine soll sein $n_{MN} \geq n_{M1} = 30\,1/s$. Bei Stufe 1 ist das Lastmoment $M_{L1} = M_{vM}\eta_{Gs}n_{M3}/n_{M1} = 40 \cdot 0{,}87 \cdot 70/30$ $M_{L1} = 81{,}2$ Nm und das Maximalmoment $M_{L1m} = 81{,}2 \cdot 1{,}5 = 121{,}8$ Nm. Bei der Auswahl der Gleichstrommaschine ist zu berücksichtigen, daß bei der Getriebestufe 3 mit verhältnismäßig hoher Feldschwächung $\varphi_{f3} = n_{M1}/n_{M3} = 0{,}43$ gefahren wird. Die Kommutierung wird zusätzlich durch dei Welligkeit der Gleichspannung erschwert. Der Nennstrom der Maschine soll deshalb auch bei Spitzenbelastung nicht überschritten werden. Gewählte Maschinentype
$P_{MN} = 24{,}7$ kW (Fremdbelüftung), $n_{MN} = 30{,}3$ 1/s, $U_{AN} = 400$ V, $I_{AN} = 71$ A, $R_{AM} = 0{,}5\ \Omega$, $L_{AM} = 5{,}8$ mH, $P_{eN} = 630$ W, $T_e = 0{,}22$s, $J_M = 0{,}2$ kgm$^2$. Die Magnetisierungskennlinie der Maschine soll den in Anhang 4 gegebenen Verlauf haben.

(c) Der Feldstrom $I_e$ muß bei einer Getriebeumschaltung schnell den neuden Verhältnissen angepaßt werden. Damit der Ankerstromrichter während des Umschaltens keinen Überstrom führt, wird die Reglersperre Rsp eingelegt. Der Stromrichter geht hierdurch in äußerste Wechselrichteraussteuerung. Trotzdem kann es, beim Umschalten auf eine schnellere Getriebestufe, zu einer Kippung des Ankerstromrichters kommen, wenn der Feldstrom nicht schnell genug zurückgenommen wird. Umgekehrt kann eine zu langsame Verstärkung des Feldstromes, beim Überschalten auf eine langsamere Getriebestufe, zu einem vorübergehenden Einbruch des Bremsmomentes führen.
Gewählte Nennerregerspannung $U_{eN} = 200$ V
$I_{eN} = P_{eN}/U_{eN} = 630/200 = 3{,}15$ A.
Der Feldstromrichter in einer vollgesteuerten einphasigen Brückenschaltung liegt an $U_p = 380$ V unter Zwischenschaltung einer Kommutierungsreaktanz, entsprechend $u_{kT} = 0{,}04$. Dann ist die maximale Erregerspannung bei Nennstrom
$U_{em} = U_{di}(1-u_{kT}/\sqrt{2}) = (2\sqrt{2}\cdot 380/\pi)(1-0{,}04/\sqrt{2}) = 332$ V.
Bei einem Deckenspannungsverhältnis $U_{em}/U_{eN} = 332/200 = 1{,}66$ ist sichergestellt, daß $I_e$ genügend schnell einer Sollwertänderung folgt. Die Soll-Erregerströme bei den drei Getriebeübersetzungsverhältnissen betragen
$\varphi_{f1} = \phi_1/\phi_N = 1{,}0$ $\qquad I_{e1} = I_{eN} = 3{,}15$ A

$\varphi_{f2} = \Phi_2/\Phi_N = n_{M1}/n_{M2} = 30/45 = 0,667$ , nach Anhang 4 $\quad I_{e2} = 1,67$ A

$\varphi_{f3} = \Phi_3/\Phi_N = n_{M1}/n_{M3} = 30/70 = 0,429$ , nach Anhang 4 $\quad I_{e3} = 1,08$ A.

(d) Nenn-Quellenspannung der Gleichstrommaschine

$U_{AqN} = U_{AN} - I_{AN}R_{AM} = 400 - 71 \cdot 0,5 = 364,5$ V

$M_{MN} = P_{MN}/2\pi n_{MN} = 24700/2\pi \cdot 30,3 = 129,7$ Nm .

Bei Nennlast und Getriebestufe 1 fließt der Ankerstrom

$I_{A1} = I_{AN}M_{L1}/M_{MN} = 71 \cdot 81,2/129,7 = 44,45$ A $\qquad I_{A1m} = 1,5 I_{A1} = 66,7$ A.

Induktiver Spannungsabfall $\quad d_{xN} = \sqrt{3} u_{kT}/2 = \sqrt{3} \cdot 0,04/2 = 0,0346$

Kupferwiderstand der Glättungsdrossel (geschätzt) $\quad R_D = 0,15\ \Omega$.

Die ideelle Leerlaufspannung muß für den höchsten Laststrom ($I_{A1m}$) und die niedrigste Netzspannung ($d_{u-} = 0,95$) bemessen werden

$$U_{di} = \frac{-U_{AqN} + (R_{AM}+R_D)I_{A1m}}{d_{u-}\cos\alpha_m - d_{xN}I_{A1m}/I_{A1}}$$

$$\alpha_m = \arccos[\cos(180^\circ - \alpha_{si}) + 2d_{xN}I_{A1m}/I_{A1}d_{u-}]$$

$$\alpha_m = \arccos[\cos(180^\circ - 30^\circ) + 2 \cdot 0,0346 \cdot 1,5/0,95] = 139^\circ$$

Überlappungswinkel $\mu = 180^\circ - \alpha_m - \alpha_{si} = 180^\circ - 139^\circ - 30^\circ = 11^\circ$

$$U_{di} = \frac{-364,5 + (0,5+0,15)66,7}{0,95\cos 139^\circ - 0,0346 \cdot 1,5} = 418 \text{ V}$$

$U_s = U_{di}\sqrt{2} \cdot \pi/3 = 418\sqrt{2} \cdot \pi/3 = 618$ V.

Bei einem Störspannungsfaktor $d_{st} = 1,4$ muß die periodische Spitzensperrspannung der Thyristoren betragen

$U_{RRM} \geq \sqrt{2}\,U_s d_{u+} d_{st} = \sqrt{2} \cdot 618 \cdot 1,05 \cdot 1,4 = 1285$ V $\qquad U_{RRM} = 1300$ V.

Die Thyristoren werden für den Maximalstrom bemessen.

$I_{Tar} = I_{A1m}/3 = 66,7/3 = 22,2$ A ; $\quad I_{Teff} = I_{A1m}/\sqrt{3} = 66,7/\sqrt{3} = 38,5$ A.

Die Typenleistung des Transformators beträgt

$S_{Tr} = 1,35 U_{di} I_{A1} = 1,35 \cdot 418 \cdot 44,45 = 25,1$ kVA .

(e) Der Wechselrichterbetrieb setzt lückfreien Ankerstrom voraus. Die Glättungsdrossel ist so zu bemessen, daß bei dem niedrigsten, und betriebsmäßig auftretenden Ankerstrom die Lückgrenze nicht unterschritten wird. Nach (*Gl.3.36*) muß die Ankerkreisinduktivität sein

$L_A = L_D + L_{AM} \geq 1,25 \cdot 10^{-3} U_{di}/I_{dlk}$ ,

$I_{dlk} = I_{A1}M_{VMmin}/M_{VM} = 44,45 \cdot 6/40 = 6,67$ A

$L_D = 1,25 \cdot 10^{-3} \cdot 418/6,67 - 5,8 \cdot 10^{-3} = 72,5$ mH.

Bei der eisengeschlossenen Drossel wird der Luftspalt so gewählt, daß die Induktivität bei $I_{A1}$ auf $L_{D1} = 0,2 \cdot L_D = 14,5$ mH heruntergeht. Die Ankerkreisinduktivität ändert sich dann im Verhältnis $(L_{D1} + L_{AM})/(L_D + L_{AM}) = 20,3/78,3 = 0,26$.
Dieser Schwankungsbereich der Ankerkreiszeitkonstanten ist bei der Einstellung des Stromreglers zu berücksichtigen.
Die Typenleistung der Glättungsdrossel ist nach (*Gl.4.16*)

$$S_D = 0,5\omega\sqrt{L_{D1}/L_D}\, I_{A1}^2 L_D = 0,5 \cdot 314\sqrt{0,2} \cdot 44,45^2 \cdot 72,5 \cdot 10^{-3} = 10,06 \text{ kVA}.$$

Kupferverlustleistung $P_D = 300$ W $= I_{A1}^2 R_D$ $\quad R_D = 300/44,45^2 = 0,15\ \Omega$

(f) Ein wichtiges Problem des netzgeführten Wechselrichters ist die Kippung. Sie ist immer dann zu befürchten, wenn die Spannung des Wechselrichters nicht mehr ausreicht, um die Quellenspannung, bis auf die lastabhängigen Spannungsabfälle, zu kompensieren. Das kann, wenn man von Ausfällen einzelner Ventile absieht, zwei Gründe haben; unzulässig hohe Quellenspannung - im vorliegenden Fall Überdrehzahl oder zu hohe Erregung - und bei äußerster WR-Aussteuerung ein unzulässiger Netzspannungseinbruch.
Bei einer Kippung polt sich die Wechselrichterspannung $u_d$ um, so daß sie gleiches Vorzeichen wie die Quellenspannung annimmt. Dadurch erfolgt ein kurzschlußartiger Anstieg des Ankerstromes. Der Überstrom kann nicht auf der Drehstromseite, sondern nur auf der Gleichstromseite durch die den Thyristoren vorgeschalteten Schmelzsicherungen oder durch einen Schnellschalter unterbrochen werden.
Eine Kippgefahr ist nur bei hoher Wechselrichteraussteuerung vorhanden. Deshalb wird bei den folgenden Berechnungen der Kippgrenzen von dem Nennbetriebspunkt

$$n = n_1 = n_{M1} = 30\ 1/\text{s} \rightarrow U_{Aq1} = U_{AqN} n_1/n_{MN} = 364,5 \cdot 30/30,3 = 359 \text{ V}$$

und $M_L = M_{L1} = 81,2$ Nm $\rightarrow I_{A1} = 44,45$ ausgegangen werden; weiterhin soll $U_p = U_{pN}(d_u = 1)$ sein.

Dynamische Vorgänge bleiben unberücksichtigt, das heißt, es wird eine genügend langsame Annäherung an die Kippgrenze angenommen.
Zunächst wird der Nennbetriebspunkt betrachtet.
Zündwinkel $\alpha_1$ für diese Aussteuerung

$$U_{di} = \frac{-U_{Aq1} + (R_{AM} + R_D) I_{A1}}{\cos\alpha_1 - d_{xN}} \qquad \cos\alpha_1 = [-U_{Aq1} + (R_{AM} + R_D) I_{A1}]/U_{di} + d_{xN}$$

$$\cos\alpha_1 = [-359 + (0,5 + 0,15)44,45]/418 + 0,0346 = -0,755 \qquad \alpha_1 = 139^\circ.$$

Der Überlappungswinkel ist

$$\mu = \arccos(\cos\alpha_1 - 2d_{xN}) - \alpha_1 = \arccos(-0,755 - 2 \cdot 0,0346) - 139^\circ$$

$\mu = 6{,}5^{\circ}$; $U_{d1} = -U_{Aq1} + (R_{AM}+R_{D})I_{A1} = -330$ V

In Bild 5.10-2 sind die ungeglättete Gleichspannung $u_d$ und die Ventilströme (Restwelligkeit vernachlässigt) für diesen Arbeitspunkt wiedergegeben.

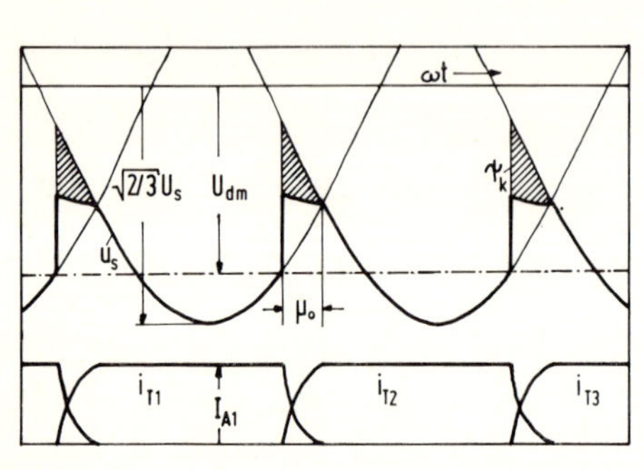


Bild 5.10-3

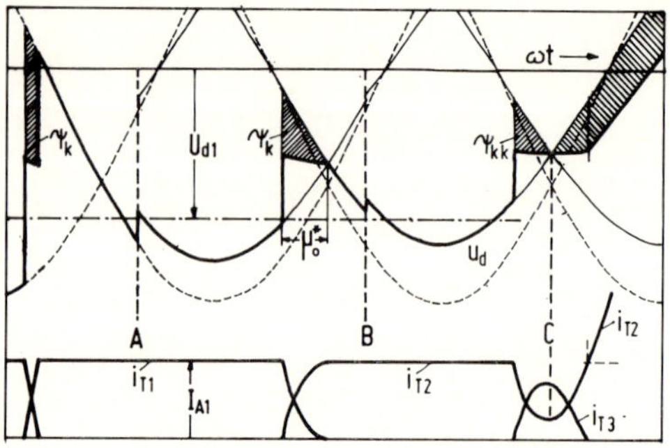

Bild 5.10-4

(g) Die Grenz-Quellenspannung (Kippgrenze) soll sein $U_{Aqm}$. Für die Kippgrenze gilt die Gleichung

$$U_{di} = \frac{-U_{Aqm} + (R_{AM}+R_{D})I_{A1}}{\cos(180^{\circ}-\mu_o) - d_{xN}}$$

$$\mu_o = \arccos(1-2d_{xN}) = \arccos(1-2\cdot 0{,}0346) = 21{,}4^{\circ}$$

$$U_{Aqm} = -U_{di}[\cos(180^{\circ}-\mu_o) - d_{xN}] + (R_{AM}+R_{D})I_{A1}$$

$$= -418[\cos 158{,}6^{\circ} - 0{,}0346] + (0{,}5+0{,}15)44{,}45 = -432{,}5 \text{ V}$$

$$U_{dm} = -432{,}5 + 0{,}65\cdot 44{,}45 = -403{,}6 \text{ V}.$$

Die zugehörige Drehzahl ist

$$n_m = n_{MN}U_{Aqm}/U_{AqN} = 30{,}3\cdot 432{,}5/364{,}5 = 36 \text{ 1/s}.$$

Die Kippgrenze wird bei 20% Überdrehzahl erreicht.
Wie aus Bild 5.10-3 zu ersehen ist, erstreckt sich jetzt der Überlappungsbereich bis $\alpha = 180^{\circ}$. Für die Kommutierung des Ankerstromes von einem Thyristor zu dem nächsten steht geradenoch die hierfür notwendige, hier schraffierte Spannungszeitfläche $\psi_k$ zur Verfügung. Die Fläche ist nach dem Induktionsgesetz ($\psi_k = \int u_k \delta\omega t = L_k \delta I_T$) proportional der Änderung des Ventilstromes während der Kommutierung. Die Kommutierungsspannungszeitflächen $\psi_k$ von Bild 5.10-2 und -3 sind somit gleich groß.

(h) Wenn die Netzspannung bis auf $U_{pmin}$ eingebrochen ist, soll die Kippgrenze erreicht sein. Der Netzspannungsfaktor ist dann $d_{ug} = U_{pmin}/U_{pN}$ und die Bestimmungsgleichung hat die Form

$$U_{di} = \frac{-U_{Aq1}+(R_{AM}+R_D)I_{A1}}{d_{ug}\cos(180^\circ-\mu_0^*)-d_{xN}}$$

$$\mu_0^* = \arccos(1-2d_{xN}/d_{ug}) = \arccos(1-0{,}069/d_{ug})$$

$$d_{ug}\cos(180^\circ-\mu_0^*) = [-U_{Aq1}+(R_{AM}+R_D)I_{A1}]/U_{di} + d_{xN}$$
$$= [-359+(0{,}5+0{,}15)44{,}45]/418 + 0{,}0346 = -0{,}755$$

$$d_{ug}\cos[180^\circ-\arccos(1-0{,}069/d_{ug})] = -d_{ug}(1-0{,}069/d_{ug}) = -0{,}755$$

$$d_{ug} = 0{,}755+0{,}069 = 0{,}824 \qquad \mu_0^* = \arccos(1-0{,}069/0{,}824) = 23{,}6^\circ.$$

Die Netzspannung darf somit um 17,6% auf $U_{pmin} = 0{,}824\cdot 380 = 313$ V einbrechen.
Das Bild 5.10-4 zeigt das Verhalten des Stromrichters, wenn während der Nennbelastung die Netzspannung in zwei Stufen einbricht. Die Nenn-Netzspannung ist gestrichelt eingezeichnet. Im Zeitpunkt A wird die Netzspannung auf $d_{ug} = 0{,}824$ zurückgenommen. Der Stromrichter befindet sich an der Kippgrenze, dadurch gekennzeichnet, daß sich die Kommutierungsspannungszeitfläche bis zum Schnittpunkt der an der Kommutierung beteiligten Sternspannungen erstreckt. Erfolgt nun im Zeitpunkt B ein weiterer Netzspannungseinbruch auf $d_{u-} = 0{,}75$, so reicht die, bei der nächsten Kommutierung zur Verfügung stehende Kommutierungsspannungszeitfläche $\Psi_{kk}$ nicht aus, um das Ventil T2 zu löschen. Der Strom $i_{T2}$ erreicht im Zeitpunkt C seinen niedrigsten Wert und nimmt anschließend wieder stetig zu, während die Stromübernahme durch den Thyristor T3 vorzeitig abgebrochen wird.

## 5.11 Ankerspeisung eines Gleichstrommotors über eine vollgesteuerte Drehstrombrückenschaltung

Die vollgesteuerte Drehstrombrückenschaltung ist die Standardschaltung für geregelte Industrieantriebe mit Nennleistungen größer als 10 kW. Sie liefert als sechspulsige Schaltung eine Gleichspannung geringer Welligkeit, die in der Regel eine Glättungsdrossel erübrigt. Der Thyristor-Stromflußwinkel von $\alpha_i = 120^\circ$ bedingt einen niedrigen induktiven Spannungsabfall. Schließlich ist von Vorteil, daß sie auch ohne Transformator, über Kommutierungsdrosseln direkt aus dem Drehstromnetz gespeist werden kann.
Ein Gleichstrommotor mit den Kenndaten: $P_{MN}=300$ kW, $n_N=23{,}7$ 1/s, $U_{AN}=440$ V, $I_{AN}=725$ A, $R_{AM}= 0{,}02\ \Omega$, $L_{AM}=0{,}6$ mH, $J_M=8{,}6$ kgm$^2$ wird im Anker über eine vollgesteuerte Drehstrombrückenschaltung gespeist. Es soll ein Ein-Richtungsantrieb ohne elektrische Bremsung sein.

Leitungswiderstand im Gleichstromkreis $R_{Lt}$=0,012 Ω, Lastmoment $M_L$=1600 Nm, Lastträgheitsmoment $J_L$=10,3 kgm², Anlaufzeit des Antriebes $t_a$=2 s, Netzspannung $U_p$=500 V +5%-8%, Transformator-Kurzschlußspannung $u_{kT}$=0,04, Regelreserve $\alpha_r$=20°, Störspannungsfaktor $d_{st}$=1,4.

Gesucht:

(a) Stromrichterbemessung

(b) Thyristorauswahl und Ventilbeschaltung

(c) Bemessung des Transformators und der Transformatorbeschaltung

(d) Lückgrenze in Abhängigkeit vom Steuerwinkel α, ohne Glättungsdrossel

(e) Bemessung der Glättungsdrossel für $I_{dlk}/I_{AN} \leqq 0,1$

(f) Steuerbereich beim Anfahren des Antriebes bei der Netzspannung $U_p=U_{pN}(d_u=1)$

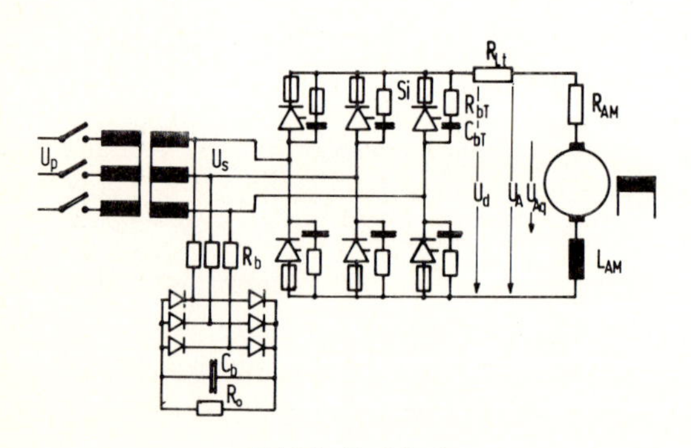


Bild 5.11-1

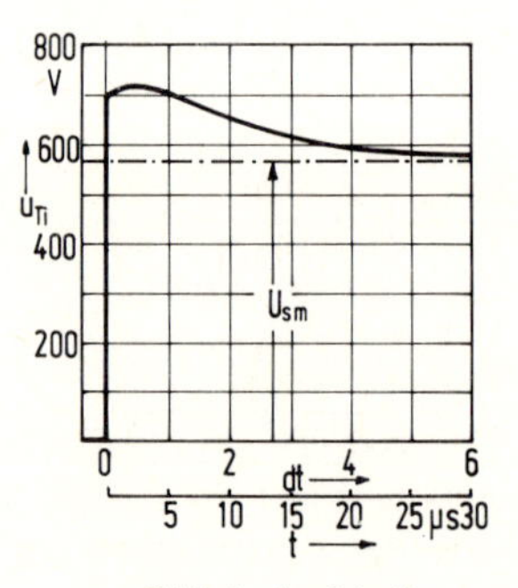


Bild 5.11-2

Lösung:

(a) Nennmoment des Motors $M_{MN}= P_{MN}/2\pi n_N= 3\cdot10^5/2\pi\cdot23,7 = 2015$ N

Nenn-Quellenspannung $U_{AqN}= U_{AN}-I_{AN}R_{AM}= 440-725\cdot0,02 = 425,5$ V

Beschleunigungsmoment

$M_b= 2\pi(J_M+J_L)n_N/t_a= 2\pi(8,6+10,3)23,7/2 = 1407$ Nm

Maximales Motormoment $M_{Mm}= M_L+M_b= 1600+1407 = 3007$ Nm

Maximaler Ankerstrom $I_{Am}= I_{AN}M_{Mm}/M_{MN}= 725\cdot3007/2015 = 1082$ A

Der Spitzenstrom fließt während des Anlaufs.

In Bild 5.11-1 ist der Leistungsteil der Antriebsanordnung wiedergegeben. Mit dem Netzspannungsfaktor $d_{u-}$ = 0,92 und dem induktiven Spannungsabfall $d_{xN}= u_{kT}/2 = 0,02$ ergibt sich die ideelle Leerlaufspannung zu

$$U_{di}= \frac{U_{AqN}+(R_{AM}+R_{Lt})I_{Am}}{d_{u-}\cos\alpha_r-d_{xN}I_{Am}/I_{AN}} = \frac{425,5+(0,02+0,012)1082}{0,92\cos20^\circ-0,02\cdot1082/725} = 551 \text{ V}$$

$U_s = \pi U_{di}/\sqrt{2}\cdot 3 = \pi\cdot 551/\sqrt{2}\cdot 3 = 408$ V.

Periodische Spitzensperrspannung der Thyristoren

$U_{RRM} \geqq \sqrt{2}\, U_s d_{u+} d_{st} = \sqrt{2}\cdot 408\cdot 1{,}05\cdot 1{,}4 = 848$ V

Thyristorstrom bei Nenn-Ankerstrom

$I_{Tar} = I_{AN}/3 = 725/3 = 242$ A $\qquad I_{Teff} = I_{AN}/\sqrt{3} = 725/\sqrt{3} = 419$ A.

(b) In diesem Leistungsbereich empfiehlt sich, wenn nicht besondere Umwelteinflüsse (Luftverschmutzung, aggressive Gase) dagegen sprechen, die Fremdbelüftung der Thyristor-Kühlkörper.

Es werden Thyristoren mit folgenden Kenndaten gewählt:

Periodische Spitzensperrspannung $U_{RRM}$=900 V, Grenz-Dauergleichstrom bei $\alpha_i$=120° $I_{Tar}$=260 A, Grenz-Überstrom bei einer Überlastzeit von 2 s $I_{Tm}$=390 A, Schleusenspannung $U_{To}$=0,97 V, Differentieller Durchlaßwiderstand $R_T = 0{,}53\cdot 10^{-3}\ \Omega$, Grenzlastintegral $W_{gr} = 6\cdot 10^5\ A^2s$, Einraststrom $I_L$=1,0 A, Haltestrom $I_H$ =0,25 A, Speicherladung $Q_{stg} = 400\cdot 10^{-6}$ As, Wärmewiderstand Thyristor $R_{thG}$=0,08 K/W Thermische Zeitkonstante Thyristor $T_{thG}$=2,5 s, Wärmewiderstand Kühlkörper (Fremdkühlung) $R_{thK}$=0,15 K/W, Thermische Zeitkonstante Kühlkörper (Fremdkühlung) $T_{thK}$=150 s, Kühlluftmenge je Kühlkörper 0,1 $m^3/s$.

Thyristorbeschaltung

Der Transformator wird für den Nennstrom $I_{AN}$ bemessen. Dann bestimmt sich der Überlappungswinkel für Spitzenstrom aus (*Gl.3.07*) zu

$\cos\alpha - \cos(\alpha+\mu) = K_x u_{kT} I_{Am}/I_{AN}$. $\qquad$ Für die VDB-Schaltung ist $K_x = 1$.

Die größte Spannungsbeanspruchung der Thyristoren ist bei $\alpha = 90°-\mu$ vorhanden

$\cos(90°-\mu) - \cos 90° = \sin\mu = 0{,}04\cdot 1082/725$ ; $\mu = \arcsin 0{,}06$; $\mu = 3{,}42°$.

Dann beträgt die Stromänderungsgeschwindigkeit

$di_T/dt = -I_{Am} 180°/\mu 0{,}01 = -1082\cdot 180°/3{,}42\cdot 0{,}01 = -5{,}7\cdot 10^6$ A/s

und der Spitzensperrstrom

$I_{Rm} = \sqrt{2Q_{stg}\,|di_T/dt|} = \sqrt{2\cdot 400\cdot 10^{-6}\cdot 5{,}7\cdot 10^6} = 67{,}5$ A.

Die Kommutierungsinduktivität wird durch die Transformator-Kurzschlußspannung bestimmt.

$L_k = (u_{kT}/12 f_e)(U_{di}/I_{AN}) = (0{,}04/12\cdot 50)(551/725) = 51\ \mu$H.

Die weitere Berechnung erfolgt nach Beispiel 4.07.

Beschaltungswiderstand für aperiodischen Grenzfall

$R_{bT} = 2\sqrt{L_k/C_{bT}} = 14{,}3\cdot 10^{-3}/\sqrt{C_{bT}}$.

Darf unmittelbar nach dem Sperren des Thyristors eine Sperrspannung von -700 V anliegen, so bestimmt sich $C_b$ aus

$u_{Ti}(+0) = -I_{Rm}R_b = I_{Rm} \cdot 14{,}3 \cdot 10^{-3}/\sqrt{C_{bT}} = 700$ V

$C_{bT} = (67{,}5 \cdot 14{,}3 \cdot 10^{-3}/700)^2 = 1{,}9$ µF und

$R_{bT} = 14{,}3 \cdot 10^{-3}/\sqrt{1{,}9 \cdot 10^{-6}} = 10{,}4$ Ω.

Den genauen Verlauf liefert Gl.(4.07.4). Die Werte eingesetzt

$u_{Ti}(t) = -577 - [123 + 226 \cdot dt]e^{-dt}$ $\qquad d = 0{,}204 \cdot 10^6$ 1/s.

Die Übergangsfunktion ist aus Bild 5.11-2 zu ersehen. Die Thyristorspannung durchläuft bei dt = 0,4 das Maximum $U_{Tim} = 720$ V.

Schmelzsicherungen

Die Thyristoren können nach Anhang 2 durch je eine Schmelzsicherung mit dem Nennstrom $I_{SiN} = 500$ A abgesichert werden. Das Abschaltintegral liegt allerdings mit $W_{ab} = 5 \cdot 10^5$ $A^2s$ nur um ca. 17% unter dem Grenzlastintegral $W_{gr} = 6 \cdot 10^5$ $A^2s$.

Eine größere Sicherheit verspricht eine Schmelzsicherung mit $I_{SN} = 400$ A und $W_{ab} = 3 \cdot 10^5$ $A^2s$. Diese Sicherung darf, nach Anhang2, für 2 Sekunden den Strom $I_{Sim} = 1{,}8 I_{SN} = 720$ A führen.

Im Beschleunigungsbereich wird die Sicherung mit

$I_{Teffm} = 419 \cdot 1082/725 = 625$ A maximal belastet. Es empfiehlt sich, die kleinere Sicherung zu wählen, obgleich sie im Nenn-Betriebspunkt um 5% überlastet wird.

Verluste und Kühlung

Bei netzgeführten Stromrichtern brauchen nur die Durchlaßverluste berücksichtigt zu werden

$P_{vT} = I_{Tar}U_{To} + I_{Teff}^2 R_T = 242 \cdot 0{,}97 + 419^2 \cdot 0{,}53 \cdot 10^{-3} = 235 + 93 = 328$ W.

Kristalltemperatur $t_j^o$ bei der Lufttemperatur $t_A^o = 35^o$ C und Nennlast $t_j^o = P_{vT}(R_{thG} + R_{thK}) + t_A^o = 328(0{,}08 + 0{,}15) + 35^o = 110$ °C.

Zulässig ist $t_j^o = 125^o$C.

(c) Transformator

Scheinleistung $S_{Tr} = 1{,}05 U_{di} I_{AN} = 1{,}05 \cdot 551 \cdot 725 = 420$ kVA

Schaltung Stern/Stern

$U_s = 408$ V $\qquad I_s = \sqrt{2/3}\, I_{AN} = \sqrt{2/3} \cdot 725 = 592$ A

$U_p = 500$ V $\qquad I_p = I_s U_s / U_p = 592 \cdot 408/500 = 483$ A

Magnetisierungsstrom $I_{po} = 0{,}02 I_p = 0{,}02 \cdot 483 = 9{,}7$ A

Reaktanzen, bezogen auf die Sekundärwicklung

Hauptreaktanz $X_h = U_s^2/\sqrt{3}\, I_{po} U_p = 408^2/\sqrt{3} \cdot 9{,}7 \cdot 500 = 19{,}8$ Ω; $L_h = 63$ mH

Streureaktanz $X_s = u_{kT} U_s/\sqrt{3} I_s = 0{,}04 \cdot 408/\sqrt{3} \cdot 592 = 0{,}016$ Ω; $L_s = 51$ µH

Transformatorbeschaltung

Beim Abschalten des Transformators kann im ungünstigsten Schaltaugenblick, nach Gl.(5.01.4), an dem gesperrten Thyristor die Spannung liegen

$U_{Tm} = \sqrt{\frac{2}{3}} U_s \frac{\omega_o}{\omega_e} \sqrt{1+\frac{3}{2}\left(\frac{\omega_e}{\omega_o}\right)^2} e^{-R_b C_b \omega_o(\pi/2-\Theta)}$ $\qquad \omega_e = 314$ 1/s; $\omega_o = 1/\sqrt{2L_h C_b}$

$\Theta = \arctan(\sqrt{3}\,\omega_e/2\omega_o)$.

Näherungsweise ist $U_{Tm} \approx \sqrt{\frac{2}{3}}\, U_s \omega_o/\omega_e = U_s/\omega_e \sqrt{3L_h C_b}$ und für $U_{Tm} = 800$ V

$C_b \approx U_s^2/U_{Tm}^2 \omega_e^2 3L_h = 408^2/800^2 \cdot 314^2 \cdot 3 \cdot 63 \cdot 10^{-3} = 14$ µF.

Beschaltungswiderstand gewählt zu $R_b = 5\ \Omega$. Maximal möglicher Entladestrom nach Zünden des Thyristors $I_{cm} = \sqrt{2}\, U_s/R_b = \sqrt{2}\, 408/5 = 115$ A

$\omega_o = 1/\sqrt{2 \cdot 63 \cdot 10^{-3} \cdot 14 \cdot 10^{-6}} = 753$ 1/s $\qquad \omega_o/\omega_e = 753/314 = 2{,}4$.

Die genaue maximale Thyristorspannung ist

$U_{Tm} = \sqrt{2/3} \cdot 408 \cdot 2{,}4 \cdot 1{,}12 e^{-5 \cdot 14 \cdot 10^{-6} \cdot 753(\pi/2-0{,}346)} = 839$ V.

Sie liegt unterhalb der zulässigen Sperrspannung der Thyristoren.

Die Dioden des Beschaltungsgleichrichters sollen eine periodische Spitzensperrspannung $U_{RRM} = 1000$ V haben. Die größte strommäßige Beanspruchung tritt auf beim Einschalten des Transformators im Spannungsmaximum. Es fließt dann kurzzeitig der Ladestrom

$I_{bm} = U_s\sqrt{2}/2R_b = 408/\sqrt{2} \cdot 10 = 29$ A. Dafür genügen Siliziumdioden mit einem Dauernennstrom von 12 A bei natürlicher Kühlung. Damit die Spannung an $C_b$ nach der Transformatorabschaltung in 0,3 Sekunden auf 5% ihres ursprünglichen Wertes abgeklungen ist, muß der Entladewiderstand sein

$R_o = 0{,}1/C_b = 0{,}1/14 \cdot 10^{-6} = 7{,}1$ kΩ.

(d) Bei der vollgesteuerten Drehstrombrückenschaltung wird man in der Regel ohne Glättungsdrossel auskommen. Da dann für die Glättung nur die Motorinduktivität $L_{AM}$ übrig bleibt, muß ein erheblicher Lückbereich in Kauf genommen werden. Das Lückverhalten der vollgesteuerten Drehstrombrückenschaltung ist aus Anhang 3b zu ersehen. Der Lückstrom ist am größten bei $\alpha = 90^o$

$0{,}094 = I_{dlk}\omega_e L_{AM}/U_{di} \qquad I_{dlk} = 0{,}094 \cdot 551/314 \cdot 0{,}6 \cdot 10^{-3} = 275$ A

$I_{dlk}/I_{AN} = 0{,}38$.

Die Lückgrenze ist von der Spannungsaussteuerung abhängig und, in dem Kennlinienfeld Anhang 3b, proportional der Abszissenwerte der Grenzpunkte A. Bei $\alpha = 0$ ist

$I_{dlk} = 275 \cdot 0{,}0174/0{,}094 = 50{,}9$ A $\qquad I_{dlk}/I_{AN} = 0{,}07$.

In Bild 5.11-3 ist $I_{dlk}$ über $\alpha$ aufgetragen.

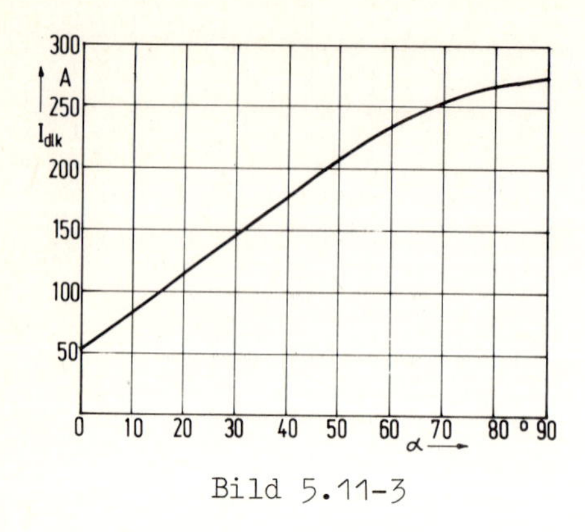


Bild 5.11-3

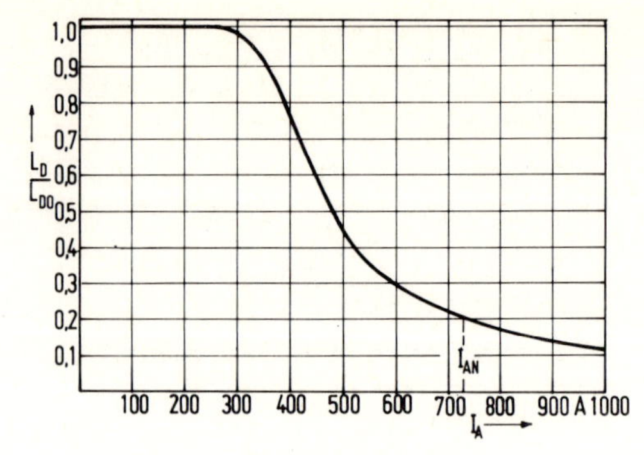


Bild 5.11-4

(e) Die Glättungsdrossel soll so bemessen werden, daß bei dem ungünstigsten Steuerwinkel ($\alpha = 90^o$) die Lückgrenze bei $I_{dlk}=0{,}1 I_{AN}= 72{,}5$ A liegt. Wie unter (d) ausgeführt, muß dann die gesamte Ankerkreisinduktivität $L_A= L_{AM}+L_{Do}= 0{,}094 U_{di}/\omega_e I_{dlk}$ sein.

$L_{Do}= 0{,}094\cdot 551/314\cdot 72{,}5-0{,}6\cdot 10^{-3}= 1{,}675\cdot 10^{-3}$ H.

Dabei ist $L_{Do}$ die Drosselinduktivität für $I_A \leqq I_{dlk}$.

Weiterhin wird festgelegt, daß zwischen Lückgrenzstrom ($L_D= L_{Do}$) und Nennstrom ($L_D= L_{DN}$) die Ankerkreisinduktivität sich mit Rücksicht auf den Stromregelkreis nur im Verhältnis 2,5 : 1 ändern darf, $l_A= L_{AN}/L_{Do}= 1/2{,}5$. Nach (*Gl.4.15*) ist dann für die Glättungsdrossel zulässig

$L_{DN}/L_{Do}=(L_{AM}/L_{Do})(l_A-1)+l_A=(0{,}6/1{,}675)(0{,}4-1)+0{,}4 = 0{,}19.$

Die Induktivität der Glättungsdrossel darf sich somit zwischen Lückgrenzstrom und Nennstrom im Verhältnis 5 : 1 ändern. Die Typenleistung der Glättungsdrossel ist nach (*Gl.4.13*)

$S_D= 0{,}5\omega_e\sqrt{L_{DN}/L_{Do}}\, I_{AN}^2 L_{Dl}= 157\sqrt{0{,}19}\cdot 725^2\cdot 1{,}675\cdot 10^{-3}= 60{,}28$ kVA.

In Anhang 5 ist das Kennlinienfeld $L_D/L_{Do}= f(H_D)$ für eine Drosseltypenreihe mit der Wechselstrompermeabilität $\mu_w = 28$ (Wechselstrompermeabilität der Drossel ohne Luftspalt bei Nenninduktion, siehe *Bild 4.03*). Die Nennfeldstärke beträgt $H_{DN}= 1{,}7\cdot 10^4$ A/m. Aus den Kennlinien läßt sich entnehmen, daß für $L_{DN}/L_{Do}= 0{,}19$ das Verhältnis Luftspaltlänge $\delta$ zur Eisenweglänge $l_{Fe}$ $\delta/l_{Fe}= 0{,}009$ sein muß. Das ergibt sich auch aus (*Gl.4.11*).

$L_{Do}/L_{DN}= 1+l_{Fe}/\delta\mu_w= 1+1/0{,}009\cdot 28 = 5$ .

Eine Drossel mit vorstehender Typenleistung hat den Luftspaltquerschnitt $q_L= 0{,}014$ m$^2$ und die Eisenweglänge $l_{Fe}= 1{,}7$ m. Die Summe der Luftspalte muß somit sein $\delta = 0{,}009\cdot 1{,}7 = 0{,}015$ m. Die Windungszahl der Glättungsdrossel ist

$N = \sqrt{\delta L_{Do}/q_L \mu_0} = \sqrt{0{,}015 \cdot 1{,}675 \cdot 10^{-3}/0{,}014 \cdot 1{,}256 \cdot 10^{-6}} = 38$ .

Der gesamte Luftspalt wird zweckmäßigerweise auf vier Luftspalte von $\delta^* = 3{,}5$ mm aufgeteilt. In Bild 5.11-4 ist $L_D/L_{Do}$ in Abhängigkeit von $I_A$ aufgetragen, wie aus Anhang 5 für $\delta/l_{Fe} = 0{,}009$ entnommen werden kann.

(f) Die Steuerkennlinie für $U_p = U_{pN}$ und $I_d = I_{Am} = 1082$ A (Anfahrvorgang) ergibt sich aus der Beziehung

$$U_{di} = \frac{U_{Aq} + I_{Am}(R_{Lt} + R_{AM})}{\cos\alpha - d_{xN} I_{Am}/I_{AN}} \quad \text{außerdem gilt} \quad n = n_N U_{Aq}/U_{AqN} \,.$$

Beide Gleichungen zusammengefaßt

$$n = (n_N/U_{AqN})[U_{di}(\cos\alpha - d_{xN} I_{Am}/I_{AN}) - I_{Am}(R_{Lt} + R_{AM})]$$

$$= (23{,}7/425{,}5)[551(\cos\alpha - 0{,}02 \cdot 1082/725) - 1082(0{,}012 + 0{,}02)]$$

$$n = 30{,}7\cos\alpha - 2{,}85 \ 1/\text{s}.$$

Das Anfahren beginnt bei $\alpha_A = \arccos(2{,}85/30{,}7) = 84{,}7^\circ$

und endet bei $\alpha_N = \arccos[(23{,}7 + 2{,}85)/30{,}7] = 30{,}1^\circ$.

## 5.12 Geregelte Gleichspannungsversorgung mit Kondensatorpufferung

Selbstgeführte Wechselrichter entnehmen dem Gleichstromzwischenkreis impulsförmige Ströme, die eine technische Gleichspannungsquelle nicht ohne weiteres zu liefern vermag. Die Gleichspannung $U_{do}$ wird meist von einem netzgeführten Stromrichter in Drehstrombrückenschaltung geliefert. Die Kommutierungsreaktanz des Stromrichters würde bei direkter Speisung des selbstgeführten Wechselrichters zu großen Spannungseinbrüchen an den steilen Anstiegsflanken des Laststromes führen. Abhilfe ist durch einen Pufferkondensator $C_d$ möglich. Um das di/dt für den Stromrichter weiter herabzusetzen, wird eine Speicherdrossel $L_d$ vorgesehen. Die Prinzipschaltung zeigt Bild 5.12-1. Durch die Speicherglieder werden die im Takte der Pulsfrequenz des selbstgeführten Wechselrichters ($f_p$) auftretenden Lastschwankungen so weit herabgesetzt, daß die Spannung durch den Spannungsregler U-Reg konstant gehalten werden kann. Dem Spannungsregelkreis ist, wie üblich, zur Strombegrenzung ein Stromregelkreis unterlagert.

Bei der in Bild 5.12-2 wiedergegebenen Ersatzschaltung wird von einer konstanten, lastunabhängigen Spannung $U_{do}$ ausgegangen. Die Belastung wird durch einen Widerstand $R_L$ nachgebildet, der über den Schalter S einmalig, kurzzeitig oder periodisch an die Spannung $u_d$ gelegt wird. Der netzgeführte Gleichrichter ist für den Gleichstrom $I_N = 70$ A zu bemessen. Nenn-Gleichspannung $U_{do} = 400$ V. Die Kommutierungsreaktanzen $X_k$

entsprechen einer Kurzschlußspannung $u_{kT}$=0,04; Lastwiderstand $R_L$=5,7 Ω, Netzspannung $U_s$=380 V ±5%.

Gesucht:

(a) Der Lastwiderstand $R_L$ wird einmalig auf die Spannung $U_{do}$ geschaltet. Es sind zu ermitteln: i=f(t) und $u_d$=f(t) für die Speicherkombinationen $L_d/C_d$: I 0,005 H/200 µF, II 0,02 H/200 µF, III 0,04 H/200 µF, IV 0,02 H/400 µF, V 0,02 H/10 µF.

(b) Der Lastwiderstand $R_L$ wird für die Zeit $t_e$=2 ms einmalig auf die Spannung $U_{do}$=400 V geschaltet. Es sind i=f(t) und $u_d$=f(t) für die Speicherkombinationen II und III zu bestimmen.

(c) Der Schalter S wird mit der Frequenz $f_p$=250 Hz und dem Ein-Ausschaltverhältnis $t_e/t_o$=1 periodisch betätigt. Der Lastwiderstand ist $R_L$=5,7 Ω und die Speicherinduktivität $L_d$=0,02 H. Der Kondensator $C_d$ ist so zu bemessen, daß im Einschaltbereich die an der Last liegende Spannung sich nur um $\delta u_C$=20 V ändert.

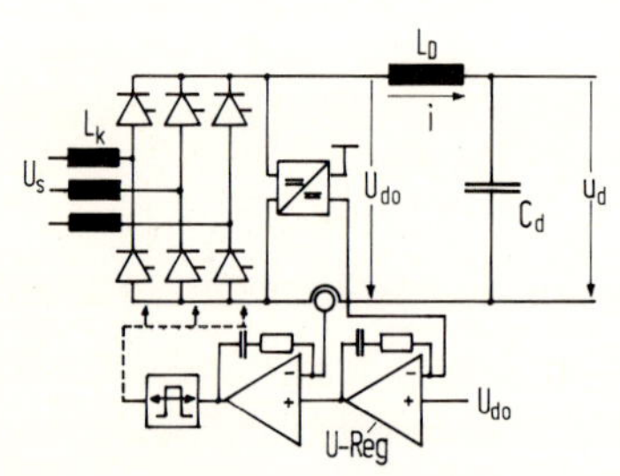


Bild 5.12-1

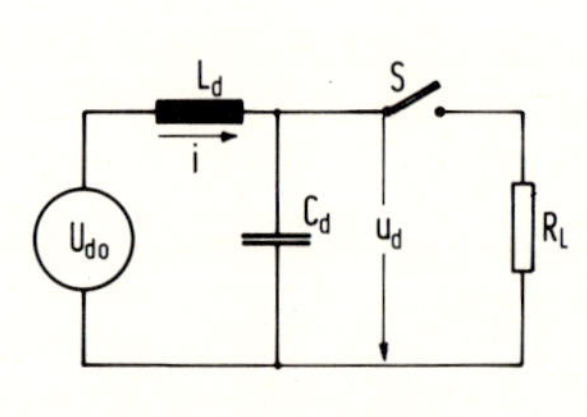


Bild 5.12-2

Lösung:

(a) $U_{di}= 3\sqrt{2}\, U_s/\pi = 3\sqrt{2}\cdot 380/\pi = 513$ V

Steuerkennlinie bei niedrigster Netzspannung und Nennstrom

$U_d= U_{di}(d_{u-}\cos\alpha - u_{kT}/2)= 513(0{,}95\cos\alpha-0{,}02)= 487{,}3\cos\alpha-10{,}3$ V

Zündwinkel bei Nennspannung $\alpha_N= \arccos[(400+10{,}3)/487{,}3]= 33^\circ$

Kommutierungsinduktivität

$L_k= u_{kT}U_s/\sqrt{3}\, I_{sN}2\pi f = u_{kT}U_s/\sqrt{2}\, I_{dN}2\pi\cdot 50 = 0{,}04\cdot 380/\sqrt{2}\cdot 70\cdot 2\pi\cdot 50$

$L_k= 0{,}5$ mH.

Außerhalb des Kommutierungsbereiches ist für den Gleichstromverbraucher die Induktivität $L_d= L_D+2L_k$ wirksam. Dabei ist $L_D$ die Induktivität einer zusätzlichen Speicherdrossel.

Im Schaltaugenblick ist der Kondensator $C_d$ auf die Spannung $U_{do}$ aufgeladen. Die Kondensatorspannung hat unmittelbar nach dem Schalten den gleichen Wert, so daß i(+0)= 0 und auch di(+0)/dt = 0 sind. Aus den Bestimmungsgleichungen $i_C(t)= C_d du_d(t)/dt$; $i_L(t)= u_d(t)/R_L$

$u_d(t) = U_{do} - L_d di(t)/dt$; $i(t) = i_L(t) + i_C(t)$ ergibt sich die Differentialgleichung $i(t) = (1/R_L)[U_{do} - L_d di(t)/dt] - C_d L_d d^2 i(t)/dt^2$

$$\frac{d^2 i(t)}{dt^2} + \frac{1}{R_L C_d}\frac{di(t)}{dt} + \frac{1}{L_d C_d} i(t) = \frac{U_{do}}{R_L L_d C_d} \qquad (1)$$

mit $d = \dfrac{1}{2R_L C_d}$ ; $\omega_{or}^2 = \dfrac{1}{L_d C_d}$ ; $I_d = \dfrac{U_{do}}{R_L} = 70$ A

$d^2 i(t)/dt^2 + 2d \cdot di(t)/dt + \omega_{or}^2 i(t) = I_d \omega_{or}^2$

mit den Anfangsbedingungen $i(+0) = 0$; $di(+0)/dt = 0$

o—● $i(p)[p^2 + 2dp + \omega_{or}^2] = I_d \omega_{or}^2/p$ $\quad$ $i(p) = I_d p_1 p_2 / p(p+p_1)(p+p_2)$.

Bei den Wurzeln ist zwischen periodischer Dämpfung

$p_{1,2} = d \mp j\sqrt{\omega_{or}^2 - d^2} = d \mp j\omega_o$

und aperiodischer Dämpfung $p_{1,2} = d \mp \sqrt{d^2 - \omega_{or}^2} = d \mp \gamma$ zu unterscheiden.

Rücktransformation nach Anhang 1

$$\bullet\!\!-\!\!\circ \quad i(t) = I_d[1 + (p_2 e^{-p_1 t} - p_1 e^{-p_2 t})/(p_1 - p_2)] \qquad (2)$$

und nach einigen Umformungen

periodische Dämpfung $\quad i(t) = I_d[1 - \sqrt{1 + (d/\omega_o)^2}\, e^{-dt} \cos(\omega_o t - \beta)] \qquad (3)$

$\beta = \arctan(d/\omega_o)$

aperiodische Dämpfung

$$i(t) = I_d[1 - 0{,}5((1 + d/\gamma)e^{-(d-\gamma)t} + (1 - d/\gamma)e^{-(d+\gamma)t})] \qquad (4)$$

Die Einschwingvorgänge werden durch das Verhältnis $d/\omega_o$, bzw. $\gamma/\omega_o$ bestimmt. Hierfür läßt sich schreiben

$d/\omega_o = (1/2R_L C_d)/\sqrt{1/L_d C_d - (1/2R_L C_d)^2} = 1/\sqrt{4R_L^2 C_d/L_d - 1} = 1/\sqrt{a-1}$

$d/\gamma = (1/2R_L C_d)/\sqrt{(1/2R_L C_d)^2 - 1/L_d C_d} = 1/\sqrt{1 - 4R_L^2 C_d/L_d} = 1/\sqrt{1-a}$ .

Für die fünf Kombinationen von Speicherdrossel und Pufferkondensator gelten die folgenden Konstanten

| Kombination | | I | II | III | IV | V |
|---|---|---|---|---|---|---|
| $L_d/C_d$ | H/µF | 0,005/200 | 0,02/200 | 0,04/200 | 0,02/400 | 0,02/10 |
| $\omega_{or}$ | 1/s | 1000 | 500 | 354 | 354 | 2236 |
| $f_r$ | 1/s | 159 | 80 | 56 | 56 | 356 |
| d | 1/s | 439 | 439 | 439 | 219 | 8772 |
| $\omega_o$ | 1/s | 899 | 240 | - | 278 | - |
| $\gamma$ | 1/s | - | - | 259 | - | 8482 |
| $a = 4R_L^2 C_d/L_d$ | | 5,2 | 1,3 | 0,65 | 2,6 | 0,065 |

Der zeitliche Verlauf des Stromes i, nach den Gleichungen (3) und (4), ist aus Bild 5.12-3 zu ersehen. Die voll ausgezogenen Übergangsfunktionen zeigen den Einfluß einer Variation der Speicherdrossel. Der Stromanstieg nimmt mit größer werdender Induktivität $L_d$ ab. Mit Rücksicht auf die Regelgeschwindigkeit des Spannungsregelkreises dürfte die Bemessung I einen zu schnellen Stromanstieg bringen, während die Stromsteilheit bei der Bemessung III unnötig niedrig ist. Als optimal kann die Bemessung II angesehen werden. Die Bemessungen II, IV und V unterscheiden sich durch die Größe des Pufferkondensators $C_d$. Dieser hat demnach nur einen geringen Einfluß auf den Stromverlauf.

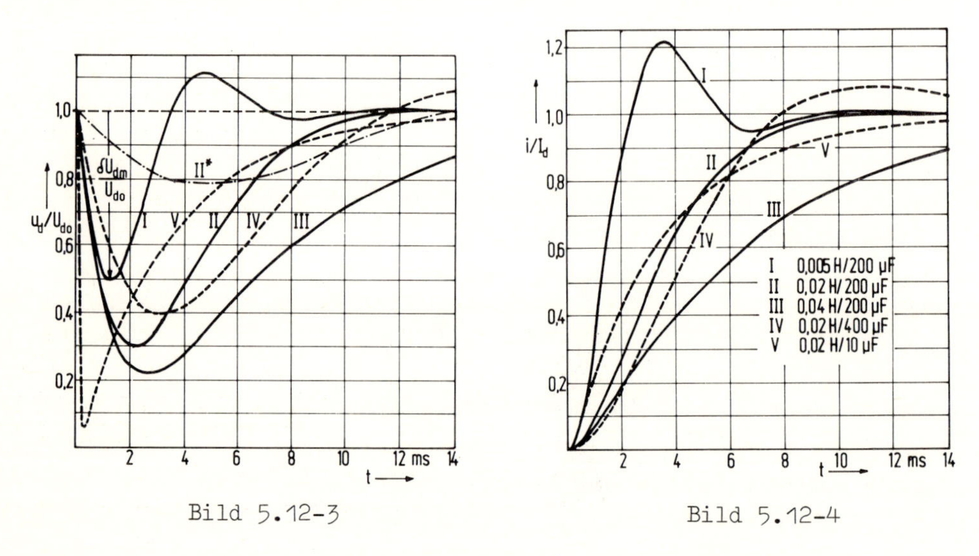


Bild 5.12-3

Bild 5.12-4

Die am Verbraucher liegende Spannung $u_d$ ist mit Gl.(2)

$$u_d(t) = U_{do} - L_d\frac{di(t)}{dt} = U_{do} + L_d\frac{U_{do}}{R_L}\left[\frac{p_1 p_2}{p_1 - p_2}\left(e^{-p_1 t} - e^{-p_2 t}\right)\right] \quad (5)$$

damit ergibt sich bei

periodischer Dämpfung $u_d(t) = U_{do}\left[1 - \frac{\omega_o L_d}{R_L}\left(\left(\frac{d}{\omega_o}\right)^2 + 1\right)e^{-dt}\sin\omega_o t\right]$ (6)

aperiodischerDämpfung $u_d(t) = U_{do}\left[1 - \frac{\gamma L_d}{2R_L}\left(\left(\frac{d}{\gamma}\right)^2 - 1\right)\left(e^{-(d-\gamma)t} - e^{-(d+\gamma)t}\right)\right]$ (7)

Diese am Verbraucher liegende Spannung $u_d$ ist für die fünf Kombinationen in Bild 5.12-4 wiedergegeben. Die vollausgezogenen Übergangsfunktionen zeigen, daß mit größer werdender Speicherdrossel der vorübergehende **Spannungseinbruch** zunimmt, weil die Nachladung von $C_d$ mehr Zeit in Anspruch nimmt. Einen entgegengesetzten Einfluß hat die Pufferkapazität $C_d$. Bei sehr kleiner Kapazität $C_d$ (Kombination V) bricht die Spannung $u_d$ kurzzeitig beinahe bis auf null ein. Während eine zu große Speicherdrossel sich nachteilig auf

die Stoßbelastbarkeit der Spannungsquelle auswirkt, läßt sich durch Vergrößerung des Pufferkondensators der vorübergehende Spannungseinbruch beliebig verkleinern.
Der maximale Spannungseinbruch $\delta U_{dm}$ ist, wie sich aus Gl. (6) und Gl.(7) ergibt, eine Funktion von $a = 4R_L^2C_d/L_d$. In Bild 5.12-5 ist $\delta U_{dm}$ über a aufgetragen. Die gekennzeichneten Punkte gelten für die fünf Kombinationen. Da $R_L$ die Belastung darstellt, muß mit abnehmender Belastung, d.h. größer werdendem Widerstand, $\delta U_{dm}$ abnehmen. Der Punkt II* gilt für die Kombination II, $R_L = 28{,}6\ \Omega$. Der maximale Spannungseinbruch nimmt auf $\delta U_{dm} = 0{,}28U_{do}$ ab, wie auch die in Bild 5.12-4 strichpunktierte Übergangsfunktion zeigt.

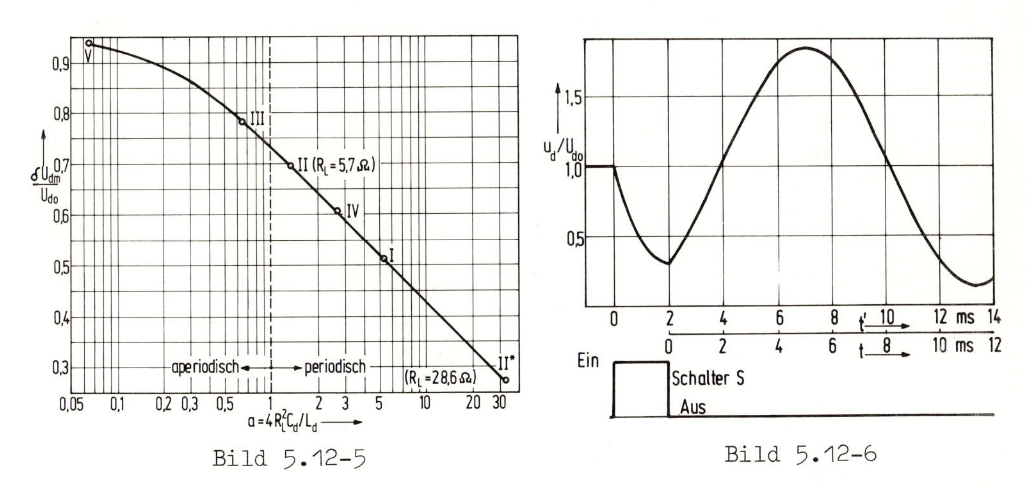


Bild 5.12-5 Bild 5.12-6

(b) Nunmehr soll der Lastwiderstand $R_L$ bei der Speicherkombination II für die Zeit $t_e = 2$ ms eingeschaltet werden. Der Verlauf von Strom und Spannung, während der Einschaltzeit, wurden in Abschnitt (a) berechnet und sind aus den Bildern 5.12-3 und 5.12-4 zu ersehen. Im Ausschaltaugenblick sind $i(t_e) = 0{,}28I_d$ und $u_d(t_e) = 0{,}3U_{do}$. Das sind gleichzeitig die Anfangsbedingungen für den Ausschaltbereich. Fängt - zur Bestimmung des Einschwingvorganges - die Zeitzählung bei $t_e$ an, d.h. ist $t = t' - t_e$, so gilt folgende Differentialgleichung für den Stromverlauf nach dem Abschalten

$$U_{do} = L_d di(t)/dt + (1/C_d)\int i(t)dt \quad \text{mit den Anfangsbedingungen}$$

$$i(+0) = I_d^* = 0{,}28I_d \quad \text{und} \quad (1/C_d)\int_{-\infty}^{0} i(t)dt = U_d^* = 0{,}3U_{do}$$

Transformation in den Bildbereich $\circ\!\!-\!\!\bullet$

$$U_{do}/p = L_d(p\cdot i(p) - I_d^*) + (1/p)(U_d^* + i(p)/C_d)$$

$$(U_{do} - U_d^*)/L_d + I_d^*p = i(p)/(p^2 + 1/C_dL_d) = i(p)/(p^2 + \omega_{or}^2)$$

$$i(p) = \frac{(U_{do}-U_d^*)/L_d}{p^2+\omega_{or}^2} + \frac{I_d^* p}{p^2+\omega_{or}^2} \quad \text{Rücktransformation} \quad \bullet\!\!-\!\!\circ$$

$$i(t) = [(U_{do}-U_d^*)/\omega_{or}L_d]\sin\omega_{or}t + I_d^*\cos\omega_{or}t$$

Am Kondensator liegt die Spannung

$$u_d(t) = \frac{1}{C_d}\int i(t)dt + K = \frac{1}{C_d}[-\frac{U_{do}-U_d^*}{\omega_{or}^2 L_d}\cos\omega_{or}t + \frac{I_d^*}{\omega_{or}}\sin\omega_{or}t] + K$$

$$t = 0\colon\ U_d^* = -\frac{U_{do}-U_d^*}{\omega_{or}^2 L_d C_d} + K = -U_{do}+U_d^*+K \quad \text{somit} \quad K = U_{do}$$

$$\frac{u_d(t)}{U_{do}} = 1-(1-\frac{U_d^*}{U_{do}})\cos\omega_{or}t + \frac{I_d^*}{U_{do}}\sqrt{\frac{L_d}{C_d}}\sin\omega_{or}t$$

$$= 1-(1-\frac{U_d^*}{U_{do}})\cos\omega_{or}t + \frac{I_d^*}{I_d}\frac{1}{R_L}\sqrt{\frac{L_d}{C_d}}\sin\omega_{or}t\,.$$

Die Konstanten eingesetzt

$$u_d(t)/U_{do} = 1-0{,}7\cos500t + (0{,}28\sqrt{0{,}02/2\cdot10^{-4}}/5{,}7)\sin500t$$

$$u_d(t)/U_{do} = 1-0{,}7\cos500t + 0{,}49\sin500t = 1+0{,}855\sin(500t-0{,}959).$$

In Bild 5.12-6 ist diese Funktion aufgetragen. Da die Wirkverluste, also im wesentlichen der Kupferwiderstand der Drossel, unberücksichtigt blieben, verläuft der Einschwingvorgang ungedämpft.

(c) Wie ein Vergleich der Übergangsfunktionen I, II und III in Bild 5.12-4 zeigt, ist im Anfangsbereich der Spannungsverlauf praktisch von $L_d$ unabhängig. Dieser Bereich wird allein ausgesteuert, wenn $f_p \gg \omega_o/2\pi$ ist. Dann ist der Drosselstrom praktisch konstant gleich $(U_{do}/R_L)t_e/(t_e+t_o)$. Im vorliegenden Fall somit

$I = U_{do}/2R_L = 400/2\cdot5{,}7 = 35$ A.

Mit $du_c/dt = i_c/C_d$ und $dt = 1/2f_p$ , $i_c = U_{do}/2R_L$ ergibt sich

$\delta u_c = U_{do}/4R_L f_p C_d \qquad C_d = U_{do}/4R_L f_p \delta u_c = 400/4\cdot5{,}7\cdot250\cdot20 = 3510\ \mu F$

$\omega_o = \sqrt{1/L_dC_d - 1/(2R_LC_d)^2} = \sqrt{1/0{,}02\cdot3{,}51\cdot10^{-3} - 1/(2\cdot5{,}7\cdot3{,}51\cdot10^{-3})^2}$

$\omega_o = 119{,}24$ 1/s

$f_o = \omega_o/2\pi = 119{,}24/2\pi = 19$ Hz $\qquad f_p/f_o = 250/19 = 13{,}2$

Die Bedingung $f_p \gg f_o$ ist erfüllt.

## 5.13 Stromrichterantrieb mit kreisstromfreier Gegenparallelschaltung

Die kreisstromfreie Gegenparallelschaltung zweier vollgesteuerter Drehstrombrückenschaltungen benötigt keinen Transformator und keine Kreisstromdrosseln. Da die beiden Stromrichtergruppen immer wechselweise freigegeben werden, tritt bei der Momentenumkehr eine Totzeit von ca. 5 ms auf. Das dynamische Verhalten wird allerdings dadurch beeinträchtigt, daß im Fall der Momentenumkehr sowohl bei der abgelösten wie auch der ablösenden Stromrichtergruppe der Lückbereich durchlaufen wird, in dem die Stellgeschwindigkeit stark herabgesetzt ist. Dieser Nachteil läßt sich durch Umschaltung der Beschaltung des Stromreglers beseitigen.

Zum Antrieb einer Arbeitsmaschine wird das Beharrungsmoment $M_L$=425 Nm und für 15 s zur Beschleunigung das Moment $M_{Lm}$=850 Nm benötigt. Drehzahlstellbereich -25 1/s $\leqq$ n $\leqq$ +25 1/s. Hierfür ist ein Stromrichter mit vollgesteuerter Drehstrombrückenschaltung in kreisstromfreier Gegenparallelschaltung zu berechnen. Die Speisung des Stromrichters soll über Kommutierungsdrosseln entsprechend $u_{kT}$=0,04 aus dem Drehstromnetz $U_s$=380 V $\pm$10% erfolgen. Leitungswiderstand zwischen Stromrichter und Motor $R_{Lt}$=0,03 Ω. Lastträgheitsmoment $J_L$=1,8 kgm$^2$.

Gesucht:

(a) Motor

(b) Steuerbereich im Gleichrichterbetrieb

(c) Steuerbereich im Wechselrichterbetrieb

(d) Netzspannungseinbruch, bzw. Maschinenüberspannung an der Kippgrenze

(e) Gesamtschaltung

(f) Lückbereich

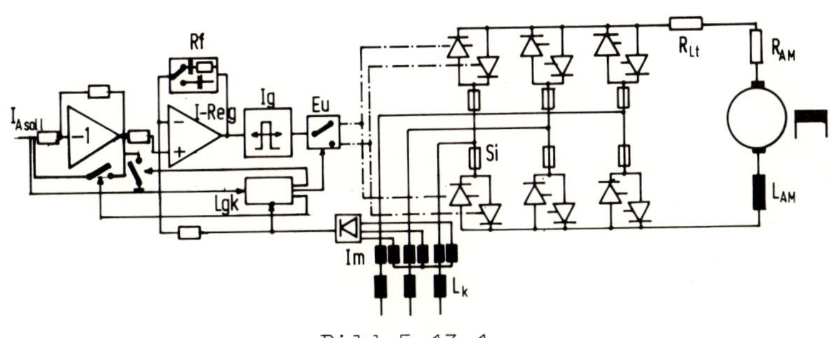


Bild 5.13-1

Lösung:

(a) $P_{LN}= 2\pi n_m M_L= 2\pi\cdot 25\cdot 425 = 66,76$ kW

$P_{Lm}= 2\pi n_m M_{sp}= 2\pi\cdot 25\cdot 850 = 111,52$ kW  Dauer $\leqq$ 15 s.

Wegen der hohen Spitzenlast wird ein kompensierter, fremdbelüfteter Gleichstrommotor vorgesehen. Kenndaten:

$P_{MN}$= 71 kW, $U_{AN}$= 400 V, $n_N$= 25 1/s, $J_M$= 0,75 kgm$^2$, $\eta_M$= 0,87, $R_{AM}$= 0,08 Ω, $L_{AM}$= 2,1 mH.

$M_{MN} = P_{MN}/2\pi n_N = 71000/2\pi\cdot 25 = 452$ Nm

$I'_{AN} = P_{MN}/\eta_M U_{AN} = 71000/0,87\cdot 400 = 204$ A

$I_{AN} = I'_{AN} M_L/M_{MN} = 204\cdot 425/452 = 192$ A

$I_{Am} = I_{AN} M_{Lm}/M_{MN} = 204\cdot 850/452 = 384$ A

$U_{AqN} = U_{AN} - I_{AN}R_{AM} = 400-204\cdot 0,08 = 383,7$ V

Anlaufzeit bei Spitzenmoment

$$t_A = 2\pi(J_M+J_L)\frac{n_N}{M_{Lm}-M_L} = \frac{2\pi(0,75+1,8)25}{850-425} = 0,94 \text{ s}$$

(b) $U_{di} = \sqrt{2}\cdot 3U_s/\pi = \sqrt{2}\cdot 3\cdot 380/\pi = 513$ V

Steuerwinkel $\alpha_1$ bei Nenndrehzahl, Treibbetrieb, niedrigster Netzspannung und Spitzenmoment

$d_{u-} = 0,9$ ; $d_{xN} = 0,5u_{kT} = 0,5\cdot 0,04 = 0,02$ ; $d_{xm} = 0,5u_{kT}I_{Am}/I_{AN} = 0,02\cdot 384/192 = 0,04$ ; $R_A = R_{Lt}+R_{AM} = 0,03+0,08 = 0,11$ Ω

$$U_{di} = \frac{U_{AqN}+I_{Am}R_A}{d_{u-}\cos\alpha_1 - d_{xm}} \qquad \cos\alpha_1 = \left[\frac{U_{AqN}+I_{Am}R_A}{U_{di}} + d_{xm}\right]\frac{1}{d_{u-}}$$

$\cos\alpha_1 = [(383,7+384\cdot 0,11)/513 + 0,04]/0,9 = 0,967$ $\qquad \alpha_1 = 15^\circ$.

(c) Steuerwinkel $\alpha_m$ bei Nenndrehzahl, Bremsbetrieb, niedrigster Netzspannung und Leerlauf

$\cos\alpha_m = -U_{AqN}/d_{u-}U_{di} = -383,7/0,9\cdot 513 = -0,831$ $\qquad \alpha_1 = 146^\circ$

Überlappungswinkel $\mu = \arccos[\cos\alpha_1 - 2d_x/d_{u-}] - \alpha_1$ bei Spitzenstrom

$\mu = \arccos[-0,831-0,08/0,9] - 146^\circ = 10,9^\circ$.

Im ungünstigsten Fall ist der Abstand vom Kippunkt der Sicherheitswinkel $\alpha_{si} = 180^\circ - \alpha_m - \mu = 180-146-10,9 = 23,1^\circ$.

Steuerwinkel $\alpha_2$ bei Nenndrehzahl, Bremsbetrieb, niedrigster Netzspannung und Spitzenmoment

$$U_{di} = \frac{-(U_{AqN}-I_{Am}R_A)}{d_{u-}\cos\alpha_2 - d_{xm}} \qquad \cos\alpha_2 = \left[\frac{-U_{AqN}+I_{Am}R_A}{U_{di}} + d_{xm}\right]\frac{1}{d_{u-}}$$

$\cos\alpha_2 = [(-383,7+384\cdot 0,11)/513 + 0,04]/0,9 = -0,695$ $\qquad \alpha_2 = 134^\circ$

$\mu = \arccos[\cos\alpha_2 - 2d_x/0,9] - \alpha_2 = \arccos[-0,695-0,08/0,9] - 134^\circ = 7,6^\circ$

Abstand vom Kippunkt $\alpha_{si} = 180^\circ - \alpha - \mu = 180^\circ - 134^\circ - 7,6^\circ = 38,4^\circ$.

In beiden Fällen ist ein genügender Abstand vom Kippunkt vorhanden.

(d) Die Spannungsabfälle führen zu einer spannungsmäßigen Entlastung des Wechselrichters und vergrößern den Sicherheitswinkel $\alpha_{si}$. Eine Wechselrichterkippung kann durch eine Überspannung der Gleichstrommaschine, hervorgerufen durch eine Überdrehzahl oder eine ungewollte Feldverstärkung bei Nenndrehzahl, verursacht werden. Ein unzulässig großer Netzspannungseinbruch ($d_{u-} \rightarrow d^*_{u-}$) hat die gleiche Wirkung. Dabei ist $d^*_{u-}$ der Grenz-Spannungseinbruch, bei dem die Kippgrenze erreicht wird. Es soll $d^*_{u-}$ für Nenndrehzahl und Bremsbetrieb mit Nennmoment bestimmt werden.

$$U_{di} = \frac{-(U_{AqN} - I_{AN}R_A)}{d^*_{u-}\cos(180^\circ - \mu_\circ^*) - d_{xN}} \qquad \mu_\circ = \arccos(1 - 2d_{xN}/d^*_{u-})$$

$$d^*_{u-}(1 - 2d_{xN}/d^*_{u-}) + d_{xN} = (U_{AqN} - I_{AN}R_A)/U_{di}$$

$$d^*_{u-} = d_{xN} + (U_{AqN} - I_{AN}R_A)/U_{di} = 0{,}02 + (383{,}7 - 192 \cdot 0{,}11)/513 = 0{,}73$$

Die Kippgrenze wird deshalb bei einem Netzspannungseinbruch von 27% erreicht. Da eine Maschinen-Überspannung in erster Linie bei Leerlauf auftreten kann, soll sie für diesen Fall berechnet werden.

$$U_{di} = \frac{-U^*_{Aq}}{d_{u-}\cos 180^\circ} \qquad U^*_{Aq} = U_{di}d_{u-} = 513 \cdot 0{,}9 = 462\ \text{V}.$$

Die Kippgrenze wird deshalb bei $100(U^*_{Aq}/U_{AqN} - 1) = 20\%$ Überspannung erreicht.

(e) Das Bild 5.13-1 zeigt die Schaltung des Stromrichters mit Impulssteuergerät (Ig), Umschaltlogik (Lgk), elektronischem Zündimpulsumschalter (Eu), Stromistwerterfassung (Im) und Stromregler (I-Reg.). Der Stromregelkreis bildet zusammen mit dem Stromrichter eine Einheit, da die Umschaltung von einer Stromrichtergruppe zu einer anderen nur in stromlosem Zustand möglich ist, dieser aber nur von einer schnellen Stromregelung sichergestellt werden kann.
Besondere Bedeutung hat der Kurzschlußschutz mit Hilfe der Sicherungen (Si). Zu den üblichen stromrichtereigenen Kurzschlußursachen wie fehlerhafte Zündung oder Verlust der Sperrfähigkeit eines Ventils der stromführenden Gruppe, kommt die vorzeitige Freigabe der Folgegruppe, ehe alle Ventile der abgelösten Gruppe stromlos geworden sind. Über alle Kurzschlußstrecken fließt ein wechselstromseitiger Kurzschlußstrom $i_{k\sim}$ und ein gleichstromseitiger Kurzschlußstrom $i_{k=}$. Der Anstieg des Kurzschlußstromes $i_{k=}$ ist abhängig von dem vorherigen Betriebszustand. Befand sich die Anlage im Gleichrichterbetrieb, so muß sich im Kurzschlußfall erst der Strom umpolen. Die damit verbundene Ummagnetisierung vom $L_{AM}$ verlangsamt den

Anstieg, so daß in der Auslösezeit der Schmelzsicherung $i_{k=}$ noch keine wesentlichen Werte angenommen hat. Erfolgt der Kurzschluß dagegen während des Wechselrichterbetriebes, so behält der Gleichstrom seine Polarität bei und $L_{AM}$ geht in Sättigung, so daß $i_{k=}$ durchaus zu dem abzuschaltenden Gesamt-Kurzschlußstrom wesentlich beiträgt. Der Kurzschlußstrom verteilt sich, des großen Überlappungswinkels wegen, auf mindestens zwei Ventile. Damit der Kurzschlußstrom $i_{k\sim}$ in der Abschaltezeit keine zu hohen Werte annimmt, liegen in den Drehstromzuleitungen die Kommutierungsdrosseln

$$L_k = u_{kT} U_{sN}/\omega\sqrt{3}\, I_{AN}\sqrt{2/3} = 0{,}04\cdot 380/314\cdot 204\sqrt{2} = 0{,}17 \text{ mH}$$

Typenleistung einer Drossel je Zweig

$$S_k = I_s^2 \omega L_k = (\sqrt{2/3}\, I_{AN})^2 \omega L_k = 0{,}667\cdot 192^2\cdot 314\cdot 0{,}17\cdot 10^{-3} = 1{,}3 \text{ kVA}$$

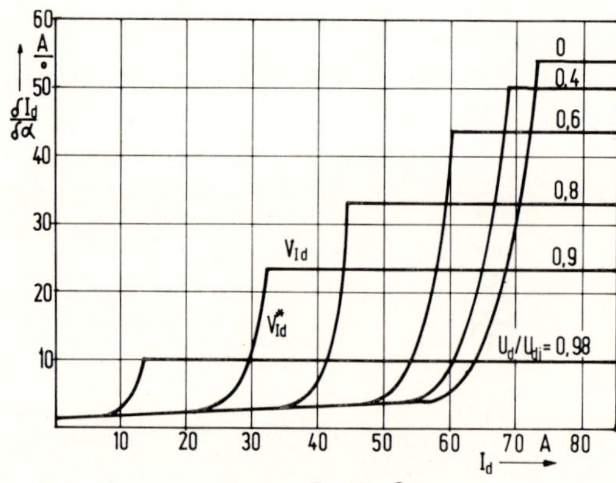


Bild 5.13-2

(f) Im vorliegenden Fall ist keine Glättungsdrossel vorgesehen, so daß die Wechselstromkomponente des Gleichstromkreises nur durch die Ankerinduktivität des Gleichstrommotors $L_{AM}$ begrenzt wird. Das Verhalten des Antriebes im Lückbereich ist aus dem Spannungs-Stromdiagramm der vollgesteuerten Drehstrombrückenschaltung (VDB), Anhang 3b zu ersehen. Im Lückbereich steigt mit abnehmendem Gleichstrom die Gleichspannung an.

Die höchste Lückgrenze ist für $U_d/U_{di} = 0$ , $\alpha = 90^\circ$ vorhanden. Sie liegt bei

$$I_{dl}\omega L_d/U_{di} = 0{,}094 \; ; \quad I_{dl} = 0{,}3\cdot 10^{-3} U_{di}/L_d \; ,$$

$$I_{dl} = 0{,}3\cdot 10^{-3}\cdot 513/2{,}1\cdot 10^{-3} = 73{,}3 \text{ A}$$

Eine kleine Änderung $\delta\alpha$ ruft im lückfreien Bereich eine Änderung des Ankerstromes $\delta I_A$ hervor, nach der Gleichung

$$U_{di} = \frac{U_{Aq} + (I_A + \delta I_A) R_A}{\cos(\alpha + \delta\alpha) - (I_A + \delta I_A) d_{xN}/I_{AN}}$$

$$\cos(\alpha+\delta\alpha)=[U_{Aq}+(I_A+\delta I_A)R_A]/U_{di}\ +(I_A+\delta I_A)d_{xN}/I_{AN} \qquad (1)$$

$$\cos(\alpha+\delta\alpha)=\ \cos\delta\alpha\cos\alpha+\sin\delta\alpha\sin\alpha\approx\cos\alpha+\delta\alpha\sin\alpha \qquad (2)$$

$$\cos\alpha\ =\ [U_{Aq}+I_AR_A]/U_{di}\ +I_Ad_{xN}/I_{AN} \qquad (3)$$

Gl.(1) und Gl.(3) in Gl.(2) eingesetzt, ergibt

$$\delta I_AR_A/U_{di}\ +\delta I_Ad_{xN}/I_{AN}=\ \delta\alpha\sin\alpha$$

$$V_{Id}=\frac{\delta I_A}{\delta\alpha^o}=\frac{\delta I_d}{\delta\alpha^o}=\frac{\sin\alpha}{R_A/U_{di}\ +d_{xN}/I_{AN}}\ \frac{\pi}{180^o}=\frac{\sin\alpha}{(0{,}11/513+0{,}02/204)180^o/\pi}$$

$V_{Id}=\ 55{,}8\sin\alpha\ A/^o$.

Die Strom/Steuerwinkel-Steilheit des Stromrichters ist proportional $\sin\alpha$ und umgekehrt proportional der bezogenen Spannungsabfälle. $V_{Id}$ bestimmt mit die optimale Einstellung des Stromregler-Zeitverhaltens.

Die Steilheit innerhalb des Lückbereiches ($V^*_{Id}$) ist wesentlich kleiner. Sie läßt sich aus dem Lück-Kennlinienfeld der vollgesteuerten Brückenschaltung, nach Anhang 3b, ermitteln. Die Kennlinien außerhalb des Lückbereiches gelten für $d_x=0$ und $R_A=0$. $V^*_{Id}$ ist proportional dem Quotienten aus dem Abszissenabstand zweier benachbarter Kennlinien und der Parameterdifferenz bei $U_d/U_{di}=$ konstant.

In Bild 5.13-2 sind $V_{Id}$ und $V^*_{Id}$ über $I_d$ aufgetragen. In dem lückfreien Bereich ist die Steilheit unabhängig von $I_d$. Im Lückbereich geht $V^*_{Id}$ mit abnehmendem Gleichstrom auf sehr kleine Werte herunter. Da somit die Kreisverstärkung des Stromregelkreises im lückfreien Bereich und im Lückbereich sehr unterschiedlich ist, ergibt sich im Lückbereich ein ungünstiges Regelverhalten. Die Stellgeschwindigkeit nimmt stark ab und die Ablösung der Stromrichtergruppen bei einem Reversiervorgang wird erheblich verzögert. Es empfiehlt sich deshalb, die Reglerbeschaltung Rf, wie in Bild 5.13-1 angedeutet, im Lückbereich umzuschalten. In Beispiel 7.05 wird die Einstellung eines derartigen adaptiven Reglers behandelt.

## 5.14 Stromrichterantrieb mit kreisstromgeführter Gegenparallelschaltung (Kreuzschaltung)

Die Kreuzschaltung ist die dynamisch hochwertigste, aber auch aufwendigste Stromrichterschaltung eines Reversierantriebes mit Gleichstrommotor. Der Kreisstrom verhindert ein Lücken der nicht Laststrom führenden Stromrichtergruppe und ermöglicht eine totzeitfreie Gleichstromumkehr.

Gegeben ist ein Stromrichter, bestehend aus zwei vollgesteuerten Drehstrombrückenschaltungen in Kreuzschaltung. Er liegt über einen Transformator (Stern/Doppelstern) mit $u_{kT}$= 0,04 an der Netzspannung $U_p$=500 V ±8%. Der Stromrichter speist über eine Zuleitung mit dem Widerstand $R_{Lt}$=0,08 Ω einen fremderregten Gleichstommotor. Kenndaten:
$U_{AN}$=440 V, $I_{AN}$=150 A, $R_{AM}$=0,12 Ω, $L_{AM}$=4 mH, $n_N$=20 1/s.
Während der Beschleunigung und der Verzögerung nimmt der Motor kurzzeitig den 1,8fachen Nennstrom auf. Der Kreisstrom $I_{kr}$ ist aussteuerungsunabhängig auf $I_{kr}$=0,2$I_{AN}$ einzustellen. Die Aussteuerungsgrenzen: Regelreserve $\alpha_r$=20°, Sicherheitswinkel $\alpha_{si}$=30° sollen nicht überschritten werden. Störspannungsfaktor $d_{st}$=1,4.

Gesucht:

(a) Spannungsmäßige Bemessung der Stromrichtergruppen

(b) Bemessung Thyristoren, Halbleitersicherungen, Ventilbeschaltung

(c) Bemessung Transformator, Transformatorbeschaltung, Kreisstromdrosseln

(d) Zündwinkel der beiden Stromrichtergruppen $\alpha_1$ und $\alpha_2$ für den Nennarbeitspunkt des Gleichstrommotors bei Treibbetrieb ($U_{AqN}$,$I_{AN}$), bzw. Bremsbetrieb ($U_{AqN}$, $-I_{AN}$) und $U_p$=$U_{pN}$ +8%.

(e) Grenzdrehzahl $n_m$ des mit Spitzenstrom abgebremsten Motors, bei dem sich der Stromrichter, unter der Annahme niedrigster Netzspannung, an der Kippgrenze befindet. Grenzdrehzahl bei dem entsprechenden Treibbetrieb.

(f) Zündwinkel der beiden belasteten Stromrichtergruppen, bei denen der stehende Motor Nennmoment im treibenden, bzw. bremsenden Sinn entwickelt. $U_p$=$U_{pN}$ +8%.

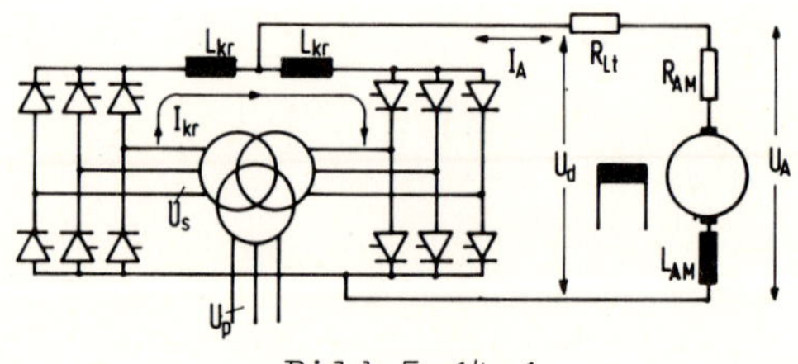


Bild 5.14-1

Lösung:

(a) Ideelle Leerlaufspannung

Nenn-Quellenspannung des Motors

$U_{AqN} = U_{AN} - R_{AM} I_{AN} = 440 - 0{,}12 \cdot 150 = 422$ V

Kreisstrom $I_{kr} = 0{,}2 I_{AN} = 0{,}2 \cdot 150 = 30$ A

Bezogene Spannungsabsenkung $d_{u-} = 0{,}92$

Bezogener induktiver Spannungsabfall $d_{xm} = 0{,}5 u_{kT}(I_{Am} + I_{kr})/I_{AN}$ , wenn der Transformator für Nennstrom bemessen wird

$I_{Am} = 1{,}8 I_{AN} = 1{,}8 \cdot 150 = 270$ A

$d_{xm} = 0{,}5 \cdot 0{,}04(1{,}8 + 0{,}2) I_{AN}/I_{AN} = 0{,}04$ ,

$R_A = R_{Lt} + R_{AM} = 0{,}08 + 0{,}12 = 0{,}2\ \Omega$.

Bei den vorgegebenen Randbedingungen ist folgende ideelle Leerlaufspannung erforderlich

Gleichrichtergruppe bei Treibbetrieb und voller Aussteuerung

$$GR: \; U_{di} = \frac{U_{AqN} + I_{Am} R_A}{d_{u-} \cos\alpha_r - d_{xm}} = \frac{422 + 270 \cdot 0{,}2}{0{,}92 \cos 20^\circ - 0{,}04} = 585 \text{ V}$$

Wechselrichtergruppe bei Bremsbetrieb und voller Aussteuerung

$$WR: \; U'_{di} = \frac{-U_{AqN} + I_{Am} R_A}{d_{u-} \cos(180^\circ - \mu' - \alpha_{si}) - d_{xm}}$$

Der Überlappungswinkel $\mu'$ ergibt sich nach (*Gl.3.07*) zu:

$$\cos(180^\circ - \mu' - \alpha_{si}) - \cos(180^\circ - \alpha_{si}) = u_{kT} \frac{(I_{Am} + I_{kr})}{I_{AN} d_{u-}} = 2 d_{xm}/d_{u-}$$

$$\mu' = 180^\circ - \alpha_{si} - \arccos[\cos(180^\circ - \alpha_{si}) + 2 d_{xm}/d_{u-}]$$

$$\mu' = 150^\circ - \arccos[\cos 150^\circ + 0{,}08/0{,}92] = 8{,}8^\circ$$

$$WR: \; U'_{di} = \frac{-422 + 270 \cdot 0{,}2}{0{,}92 \cos 141{,}2^\circ - 0{,}04} = 486 \text{ V}$$

Wechselrichtergruppe bei Treibbetrieb und voller Aussteuerung

$$WR: \; U''_{di} = \frac{-U_{AqN} - I_{Am} R_A}{d_{u-} \cos(180^\circ - \mu'' - \alpha''_{si}) - d_{xm} I_{kr}/(I_{Am} + I_{kr})}$$

Bei leer laufendem Wechselrichter genügt der Sicherheitswinkel

$\alpha''_{si} = 15^\circ$ $\qquad \mu'' = 165 - \arccos[\cos 165^\circ + 0{,}08 \cdot 30/300 \cdot 0{,}92] = 2{,}0^\circ$

$$WR: \; U''_{di} = \frac{-422 - 270 \cdot 0{,}2}{0{,}92 \cos 163^\circ - 0{,}04 \cdot 30/300} = 539 \text{ V}.$$

Der Wechselrichter muß bei Treibbetrieb die maximale Gegenspannung liefern.

Die höchste ideelle Leerlaufspannung wird von der Gleichrichtergruppe bei Treibbetrieb, voller Aussteuerung und Spitzenstrom benötigt. Deshalb wird gewählt

$$U_{di} = 585\text{ V} \qquad U_{sN} = \frac{\pi}{3\sqrt{2}} U_{di} = \frac{\pi \cdot 585}{3\sqrt{2}} = 433\text{ V}.$$

(b) Thyristoren

Maximale Sperrspannung der Thyristoren

$$U_{RRM} \geq \sqrt{2}\, U_s d_{u+} d_{st} = \sqrt{2} \cdot 433 \cdot 1{,}08 \cdot 1{,}4 = 926\text{ V}.$$

Die Thyristoren werden für Spitzenstrom bemessen

$$I_{Tar} = \frac{I_{Am} + I_{kr}}{3} = 100\text{ A} \qquad I_{Teff} = \frac{I_{Am} + I_{kr}}{\sqrt{3}} = 173\text{ A}.$$

In diesem Leistungsbereich empfiehlt sich die verstärkte Luftkühlung der Ventile, beispielsweise bei dem Thyristor
AEG T130N mit $U_{TRR} = 1200$ V
Nennstrom $I_{TN} = 145$ A, Grenzlastintegral $W_{gr} = 45000\ A^2s$.
Nach Anhang 2 hat die Halbleitersicherung (Schraubfassung) mit dem Nennstrom $I_{siN} = 200$ A ein Abschaltintegral $W_{ab} = 24000\ A^2s$. Somit sind mit dieser Sicherung die Bedingungen $I_{siN} > I_{Teff}$ und $W_{ab} < W_{gr}$ erfüllt.

Ventilbeschaltung

Die Stromänderungsgeschwindigkeit di/dt bei der Kommutierung des Spitzenstromes $I_{Am} + I_{kr} = 300$ A und dem Steuerwinkel $\alpha = 90^\circ$ (kleinster Überlappungswinkel) ergibt sich mit

$$\mu = \arccos[\cos 90^\circ - 2d_{xm}] - 90^\circ = \arccos(-2d_{xm}) - 90^\circ = \arccos(-0{,}08) - 90^\circ = 4{,}5^\circ$$

zu

$$\left|\frac{di}{dt}\right| = \frac{(I_{Am} + I_{kr})2f \cdot 180^\circ}{\mu} = \frac{3 \cdot 1{,}8 \cdot 10^6}{4{,}5} = 1{,}2 \cdot 10^6\text{ A/s}.$$

Bei dieser verhältnismäßig geringen Stromsteilheit hat der gewählte Thyristor die Speicherladung $Q_{stg} = 10^{-4}$ As.
Die Kommutierungsinduktivität ist

$$L_k = \frac{1}{2\pi f} \frac{u_{kT} U_{sN}}{\sqrt{3}\, I_{sN}} = \frac{u_{kT} U_{sN}}{2\pi f \sqrt{2}\, I_{AN}} = \frac{0{,}04 \cdot 442}{314\sqrt{2} \cdot 150} = 0{,}265\text{ mH}.$$

Der abzuschaltende Spitzenstrom ergibt sich nach Beispiel 4.07 zu

$$I_{Rm} = \sqrt{2Q_{stg}\,|di/dt|} = \sqrt{2 \cdot 10^{-4} \cdot 1{,}2 \cdot 10^6} = 15{,}5\text{ A}.$$

Aus Sicherheitsgründen wird die maximale Abschaltspannung auf $U_{Tm} = 700$ V festgelegt. Wie in Beispiel 4.07 abgeleitet, gilt die Näherungsgleichung

$$U_{Tm}^2 = 8Q_{stg}\,|di/dt|\, L_k/C_b$$

$$C_b = \frac{8Q_{stg}\left|di/dt\right| L_k}{U_{Tm}^2} = \frac{8\cdot 10^{-4}\cdot 1,2\cdot 10^{6}\cdot 0,265\cdot 10^{-3}}{0,49\cdot 10^{6}}$$

$C_b = 0,52\ \mu F$ gewählt $C_b = 0,5\ \mu F$

Beschaltungswiderstand (für aperiodischen Grenzfall)

$$R_b = 2\sqrt{L_K/C_b} = 2\sqrt{0,265\cdot 10^{-3}/0,5\cdot 10^{-6}} = 46\ \Omega .$$

(c) Transformator

Der Transformator wird für Nennstrom bemessen

$$S_{Tr} = (3\sqrt{3}/2)U_s I_s = (\pi/2)U_{di} I_{AN} = (\pi/2)597,5\cdot 150 = 140,7\ kVA$$

Schaltung Stern/Doppelstern $I_{sN} = \sqrt{2/3}\, I_{AN} = \sqrt{2/3}\cdot 150 = 122,5\ A$

Magnetisierungsstrom $I_{so} = 0,038 I_{sN} = 4,7\ A$

Hauptreaktanz $L_h = U_{sN}/\sqrt{3}\, I_{so}\omega_e = 433/\sqrt{3}\cdot 4,7\cdot 314 = 0,17\ H$.

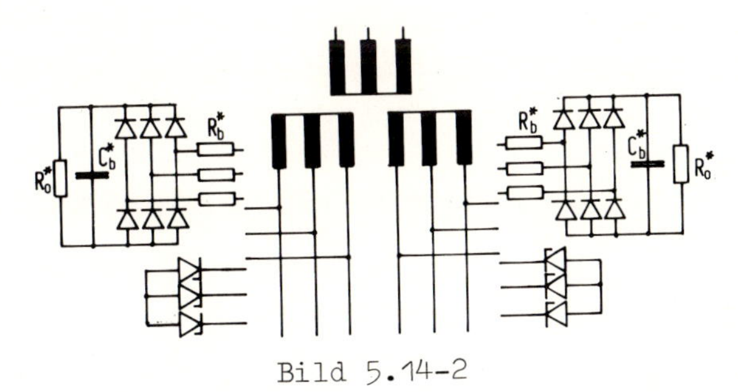


Bild 5.14-2

RC-Beschaltung des Transformators

In diesem Leistungsbercich wird vorzugsweise die in Bild 5.14-2 wiedergegebene indirekte RC-Beschaltung gewählt. Beide Sekundärwicklungen erhalten mit $R_b^* = 2R_b$, $C_b^* = C_b/2$ und $R_o^* = 2R_o$ je ein Beschaltungsglied, um sicherzustellen, daß, bei einer plötzlichen Lastabschaltung, durch die Streureaktanzen die Thyristoren spannungsmäßig nicht überlastet werden *Bild 4.28*.

Mit $R_b = 8\ \Omega$ ist der Ausgleichsvorgang schwach gedämpft, so daß $\omega_o \approx \omega_{or}$ ist und für die maximale Abschaltspannung $U_{Tm}$ Gl.(5.02.4) die Form annimmt

$$U_{Tm} = \frac{U_s\sqrt{1+3\omega_e^2 L_h C_b}}{\omega_e\sqrt{3L_h C_b}}\, e^{-R_b\sqrt{C_b/2L_h}\,(\pi/2-\omega_e\sqrt{1,5L_h C_b}}$$

Mit $U_s = 433\ V$; $\omega_e = 314\ 1/s$; $L_h = 0,17\ H$; $R_b = 8\ \Omega$.

$$U_{Tm} = \frac{1,93\sqrt{1+0,05\cdot 10^{6} C_b}}{\sqrt{C_b}}\, e^{-13,7\sqrt{C_b}\,(\pi/2-150\sqrt{C_b})}$$

Ergebnisse:

| $C_b$ µF | 4 | 5 | 6 | 7 | 8 |
|---|---|---|---|---|---|
| $U_{Tm}$ V | 1021 | 930 | 863 | 812 | 772 |

Gewählt $C_b = 6$ µF; $R_o = 0{,}033/C_b = 0{,}33/6 \cdot 10^{-6} = 5500\ \Omega$.

Die Abschaltüberspannung läßt sich durch eine große Kapazität $C_b$ auf niedrige Werte begrenzen. Doch wird man trotzdem $U_{TRR}$ nicht zu knapp wählen, um auch gegen außergewöhnlich große, leistungsstarke Netz-Störimpulse gesichert zu sein.

U-Dioden-Beschaltung des Transformators

Einen geringeren Aufwand erfordert die Spannungsbegrenzung durch U-Dioden, wie in Bild 5.14-2 angegeben. Bei einem Scheitelwert des Magnetisierungsstromes von $\sqrt{2} I_{so} = \sqrt{2} \cdot 4{,}7 = 6{,}65$ A (auf jede Sekundärwicklung entfallen 3,33 A) genügen, wie im Beispiel 5.02, U-Dioden mit den Abmessungen 2,3 x 2,3 cm und einem höchstzulässigen, nichtperiodischen Sperrstrom von 25 A. Die Sperrkennlinie ist aus Bild 5.02-5 zu ersehen. Anzahl der in Reihe zu schaltenden Platten

$$n \geq d_{u+} \sqrt{2}\, U_s / \sqrt{3}\, U_{RA} = 1{,}08 \sqrt{2} \cdot 433/\sqrt{3} \cdot 60 = 6{,}4 \quad \text{gewählt} \quad n = 8$$

mit dem differentiellen Widerstand $R_R = 8 \cdot 0{,}576 = 4{,}6\ \Omega$ ist der Scheitelwert der Abschaltüberspannung

$$U_{sm} = \sqrt{3}(n U_{RA} + \sqrt{2}\, I_{so} R_R/2) = \sqrt{3}(8 \cdot 60 + 6{,}65 \cdot 4{,}6/2) = 860 \text{ V}.$$

Die im Augenblick des Abschaltens in der Hauptinduktivität des Transformators gespeicherte Energie ist

$$E_h = L_h (\sqrt{2}\, I_{so})^2/2 = 0{,}17 \cdot 6{,}65^2/2 = 3{,}8 \text{ Ws},$$

die in den U-Dioden in Wärme umgesetzt wird. Zulässig ist die Sperrverlustenergie 1,0 Ws/Platte, bei 2 x 8 Platten somit 16 Ws.

Kreisstromdrosseln

Nach (*Gl.3.64*) ist die Induktivität einer Kreisstromdrossel der Kreuzschaltung

$$L_{kr} = 0{,}3 \cdot 10^{-3} U_{di}/I_{kr} = 0{,}3 \cdot 10^{-3} \cdot 585/30 = 5{,}85 \cdot 10^{-3} \text{ H}.$$

Dabei ist die Induktivität der Kreisstromdrossel der den Laststrom führenden Stromrichtergruppe vernachlässigt worden. Wegen des großen Anteiles der konstanten Ankerinduktivität $L_{AM}$ an der Gesamtinduktivität $L_A = L_{AM} + L_{krmin}$, gibt es für die Sättigungsinduktivität $L_{krmin}$, mit Rücksicht auf die Stabilität des Stromregelkreises, keine untere Grenze. Es wird deshalb festgelegt $L_{krmin} = 0{,}1\, L_{kr}$. Nach Anhang 5 ist dann der Luftspalt $\delta = 0{,}007\, l_{Fe}$ zu wählen, wenn $l_{Fe}$ die Eisenweglänge ist.

Die Drosseltypenleistung ist dann nach (*Gl.4.14*)

$$S_{kr} = \pi f \sqrt{L_{krmin}/L_{kr}}(I_{AN}+I_{kr})^2 L_{kr}^2 = \pi \cdot 50\sqrt{0,1}\cdot 1,2^2 \cdot 150^2 \cdot 5,85\cdot 10^{-3} = 9,4\,\text{kVA}$$

(d) Die Zündwinkel lassen sich aus der Gleichung bestimmen

$$\cos\alpha = \frac{1}{d_u}(\pm \frac{U_{Aq} \pm I_A R_A}{U_{di}} + d_{xN}\frac{I_d}{I_{AN}}.$$

Die oberen Vorzeichen gelten für Gleichrichterbetrieb, die unteren für Wechselrichterbetrieb.

$d_u = d_{u+} = 1,08$ belastete Gruppe $I_A = I_{AN} = 150$ A ; $I_d = I_{AN}+I_{kr} = 180$ A

unbelastete Gruppe $I_A = 0$ $\quad I_d = I_{kr} = 30$ A

Treiben-Gleichrichtergruppe

$$\alpha_{11} = \arccos[\frac{1}{1,08}(\frac{422+150\cdot 0,2}{585} + 0,02\cdot\frac{180}{150})] = 42^\circ$$

Treiben-Wechselrichtergruppe

$$\alpha_{12} = \arccos[\frac{1}{1,08}(\frac{-422-150\cdot 0,2}{585} + 0,02\cdot\frac{30}{150})] = 135^\circ \qquad \alpha_{11}+\alpha_{12} = 177^\circ$$

Bremsen-Gleichrichtergruppe

$$\alpha_{21} = \arccos[\frac{1}{1,08}(\frac{422-150\cdot 0,2}{585} + 0,02\cdot\frac{30}{150})] = 51^\circ$$

Bremsen-Wechselrichtergruppe

$$\alpha_{22} = \arccos[\frac{1}{1,08}(\frac{-422+150\cdot 0,2}{585} + 0,02\cdot\frac{180}{150})] = 126^\circ \qquad \alpha_{21}+\alpha_{22} = 177^\circ.$$

Welche Stromrichtergruppe den Treibstrom bzw. den Bremsstrom liefert, wird durch die Drehrichtung des Motors bestimmt.

(e) Der Grenzsteuerwinkel des Wechselrichters ist $\alpha_m = 180^\circ - \mu_o$

$$U_{di} = \frac{-U_{Aqm}+I_{Am}R_A}{d_{u-}\cos(180^\circ-\mu_o) - d_{xN}(I_{Am}+I_{kr})/I_{AN}}$$

$$\cos(180^\circ-\mu_o) = \frac{2d_{xN}(I_{Am}+I_{kr})}{d_{u-}I_{AN}} - 1$$

$$U_{Aqm} = U_{di}[d_{u-} - \frac{2d_{xN}(I_{Am}+I_{kr})}{I_{AN}} + d_{xN}\frac{I_{Am}+I_{kr}}{I_{AN}}] + I_{Am}R_A$$

$$U_{Aqm} = U_{di}[d_{u-} - d_{xN}(I_{Am}+I_{kr})/I_{AN}] + I_{Am}R_A$$

$$U_{Aqm} = 585[0,92-0,02\cdot 300/150]+270\cdot 0,2 = 569 \text{ V}.$$

Der Motor hat bei dieser Quellenspannung die Drehzahl

$n = n_N U_{Aqm}/U_{AqN} = 20\cdot 569/422 = 27$ 1/s also 35% Überdrehzahl.

Bei Gleichrichterbetrieb mit Spitzenmoment wird durch die Kippgrenze des Wechselrichters die maximal zulässige Quellenspannung begrenzt auf

$U_{Aqm} = U_{di}[d_{u-} - d_{xN} I_{kr}/I_{AN}] - I_{Am} R_A$

$U_{Aqm} = 585[0{,}92-0{,}02 \cdot 30/150] - 270 \cdot 0{,}2 = 482$ V.

Der Motor hat bei dieser Quellenspannung die Drehzahl

$n = 20 \cdot 482/422 = 22{,}8$ 1/s also nur 14% Überdrehzahl.

(f) Es gelten die Beziehungen von (d), wenn $U_{Aq} = 0$ gesetzt wird.

$$\alpha = \arccos[\frac{1}{d_{u+}}(\pm \frac{I_{AN} R_A}{U_{di}} + d_{xN} \frac{I_{AN} + I_{kr}}{I_{AN}}]$$

$$\alpha_{11} = \arccos[\frac{1}{1{,}08}(\frac{150 \cdot 0{,}2}{585} + 0{,}02\frac{180}{150}] = 86^\circ \quad \text{Treibbetrieb}$$

$$\alpha_{22} = \arccos[\frac{1}{1{,}08}(- \frac{150 \cdot 0{,}2}{585} + 0{,}02\frac{180}{150})] = 92^\circ \quad \text{Bremsbetrieb}$$

## 5.15 Leonard-Reversierantrieb

Der geregelte Leonardantrieb bleibt heute auf Anlagen beschränkt , die unter außergewöhnlich schwierigen Netzverhältnissen arbeiten müssen, wie sie mitunter in Entwicklungsländern vorliegen.

Der Gleichstrom-Hubwerksmotor eines Kranes hat die Kenndaten:
$P_{MN}$=61 kW, $n_{MN}$=24 1/s, $U_{AN}$=400 V, $I_{AN}$=170 A, $R_{AM}$=0,09 Ω, $L_{AM}$=3 mH, $P_{eN}$=1160 W, $U_{eN}$=200 V, $T_{eN}$=0,36 s, $J_M$=1,05 kgm$^2$. Ankerspannungsabhängige Feldschwächung bis $n_{Mf}$=38 1/s. Kurzzeitig hat der Motor zur Beschleunigung der Last aufwärts das doppelte Nennmoment abzugeben.
Als Leonardgenerator wird die gleiche Gleichstrommaschine verwendet. Versorgungsnetz $U_p$=380 V +10%, -25%. Es muß mit unangemeldeten Netzabschaltungen gerechnet werden. Der Generator des Hubwerkes ist mit den Generatoren für das Drehwerk und das Wippwerk zu einem gemeinsamen Umformersatz zusammengefaßt, außerdem ist ein selbsterregter Synchrongenerator mit den Gleichstromgeneratoren gekuppelt. Er ist für die Feldstromversorgung und für die Versorgung der Regelgeräte bemessen. Bei einer Netzabschaltung während des Senkbetriebes soll die mechanische Haltebremse erst kurz vor Stillstand einfallen, um einen unzulässigen Ruck zu vermeiden.

Gesucht:

(a) Antriebskonzept

(b) Generator- und Motorerregung

(c) Stomrichterbemessung

(d) Zeitverhalten der Stromrichter

Lösung:

(a) Bei den gegebenen Netzverhältnissen müßte ein Ankerspannungsstromrichter spannungsmäßig hoch überbemessen werden. Bei Nenn-Netzspannung würde er deshalb bei großem Steuerwinkel $\alpha$ arbeiten und der Verschiebungsfaktor wäre entsprechend niedrig. Weiterhin würde ein Netzspannungsausfall, während dem Absenken der Last, immer zu einer Kippung und zu einem Ansprechen der Schmelzsicherungen führen. Hier wirkt sich nachteilig aus, daß der Stromrichter keinen Energiespeicher enthält.

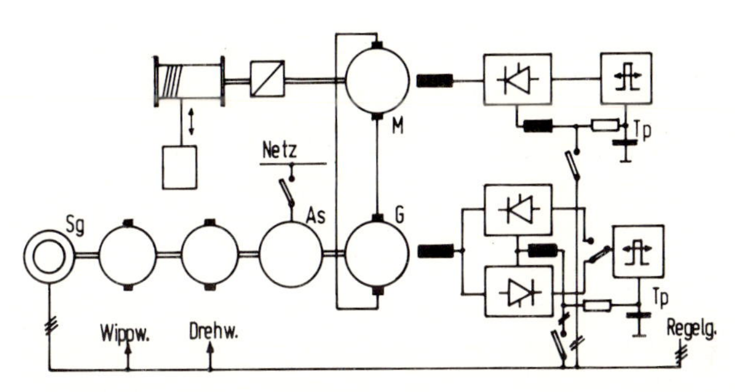


Bild 5.15-1

Der Leonardantrieb ist von den Netzspannungsverhältnissen wesentlich unabhängiger. Die Netzspannungsschwankungen brauchen nur bei der Bemessung des Drehstrommotors berücksichtigt zu werden. Ist $M_{Uf}$ das Antriebsmoment des Umformers und $M_{ki}$ das Nenn-Kippmoment des Asynchronmotors, so muß sein

$M_{Uf} < d_{u-}^2 M_{ki}$ hier also $M_{Uf} < 0{,}75^2 M_{ki} = 0{,}563 M_{ki}$.

Bei einem Netzspannungseinbruch kann, wenn die Spannungsversorgung der Felder und der Regler gesichert ist, die geregelte Stillsetzung der im Absenken begriffenen Last erfolgen. Die dabei freiwerdende Energie beschleunigt den Umformer. Ist das Gesamtträgheitsmoment des Umformers $J_U = 6\ \text{kgm}^2$ und kann die 1,8fache Nenndrehzahl zugelassen werden, so gilt für das Bremsmoment, im Fall des Netzspannungsausfalls,

$M_{br} t_{br} = 2\pi J 0{,}8 n_N = 2\pi \cdot 6 \cdot 0{,}8 \cdot 24 = 724\ \text{Nms}$.

Es kann somit mit dem Motor-Spitzenmoment

$M_{Mm} = 1{,}5 \cdot 61 \cdot 10^3 / 2\pi \cdot 24 = 607\ \text{Nm}$

während der Zeit $t_{br} = 724/607 = 1{,}2\ \text{s}$ gebremst werden. Dann muß spätestens die Haltebremse einfallen.

Das Bild 5.15-1 zeigt die prinzipielle Anordnung des Antriebes. Das Generatorfeld wird über einen Stromrichter in Gegenparallelschaltung gesteuert. Wie in Beispiel 1.17 ausgeführt ist, ist bei einem Lastspiel nur eine Momentenrichtung vorhanden. Nur beim Leerspiel ist zum Absenken des leeren Hakens eine Momentenumkehr erfor-

derlich. Die dynamischen Anforderungen sind dabei mäßig, so daß eine kreisstromfreie Gegenparallelschaltung selbst bei zweipulsigen Stromrichtergruppen gewählt werden kann.
Einige Probleme bringt die Speisung der Stromrichter durch einen Synchrongenerator kleiner Leistung. Die Belastung wird man möglichst gleichmäßig auf die drei Phasen aufteilen. Trotzdem werden die Kommutierungseinbrüche der einzelnen Stromrichter die Spannungskurvenform erheblich verzerren. Die über die Spannungsverzerrungen erfolgende gegenseitige Beeinflussung der einzelnen Stromrichter läßt sich durch verhältnismäßig große Kommutierungsdrosseln ($u_{kT}$= 0,08) und durch Glättung der synchronen Steuerspannung über Tiefpaßfilter (Tp) unterdrücken. Der Synchrongenerator muß eine Kompoundierungseinrichtung besitzen, um Laststöße ohne unzulässige Spannungseinbrüche zu ermöglichen. Eine zusätzliche Spannungsregelung hält die Generatorspannung, auch bei sich ändernder Umformerdrehzahl, konstant. Die Leistungsbemessung muß $\cos\varphi \approx 0,5$, den Gleichseitigkeitsfaktor 1, Schieflast und die verhältnismäßig hohe Oberschwingungsbelastung berücksichtigen.

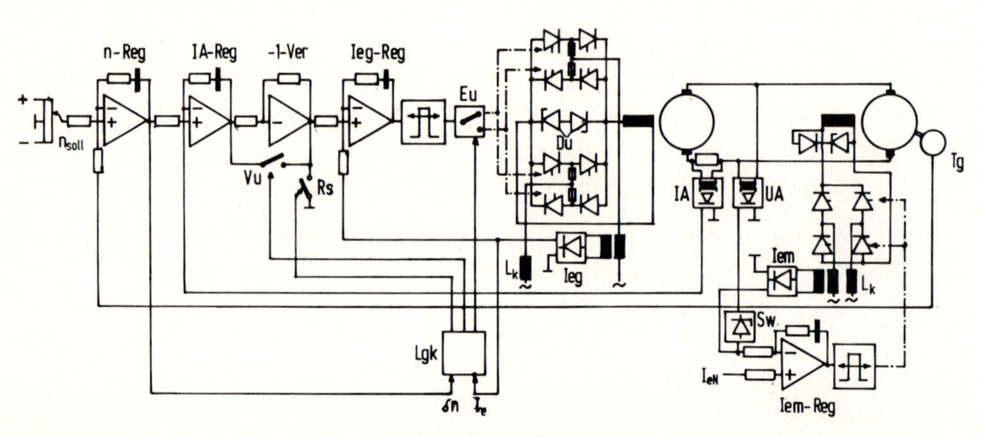


Bild 5.15-2

Die Schaltung des geregelten Hubwerksantriebes ist in Bild 5.15-2 wiedergegeben. Dem Drehzahlregelkreis ist ein Ankerstromregelkreis unterlagert. Den Ankerstromistwert liefert ein Trennverstärker IA. Diesem Regelkreis ist der Feldstromregelkreis unterlagert. Die Zündimpulse werden über einen elektronischen Umschalter Eu, je nach dem Vorzeichen der Regelabweichung δn, auf die eine oder die andere vollgesteuerte einphasige Brückenschaltung gegeben. Die Umschaltung wird eingeleitet, wenn δn negativ ist. Durch Schließen der Reglersperre Rs wird dem Feldstromregelkreis der Sollwert 0 vorgegeben. Sobald die Feldwicklung stromlos ist, wird die Umschaltung freigegeben, nachdem, durch Betätigen von Vu, wieder der richtige Regelsinn hergestellt ist. Als letztes wird die Reglersperre wieder freigegeben. Durch die beiden unterlagerten Regelkreise werden sowohl $I_A$ wie auch $I_e$ begrenzt, so daß bei plötzlichen Sollwertänderungen keine strommäßige Überlastung auftreten kann.

Der Drehzahlbereich wird nach oben durch die ankerspannungsabhängige Feldschwächung erweitert. Den Motor-Feldstrom liefert ebenfalls eine vollgesteuerte einphasige Brückenschaltung. Er wird über einen Regler Iem-Reg konstant auf seinem Sollwert gehalten. Die Ankerspannung wird über einen Trennverstärker UA gemessen. Sobald $U_A > U_{Agr}$ wird, gibt ein Schwellwertglied Sw auf den Feldstromregler einen zusätzlichen negativen Sollwert, der eine entsprechende Feldschwächung bewirkt.

(b) Kenndaten der Feldwicklungen

$I_{eN} = P_{eN}/U_{eN} = 1160/200 = 5{,}8$ A $\qquad R_e = U_{eN}/I_{eN} = 200/5{,}8 = 34{,}5\ \Omega$

$L_{eN} = T_{eN}R_e = 0{,}36 \cdot 34{,}5 = 12{,}4$ H.

Infolge der großen Induktivität ist ein Lücken des Stromes nicht zu befürchten.

Die Magnetisierungskennlinie von Generator und Motor soll der von Anhang 4 entsprechen. Legt man $U_{Agr} = 0{,}95U_{AN}$ (Spannung, bei der Feldschwächung einsetzt) fest, so muß die Ankerspannung bis auf $U^*_{Am} \approx 1{,}05U_{AN}$ ansteigen können. Somit ist

$I^*_{em} \approx 1{,}2I_{eN} = 7$ A $\quad (U^*_{em} \approx 240$ V).

Die Spannung des Synchrongenerators wird gewählt zu $U_s = 400$ V.

(c) Kommutierungsreaktanz

$L_k = u_{kT}U_s/I_{eN}\omega_e = 0{,}08 \cdot 400/5{,}8 \cdot 314 = 0{,}0176$ H

induktiver Spannungsabfall

$d_{xN} = u_{kT}/\sqrt{2} = 0{,}08/\sqrt{2} = 0{,}057 \qquad U_{di} = 2\sqrt{2}U_s/\pi = 360$ V.

Aussteuerungsreserve bei maximalem Feldstrom

$$U_{di} = \frac{U^*_{em}}{\cos\alpha^* - d_{xN}I_{em}/I_{eN}}$$

$$\cos\alpha^* = \frac{U^*_{em}}{U_{di}} + d_{xN}\frac{I^*_{em}}{I_{eN}} = \frac{240}{360} + 0{,}057 \cdot 1{,}2 = 0{,}735 \qquad \alpha^* = 43^\circ.$$

Steuerkennlinie

$U_e = I_eR_e = U_{di}(\cos\alpha - d_{xN}I_e/I_{eN}) \qquad I_e(R_e + U_{di}d_{xN}/I_{eN}) = U_{di}\cos\alpha$

$I_e = [U_{di}/(R_e + U_{di}d_{xN}/I_{eN})]\cos\alpha = [360/(34{,}5 + 360 \cdot 0{,}057/5{,}8)]\cos\alpha$

$I_e = 9{,}46\cos\alpha$.

Der Überlappungswinkel ist $\mu = \arccos[\cos\alpha - 2d_{xN}I_e/I_{eN}] - \alpha$

$\mu = \arccos[I_e(0,11-2\cdot 0,057/5,8)]-\arccos(0,11I_e)$

$\mu = \arccos(0,09I_e)-\arccos(0,11I_e)$

Bei $I^*_{em}$= 7 A beträgt der Überlappungswinkel $\mu^*$= 11,3°.

Ausgehend von $I^*_{em}$ ergibt sich die Wechselrichteraussteuerung im ersten Augenblick der Entregung aus

$$U_{di} = \frac{-U^*_{em}}{\cos\alpha^* - d_{xN}I_{em}/I_{eN}} \qquad \alpha^* = \arccos[-(U^*_{em}/U_{di})+d_{xN}I_{em}/I_{eN}]$$

$\alpha^* = \arccos[-(240/360)+0,057\cdot 1,2] = 127^\circ$.

Infolge der Aussteuerungsreserve wird auch der Wechselrichter nur mit Teilaussteuerung betrieben. Trotzdem ist es zweckmäßig, $U_{di}$= 360 V zu wählen. Der Feldstromregelkreis bewirkt, daß die große Feldzeitkonstante überwiegend kompensiert wird, allerdings nur so weit als das Stellglied, hier der Stromrichter, nicht seine Aussteuerungsgrenze erreicht. Je höher die maximale Stromrichterspannung (Deckenspannung) gewählt wird, um so geringer ist die Wahrscheinlichkeit, daß bei größeren Sollwertänderungen die Aussteuerungsgrenze erreicht wird und dann die Änderung des Feldstromes, nach Maßgabe der großen Feldzeitkonstanten $T_{eN}$, entsprechend langsam erfolgt. Vor allen Dingen braucht der Generator eine schnelle Feldstromregelung, da von ihr maßgeblich die Stellgeschwindigkeit des Leonardgenerators abhängt. Der Feldstromregelkreis des Motors braucht dagegen nicht so schnell zu sein, da beim Motor aus regelungstechnischen Stabilitätsgründen die Feldstellgeschwindigkeit rund eine Zehnerpotenz langsamer sein muß als die Ankerspannungsstellgeschwindigkeit.

Thyristorbemessung

Wegen der besonderen Netzverhältnisse wird die periodische Spitzensperrspannung auf

$U_{RRM} \geq \sqrt{2}U_s d_{st} = \sqrt{2}\cdot 400\cdot 2 = 1131$ V , $U_{RRM}$= 1100 V festgelegt.

Bei dem Thyristor BStC03 mit Kühlkörper EK09 ist $I_{Tar}$= 7,4 A. Damit liegt $I_d$= 2·7,4 = 14,8 A (Dauerstrom) ausreichend weit über dem maximal einstellbaren Erregerstrom $I_{em}$= 9,46 A. Grenzlastintegral dieses Thyristors ist $W_{gr}$= 100 $A^2$s.

Überstromschutz

Zum Unterschied gegenüber Motorbelastung kann bei einer induktiven Belastung, während eines Ausgleichsvorganges, wohl eine Überspannung nicht jedoch ein Überstrom auftreten. Um bei dem Verlust der Sperrfähigkeit eines Thyristors die anderen Ventile zu schützen, genügt deshalb eine Schmelzsicherung in der Wechselstromzuleitung.

Allerdings besteht, da keine Transformatoren vorgesehen sind, eine erhöhte Masseschlußgefahr. Es werden deshalb, wie in Bild 5.15-2 angegeben, in beiden Wechselstromzuleitungen Sicherungen angeordnet. Halbleitersicherungen mit einem Nennstrom $I_{SiN}$= 16 A haben ein Abschaltintegral $W_{ab}$= 60 $A^2s$. Die Bedingung $W_{gr} > W_{ab}$ ist somit erfüllt.

Überspannungsschutz

Überspannungen, wie sie durch die Feldwicklungen beim Abschalten der Wechselspannung verursacht werden, machen die in Bild 5.15-2 angegebenen U-Dioden Du parallel zu den Feldwicklungen notwendig. Die am Motorfeld liegende maximale Gleichspannung ist

$U_{em} = U_s\sqrt{2} = 400\sqrt{2} = 566$ V.

Wenn die Sperrspannung einer Selenplatte $U_{RA}$= 60 V beträgt, müssen $n = U_{em}/U_{RA} = 566/60 = 9{,}4$ Platten in Reihe geschaltet werden. Um bei Schwankungen der Versorgungsspannung mit Sicherheit ein Ansprechen der U-Dioden auszuschließen, wird n = 11 gewählt. Wird die den Spitzenerregerstrom führende Feldwicklung abgeschaltet, so ist in ihr die magnetische Energie

$E_e = 0{,}5 L_e I_{em}^2 = 0{,}5 \cdot 12{,}4 \cdot 7^2 = 304$ Ws

gespeichert. Sie wird in den U-Dioden in Wärme umgesetzt. Danach wird, während der Abschaltung, jede Platte mit der Verlustarbeit 27,6 Ws belastet. Bei einem Abschaltstrom von 7 A sind hierfür Selenplatten mit den Abmessungen 50 x 50 mm (maximale nichtperiodische Verlustarbeit 85 Ws) erforderlich.

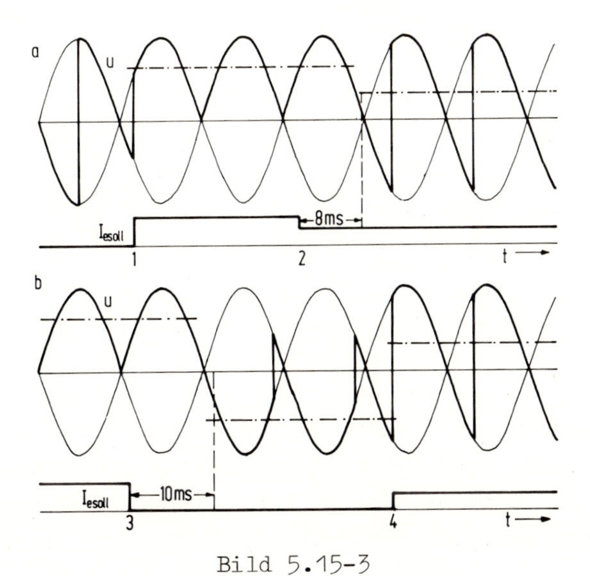


Bild 5.15-3

Der Generatorfeldwicklung sind zwei gegeneinander in Reihe liegende U-Dioden-Säulen parallelzuschalten, da der Feldstrom beide Vorzeichen annehmen kann. Bei der Motorfeldwicklung genügt eine U-Dioden-Säule und, ihr entgegengeschaltet, eine Siliziumdiode. Die Siliziumdiode sperrt den Begrenzerzweig während der Gleichrichteraussteuerung.

(d) Zeitverhalten der Stromrichter

Bei der regelungstechnischen Optimierung von Stromrichterantrieben wird im allgemeinen der Stromrichter durch ein Totzeitglied mit der konstanten Totzeit $T_t$ berücksichtigt. Das ist nur eine grobe Näherung, da die Zeit $T_t$ in Wirklichkeit keine Konstante ist, sondern von dem Betrag, dem Zeitpunkt und der Richtung der Aussteuerungsänderung abhängt. In Bild 5.15-3 ist die ungeglättete Gleichspannung $u_d$ einer Stromrichtergruppe des Motor-Feldstromregelkreises wiedergegeben. Zunächst soll in dem Diagramm a, $I_e = 0$ sein. Wird im Zeitpunkt 1 der Sollwert $I_{e1}$ vorgegeben, so folgt der Stromrichter augenblicklich dem Steuerbefehl, da die Aussteuerungsänderung eine Vorverlegung des Zündzeitpunktes bedingt. Eine Verkleinerung des Feldstromsollwertes im Zeitpunkt 2 führt zu einer Verzögerung der Zündung des folgenden Ventiles, so daß jetzt eine Totzeit von etwa 8 ms auftritt.

Im Diagramm b von Bild 5.15-3 wird im Zeitpunkt 3 eine vollständige Entregung eingeleitet. Der Zündzeitpunkt wird entsprechend äußerster Wechselaussteuerung verzögert, dadurch tritt jetzt eine Totzeit von 10 ms auf. Wird danach im Zeitpunkt 4 wieder ein kleiner Feldstromsollwert vorgegeben, so folgt der Stromrichter bei dem gewählten Zeitpunkt augenblicklich der Änderung.

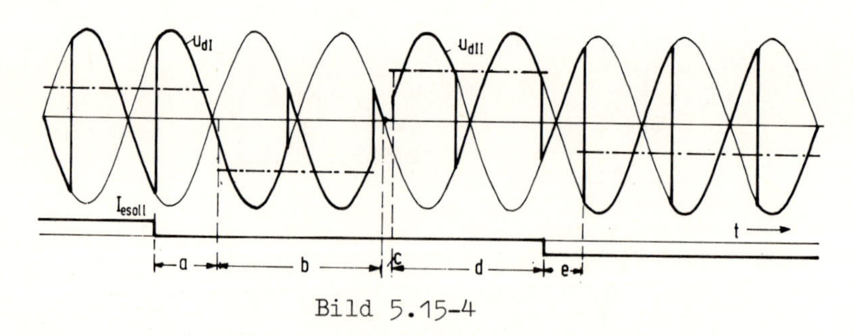


Bild 5.15-4

Den entsprechenden Vorgang bei der Umkehrung des Generator-Feldstromes zeigt Bild 5.15-4. Der gesamte Umsteuervorgang läßt sich in folgende Teilbereiche unterteilen: In dem Bereich a wird die Stromrichtergruppe I vom Gleichrichterbetrieb in den Wechselrichterbetrieb umgesteuert. Im Bereich b wird die Gruppe I in Wechselrichterlage gehalten, bis der Feldstrom zu null geworden ist. Die Umschaltung der Zündimpulse von Gruppe I auf Gruppe II erfolgt im Bereich c. Während des Sicherheitsbereiches d verbleibt die neu zugeschaltete Stromrichtergruppe II in hoher Wechselrichteraussteuerung. Anschließend wird der negative Feldstromsollwert freigegeben und dadurch in Gleichrichterrichtung umgesteuert.

## 5.16 Drehstromantrieb mit vollgesteuertem Drehstromsteller

Für Hebezeuge findet der Drehstrom-Schleifringläufermotor mit Widerstandssteuerung weitgehend Anwendung. Allerdings ist die Motordrehzahl lastabhängig, was bei Kränen stört, deren Lasten in bestimmten Positionen ruckfrei aufgenommen bzw. abgesetzt werden müssen. Dieser Nachteil läßt sich durch die Drehzahlregelung über einen dem Motor vorgeschalteten Drehstromsteller beseitigen. Allerdings beeinflußt der Drehstromsteller die Motorbemessung, die Motor-Typenleistung muß vergrößert werden.

Das Kranhubwerk, Beispiel 1.17, soll mit einem spannungsgesteuerten Schleifringläufer-Motor angetrieben werden. Die Prinzipschaltung ist in Bild 5.16-1 angegeben. Der Motor und der vollgesteuerte Drehstromsteller sind für das in Beispiel 1.17 angeführte Momentenspiel zu berechnen. Dabei muß vorausgesetzt werden, daß das Trägheitsmoment des Schleifringläufer-Motors gleich dem des in Beispiel 1.17 verwendeten Gleichstrommotors ist. Die relative Einschaltdauer des Motors wird zu ED=40% angesetzt.

Gesucht:

(a) Antriebsschaltung

(b) Vollast- und Leerlauf-Lastspiel

(c) Bemessung des Motors

(d) Bemessung des Drehstromstellers

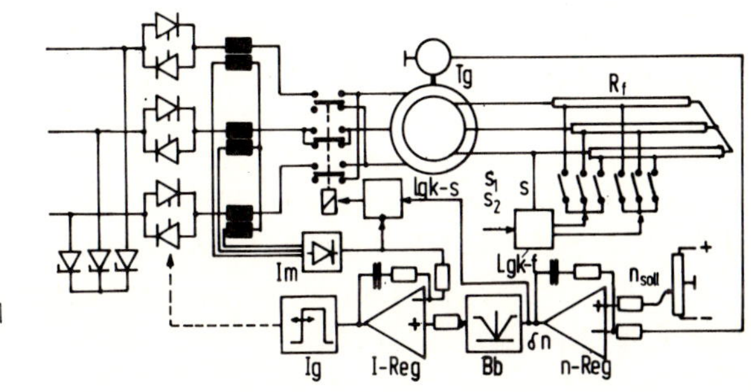


Bild 5.16-1

Lösung:

(a) Während bei der Widerstandssteuerung eines Schleifringläufers viele Widerstandsstufen gewählt werden müssen, genügen bei der Spannungssteuerung zwei bis drei Widerstandsstufen, wenn die Last mit Gegenstrombremsung gesenkt wird. Bleibt der Drehstrombetrieb auf den ersten Quadranten beschränkt (Lastsenkung mit Gleichstrombremsung), so sind zwei Widerstandsstufen ausreichend. Nach Bild 5.16-1 sind hier drei Widerstandsstufen vorgesehen. Die Umschaltung wird nicht vom Kranführer bestimmt, sondern erfolgt automatisch schlupfabhängig. Bei $s \geqq s_2$ ist der gesamte Läuferwiderstand eingeschaltet. Im Bereich $s_2 > s > s_1$ wird durch die Läuferlogik Lgk-f das rechte Schütz und im Bereich $s < s_1$ das linke Schütz geschlossen.
Von der Drehzahl-Regelabweichung wird durch das Glied Bb der Betrag gebildet. Als unterlagerte Regelgröße dient der Ständerstrom. Durch den Drehstromsteller ist der geregelte Betrieb im ersten und vierten Quadranten (Treiben-Heben und Bremsen-Senken) möglich. Durch Umkehr, des auf den Läufer wirkenden Drehfeldes, wird der zweite und dritte Quadrant (Bremsen-Heben und Treiben-Senken) hinzugenommen. Die Drehfeldumkehr kann durch eine vierte und fünfte antiparallele Thyristorgruppe oder durch Umschaltschütze erfolgen. Eine Umschaltung erfolgt, sobald $\delta n$ sein Vorzeichen wechselt. Eine Momentenumkehr ist nur bei leerem Haken zu erwarten und wird deshalb verhältnismäßig selten erfolgen. Aus diesem Grunde werden hier Umschaltschütze vorgesehen.

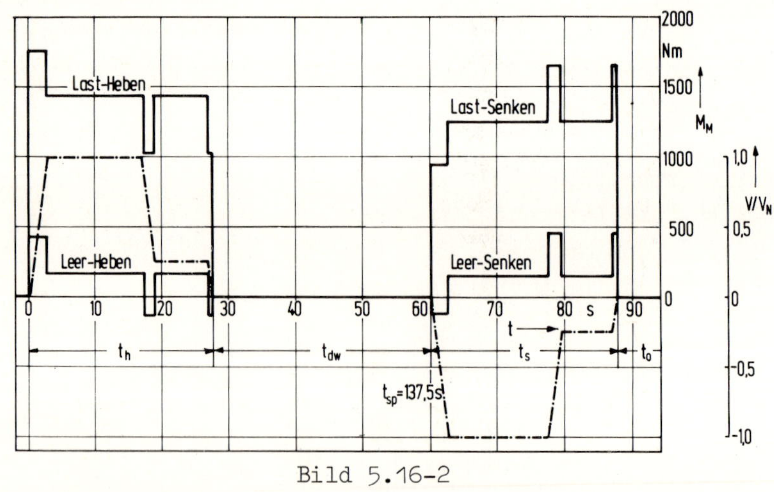


Bild 5.16-2

(b) In Bild 5.16-2 ist für Last-Heben und Leer-Heben der im Beispiel 1.17 berechnete Momentenverlauf aufgetragen. Ein negatives Moment tritt bei der Verzögerung aufwärts des leeren Hakens auf. Für die

Senkbewegung wird der gleiche Geschwindigkeitsverlauf wie für die Hubbewegung vorgegeben. Das Beharrungsmoment bei Vollast Senken ist nach Beispiel 1.17, $M_L^* = 1241$ Nm. Effektives Moment für Last-Senken

| k | $\delta V_k^*$ | $\delta t_k$ s | $M_{bk}$ Nm | $M_{Mk}$ Nm | $M_{Mk}^2 \delta t_k$ $10^{-6}$ | $m_k$ |
|---|---|---|---|---|---|---|
| 1 | -1 | 2,5 | -328 | 913 | 2,1 | 0,43 |
| 2 | 0 | 15 | 0 | 1241 | 23,1 | 0,59 |
| 3 | 0,75 | 1,5 | 410 | 1651 | 4,1 | 0,79 |
| 4 | 0 | 8 | 0 | 1241 | 12,3 | 0,59 |
| 5 | 0,25 | 0,5 | 410 | 1651 | 1,4 | 0,79 |

$$m_k = \frac{M_{Mk}}{M_{MN}}$$

$$M_{Meff} = \sqrt{\sum_{k=1}^{k=5} M_{Mk}^2 \delta t_k / \sum_{k=1}^{k=5} \delta t_k} = \sqrt{43{,}0 \cdot 10^6 / 27{,}5} = 1250 \text{ Nm} \quad \text{(Last-Senken)}$$

Das gesamte effektive Motormoment wird durch die Hub- und die Senkbelastung bestimmt

$$M_{Meff} = \sqrt{(57{,}2+43{,}0)10^6/(27{,}5+27{,}5)} = 1350 \text{ Nm}; m_{eff} = M_{Meff}/M_{MN} = 0{,}65.$$

Das Leerspiel wird nicht zur Motorbemessung herangezogen, es gibt aber Aufschluß über die Bereiche, in denen eine Drehfeldumkehr notwendig ist.

Mit dem Trägheitsmoment ohne Last $J_{oges} = 8{,}32$ kgm$^2$ ist das Beschleunigungsmoment

$$M_{bk} = \frac{2V_N}{d_{st} ü_G} J_{oges} \frac{\delta V_k^*}{\delta t_k} = \frac{2 \cdot 1{,}5 \cdot 8{,}32 \cdot 30}{1{,}2} \frac{\delta V_k^*}{\delta t_k} \qquad \delta V_k^* = \frac{\delta V_k}{V_N}$$

$M_{bk} = 624 \cdot \delta V_k^* / \delta t$ Nm.

Beharrungsmoment Heben $M_L = 169$ Nm, Beharrungsmoment Senken $M_L = 169 \eta_G^2 = 169 \cdot 0{,}93^2 = 146$ Nm.

Motormoment bei leerem Haken

| k | $\delta t_k$ s | $\delta V_k^*$ | $M_{bk}$ Nm | $M_{Mk}$ Nm | $\delta V_k^*$ | $M_{bk}$ Nm | $M_{Mk}$ Nm |
|---|---|---|---|---|---|---|---|
| 1 | 2,5 | 1 | 250 | 419 | -1 | -250 | -104 |
| 2 | 15 | 0 | 0 | 169 | 0 | 0 | 146 |
| 3 | 1,5 | -0,75 | -312 | -143 | 0,75 | 312 | 458 |
| 4 | 8 | 0 | 0 | 169 | 0 | 0 | 146 |
| 5 | 0,5 | -0,25 | -312 | -143 | 0,25 | 312 | 458 |
| | | Heben | | | Senken | | |

Das größte positive Motormoment tritt beim Beschleunigen der Nennlast aufwärts auf $M_{Mm} = 1763$ Nm, ($m_m = 0{,}84$). Das größte negative Moment ist beim Verzögern der Aufwärtsbewegung des leeren Hakens zu erwarten.

In Bild 5.16-2 ist das Last- und ein Leerspiel in seinem wesentlichen Teil wiedergegeben. Bei einer Hubzeit von $t_h = 27{,}5$ s und einer gleich großen Senkzeit $t_s$ muß die Spielzeit $t_{sp} = (t_h + t_s)100/ED$

$t_{sp} = 2 \cdot 27{,}5/0{,}4 = 137{,}5$ s sein.

Wird zum Wippen und Drehen der gehobenen Last $t_{dw} = 32{,}5$ s angesetzt, so bleiben als Stillstandszeit zum Anschlagen und Abbinden der Last $t_o = 50$ s.

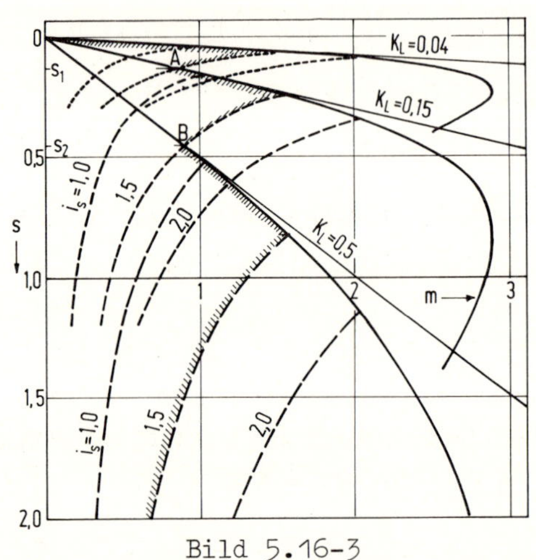


Bild 5.16-3

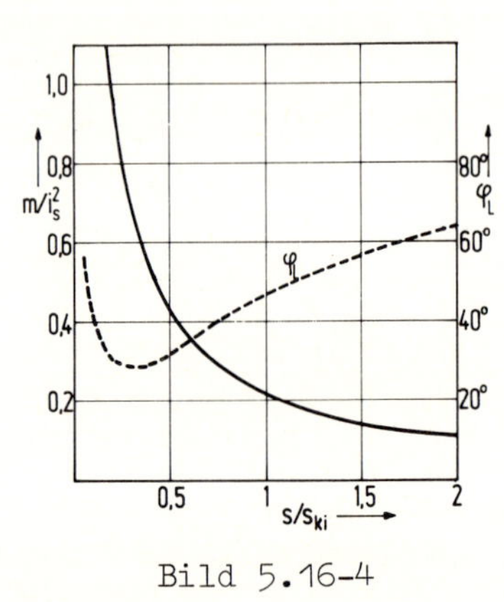


Bild 5.16-4

(c) Der Motor muß gegenüber der Widerstandssteuerung größer bemessen werden. Nach dem Lastspiel ist

$P_{Meff} = 2\pi M_{Meff} n_N = 2\pi \cdot 1350 \cdot 12 = 102$ kW und

die Spitzenleistung $P_{Mm} = 2\pi M_{Mm} n_N = 2\pi \cdot 1763 \cdot 12 = 133$ kW.

Die Typenreihe von Hebezeug-Schleifringläufermotoren eines Herstellers weist für ED = 40% die Leistungen 100 kW, 125 kW und 160 kW auf. Bei der Steuerung des Schleifringläufermotors über Läuferwiderstände würde man die mittlere Leistung wählen. Mit Rücksicht auf die Spannungssteuerung soll die Rechnung mit dem großen Motor durchgeführt werden. Motorkennwerte:

$P_{MN} = 160$ kW, $n_N = 12{,}17$ 1/s, $n_o = 12{,}5$ 1/s, $m_{kin} = M_{kin}/M_{MN} = 2{,}9$,
$U_{sN} = 380$ V, $I_{sN} = 320$ A, $I_{fN} = 225$ A, $U_{fN} = 435$ V, $I_{so} = 110$ A.

Daraus läßt sich bestimmen

$M_{MN} = P_{MN}/2\pi n_N = 160 \cdot 10^3/2\pi \cdot 12{,}17 = 2093$ Nm

$X_h = U_{sN}/\sqrt{3}\, I_{so} = 380/\sqrt{3} \cdot 110 = 2{,}0\ \Omega$

$X_s = U_{sN}^2/4\pi n_o M_{kin} = 380^2/4\pi \cdot 12{,}5 \cdot 2{,}9 \cdot 2093 = 0{,}15\ \Omega$ $\qquad m_{kin} = 2{,}9$

$R_{fN} = X_s(m_{kin} + \sqrt{m_{kin}^2 - 1}) = 0{,}151(2{,}9 + \sqrt{2{,}9^2 - 1}) = 0{,}849\ \Omega$

$ü = U_{sN}/U_{fN} = 380/435 = 0{,}874$ ; $R_{fN} = R'_{fN}/ü^2 = 0{,}849/0{,}874^2 = 1{,}11\ \Omega$

$s_N=(n_o-n_N)/n_o=(12,5-12,17)/12,5 = 0,026$

$s_{ki}= R'_f/X_s=(R'_{fN}/X_s)(R'_f/R'_{fN})= 5,62K_L \qquad K_L= R'_f/R'_{fN}$

$R_{fc}= U^2_{sN}s_N/ü^2 2\pi n_o M_{MN}= 380^2\cdot 0,026/0,874^2\cdot 2\pi\cdot 12,5\cdot 2093 = 0,03\ \Omega$

$R_{fc}$ ist der Wicklungswiderstand.
Momentenkennlinie nach Gl.(2.04.2)

$$m = \frac{M_M}{M_{MN}} = \frac{K_L}{s}\,\frac{1+(R'_{fN}/X_s)^2}{1+(R'_{fN}/X_s)^2K_L^2/s^2} = \frac{32,6K_L}{s+31,6K_L^2/s}\ .$$

Um eine möglichst hohe Nenn-Hubgeschwindigkeit zu erreichen, ist naheliegend, in der schnellsten Stufe die Schleifringe kurzzuschliessen ($s_N= 0,026$). In diesem Zustand nimmt das Motormoment bei konstantem Ständerstrom mit dem Schlupf sehr stark ab, so daß die nächste Widerstandsstufe sehr niedrig gewählt werden müßte. Es wird deshalb

$K_{L1}= 0,04;\quad R_{f1}= 0,04R_{fN}= 0,04\cdot 1,11 = 0,044\ \Omega$ gesetzt.

Für den vollen Läuferwiderstand wird mit Rücksicht darauf, daß im vorliegenden Fall mit Gegenstrom bis s = 2,0 gefahren wird

$K_{L3}= 0,5;\quad R_{f3}= 0,5R_{fN}= 0,56\ \Omega$ festgelegt. Dann ist

$K_{L2}= \sqrt{K_{L3}K_{L1}}= \sqrt{0,5\cdot 0,04} = 0,142\ ;\quad K_{L2}= 0,15\ ;\quad R_{f2}= 0,17\ \Omega$ zu wählen. Es ergeben sich die drei Momentenkennlinien

$K_{L1}= 0,04 : m = 1,3/(s+0,051/s)\ ,\quad K_{L2}= 0,15 : m = 4,9/(s+0,71/s)$

$K_{L3}= 0,5 : m = 16,3/(s+7,9/s)$.

Sie sind in Bild 5.16-3 wiedergegeben.
Zur Bemessung des Drehstromstellers muß die Abhängigkeit des Ständerstromes vom Motormoment und vom Schlupf ermittelt werden.
Nach Gl.(2.06.6) ist

$$\frac{m}{i_s^2} = \frac{1}{A_m}\,\frac{s_{ki}/s + s/s_{ki}}{1+[(1+X_s/X_h)s/s_{ki} + (X_s/X_h)s_{ki}/s]^2}$$

mit der Konstanten

$$A_m= \frac{1}{2m_{kiN}}\,\frac{1+4m_{kin}}{1+[(1+X_s/X_h)/2m_{kiN} + 2m_{kiN}X_s/X_h]^2}$$

$$= \frac{1}{5,8}\,\frac{1+4\cdot 2,9^2}{1+[(1+0,15/2)/5,8 + 5,8\cdot 0,15/2]^2} = 3,95$$

$$\frac{m}{i_s^2} = \frac{1}{3,95}\,\frac{s/s_{ki} + 1/(s/s_{ki})}{1+[1,075s/s_{ki} + 0,075/(s/s_{ki})]^2}$$

$i_s= I_s/I_{sN}\ ;\quad s_{ki1}= 0,225\ ;\quad s_{ki2}= 0,84\ ;\quad s_{ki3}= 2,81$

In dieser Gleichung, sie ist in Bild 5.16-4 aufgetragen, kommt als einzige Veränderliche $s/s_{ki}$ vor. Sie gilt für alle Widerstandsstufen. Der Läuferwiderstand geht erst über $s_{ki}$ in die Rechnung ein. für $K_{L2}$ ergibt sich zum Beispiel

$$\frac{m}{i_s^2} = \frac{1}{3{,}95}\,\frac{s/0{,}84 + 0{,}84/s}{1+[s1{,}075/0{,}84 + 0{,}075\;0{,}84/s]^2} = \frac{0{,}3s+0{,}21/s}{1+[1{,}28s + 0{,}063/s]^2}$$

In dem Momentendiagramm Bild 5.16-3 sind für die drei Widerstandsstufen gestrichelt die Kennlinien konstanten Stromes für $i_s$= 1,0, 1,5 und 2,0 eingetragen. Wird, zum Beispiel, der Ständerstrom über den Stromregelkreis auf $i_s$= 1,5 begrenzt, so stellt die Schraffur die obere Grenze des Arbeitsbereiches dar, in dem jeder beliebige Arbeitspunkt eingestellt werden kann. Wird die Stromgrenze auf $i_s$= 2,0 heraufgesetzt, so erweitert sich entsprechend der Arbeitsbereich, bestimmt durch die Konstantstromkennlinien $i_s$= 2,0. Die Umschalt-Schlupfwerte ($s_1$ : $K_{L1}$ nach $K_{L2}$ und $s_2$ : $K_{L2}$ nach $K_{L3}$) sind nach der eingestellten Stromgrenze festzulegen. In Bild 5.16-3 sind A und B die Umschaltpunkte. Es ist $s_1$= 0,14 und $s_2$= 0,45.

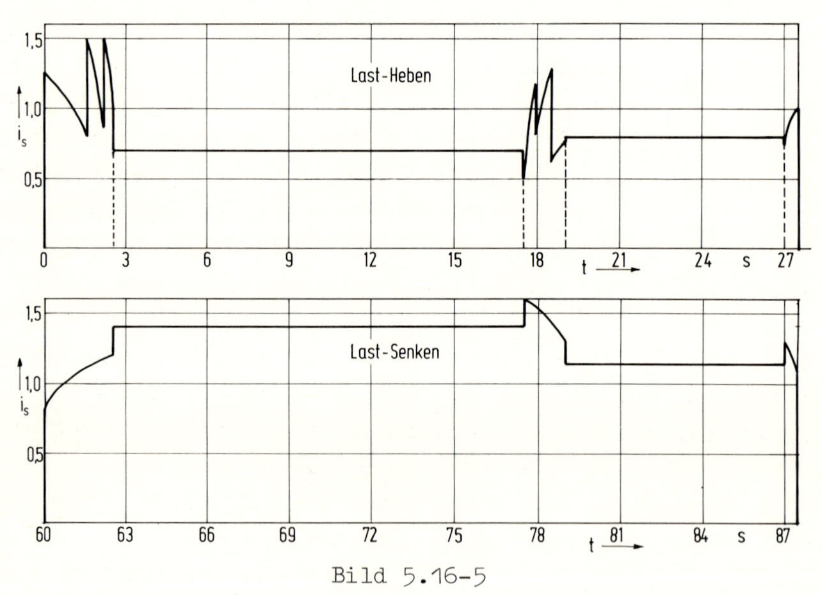


Bild 5.16-5

Mit den Diagrammen in den Bildern 5.16-2 und 5.16-3 läßt sich der Ständerstrom des Motors bei Last-Heben und Last-Senken bestimmen. Er ist in Bild 5.16-5 für beide Vorgänge aufgetragen. Beim Anfahren und Stillsetzen im Rahmen des Hubvorganges werden stets sämtliche Widerstandsstufen benutzt. Die höchsten Stromspitzen treten während der Beschleunigung aufwärts, unmittelbar nach dem Umschalten auf den kleineren Widerstand, auf. Ohne die Steuerung des

Motors über den Drehstromsteller und die Drehzahlregelung würden die Stromspitzen wesentlich höher sein. Die Regelung wirkt dem durch die Widerstandsumschaltung hervorgerufenen Momentensprung augenblicklich entgegen, indem sie die am Motor liegende Spannung zurücknimmt. Beim Last-Senken ist nur die größte Widerstandsstufe 3 eingeschaltet. Der größte Ständerstrom fließt zu Beginn des Abfangens der Last aus der vollen Senkgeschwindigkeit. Er liegt mit $i_s = 1{,}6$ oberhalb der Stromgrenze. Wird sie beibehalten, so geht der Stromregler an die Stromgrenze, und die Verzögerung erfolgt langsamer als nach dem Sollwertverlauf vorgeschrieben. Vorübergehend, für ca. 1 s, tritt eine entsprechend große Regelabweichung auf. Es ist auch möglich, die Stromgrenze zeitabhängig umzuschalten, indem sie, wenn der Drehzahlregler den Grenzwert erreicht hat, für ca. 3 s bei $i_s = 1{,}7$ gehalten und nach Ablauf dieser Zeit automatisch auf $i_s = 1{,}5$ zurückgenommen wird.

(d) Steuerkennlinien

Die Spannungssteuerung des Drehstrommotors kann über einen vollgesteuerten Drehstromsteller (VDS) oder einen halbgesteuerten Drehstromsteller (HDS) erfolgen. Wegen der verhältnismäßig großen Motorleistung wird im vorliegenden Fall der vollgesteuerte Drehstromsteller gewählt. Dem Nachteil des größeren Thyristoraufwandes steht der Vorteil gegenüber, daß der Strom nur ungeradzahlige höhere Harmonische enthält, mit Ausnahme der durch 3 teilbaren (5, 7, 11, 13) während der halbgesteuerte Drehstromsteller alle Oberschwingungsströme, mit Ausnahme der durch 3 teilbaren (2, 4, 5, 7, 8, 10, 11 und 13), führt. Ein industrieller Anwender hat, neben geregelten Drehstromantrieben, fast immer mehrere netzgeführte Stromrichter mit Gleichstromausgang, die das gleiche Oberschwingungsspektrum wie die VDS-Schaltung haben. Es besteht deshalb die Möglichkeit, die Netzspannungsverzerrungen herabzusetzen mit Hilfe von auf die 5te und 7te Harmonische abgestimmten Saugkreisen.

In Bild 5.16-6b ist das Steuerkennlinienfeld des vollgesteuerten Drehstromstellers, nach M. Michel, wiedergegeben. Darin ist $\alpha$ der Steuerwinkel und $\varphi_L = \arctan X_L/R_L$ der Lastphasenwinkel. Bei dem vorliegenden Schleifringläufermotor ist

$$\varphi_L = \arctan\left(\frac{X_s}{X_h}\frac{s_{ki}}{s} + \frac{s}{s_{ki}}\right) = \arctan\left(\frac{0{,}075}{s/s_{ki}} + \frac{s}{s_{ki}}\right).$$

In Bild 5.16-4 ist $\varphi_L$ in Abhängigkeit von $s/s_{ki}$ gestrichelt gezeichnet. $\varphi_L$ liegt, je nach Schlupf, zwischen $30^o$ und $60^o$. Die aus Bild 5.16-6b entnommenen und in a aufgetragenen Steuerkennlinien ($U_{s1}$ Grundschwingungsspannung) zeigen die Abhängigkeit von $\varphi_L$. Im vorliegenden Fall liegen die Arbeitspunkte in dem schraffierten Bereich. Die Steilheit der Steuerkennlinien ändert sich zwischen den beiden extremen Lastphasenwinkeln um ca. 16%. Sie hat keinen Einfluß auf die Stabilität des Stromregelkreises (Kreisverstärkung). Wie Bild 2.06-2 zeigt, nimmt das Kippmoment quadratisch mit der Spannung $U_s$ ab, deshalb braucht während des Lastspiels die Spannung nicht unter $U_s = 0{,}3U_{sN}$ vermindert zu werden. Der untere Knick der Steuerkennlinie, Bild 5.16-6a, hat keine betriebliche Rückwirkung.

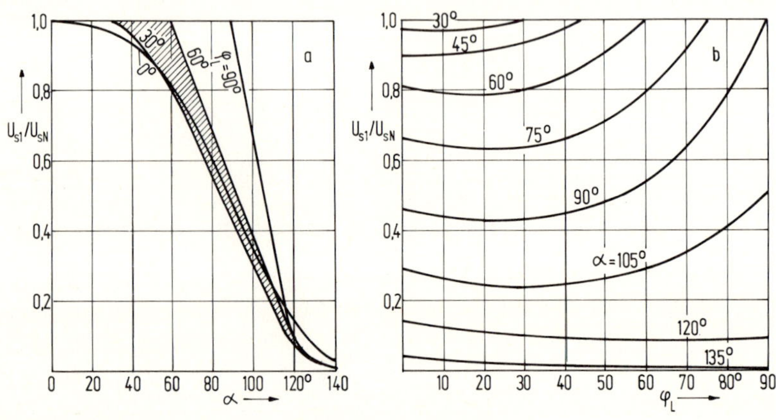


Bild 5.16-6

(e) <u>Thyristorbemessung</u>

Die maximale Sperrspannungsbeanspruchung der Thyristoren ist $U_{Tm} = 1{,}5(U_{sN}/\sqrt{3})$. Beim Einschalten kann im ungünstigsten Fall die Spannung $U'_{Tm} = \sqrt{2}\,U_s$ auftreten. Die Netzspannung soll um 10% über ihrem Nennwert liegen können ($d_{u+} = 1{,}1$). Infolge der induktiven Belastung brauchen Kommutierungsdrosseln nicht vorgesehen zu werden. Dann liegen die U-Dioden direkt an der Netzspannung. Ihre Begrenzungsspannung muß aus Sicherheitsgründen höher gewählt werden als bei Betrieb mit Kommutierungsdrosseln. Außerdem wird, wegen der niedrigen Netzreaktanz, der über das Begrenzungsglied fließende Strom verhältnismäßig hoch sein, was die Begrenzungsspannung weiter heraufsetzt. Man wird deshalb hier den Störspannungsfaktor $d_{st} = 2$ wählen.

Periodische Spitzensperrspannung der Thyristoren

$U_{RRM} \geqq 1{,}5(U_{sN}/\sqrt{3})d_{u+}d_{st} = 1{,}5(380/\sqrt{3})1{,}1 \cdot 2{,}0 = 724$ V; $U_{RRM} = 800$ V.

Der Mittelwert des über einen Thyristor fließenden effektiven Stromes $I_s$ ist, wenn die Oberschwingungsströme unberücksichtigt bleiben,

$I_{Tar} = \sqrt{2}\,I_{sm}/\pi = 0{,}45 I_{sm}$ und $I_{Teff} = I_{sm}/\sqrt{2}$.

Werden die Thyristoren auf $I_{sm}= 1{,}7 I_{sN}$ bemessen, so ergibt sich

$I_{Tar}= 0{,}45 \cdot 1{,}7 I_{sN}= 0{,}45 \cdot 1{,}7 \cdot 320 = 245$ A

$I_{Teff}= 1{,}7 I_{sN}/\sqrt{2} = 1{,}7 \cdot 320/\sqrt{2} = 385$ A

Geeigneter Thyristortyp T345N (AEG)

$U_{RRM}= 800$ V $\quad I_{Tar}= 295$ A (verstärkte Luftkühlung)

mit einem periodischen Spitzenstrom $I_{Tm}= 3000$ A und einem Grenzlastintegral $W_{gr}= 3{,}2 \cdot 10^5$ $A^2s$. Nach Anhang 2 kann die Absicherung der Ventile durch Schmelzsicherungen mit $I_{siN}= 350$ A und $W_{ab}= 2 \cdot 10^5$ $A^2s$ erfolgen.

## 5.17 Drehstromantrieb mit untersynchroner Stromrichterkaskade

Untersynchrone Stromrichterkaskaden eignen sich vor allen Dingen zur Steuerung von Schleifringläufermotoren größerer Leistung, wenn nur ein begrenzter Drehzahlstellbereich erforderlich ist. Die Maschinen können als Hochspannungsmotoren ausgeführt werden, da der Stromrichter im Niederspannungs-Läuferkreis angeordnet ist. Von Vorteil ist weiterhin, daß die Läuferleistung nicht in Widerständen vernichtet, sondern in das Netz zurückgespeist wird. Dieses Steuerverfahren eignet sich deshalb für Antriebe, die längere Zeit mit Teildrehzahl gefahren werden.

Die Kreiselpumpe eines Wasserwerkes soll entsprechend dem Wasserverbrauch die Wassermenge $V_N$=0,55 $m^3/s$ und $V_{min}$=0,22 $m^3/s$ fördern. Dabei kann, je nach Höhenlage des Verbraucherschwerpunktes, die Förderhöhe zwischen $H_N$=80 m und $H_{min}$=48 m schwanken.

Der Antrieb der Pumpe erfolgt durch einen Schleifringläufermotor, dessen Drehzahl durch eine untersynchrone Stromrichterkaskade eingestellt wird. Der Motor wird über einen zweistufigen Anlaßwiderstand bis in den eigentlichen Regelbereich hochgefahren.

Der Motor wird direkt aus dem Mittelspannungsnetz $U_s$=6000 V +10%-8% gespeist.

Gesucht:

(a) Ermittlung der Antriebsdaten aus dem Kennlinienfeld der Kreiselpumpe

(b) Motor, Anfahrwiderstände

(c) Gleichrichter und Wechselrichter

(d) Glättungsdrossel

(e) Steuerkennlinie

(f) Wirkungsgrad

(g) Leistungsfaktor

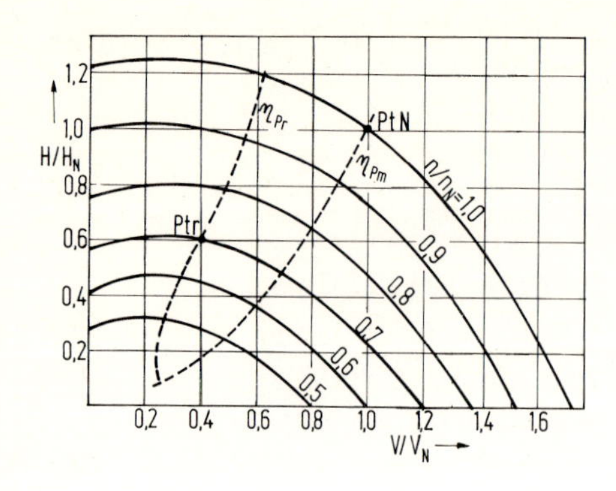


Bild 5.17-1

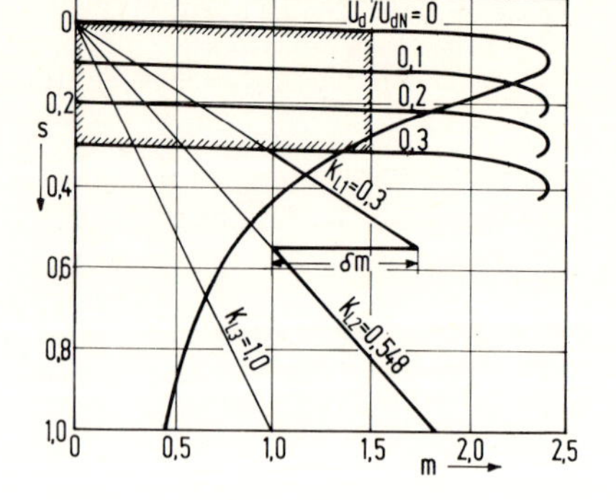


Bild 5.17-2

Lösung:

(a) Das Kennlinienfeld einer Kreiselpumpe zeigt Bild 5.17-1. Der Nennarbeitspunkt PtN ist so gelegt, daß die Pumpe den maximalen Wirkungsgrad $\eta_{Pm} = 0,84$ hat. Die geringste Belastung liegt bei minimaler Förderhöhe und kleinster Fördermenge vor (Ptr). Der Wirkungsgrad geht auf $\eta_{Pr} = 0,59$ herunter. Um zu diesem Arbeitspunkt zu kommen, muß die Drehzahl von $n_N = 16,5$ 1/s auf $n_r = 0,7 n_N = 11,55$ 1/s herabgesetzt werden.

Die Antriebsleistungen und Antriebsmomente für die beiden Extremfälle sind

$P_N = V_{max} \varrho g H_{max}/\eta_{Pm} = 0,55 \cdot 10^3 \cdot 9,81 \cdot 80/0,84 = 514$ kW,

$\varrho$ = Dichte = $10^3$ kg/m$^3$

$M_N = P_N/2\pi n_o(1-s_N) = 514 \cdot 10^3/2\pi \cdot 16,67 \cdot 0,98 = 5008$ Nm

$P_r = V_r \varrho g H_r/\eta_{Pr} = 0,22 \cdot 10^3 \cdot 9,81 \cdot 48/0,59 = 175,6$ kW

$M_r = P_r/2\pi n_o(1-s_r) = 175,6 \cdot 10^3/2\pi \cdot 16,67 \cdot 0,7 = 2395$ Nm.

(b) Es wird folgender Schleifringläufermotor gewählt:

| | | | |
|---|---|---|---|
| Nennleistung | $P_{MN} = 530$ kW | Nennstrom | $I_{sN} = 63$ A |
| Nennspannung | $U_{sN} = 6000$ V | Läuferstillstandsspg. | $U_{fN} = 1090$ V |
| Synchr.Drehzahl | $n_o = 16,67$ 1/s | Läufernennstrom | $I_{fN} = 290$ A |
| Nenndrehzahl | $n_N = 16,47$ 1/s | Kippmoment | $M_{ki} = 12290$ Nm |
| Nennmoment | $M_{MN} = 5122$ Nm | Trägheitsmoment | $J_M = 47,5$ kgm$^2$ |
| Wirkungsgrad | $\eta_M = 0,947$ | Leerlaufstrom | $I_{so} = 16$ A |

Daraus ergibt sich

Streureaktanz $X_s = U_{sN}^2/4\pi n_o M_{ki} = 6000^2/4\pi \cdot 16,67 \cdot 12290 = 14\ \Omega$

Hauptreaktanz $X_h = U_{sN}/\sqrt{3} I_{so} = 6000/\sqrt{3} \cdot 16 = 216\ \Omega$

Übersetzungsverhältnis $ü_M = U_{sN}/U_{fN} = 6000/1090 = 5,5$

$m_{ki} = M_{ki}/M_N = 12290/5121 = 2,4$

Nenn-Läuferwiderstand $R'_{fN} = X_s(m_{ki}+\sqrt{m_{ki}^2-1}) = 14(2,4+\sqrt{2,4^2-1}) = 64,1\ \Omega$

$R_{fN} = R'_{fN}/\ddot{u}_M^2 = 64,1/5,5^2 = 2,12\ \Omega$

Nennschlupf $s_N = (n_o - n_N)/n_o = (16,67-16,47)/16,67 = 0,012$ (bei kurzgeschlossenem Läufer)

Widerstand der Läuferwicklung

$R_{fc} = U_{sN}^2 s_N / \ddot{u}_M^2 2\pi n_o M_N = 6000^2 \cdot 0,012/5,5^2 \cdot 2\pi \cdot 16,67 \cdot 5121 = 0,027\ \Omega$.

Der Zusatzwiderstand $R_{fz}$ berücksichtigt Leitungswiderstand zwischen Läufer und Gleichrichter und auch den Durchlaßspannungsabfall an zwei Dioden (2 x 1 V).

$R_{fo} = R_{fc}+R_{fz} = 0,027+0,015 = 0,042\ \Omega$

$K_{Lo} = R_{fo}/R_{fN} = 0,042/2,12 = 0,02 = s_N$

Kippschlupf $s_{ki} = R_{fo}\ddot{u}^2/X_s = 0,042 \cdot 5,5^2/14 = 0,09$

und die Momentenkennlinie

$$m = \frac{K_{Lo}}{s}\,\frac{1+(R'_{fN}/X_s)^2}{1+(R'_{fN}/X_s)^2 K_{Lo}^2/s^2} = \frac{0,020[1+(64,1/14)^2]}{s+(64,1/14)^2 \cdot 0,02^2/s} = \frac{0,44}{s+0,0084/s}\,.$$

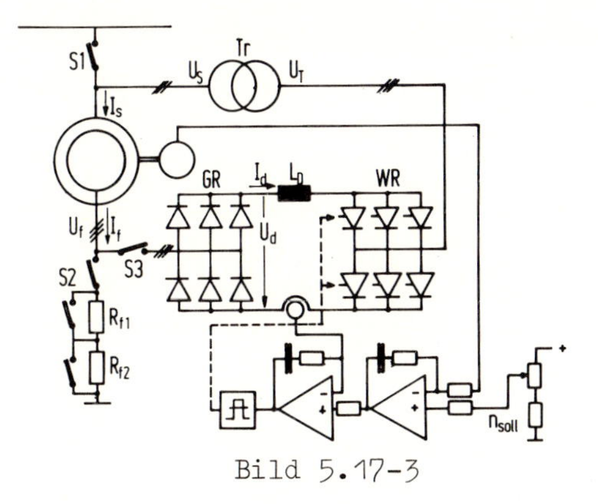

Bild 5.17-3

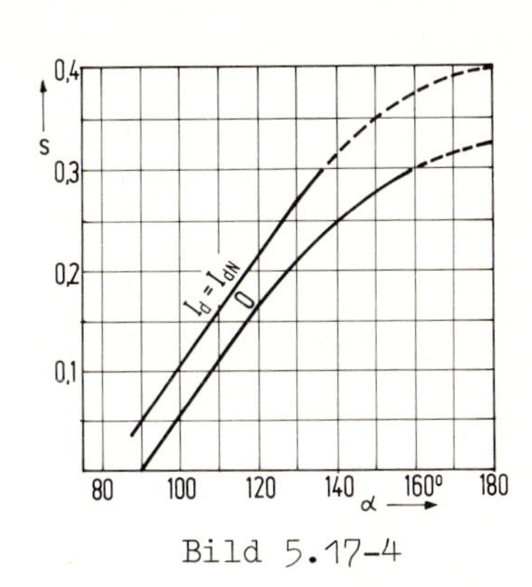

Bild 5.17-4

Die Momentenkennlinie ist in Bild 5.17-2 wiedergegeben ($U_d/U_{dN} = 0$). Die Schaltung der untersynchronen Stromrichterkaskade geht aus Bild 5.17-3 hervor. Der Wechselrichter WR erzeugt im Läuferkreis eine Gegenspannung $U_d$. Ein Läuferstrom kann erst fließen, wenn die Gleichspannung des Gleichrichters GR größer ist als die Gegenspannung. Durch $U_d$ wird, wie in Bild 5.17-2 gezeigt, die Momentenkennlinie zu sich selbst parallel verschoben. Der Schlupf und damit die Drehzahl sind, wegen des niedrigen Läuferkreiswiderstandes, annähernd lastunabhängig. Im vorliegenden Fall ist der Drehzahlstellbereich $1 \geq (n/n_N) \geq 0,7$. Der Stellbereich der Läuferspannung ist dann $0 \leq (U_f/U_{fN}) \leq 0,3$. Gleichrichter und Wechselrichter brauchen nur für die Spannung $U_f = 0,3U_{fN}$ bemessen zu werden. Allerdings läßt sich der Antrieb dann nicht mit dem Wechselrichter aus dem Stillstand anfahren. Das Anfahren des Antriebes erfolgt nach Schließen des Schalters S2 über die Läuferwiderstände $R_{f1}$ und $R_{f2}$. Erst wenn der Schlupf $s \leqq 0,3$ geworden ist, wird auf die elektronische Steuerung durch Schließen des Schalters S3 und Öffnen des Schalters S2 umgeschaltet.

Anfahrwiderstände

Zur Begrenzung des Spitzenmomentes während des Anfahrens werden zwei Widerstandsstufen vorgesehen. Bemessung auf konstanten Momentensprung für das Lastmoment $m_L = 1$.

$K_{L3} = 1$ ; $K_{L1} = s/m = 0,3/1,0 = 0,3$ ,

$K_{L2}/K_{L1} = \sqrt{K_{L3}/K_{L1}} = \sqrt{1/0,3} = 1,826$ ; $K_{L2} = K_{L1} 1,826 = 0,548$.

Momentensprung $\delta m = m_L[(K_{L2}/K_{L1})-1] = 1,0(1,826-1) = 0,826$

$R_{f1}+R_{f2} = K_{L3}R_{fN} = 2,12\ \Omega$ , $R_{f1} = K_{L1}R_{fN} = 0,3 \cdot 2,12 = 0,64\ \Omega$

$R_{f2} = 2,12-0,64 = 1,48\ \Omega$.

Die Momentengeraden sind in Bild 5.17-2 eingezeichnet. Wird das Motormoment durch den Läuferstrom-Regelkreis auf $m = 1,5$ begrenzt, so ergibt sich der schraffierte Regelbereich, in dem jeder beliebige Arbeitspunkt eingestellt werden kann.

(c) Gleichrichter und Wechselrichter sind strommäßig für den Arbeitspunkt PN und spannungsmäßig für den Arbeitspunkt Ptr zu bemessen. Kommutierungsreaktanz des ungesteuerten Gleichrichters GR

$X_{k1} = X_s s_r/\ddot{u}_M^2$ und für $s_r = 0,3$; $X_{k1r} = 14 \cdot 0,3/5,5^2 = 0,139\ \Omega$.

Induktiver Spannungsabfall

$d_{x1r} = \sqrt{3}\, X_{k1r} I_{fr}/2U_{fr} = \sqrt{3}\, X_{k1r} I_{fr}/2s_r U_{fN}$.

Für den Arbeitspunkt Ptr ist die Läuferleistung

$P_{fr} = P_r s_r/(1-s_r) = 175,6 \cdot 0,3/0,7 = 75,26$ kW; $P_{fr} = \sqrt{3}\, s_r U_{fN} I_{fr}$

$I_{fr} = P_{fr}/\sqrt{3}\, s_r U_{fN} = 75260/\sqrt{3} \cdot 0,3 \cdot 1090 = 133$ A

und damit $d_{x1r} = \sqrt{3} \cdot 0,139 \cdot 133/2 \cdot 0,3 \cdot 1090 = 0,049$.

Die Gleichspannung ist dann $U_{dr} = (\sqrt{2} \cdot 3/\pi)(s_r U_{fN} - I_{fr} R_{fo} \sqrt{3})(1-d_{x1r})$

$U_{dr} = (\sqrt{2} \cdot 3/\pi)(0,3 \cdot 1090 - 133 \cdot 0,042\sqrt{3})(1-0,049) = 408$ V.

$U_{dr}$ ist die maximale, und an der Grenze des Regelbereiches auftretende Gleichspannung.

Die höchste Strombelastung erfolgt im Nennarbeitspunkt

$I_{dN} = \sqrt{1,5}\, I_{fN} M_N/M_{MN} = \sqrt{1,5} \cdot 290 \cdot 5008/5122 = 347$ A

$I_{dr} = \sqrt{3/2}\, I_{fr} = 163$ A.

Der Transformator Tr soll die Kurzschlußspannung $u_{kT} = 0,06$ haben. Der an ihm im Arbeitspunkt r auftretende Spannungsabfall ist

$d_{x2r} = 0,5 u_{kT} I_{dr}/I_{dN} = 0,5 \cdot 0,06 \cdot 163/347 = 0,014$.

Die ideelle Leerlaufspannung des Wechselrichters muß bei Vernachlässigung des Überlappungswinkels sein

$U_{di} = -U_{dr}/(d_{u-} \cos(180^{o} - \alpha_{si}) - d_{x2r})$

$d_{u-}$ ist der Faktor, der den zu erwartenden Netzspannungseinbruch von 10% berücksichtigt ($d_{u-} = 0,9$). Der Sicherheitswinkel $\alpha_{si}$, als minimaler Abstand von der Kippgrenze, wird zu $\alpha_{si} = 20^{o}$ gewählt

$U_{di} = -408/(0,9 \cos/60^{o} - 0,014) = 475$ V.

Damit ergibt sich die Scheinleistung des Transformators zu

$S_{Tr} = 1,05 U_{di} I_{dN} = 1,05 \cdot 475 \cdot 344 = 172$ kVA

mit der Sekundärspannung $U_{T} = U_{di} \pi/\sqrt{2} \cdot 3 = 475 \cdot \pi/\sqrt{2} \cdot 3 = 352$ V

und dem Übersetzungsverhältnis $\ddot{u}_{T} = U_{T}/U_{s} = 352/6000 = 0,059$.

Die Thyristoren sind für Nennstrom $I_{dN}$ zu bemessen

$I_{Tar} = I_{dN}/3 = 347/3 = 116$ A ; $I_{Teff} = I_{dN}/\sqrt{3} = 347/\sqrt{3} = 200$ A.

Hierfür ist der Thyristor BStL35 (Siemens) geeignet, der mit Kühlkörper LK17 und Fremdbelüftung (42 l/s bei $35^{o}$C Lufttemperatur) den Dauergrenzstrom 115 A hat.

Stoßstrom-Grenzwert für 10 ms $\quad I_{TsM} = 2900$ A

Grenzlastintegral $\quad W_{gr} = 42000\ A^{2}s$.

Nach Anhang 2 besitzt eine 200 A-Halbleitersicherung das Abschaltintegral $W_{ab} = 24000\ A^{2}s$. Der Thyristor würde deshalb durch diese Sicherung voll geschützt werden.

Bei der spannungsmäßigen Bemessung der Thyristoren ist zu berücksichtigen, daß der Wechselrichter im Läuferkreis eines großen Drehstrommotors liegt und deshalb während der Ausgleichsvorgänge spannungsmäßig hoch beansprucht wird. Der Überspannungsfaktor wird deshalb $d_{st} = 1,7$ gewählt. Außerdem ist zu berücksichtigen $d_{u+} = 1,08$.

$U_{RRM} \geq \sqrt{2}\, U_{T} d_{st}\, d_{u+} = \sqrt{2} \cdot 374 \cdot 1,7 \cdot 1,08 = 971$ V.

Gewählt $U_{RRM} = 1000$ V. Die Dioden des Gleichrichters sind für die gleichen Kennwerte zu bemessen.

(d) Der Wechselrichter ist mit dem Läuferkreis über einen Gleichstromzwischenkreis verbunden. Zur wechselspannungsmäßigen Entkopplung des Läufersystems variabler Frequenz und des Wechselrichtersystems konstanter Frequenz (50 Hz) ist ein magnetischer Energiespeicher, eine Glättungsdrossel $L_D$ erforderlich. Erleichternd ist dabei, daß die Spannungswelligkeit einer ungesteuerten Drehstrombrückenschaltung sehr klein ist und der Läuferstrom unter $I_{dr} = 163$ A nicht absinkt. Erschwerend wirkt sich aus, daß die Läuferfrequenz bis auf

$$f_{fmin} = f_s I_{dr} K_{Lo}/I_{dN} = 50 \cdot 163 \cdot 0{,}02/344 = 0{,}47 \text{ Hz}$$

absinken kann. Im Arbeitspunkt r ist

$$f_{fr} = 0{,}3 \cdot 50 = 15 \text{ Hz}.$$

Nach (*Gl.3.46*) ist bei dem Lückgrenzstrom $I_{dl}$ eines gesteuerten Gleichrichters und dem Steuerwinkel größter Welligkeit

$$L_D = 0{,}3 \cdot 10^{-3} U_{di}/I_{dl} \qquad (f_s = 50 \text{ Hz}, \quad \alpha = 90^\circ).$$

Bei $\alpha = 0$ geht die Welligkeit nach *Bild 3.38* um den Faktor 0,05/0,27 zurück, so daß sich ergibt

$$L_D = 0{,}3 \cdot 10^{-3} \frac{0{,}05}{0{,}27} \frac{f_s}{f_f} \frac{U_{dr} s/s_r}{I_{dl}} .$$

Die Lückgrenze wird auf $I_{dl} = 0{,}1 I_{dN} = 34{,}7$ A festgesetzt

$$L_D = \frac{0{,}3 \cdot 10^{-3} \cdot 0{,}05 \cdot 50 \cdot 420}{0{,}27 \cdot 0{,}3} \frac{s}{f_f I_{dl}} = 3{,}89 \frac{s}{f_f I_{dl}} .$$

Für den Nennarbeitspunkt

$$L_{DN} = 3{,}89 \cdot 0{,}02/0{,}47 \cdot 34{,}7 = 4{,}8 \cdot 10^{-3} \text{ H}.$$

Für den Arbeitspunkt r

$$L_{Dr} = 3{,}89 \cdot 0{,}3/15 \cdot 34{,}7 = 2{,}26 \cdot 10^{-3} \text{ H}.$$

Es wird der größte Wert $L_D = 4{,}8$ mH genommen.
Mit Rücksicht auf die Stabilität des Stromregelkreises wird der Abfall der Induktivität bei Nennstrom auf $L_{DN} = L_D/3$ begrenzt.
Nach (*Gl.4.14*) ist die Drosseltypenleistung

$$S_D = 157 \sqrt{L_{DN}/L_D} I_{DN}^2 L_D = 157 \cdot 347^2 \cdot 4{,}8 \cdot 10^{-3}/\sqrt{3} = 52{,}4 \text{ kVA}.$$

Der Kupferwiderstand beträgt bei einer Zeitkonstante

$$T_D = L_D/R'_D = 0{,}4 \text{ s} \qquad R'_D = L_D/T_D = 4{,}8 \cdot 10^{-3}/0{,}6 = 12 \text{ m}\Omega .$$

Unter Berücksichtigung des Leitungswiderstandes wird gesetzt $R_d = 20$ mΩ.

(e) Der Motorläufer liefert die Gleichspannung

$$U_d = (\sqrt{2} \cdot 3/\pi)(sU_{fN} - I_d \sqrt{2} R_{fo})(1 - d_{x1}) \qquad d_{x1} = 0{,}049 I_d/I_{dr}$$

und der Wechselrichter $U_d = -U_{di}(\cos\alpha - d_{x2}) + I_d R_d$ ; $d_{x2} = 0{,}014 I_d/I_{dr}$.

Beide Gleichungen gleichgesetzt

$$\frac{\sqrt{2} \cdot 3}{\pi}(s1090 - I_d \sqrt{2} \cdot 0{,}042)(1 - I_d \frac{0{,}049}{163}) = 475(-\cos\alpha + I_d \frac{0{,}014}{163}) + 0{,}02 I_d .$$

Ist $I_d = I_{dN} = 347$ A, so ergibt sich $s = -0{,}36\cos\alpha + 0{,}035$
und im Leerlauf ($I_d = 0$), $s = -0{,}323\cos\alpha$.

Die beiden Steuerkennlinien sind in Bild 5.17-4 aufgetragen. Um bei Nennlast den Mindestschlupf ($s = 0{,}02$) zu erhalten, muß der Wechselrichter etwas in den Gleichrichterbereich ($\alpha = 87{,}6^{\circ}$) ausgesteuert werden. Der vertikale Abstand der beiden Geraden, er beträgt im Mittel ca. 0,04, ist ein Maß für den Drehzahlabfall zwischen Leerlauf und Nennlast bei konstantem Steuerwinkel des Wechselrichters.

(f) Die Luftspaltleistung $P_l$ ist um die Ständerverlustleistung $P_{sv}$ kleiner als die aufgenommene Wirkleistung $P_s$

$\eta_s = P_l/P_s = (P_s - P_{sv})/P_s = 0{,}96$ .

Ist $P_T$ der Teil der Luftspaltleistung, der über den Transformator an das Drehstromnetz zurückgeliefert wird, so ist der Gesamtwirkungsgrad

$\eta_{ges} = \eta_s P_m/(P_s - P_T)$ $\qquad P_m = P_s(1-s)$ $\qquad$ und

$P_T = P_s s - 3R_{fo}I_f^2 - R_d I_d^2$ $\qquad I_d = \sqrt{3/2}\, I_f$ $\qquad P_T = P_s s - 3I_f^2(R_{fo} + R_d/2)$ .

Die Verluste des Transformators, des Wechselrichters und des Gleichrichters werden durch $\eta_f = 0{,}95$ berücksichtigt.

$$\eta_{ges} = \frac{\eta_s(1-s)}{1 - \eta_f s + 3\eta_f I_f^2(R_{fo} + R_d/2)/P_s} \quad \text{mit } I_f = P_m/(1-s)\sqrt{3}\,U_{fN} \text{ erhält man}$$

$$\eta_{ges} = \frac{\eta_s(1-s)}{1 - \eta_f s + \eta_f P_m(R_{fo} + R_d/2)/U_{fN}^2(1-s)} \; .$$

Für den Nenn-Arbeitspunkt ($s = 0{,}02$ ; $P_m = 514$ kW) ergibt sich

$\eta_{ges} = 0{,}96 \cdot 0{,}98/[1 - 0{,}95 \cdot 0{,}02 + 0{,}95 \cdot 514 \cdot 10^3(0{,}042 + 0{,}006)/1{,}09^2 \cdot 10^6 \cdot 0{,}98]$

$\eta_{ges} = 0{,}942$

und für den Arbeitspunkt r ($s = 0{,}3$ ; $P_m = 175{,}6$ kW)

$\eta_{ges} = 0{,}96 \cdot 0{,}7/[1 - 0{,}95 \cdot 0{,}3 + 0{,}95 \cdot 175{,}6 \cdot 10^3 \cdot 0{,}048/1{,}09^2 \cdot 10^6 \cdot 0{,}7] = 0{,}927$.

Soll der Motor bei der niedrigen Drehzahl ($s = 0{,}3$) Nennmoment abgeben ($P_m = 0{,}7 \cdot 530 \cdot 10^3 = 371$ kW), so ist immernoch der Wirkungsgrad

$\eta_{ges} = 0{,}96 \cdot 0{,}7/[1 - 0{,}95 \cdot 0{,}3 + 0{,}95 \cdot 371 \cdot 10^3 \cdot 0{,}048/1{,}09^2 \cdot 10^6 \cdot 0{,}7] = 0{,}913$

vorhanden.

(g) Die Blindleistungsbilanz sieht nicht so günstig aus. Der Wechselrichter erhöht die Blindleistungsaufnahme des Motors um seine eigene Steuerblindleistung.

Die gesamte Blindleistung setzt sich zusammen aus:

Leerlaufblindleistung $Q_{so} = \sqrt{3}\, U_s I_{so} = 166{,}3$ kVar

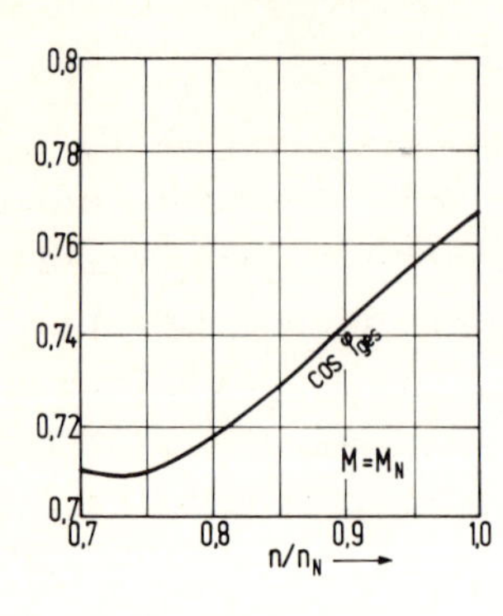


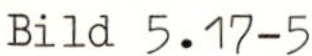
Bild 5.17-5

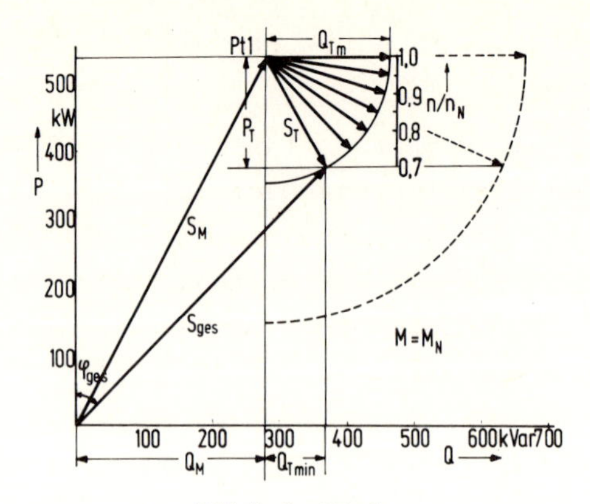


Bild 5.17-6

lastabhängige Blindleistung $Q_{sL} = 3I_f^2 X_s/\ddot{u}_M^2 = 1{,}39 I_f^2 = 0{,}005 M^2$

Steuerblindleistung des Wechselrichters

$Q_T = I_d U_{di}\sqrt{1-(U_d/U_{di})^2} = I_f U_{di}\sqrt{1{,}5[1-(U_d/U_{di})^2]}$

und mit $U_d = \sqrt{2}\cdot 3U_{fN}s/\pi = \sqrt{2}\cdot 3\cdot 1009\cdot s/\pi = 1363\ s$

$I_f = 2\pi n_o M/\sqrt{3}\,U_{fN} = 2\pi\cdot 16{,}67M/\sqrt{3}\cdot 1009 = 0{,}06M$ ergibt sich

$Q_T = 34{,}9\sqrt{1-8{,}23s^2}\,M$

$P_m = 2\pi M(1-s)n_o = 104{,}7(1-s)M$.

Den Phasenwinkel der Gesamtanordnung liefert die Beziehung

$$\tan\varphi_{ges} = \frac{Q_{so}+Q_{sL}+Q_T}{P_m/\eta_{ges}} \qquad \eta_{ges} \approx 0{,}91$$

$$= \frac{166{,}3\cdot 10^3 + 5\cdot 10^{-3}M^2 + 34{,}9\sqrt{1-8{,}23s^2}\,M}{115M(1-s)}$$

Für $M = M_N = 5008$ Nm

$$\tan\varphi_{ges} = [166{,}3\cdot 10^3 + 125{,}4\cdot 10^3 + 174{,}8\cdot 10^3\sqrt{1-8{,}23s^2}]/576\cdot 10^3(1-s)$$

$$= (0{,}506 + 0{,}303\sqrt{1-8{,}23s^2})/(1-s)$$

$$\cos\varphi_{ges} = 1/\sqrt{1+\tan^2\varphi_{ges}}.$$

In Bild 5.17-5 ist der Leistungsfaktor der untersynchronen Kaskade in Abhängigkeit von der Drehzahl für konstantes Lastmoment aufgetragen. Er nimmt im Regelbereich mit steigender Drehzahl von 0,71 auf 0,76 zu.

In Bild 5.17-6 ist das zugehörige Zeigerdiagramm für $M = M_N$ angegeben. Der Punkt Pt1 kennzeichnet die Motorscheinleistung. Die über den Transformator an das Drehstromnetz zurückgelieferte Scheinleistung $S_T$ hat eine negative Wirkleistungskomponente. Die Zeigerspitze von $S_T$ beschreibt bei der Durchsteuerung des Wechselrichters einen Viertelkreis mit dem Radius

$Q_{Tmax} = 34{,}9M = 175$ kVar.

Die Steuerblindleistung hat bei $n = 0{,}7n_o$ ihren kleinsten Wert. Sie ist in diesem Arbeitspunkt nicht null, da der Wechselrichter, wegen des Sicherheitswinkels und der Berücksichtigung der Netzspannungsabsenkung bei der Spannungsbemessung, nicht voll ausgesteuert ist. Die gestrichelten Zeiger in Bild 5.17-6 gelten für den Fall, daß die ideelle Leerlaufspannung doppelt so groß bemessen wird ($ü_T = 0{,}059 \cdot 2 = 0{,}118$). Der Stellbereich des geregelten Antriebes erstreckt sich jetzt bis $n_{min} = 0{,}4n_o$. Bei der betrieblichen Mindestdrehzahl $n_r = 0{,}7n_o$ ist jetzt aber die Steuerblindleistung erheblich größer. Der Stellbereich der untersynchronen Stromrichterkaskade sollte deshalb stets den tatsächlichen Anforderungen entsprechen.

## 5.18 Netzspannungsoberschwingungen bei Stromrichterbelastung

Ein Stromrichter in vollgesteuerter Drehstrombrückenschaltung, der durch einen Gleichstrommotor bei $\alpha = 30^o$ mit dem Nennstrom $I_{dN} = 250$ A und dem kurzzeitigen Spitzenstrom $I_{dm} = 1{,}5 I_{dN}$ belastet ist, liegt über die Kommutierungsreaktanz $L = 0{,}2$ mH an der Niederspannungssammelschiene $U_s = 500$ V. Die Sammelschiene wird von dem Transformator $S_{Tr} = 250$ kVA, $u_{kT} = 0{,}04$ aus dem Hochspannungsnetz gespeist. Die Kurzschlußreaktanz des Hochspannungsnetzes kann vernachlässigt werden. Es wird vollständige Glättung des Gleichstromes vorausgesetzt.

Gesucht:

(a) Spannungsoberschwingungen der 5ten (k=5), 7ten (k=7), 11ten (k=11), 13ten (k=13) Harmonischen von $U_{sk}$, $U^*_{sk}$ bei dem Spitzenstrom $I_{dm}$

(b) Wie (a), nur soll zusätzlich an der Sammelschiene eine Kondensatorbatterie mit der Grundschwingungsblindleistung $Q_{C1} = 70$ kVar liegen.

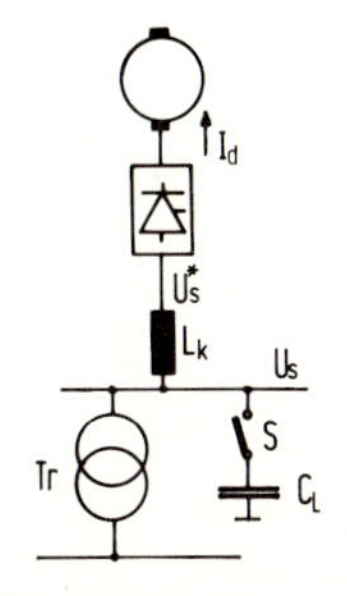


Bild 5.18-1

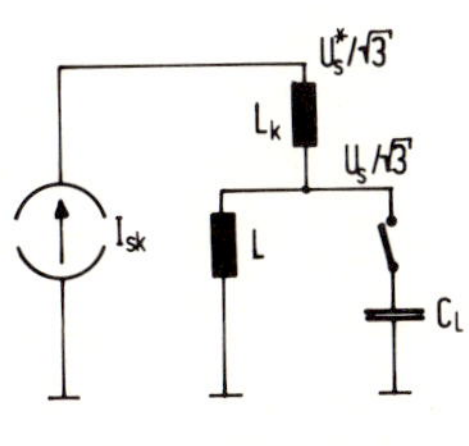


Bild 5.18-2

Lösung:

(a) In Bild 5.18-1 ist die Schaltungsanordnung wiedergegeben. Über $L_k$ fließt der Strom

$I_{sm} = 1{,}5\sqrt{2/3}\,I_{dN} = 1{,}5\sqrt{2/3}\cdot 250 = 305$ A $\qquad I_{sN} = 204$ A

Transformator-Nennstrom $I_{TrN} = S_{Tr}/\sqrt{3}\,U_s = 250\cdot 10^3/\sqrt{3}\cdot 500 = 289$ A

Transformator-Streuinduktivität

$L_{Tr} = U_s u_{kT}/\sqrt{3}\,\omega I_{TrN} = 500\cdot 0{,}04/\sqrt{3}\cdot 314\cdot 289 = 0{,}13$ mH.

Die gesamte Kommutierungsinduktivität ist

$L_{ks} = L_k + L_{Tr} = (0{,}2+0{,}13)10^{-3} = 0{,}33$ mH

und die ihr entsprechende Kurzschlußspannung

$u^*_{kT} = \sqrt{3}\,\omega L_{ks} I_{sN}/U_s = \sqrt{3}\cdot 314\cdot 0{,}33\cdot 10^{-3}\cdot 204/500 = 0{,}073.$

Der induktive Spannungsabfall ist $d_{xN} = u^*_{kT}/2 = 0{,}0365$

$d_{xm} = 1{,}5 d_{xN} = 0{,}055.$

Die Rückwirkung des Stromrichters auf das speisende Netz läßt sich am einfachsten dadurch ermitteln, daß der rechteckige Stromrichterwechselstrom in seine Harmonischen zerlegt wird. Bei der vollgesteuerten Drehstrombrückenschaltung treten nur ungeradzahlige Harmonische mit Ausnahme der durch drei teilbaren (k = 5; 7; 11; 13) auf. In Bezug auf seine Oberschwingungsrückwirkungen wird der Stromrichter als Konstantstromquelle mit dem Quellstrom

$I_{sk} = \sqrt{6}\,I_{dm} K_k/\pi k$

nachgebildet. Der Faktor $K_k$ berücksichtigt den Einfluß der Kommutierungsinduktivität auf den Stromrichterstrom. Die Kommutierungsinduktivität formt die rechteckigen Stromblöcke des Wechselstromes in trapezförmige Stromblöcke um. Nach DIN41750 ist für $\alpha = 30^\circ$ und $d_{xm} = 0{,}055$ ; $K_5 = 0{,}96$ ; $K_7 = 0{,}92$ ; $K_{11} = 0{,}83$ ; $K_{13} = 0{,}76$.

Diese Konstanten zeigen, daß durch die Kommutierungsinduktivität in erster Linie die höheren Harmonischen in ihrer Amplitude herabgesetzt werden.

Der Grundschwingungsstrom und die Oberschwingungsströme sind

$I_{s1} = \sqrt{6}\cdot 1{,}5 I_{dN}/\pi = \sqrt{6}\cdot 1{,}5\cdot 250/\pi = 292$ A

$I_{s5} = \sqrt{6}\cdot 1{,}5 I_{dN} K_5/\pi\cdot 5 = \sqrt{6}\cdot 1{,}5\cdot 250\cdot 0{,}96/\pi\cdot 5 = 56$ A

$I_{s7} = \sqrt{6}\cdot 1{,}5 I_{dN} K_7/\pi\cdot 7 = \sqrt{6}\cdot 1{,}5\cdot 250\cdot 0{,}92/\pi\cdot 7 = 38$ A

$I_{s11} = \sqrt{6}\cdot 1{,}5 I_{dN} K_{11}/\pi\cdot 11 = \sqrt{6}\cdot 1{,}5\cdot 250\cdot 0{,}83/\pi\cdot 11 = 22$ A

$I_{s13} = \sqrt{6}\cdot 1{,}5 I_{dN} K_{13}/\pi\cdot 13 = \sqrt{6}\cdot 1{,}5\cdot 250\cdot 0{,}76/\pi\cdot 13 = 17$ A

Das Oberschwingungsersatzschaltbild zeigt Bild 5.18-2. Der Schalter S ist zunächst geöffnet. Dann sind die Oberschwingungsspannungen

$U_{sk} = \sqrt{3}\,k\omega L_{Tr} I_{sk}$ und $U^*_{sk} = \sqrt{3}\,k\omega (L_{Tr} + L_k) I_{sk}$

Die Werte eingesetzt

| | k | 5 | 7 | 11 | 13 |
|---|---|---|---|---|---|
| $U_{sk}$ | V | 19,8 | 18,8 | 17,1 | 15,6 |
| $U^*_{sk}$ | V | 50,3 | 47,7 | 43,0 | 39,6 |

(b) Bei geschlossenem Schalter bestimmt der Kondensator mit die Oberschwingungsspannungen. Die Kondensatoren sind im Stern geschaltet

$Q_{C1} = U_s^2 \omega C \qquad C = 7 \cdot 10^4 / 314 \cdot 500^2 = 892\ \mu F$.

Für die Oberschwingungsspannung $U_{sk}$ gilt die Gleichung

$$U_{sk} = \frac{\sqrt{3}\, I_{sk}}{1/(k\omega L_{Tr}) - k\omega C} = \frac{\sqrt{3}\, k\omega L_{Tr} I_{sk}}{1 - k^2\omega^2 L_{Tr} C}$$

$$U_{sk} = \frac{\sqrt{3}\, k 314 \cdot 0{,}13 \cdot 10^{-3} I_{sk}}{1 - k^2 \cdot 314^2 \cdot 0{,}13 \cdot 10^{-3} \cdot 892 \cdot 10^{-6}} = \frac{0{,}071k}{1 - 0{,}0114k^2} I_{sk}$$

und für $U^*_{sk}$

$$U^*_{sk} = U_{sk} + \sqrt{3}\, k\omega L_k I_{sk} = U_{sk} + \sqrt{3} \cdot 314 \cdot 0{,}2 \cdot 10^{-3} k I_{sk} = U_{sk} + 0{,}109 k I_{sk}$$

Die Oberschwingungsströme eingesetzt führt zu den Ergebnissen

| | k | 5 | 7 | 11 | 13 |
|---|---|---|---|---|---|
| $U_{sk}$ | V | 27,8 | 42,7 | -45,3 | -16,9 |
| $U^*_{sk}$ | V | 58,3 | 71,7 | -18,9 | 7,2 |

Durch die Kondensatorbatterie wird sowohl bei $U_{sk}$ wie auch bei $U^*_{sk}$ die 7te Harmonische stark überhöht. Am stärksten ist die Resonanzwirkung bei der Sammelschienenspannung $U_{sk}$, die zusätzlich eine verstärkte 11te Harmonische aufweist.

## 5.19 Netzspannungs-Kommutierungseinbrüche bei Stromrichterbelastung

Die Verzerrung der Kurvenform der Speisespannung läßt sich, wie in Beispiel 5.18 gezeigt, über die Spannungsabfälle der Oberschwingungsströme an den Längsreaktanzen berechnen. Allerdings sind dabei hohe Harmonische zu berücksichtigen. Einfacher ist die Bestimmung, wenn von einem trapezförmigen Wechselstrom ausgegangen wird, der sich, bei vollständiger Glättung, unter Berücksichtigung der Längsreaktanzen im Aussteuerbereich $20^\circ < \alpha < 160^\circ$ näherungsweise ergibt.

Für die Anordnung, Beispiel 5.18, ist die Kurvenform der Strangspannung $U_s/\sqrt{3}$ bei der Stromrichterbelastung $I_d = I_{dm} = 375$ A und dem Steuerwinkel $\alpha=40^{\circ}$ zu bestimmen.

Gesucht:

(a) Die gesamte Kommutierungsreaktanz $X_{kges}$, induktiver Spannungsabfall $d_x$ und Überlappungswinkel $\mu$

(b) Kommutierungseinbruch $\delta U_k$

(c) Zeitlicher Verlauf der Sternspannung und des Strangstromes

Lösung:

(a) Streureaktanz des Transformators

$X_{Tr} = u_{kT}U_s/\sqrt{3}\,I_{TrN} = 0{,}04\cdot 500/\sqrt{3}\cdot 289 = 0{,}04\ \Omega$

Kommutierungsraktanz $X_k = \omega L_k = 314\cdot 0{,}2\cdot 10^{-3} = 0{,}0628\ \Omega$

gesamte Kommutierungsreaktanz

$X_{ks} = X_{Tr}+X_k = 0{,}04+0{,}0628 = 0{,}1028\ \Omega$

Strangstrom $I_{sm} = \sqrt{2/3}\,I_{dm} = 305$ A

induktiver Spannungsabfall

$d_x = \sqrt{3}\,I_{sm}X_{kges}/2U_s = \sqrt{3}\cdot 305\cdot 0{,}1028/2\cdot 500 = 0{,}055$

Überlappungswinkel

$\mu = \arccos[\cos\alpha - 2d_x] - \alpha = \arccos[\cos 40^{\circ} - 0{,}11] - 40^{\circ} = 9{,}0^{\circ} = 0{,}157\measuredangle$

(b) Ein Spannungsabfall $\delta U_k$ an der Reaktanz $X_{Tr}$ tritt nur bei der Stromänderung $\delta I_s = I_{dm}$ während des Winkels $\mu$ auf. Nach dem Induktionsgesetz ist der Netzspannungseinbruch während der Kommutierung

$\delta U_k = X_{Tr}I_{dm}/\mu_{\measuredangle} = 0{,}04\cdot 375/0{,}157 = 95{,}5$ V.

(c) In Bild 5.19-1 ist die Strangspannung mit den Kommutierungseinbrüchen und darunter der Stromverlauf wiedergegeben. Die Kommutierungseinbrüche wandern mit $\alpha$ über die Spannungskurve, dabei ändert sich mit $\alpha$ auch $\delta U_k$, da die schraffierte Spannungszeitfläche bei unveränderlichem Laststrom konstant ist. Bei $\alpha = 90^{\circ}$ ist der Überlappungswinkel am kleinsten und deshalb der Einbruch $\delta U_k$ am größten.

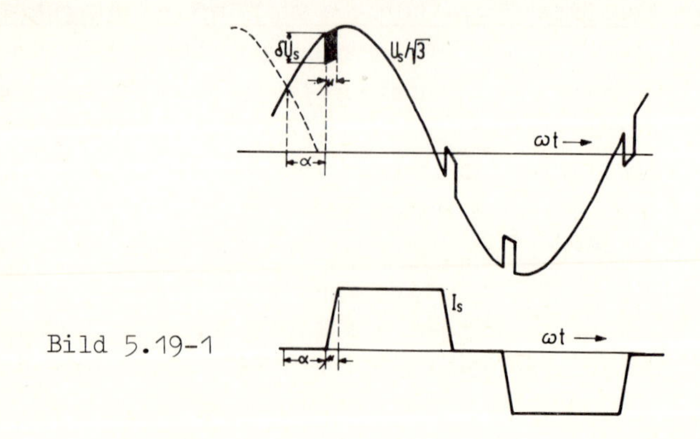


Bild 5.19-1

## 5.20 Oberschwingungsentkopplung durch Saugkreise

Betrachtet werden die Netzverhältnisse von Beispiel 5.18. Die Oberschwingungsbelastung der Niederspannungssammelschiene ($U_s$) soll durch zwei auf die 5te und die 7te Harmonische abgestimmte Saugkreise herabgesetzt werden. Die Saugkreise stellen, wie aus Bild 5.20-1 hervorgeht, für die einzelnen Harmonischen Kurzschlußwege dar, die den Transformator von Oberschwingungsströmen entlasten.

Gegeben: $U_s$=500 V, $I_{dm}$=375 A, $L_k$=0,2 mH, $L_{Tr}$=0,13 mH, Güte der Saugkreise $G_q$=150.

Gesucht:

(a) Bemessung der Saugkreis-Kapazitäten und -Induktivitäten

(b) Restspannungen $U_{sk}$ und $U^*_{sk}$

(c) Grundwellenblindleistungen der Saugkreise

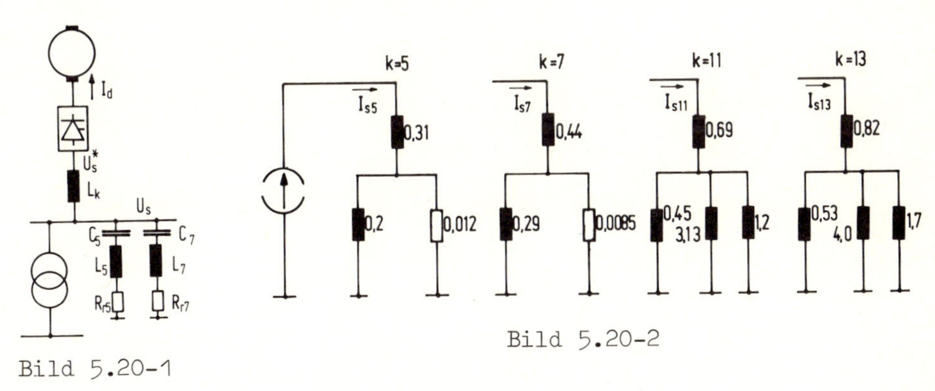


Bild 5.20-1

Bild 5.20-2

Lösung:

(a) Die Kapazitäten $C_5 = C_7$ werden so bemessen, daß, wie in *Bild 4.15* gezeigt, die Grundschwingungsblindleistung gleich der Summe der Oberschwingungsblindleistungen ist.

Grundwellenblindleistung $Q_{C1} = U_s^2/X_{C1}$

Die Oberschwingungsblindleistung ist bei dem Oberschwingungsspektrum der vollgesteuerten Drehstrombrückenschaltung $Q_{Ck} = 0{,}022 I_d^2 X_{C1}$

$Q_{C1} = Q_{Ck}$ , $U_s^2/X_{C1} = 0{,}022 I_d^2 X_{C1}$ und daraus

$C = C_5 = C_7 = 473 \cdot 10^{-6} I_{dm}/U_s = 473 \cdot 10^{-6} \cdot 375/500 = 355\ \mu F$.

Die Saugkreisinduktivitäten müssen dann sein $L_k = 1/\omega^2 k^2 C$

$L_5 = 1/314^2 \cdot 5^2 \cdot 355 \cdot 10^{-6} = 1{,}143$ mH

$L_7 = 1/314^2 \cdot 7^2 \cdot 355 \cdot 10^{-6} = 0{,}583$ mH .

Damit ergeben sich die Resonanzwiderstände

$R_{rk} = \sqrt{L_k/C_k}/G_q$ $\qquad R_{r5} = \sqrt{1{,}143 \cdot 10^{-3}/355 \cdot 10^{-6}}/150 = 0{,}012\ \Omega$

$R_{r7} = \sqrt{0{,}583 \cdot 10^{-3}/355 \cdot 10^{-6}}/150 = 0{,}0085\ \Omega$.

(b) Für die vier Harmonischen sind in Bild 5.20-2 die Ersatzschaltbilder angegeben. Die Saugkreise beeinflussen natürlich in erster Linie die 5te und die 7te Harmonische. Bei ihnen wird die Transformatorreaktanz $X_{Tr}$ durch den Resonanzwiderstand kurzgeschlossen. Da $X_{Trk} \gg R_{rk}$ ist, läßt sich $X_{Trk}$ und der nicht abgestimmte Saugkreis vernachlässigen. Mit den Ergebnissen von Beispiel 8.18 erhält man

$U_{s5} = \sqrt{3}\, I_{s5} R_{r5} = \sqrt{3} \cdot 56 \cdot 0{,}012 = 1{,}16\ V$

$U^*_{s5} = \sqrt{3}\, I_{s5} \sqrt{R^2_{r5} + X^2_{k5}} = \sqrt{3} \cdot 56 \cdot 0{,}31 = 30\ V$

$U_{s7} = \sqrt{3}\, I_{s7} R_{r7} = \sqrt{3} \cdot 38 \cdot 0{,}0085 = 0{,}56\ V$

$U^*_{s7} = \sqrt{3}\, I_{s7} \sqrt{R^2_{r7} + X^2_{k7}} = \sqrt{3} \cdot 38 \cdot 0{,}44 = 29\ V$

Für die 11te und die 13te Harmonische haben die Saugkreise einen induktiven Widerstand. Die Werte sind in Bild 5.20-2 eingetragen. Faßt man die drei induktiven Zweige zu einem zusammen $X'_{11} = 0{,}3\ \Omega$, $X'_{13} = 0{,}37\ \Omega$, so ergeben sich die Oberschwingungsspannungen

$U_{s11} = \sqrt{3}\, I_{s1} X'_{11} = \sqrt{3} \cdot 22 \cdot 0{,}3 = 11{,}4\ V$

$U^*_{s11} = \sqrt{3}\, I_{s11} (X_{k11} + X'_{11}) = \sqrt{3} \cdot 22 \cdot 0{,}99 = 37{,}7\ V$

$U_{s13} = \sqrt{3}\, I_{s13} X'_{13} = \sqrt{3} \cdot 17 \cdot 0{,}37 = 10{,}9\ V$

$U^*_{s13} = \sqrt{3}\, I_{s13} (X_{k13} + X'_{13}) = \sqrt{3} \cdot 17 \cdot 1{,}19 = 35\ V$.

Vergleicht man diese Ergebnisse mit denen von Beispiel 5.18, so zeigt sich, daß auch die 11te und die 13te Harmonische der Sammelschienenspannung durch die Saugkreise herabgesetzt werden.

(c) Bei der Grundschwingung ist der Gesamtwiderstand des Saugkreises kapazitiv.

Saugkreis für die 5te Harmonische

$$Q_{1,5} = \frac{U_s^2}{(1/\omega C) - \omega L_5} = \frac{500^2}{8{,}97 - 0{,}36} = 29\ \text{kVar}$$

Saugkreis für die 7te Harmonische

$$Q_{1,7} = \frac{U_s^2}{(1/\omega C) - \omega L_7} = \frac{500^2}{8{,}97 - 0{,}18} = 28{,}4\ \text{kVar}.$$

Die Saugkreise tragen somit auch zur Grundschwingungs-Blindleistungskompensation bei.

# 6. Antriebs-Regelstrukturen

## 6.01 PI-Regler an einer Regelstrecke, bestehend aus zwei VZ1-Gliedern

Die Stabilisierung eines Regelkreises mit mehreren Verzögerungsgliedern erster Ordnung, VZ1-Gliedern, ist einfach, wenn die Zeitkonstante eines Gliedes ($T_s$) groß gegen die der anderen Glieder ist. Die kleinen Zeitkonstanten lassen sich dann zu einer Summenzeitkonstante ($T_k$) zusammenfassen.

Gegeben ist eine Regelstrecke, bestehend aus zwei VZ1-Gliedern mit den Zeitkonstanten $T_s$=70 ms und $T_k$=15 ms. Die Strecke soll durch einen PI-Regler geregelt werden. Die Einstellung des Reglers soll eine maximale Überschwingweite von $\Delta x_m$=0,15 ergeben.

Gesucht:

(a) Kompensation der großen Zeitkonstante, Bestimmung der Integrationszeit, Übergangsfunktion

(b) Beschaltung des Reglers, Bewertungswiderstand $R_v$=48 kΩ

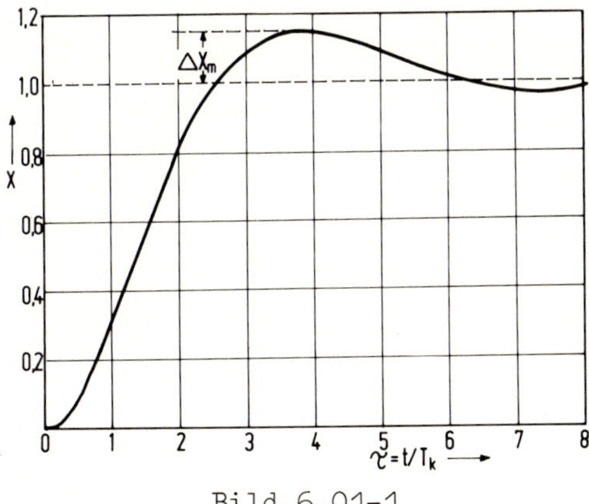


Bild 6.01-1

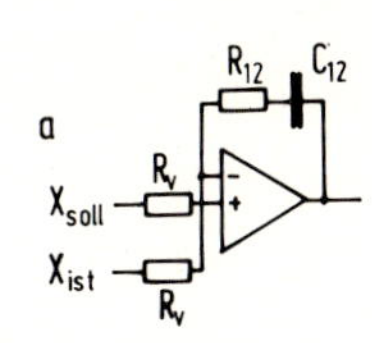


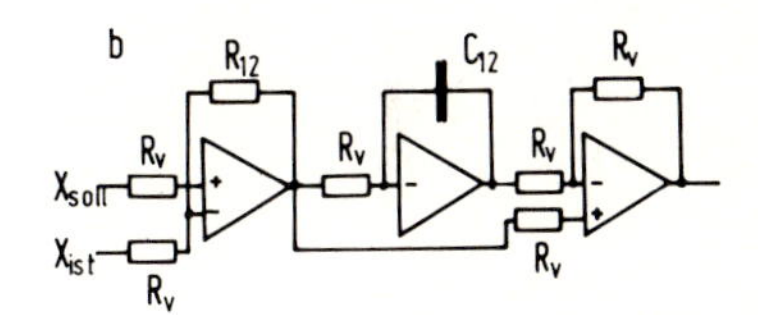


Bild 6.01-2

Lösung:

(a) Der Reglerfrequenzgang ist $F_R(j\omega)=(1+j\omega T_r)/j\omega T_R$ (1)

und der Regelstreckenfrequenzgang $F_s(j\omega)= 1/(1+j\omega T_s)(1+j\omega T_k)$.
Für den offenen Regelkreis ergibt sich dann

$$F_o(j\omega)= F_R(j\omega)F_s(j\omega)= \frac{1+j\omega T_r}{(1+j\omega T_s)(1+j\omega T_k)j\omega T_R} \qquad (2)$$

Die große Zeitkonstante wird mit $T_r= T_s$ durch den Reglerfrequenzgang kompensiert. Weiterhin wird gesetzt $T_R= K_R T_k$

$$F_o(j\omega)= 1/K_R j\omega T_k(1+j\omega T_k) \qquad (3)$$

Daraus der Frequenzgang des geschlossenen Regelkreises

$$F(j\omega) = \frac{1}{1+1/F_o(j\omega)} = \frac{1}{(j\omega T_k)^2 K_R + j\omega T_k K_R + 1} \quad . \tag{4}$$

Nun wird eine neue Veränderliche $q = j\omega T_k$ eingeführt

$$F(q) = \frac{1}{K_R} \frac{1}{q^2+q+1/K_R} \quad .$$

Bei diesem Verzögerungsglied 2.Ordnung (VZ2-Glied) besteht, nach (*Gl.7.30*), zwischen $K_R$ und der maximalen Überschwingweite $\Delta x$ der Übergangsfunktion die Beziehung

$$\Delta x_m = \Delta X_m / X_w = e^{-\pi\sqrt{K_R/(4-K_R)}} \tag{5}$$

nach $K_R$ aufgelöst

$$K_R = \frac{4(\ln(1/\Delta x_m))^2}{\pi^2+(\ln(1/\Delta x_m))^2} = \frac{4(\ln(1/0,15))^2}{\pi^2+(\ln(1/0,15))^2} = 1,07$$

$$F(q) = \frac{1}{1,07} \frac{1}{q^2+q+0,935} \quad . \tag{6}$$

$F(q)/q$ stellt die Bildfunktion zur Übergangsfunktion $x(\tau)$ dar, wenn $\tau = t/T_k$ ist.

$L\{x(\tau)\} = F(q)/q$ .

Vor der Rücktransformation in den Zeitbereich nach Anhang 1 müssen die Wurzeln von Gl.6 ermittelt werden

$$q_{1,2} = 0,5 \mp j\sqrt{0,935-0,25} = 0,5 \mp j0,828$$

$$L\{x(\tau)\} = \frac{1}{1,07} \frac{1}{q(q+q_1)(q+q_2)} \quad \bullet\!\!-\!\!\circ$$

$$x(\tau) = \frac{1}{1,07} \frac{1}{q_1 q_2}\left[1+ \frac{1}{q_1-q_2}(q_2 e^{-q_1\tau} - q_1 e^{-q_2\tau})\right] =$$

$$= 1-(1/2j0,828)[j0,828(e^{j0,828\tau}+e^{-j0,828\tau})+0,5(e^{j0,828\tau}-e^{-j0,828\tau})]e^{-0,5\tau}$$

$$= 1-e^{-0,5\tau}[\cos 0,828\tau + \frac{0,5}{0,828}\sin 0,828\tau]$$

$$x(\tau) = 1-1,17e^{-0,5\tau}\cos(0,828\tau-0,543) \tag{7}$$

In Bild 6.01-1 ist die Übergangsfunktion wiedergegeben.

(b) Nach (*Gl.7.78b*) gilt für einen Verstärker mit großem Verstärkungsfaktor ($10^4$ oder größer) und der in Bild 6.01-2a gezeigten Beschaltung

$$F_R(j\omega) = (1+j\omega C_{12}R_{12})/j\omega C_{12}R_v \tag{8}$$

$R_v = 48$ kΩ nach Aufgabenstellung. Andererseits ist

$$F_R(j\omega) = (1+j\omega T_s)/j\omega T_k K_R \tag{9}$$

Durch Koeffizientenvergleich zwischen Gl.(8) und Gl.(9)

$C_{12} = T_k K_R / R_v = 0{,}015 \cdot 1{,}07/48 \cdot 10^3 = 0{,}33\ \mu F$

$R_{12} = T_s / C_{12} = 0{,}07/0{,}33 \cdot 10^{-6} = 212\ k\Omega$.

Da $T_s$ und $T_k$ konstant sind, muß bei Veränderung von $K_R$ sowohl $C_{12}$ als auch $R_{12}$ neu eingestellt werden. Diesen Nachteil hat die Reglerschaltung, Bild 6.01-2b, nicht. Hier sind dem P- und dem I-Anteil getrennte Verstärker zugeordnet. Der dritte ist ein Summierverstärker.

$$F_R(j\omega) = \frac{R_{12}}{R_v}\,\frac{1}{j\omega R_v C_{12}} + \frac{R_{12}}{R_v} = \frac{1 + j\omega R_v C_{12}}{j\omega R_v^2 C_{12}/R_{12}} \qquad (10)$$

Durch Koeffizientenvergleich zwischen Gl.(9) und Gl.(10) erhält man

$C_{12} = T_s / R_v = 0{,}07/48 \cdot 10^3 = 1{,}46\ \mu F$

$R_{12} = R_v^2 C_{12} / T_k K_R = R_v T_s / T_k K_R = 48 \cdot 10^3 \cdot 0{,}07/0{,}015 \cdot 1{,}07 = 209\ k\Omega$.

Die Reglerkonstante $K_R$ und damit die Dämpfung des Regelkreises lassen sich über $R_{12}$ einstellen.

## 6.02 PID-Regler an einer Regelstrecke, bestehend aus drei VZ1-Gliedern

Die meisten Antriebsregelkreise enthalten mehr als drei Verzögerungsglieder. Besonders ungünstig liegen die Verhältnisse beim Leonardantrieb. Er enthält Verzögerungsglieder, bedingt durch Feldzeitkonstante, mechanische Anlaufzeitkonstante, Ankerkreiszeitkonstante, Stellgliedzeitkonstante, Glättung des Regelabweichungssignales u.s.w. Sind die ersten beiden Zeitkonstanten wesentlich größer als die restlichen, so können die kleinen Zeitkonstanten wieder zu einer Summenzeitkonstante $T_k$ zusammengefaßt werden, so daß der Regelstreckenfrequenzgang die Form annimmt

$$F_s(j\omega) = 1/(1 + j\omega T_{s1})(1 + j\omega T_{s2})(1 + j\omega T_k) \qquad (1)$$

Gegeben ist eine Regelstrecke, bestehend aus drei Verzögerungsgliedern $T_{s1} = 0{,}25$ s, $T_{s2} = 0{,}1$ s, $T_k = 0{,}03$ s. Sie wird durch einen PID-Regler geregelt. Die Optimierung soll auf eine maximale Überschwingweite $\Delta x_m = 0{,}15$ erfolgen.

Gesucht:

(a) Frequenzgang des offenen und des geschlossenen Regelkreises, Frequenzkennlinien, Übergangsfunktionen

(b) Schaltung und Einstellung des PID-Reglers

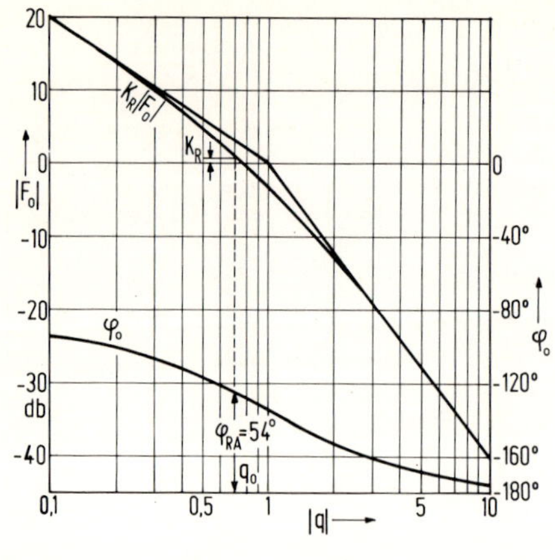


Bild 6.02-1

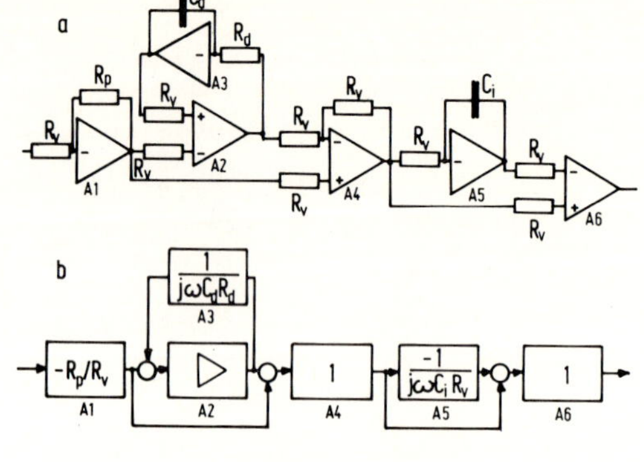


Bild 6.02-2

<u>Lösung:</u>

(a) Der Regler mit dem Frequenzgang

$F_R(j\omega)=(1+j\omega T_{r1})(1+j\omega T_{r2})/j\omega T_R$ (2)

wird folgendermaßen eingestellt (Kompensation der großen Zeitkonstante): $T_{r1}=T_{s1}$ ; $T_{r2}=T_{s2}$ ; $T_R=K_R T_K$.

Dann ist der Frequenzgang des offenen Regelkreises

$F_o(j\omega)=F_s(j\omega)F_R(j\omega)=1/K_R j\omega T_k(1+j\omega T_k)$ (3)

Gl.(3) stimmt mit Gl.(6.01.3) überein, so daß sich $K_R$ aus Gl.(6.01.5) rein rechnerisch ermitteln läßt. Hier soll jedoch die Bestimmung der richtigen Reglerkonstante $K_R$ mit Hilfe der Frequenzkennlinien nach dem Phasenrandoptimum erfolgen. Es läßt sich zeigen, daß, annähernd unabhängig von der Struktur des Regelkreises, die Übergangsfunktion maßgeblich von dem Phasenrand bei der Durchtrittsfrequenz bestimmt wird (siehe *Abschn. 7.31* und Kümmel: "Das Phasenrandoptimum", Regelungstechnik 19(1971) S.393).

Mit $q=j\omega T_k$ läßt sich Gl.(3) in der Form schreiben

$K_R F_o(q)=1/q(q+1)$ (4)

Die zugehörigen Frequenzkennlinien $K_R|F_o(q)|=1/q\sqrt{1+q^2}$ und $\varphi_o=-90^o$-arctan q sind in Bild 6.02-1 aufgetragen.

Nach *Bild 7.19* ist für eine maximale Überschwingweite von $\Delta x_m=0{,}15$ ein Phasenrand von $\varphi_{RA}=54^o$ erforderlich. In Bild 6.02-1 ist damit die bezogene Durchtrittsfrequenz $q_D=0{,}71$ bestimmt. Die zugehörige Ordinate der Betragskennlinie gibt $K_R=0{,}59\text{db}=1{,}07$ an, denn im Durchtrittspunkt ist $|F_o(p)|=1$.

Da der Frequenzgang des geschlossenen Regelkreises

$F(q)=1/1{,}07(q^2+q+0{,}935)$ mit Gl.(6.01.6) übereinstimmt, erhalten wir die gleiche Übergangsfunktion wie in Beispiel 6.01

$X(\tau) = 1-1{,}17e^{-0{,}5\tau}\cos(0{,}828\tau-0{,}543)$.

(b) Der PID-Regler hat drei Einstellparameter, von denen zwei zur Kompensation der großen Zeitkonstante $T_{s1}$, $T_{s2}$ und einer zur Einstellung der Reglerkonstante $K_R$ dienen. Nach Möglichkeit sollen die Beeinflussungen des Frequenzganges durch die drei Parameter unabhängig voneinander sein. Auf keinen Fall dürfen sich $T_{r1}$, $T_{r2}$ bei der Einstellung von $T_R$ ändern. Diese Bedingung erfüllt die in Bild 6.02-2a gezeigte Reglerschaltung. Aus dem Blockschaltbild 6.02-2b läßt sich folgender Frequenzgang ablesen

$$F_R(j\omega) = [V_p j\omega C_d R_v + V_p][1+1/j\omega C_i R_v] \qquad (5)$$

$$F_R(j\omega) = \frac{(1+j\omega C_i R_v)(1+j\omega C_d R_v)}{j\omega C_i R_v/V_p} \qquad (6) \qquad R_v = 48\ \text{k}\Omega$$

Ein Koeffizientenvergleich mit $F_R(j\omega) = \dfrac{(1+j\omega T_{s1})(1+j\omega T_{s2})}{j\omega T_k K_R}$

liefert die Bestimmungsgleichungen

$T_{r1} = T_{s1} = C_i R_v \qquad C_i = 0{,}25/48\cdot 10^3 = 5{,}2\ \mu\text{F}$

$T_{r2} = T_{s2} = C_d R_v \qquad C_d = 0{,}10/48\cdot 10^3 = 2{,}1\ \mu\text{F}$

$T_R = K_R T_k = C_i R_v/V_p \qquad V_p = C_i R_v/K_R T_k = 5{,}2\cdot 10^{-6}\cdot 48\cdot 10^3/1{,}07\cdot 0{,}03 = 7{,}8$

$R_p = V_p R_v = 7{,}8\cdot 48\cdot 10^3 = 373\ \text{k}\Omega$.

Die Integrationszeit $T_R$ läßt sich über $V_p$, bzw. $R_p$ verändern, zum Beispiel, um eine andere maximale Überschwingweite zu erhalten, ohne daß dadurch die Kompensation der großen Zeitkonstanten verlorengeht.

Der PID-Regler wird in der Antriebstechnik nach Möglichkeit vermieden. Durch Unterlagerung von zwei Regelkreisen ist es möglich, die Ordnung der charakteristischen Gleichung zu verringern, so daß die gleiche Optimierung mit zwei unabhängigen PI-Reglern erreicht werden kann. Bei dieser Lösung läßt sich auch empirisch die optimale Einstellung verhältnismäßig einfach finden. Zur Optimierung eines PID-Reglers müssen dagegen die Regelstreckenkonstanten bekannt sein.

## 6.03 PI-Regler an einer Regelstrecke, bestehend aus drei VZ1-Gliedern

Gegeben ist eine Regelstrecke, bestehend aus drei VZ1-Gliedern mit den Zeitkonstanten $T_{s1}$=120 ms, $T_{s2}$=45 ms, $T_{s3}$=15 ms. Sie wird über einen PI-Regler geregelt, dessen Zeitverhalten so eingestellt werden soll, daß die Übergangsfunktion der Regelgröße eine maximale Überschwingweite von $\Delta X_m = 0{,}18 X_w$ aufweist.

Gesucht:

(a) Zusammenfassung von zwei Verzögerungsgliedern

(b) Zusammenfassung von zwei Verzögerungsgliedern und Korrektur der Reglerkonstante

(c) Übergangsfunktion des Originalsystems

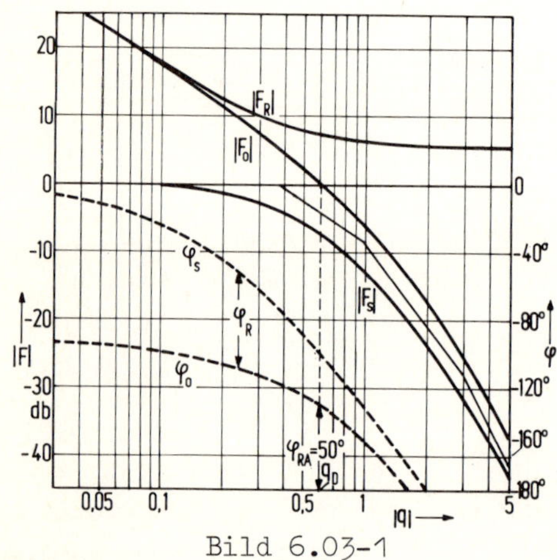


Bild 6.03-1

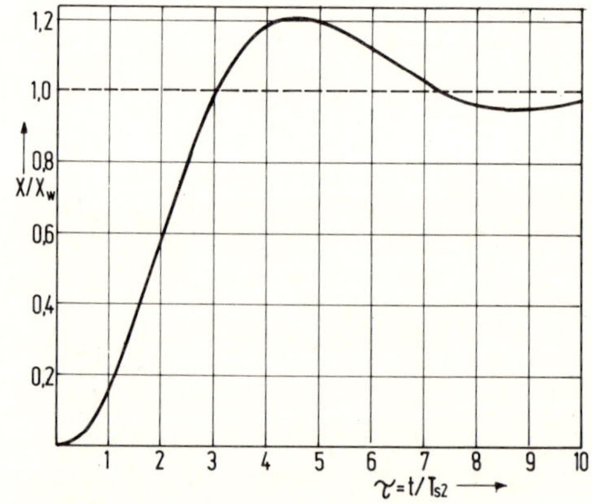

Bild 6.03-2

Lösung:

(a) Zunächst sollen, wie in Beispiel 6.01, die beiden kleinen Zeitkonstanten zu $T_k = T_{s2}+T_{s3} = 0{,}045+0{,}015 = 0{,}06$ s zusammengefaßt werden.

$$F_s^*(j\omega) = \frac{1}{(1+j\omega T_{s1})(1+j\omega T_k)} \qquad F_R(j\omega) = \frac{1+j\omega T_{s1}}{K_R^* j\omega T_k}$$

$$F_o^*(j\omega) = F_s(j\omega)F_R(j\omega) = \frac{1}{K_R^* j\omega T_k(1+j\omega T_k)}$$

und für den geschlossenen Regelkreis

$$F^*(j\omega) = \frac{1}{1+1/F_o(j\omega)} = \frac{1}{1+K_R^* j\omega T_k + K_R^*(j\omega T_k)^2} .$$

Aus Anhang 6 wird für $\Delta x_m = \Delta X_m/X_w = 0{,}18$ entnommen $K_R^* = 0{,}91$.

(b) Die Berechnung (a) benutzt die Näherung

$$(1+j\omega T_{s2})(1+j\omega T_{s3}) = 1+j\omega(T_{s2}+T_{s3}) - \omega^2 T_{s1}T_{s2} \approx 1+j\omega(T_{s2}+T_{s3}) .$$

In Wirklichkeit ist die Phasendrehung durch die beiden VZ1-Glieder nicht $\Delta\varphi^* = -\arctan[\omega(T_{s1}+T_{s2})]$ ,

sondern $\Delta\varphi^* = -\arctan[\omega(T_{s1}+T_{s2})/(1-\omega^2 T_{s1}T_{s2})]$.

Die dadurch hervorgerufene Verkleinerung des Phasenrandes läßt sich durch Vergrößerung der Integrationszeit über den Faktor $K_g$ kompensieren. $K_g$ ist in Anhang 7 in Abhängigkeit von $g = T_{s2}/T_{s3}$ aufgetragen. Für $g = 0{,}045/0{,}015 = 3$ und dem Phasenrand $\varphi_{RA} = 50^\circ$ ist zu entnehmen $K_g = 1{,}1$.

$$F_R(j\omega) = \frac{1+j\omega T_{s1}}{K_g K_R^* j\omega T_k} = \frac{1+j\omega 0{,}12}{1{,}1\cdot 0{,}91 j\omega 0{,}06} = \frac{1+j\omega 0{,}12}{j\omega 0{,}06}$$

$$F_o(j\omega) = \frac{1}{K_g K_R^* j\omega T_k(1+j\omega T_k)}$$

$$F(j\omega) = \frac{1}{1+K_g K_R^* j\omega T_k + K_g K_R^*(j\omega T_k)^2} \quad ; \quad q = j\omega T_{s2} \quad ; \quad K_R = K_g K_R^* = 1{,}1\cdot 0{,}91 = 1$$

$$F(q) = \frac{1}{1+1{,}33q+1{,}77q^2} = \frac{1}{1{,}77(q^2+0{,}752q+0{,}565)} .$$

In Bild 6.03-1 sind die Frequenzkennlinien für diese Einstellung angegeben. Der Reglerfrequenzgang ist so gewählt, daß bei der Durchtrittsfrequenz $q_D$ der Phasenrand $\varphi_{RA} = 50^\circ$ vorhanden ist.

(c) Zur Kontrolle soll die Übergangsfunktion des Originalsystems ermittelt werden

$$F_o(j\omega) = \frac{1}{K_g K_R^* j\omega(T_{s2}+T_{s3})(1+j\omega T_{s2})(1+j\omega T_{s3})}$$

$$F_o(q) = \frac{1}{1{,}33q(1+q)(1+0{,}33q)} \qquad F(q) = \frac{1}{1+1{,}33q(1+q)(1+0{,}33q)}$$

$$L\{x(\tau)\} = \frac{F(q)}{q} = \frac{1}{(1+1{,}33q+1{,}77q^2+0{,}443q^3)q} = \frac{1/0{,}443}{q(q^3+4q^2+3q+2{,}26)} .$$

Die Wurzeln dieser Funktion sind $q_o = 0$; $q_1 = 3{,}3$; $q_2 = 0{,}35-j0{,}74$; $q_3 = 0{,}35+j0{,}74$.

Transformation in den Zeitbereich nach Anhang 1 o——●

$$x(\tau) = 1 - \frac{1}{0{,}443}\left[\frac{1}{q_1(q_1-q_2)(q_1-q_3)}e^{-q_1\tau} + \frac{1}{q_2(q_2-q_1)(q_2-q_3)}e^{-q_2\tau} + \frac{1}{q_3(q_3-q_1)(q_3-q_2)}e^{-q_3\tau}\right].$$

Daraus erhält man

$$x(\tau) = 1-0{,}08e^{-3{,}3\tau} - 1{,}2e^{-0{,}35\tau}\cos(0{,}74\tau-0{,}69) \quad ; \quad \tau = t/T_{s2} = t/0{,}045.$$

Diese Gleichung ist in Bild 6.03-2 aufgetragen. Die tatsächliche maximale Überschwingweite ist $\Delta x_m = 0{,}21$.

## 6.04 PI-Regler an einer VZ2-Regelstrecke

Die Drehzahl eines fremderregten Gleichstrommotors wird nach Bild 6.04-1 über einen PI-Regler und einen Stromrichter, dessen Verzögerung vernachlässigt wird, geregelt. Hier soll der seltenere Fall vorliegen, daß die Ankerkreiszeitkonstante $T_A$ nicht wesentlich kleiner gegenüber der mechanischen Anlaufzeitkonstante $T_m$ ist. Das kann bei Stellantrieben vorkommen, wenn, um eine niedrige Lückgrenze zu erreichen, eine Glättungsdrossel vorgesehen wird und gleichzeitig das Lastträgheitsmoment sehr niedrig ist. Bei dieser Regelstrecke ist die Kompensation einer großen Zeitkonstante nicht möglich. Die Zählerzeitkonstante des Reglerfrequenzganges wird mit $T_r = 2T_m$ vorgegeben.

Gesucht:

(a) Frequenzgang des geschlossenen Regelkreises

(b) Reglereinstellung für $T_A$=0,1 s, $T_m$=0,036 s

(c) Reglereinstellung für $T_A$=0,1 s, $T_m$=0,144 s

(d) Reglereinstellung für $T_A$=0,1 s, $T_m$=0,3 s (Kompensation der großen Zeitkonstante.

In allen drei Fällen soll die maximale Überschwingweite kleiner als $\Delta x_m = \Delta X_m/X_w < 0,1$ sein.

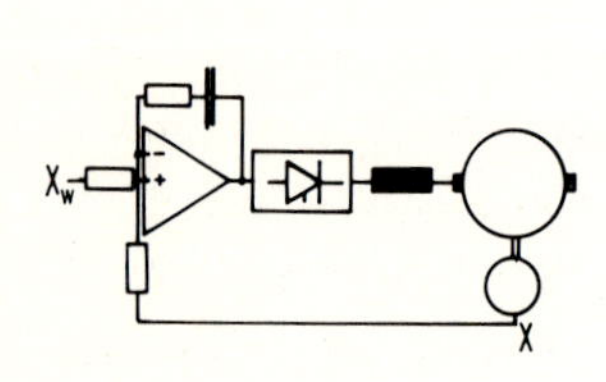


Bild 6.04-1

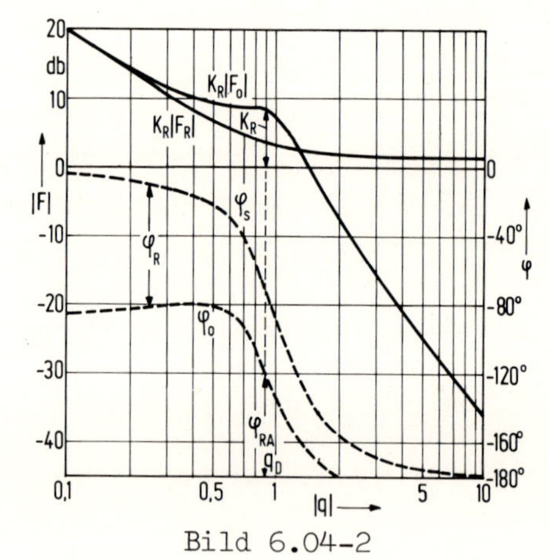


Bild 6.04-2

Lösung:

(a) Nach (*Gl.1.78*) ist der Führungsfrequenzgang des konstant erregten Gleichstrommotors

$$F_s(j\omega) = \frac{n(j\omega)/n_N}{u_A(j\omega)/U_{AN}} = \frac{1}{1+j\omega T_m+(j\omega)^2 T_m T_A} = \frac{1}{1+j\omega T_s\sqrt{T_m/T_A}+(j\omega T_s)^2}$$

mit $T_s = \sqrt{T_m T_A}$.

Führt man wieder die Abkürzung ein $j\omega T_s = q$, so ist

$$F_s(q) = \frac{1}{1+\sqrt{T_m/T_A}\,q+q^2} = \frac{1}{1+2dq+q^2}$$ mit dem Dämpfungsfaktor

$d = 0{,}5\sqrt{T_m/T_A}$

Reglerfrequenzgang $F_R(j\omega) = (1+j\omega T_r)/j\omega T_R$

$F_R(q) = (1+K_r q)/K_R q \qquad K_r = T_r/T_s \qquad K_R = T_R/T_s$

Offener Regelkreis

$$F_o(q) = F_s(q)F_R(q) = \frac{1+K_r q}{K_R q(1+2dq+q^2)}$$

Geschlossener Regelkreis

$$F(q) = \frac{1}{1+1/F_o(q)} = \frac{1+K_r q}{1+K_r q+K_R q(1+2dq+q^2)} = \frac{K_r}{K_R}\,\frac{q+1/K_r}{q^3+2dq^2+(1+K_r/K_R)q+1/K_R}$$

(b) Die Konstanten: $d = 0{,}5\sqrt{T_m/T_A} = 0{,}5\sqrt{0{,}036/0{,}1} = 0{,}3$

$T_s = \sqrt{T_m T_A} = \sqrt{0{,}036\cdot 0{,}1} = 0{,}06$ s ; $T_r = 2T_m = 0{,}072$ s ; $K_r = T_r/T_s = 1{,}2$

Damit ist $K_R F_o(q) = (1+1{,}2q)/q(1+0{,}6q+q^2)$.

Für diese Funktion sind in Bild 6.04-2 die Frequenzkennlinien $K_R|F_o| = f(q)$ und $\varphi_o = f(q)$ aufgetragen. Die Frequenzkennlinien weichen erheblich von der der Standardform $F_o^*(q) = 1/K_R q(1+q)$ ab, für die in Anhang 6 die Reglerkonstante $K_R$ und der Phasenrand $\varphi_{RA}$ in Abhängigkeit von der maximalen Überschwingweite angegeben sind. Soll die Drehzahl weniger als 10% überschwingen, so wäre im Standardfall ein Phasenrand von $\varphi_{RA} = 60^o$ zu wählen. Im vorliegenden Fall soll der gleiche Phasenrand vorgesehen werden, da für die Dämpfung des Einschwingvorganges in erster Linie die Umgebung der Durchtrittsfrequenz maßgeblich ist. Aus dem Verlauf der Betragskennlinie in Bild 6.04-2 läßt sich für $q_D$ entnehmen $K_R = 8{,}5\,\mathrm{db} = 2{,}66$. Ist $x(\tau)$ mit $\tau = t/T_s$ die zugehörige Übergangsfunktion, so ist ihre Bildfunktion

$$L\{x(\tau)\} = \frac{F(q)}{q} = \frac{K_r}{K_R}\,\frac{q+1/K_r}{q(q+q_1)(q+q_2)(q+q_3)} \quad \bullet\!\!-\!\!\circ$$

$$x(\tau)\frac{K_R}{K_r} = \frac{1}{K_r q_1 q_2 q_3} + \left[\frac{1}{(q_2-q_1)(q_3-q_1)} - \frac{1/K_r}{q_1(q_1-q_2)(q_1-q_3)}\right]e^{-q_1\tau} +$$

$$+\left[\frac{1}{(q_1-q_2)(q_3-q_2)} - \frac{1/K_r}{q_2(q_2-q_1)(q_2-q_3)}\right]e^{-q_2\tau} +$$

$$+\left[\frac{1}{(q_1-q_3)(q_2-q_3)} - \frac{1/K_r}{q_3(q_3-q_1)(q_3-q_1)}\right]e^{-q_3\tau}$$

Die Wurzeln der Nennerfunktion sind

$q_1 = 0{,}28 \qquad q_2 = 0{,}16-j1{,}2 \qquad q_3 = 0{,}16+j1{,}2$

Nach einigen Umformungen erhält man

$$x(\tau) = 1-0{,}67e^{-0{,}28\tau}-0{,}38e^{-0{,}16\tau}\cos(1{,}2\tau-0{,}57) \qquad \tau = t/T_s = t/0{,}06.$$

Das Ergebnis ist in Bild 6.04-3 als Übergangsfunktion (b) wiedergegeben. Der Verlauf wird wesentlich durch die ersten beiden nichtperiodischen Glieder bestimmt. Die maximale Überschwingweite übersteigt nicht den Wert $\Delta X_m = 0{,}05X_w$.

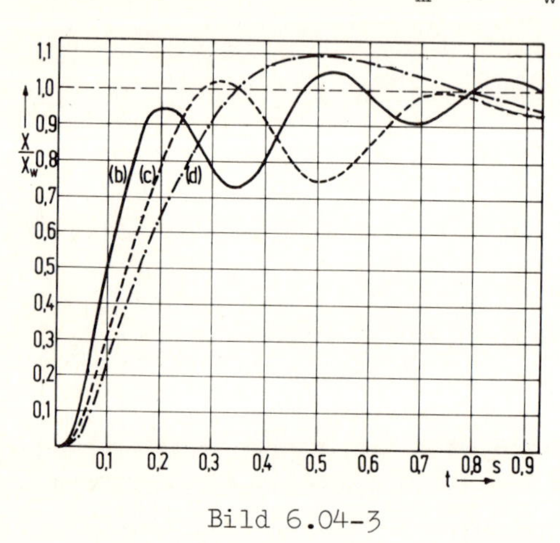


Bild 6.04-3

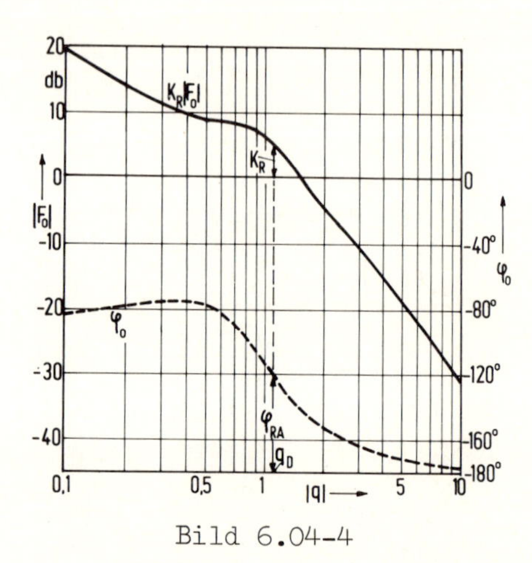


Bild 6.04-4

(c) In diesem Fall ist $d = 0{,}5\sqrt{T_m/T_A} = 0{,}5\sqrt{0{,}144/0{,}1} = 0{,}6$

$T_s = \sqrt{T_m T_A} = \sqrt{0{,}144\cdot 0{,}1} = 0{,}12$ s ; $T_r = 2T_m = 0{,}288$ s

$K_r = T_r/T_s = 0{,}288/0{,}12 = 2{,}4$.

Für den offenen Regelkreis gilt somit

$K_R F_o(q) = (1+2{,}4q)/q(1+1{,}2q+q^2)$.

In Bild 6.04-4 sind die zugehörigen Frequenzkennlinien $K_R|F_o| = f(q)$ und $\varphi_o = f(q)$ aufgetragen. Wieder wird die Durchtrittsfrequenz $q_D$ so gewählt, daß der Phasenrand $\varphi_{RA} = 60^\circ$ ist, so läßt sich aus Bild 6.04-4 ablesen $K_R = 5\text{db} = 1{,}8$. Die Konstanten eingesetzt ergibt

$$F(q) = \frac{2{,}4}{1{,}8}\,\frac{q+1/2{,}4}{q^3+1{,}2q^2+(1+2{,}4/1{,}8)q+1/1{,}8} = 1{,}33\,\frac{q+0{,}417}{q^3+1{,}2q^2+2{,}33q+0{,}55}$$

$$L\{x(\tau)\} = \frac{F(q)}{q} = \frac{q+0{,}417}{q(q+q_1)(q+q_2)(q+q_3)}$$ mit den Wurzeln

$q_1 = 0{,}27 \qquad q_2 = 0{,}47-j1{,}37 \qquad q_3 = 0{,}47+j1{,}37$

$$\bullet\!\!-\!\!\circ \quad x(\tau) = 1-0{,}39e^{-0{,}27\tau}-0{,}67e^{-0{,}47\tau}\cos(1{,}37\tau-0{,}44)$$

$\tau = t/T_s = t/0{,}12$ s.

Diese Übergangsfunktion ist gestrichelt in Bild 6.04-3 eingezeichnet.

(d) Bei diesem Zeitkonstantenverhältnis kann der Motor durch zwei VZ1-Glieder nachgebildet werden

$$F_s(j\omega)=\frac{1}{(1+j\omega T_A)(1+j\omega T_m)} \qquad F_R(j\omega)=\frac{1+j\omega T_m}{K_R j\omega T_A}$$

$$T_A = T_s\,, \qquad q = j\omega T_s\,, \qquad d = 0{,}5$$

$$F_o(q)=\frac{1}{K_R q(1+q)} \qquad F(q)=\frac{1}{K_R}\,\frac{1}{q^2+q+1/K_R}\,.$$

Nach Anhang 7a $\varphi_{RA} = 60^o \rightarrow K_R = 1{,}5$

$$L\left\{x(\tau)\right\} = F(q)/q = \frac{1}{1{,}5}\,\frac{1}{q(q+q_1)(q+q_2)}$$

$$q_{1,2} = 0{,}5\mp j\sqrt{(1/1{,}5)-0{,}5^2} = 0{,}5\mp j0{,}645$$

$$\bullet\!\!-\!\!\circ \quad x(\tau) = 1-1{,}265e^{-0{,}5\tau}\cos(0{,}645\tau-0{,}66) \qquad \tau = t/T_s = t/T_A = t/0{,}1.$$

Die Übergangsfunktion ist strichpunktiert in Bild 6.04-3 aufgetragen.
Durch eine Ankerkreiszeitkonstante, die nicht klein gegenüber der mechanischen Anlaufzeitkonstante $T_m$ ist, verschlechtern sich die Regeleigenschaften der Gleichstrommaschine. Nach Möglichkeit sollte deshalb auf eine Glättungsdrossel im Ankerkreis verzichtet werden.

## 6.05 Regelung einer Regelstrecke, bestehend aus zwei VZ1-Gliedern und einem Totzeitglied - Feldstromregelkreis

Regelantriebe besitzen meist einen netzgeführten Stromrichter als Stellglied, dessen Zeitverhalten durch ein Totzeitglied nachgebildet werden kann. Die dabei zu berücksichtigende Totzeit ist $T_t$=(1...10) ms, je nach Pulszahl, Arbeitspunkt und Aussteuerrichtung. Auf die Schwierigkeit, daß für einen bestimmten Stromrichter keine feste Totzeit angegeben werden kann, wurde in Beispiel 5.15 eingegangen.
Betrachtet wird der in Beispiel 5.06 behandelte Feldstromregelkreis. Die Regelstrecke besteht aus zwei VZ1-Gliedern mit den Zeitkonstanten $T_e$=0,75 s, $T_k$=0,01 s und einem Totzeitglied mit $T_t$=0,005 s. Die kleine Zeitkonstante $T_k$ berücksichtigt die Glättungsglieder des Regelkreises. Nach Bild 6.05-1 soll diese Regelstrecke über drei verschiedene Regler geregelt werden.
Gesucht:
(a) Regelung mit einem P-Regler

(b) Regelung mit einem I-Regler
(c) Regelung mit einem PI-Regler
(d) Übergangsfunktion
(e) Stellbereichsgrenzen

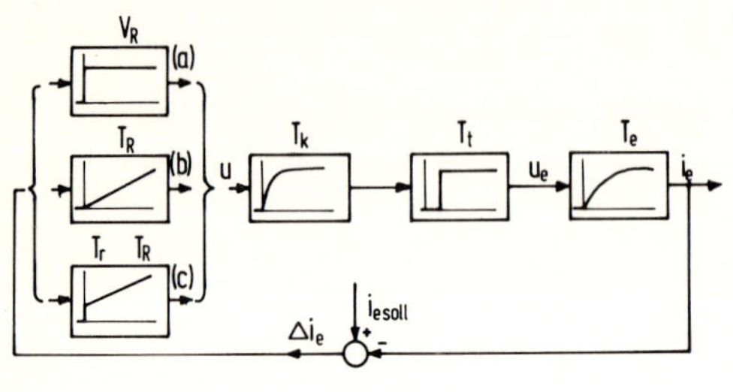


Bild 6.05-1

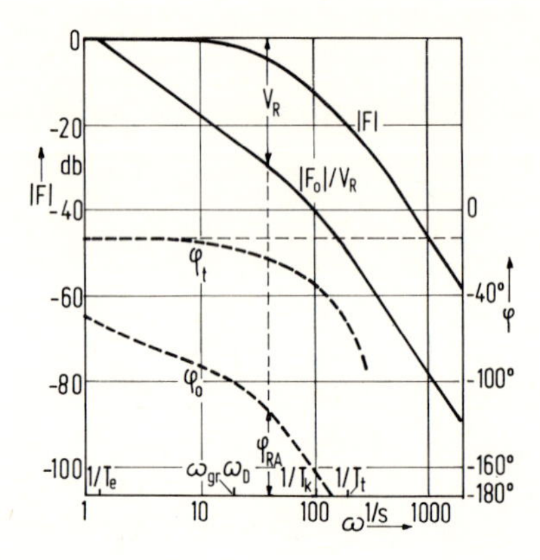


Bild 6.05-2

Lösung:

(a) Die Regelstrecke hat den Frequenzgang

$$F_s(j\omega) = e^{-j\omega T_t}/(1+j\omega T_e)(1+j\omega T_k).$$

Hat der Proportionalregler den Verstärkungsfaktor $V_R$, so gilt für den offenen Regelkreis

$$F_o(j\omega) = \frac{V_R e^{-j\omega T_t}}{(1+j\omega T_e)(1+j\omega T_k)}.$$

In Bild 6.05-2 sind die Frequenzkennlinien $|F_o|/V_R = f(\omega)$ und $\varphi_o = f(\omega)$ aufgetragen. Das Totzeitglied beeinflußt nicht die Betragskennlinie, sondern ruft nur eine Phasendrehung um den Winkel $\varphi_t$ hervor. Wird der Phasenrand $\varphi_{RA} = 60^o$ gewählt, so ist die Durchtrittsfrequenz $\omega_D = 38$ 1/s. Aus der Betragskennlinie läßt sich der Verstärkungsfaktor $V_R = 30$db $= 31{,}6$ entnehmen. Durch die endliche Verstärkung ist

$$F(0) = 1/(1+1/V_R) = V_R/(1+V_R) = 31{,}6/32{,}6 = 0{,}97.$$

Es tritt somit eine bleibende Regelabweichung von 3% auf.
In Bild 6.05-2 ist auch die Betragskennlinie des geschlossenen Regelkreises $|F| = f(\omega)$ eingezeichnet. Nach der Definition $|F(\omega_{gr})| = 1/\sqrt{2}$ ist die Grenzkreisfrequenz $\omega_{gr} = 20$ 1/s und $f_{gr} = 20/2\pi = 3{,}18$ Hz.

(b) Die bleibende Regelabweichung läßt sich durch einen I-Regler mit dem Frequenzgang $F_R(j\omega) = 1/j\omega T_R$ beseitigen. Der Durchtrittspunkt muß, da der Regler bereits eine Phasendrehung von $\varphi_R = 90^o$ hervorruft, sehr weit nach niedrigen Kreisfrequenzen verschoben werden, so daß die Einflüsse von $T_k$ und $T_t$ zu vernachlässigen sind. Für den offenen Regelkreis gilt somit

$F_o(j\omega) = 1/[j\omega T_R(1+j\omega T_e)]$. Die Durchtrittsfrequenz wird festgelegt durch $180^o - \varphi_{RA} - \varphi_R = 180^o - 60^o - 90^o = 30^o = \arctan\omega_D T_e$

$\omega_D = \tan 30^o/T_e = \tan 30^o/0{,}75 = 0{,}77\ 1/s$.

Aus $|F_o(\omega_D)| = 1$ läßt sich $T_R$ bestimmen

$T_R = 1/[\omega_D\sqrt{1+(\omega_D T_e)^2}] = 1/[0{,}77\sqrt{1+(0{,}77\cdot 0{,}75)^2}] = 1{,}12\ s$.

Der Frequenzgang des geschlossenen Regelkreises ist

$F(j\omega) = 1/[1+j\omega T_R + (j\omega)^2 T_R T_e]$.

Die Grenzkreisfrequenz erhält man aus

$|F(j\omega_{gr})| = 1/\sqrt{2}$, $\quad 1/\sqrt{(1-\omega_{gr}^2 T_R T_e)^2 + \omega_{gr}^2 T_R^2} = 1/\sqrt{2}$ zu

$\omega_{gr} = 1{,}16\ 1/s$. Der Regelkreis ist gegenüber dem P-Regelkreis sehr langsam geworden.

(c) Mit einem PI-Regler lassen sich die Vorteile des P- und des I-Reglers, nämlich schnelle Ausregelung und vernachlässigbare Regelabweichung, miteinander vereinigen.

Die Teilfrequenzgänge sind:

Strecke: $F_s(j\omega) = \dfrac{e^{j\omega T_t}}{(1+j\omega T_k)(1+j\omega T_e)}$ Regler: $F_R(j\omega) = \dfrac{1+j\omega T_r}{j\omega T_R}$

Es wird gewählt $T_r = T_e$ (Kompensation der großen Zeitkonstante) $T_R = K_{Rt}T_k$. Dann ist der Frequenzgang des offenen Regelkreises

$$F_o(j\omega) = F_s(j\omega)F_R(j\omega) = \frac{e^{-j\omega T_t}}{K_{Rt}j\omega T_k(1+j\omega T_k)} = \frac{e^{-j\omega T_k t_t}}{K_{Rt}j\omega T_k(1+j\omega T_k)}, \quad t_t = \frac{T_t}{T_k}.$$

Die Nennerfunktion stimmt mit der Normform überein, wie sie der Bemessung nach Anhang 6 zugrunde liegt. Das Zählerglied ruft eine zusätzliche Phasendrehung hervor, die durch eine entsprechende Vergrößerung der Integrationszeit, also Vergrößerung von $K_R$ auf $K_{Rt}$, kompensiert werden muß, siehe *Abschnitt 7.51*. Die Konstante $K_{Rt}$ läßt sich am einfachsten mit dem in Anhang 8 gegebenen Nomogramm bestimmen.

Die maximale Überschwingweite wird mit $\Delta x_m = \Delta X_m/X_w = 0{,}09$ vorgegeben. Für $t_t = 0{,}005/0{,}01 = 0{,}5$ kann aus den Kennlinien c und d von Anhang 8 entnommen werden $\varphi_{RA} = 58^o$ und $K_{Rt} = 2{,}5$ (gegenüber $K_R \approx 1{,}5$ ohne Totzeitglied).

In Bild 6.05-3 sind die Frequenzkennlinien für diese Bemessung aufgetragen. Der Durchtrittspunkt liegt bei $\omega_{Dt} = 1/T_k K_{Rt} = 40\ 1/s$.

Die Durchtrittskreisfrequenz ist etwa gleich der des P-Regelkreises, das heißt, die Ausregelvorgänge laufen etwa mit gleicher Geschwindigkeit ab.

(d) Zur Kontrolle der Bemessung soll die Übergangsfunktion berechnet werden. Mit $q = j\omega T_k$ und der Padé-Näherung für das Totzeitglied (gültig im Bereich $t_t q < 1$)

$e^{-t_t q} \approx (1-t_t q/2)/(1+t_t q/2)$ erhält man

$$F_o(q) = \frac{1-t_t q/2}{K_{Rt} q(1+q)(1+t_t q/2)}$$ und für den geschlossenen Regelkreis

$$F(q) = \frac{1}{1+1/F_o(q)} = \frac{1}{K_{Rt}} \frac{2/t_t - q}{q^3+(1+2/t_t)q^2+(2/t_t - 1/K_{Rt})q+2/t_t K_{Rt}} .$$

Die Konstanten eingesetzt

$$F(q) = 0{,}4 \frac{4-q}{q^3+5q^2+3{,}6q+1{,}6} = 0{,}4 \frac{4-q}{(q+q_1)(q+q_2)(q+q_3)}$$

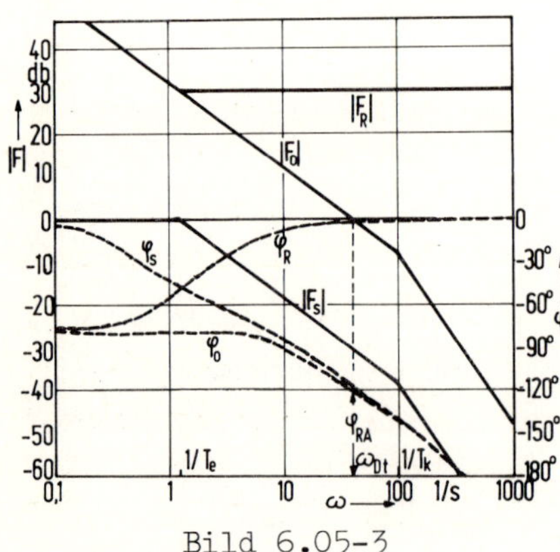


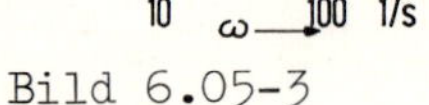

Bild 6.05-3

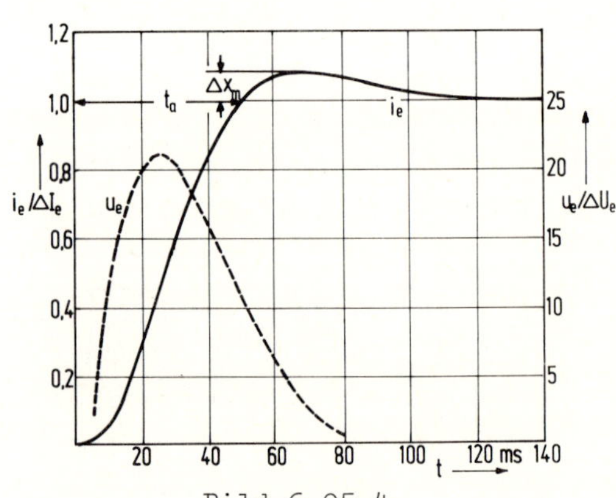


Bild 6.05-4

Hierbei sind die Wurzeln $q_1 = 4{,}24$ ; $q_2 = 0{,}38-j0{,}483$ und $q_3 = 0{,}38+j0{,}483$.

Die Übertragungsfunktion lautet

$$G(q) = \frac{1}{q}F(q) = \frac{0{,}16-0{,}4q}{q(q+q_1)(q+q_2)(q+q_3)} .$$

Die zugehörige Zeitfunktion ist •—o nach Anhang 1

$$i_e(\tau)/\Delta I_e = 1-0{,}0514e^{-4{,}24\tau}-1{,}5e^{-0{,}38\tau}\cos(0{,}483\tau-50{,}72^\circ) \qquad (1)$$

Dabei ist $\tau = t/T_k$ und $\Delta I_e$ die Erregerstromänderung nach Beendigung des Einschwingvorganges. Das zweite Glied geht, wegen des großen Exponenten, sehr schnell gegen null. In Bild 6.05-4 ist die Übergangsfunktion aufgetragen. Sowohl die maximale Überschwingweite $\Delta x_m$ wie auch die Anregelzeit $t_A = 5T_k = 50$ ms stimmen mit den Angaben des Nomogramms, Anhang 8, gut überein.

(e) Diese schnelle Übergangsfunktion ist nicht bei beliebig großen Sollwertänderungen $\Delta I_e$ vorhanden, denn sie setzt voraus, daß beim Stellglied die Aussteuerungsgrenze nicht erreicht wird, die Stellgröße somit nicht an den Anschlag geht.
Es soll deshalb die Stellgrößenänderung berechnet werden, bei der die vorstehende Bedingung gerade noch erfüllt ist. Die Differentialgleichung des Feldkreises ist

$$u_e(t) = R_e i_e(t) + L_e \frac{di_e(t)}{dt} \qquad \tau = \frac{t}{T_k} \qquad T_e = \frac{L_e}{R_e}$$

$$u_e(\tau) = R_e\left[i_e(\tau) + \frac{T_e}{T_k}\frac{di_e(\tau)}{d\tau}\right] \qquad \Delta I_e R_e = \Delta U_e$$

$i_e(\tau)$ aus Gl.(1) eingesetzt ergibt

$$\frac{u_e(\tau)}{\Delta U_e} = 1 + 16{,}3e^{-4{,}24\tau} + 68{,}2e^{-0{,}38\tau}\cos(0{,}438\tau - 103{,}5^o) \qquad (2)$$

In Bild 6.05-4 ist die vorstehende Gleichung aufgetragen. Die maximale Erregerspannung ist $u_{em} = 21\,\Delta U_e$. Nach Beispiel 5.06 ist die maximale Erregerspannung

$U_{em} = 1{,}8 R_e I_{en} = 1{,}8 \cdot 2{,}0 \cdot 84 = 302{,}4$ V.

Wird von Nennerregung ausgegangen, so darf in Richtung Übererregung
$\Delta U_{e+} = 0{,}8 R_e I_{eN}/21 = 6{,}4$ V und $\Delta I_{e+} = \Delta U_{e+}/R_e = 3{,}2$ A betragen,
ohne daß die Begrenzung anspricht. Eine Sollwertänderung, ausgehend von dem gleichen Arbeitspunkt, in Richtung Entregung kann, wegen der Wechselrichteraussteuerung des Stromrichters, wesentlich größer sein

$\Delta U_{e-} = 2{,}8 R_e I_{eN}/21 = 22{,}4$ V und $\Delta I_{e-} = \Delta U_{e-}/R_e = 11{,}2$ A.

Sind die Sollwertänderungen größer, so geht die Stellgröße $U_e$ an den Anschlag $+U_{em}$ bzw. $-U_{em}$, und es ergeben sich erheblich größere Übergangszeiten, wie in Beispiel 5.06e ausgeführt ist.
Die vorstehenden Ausführungen setzen unveränderliche Zeitkonstanten voraus. Das trifft für die große Zeitkonstante, da der Feldkreis Eisen enthält, nicht zu. Durch die Eisensättigung ist $L_e$ in der Umgebung von $I_{eN}$ wesentlich kleiner als bei Teilerregung. Die bei kleinen Feldstromänderungen maßgebliche Induktivität $L_{ediff}$ ist in Anhang 4 proportional der Steigung der Magnetisierungskennlinie und geht bei Übererregung bis auf $L_{ediff}/L_{eo} = 0{,}2$ zurück.
Ist der Regler auf $L_{eo}$ eingestellt worden, so ist im Nennarbeitspunkt eine Fehlanpassung vorhanden ($T_e < T_r$), die nach dem *Abschnitt 7.314 Fehlanpassung* die maximale Überschwingweite ansteigen läßt.

## 6.06 PI-Regler an einer Regelstrecke, bestehend aus zwei VZ1-Gliedern und einem Totzeitglied - direkte Drehzahlregelung eines Gleichstrommotors

Die gleiche Regelkreisstruktur, wie bei dem Feldstromregelkreis Beispiel 6.05, ist bei der direkten Drehzahlregelung eines Gleichstrommotors nach Bild 6.06-1 vorhanden. Dabei steuert der Drehzahlregler unmittelbar das Impulssteuergerät des Stromrichters aus. Die beiden Verzögerungsglieder werden gebildet durch die mechanische Anlaufzeitkonstante $T_m$ und die Ankerkreiszeitkonstante $T'_A$ mit der Glättungszeitkonstanten $T_k$, zusammen $T_A = T'_A + T_k$. Zum Unterschied gegenüber 6.05 ist hier $T_m$ nicht sehr groß gegen $T_A$. Deshalb ist es notwendig, die Stromrichtertotzeit möglichst klein zu halten durch Wahl eines sechspulsigen Stromrichters.

Gegeben: $T_m = 60$ ms, $T_A = 15$ ms, $T_t = 3$ ms, $R_V = 10$ kΩ.

Gesucht:

(a) Einstellung des PI-Reglers für eine maximale Überschwingweite $\Delta x_m = 0{,}09$

(b) Einstellung des PI-Reglers für $\Delta x_m = 0{,}3$

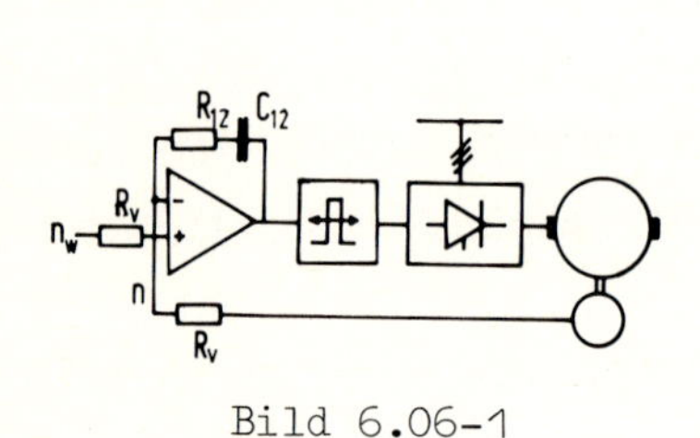


Bild 6.06-1

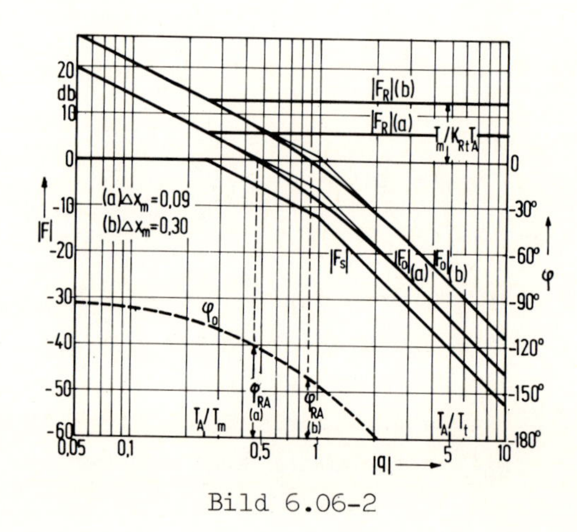


Bild 6.06-2

Lösung:

(a) Die Teilfrequenzgänge sind

Strecke $F_s(j\omega) = \dfrac{e^{-j\omega T_t}}{(1+j\omega T_A)(1+j\omega T_m)}$

Regler $F_R(j\omega) = \dfrac{1+j\omega T_r}{j\omega T_R}$ $\qquad T_r = T_m \,, \quad T_R = K_{Rt} T_A$

Offener Regelkreis

$F_o(j\omega) = F_s(j\omega) F_R(j\omega) = \dfrac{e^{-j\omega T_t}}{K_{Rt} j\omega T_A (1+j\omega T_A)}$ $\qquad q = j\omega T_A \,, \quad t_t = T_t/T_A$

$$F_o(q) = \frac{e^{-t_t q}}{K_{Rt} q(1+q)} .$$

Zur Bestimmung der Reglerkonstante wird Anhang 8 herangezogen.

Hier ist $t_t = T_t/T_A = 3 \cdot 10^{-3}/15 \cdot 10^{-3} = 0,2$.

Für $\Delta x_m = 0,09$ ist $\varphi_{RA} = 60^o$ und $K_{Rt} = 2,0$ aus den Kennlinien zu entnehmen.

$$F_R(j\omega) = \frac{1+j\omega 0,06}{2,0 j\omega 0,015} = \frac{1+j\omega 0,06}{j\omega 0,03} = \frac{1+j\omega C_{12}R_{12}}{j\omega C_{12}R_V}$$

daraus $C_{12} = 0,03/R_V = 0,03/10^4 = 3\ \mu F$

$R_{12} = 0,06/C_{12} = 0,06/3 \cdot 10^{-6} = 20\ k\Omega$.

In Bild 6.06-2 sind die Frequenzkennlinien für diese Bemessung durch den Index (a) gekennzeichnet. Die Durchtrittsfrequenz liegt bei $\omega_D = 0,46/T_A = 0,46/15 \cdot 10^{-3} = 30,7\ 1/s$ , $f_D = 4,9$ Hz.

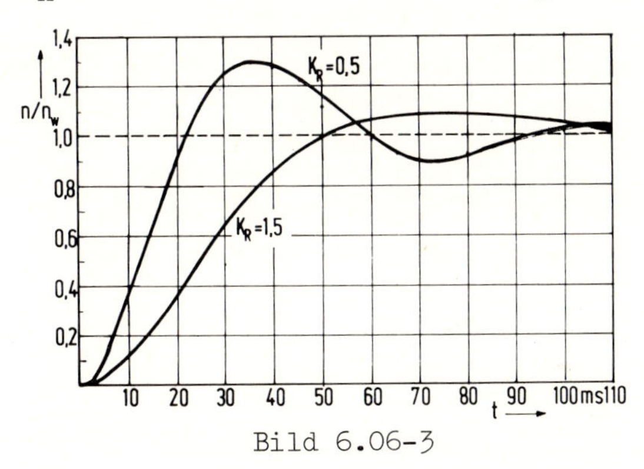


Bild 6.06-3

Zur Bestimmung der Übergangsfunktion kann, wie in Beispiel 6.05, das Totzeitglied durch die Padé-Näherung ersetzt und danach die Laplace-Transformation durchgeführt werden. Hier soll von der Tatsache Gebrauch gemacht werden, daß

$F_o(q) = \frac{e^{-t_t q}}{K_{Rt} q(1+q)}$ und $F_o^*(q) = \frac{1}{K_R q(1+q)}$ annähernd gleiche Übergangsfunktionen ergeben, wenn nur in beiden Fällen der Phasenrand $\varphi_{RA}$ gleich groß ist. Aus Anhang 6 kann $K_R = 1,5$ entnommen werden.

$$x(\tau) = n(\tau)/n_W = L^{-1}\left\{1/q[1+1/F_o^*(q)]\right\} = L^{-1}\left\{1/q(1+K_R q+K_R q^2\right\}$$

$$x(\tau) = 1-e^{-0,5\tau}\sqrt{1+(0,5/\omega_o)^2}\cos[\omega_o\tau - \arctan 0,5/\omega_o]$$

$$\tau = t/T_A \qquad \omega_o = \sqrt{1/K_R - 0,5^2}.$$

Für $K_R = 1,5$ $\qquad x(\tau) = 1-1,265e^{-0,5\tau}\cos(0,65\tau-0,66)$

$\qquad x(t) = 1-1,265e^{-33t}\cos(43t-0,66)$

In Bild 6.06-3 ist diese Übergangsfunktion aufgetragen.

(b) Für $\Delta x_m = 0,3$ und $t_t = 0,2$ kann aus Anhang 6 $K_R = 0,5$ und aus Anhang 8 $K_{Rt} = 0,9$ abgelesen werden.
Die Reglerkonstante $K_{Rt}$ legt in Bild 6.06-2 die Betragskennlinien mit dem Index (b) fest. Die Durchtrittsfrequenz ist auf

$\omega_D = 0,9/T_A = 0,9/15\cdot 10^{-3} = 60$ ; $f_D = 9,55$ Hz heraufgegangen.

Die Ersatz-Übergangsfunktion ist mit

$\omega_o = \sqrt{1/K_R - 0,5^2} = \sqrt{(1/0,5) - 0,5^2} = 1,32$

$x(\tau) = n(\tau)/n_w = 1 - 1,06e^{-0,5\tau}\cos(1,32\tau - 0,33)$

$x(t) = 1 - 1,06e^{-33t}\cos(88t - 0,33)$.

Diese Übergangsfunktion ist ebenfalls in Bild 6.06-3 eingezeichnet.
Bemessung der Beschaltung

$$F_R(j\omega) = \frac{1+j\omega 0,06}{0,9j\omega 0,015} = \frac{1+j\omega 0,06}{j\omega 0,0135} = \frac{1+j\omega C_{12}R_{12}}{j\omega C_{12}R_v}.$$

Durch Koeffizientenvergleich ergibt sich

$C_{12} = 0,0135/R_v = 0,0135/10^4 = 1,35\ \mu F$

$R_{12} = 0,06/C_{12} = 0,06/1,35\cdot 10^{-6} = 44,4\ k\Omega$.

Durch die schnellere Einstellung des Reglers ist die Anregelzeit auf weniger als die Hälfte ihres ursprünglichen Wertes heruntergegangen, allerdings wird dieser Vorteil durch ein hohes Überschwingen der Drehzahl erkauft.
Nicht berücksichtigt worden ist die notwendige Strombegrenzung, die bei großen Sollwertänderungen Überströme verhüten muß. Solange die Strombegrenzung anspricht, ist die Drehzahlregelung außer Eingriff.

## 6.07 Ankerstromregelung eines Gleichstrommotors über einen PI-Regler

Eine Ankerstromregelung erfolgt bei allen auf konstantes Moment geregelten Gleichstrommotoren (zum Beispiel bei Wickelantrieben). Die Drehzahl stellt sich dann frei ein und es muß durch zusätzliche Begrenzungsglieder sichergestellt werden, daß eine obere Grenzdrehzahl nicht überschritten wird. Bei auf konstante Drehzahl geregelten Gleichstrommotoren wird heute überwiegend ein unterlagerter Stromregelkreis vorgesehen. Er dient zunächst zur Verbesserung der Regeldynamik der Gesamtanordnung, da der Einfluß der Ankerkreiszeitkonstanten auf den Drehzahlregelkreis verringert wird. Der unterlagerte Stromregelkreis stellt außerdem eine wirkungsvolle Strombegrenzung sicher, ohne die kein Stromrichterantrieb auskommt.

Der Stromregelkreis ist in Bild 6.07-1 wiedergegeben. Bei vollgesteuerten Stromrichterschaltungen kann der Stromistwert auf der Wechselstromseite erfaßt werden. Bei der gezeigten Anordnung kann der Iststrom i nicht größer als der Führungswert $i_W$ werden. Mitunter ist zusätzlich eine Begrenzung der Stromänderungsgeschwindigkeit di/dt mit Rücksicht auf den Motor oder die mechanischen Übertragungsglieder (Getriebe, Wellen) erforderlich. Dann ist zusätzlich ein Anstiegsbegrenzer AB erforderlich, der dafür sorgt, daß $di_W/dt$ einen einstellbaren Grenzwert nicht überschreitet. Der Anstiegsbegrenzer bleibt bei den folgenden Betrachtungen unberücksichtigt, das heißt, es werden Sollwertstöße angenommen. Das ist der kritischste Betriebsfall, da, wie in *Abschnitt 8.314* gezeigt, eine Sollwert-Anstiegsbegrenzung den Stromregelkreis zusätzlich bedämpft.
Gegeben sind folgende Konstanten: $T_t$=3 ms, $T_A$=30 ms, $T_m$=120 ms, $V_A=U_{AN}/I_{AN}R_A=20$, $R_v$=10 kΩ.
Der Regelkreis ist auf einen Phasenrand $\varphi_{RA}=70^\circ$ einzustellen.
Gesucht:

(a) Frequenzgang des offenen Regelkreises, Frequenzkennlinien, Reglerbeschaltung

(b) Übergangsfunktion

(c) Ersatz-VZ1-Glied für den geschlossenen Regelkreis

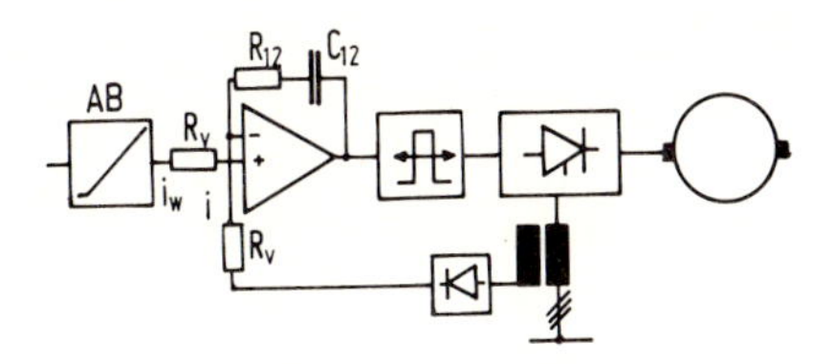


Bild 6.07-1

Lösung:

(a) Der Frequenzgang der Regelstrecke ist nach *Abschnitt 8.31*

$$F_{si}(j\omega)=\frac{V_A}{1+j\omega T_A}\,\frac{j\omega T_m}{1+j\omega T_m}e^{-j\omega T_t} \qquad (1)$$

Der Frequenzgang bei stehendem Motor, zum Beispiel Erregung abgeschaltet, ergibt sich aus vorstehender Beziehung für $T_m=\infty$ zu

$F'_{si}(j\omega)=V_A e^{-j\omega T_t}/(1+j\omega T_A)$.

Der Reglerfrequenzgang ist

$$F_{Ri}(j\omega)=\frac{1+j\omega T_r}{j\omega T_R}=\frac{1+j\omega T_A}{K_{Ri}j\omega T_A}=\frac{1+j\omega C_{12}R_{12}}{j\omega C_{12}R_v}.$$

Hier soll entsprechend dem laufenden Motor optimiert werden. Für den offenen Regelkreis gilt

$$F_{oi}(j\omega) = F_{si}(j\omega)F_{Ri}(j\omega) = \frac{V_A T_m}{K_{Ri} T_A} \frac{1}{1+j\omega T_m} e^{-j\omega T_m t_t/m} \qquad \text{mit}$$

$t_t = T_t/T_A = 0{,}1$ ; $m = T_m/T_A = 4$ ; $q = j\omega T_m$ ,

$K_i = K_{Ri} T_A / V_A T_m = K_{Ri} 0{,}03/20 \cdot 0{,}012 = K_{Ri}/80$

$$F_{oi}(q) = \frac{1}{K_i} \frac{1}{1+q} e^{-qt_t/m} = \frac{80}{K_{Ri}} \frac{1}{1+q} e^{-q/40}. \tag{2}$$

Es tritt somit ein VZ1-Glied und ein Totzeitglied auf.

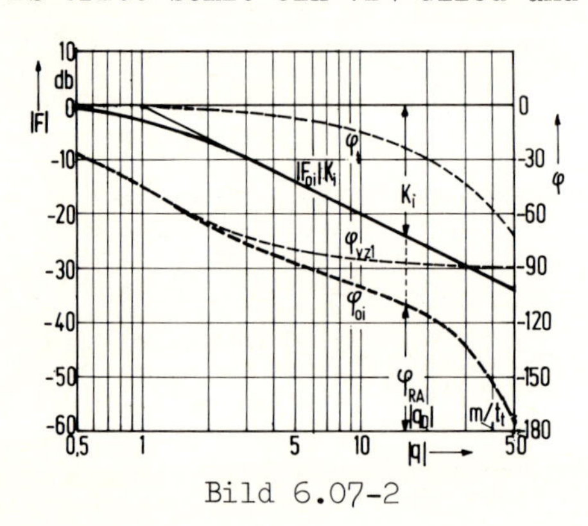


Bild 6.07-2

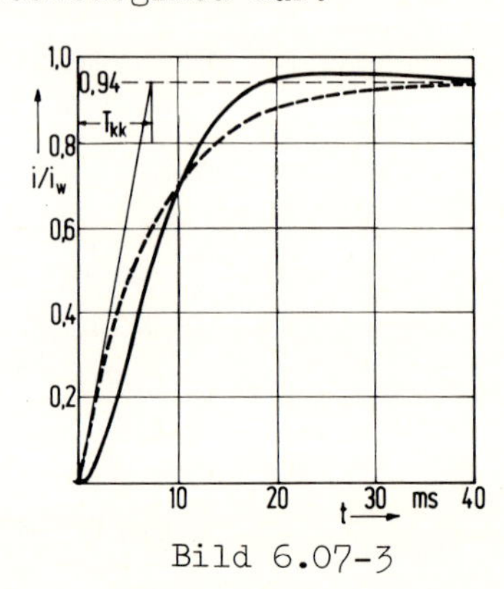


Bild 6.07-3

Die Frequenzkennlinien sind in Bild 6.07-2 wiedergegeben. Die Betragskennlinie $|F_{oi}|K_i = f(q)$ ist die eines VZ1-Gliedes. Die Phasenkennlinie $\varphi_{oi} = f(q)$ setzt sich nach $\varphi_{oi} = \varphi_{VZ1} + \varphi_t$ aus der Phasendrehung des Verzögerungsgliedes und der des Totzeitgliedes zusammen. Der Bezugspunkt für Totzeit-Phasenkennlinie ist $m/t_t = 40$. Ein Phasenrand von $\varphi_{RA} = 70^o$ ist bei $|q_D| = 16$ vorhanden. Aus der Betragskennlinie läßt sich hierfür ablesen $K_i = -23\text{db} = 0{,}063$.
Daraus $K_{Ri} = 80K_i = 80 \cdot 0{,}063 = 5{,}04$.
Die Beschaltung des Stromreglers ist folgendermaßen zu bemessen

$C_{12} = K_{Ri} T_A / R_v = 5{,}04 \cdot 0{,}03/10^4 = 15\ \mu F$

$R_{12} = T_A / C_{12} = 0{,}03/15 \cdot 10^{-6} = 2\ k\Omega$ .

(b) Da $|q_D| \ll m/t_t$ ist, läßt sich das Totzeitglied im Durchtrittsbereich durch ein VZ1-Glied annähern

$$e^{-qt_t/m} \approx 1/(1+qt_t/m) \ ; \quad F_{oi}(q) = 1/0{,}063(1+q)(1+q/40) \tag{3}$$

und für den geschlossenen Regelkreis gilt

$$F_i(q) = \frac{1}{1+1/F_{oi}(q)} = \frac{10^3}{1{,}575} \frac{1}{q^2+41q+675} = \frac{10^3}{1{,}575} \frac{1}{(q+q_1)(q+q_2)} \tag{4}$$

$q_{1,2} = 20{,}5 \mp j\sqrt{675-20{,}5^2} = 20{,}5 \mp j16$.

Die Übergangsfunktion ergibt sich aus

$$i(\tau)/i_w = L^{-1}\{F_i(q)/q\} = \frac{10^3}{1{,}575} L^{-1}\left\{\frac{1}{q(q+q_1)(q+q_2)}\right\}$$

$$i(\tau)/i_w = 0{,}94[1-1{,}625e^{-20{,}5\tau}\cos(16\tau-0{,}91)] \;;\quad \tau = t/T_m = t/0{,}12$$

$$i(t)/i_w = 0{,}94[1-1{,}625e^{-171t}\cos(133t-0{,}91)] \qquad (5)$$

Bei diesem Regelkreis tritt ein Proportionalfehler von

$\Delta i/i_w = K_i/(1+K_i) = 0{,}063/1{,}063 = 0{,}06$ auf.

Er läßt sich durch Verkleinerung des Phasenrandes, bei gleichzeitig größerer Überschwingweite, herabsetzen. Aus Bild 6.07-2 ist für $\varphi_{RA} = 60^o$ abzulesen, $K_i = 0{,}045$, so daß sich

$\Delta i/i_w = 0{,}045/1{,}045 = 0{,}043$ ergibt.

Gleichung (5) ist in Bild 6.07-3 voll ausgezogen aufgetragen.

(c) Gl.(4) stellt den Frequenzgang für ein VZ2-Glied dar. Es läßt sich durch ein VZ1-Glied annähern, wenn es auf die genaue Widergabe des Anfangsbereiches der Übergangsfunktion Gl.(5) nicht ankommt und somit $q^2 \ll (41q+675)$ angenommen werden kann.

$$F_i^*(q) = \frac{10^3}{1{,}575}\,\frac{1}{41q+675} = \frac{10^3}{1{,}575\cdot 41}\,\frac{1}{q+16{,}46}$$

$$i^*(\tau)/i_w = L^{-1}\{F_i^*(q)/q\} = 0{,}94(1-e^{-16{,}46\tau})$$

$$i^*(t)/i_w = 0{,}94(1-e^{-t/0{,}0073}).$$

Diese Übergangsfunktion ist in Bild 6.07-3 gestrichelt eingezeichnet. Im überlagerten Drehzahlregelkreis wird durch den Stromregelkreis die Ankerkreiszeitkonstante $T_A = 0{,}03$ s auf $T_{kk} = 0{,}0073$ s, das heißt auf 24% vermindert.

Wird der Stromregelkreis sehr schnell, das heißt, auf niedrigen Phasenrand eingestellt, so kann bei Abnahme der Ankerkreiszeitkonstante leicht die Stabilitätsgrenze überschritten werden, umgekehrt wird die Zunahme der Ankerkreiszeitkonstante zu einer aperiodischen Übergangsfunktion führen. Ein Ankerkreis mit einer steilen Glättungsdrossel ($L_{DN}/L_{Do} \ll 1$) läßt sich nicht über den ganzen Aussteuerbereich optimal einstellen. Mit einer Glättungsdrossel im Ankerkreis ist deshalb von vornherein eine stärkere Dämpfung vorzusehen. Der Dynamikgewinn durch den unterlagerten Stromregelkreis ist umso größer, je kleiner die Totzeit $T_t$ gegenüber der Ankerkreiszeitkonstante $T_A$ ist.

## 6.08 PI-Regler an integraler Regelstrecke - Drehzahlgeregelter Gleichstromantrieb mit unterlagertem Stromregelkreis

Ein auf konstante Drehzahl geregelter Gleichstromantrieb mit unterlagertem Stromregelkreis ist in Bild 6.08-1 wiedergegeben. Der Stromregelkreis ist gestrichelt umrandet. Er läßt sich, wie in Beispiel 6.07 gezeigt wird, durch ein VZ1-Glied mit der Zeitkonstante $T_{kk}$ ersetzen. Dieses VZ1-Glied bildet, zusammen mit dem durch $T_m$ bestimmten Integralglied, die Regelstrecke. Das Wirkschaltbild des Drehzahlregelkreises zeigt Bild 6.08-2. Während alle bisher betrachteten Regelkreise sich aus Verzögerungsgliedern, einem Proportionalglied und einem Integralglied zusammensetzten, sind hier zwei Integralglieder vorhanden. Das macht ein etwas anderes Optimierungsverfahren notwendig.

Gegeben ist eine Regelstrecke, bestehend aus einem VZ1-Glied mit der Zeitkonstante $T_{kk}$=20 ms und einem Integralglied mit der Zeitkonstante $T_m'$=100 ms. Die Ausgangsgröße n soll mit Hilfe eines PI-Reglers geregelt werden.

Gesucht:

(a) Frequenzkennlinien des offenen Regelkreises

(b) Optimierung nach dem Symmetrischen Optimum

(c) Optimierung nach dem Unsymmetrischen Optimum

(d) Optimierung für $T_{kk}$=0,0073 s und $T_m$=120 s (Beispiel 6.07)

(e) Näherung des geschlossenen Regelkreises durch ein VZ2-Glied.

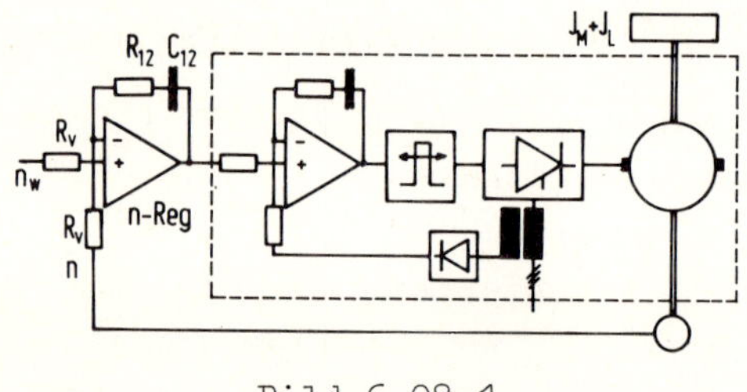


Bild 6.08-1

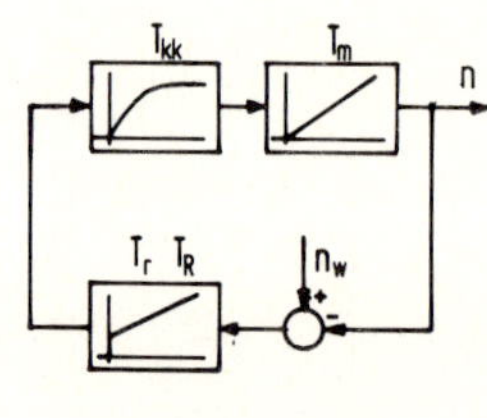


Bild 6.08-2

Lösung:

(a) Frequenzgang der Regelstrecke $F_{sn}(j\omega)= 1/j\omega T_m'(1+j\omega T_{kk})$.
Für den Regler wird der Ansatz gewählt

$$F_{Rn}(j\omega)=(1+j\omega T_r)/j\omega T_R=(1+j\omega T_m')/K_{Rn}j\omega T_{kk}$$

mit $\gamma = T_m'/T_{kk}$ und $q = j\omega T_{kk}$ ergibt sich der Frequenzgang des offenen Regelkreises

$$F_{on}(q)= F_{sn}(q)F_{Rn}(q)= \frac{1}{\gamma q(1+q)}\,\frac{1+\gamma q}{K_{Rn}q} = \frac{1}{K_{Rn}}\,\frac{1+\gamma q}{\gamma q}\,\frac{1}{q(1+q)}$$

$$F_{on}(q)= \frac{1}{K_{Rn}}\,F_1(q)F_2(q).$$

Die Gleichung setzt sich aus zwei Teilfrequenzgängen zusammen, von denen $F_1(q)$ als Veränderliche $\gamma q$ und $F_2(q)$ als Veränderliche q enthält. Beide haben eine integrale Struktur. In Bild 6.08-3 sind die Frequenzkennlinien von $F_1$ und $F_2$ aufgetragen. Nach

$$|F_1|db + |F_2|db = K_{Rn}|F_{on}|db \quad \text{und} \quad \varphi_{on} = \varphi_1 + \varphi_2$$

erhält man die Frequenzkennlinien des offenen Regelkreises durch Addition der Einzelfrequenzgänge. Da der Regelkreis zwei Integrationsglieder enthält, geht bei kleinen Frequenzen ($q \to 0$) $\varphi_o$ gegen $180^o$. Bei großen Frequenzen ($q \to \infty$) bewirkt $F_2$, daß $\varphi_{on}$ dem gleichen Grenzwert zustrebt. Nur in einem mittleren Bereich, in den der Durchtrittspunkt gelegt werden muß, ist $\varphi_{on} < 180^o$. Der maximal mögliche Phasenrand $\varphi_{RAm}$ ist, unabhängig von $K_{Rn}$, eine Funktion von $\gamma = T_m/T_{kk}$. Im vorliegenden Fall ergibt sich für $\gamma = 0{,}1/0{,}02 = 5$ $\varphi_{RAm} = 40^o$. Um den sonst üblichen Phasenrand $\varphi_{RA} = 60^o$ zu ermöglichen, müßte $\gamma \geqq 15$ sein.

(b) Die Geradennäherung der Betragskennlinie $K_{Rn}|F_{on}|$ ist gekennzeichnet durch die beiden Knickpunkte PA und PB, zwischen denen die Geradennäherung mit 20 db/Dekade abfällt. Bei dem Symmetrischen Optimum wird $K_{Rn}$ so bestimmt, daß $|F_{on}|db$ in der Mitte zwischen PA und PB durch null geht. Das ist der Fall bei

$$K_{Rn(sym)} = \sqrt{T_m/T_{kk}} = \sqrt{\gamma} = \sqrt{5} = 2{,}24 .$$

Da in der Umgebung des Symmetriepunktes $\varphi_{RA}$ praktisch konstant bleibt, kann, ohne daß sich die maximale Überschwingweite ändert, die Reglerkonstante auf $K_{Rna} = 2$ abgerundet werden. Für den geschlossenen Regelkreis gilt

$$F_n(q) = \frac{1}{1+1/F_{on}(q)} = \frac{1}{K_{Rn}\gamma}\,\frac{1}{q^3+q^2+q/K_{Rn}+1/K_{Rn}\gamma} .$$

Die Konstanten eingesetzt

$$F_n(q) = \frac{0{,}1+0{,}5q}{q^3+q^2+0{,}5q+0{,}1} = \frac{0{,}1+0{,}5q}{(q+q_1)(q+q_2)(q+q_3)}$$

mit $q_1 = 0{,}38$ ; $q_2 = 0{,}31-j0{,}41$ ; $q_3 = 0{,}31+j0{,}41$

$$L\{n(\tau)/n_w\} = \frac{0{,}1+0{,}5q}{q(q+q_1)(q+q_2)(q+q_3)} .$$ Transformation in den Zeitbereich nach Anhang 1 $\bullet\!\!-\!\!\circ$ ergibt nach einigen Umformungen

$$n(\tau)/n_w = 1+1{,}37e^{-0{,}38\tau}-2{,}43e^{-0{,}31\tau}\cos(0{,}41\tau-0{,}23) \qquad \tau = t/T_{kk} = 50\,t$$

$$n(t)/n_w = 1+1{,}37e^{-19t}-2{,}43e^{-15{,}5t}\cos(20{,}5t-0{,}23).$$

Diese Übergangsfunktion ist in Bild 6.08-4 wiedergegeben. Die Anregelzeit ist $t_A = 65$ ms, die maximale Überschwingweite $\Delta x_{m(sym)} = 0{,}37$.

In Anhang 9 sind $K_{Rn(sym)}$ und $\Delta x_{m(sym)}$ über $\gamma = T_m/T_{kk}$ aufgetragen. Befriedigende Übergangsfunktionen mit mäßigen maximalen Überschwingweiten setzen entsprechend große $\gamma$-Werte voraus. Der Stromregelkreis muß deshalb möglichst schnell sein.

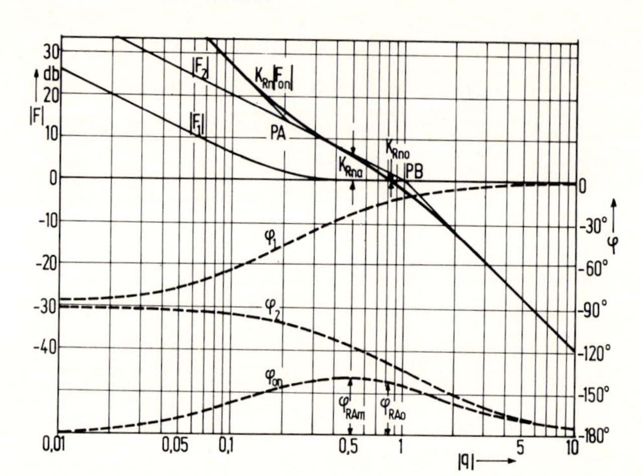


Bild 6.08-3

(c) Der flache Verlauf der Phasenkennlinie $\varphi_{on}$ in Bild 6.08-3 läßt darauf schließen, daß es zulässig ist, den Durchtrittspunkt in Richtung höherer Frequenzen zu verschieben, ohne daß die maximale Überschwingweite wesentlich zunimmt. In Anhang 9 sind die so korrigierten Reglerkonstanten $K_{Rno}$ und die zugehörigen maximalen Überschwingweiten $\Delta x_m$ in Abhängigkeit von $\gamma$ angegeben. Im vorliegenden Fall wird $K_{Rno} = 1{,}0$ gewählt. Dieser Durchtrittspunkt ist in Bild 6.08-3 eingezeichnet. Der Phasenrand geht auf $\varphi_{RAo} = 38^o$ zurück. Auch für diese Einstellung soll die Übergangsfunktion berechnet werden.

$$F_n(q) = \frac{0{,}2+q}{q^3+q^2+q+0{,}2} = \frac{0{,}2+q}{(q+q_1)(q+q_2)(q+q_3)}$$

mit $q_1 = 0{,}244$ ; $q_2 = 0{,}38-j0{,}82$ ; $q_3 = 0{,}38+j0{,}82$

$$L\left\{n(\tau)/n_w\right\} = \frac{0{,}2+q}{q(q+q_1)(q+q_2)(q+q_3)} \quad \bullet\!\!-\!\!\circ$$

$$n(\tau)/n_w = 1+0{,}26e^{-0{,}244\tau}-1{,}36e^{-0{,}38\tau}\cos(0{,}82\tau-0{,}382).$$

$$n(t)/n_w = 1+0{,}26e^{-12{,}2t}-1{,}36e^{-19t}\cos(41t-0{,}382).$$

Diese Übergangsfunktion ist ebenfalls in Bild 6.08-3 eingezeichnet Die Anregelzeit ist mit $t_A = 42$ ms auf 2/3 des Wertes bei symmetrischer Einstellung zurückgegangen, dabei ist die maximale Überschwingweite nur um 8% auf $\Delta x_m = 0{,}4$ angestiegen. Der Drehzahlregelkreis ist beim unsymmetrischen Optimum entschieden schneller. Dagegen könnte eingewendet werden, daß ein so schneller Drehzahlübergang ein sehr hohes Beschleunigungsmoment erfordert, so daß schließlich die Momentenbegrenzung eine derartige Übergangsfunktion unmöglich macht. Das trifft jedoch nur bei großen Sollwertänderungen zu. Überwiegend laufen Regelvorgänge mit kleinen Amplituden von $\Delta n$ ab, wie sie durch Laständerungen hervorgerufen werden. Bei diesen werden die Momentengrenzen, trotz des schnellen Regelkreises, nicht erreicht. Will man beim Anfahren des Antriebes ein Ansprechen der Strom- bzw. Momentenbegrenzung vermeiden, (da dann zum Beispiel beim Parallelbetrieb mehrerer Antriebe Gleichlaufstörungen auftreten), so wird man eine rampenförmige Sollwertfunktion durch Vorschalten eines Anstiegbegrenungsgliedes als Eingangsgröße des Drehzahlreglers vorgeben. Auf keinen Fall stellt die langsame Einstellung eines Regelkreises eine empfehlenswerte Maßnahme zum Schutz vor zu hohen Stoßbelastungen dar.

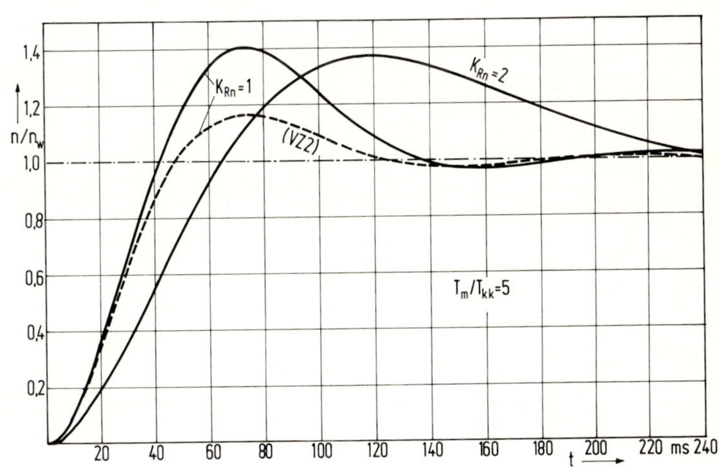


Bild 6.08-4

(d) $\gamma = T_m/T_{kk} = 0{,}12/0{,}0073 = 16{,}4$

Symmetrische Optimierung $K_{Rn(sym)} = \sqrt{\gamma} = \sqrt{16{,}4} = 4{,}05$

mit Anhang 9 $\Delta x_{m(sym)} = 0{,}165$ $\quad t_A = 7{,}8T_{kk} = 7{,}8 \cdot 0{,}0073 = 0{,}057$ s.

Unsymmetrische Optimierung $K_{Rno} = 1{,}7$; $\Delta x_m = 0{,}18$ ,

$t_A = 3{,}2T_{kk} = 3{,}2 \cdot 0{,}0073 = 0{,}023$ s

$C_{12} = K_{Rno} T_{kk}/R_v = 1{,}7 \cdot 0{,}0073/10^4 = 1{,}24\ \mu F$

$R_{12} = T_m/C_{12} = 0{,}12/1{,}24 \cdot 10^{-6} = 97\ k\Omega$.

Ein Vergleich dieser Beschaltung mit der des zugehörigen Stromreglers (Beispiel 6.07) zeigt, daß der Drehzahlregler auf kürzere Integrationszeit und größere Proportionalverstärkung eingestellt wird.

(e) Ist dem Drehzahlregelkreis ein weiterer Regelkreis (zum Beispiel ein Wegregelkreis) überlagert, so ist die rechnerische Ermittlung seines Zeitverhaltens, $F_n(q)$ ist dritter Ordnung, mit erheblichem Aufwand verbunden. Es ist deshalb zu empfehlen, den Drehzahlregelkreis durch ein VZ2-Glied anzunähern.

$F_{on}(q) = \frac{1}{K_{Rn}} \frac{1+\gamma q}{\gamma q} \frac{1}{q(1+q)}$ läßt sich, wenn $\gamma \gg 1$ ist, durch

$F^*_{on}(q) = \frac{1}{K_{Rn}} \frac{1}{q(1+q)}$ annähern.

Ein wesentlicher Abbildungsfehler tritt im Bereich $q < 1/\gamma$ auf, d.h. im Einschwingbereich der Übergangsfunktion. Der Anfangsbereich wird dagegen genau wiedergegeben.

$$L\left\{n^*(\tau)/n_W\right\} = \frac{1}{q[1+1/F^*_{on}(q)]} = \frac{1}{K_{Rn}} \frac{1}{q(q^2+q+1/K_{Rn})} = \frac{1/K_{Rn}}{q(q+q_1)(q+q_2)}$$

$q_{1,2} = 0,5 \mp j0,87$ •—o

$n^*(\tau)/n_W = 1-1,16e^{-0,5\tau}\cos(0,87\tau-0,52)$

$n^*(t)/n_W = 1-1,16e^{-25t}\cos(43t-0,52)$.

Die Ersatz-Übergangsfunktion ist in Bild 6.08-4 gestrichelt eingezeichnet. Der Ersatzfrequenzgang des geschlossenen Regelkreises ist

$F^*_n(j\omega) = 1/[1+K_{Rn}j\omega T_{kk}+K_{Rn}(j\omega T_{kk})]$.

## 6.09 PD-Regler an Regelstrecke, bestehend aus Integralglied und VZ2-Glied - Weg-geregelter Gleichstromantrieb mit unterlagertem Drehzahl- und Stromregelkreis.

Der in Beispiel 6.08 behandelte drehzahlgeregelte Gleichstromantrieb kann durch einen zusätzlichen, überlagerten Wegregler zu einem Stellantrieb ausgebaut werden. Die Differenz zwischen Sollposition $h_W$ und Istposition h bestimmt den Drehzahlsollwert. Der Wegregler kann eine PI-Struktur oder eine PD-Struktur haben. Der Drehzahlregelkreis läßt sich durch ein VZ2-Glied annähern. Da zwischen dem Weg h und der Drehzahl n die Beziehung $h=K\int n dt$ besteht, liegt bei einem PI-Wegregler wieder ein doppelt integrierender Regelkreis vor. Das Beispiel 6.08 hat gezeigt, daß ein derartiger Regelkreis sicher zu stabilisieren ist, allerdings muß, wegen des begrenzten Phasenrandes, immer mit einer gewissen Überschwingweite der Hauptregelgröße gerechnet werden. Bei Stellantrieben muß aber das Überschwingen auf kleine Werte begrenzt werden. Es gibt auch Antriebe, bei denen ein Überschwingen nicht erlaubt ist. Bei einem Vorschubantrieb einer Werkzeugmaschine würde im Falle eines

Überschwingens der Werkzeugstahl unter Umständen in das Werkstück hineinlaufen und zerstört werden.
Eine günstigere Regelstruktur erhält man mit einem PD-Wegregler. Mit ihm wird die doppelte Integration vermieden. Allerdings besitzt der PD-Regler Hochpaßeigenschaften, so daß ein sorgfältiger Schutz des Regelkreises, gegenüber mittelfrequenten Störspannungen, notwendig ist.

Gegeben:
Frequenzgang des geschlossenen Drehzahlregelkreises
$F_n(j\omega)= 1/[1+j\omega T_n+(j\omega T_n)^2]$ ; $T_n$=20 ms
PD-Wegregler nach Bild 6.09-1 mit $R_v$=40 kΩ, $R_{21}$=2 kΩ, Weg-Stellzeit bei Grenzmoment des Stellmotors $T_s$=0,5 s.
Gesucht:
(a) Frequenzgang des geschlossenen Regelkreises
(b) Frequenzkennlinien des offenen Regelkreises
(c) Reglereinstellung ohne Überschwingen der Regelgröße
(d) Reglereinstellung mit Überschwingen der Regelgröße

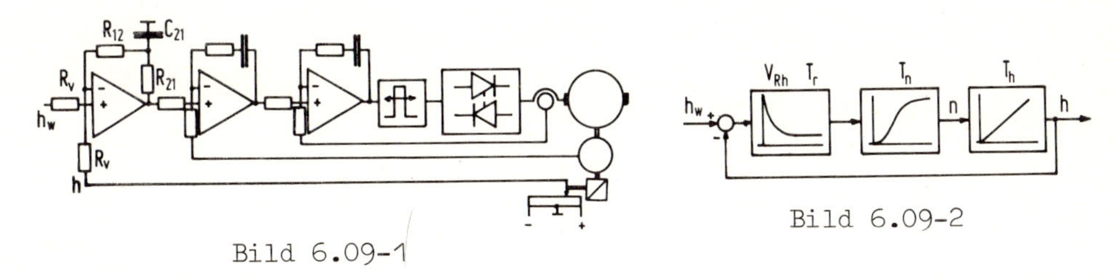

Bild 6.09-1

Bild 6.09-2

<u>Lösung:</u>

(a) In Bild 6.09-1 ist der Wegregelkreis mit dem unterlagerten Drehzahl- bzw. Stromregelkreis wiedergegeben. Hier ist die Schaltung des PD-Reglers mit einer verzögerten Rückführung *Abschnitt 7.43* gewählt. Da bei einem Stellglied beide Momentenrichtungen und beide Drehrichtungen auftreten, ist als Stellglied ein Vierquadranten-Stromrichter oder, bei kleineren Leistungen, ein Vierquadranten-Transistorverstärker (zum Beispiel nach Bild 4.04-1) erforderlich. Das Wegmeßglied ist in Bild 6.09-1 als ein über ein Getriebe mitlaufendes Potentiometer angedeutet. Ein höheres Auflösungsvermögen besitzt ein digitales Wegmeßglied, das auch erlaubt, den Sollwert digital vorzugeben.
Frequenzgang der Regelstrecke $F_s(j\omega)= 1/j\omega T_h[1+j\omega T_n+(j\omega T_n)^2]$
Frequenzgang des Reglers $F_R(j\omega)= V_{Rh}(1+j\omega T_r)=(R_{12}/R_v)(1+j\omega C_{21}R_{21})$.
Danach ergibt sich für den Wegregelkreis das in Bild 6.09-2 gezeigte Wirkschaltbild. In die Blöcke sind die Übergangsfunktionen der einzelnen Glieder eingezeichnet.

Mit den Abkürzungen $\beta = T_h/T_n$ ; $K_{Rh} = T_r/T_n$

erhält man für den offenen Regelkreis

$$F_{oh}(j\omega) = F_R(j\omega)F_s(j\omega) = \frac{V_{Rh}}{\beta}\,\frac{1+j\omega K_{Rh}T_n}{\omega T_n}\,\frac{1}{1+j\omega T_n+(j\omega T_n)^2}$$

und für den geschlossenen Regelkreis

$$F_h(j\omega) = \frac{1}{1+1/F_{oh}(j\omega)} = \frac{V_{Rh}(1+j\omega K_{Rh}T_n)}{V_{Rh}(1+j\omega K_{Rh}T_n)+j\omega T_n\beta[1+j\omega T_n+(j\omega T_n)^2]}$$

$$F_h(j\omega) = \frac{V_{Rh}}{\beta}\,\frac{1+j\omega K_{Rh}T_n}{(j\omega T_n)^3+(j\omega T_n)^2+(1+V_{Rh}K_{Rh}/\beta)j\omega T_n+V_{Rh}/\beta}$$

Wird gesetzt $j\omega T_n = q$ , so ist

$$F_h(q) = \frac{V_{Rh}}{\beta}\,\frac{1+K_{Rh}q}{q^3+q^2+(1+V_{Rh}K_{Rh}/\beta)q+V_{Rh}/\beta}$$

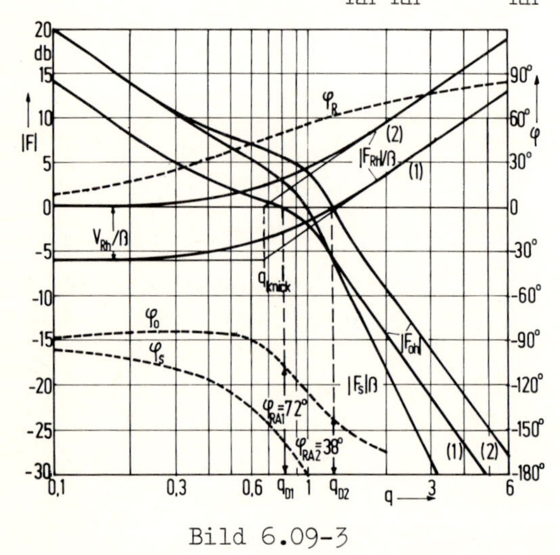


Bild 6.09-3

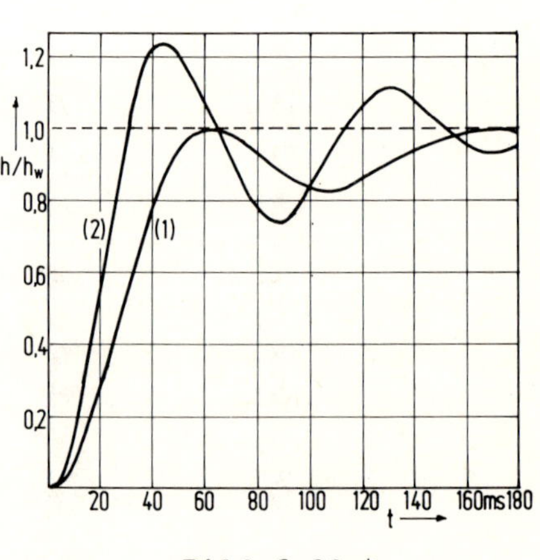


Bild 6.09-4

(b) Hier sollen die Frequenzkennlinien der Strecke und des Reglers getrennt in Bild 6.09-3 aufgetragen werden. Regelstrecke

$\beta F_s(q) = 1/q(1+q+q^2)$ $\qquad \beta|F_s(q)| = 1/\,|q|\sqrt{(1-|q|^2)^2+|q|^2}$

und $\varphi_s = -90^\circ - \arctan[\,|q|/(1-|q|^2)]$.

Bei $|q| = 1$ beträgt die Phasendrehung $\varphi_s = -180^\circ$.

Für den Regler mit $F_R(q)/\beta = (V_{Rh}/\beta)(1+K_{Rh}q)$ sind die Frequenzkennlinien $|F_R(q)|/\beta = (V_{Rh}/\beta)\sqrt{1+K_{Rh}^2|q|^2}$ und $\varphi_R = \arctan K_{Rh}|q|$ aufgetragen.

Der Regler liefert eine entgegengesetzte Phasendrehung wie die Regelstrecke von maximal $90^\circ$. Der Knickpunkt der Betragskennlinie $|F_R(q)|/\beta$ muß knapp unterhalb von $|q| = 1$ liegen, da oberhalb von

$|q| = 1$ der Winkel $\varphi_S$ schon so groß ist, daß $\varphi_R$ nicht mehr ausreicht, um einen genügend großen Phasenrand sicherzustellen. Deshalb wird die Knickfrequenz $q_{knick} = 0{,}667$ gewählt und man erhält, wegen $K_{Rh} q_{knick} = 1$, die Reglerkonstante $K_{Rh} = 1{,}5$.

Nachdem $K_{Rh}$ festgelegt ist, kann das Regelverhalten nur noch über den Faktor $V_{Rh}/ß$ beeinflußt werden. In Bild 6.09-3 sind die Frequenzkennlinien $|F_{Rh}|/ß$ für (1) $V_{Rh}/ß = 0{,}5$ und (2) $V_{Rh}/ß = 1{,}0$ eingezeichnet. Die Schnittpunkte der Betragskennlinien des offenen Regelkreises legen fest: (1) $q_{D1} = 0{,}9$; $\varphi_{RA} = 72^\circ$ und (2) $q_{D2} = 1{,}23$; $\varphi_{RA} = 38^\circ$.

(c) Die Konstanten $V_{Rh}/ß = 0{,}5$; $K_{Rh} = 1{,}5$ in die Gleichung für $F_h(q)$ eingesetzt

$F_h(q) = \dfrac{0{,}5+0{,}75q}{q^3+q^2+1{,}75q+0{,}5}$ . Die zugehörige Übergangsfunktion ist

$$h(\tau)/h_w = L^{-1}\left\{F_h(q)/q\right\} = L^{-1}\left\{\frac{0{,}5+0{,}75q}{q(q+q_1)(q+q_2)(q+q_3)}\right\}$$

$q_1 = 0{,}33$ ; $q_2 = 0{,}34-j1{,}19$ ; $q_3 = 0{,}34+j1{,}19$

$$\bullet\!\!-\!\!\circ \quad h(\tau)/h_w = 1-0{,}55e^{-0{,}33\tau}-0{,}53e^{-0{,}34\tau}\cos(1{,}19\tau-0{,}55); \quad \tau = t/T_n = 50\,t$$

$$h(t)/h_w = 1-0{,}55e^{-16{,}4t}-0{,}53e^{-16{,}9t}\cos(59{,}5t-0{,}55).$$

In Bild 6.09-4 ist diese Übergangsfunktion aufgetragen. Es tritt gerade kein Überschwingen auf. Die Übergangsfunktion setzt voraus, daß $h_w$ so klein ist, daß kein unterlagerter Regelkreis in die Begrenzung geht.

Reglerbeschaltung

$$F_R(j\omega) = V_{Rh}(1+j\omega K_{Rh}T_n) = (R_{12}/R_v)(1+j\omega C_{21}R_{21}).$$

Durch Koeffizientenvergleich ergibt sich

$K_{Rh}T_n = C_{21}R_{21}$ ; $C_{21} = K_{Rh}T_n/R_{21} = 1{,}5\cdot 0{,}02/2000 = 15\ \mu F$

$V_{Rh} = R_{12}/R_v$ ; $R_{12} = V_{Rh}R_v = (V_{Rh}/ß)(T_h/T_n)R_v = 0{,}5\cdot 0{,}5\cdot 40\cdot 10^3/0{,}02 = 500\ k\Omega.$

(d) Für $V_{Rh}/ß = 1{,}0$ ; $K_{Rh} = 1{,}5$ ist

$F_h(q) = \dfrac{1+1{,}5q}{q^3+q^2+2{,}5q+1}$ ; $h(\tau)/h_w = L^{-1}\left\{\dfrac{1+1{,}5q}{q(q+q_1)(q+q_2)(q+q_3)}\right\}$

$q_1 = 0{,}44$ ; $q_2 = 0{,}28-j1{,}48$ ; $q_3 = 0{,}28+j1{,}48$

$$\bullet\!\!-\!\!\circ \quad h(\tau)/h_w = 1-0{,}34e^{-0{,}44\tau}-0{,}7e^{-0{,}28\tau}\cos(1{,}48\tau-0{,}33); \quad \tau = t/T_n = 50\,t$$

$$h(t)/h_w = 1-0{,}34e^{-22t}-0{,}7e^{-14t}\cos(74t-0{,}33).$$

Die Übergangsfunktion ist in Bild 6.09-4 eingezeichnet (2). Jetzt tritt ein Überschwingen von ca. 25% auf.

Reglereinstellung: $C_{21} = 15\ \mu F$

$R_{12} = (V_{Rh}/\beta)(T_h/T_n)R_v = 1 \cdot 0{,}5 \cdot 40 \cdot 10^3/0{,}02 = 1\ M\Omega.$

# 7. Gleichstrom-Regelantriebe

## 7.01 Gleichstromantrieb mit einfachem Drehzahlregelkreis

Ein konstanterregter Gleichstrommotor mit den Kenndaten: $P_{MN}=93$ kW, $U_{AN}=440$ V, $n_N=8$ 1/s, $\eta_M=0{,}905$ (ohne Erregerleistung), $J_M=6{,}9$ kgm$^2$, $R_{AM}=$ $= 0{,}19\ \Omega$, $L_A=6{,}2$ mH ist belastet durch eine Arbeitsmaschine mit dem Trägheitsmoment $J_L=17{,}5$ kgm$^2$. Stellglied: Stromrichter in vollgesteuerter Drehstrombrückenschaltung (VDB). Regelung: Einfacher Drehzahlregelkreis mit PI-Regler und Schwellwert-Strombegrenzung auf $M_{Mm}=1{,}5\ M_{MN}$. Widerstand der Zuleitung $R_{Lt}=0{,}02\ \Omega$. Der Drehzahlregler ist auf eine maximale Überschwingweite von $\Delta x_m=0{,}11$ einzustellen $M_L= M_{MN}$.

Gesucht:

(a) Regelkreiskonstanten

(b) Führungs-Übergangsfunktion

(c) Grenz-Sollwertstoß ohne Strombegrenzung

(d) Reglerbeschaltung

(e) Last-Übergangsfunktion

(f) Lastverhalten des ungeregelten Motors.

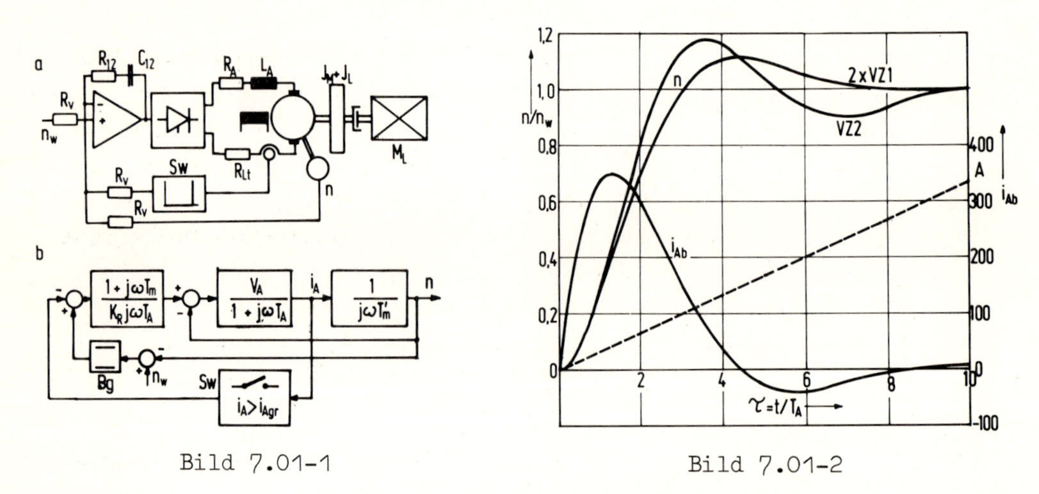


Bild 7.01-1 Bild 7.01-2

Lösung:

(a) Das Bild 7.01-1a zeigt die Antriebsanordnung. Der Innenwiderstand des Stellgliedes und seine Totzeit werden vernachlässigt.

Nenn-Ankerstrom $I_{AN} = P_{MN}/\eta_M U_{AN} = 93000/0{,}905 \cdot 440 = 233{,}5$ A

Nennmoment $M_{MN} = P_{MN}/2\pi n_N = 93000/2\pi \cdot 8 = 1850$ Nm

Verstärkungsfaktor Ankerkreis

$V_A = U_{AN}/I_{AN}(R_{AM}+R_{Lt}) = 440/233{,}5(0{,}19+0{,}02) = 9{,}0$

Ankerkreiszeitkonstante

$T_A = L_A/(R_{AM}+R_{Lt}) = 6{,}2 \cdot 10^{-3}/(0{,}19+0{,}02) = 29{,}5$ ms

Nenn-Anlaufzeitkonstante

$T_m' = 2\pi(J_M+J_L)n_N/M_{MN} = 2\pi(6{,}9+17{,}5)8/1850 = 0{,}663$ s

Kurzschluß-Anlaufzeitkonstante $T_m = T_m'/V_A = 0{,}663/9 = 73{,}7$ ms

(b) Führungsfrequenzgang des Motors allein

$$F_M(j\omega) = \frac{n(j\omega)/n_N}{U_A(j\omega)/U_{AN}} = \frac{1}{1+j\omega T_m+(j\omega)^2 T_m T_A}$$

und mit der Abkürzung $m = T_m/T_A = 73{,}7/29{,}5 = 2{,}5$

$$F_M(j\omega) = \frac{1}{1+mj\omega T_A+m(j\omega T_A)^2} = \frac{1}{1+2{,}5j\omega T_A+2{,}5(j\omega T_A)^2}$$

Näherung durch zwei VZ1-Glieder

$$F_M^*(j\omega) = \frac{1}{(1+mj\omega T_A)(1+j\omega T_A)} = \frac{1}{1+3{,}5j\omega T_A+2{,}5(j\omega T_A)^2} .$$

Da das Zeitverhalten des Stellgliedes vernachlässigt wird, ist

$F_s(j\omega) = F_M(j\omega)$

Reglerfrequenzgang $F_R(j\omega) = (1+j\omega T_r)/j\omega T_R$ .

Es wird $T_r = T_m$ und $T_R = K_R T_A$ gesetzt.

In Bild 7.01-1b ist das Wirkschaltbild des Antriebes wiedergegeben. Im normalen Betrieb ist das Schwellwert-Begrenzungsglied Sw unwirksam. Erst wenn $i_A$ die Stromgrenze erreicht, tritt Sw in Aktion und anstelle der Drehzahlregelung erfolgt nun eine Grenzstromregelung. Wie in *Abschnitt 8.27* ausgeführt, muß die Drehzahlregelabweichung $(n-n_w)$ durch ein Glied Bg begrenzt werden, damit die normale Drehzahlregelung nicht den Begrenzungseinfluß aufhebt.

$K_R$ soll mit dem Näherungsfrequenzgang $F_M^*$ ermittelt werden

$$F_o^*(j\omega) = F_M^*(j\omega)F_R(j\omega) = \frac{1}{(1+mj\omega T_A)(1+j\omega T_A)} \frac{1+mj\omega T_A}{K_R j\omega T_A} = \frac{1}{K_R j\omega T_A(1+j\omega T_A)} .$$

Die Bemessung von $K_R$ erfolgt nach Anhang 8. Für $\Delta x_m = 0{,}11$ läßt sich $K_R = 1{,}3$ entnehmen. Die Übergangsfunktion ergibt sich mit $q = j\omega T_A$ aus

$$L\{n(\tau)/n_w\} = \frac{F^*(q)}{q} = \frac{1}{q[1+1/F_o^*(q)]} = \frac{1}{q(1+K_R q+K_R q^2)} \qquad \tau = t/T_A$$

$$\bullet\!\!-\!\!\circ \quad \frac{n(\tau)}{n_w} = 1-(1-K_R/4)^{-0{,}5} e^{-0{,}5\tau} \cos[\sqrt{(4-K_R)/4K_R}\,\tau-\varphi]$$

$\varphi = \arctan[1/\sqrt{(4-K_R)/K_R}]$ $\qquad K_R = 1,3$ eingesetzt

$$n(\tau)/n_w = 1-1,22e^{-0,5\tau}\cos[0,72\tau-0,61] \qquad (1)$$

Die Übergangsfunktion ist in Bild 7.01-2 aufgetragen. Zur Kontrolle soll die genaue Übergangsfunktion ermittelt werden.

$$F_o(j\omega) = \frac{1}{1+2,5j\omega T_A+2,5(j\omega T_A)^2}\,\frac{1+2,5j\omega T_A}{1,3j\omega T_A}$$

$$F(q) = \frac{1+2,5q}{1+3,8q+3,25q^2+3,25q^3} \qquad L\left\{\frac{n(\tau)}{n_w}\right\} = \frac{F(q)}{q}$$

$$\bullet\!\!-\!\!\circ \quad n(\tau)/n_w = 1-0,22e^{-0,324\tau}-0,86e^{-0,34\tau}\cos[0,915\tau-0,44] \qquad (2)$$

Auch diese Übergangsfunktion ist in Bild 7.01-2 eingezeichnet. Die tatsächliche maximale Überschwingweite ist $\Delta x_m = 0,17$. Berücksichtigt man, daß die Konstanten $T_A$, $T_m$ und $V_A$ von dem Betriebszustand des Antriebes abhängen und somit in einem mehr oder weniger großen Bereich schwanken, so ist die Nachbildung des Motorfrequenzganges durch zwei VZ1-Glieder gerechtfertigt.

(c) Die aus der Übergangsfunktion abzulesende Anregelzeit $t_A = 2,5T_A = 0,074$ s ist nicht bei beliebig großen Sollwertänderungen vorhanden. Voraussetzung ist, daß der Beschleunigungsstrom fließen kann, und somit die Strombegrenzung nicht anspricht. Der Beschleunigungsstrom des konstanterregten Gleichstrommotors ist

$$i_{Ab}(\tau) = \frac{I_{AN}}{M_{MN}T_A}2\pi(J_M+J_L)\frac{dn}{d\tau} \qquad (3)$$

Gl.(1) in Gl.(3) eingesetzt

$$i_{Ab}(\tau) = 800e^{-0,5\tau}[0,5\cos(0,72\tau-0,61)+0,72\sin(0,72\tau-0,61)]n_w$$

$$i_{Ab}(\tau) = n_w 700e^{-0,5\tau}\sin 0,72\tau \qquad (4)$$

Der Maximalwert wird bei $\tau_m = 1,34$ erreicht. Dieser Wert in Gl.(3) eingesetzt, ergibt

$$I_{Abm} = n_w 700e^{-0,67}\sin(0,72\cdot 1,34) = n_w 294,4 \qquad (5)$$

Die Strombegrenzung setzt ein bei $I_{Agr} = 1,5I_{AN} = 350$ A.

Dann ist der Sollwertstoß, bei dem gerade der Grenzstrom erreicht wird

$$n_w = I_{Agr}/294,4 = 350/294 = 1,19\ 1/s\,.$$

Dieser Wert in Gl.(4) eingesetzt, ergibt

$$i_{Ab}(\tau) = 833e^{-0,5\tau}\sin 0,72\tau\,.$$

In Bild 7.01-2 ist diese Funktion wiedergegeben.

Bei einem größeren Sollwertstoß setzt die Strombegrenzung ein, und der Übergang erfolgt erheblich langsamer. Dieser Fall soll als nächstes betrachtet werden. Der größte Sollwertstoß tritt auf, wenn bei stehendem Motor der Nenndrehzahlsollwert $n_w = n_N$ aufgeschaltet wird.

$$i_{Ab}(\tau) = 700\cdot 8e^{-0,5\tau}\sin 0,72\tau \qquad (6)$$

Die Stromgrenze wird erreicht im Zeitpunkt $\tau_{gr}$

$$350 = 700\cdot 8e^{-0,5\tau_{gr}}\ \sin 0,75\tau_{gr}\ .$$

Da $\tau_{gr} \ll 1$ ist, ist Reihenentwicklung zulässig

$$350/700\cdot 8 = 0,0625 = (1-0,5\tau_{gr})0,75\tau_{gr}$$

$$\tau_{gr}^2 - 2\tau_{gr} + 0,1668 = 0 \qquad \tau_{gr} = 1-\sqrt{1-0,1668} = 0,0872\ .$$

Sobald die Stromgrenze erreicht ist, gilt

$$M_b = 1,5M_{MN} = 2\pi\frac{n_N}{T_A}\frac{d(n/n_N)}{d\tau}(J_M+J_L)$$

$$\frac{n\ (\tau)}{n_N} = \frac{1,5M_{MN}T_A}{2\pi n_N(J_M+J_L)}\tau = \frac{1,5\cdot 1850\cdot 0,0295}{2\pi\cdot 8\cdot 24,4}\tau = 0,0667\tau\ .$$

Die Hochlaufgerade ist in Bild 7.01-2 gestrichelt eingezeichnet. Die Nenndrehzahl wird erst bei $\tau = 15$ ; $t = 15\cdot 0,0295 = 0,443$ s erreicht.

(d) Die Reglerbeschaltung liefert der Koeffizientenvergleich

$$F_R(j\omega) = \frac{1+j\omega C_{12}R_{12}}{j\omega C_{12}R_v} = \frac{1+j\omega T_m}{j\omega K_R T_A} = \frac{1+j\omega 0,0737}{j\omega 1,3\cdot 0,0295}$$

$$C_{12} = \frac{K_R T_A}{R_v} = \frac{1,3\cdot 0,0295}{22\cdot 10^3} = 1,74\ \mu F\ ; \quad R_{12} = \frac{T_m}{C_{12}} = \frac{0,0737}{1,74\cdot 10^{-6}} = 42,4\ k\Omega.$$

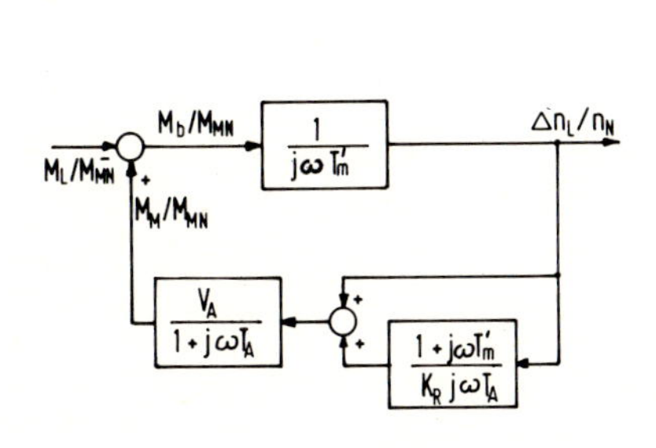


Bild 7.01-3

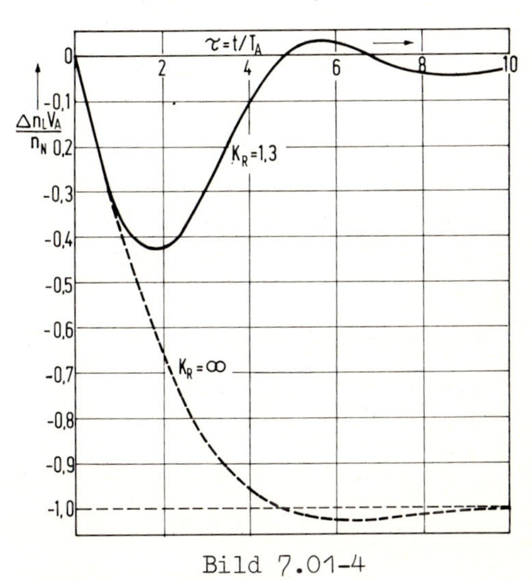


Bild 7.01-4

(e) Durch die Einstellung des Reglers auf optimales Führungsverhalten ist auch das Lastverhalten festgelegt. Es soll der zeitliche Verlauf der Drehzahl ermittelt werden, wenn der unbelastete Motor stoßartig mit Nennmoment belastet wird. Der Drehzahlsollwert ist dabei konstant. In Bild 7.01-3 ist das Wirkschaltbild für das Lastverhalten angegeben. Daraus läßt sich der Frequenzgang ablesen.

Vorwärtszweig $F_v(j\omega) = \frac{1}{j\omega T_m V_A}$ (7)

Rückführzweig $F_{Rf}(j\omega) = \frac{V_A}{1+j\omega T_A}\left[1+\frac{1+j\omega T_m}{K_R j\omega T_A}\right]$ (8)

Frequenzgang des geschlossenen Regelkreises

$$F_L(j\omega) = \frac{\Delta n_L(j\omega)/n_N}{\Delta M_L(j\omega)/M_N} = \frac{-F_v(j\omega)}{1+F_v(j\omega)F_{Rf}(j\omega)} \quad (9)$$

Dabei ist $\Delta n$ die Drehzahländerung, hervorgerufen durch die Laständerung $\Delta M_L$. Die Gl.(7) und Gl.(8) in Gl.(9) eingesetzt, ergeben nach einigen Umformungen

$$F_L(j\omega) = \frac{1}{V_A}\,\frac{-j\omega T_A(1+j\omega T_A)}{(j\omega T_A)^2 j\omega T_m + j\omega T_m j\omega T_A + j\omega T_A(1+T_m/K_R T_A)+1/K_R}$$

und mit $q = j\omega T_A$ und $m = T_m/T_A$

$$F_L(q) = \frac{-1}{V_A m}\,\frac{q(1+q)}{q^3+q^2+q(1/K_R+1/m)+1/K_R m} \qquad m = 2,5\ ;\quad K_R = 1,3\ ;\quad V_A = 9$$

$$F_L(q) = -\frac{0,4}{V_A}\,\frac{q(1+q)}{q^3+q^2+1,17q+0,308} \quad (10)$$

Die Bildfunktion der Übergangsfunktion ist

$$L\{\Delta n_L(\tau)/n_N\} = F_L(q)/q = -\frac{0,4}{V_A}\,\frac{1+q}{q^3+q^2+1,17q+0,308} = \frac{-0,4(1+q)V_A}{(q+q_1)(q+q_2)(q+q_3)}$$

$q_1 = 0,324$ ; $q_2 = 0,338-j0,915$ ; $q_3 = 0,338+j0,915$ •—○

$$\frac{\Delta n_L(\tau)}{n_N} = -\frac{0,4}{V_A}\left[\frac{q_1-1}{(q_1-q_2)(q_3-q_1)}e^{-q_1\tau}+\frac{q_2-1}{(q_2-q_1)(q_3-q_2)}e^{-q_2\tau}+\frac{q_3-1}{(q_3-q_1)(q_2-q_3)}e^{-q_3\tau}\right]$$

$$V_A\frac{\Delta n_L(\tau)}{n_N} = -0,323e^{-0,324\tau}+0,539e^{-0,338\tau}\cos(0,915\tau+0,929)\,.$$

Die Übergangsfunktion ist in Bild 7.01-4 aufgetragen. Der maximale Drehzahleinbruch beträgt

$\Delta n_{Lm} = -0,425 n_N/V_A = -0,425\cdot 8/9 = -0,378$ 1/s .

Auch hier ist Voraussetzung, daß die Stromgrenze nicht überschritten wird. Die Übergangsfunktion hat bei $\tau = 3,5$ die größte Steigung

$$\left(\frac{dn(\tau)/n_N}{d\tau}\right)_m = \frac{0,5}{V_A(4,5-2)} = \frac{0,5}{9\cdot 2,5} = 0,0222$$

Somit ist das Beschleunigungsmoment (Aufholen des Drehzahleinbruchs)

$$M_{bm} = 2\pi \frac{n_N}{T_A}(J_M + J_L)\frac{dn/n_N}{d\tau} = 2\pi \cdot 8 \cdot 24{,}4 \cdot 0{,}0222/0{,}0295 = 923 \text{ Nm}.$$

Das maximale Moment des Motors ergibt sich zu

$$M_{Mm} = M_{MN} + M_{bm} = 1850 + 923 = 2773 \text{ Nm}.$$

Dabei wird gerade noch nicht die Stromgrenze erreicht.

(f) Das Lastverhalten des ungeregelten Motors ergibt sich aus dem Wirkschaltbild 7.01-3 für $K_R = \infty$. Dadurch wird der den Regler darstellende Block unwirksam.

$K_R = \infty$ in die Übertragungsfunktion Gl.(10) eingesetzt

$$F_L(q) = \frac{-1}{V_A m} \frac{1+q}{q^2+q+1/m} = -\frac{0{,}4}{V_A} \frac{1+q}{q^2+q+0{,}4}$$

$$L\left\{\frac{\Delta n_L(\tau)}{n_N}\right\} = \frac{F_L(q)}{q} = -\frac{0{,}4}{V_A} \frac{1+q}{q(q+q_1)(q+q_2)}$$

$q_1 = 0{,}5 - j0{,}387$ ; $q_2 = 0{,}5 + j0{,}387$ ●—○

$$V_A \frac{\Delta n_L(\tau)}{n_N} = -1 + 1{,}033 e^{-0{,}5\tau} \cos(0{,}387\tau - 0{,}253).$$

In diesem Fall beträgt der maximale Drehzahleinbruch ($\tau = 7$)

$$\Delta n_{Lm} = -1{,}024 n_N / V_A = -1{,}024 \cdot 8/9 = -0{,}910 \text{ 1/s}$$

und ist 2,4 mal so groß, wie bei geregeltem Betrieb. Außerdem ist eine bleibende Drehzahlabweichung von

$\Delta n_{L\infty} = -8/9 = -0{,}889$ 1/s vorhanden.

Die Übergangsfunktion ist gestrichelt in Bild 7.01-4 aufgetragen.

## 7.02 Regelung eines S-Rollensystems auf konstanten Bandzug

Zur Förderung von kontinuierlichen Warenbahnen sind meist mehrere Antriebe erforderlich, die über die Warenbahn miteinander gekoppelt sind. Davon bestimmt ein Antrieb, der Leitantrieb, die Warengeschwindigkeit, während die anderen sich dieser Geschwindigkeit anzupassen und meist die Warenbahn unter konstantem Zug zu halten haben. Bei Stahlbändern ist zur Übertragung des Zuges, wegen der glatten Bandoberfläche, ein aus drei Rollen bestehendes S-Rollensystem erforderlich. Die großen Umschlingungswinkel stellen sicher, daß ein ausreichender Zug schlupffrei übertragen werden kann.

In einer Bandbeschichtungsanlage, deren Nenn-Bandgeschwindigkeit $V_N = 20$ m/s beträgt, soll über ein S-Rollensystem, nach Bild 7.02-1, ein Bandzug von $F_z = 5000$ N ausgeübt werden. Die Anlage wird in $t_a = 8$ s hochgefahren, bzw. stillgesetzt. Rollendurchmesser $d_R = 0{,}8$ m, Trägheitsmoment einer Rolle $J_R$=80 kgm$^2$. Wirkungsgrad der mechanischen Übertragungsglieder $\eta_m$=0,88. Die drei Gleichstrommotoren werden aus einem gemeinsamen Stromrichter in Gegenparallelschaltung gespeist. Die Zug-Istwerterfassung erfolgt

1. über den Motorstrom
2. über die Druckmeßdose einer gelenkig gelagerten Rolle

Gesucht:

(a) Bemessung der Motoren
(b) Bemessung des Stromrichters
(c) Dynamische Einstellung des Zugreglers
(d) Verhalten bei einer Änderung der Bandgeschwindigkeit

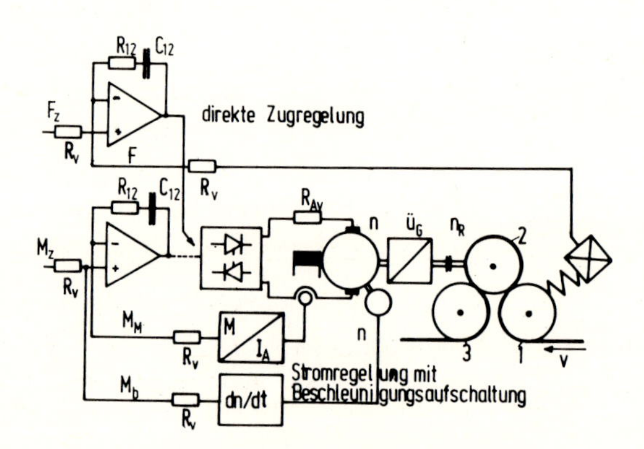


Bild 7.02-1

Lösung:

(a) Nenn-Rollendrehzahl $n_{RN}= V_N/\pi d_R= 20/\pi\cdot 0,8 = 7,96$ 1/s,

Getriebeübersetzung $ü_G= n_{RN}/n_N= 2,6$;

Motornenndrehzahl $n_N= n_{RN}ü_G= 7,96\cdot 2,6 = 20,7$ 1/s,

Beharrungsmoment an der Motorwelle, wenn der Zug sich gleichmäßig auf die drei Rollen aufteilt

$M_z= F_z d_R/3\cdot 2\eta_m ü_G= 5000\cdot 0,8/3\cdot 2\cdot 0,88\cdot 2,6 = 291$ Nm.

Beharrungsleistung $P_z= 2\pi n_N M_z= 2\pi\cdot 20,7\cdot 291 = 37,85$ kW,

Gewählter Motor $n_N= 20,7$ 1/s, $P_{MN}= 38,5$ kW, $U_{AN}= 400$ V, $I_{AN}= 104$ A,

Überlastungsfähigkeit $M_{Msp}=2,0 M_{MN}$ für 10 s, $J_M= 1,75$ kgm$^2$,

$R_{AM}=0,12\ \Omega$, $L_A= 6,0$ mH, $M_{MN}= 38500/2\pi\cdot 20,7 = 296$ Nm,

$M_{Msp}= 2\cdot 296 = 592$ Nm.

Trägheitsmoment des Getriebes $J_G= 2,5$ kgm$^2$, damit ergibt sich das gesamte Trägheitsmoment zu $J_{ges}= J_M+J_G+J_R/ü_G^2= 16,1$ kgm$^2$.

Beschleunigungsmoment beim Anlauf

$$M_b = 2\pi J_{ges} \frac{n_N}{\eta_m t_a} = \frac{2\pi \cdot 16{,}1 \cdot 20{,}7}{0{,}88 \cdot 8} = 297 \text{ Nm}$$

Spitzenmoment $M_{Msp} = M_z + M_b = 291 + 297 = 588$ Nm .

Beim Abbremsen der Anlage muß jeder Motor das Verzögerungsmoment

$M_{br} = 2\pi J_{ges} \eta_m (-n_N/t_a) = -2\pi \cdot 16{,}1 \cdot 0{,}88 \cdot 21{,}7/8 = -241{,}5$ Nm

aufbringen. Das Bremsmoment ist kleiner als das Beharrungsmoment, so daß keine Momentenumkehr erfolgt. Allerdings muß auch bei einem Bandriß (Beharrungsmoment null) das S-Rollensystem in 8 s stillgelegt werden, so daß eine Momentenumkehr notwendig wird.

Bisher ist vorausgesetzt worden, daß die Momentenaufteilung auf die drei Motoren gleichmäßig ist. Das läßt sich durch die Einzelspeisung der drei Motoren mit je einer Stromregelung sicherstellen. Hier wird, um den Aufwand niedriger zu halten, eine Sammelschienenspeisung vorgesehen. Eine annähernd gleiche Momentenaufteilung zwischen den drei Motoren wird durch die Ankervorwiderstände erreicht. Die Vorwiderstände werden im praktischen Betrieb unterschiedlich gewählt. Den kleinsten oder keinen Vorwiderstand erhält die Auslaufrolle 3. Hier soll der Einfachheit halber bei der Bestimmung der Reglereinstellung mit einem mittleren Vorwiderstand gerechnet werden $R_{Av} = (R_{Av1} + R_{Av2} + R_{Av3})/3 = 0{,}10\ \Omega$ .

Der Gesamtstrom-Istwert wird im Gleichstromkreis vorzeichenrichtig erfaßt.

Motor Quellenspannung $U_{AqN} = U_{AN} - I_{AN} R_{AM}$ $400 - 104 \cdot 0{,}12 = 387{,}5$ V.

Mit dem Vorwiderstand $R_{Av} = 0{,}1\ \Omega$ und $I_A = 2I_{AN}$ ist nach Gleichung

$n/n_N = [U_A - I_A(R_{AM} + R_{Av})]/U_{AqN}$

für $n = n_N$ die Ankerspannung

$U_{Am} = U_{AqN} + I_A(R_{AM} + R_{Av}) = 387{,}5 + 208(0{,}1 + 0{,}12) = 433$ V erforderlich.

(b) In Bild 7.02-2 ist der Leistungsteil der Antriebsanordnung wiedergegeben. Für den Stromrichter wird eine kreisstromfreie Gegenparallelschaltung gewählt.

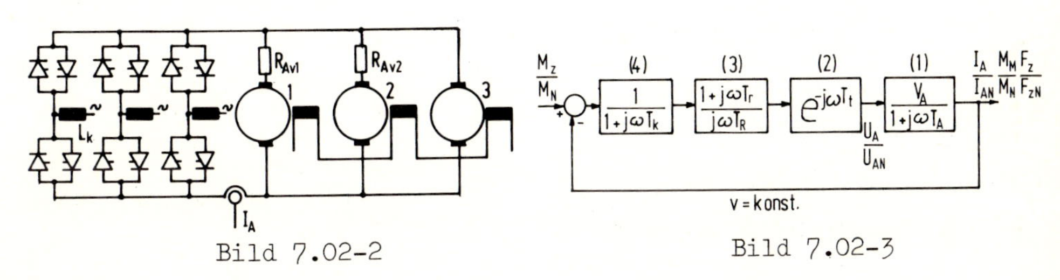


Bild 7.02-2 Bild 7.02-3

Zur Bemessung des Stromrichters werden folgende Werte zugrunde gelegt

Netzspannung $U_s = 380\ V \pm 5\%$

Kommutierungsdrosseln, entsprechend $u_{kT} = 0{,}04$

Ideelle Leerlaufspannung $U_{di} = \sqrt{2}\cdot 3U_{sN}/\pi = \sqrt{2}\cdot 3\cdot 380/\pi = 513{,}2\ V$

Induktiver Spannungsabfall $d_{xN} = 0{,}5u_{kT} = 0{,}02$

Netzspannungsfaktor $d_{u-} = 0{,}95$

Motorstrom beim Beschleunigen unter Zug

$I_{Am} = I_{AN}(M_b+M_z)/M_{MN} = 104(291+297)/296 = 206{,}6\ A.$

Es gilt $U_{di} = \dfrac{U_{AqN}+I_{Am}(R_{AM}+R_{Av})}{d_{u-}\cos\alpha - d_{xN}I_{Am}/I_{AN}}$

$$\cos\alpha = \left(\frac{U_{AqN}+I_{Am}(R_{AM}+R_{Av})}{U_{di}} + d_{xN}\frac{I_{Am}}{I_{AN}}\right)\frac{1}{d_{u-}}$$

$$\cos\alpha = \left(\frac{387{,}5+206{,}6(0{,}12+0{,}1)}{513{,}2} + 0{,}02\frac{206{,}6}{104}\right)\frac{1}{0{,}95} = 0{,}93\ ;\quad \alpha_{min} = 21{,}6^o.$$

Im Gleichrichterbetrieb ist genügend Regelreserve vorhanden. Der Arbeitspunkt $U_{AqN}$, $I_{Am}$ ist zulässig.

Motorstrom beim Verzögern ohne Zug

$I_A = I_{AN}M_{br}/M_{MN} = -104\cdot 241{,}5/296 = 85\ A$

Der Zündwinkel errechnet sich bei Wechselrichterbetrieb aus der Gleichung

$$\cos\alpha = \left[\frac{-U_{Aq}+I_A(R_{AM}+R_{Av})}{U_{di}} + d_{xN}\frac{I_A}{I_{AN}}\right]\frac{1}{d_{u-}}$$

$$= \left[\frac{-387{,}5+85(0{,}12+0{,}1)}{513{,}2} + 0{,}02\frac{85}{104}\right]\frac{1}{0{,}95} = -0{,}74\ ;\quad \alpha_m = 138^o$$

Überlappungswinkel $\mu = \arccos[\cos\alpha - 2d_{xN}I_A/I_{AN}] - \alpha$

$$\mu = \arccos[\cos 138^o - 0{,}04\cdot 85/104] - 138^o = 3^o$$

Sicherheitswinkel $\alpha_{si} = 180^o - \alpha_m - \mu = 180^o - 138^o - 3^o = 39^o.$

Auch der Sicherheitswinkel ist ausreichend.

Bemessung der Thyristoren

Störspannungsfaktor $d_{st} = 1{,}4$, Netzspannungsfaktor $d_{u+} = 1{,}05$.

Periodische Spitzensperrspannung

$U_{RRM} \geq \sqrt{2}\,U_{sN}d_{u+}d_{st} \geq \sqrt{2}\cdot 380\cdot 1{,}05\cdot 1{,}4 = 790\ V$

gewählt $U_{RRM} = 800\ V.$

Thyristorstrom $I_{Tar} = 3I_{AN}M_z/3M_{MN} = 104\cdot 291/296 = 102\ A$

$$I_{Teff} = \sqrt{3}\,I_T = \sqrt{3}\,102 = 177\ A$$

Wegen der gleichmäßigen Dauerbelastung, es handelt sich hier um eine durchlaufende Anlage, empfiehlt es sich, den Thyristor mit verstärkter Luftkühlung zu versehen.
Thyristortyp BSt N5553 (Siemens).
Grenzgleichstrom bei $120^o$ Stromflußwinkel mit Kühlkörper LK18 und Fremdbelüftung (42 l/s) $I_T = 185$ A.
Überstrom für 8 s bei 60% Vorbelastung $I_{Ts} = 370$ A.
Grenzlastintegral $W_{gr} = 110000\ A^2s$.
Die zugehörigen Schmelzsicherungen werden aus Anhang 2 entnommen.
Sicherungsnennstrom $I_{si} = 200$ A, Klemmfassung, Ausschaltintegral $50000\ A^2s$.

(c) Bei konstanter Bandgeschwindigkeit und damit konstanter Motordrehzahl ist der Motorstrom ein Maß für den Bandzug. Bei einer Beschleunigung wird sich dagegen der Bandzug vermindern und bei einer Verzögerung erhöhen. Sind Beschleunigung, bzw. Verzögerung konstant, so läßt sich die Zugabweichung durch eine konstante Änderung des Zugsollwertes beseitigen. Ist dagegen mit beliebigen Änderungen der Bandgeschwindigkeit zu rechnen, muß die Beschleunigung durch Differenzieren der Tachometermaschinenspannung ermittelt und als Störgrößenaufschaltung zusätzlich an den Zugregler gelegt werden.
Der Zug wird auch dadurch unabhängig von Beschleunigung und Verzögerung, wenn der Bandzug über eine schwenkbare S-Rolle und eine Druckmeßdose direkt gemessen und als Istwert verwendet wird. In Bild 7.02-1 sind beide Regelungsarten angegeben.
Das Bild 7.02-3 zeigt die Regelstruktur bei konstanter Bandgeschwindigkeit. Sie berücksichtigt, daß Strom- und Momentenänderungen keinen Einfluß auf die Drehzahl haben. Das entspricht dem Betriebszustand des Gleichstrommotors für $T_m = \infty$. Der Block (1) stellt den Ankerkreis, der Block (2) den Stromrichter, der Block (3) den PI-Regler dar. In Block (4) sind alle Verzögerungen zusammengefaßt, die bei der Istwertbildung und dem vor dem Regler liegenden Tiefpaß auftreten.

$F_R(j\omega) = (1 + j\omega T_r)/j\omega T_R$.

Wird gesetzt $T_r = T_A$ , $T_R = K^*_{Rt} T_k$ so ergibt sich für den offenen Regelkreis der Frequenzgang

$$F_o(j\omega) = \frac{V_A e^{-j\omega T_t}}{K^*_{Rt} j\omega T_k (1 + j\omega T_k)} = \frac{e^{-j\omega T_k t_t}}{K_{Rt} j\omega T_k (1 + j\omega T_k)} \qquad K_{Rt} = K^*_{Rt}/V_A$$

Die Regelkreiskonstanten sind:
Mittlere Ankerkreiszeitkonstante $T_A = L_A/(R_A + R_{Av}) = 36$ ms,

Totzeit $T_t = 3$ ms, Glättungszeitkonstante $T_k = 12$ ms, mittlerer Ankerkreisverstärkungsfaktor $V_A = U_{AN}/I_{AN}(R_{AM}+R_{Av}) = 400/104 \cdot 0{,}17 = 23$

Nenn-Anlaufzeitkonstante $T_m' = 2\pi J_{ges} n_N / M_{MN} = 2\pi \cdot 16{,}1 \cdot 20{,}7/296 = 7{,}07$ s

Kurzschluß-Anlaufzeitkonstante $T_m = T_m'/V_A = 7{,}07/23 = 0{,}31$ s,

bezogene Totzeit $t_t = T_t/T_k = 3/12 = 0{,}25$ s.

Für diese bezogenen Totzeit und für eine maximale Überschwingweite von $\Delta x_m = 0{,}15$ läßt sich aus Anhang 8, $K_{Rt} = 1{,}7$ entnehmen. Damit ergibt sich der Reglerfrequenzgang

$$F_R(j\omega) = \frac{1+j\omega T_A}{j\omega T_k V_A K_{Rt}} = \frac{1+j\omega 0{,}036}{j\omega 0{,}012 \cdot 23 \cdot 1{,}7} = \frac{1+j\omega 0{,}036}{j\omega 0{,}469} = \frac{1+j\omega C_{12} R_{12}}{j\omega C_{12} R_v} .$$

Die Bewertungswiderstände werden zu $R_v = 44$ kΩ gewählt.

Koeffizientenvergleich

$C_{12} R_v = 0{,}469$ s $\qquad C_{12} = 0{,}469/44 \cdot 10^3 = 10{,}6$ µF

$C_{12} R_{12} = 0{,}036$ s $\qquad R_{12} = 0{,}036/10{,}6 \cdot 10^{-6} = 3{,}4$ kΩ .

Bei direkter Zugregelung ist, im Falle konstanter Bandgeschwindigkeit, die gleiche Regelkreisstruktur vorhanden, nur daß in Bild 7.02-3 rechts von Block (1) noch ein Block $M_M/M_{MN} \rightarrow F_z/F_{zN}$ mit dem Übertragungsfaktor 1 anzuordnen ist. Die beiden Regelkreise zeigen jedoch unterschiedliche Regeleigenschaften bei einer Änderung der Bandgeschwindigkeit. Die Bandgeschwindigkeit hat den Einfluß einer Störgröße, die bei der normalen Stromregelung außerhalb, bei der direkten Zugregelung innerhalb des Regelkreises angreift.

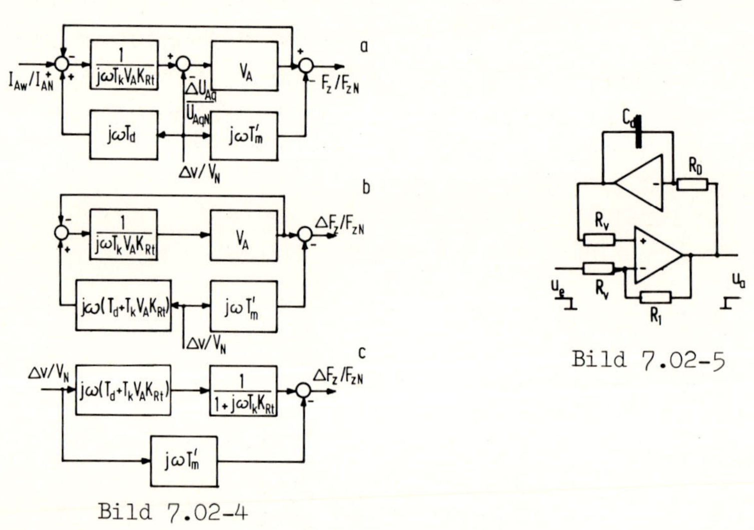


Bild 7.02-4

Bild 7.02-5

(c) Stromregelung mit Störgrößenaufschaltung

Bei konstanter Bandgeschwindigkeit ist der Motorstrom ein Maß für den Bandzug. Bei einer Beschleunigung wird, wenn man konstanten

Motorstrom voraussetzt, der Bandzug vermindert, bei einer Verzögerung erhöht. Sind Beschleunigung und Verzögerung konstant, so läßt sich die Zugabweichung durch die Aufschaltung eines konstanten Zusatz-Stromsollwertes beseitigen. Derartig einfache Verhältnisse liegen bei Bandbehandlungsanlagen (processing lines) nicht vor, vielmehr muß mit unterschiedlichen Geschwindigkeitsänderungen gerechnet werden. Die Istbeschleunigung kann durch Differenzierung der Tachometermaschinenspannung ermittelt werden. Das Beschleunigungssignal wird als Zusatzsollwert an den Stromregler gelegt.

Eine Vereinfachung ergibt sich daraus, daß sich die Bandgeschwindigkeit, wegen der in Bewegung befindlichen großen Massen, nur verhältnismäßig langsam ändern kann. Bei der Betrachtung der Störgrößenaufschaltung können die Totzeit, die Glättungszeitkonstante und die Ankerkreiszeitkonstante unberücksichtigt bleiben, das heißt, zu null gesetzt werden. Dann ergibt sich das Wirkschaltbild 7.02-4a. Darin ist $j\omega T_d$ das den Drehzahleinfluß beseitigende Vorhalteglied. Wird der Angriffspunkt der Quellenspannung nach links verschoben, so muß, nach Bild 7.04-4b, ein Korrekturglied $j\omega T_k V_A K_{Rt}$ eingefügt werden. Nach Beseitigung der Gegenkopplungsschleife erhält man für die beschleunigungsbedingte Zugabweichung Bild 7.04-4c. Da die Zeitkonstante des Verzögerungsgliedes mit $T_k K_{Rt} = 0{,}02$ s sehr klein gegen $T_m' = 7{,}07$ s ist, läßt sich der Beschleunigungseinfluß auf den Bandzug durch folgende Bemessung von $T_v$ beseitigen

$T_d + T_k V_A K_{Rt} = T_m'$ $\qquad$ $T_d = T_m' - T_k V_A K_{Rt} = 7{,}07 - 0{,}012 \cdot 23 \cdot 1{,}7 = 6{,}6$ s.

Das Bild 7.02-5 zeigt die Schaltung des Vorhaltegliedes. Der Gegenkopplungszweig hat den Frequenzgang $-1/j\omega C_d R_d$. Die Gesamtanordnung hat dann unter der Voraussetzung $R_1 \gg R_v$ den Frequenzgang $F_d(j\omega) = j\omega C_d R_d$. Wird $R_d = 500$ kΩ gewählt, so ist

$C_d = T_d/R_d = 6{,}6/0{,}5 \cdot 10^6 = 13{,}2$ µF.

Aus Bild 7.02-4c läßt sich entnehmen

$$F_n(j\omega) = \frac{\Delta F_z(j\omega)/F_{zN}}{\Delta V(j\omega)/V_N} = \frac{j\omega(T_d + T_k V_A K_{Rt})}{1 + j\omega T_k K_{Rt}} - j\omega T_m' \qquad \text{für } T_d = T_m' - T_k V_A K_{Rt}$$

$$F_n(j\omega) = T_m'\left(\frac{j\omega}{1 + j\omega T_k K_{Rt}} - j\omega\right).$$

Es soll der Verlauf des Zuges beim Anfahren (Rampenfunktion) berechnet werden

$$L\left\{\Delta F_z(t)/F_{zN}\right\} = \frac{1}{t_A p^2} T_m'\left(\frac{p}{1 + pT_k K_{Rt}} - p\right) = \frac{T_m'}{t_A}\left(\frac{1}{p(1 + pT_k K_{Rt})} - \frac{1}{p}\right)$$

$$\bullet\!\!-\!\!\circ \quad \Delta F_z(t)/F_{zN} = T_m'/t_A[(1 - e^{-t/T_k K_{Rt}}) - 1] = -(T_m'/t_A)e^{-t/T_k K_{Rt}}$$

$$\Delta F_z(t)/F_{zN} = -(7{,}07/8)e^{-t/0{,}012\cdot 1{,}7} = -0{,}88e^{-49t}.$$

Im ersten Augenblick des Anfahrens sind nur 12% des Nennzuges vorhanden. Die Abweichung wird in ca. 60 ms abgebaut.

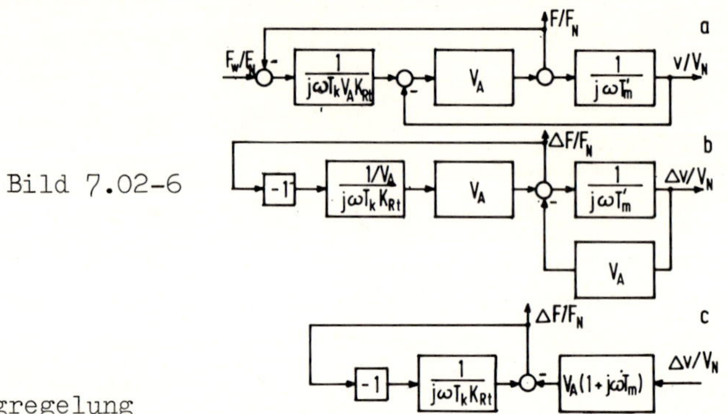


Bild 7.02-6

Direkte Zugregelung

Die Wirkschaltung bei direkter Zugregelung zeigt Bild 7.02-6a, wenn wieder $\omega T_A$, $\omega T_k \ll 1$ angenommen werden. Verschiebt man den Angriffspunkt der Quellenspannung nach rechts, so lassen sich nach Bild 7.02-6b der Ankerkreis und der Massenkreis entkoppelt darstellen. Da hier nur die vorübergehende Abweichung des Bandzuges $\Delta F_z$ bei einer Geschwindigkeitsänderung von $\Delta v$ interessiert, kann die Wirkschaltung, nach Bild 7.02-6c, weiter vereinfacht werden, und es läßt sich ablesen

$$(\Delta F_z/F_{zN})(1/j\omega T_k K_{Rt}) - (\Delta v/V_N)V_A(1+j\omega T_m) = \Delta F_z/F_{zN}$$

$$(\Delta F_z/F_{zN})[1+1/j\omega T_k K_{Rt}] = -V_A(1+j\omega T_m)\Delta v/V_N$$

$$\Delta F_z/F_{zN} = -V_A T_k K_{Rt}\frac{j\omega(1+j\omega T_m)}{1+j\omega T_k K_{Rt}}\Delta v/V_N .$$

Für den Anlaufvorgang wird wieder gesetzt $\Delta v = \Delta t V_N/t_A$

$$L\left\{\Delta F_z(t)/F_{zN}\right\} = \frac{1}{t_A p^2}[-V_A T_k K_{Rt}\frac{p(1+pT_m)}{1+pT_k K_{Rt}}]$$

$$= -\frac{V_A T_k K_{Rt}}{t_A}[\frac{1}{T_k K_{Rt}}\frac{1}{p(p+1/T_k K_{Rt})} + \frac{T_m}{T_k K_{Rt}}\frac{1}{p+1/T_k K_{Rt}}] \quad \bullet\!\!-\!\!\circ$$

$$\Delta F_z(t)/F_{zN} = -\frac{V_A T_k K_{Rt}}{t_A}[1-e^{-t/T_k K_{Rt}} + \frac{T_m}{T_k K_{Rt}}e^{-t/T_k K_{Rt}}] =$$

$$= -\frac{V_A T_k K_{Rt}}{t_A}[1+(\frac{T_m}{T_k K_{Rt}}-1)e^{-t/T_k K_{Rt}}]$$

Im ersten Augenblick ist $\Delta F_z(0)/F_{zN} = V_A T_m/t_A = T'_m/t_A = 0{,}88$

$$\Delta F_z(t)/F_{zN} = -\frac{23\cdot 0{,}012\cdot 1{,}7}{8}[1+(\frac{0{,}31}{0{,}012\cdot 1{,}7}-1)e^{-t/0{,}012\cdot 1{,}7}]$$

$$F_z(t)/F_{zN} = -0{,}058[1+14e^{-49t}]$$

Im ersten Augenblick ist die Zugabweichung genauso groß wie bei Stromregelung mit Störgrößenaufschaltung. Im weiteren Verlauf des Anfahrvorganges geht aber die Zugabweichung auf 5,8% herunter. Während des übrigen Bandlaufes verschwindet die Zugabweichung.

## 7.03 Quellenspannungsregelung eines Leonardantriebes

Wird ein gesteuerter Gleichstromantrieb nachträglich auf Drehzahlregelung umgestellt, so bereitet mitunter der Anbau einer Tachometermaschine Schwierigkeiten. Die Drehzahl läßt sich dann über Motor-Quellenspannung erfassen. Der Motor-Feldstrom muß allerdings über einen gesonderten Feldstromregelkreis konstant gehalten werden.

Gegeben ist ein Leonardantrieb mit folgenden Kenndaten:

Motor-Nennleistung $P_{MN}$=71 kW, Nenndrehzahl $n_N$=25 1/s, Nenn-Ankerspannung $U_{AN}$=400 V, Wirkungsgrad $\eta_M$=0,87; Motor-Trägheitsmoment $J_M$=0,75 $kgm^2$ Ankerwiderstand $R_{AM}$=0,22 Ω, Ankerinduktivität $L_A$=2,7 mH, Feldzeitkonstante $T_e$=0,8 s, Nenn-Erregerstrom $I_{eN}$=8 A, Nenn-Erregerspannung $U_{eN}$= =150 V, Leonardgenerator der gleichen Maschinentype, Leitungswiderstand der Verbindung Motor/Generator $R_{Lt}$=0,15 Ω, Last-Trägheitsmoment $J_L$= =1,30 $kgm^2$.

Vorstehender gesteuerter Antrieb soll auf Quellenspannungsregelung umgerüstet werden.

Gesucht:

(a) Spannungsistwerterfassung

(b) Regelungstechnische Konstanten

(c) Stromrichterbemessung

(d) Einstellung des PI-Reglers, Zeitverhalten

(e) Drehzahlsteuerung

(f) Zeitverhalten ohne Quellenspannungsregelung

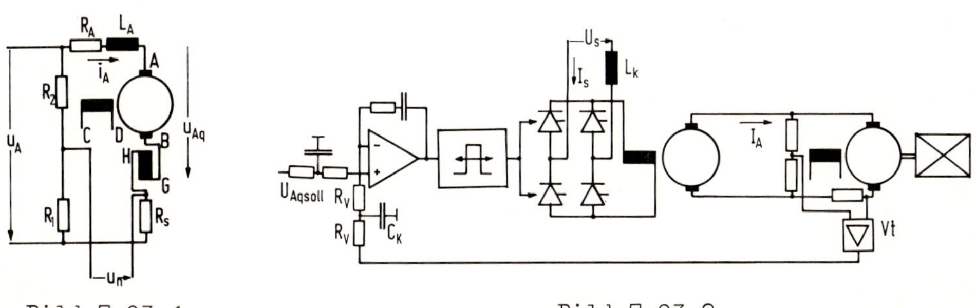


Bild 7.03-1

Bild 7.03-2

Lösung:

(a) In Bild 7.03-1 ist die Schaltung zur Erfassung der Quellenspannung angegeben. Als Shunt $R_s$ kann der Widerstand der Wendepole gewählt werden, wenn die Verbindung BG herausgeführt ist. Vorteilhaft ist der gleiche Temperaturgang des Wendepolwiderstandes und des Ankerwiderstandes $R_{AM}$. Im vorliegenden Fall wird ein äußerer Widerstand von $R_s = 10\ m\Omega$ vorgesehen. Der Spannungsteiler $R_1$, $R_2$ bildet mit $R_{AM}$ und $R_s$ eine praktisch unbelastete Brückenschaltung. Es ist

$$u_n(j\omega) = u_A(j\omega)R_2/(R_1+R_2) - [u_{Aq}(j\omega) + i_A(j\omega)(R_{AM}+j\omega L_A)] \qquad (1)$$

$$i_A(j\omega) = \frac{u_A(j\omega) - u_{Aq}(j\omega)}{R_{AM}+R_s+j\omega L_A} \qquad (2)$$

In Gl.(1) eingesetzt

$$u_n(j\omega) = u_A(j\omega)\frac{R_2}{R_1+R_2} - u_{Aq}(j\omega) - [u_A(j\omega) - u_{Aq}(j\omega)]\frac{R_{AM}+j\omega L_A}{R_{AM}+R_s+j\omega L_A}$$

und für $R_{AM} \gg j\omega L_A$

$$u_n(j\omega) = u_A(j\omega)[\frac{R_2}{R_1+R_2} - \frac{R_{AM}}{R_{AM}+R_s}] - u_{Aq}(j\omega)[1 - \frac{R_{AM}}{R_{AM}+R_s}] \qquad (3)$$

Die erste Klammer wird null für

$R_2/(R_1+R_2) = R_{AM}/(R_{AM}+R_s)$ $\qquad\qquad R_1 = R_2[(R_{AM}+R_s)/R_{AM} - 1]$.

Mit $R_2 = 10^4\ \Omega$ erhält man

$R_1 = 10^4[(0{,}22+0{,}01)/0{,}22 - 1] = 455\ \Omega$.

Damit ist $u_n(j\omega) = -u_{Aq}(j\omega)R_s/(R_{AM}+R_s) = -0{,}0435 u_{Aq}(j\omega)$.

(b) Gesamter Ankerkreiswiderstand

$R_A = 2R_{AM}+R_s+R_{Lt} = 0{,}44+0{,}01+0{,}15 = 0{,}6\ \Omega$.

Ankerkreiszeitkonstante $T_A = 2L_A/R_A = 2\cdot 2{,}7\cdot 10^{-3}/0{,}6 = 0{,}009$ s.

$T_A$ gilt für ungesättigten Betrieb. In der Umgebung des Nennarbeitspunktes nimmt $L_A$ ab, so daß auch $T_A$ kleiner wird.

$I_{AN} = P_{MN}/\eta_M U_{AN} = 71000/0{,}87\cdot 400 = 204$ A

$V_A = U_{AN}/R_A I_{AN} = 400/0{,}6\cdot 204 = 3{,}27$

$M_{MN} = P_{MN}/2\pi n_N = 71000/2\pi\cdot 25 = 452$ Nm.

Nenn-Anlaufzeitkonstante

$T'_m = 2\pi(J_M+J_L)n_N/M_{MN} = 2\pi(0{,}75+1{,}3)25/452 = 0{,}712$ s

Kurzschluß-Anlaufzeitkonstante $T_m = T'_m/V_A = 0{,}712/3{,}27 = 0{,}218$ s.

Es ist $T_e > T_m \gg T_A$.

(c) Die Deckenspannung der Generatorfeldwicklung muß, wie in Beispiel 5.06 ausgeführt, wesentlich größer als die Nennerregerspannung sein soll nicht bei einem größeren Sollwertstoß der Stromrichter in die Aussteuerungsbegrenzung gehen. Es wird gewählt

$U_{dm} = 2U_{eN} = 300$ V ; $I_{dN} = I_{en}$ ; $I_{dm} = 1{,}2 I_{eN}$

Netzspannung $U_s = 380$ V +5%-8%

Transformator-Kurzschlußspannung $u_{kT} = 0{,}04$

Stromrichterschaltung: Vollgesteuerte einphasige Brückenschaltung

$d_{xN} = u_{kT}/\sqrt{2} = 0{,}04/\sqrt{2} = 0{,}028$ $\qquad d_{u-} = 0{,}92$

Eine Regelreserve wird nicht benötigt ($\alpha_r = 0$)

$$U_{di} = \frac{U_{dm}}{d_{u-}\cos\alpha_r - d_{xN} I_{dsp}/I_{dN}} = \frac{300}{0{,}92 - 0{,}028 \cdot 1{,}2} = 339 \text{ V}$$

$U_s = U_{di}\pi/2\sqrt{2} = 339 \cdot \pi/2\sqrt{2} = 378$ V $\qquad U_p = 380$ V.

Der Transformator hat das Übersetzungsverhältnis ü = 1, er kann somit durch eine Kommutierungsdrossel $L_k$ ersetzt werden.

Kommutierungsinduktivität $L_k = u_{kT}U_s/\omega I_{dN} = 0{,}04 \cdot 380/314 \cdot 8 = 6$ mH

Typenleistung der Drossel $S_k = I_d^2 \omega L_k = 64 \cdot 314 \cdot 6 \cdot 10^{-3} = 120$ VA.

(d) Das Bild 7.03-2 zeigt die gesamte Antriebsanordnung. Der Quellenspannungsistwert liegt, unter Zwischenschaltung eines Potentialtrennverstärkers Vt, an dem PI-Spannungsregler. Eine Ankerstrombegrenzung ist wegen des relativ großen Ankerkreiswiderstandes nicht vorgesehen. Die Reglerbeschaltung wird so eingestellt, daß eine Kompensation der großen Feldzeitkonstanten erfolgt. Wenn das gelingt, hat der Regelkreis eine hohe Grenzfrequenz, bedingt durch die kleine Ankerkreiszeitkonstante $T_A = 9$ ms und die noch kleinere Stromrichtertotzeit $T_t \approx 5$ ms. Da bei dem gegebenen Leonardgenerator im Nennbetriebspunkt eine erhebliche Sättigung auftritt, ist mit einer von $u_A$ abhängigen Fehlanpassung zu rechnen. Dadurch wird die Dämpfung des Regelkreises, wie in *Bild 7.26* gezeigt, verändert. Es ist deshalb zweckmäßig, die Grenzfrequenz des Regelkreises durch zusätzliche Glättungsglieder mit der Zeitkonstanten $T_k = R_v C_k/2 = 40$ ms herabzusetzen. Jetzt kann die Stromrichtertotzeit $T_t$ vernachlässigt werden.

In Bild 7.03-3 ist das vollständige Wirkschaltbild wiedergegeben. Der Frequenzgang des Vorwärtszweiges des Spannungsregelkreises ist für $T_t = 0$ und der Reglereinstellung $T_r = T_e$ und $T_R = K_R T_k$

$F_s(j\omega) = 1/[K_R j\omega T_k(1 + j\omega T_k)]$.

Für den Rückführzweig läßt sich ablesen

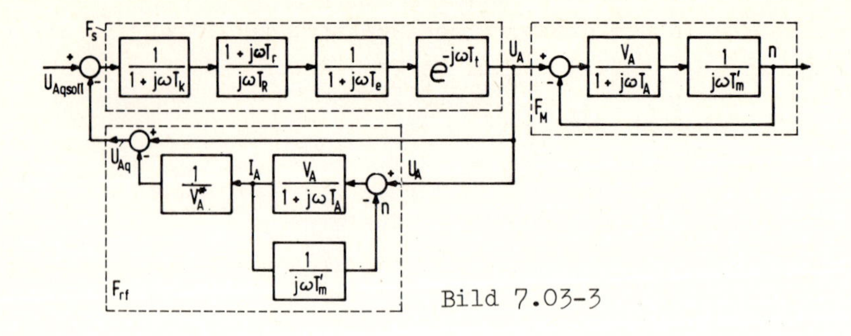


Bild 7.03-3

$$F_{rf}(j\omega) = 1 - \frac{1}{V_A^*}\,\frac{V_A/(1+j\omega T_A)}{1+V_A/j\omega T'_m(1+j\omega T_A)} = 1 - \frac{V_A}{V_A^*}\,\frac{j\omega T_m}{1+j\omega T_m+(j\omega)^2 T_m T_A}$$

mit $V_A^* = U_{AN}/I_{AN}R_A$. Die Konstanten eingesetzt

$$F_{rf}(j\omega) = 1 - \frac{j\omega 0,08}{1+j\omega 0,218+(j\omega)^2 0,002}$$

Das zweite Glied berücksichtigt den Einfluß der Drehzahländerung über den Ankerwiderstand. Wie aus Bild 7.03-4 zu ersehen ist, ändert sich bei einem Übergangsvorgang die Drehzahl verhältnismäßig langsam. Deshalb soll dieses Glied vernachlässigt werden $F_{rf}(j\omega) \approx 1$.

(e) Der Gesamtfrequenzgang ist

$$F(j\omega) = \frac{F_M(j\omega)}{F_{rf}(j\omega)+1/F_s(j\omega)} = \frac{1}{[1+j\omega T_m+(j\omega)^2 T_m T_A][1+K_R j\omega T_k+K_R(j\omega)T_k^2]}\,.$$

Infolge der kleinen Ankerkreiszeitkonstante läßt sich mit $q = j\omega T_k$ die Näherung schreiben

$$F(q) \approx \frac{1}{(1+qT_m/T_k)(1+K_R q+K_R q^2)} = \frac{T_k}{T_m K_R}\,\frac{1}{(q+T_k/T_m)(q^2+q+1/K_R)} \tag{4}$$

Für den Spannungsregelkreis allein gilt

$$F_u(q) = \frac{1}{K_R}\,\frac{1}{q^2+q+1/K_R} \tag{5}$$

Die Übergangsfunktion zu Gl.(5) ist

$$u_A(\tau)/U_{A1} = L^{-1}\{F_u(q)/q\} \qquad \tau = t/T_k$$

$$F_u(q)/q \;\bullet\!\!-\!\!\circ\; u_A(\tau)/U_{A1} = 1 - \frac{1}{b}\,e^{-(\sqrt{K_R}/2)\tau}\cos[b\tau - \arccos b]$$

$b = \sqrt{1-K_R/4}$. Es wird gewählt $K_R = 1,0$

$$u_A(\tau)/U_{A1} = 1 - 1,155 e^{-0,5\tau}\cos(0,866\tau - 0,524) \tag{6}$$

$U_{A1}$ ist der Endwert der Ankerspannung. Diese Übergangsfunktion ist nur vorhanden, wenn der Stromrichter nicht seine Aussteuergrenze erreicht. Deshalb muß $U_{A1} < U_{AN}$ sein.

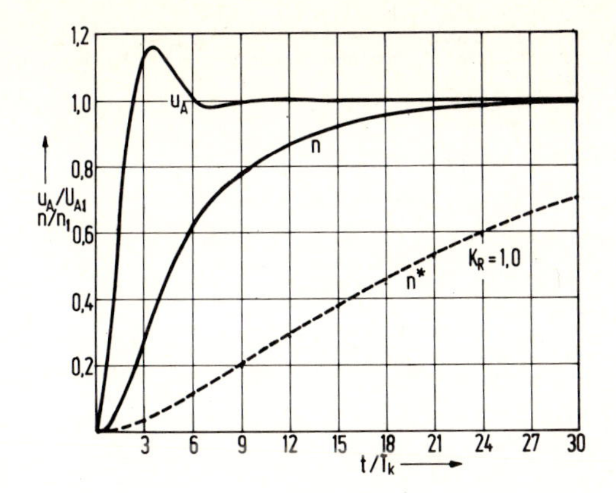


Bild 7.03-4

In Bild 7.03-4 ist Gl.(6) aufgetragen. Durch das verhältnismäßig hohe Überschwingen der Ankerspannung wird die Übergangsfunktion der Drehzahl verbessert. Die Übergangsfunktion der gesamten Anordnung errechnet sich aus

$$n(\tau)/n_1 = L^{-1}\{F(q)/q\} = L^{-1}\left\{\frac{T_k}{T_m K_R}\,\frac{1}{q(q+q_3)(q+q_1)(q+q_2)}\right\}$$

$$q_1 = \sqrt{K_R}/2 - jb = 0,5 - j0,866 \ ; \quad q_2 = \sqrt{K_R}/2 + jb = 0,5 + j0,866$$

$$q_3 = T_k/T_m = 0,04/0,218 = 0,183$$

$$F(q)/q \quad \bullet\!\!-\!\!\circ \quad n(\tau)/n_1 = 1 - 1,18e^{-0,183\tau} + 0,23e^{-0,5\tau}\cos(0,866\tau + 0,7) \qquad (7)$$

Gl.(7) ist ebenfalls in Bild 7.03-4 eingezeichnet.

(f) Ohne Quellspannungsregelung ist der Gesamtfrequenzgang

$$F^*(j\omega) \approx 1/(1+j\omega T_e)(1+j\omega T_m)$$

$$F^*(q) \approx 1/(1+qT_e/T_k)(1+qT_m/T_k) = 1/(1+q20)(1+q5,45)$$

$$\frac{F^*(q)}{q} = \frac{1}{109}\,\frac{1}{q(q+0,05)(q+0,183)} \quad \bullet\!\!-\!\!\circ$$

$$n^*(\tau)/n_1 = 1 - 1,376e^{-0,05\tau} + 0,376e^{-0,183\tau} \qquad (8)$$

Wie aus der gestrichelten Übergangsfunktion in Bild 7.03-4 zu ersehen ist, erfolgt jetzt die Drehzahländerung wesentlich langsamer. Die Drehzahl erreicht 95% ihres Endwertes mit Regelung nach 0,72 s und ohne Regelung nach 2,8 s.

## 7.04 Gleichstromantrieb mit Drehzahlregelung und unterlagertem Stromregelkreis

Hierbei handelt es sich um die Standardschaltung für Stromrichterantriebe. Die Optimierung der beiden Regelkreise wurde bereits in den Beispielen 6.07 und 6.08 behandelt. Hier soll, ausgehend von den Motordaten, ein Antrieb berechnet werden. Diese Schaltung findet weitgehend Anwendung, da sich durch den unterlagerten Stromregelkreis nicht nur der Betrag des Ankerstromes begrenzen, sondern auch dessen zeitlicher Verlauf beeinflussen läßt (zum Beispiel $di_A/dt$-Begrenzung). Weitere Vorteile dieser Schaltung sind eine wesentliche Dynamikverbesserung und eine sehr einfache regelungstechnische Einstellung.
Gegeben ist ein Gleichstrommotor mit folgenden Kenndaten: $P_{MN}$=89 kW, $n_N$=25,3 1/s, $U_{AN}$=400 V, $I_{AN}$=244 A, $R_{AM}$=0,086 Ω, $L_{AM}$=2 mH, $J_M$=1,2 kgm², Lastträgheitsmoment $J_L$=0,5 kgm². Kurzzeitig soll der Motor mit dem 1,7fachen Nennmoment belastbar sein. Netzspannung $U_s$=380 V ±5%. Die Speisung des Motors erfolgt über einen Stromrichter in kreisstromfreier Gegenparallelschaltung von zwei Drehstrombrückenschaltungen. Das Stromrichter-Zeitverhalten wird gekennzeichnet durch die Totzeit $T_t$=0,003 s. Widerstand der Verbindung Stromrichter-Motor $R_{Lt}$=0,04 Ω. Stellbereich $-n_N \leqq n \leqq n_N$.

Gesucht:

(a) Bemessung des Stromrichters

(b) Regelstruktur

(c) Einstellung des Stromregelkreises

(d) Einstellung des Stromreglers bei unerregtem Motor

(e) Einstellung des Drehzahlregelkreises

(f) Lastverhalten

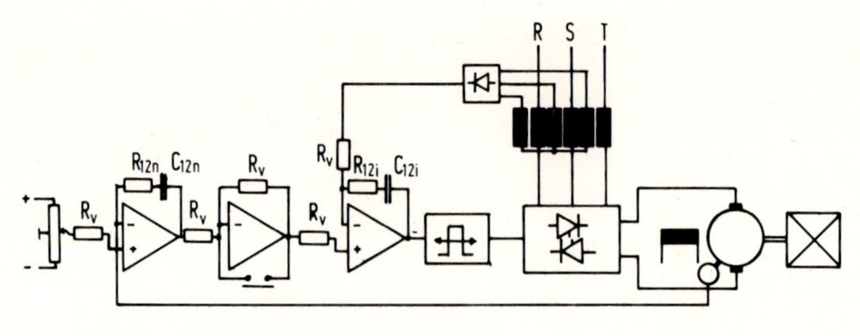


Bild 7.04-1

Lösung:

(a) Aus den gegebenen Daten lassen sich folgende Konstanten berechnen:
Nennmoment $M_{MN} = P_{MN}/2\pi n_N = 89000/2\pi \cdot 25{,}3 = 560$ Nm

Nenn-Quellenspannung $U_{AqN} = U_{AN} - I_{AN}R_{AM} = 400-244\cdot 0{,}086 = 379\ V$

Ankerkreiszeitkonstante, da keine Glättungsdrossel vorgesehen werden soll

$T_A = L_{AM}/(R_{AM}+R_{Lt}) = 2\cdot 10^{-3}/(86+40)10^{-3} = 0{,}016\ s$

Nenn-Anlaufzeitkonstante

$T'_m = 2\pi(J_M+J_L)n_N/M_{MN} = 2\pi(1{,}2+0{,}5)25{,}3/560 = 0{,}48\ s$

Ankerkreisverstärkung $V_A = U_{AN}/I_{AN}(R_{AM}+R_{Lt}) = 400/244(0{,}086+0{,}04) = 13$

Kurzschluß-Anlaufzeitkonstante $T_m = T'_m/V_A = 0{,}48/13 = 0{,}037\ s$

Der Stromrichter soll ohne Transformator aber mit Kommutierungsdrosseln betrieben werden.

Ideelle Leerlaufspannung $U_{di} = \sqrt{2}\cdot 3U_s/\pi = 513\ V$

Die Kommutierungsdrosseln werden für 4% Spannungsabfall $u_{kT} = 0{,}04$ bei Nennstrom bemessen

$I_{sN} = \sqrt{2/3}\, I_{AN} = \sqrt{2/3}\cdot 244 = 199\ A.$

Induktivität einer Kommutierungsdrossel

$L_k = 0{,}04U_s/\sqrt{3}\cdot 2\pi f I_{sN} = 0{,}04\cdot 380/\sqrt{3}\cdot 2\pi\cdot 50\cdot 199 = 0{,}14\ mH$

und ihre Typenleistung $S_k = I_{sN}^2 2\pi f L_k = 199^2\cdot 2\pi\cdot 50\cdot 0{,}14\cdot 10^{-3} = 1{,}74\ kVA$

Induktiver Spannungsabfall $d_{xN} = 0{,}5u_{kT} = 0{,}02$

Netzspannungsfaktor $d_{u-} = 0{,}95$

Kontrolle des Zündwinkels bei Gleichrichterbetrieb, Nenndrehzahl und Spitzenmoment

$$U_{di} = \frac{U_{AqN}+1{,}7I_{AN}(R_{Lt}+R_{AM})}{d_{u-}\cos\alpha_r - 1{,}7d_{xN}}$$

$$\cos\alpha_r = \frac{1}{d_{u-}}\left[\frac{U_{AqN}+1{,}7I_{AN}(R_{Lt}+R_{AM})}{U_{di}} + 1{,}7d_{xN}\right]$$

$$= \frac{1}{0{,}95}\left[\frac{379+1{,}7\cdot 244(0{,}04+0{,}086)}{513} + 1{,}7\cdot 0{,}02\right] = 0{,}921 \quad ; \quad \alpha_r = 23^o$$

Die Regelreserve ist mit $\alpha_r = 23^o$ ausreichend.

Kontrolle des Zündwinkels bei Wechselrichterbetrieb, Nenndrehzahl und Spitzenmoment

$$U_{di} = \frac{-U_{AqN}+1{,}7I_{AN}(R_{Lt}+R_{AM})}{d_{u-}\cos\alpha_m - 1{,}7d_{xN}}$$

$$\cos\alpha_m = \frac{1}{0{,}95}\left[\frac{-379+1{,}7\cdot 244(0{,}04+0{,}086)}{513} + 1{,}7\cdot 0{,}02\right] = -0{,}63 \quad ; \quad \alpha_m = 129{,}4^o.$$

Der Überlappungswinkel beträgt

$\mu = \arccos[\cos\alpha_m - 2\cdot 1{,}7d_{xN}] - \alpha_m = \arccos[-0{,}63-3{,}4\cdot 0{,}02] - 129{,}4 = 4{,}9^o.$

Dann ist der Sicherheitswinkel

$\alpha_{si} = 180^0 - \alpha_m - \mu = 180^0 - 129{,}4^0 - 4{,}9^0 = 45{,}7^0.$

Befindet sich die eingeschaltete Wechselrichtergruppe im Leerlauf, so ist

$\cos\alpha_{mo} = -U_{AqN}/d_{u-}U_{di} = -379/0{,}95 \cdot 513 = -0{,}78$ ; $\alpha_{mo} = 141^0$ ; $\alpha_{si} = 39^0.$

Es ist somit bei Belastung und Leerlauf ein genügender Abstand zur Kippgrenze vorhanden.

Periodische Spitzensperrspannung bei einem Störspannungsfaktor $d_{st} = 1{,}5$ und $d_{u+} = 1{,}05$

$U_{RRM} \geq \sqrt{2}\, U_s d_{u+} d_{st} = \sqrt{2} \cdot 380 \cdot 1{,}05 \cdot 1{,}5 = 846$ V , $U_{RRM} = 900$ V.

Die Thyristoren werden für Spitzenstrom bemessen

$I_{Tar} = 1{,}7 I_{AN}/3 = 1{,}7 \cdot 244/3 = 122$ A.

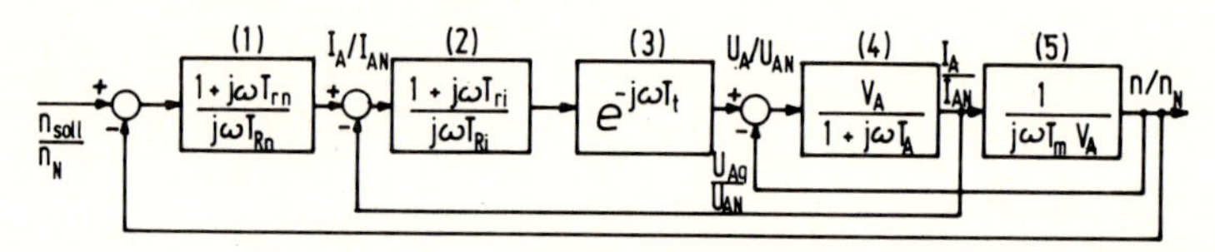


Bild 7.04-2

(b) In Bild 7.04-1 ist das Prinzipschaltbild der Antriebsanordnung wiedergegeben. Hinsichtlich des Betriebes der kreisstromfreien Gegenparallelschaltung wird auf Beisp.5.13 verwiesen. Die Wirkschaltung des Drehzahlregelkreises und des unterlagerten Stromregelkreises ist aus Bild 7.04-2 zu ersehen. Von den Blöcken stellt (1) den Drehzahlregler, (2) den Stromregler, (3) den Stromrichter, (4) den Ankerkreis und (5) die träge Masse dar. Alle Blöcke mit dem Übertragungsfaktor 1, wie $n/n_N \rightarrow U_{Aq}/U_{AN}$ und $I_A/I_{AN} \rightarrow M/M_N$, sind der Übersichtlichkeit halber fortgelassen worden.
Bei den folgenden regelungstechnischen Betrachtungen wird vorausgesetzt, daß keines der Glieder begrenzt ist. Diese Bedingung ist im Hinblick auf die Strombegrenzung des Stromrichters nur für kleine Sollwertänderungen der Drehzahl erfüllt. Bei großen Änderungen der Hauptstörgröße, des Lastmomentes, ist jedoch in der Regel kein Ansprechen einer Begrenzung zu befürchten.
In den Abschnitten (c) und (d) wird das Führungsverhalten betrachtet und dabei Leerlauf vorausgesetzt. Die gewonnenen Ergebnisse gelten auch für den Lastfall, wenn nur das Lastmoment drehzahlunabhängig konstant ist.

(c) Aus Bild 7.04-2 läßt sich das Wirkschaltbild des Stromregelkreises Bild 7.04-3 entnehmen. Frequenzgang des offenen Stromregelkreises

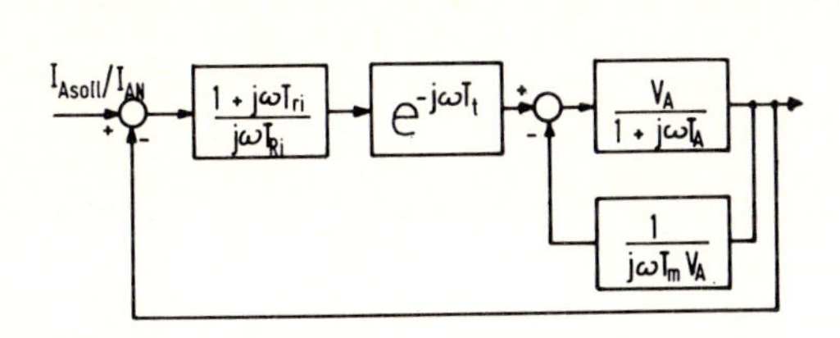


Bild 7.04-3

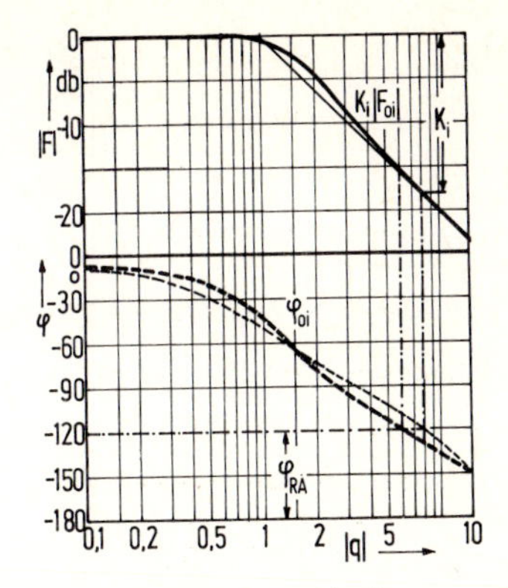


Bild 7.04-4

$$F_{oi}(j\omega)=\frac{1+j\omega T_{ri}}{j\omega T_{Ri}}e^{-j\omega T_t}\frac{V_A/(1+j\omega T_A)}{1+[V_A/(1+j\omega T_A)](1/j\omega T_m V_A)} \tag{1}$$

Einstellung des Stromreglers $T_{ri}=T_A$ ; $T_{Ri}=K_{Ri}T_A$

$$F_{oi}(j\omega)=\frac{1+j\omega T_A}{K_{Ri}j\omega T_A}e^{-j\omega T_t}\frac{j\omega T_m V_A}{1+j\omega T_m+(j\omega)^2 T_m T_A} \tag{2}$$

Wird gesetzt $q = j\omega T_m$ und werden die Abkürzungen

$m = T_m/T_A = 0{,}037/0{,}016 = 2{,}34$ ; $t_t = T_t/T_A = 0{,}003/0{,}016 = 0{,}19$

$K_i = K_{Ri}/V_A m = K_{Ri}/13\cdot 2{,}34 = 0{,}033K_{Ri}$ eingeführt, so nimmt Gl.(2) die Form an

$$K_i F_{oi}(q)=\frac{q+m}{q^2+mq+m}e^{-qt_t/m}=\frac{q+2{,}34}{q^2+2{,}34q+2{,}34}e^{-0{,}08q} \tag{3}$$

Die Frequenzkennlinien von Gl.(3) sind in Bild 7.04-4 stark ausgezogen angegeben.

Wesentlich einfacher ist die Ermittlung der Frequenzkennlinien, wenn in Gl.(2) das Nennerglied $1+j\omega T_m+(j\omega)^2T_mT_A$ durch $(1+j\omega T_m)(1+j\omega T_A)$ ersetzt wird

$$F_{oi}(j\omega)\approx\frac{1+j\omega T_A}{K_{Ri}j\omega T_A}e^{-j\omega T_t}\frac{j\omega T_m V_A}{(1+j\omega T_A)(1+j\omega T_m)} \tag{4}$$

Dann ergibt sich $K_i F_{oi}(q)\approx\frac{1}{q+1}e^{-qt_t/m}=\frac{1}{q+1}e^{-0{,}08q}$ (5)

Die Frequenzkennlinien von Gl.(5) sind in Bild 7.04-4 schwach ausgezogen eingezeichnet. Die Abweichungen gegenüber dem genauen Verlauf sind um so kleiner, je größer m ist. Im vorliegenden Fall ist m verhältnismäßig klein, deshalb ist, wie aus Bild 7.04-4 zu ersehen, bei Wahl eines Phasenrandes $\varphi_{RA}=60^\circ$ der tatsächliche Phasenrand nur $50^\circ$. Auch damit ist der Stromregelkreis noch ausreichend gedämpft. Es läßt sich ablesen $K_i = -18\text{db} = 0{,}133$; somit ist

$K_{Ri} = K_i V_A m = 0{,}133 \cdot 13 \cdot 2{,}34 = 4{,}04.$

Das Totzeitglied ist bei der Bemessung von $K_{Ri}$ berücksichtigt worden, deshalb kann Gl. (4) weiter vereinfacht werden

$F_{oi}(j\omega) \approx 1/K_i(1+j\omega T_m).$

Damit ist der Frequenzgang des geschlossenen Stromregelkreises

$$F_i(j\omega) = \frac{1}{1+1/F_{oi}(j\omega)} = \frac{1}{1+K_i+j\omega T_m K_i} = \frac{1}{1+K_i}\,\frac{1}{1+j\omega T_m K_i/(1+K_i)}$$

$$F_i(j\omega) = \frac{1}{1+K_i}\,\frac{1}{1+j\omega T_{kk}}. \qquad (6)$$

Der optimale Stromregelkreis läßt sich durch ein VZ1-Glied mit der Zeitkonstante

$T_{kk} = T_m K_i/(1+K_i) = 0{,}037 \cdot 0{,}133/1{,}133 = 0{,}0043$ s nachbilden.

Die zu Gl.(6) gehörende Übergangsfunktion (allerdings ohne Berücksichtigung der Totzeit) ist

$$\frac{i_A(t)}{I_{A1}} = \frac{1}{1+K_i}(1-e^{-t/T_{KK}}) = 0{,}883(1-e^{-t/0{,}0043}).$$

Durch Koeffizientenvergleich findet man für die Rückführglieder

$$F_{Ri}(j\omega) = \frac{1+j\omega T_A}{j\omega T_A K_{Ri}} = \frac{1+j\omega 0{,}016}{j\omega 0{,}016 \cdot 4{,}04} = \frac{1+j\omega C_{12i} R_{12i}}{j\omega C_{12i} R_v}$$

$R_v = 22$ k$\Omega$ ; $C_{12i} = T_A K_{Ri}/R_v = 0{,}016 \cdot 4{,}04/22 \cdot 10^3 = 2{,}94$ µF

$R_{12i} = T_A/C_{12i} = 0{,}016/2{,}94 \cdot 10^{-6} = 5{,}4$ k$\Omega$.

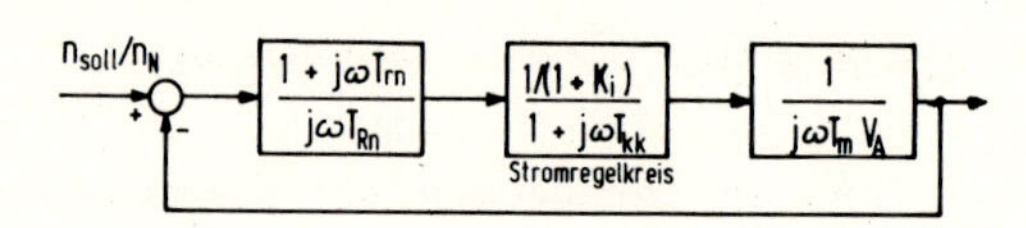


Bild 7.04-5

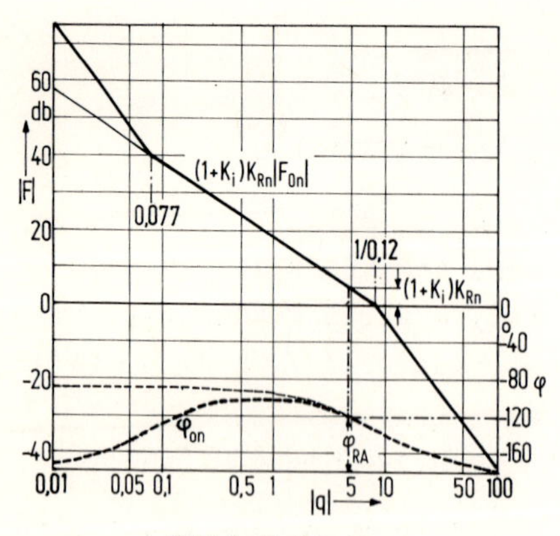


Bild 7.04-6

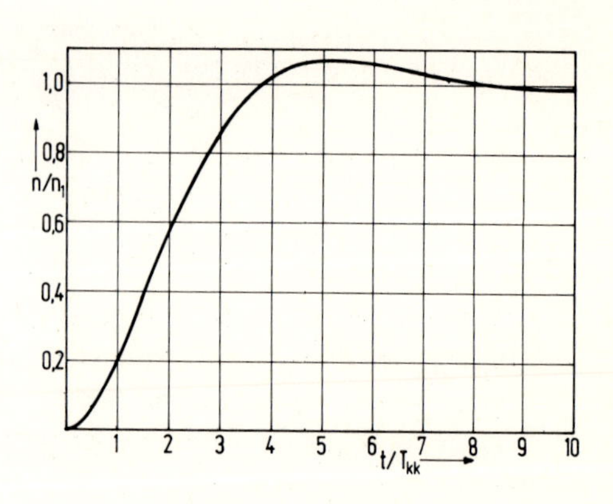


Bild 7.04-7

(d) Der Stromregler wird mitunter bei stehendem Motor experimentell eingestellt. Hierzu wird der Erregerkreis unterbrochen, sprungartig der Stromsollwert verändert, und der Einschwingvorgang des Ankerstromes beobachtet. Dieser Betriebszustand ist natürlich nicht der gleiche, wie bei erregter Maschine. Geht man davon aus, daß in beiden Fällen die gleiche Ankerkreiszeitkonstante wirksam ist, so erhält man den Frequenzgang des offenen Stromregelkreises aus Gl.(2), wenn $T_m = \infty$ gesetzt wird

$$F_{oi}(j\omega) = \frac{1+j\omega T_A}{K'_{Ri}\, j\omega T_A} e^{-j\omega T_t} \frac{V_A}{1+j\omega T_A} = \frac{V_A}{K'_{Ri}\, j\omega T_A} e^{-j\omega T_t} \tag{7}$$

$$F_{oi}(q) = \frac{1}{K_i q} e^{-qt_t/m} .$$

Die Reglerkonstante $K'_{Ri}$ läßt sich sehr einfach bestimmen

$\varphi_{oi} = -90^\circ - \arctan\omega_D T_t = -120^\circ$, wenn $\omega_D$ die Durchtrittskreisfrequenz für $\varphi_{RA} = 60^\circ$ ist.

$\tan 30^\circ = \omega_D T_t \qquad \omega_D = \tan 30^\circ / 0{,}003 = 192{,}5$ 1/s.

Für die Durchtrittsfrequenz ist $|F_{oi}(j\omega)| = V_A / K'_{Ri}\omega_D T_A = 1$

$K'_{Ri} = V_A/\omega_D T_A = 13/192{,}5 \cdot 0{,}016 = 4{,}22$

$$\text{allgemein} \quad K'_{Ri} = V_A t_t / \tan(90^\circ - \varphi_{RA}) \tag{8}$$

Die genaue Rechnung in Abschnitt (c) ergab $K_{Ri} = 4{,}04$. Da aber dieser Wert bei Näherung des VZ2-Gliedes durch zwei VZ1-Glieder gefunden wurde, und dadurch der Phasenrand etwas kleiner ist, bestehen keine Bedenken, $K'_{Ri}$ als Reglereinstellung zu wählen.

(e) Für den Drehzahlregelkreis ergibt sich die in Bild 7.04-5 wiedergegebene Wirkschaltung. Da ein PI-Regler vorgesehen ist, liegt hier ein doppelt integrierendes System vor. Wird für den Drehzahlregler der Ansatz gewählt

$$F_{Rn}(j\omega) = \frac{1+j\omega T_{rn}}{j\omega T_{Rn}} = \frac{1+j\omega V_A T_m}{K_{Rn} j\omega T_{kk}} \tag{9}$$

so ergibt sich für den offenen Drehzahlregelkreis

$$F_{on}(j\omega) = \frac{1}{K_{Rn}(1+K_i)} \frac{1+j\omega T_m V_A}{j\omega T_m V_A} \frac{1}{j\omega T_{kk}(1+j\omega T_{kk})} \tag{10}$$

Wieder wird $q = j\omega T_m$ gesetzt und die Abkürzung eingeführt

$a = T_{kk}/T_m = 0{,}0043/0{,}037 = 0{,}12$

$$K_{Rn}(1+K_i) F_{on}(q) = \frac{q+1/V_A}{q} \frac{1}{aq(aq+1)} = \frac{q+0{,}077}{q} \frac{1}{0{,}12q(0{,}12q+1)} \tag{11}$$

Die Frequenzkennlinien von Gl.(11) sind in Bild 7.04-6 aufgetragen.

Das Verhältnis der beiden Knickfrequenzen ist infolge des schnellen Stromregelkreises mit $1/0,12\cdot 0,077 = 108$ sehr groß, so daß in einem weiten Frequenzbereich ein großer Phasenrand möglich ist. Ein Phasenrand von $\varphi_{RA} = 60^{\circ}$ ist ausreichend. Aus der Betragskennlinie ist abzulesen

$(1+K_i)K_{Rn} = 4,5\text{db} = 1,68 \qquad K_{Rn} = 1,68/1,133 = 1,48$ .

In Bild 7.04-6 sind dünn ausgezogen die Frequenzkennlinien eingezeichnet für $(q+1/V_A)/q = 1$. Die Abweichung tritt bei niedrigen Frequenzen auf, während sie im Druchtrittsbereich vernachlässigbar klein ist. Deshalb kann geschrieben werden

$$F_{on}(j\omega) \approx \frac{1}{K_{Rn}(1+K_i)} \frac{1}{j\omega T_{kk}(1+j\omega T_{kk})} \tag{12}$$

$K_{Rn}(1+K_i) = K^*_{Rn} = 1,78$ . Der Frequenzgang des geschlossenen Drehzahlregelkreises ist dann

$$F_n(j\omega) = \frac{1}{1+1/F_{on}(j\omega)} = \frac{1}{1+j\omega T_{kk}K^*_{Rn}+(j\omega T_{kk})^2 K^*_{Rn}} \tag{13} \qquad q = j\omega T_{kk}$$

$$F_n(q) = \frac{1}{1+qK^*_{Rn}+q^2 K^*_{Rn}} \tag{14}$$

Die zugehörige Übergangsfunktion erhält man aus

$$\frac{n(\tau)}{n_1} = L^{-1}\{F_n(q)/q\} = 1+\frac{1}{q_1-q_2}(q_2 e^{-q_1\tau} - q_1 e^{-q_2\tau}) \qquad \tau = t/T_{kk}$$

$$q_{1,2} = 0,5\mp j\sqrt{(1/K^*_{Rn})-0,25} = 0,5\mp j\sqrt{(1/1,68)-0,25} = 0,5\mp j0,59$$

$$\frac{n(\tau)}{n_1} = 1-1,31e^{-0,5\tau}\cos(0,59\tau-0,7) \tag{15}$$

Aus Bild 7.04-7 ist diese Übergangsfunktion zu ersehen.

Reglerbeschaltung $F_{Rn}(j\omega) = \dfrac{1+j\omega V_A T_m}{j\omega K_{Rn} T_{kk}} = \dfrac{1+j\omega C_{12n}R_{12n}}{j\omega C_{12n}R_v}$

$R_v = 22\ \text{k}\Omega$ ; $C_{12n} = K_{Rn}T_{kk}/R_v = 1,48\cdot 0,0043/22\cdot 10^3 = 0,29\ \mu\text{F}$

$R_{12n} = V_A T_m/C_{12n} = 13\cdot 0,037/0,29\cdot 10^{-6} = 1,66\ \text{M}\Omega$ .

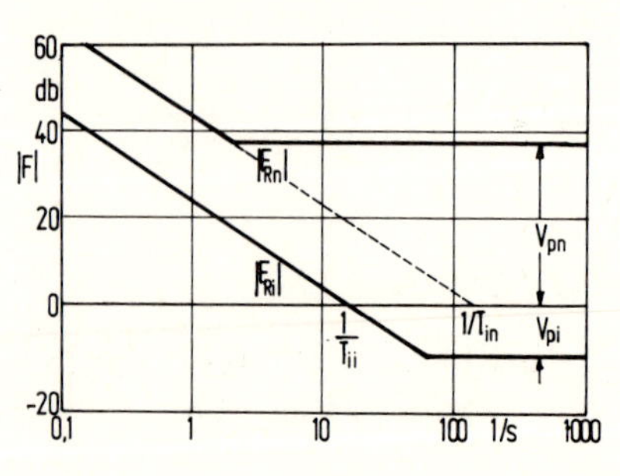


Bild 7.04-8

In Bild 7.04-8 sind die Betrags-Frequenzkennlinien für die beiden Regler aufgetragen. Danach ist der Drehzahlregler auf eine niedrige Integrationszeit $T_{in}$ und hohe Proportionalverstärkung $V_{pn}$ eingestellt. Dagegen ist für den Stromregler eine um eine Zehnerpotenz größere Integrationszeit $T_{ii}$ und eine niedrige Proportionalverstärkung gewählt.

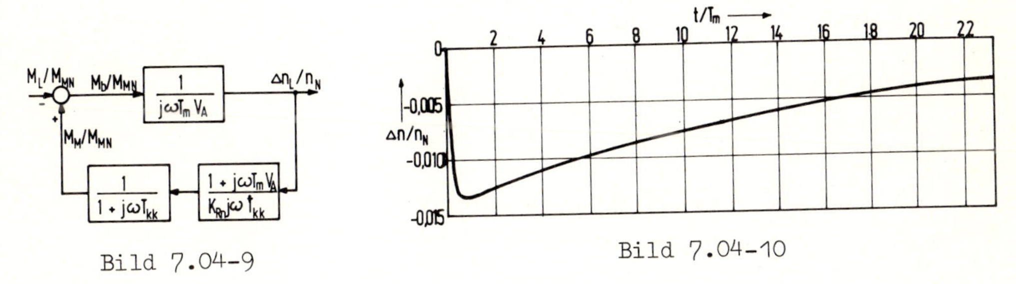


Bild 7.04-9

Bild 7.04-10

(f) Der Ansatzpunkt des Lastmomentes liegt zwischen Block (4) und Block (5) in Bild 7.04-2. Zur Ermittlung des Störverhaltens wird angenommen, daß der Drehzahlsollwert konstant ist. Dann gilt das in Bild 7.04-9 gezeigte Wirkschaltbild. Aus ihm läßt sich ablesen

$$F_L(j\omega) = \frac{-1/j\omega T_m V_A}{1 + \frac{1}{j\omega T_m V_A} \frac{1}{1+j\omega T_{kk}} \frac{1+j\omega T_m V_A}{K_{Rn}\, j\omega T_{kk}}} \tag{16}$$

Im Frequenzbereich $\omega < 1/T_{kk}$ , das heißt $\omega < 233$ 1/s, der vor allen Dingen interessiert, kann $1/(1+j\omega T_{kk}) \approx 1$ gesetzt werden. Dann läßt sich Gl.(16) in die Form bringen

$$F_L(j\omega) = \frac{-K_{Rn} j\omega T_m a}{1 + j\omega T_m V_A + (j\omega T_m)^2 a V_A K_{Rn}} \qquad a = T_{kk}/T_m \;; \quad j\omega T_m = q$$

$$F_L(q) = -\frac{1}{V_A} \frac{q}{q^2 + q/aK_{Rn} + 1/aV_A K_{Rn}} = -\frac{1}{V_A} \frac{q}{q^2 + 5{,}31q + 0{,}408} \,.$$

Der Einschwingvorgang, hervorgerufen durch einen Nennmoment-Laststoß, ist somit

$$\Delta n(\tau)/n_N = L^{-1}\{F_L(q)/q\} \qquad q_{1,2} = 2{,}655 \mp \sqrt{2{,}655^2 - 0{,}408} = 2{,}655 \mp 2{,}575$$

$q_1 = 0{,}08$ 1/s ; $q_2 = 5{,}23$ 1/s

$$\Delta n(\tau)/n_N = -\frac{1}{13(5{,}23-0{,}08)}(e^{-0{,}08\tau} - e^{-5{,}23\tau}) = -0{,}015(e^{-0{,}08\tau} - e^{-5{,}23\tau})$$

$\tau = t/T_m$. Diese Übergangsfunktion ist in Bild 7.04-10 aufgetragen. Für $t > T_m$ läßt sich die Näherung angeben

$$\Delta n(\tau)/n_N \approx -(T_{kk} K_{Rn}/T_m V_A)e^{-0{,}08\tau} .$$

## 7.05 Betrieb des Stromrichterantriebes mit lückendem Ankerstrom

Bei dem Stromrichterantrieb von Beispiel 7.04 war lückfreier Betrieb vorausgesetzt worden, das heißt, der Ankerstrom war so groß, daß, trotz welliger Gleichspannung, zu keinem Zeitpunkt der Strom null wurde. Die Drehstrombrückenschaltung erleichtert wegen ihres sechspulsigen Betriebes und der dadurch vorhandenen geringen Spannungswelligkeit die Einhaltung dieser Bedingung. Auf der anderen Seite verzichtet man aus Kostengründen auf die Glättungsdrossel oder beschränkt sie auf sehr kleine Induktivitätswerte. Deshalb wird bei Antrieben, die zeitweise weitgehend entlastet werden, ein Lücken auftreten. Bei kreisstromfreien Gegenparallelschaltungen wird der Lückbereich zwangsweise durchlaufen, wenn eine Umkehr der Momentenrichtung erfolgt.

Gegeben ist der Antrieb von Beispiel 7.04. Das Motormoment soll nun zeitweise so kleine Werte annehmen, daß die Lückgrenze unterschritten wird. Die im Lückbereich wesentlich schlechteren Betriebseigenschaften des Stromrichterantriebes sollen durch Anpassung der Beschaltung des Stromreglers verbessert werden. Verwendete Konstanten: $U_{di}$=513 V, $I_{dN}$=$I_{AN}$=244 A, $R_{AM}$=0,086 Ω, $R_{Lt}$=0,04 Ω, $T_m$=0,037 s, $T_A$=0,016 s, $T_t$=0,003 s, $V_A$=13, $L_{AM}$=2 mH, $R_v$=22 kΩ, $\omega=2\pi f$=314 1/s, $K_{Ri}$=4,04.

Gesucht:

(a) Lastverhalten des Stromrichters im lückfreien Bereich

(b) Lastverhalten des Stromrichters im Lückbereich

(c) Übergangsfunktion im Lückbereich ohne Regleranpassung

(d) Optimale Einstellung des Lückreglers

(e) Übergangsfunktion mit Lückregler

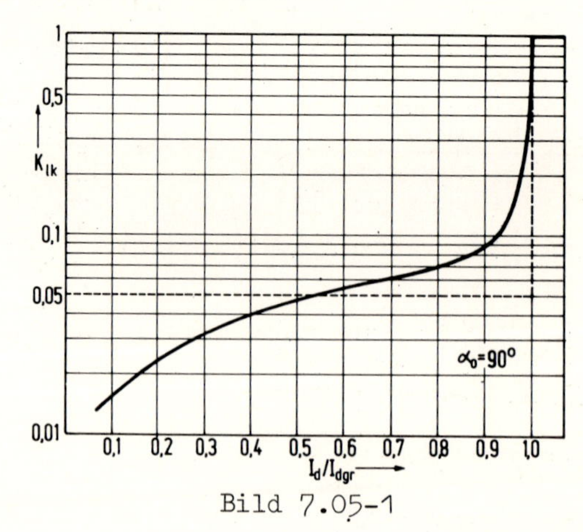


Bild 7.05-1

Lösung:

(a) Das Verhalten des Stromrichters im Lückbereich ist aus dem Kennlinienfeld, Anhang 3b, zu ersehen. Es ist in erster Linie dadurch gekennzeichnet, daß die Gleichspannung nicht nur eine Funktion des Zündwinkels $\alpha$ ist, sondern auch von dem Laststrom $I_d$ abhängt. Nach Anhang 3b ist außerhalb des Lückbereiches $U_d$ unabhängig von dem Laststrom $I_d$, das heißt $\Delta I_d/\Delta\alpha = \infty$. Dabei sind die Spannungsabfälle auf der Gleich- und der Wechselstromseite vernachlässigt worden. Die Lückgrenze liegt am höchsten bei $\alpha = 90^\circ$. In der Umgebung dieses Arbeitspunktes gilt die Gleichung

$$U_{di} = \frac{\Delta I_d (R_{AM}+R_{Lt})}{\Delta\alpha - d_{xN}\,\Delta I_d/I_{dN}}$$ und daraus

$$\left(\frac{\Delta I_d}{\Delta\alpha}\right)_0 = \frac{1}{\dfrac{R_{AM}+R_{Lt}}{U_{di}} + \dfrac{d_{xN}}{I_{dN}}} = \frac{1}{\dfrac{0,126}{513} + \dfrac{0,02}{244}} = 3053\ \frac{A}{\measuredangle} = 53,3\ \frac{A}{^\circ}\,.$$

(b) Für $\alpha = 90^\circ$ ist der Grenzstrom $I_{dgr}$, bei dem gerade noch kein Lükken erfolgt

$I_{dgr} = 0,094 U_{di}/\omega L_A = 0,094\cdot 513/314\cdot 2\cdot 10^{-3} = 76,8$ A.

Wird als Lückfaktor $K_{lk} = (\Delta I_d/\Delta\alpha)/(\Delta I_d/\Delta\alpha)_0$ bezeichnet, so ist außerhalb des Lückbereiches $K_{lk} = 1$. Für den Lückbereich läßt sich aus dem Kennlinienfeld, Anhang 3b, die in Bild 7.05-1 gezeigte Abhängigkeit des Lückfaktors $K_{lk}$ vom Gleichstrom entnehmen. Den folgenden Rechnungen wird im Lückbereich ein Mittelwert $K_{lk} = 0,05$ zugrunde gelegt.

Die Kreisverstärkung des Stromregelkreises ist proportional $K_{lk}$ und nimmt deshalb im Lückbereich sehr kleine Werte an. Da im Lückbereich der Ankerstrom aus einer Serie isolierter Stromkuppen besteht, entfällt die Ankerkreiszeitkonstante. Der Einfluß von $L_A$ auf den Stromverlauf kommt durch den Faktor $K_{lk}$ zum Ausdruck.

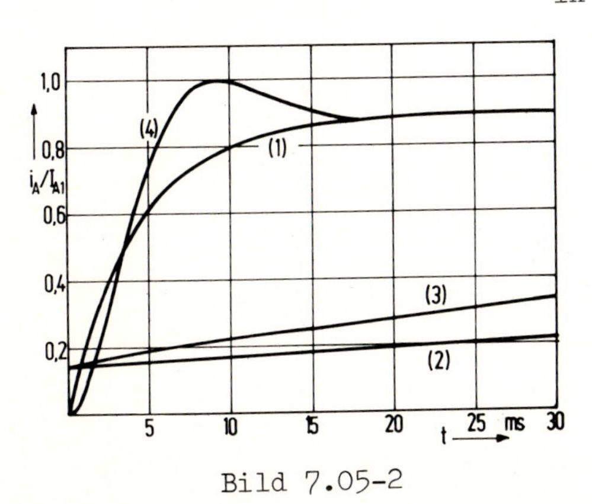


Bild 7.05-2

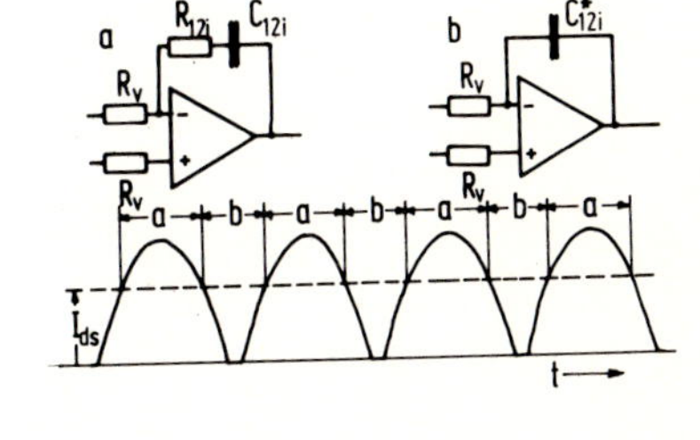


Bild 7.05-3

Bleibt die Reglereinstellung unverändert, so ergibt sich anstelle von Gl.(7.04.2) für den offenen Stromregelkreis

$$F_{oi}(j\omega) = \frac{T_m V_A K_{lk}}{K_{Ri} T_A} e^{-t/T_t} \frac{1+j\omega T_A}{1+j\omega T_m} = \frac{K_{lk}}{K_i} e^{-t/T_t} \frac{1+j\omega T_A}{1+j\omega T_m} \tag{1}$$

Die Regelvorgänge verlaufen bei dieser Einstellung des Reglers im Lückbereich sehr langsam, deshalb kann das Totzeitglied vernachlässigt werden.

$$F_i(j\omega) = \frac{1}{1+1/F_{oi}(j\omega)} = \frac{K_{lk}/K_i}{1+K_{lk}/K_i} \frac{1+j\omega T_A}{1+j\omega(T_m+T_A K_{lk}/K_i)/(1+K_{lk}/K_i)} \tag{2}$$

und mit $K_{lk}/K_i = 0{,}05/0{,}133 = 0{,}38$

$$F_i(j\omega) = \frac{0{,}38}{1{,}38} \frac{1+j\omega 0{,}037}{1+j\omega(0{,}037+0{,}016\cdot 0{,}38)/(1+0{,}38)} = 0{,}27 \frac{1+j\omega 0{,}016}{1+j\omega 0{,}031}.$$

Daraus die Übergangsfunktion ($j\omega = p$)

$$\frac{i_A(t)}{I_{A1}} = L^{-1}\{F_i(p)/p\} = 0{,}27-0{,}13e^{-t/0{,}031} \tag{3}$$

Es tritt jetzt ein sehr großer Proportionalfehler auf, außerdem erfolgt der Übergang nicht mit $T_{kk} = 0{,}0043$ s, sondern mit der wesentlich größeren Zeitkonstanten von 0,031 s = $7{,}2T_{kk}$. In Bild 7.05-2 sind mit (1) die Übergangsfunktion ohne Lücken und mit (2) die Übergangsfunktion nach Gl.(3) mit Lücken aufgetragen. Die extrem große Regelabweichung wird durch den Anlauf des Motors, infolge des Anstiegs der Quellenspannung, hervorgerufen. Wird die mechanische Anlaufzeitkonstante zu unendlich gesetzt ($T_m = \infty$), so nimmt Gl.(1) die Form an

$$F_{oi}(j\omega) = \frac{V_A K_{lk}}{K_{Ri}} \frac{1+j\omega T_A}{j\omega T_A} \qquad \text{und daraus}$$

$$F_i(j\omega) = \frac{1}{1+1/F_{oi}(j\omega)} = \frac{1+j\omega T_A}{1+j\omega T_1}$$

$$T_1 = T_A(1+K_{Ri}/V_A K_{lk}) = 0{,}016(1+4{,}04/13\cdot 0{,}05) = 0{,}115 \text{ s}$$

$$i_A(t)/I_{A1} = L^{-1}\{F_i(p)/p\}$$

$$\frac{i_A(t)}{I_{A1}} = 1 - \frac{K_{Ri}}{V_A K_{lk}+K_{Ri}} e^{-t/T_1} = 1-0{,}86e^{-t/0{,}115} \tag{4}$$

In diesem Fall tritt keine bleibende Regelabweichung auf ($i_A(\infty)/I_{A1} = 1$). Der Anfangsbereich von Gl.(4) ist in Bild 7.05-2 als Kurve (3) wiedergegeben.

(d) Es ist somit notwendig, im Lückbereich die Beschaltung des Stromreglers zu ändern. Eine Möglichkeit hierfür zeigt Bild 7.05-3. Ist a die Reglerstruktur im lückfreien Bereich, so wird sie im Lückbereich, nach Schaltung b, auf I-Regler mit entsprechend kleiner Integrationszeit umgeschaltet. Als Kriterium für den Beschaltungszustand wird der Augenblickswert des Gleichstromes genommen. In den Bereichen, in denen $i_d$ kleiner als der einstellbare Wert $I_{ds}$ ist, wird die Beschaltung b eingeschaltet. Mit kleiner werdendem $i_d$ dehnt sich der Bereich b immer mehr aus. Damit läßt sich ein stetiger Übergang von der Struktur a zur Struktur b erreichen.

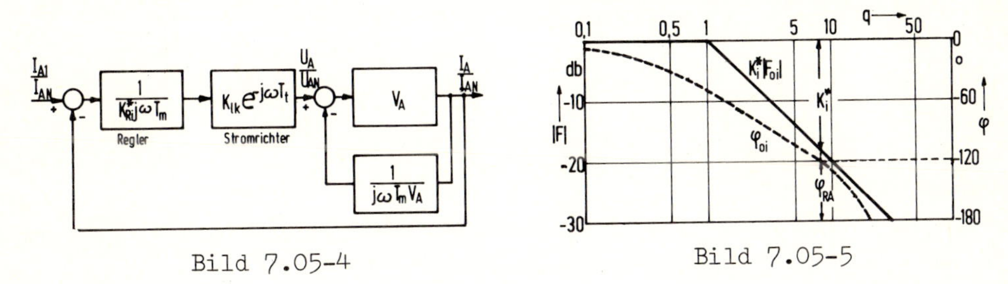


Bild 7.05-4 Bild 7.05-5

In Bild 7.05-4 ist die Wirkschaltung für den Lückbereich mit der Lückbeschaltung des Stromreglers wiedergegeben. Für den offenen Stromregelkreis läßt sich ablesen

$$F_{oi}(j\omega) = \frac{1}{K_{Ri}^* j\omega T_m} K_{lk} e^{-j\omega T_t} \frac{V_A}{1+V_A/j\omega T_m V_A} = \frac{K_{lk} V_A}{K_{Ri}^*} \frac{e^{-j\omega T_t}}{1+j\omega T_m}$$

und mit $q = j\omega T_m$ sowie $t_t = T_t/T_A = 0{,}19$ ; $m = T_m/T_A = 2{,}34$ ; $K_i^* = K_{Ri}^*/K_{lk}V_A$ ergibt sich die Normalform

$$K_i^* F_{oi}(q) = e^{-qt_t/m}/(1+q) = e^{-0{,}08q}/(1+q) \tag{5}$$

Die zugehörigen Frequenzkennlinien sind in Bild 7.05-5 aufgetragen. Für den Phasenrand $\varphi_{RA} = 60^\circ$ läßt sich aus der Betragskennlinie entnehmen $K_i^* = -18{,}5\text{db} = 0{,}119$ und damit

$$K_{Ri}^* = K_i^* K_{lk} V_A = 0{,}119 \cdot 0{,}05 \cdot 13 = 0{,}077.$$

Die Integrationszeitkonstante ist $T_{Ri}^* = K_{Ri}^* T_m = 0{,}077 \cdot 0{,}037 = 0{,}00285$ s

$$C_{12i}^* = T_{Ri}^*/R_v = 0{,}00285/22 \cdot 10^3 = 0{,}13\ \mu\text{F}.$$

Ein Vergleich mit der normalen Beschaltung zeigt

$$C_{12i}^*/C_{12i} = 0{,}13/2{,}94 = 0{,}044 \approx K_{lk}.$$

Die Beschaltungskapazität muß somit etwa im Verhältnis des Lückfaktors $K_{lk}$ herabgesetzt werden.

(e) Mit der Padé-Näherung für das Totzeitglied $e^{-0{,}08q} = \frac{1-0{,}04q}{1+0{,}04q}$ nimmt Gl.(5) die Form an

$$F_{oi}^*(q) = \frac{8{,}4(1-0{,}04q)}{(1+q)(1+0{,}04q)} \qquad F_i^*(q) = \frac{1}{1+1/F_{oi}^*(q)}$$

$$F_i^*(q) = \frac{210(1-0{,}04q)}{q^2+17{,}6q+235} = \frac{210(1-0{,}04q)}{(q+q_1)(q+q_2)}$$

$q_{1,2} = 8{,}8 \mp j\sqrt{235-8{,}8^2} = 8{,}8 \mp j12{,}55.$

Ist $I_{A1}$ der Stromsollwert, so ist die Übergangsfunktion

$$i_A(\tau)/I_{A1} = L^{-1}\left\{F_i^*(q)/q\right\} \qquad \tau = t/T_m$$

$$\frac{F_i^*(q)}{q} = \frac{210}{q(q+q_1)(q+q_2)} - \frac{8{,}4}{(q+q_1)(q+q_2)} \quad \bullet\!\!-\!\!\circ \quad \text{nach Anhang 1}$$

$$\frac{i_A(\tau)}{I_{A1}} = \frac{210}{q_1 q_2}\left[1-\frac{1}{q_2-q_1}\left(q_2 e^{-q_1\tau}-q_1 e^{-q_2\tau}\right)\right] - \frac{8{,}4}{q_2-q_1}\left(e^{-q_1\tau}-e^{-q_2\tau}\right)$$

$$i_A(\tau)/I_{A1} = 0{,}894\left[1-1{,}247e^{-8{,}8\tau}\cos(12{,}55\tau-0{,}64)\right]$$

$$i_A(t)/I_{A1} = 0{,}894\left[1-1{,}247e^{-238t}\cos(339t-0{,}64)\right].$$

Diese Übergangsfunktion ist in Bild 7.05-2 als Kurve 4 aufgetragen. Mit der besonderen Beschaltung ergibt sich im Lückbereich ein ähnliches Zeitverhalten wie im lückfreien Bereich. Dadurch wird bei der kreisstromfreien Gegenparallelschaltung die Reversierzeit wesentlich verkürzt.

## 7.06 Kranhubwerk-Antrieb mit geregeltem Gleichstrommotor

Die Container erlauben eine wesentliche Rationalisierung des Stückgutumschlages in Seehäfen durch ihre einheitlichen Abmessungen, ihre Stapelfähigkeit und ihr, nur in bestimmten Grenzen schwankendes Gewicht. So ist es zum Beispiel möglich, selbsttätige Anschlaggeräte (Spreader) zu verwenden und die Last-Aufnahmeposition und die Last-Absetzposition, Rechner gesteuert, vorzugeben. Zur Erzielung hoher Umschlagleistungen verfügen Containerkrane über besonders leistungsfähige Hub- und Katzfahrantriebe.

Es sind geregelte Gleichstromantriebe für das Hubwerk einer Containerbrücke zu bemessen. Die Hauptkenndaten sind:

| | |
|---|---|
| Containermasse leer | $m_{Lo}$=4000 kg |
| Containermasse beladen | $m_{LN}$=30500 kg |
| Masse Spreader | $m_{Sp}$=3500 kg |
| Nenn-Hubgeschwindigkeit | $V_{hN}$=0,6 m/s |
| Hubgeschwindigkeit nur mit Spreader | $V_{hSp}$=1,0 m/s |
| Grenzbeschleunigung | $a_h$=0,8 m/s$^2$ |
| Hubhöhe | $h_m$=27 m |

Seilanordnung: Viersträngiger Zwillings-Rollenzug,

Katzfahrzeit (konstante Lasthöhe) $t_4$=15 s,

Spielpause $t_8$=20 s

Gesucht:

(a) Bewegungsablauf

(b) Antriebskonstanten

(c) Motormomente

(d) Motorauswahl

(e) Ankerstromrichter

(f) Feldstromrichter

(g) Ankerregelkreis

(h) Feldregelkreis

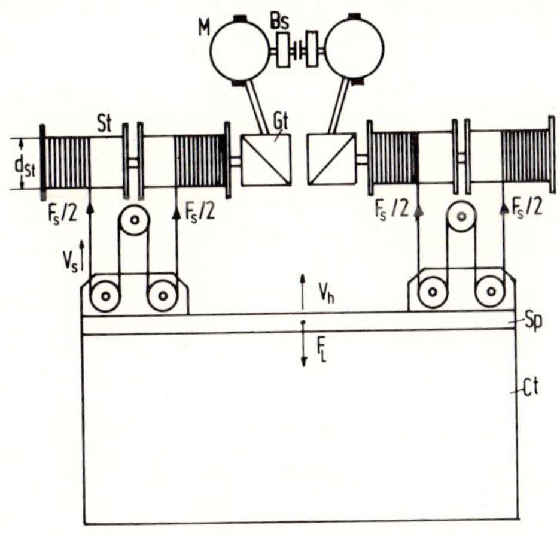


Bild 7.06-1

Lösung:

(a) In Bild 7.06-1 ist die Antriebsanordnung des Hubwerkes gezeigt. Die Last hängt an zwei Zwillingsrollenzügen. Je zwei Seiltrommeln St werden über ein Getriebe Gt von einem Gleichstrommotor angetrieben. Die beiden Gleichstrommotoren, sie besitzen je eine mechanische Bremse Bs, sind mechanisch gekuppelt. Die Aufteilung der gesamten Leistung auf zwei Motoren ist zweckmäßig, da die zugehörigen Stromrichter auch zum Antrieb der Fahrwerksmotoren herangezogen werden, und dort für jede Stütze ein Stromrichter benötigt wird.
Der Antriebsbemessung wird das in Bild 7.06-2 gezeigte Fahrprogramm zugrunde gelegt. Es sieht vor, daß von Punkt A ausgehend, zunächst in Hubrichtung bis auf $V_{hN}$ mit Grenzbeschleunigung $a_h$ angefahren wird (1h). Anschließend wird die Last mit $V_{hN}$ gehoben (2h). Im Punkt B ist die Last soweit gehoben, daß sie nicht mehr an Schiffsaufbauten oder gestapelte Container anstoßen kann. Ab Punkt B läuft die Katze an, so daß sich die Last sowohl nach oben als auch horizontal bewegt (Diagonalfahrt). Im Bereich (3h) wird das Hubwerk abgebremst, und es folgt reine Katzfahrt. Im Bereich (5h) erfolgt die Beschleunigung des Hubwerkes zur Diagonalfahrt abwärts. Im Bereich (6h) wird mit Nenngeschwindigkeit gesenkt und im Bereich (7h) das Hubwerk in der Sollposition F mit der Nennverzögerung $-a_h$ zum Stillstand gebracht.

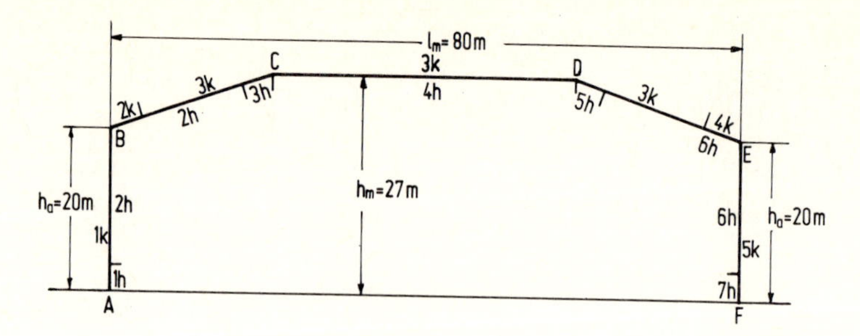


Bild 7.06-2

(b) Gegeben sind folgende Kenngrößen: Durchmesser der Seiltrommeln $d_{St}$= = 0,5 m, Nenn-Seilgeschwindigkeit $V_{SN}= 2V_{hN}= 1{,}2\ m/s^2$, Motor-Nenndrezahl $n_{MN}$= 24 1/s, Wirkungsgrad Getriebe $\eta_G$= 0,94; Wirkungsgrad Seiltriebe $\eta_S$= 0,98; Trägheitsmoment Motor $J_M$= 1,8 kgm$^2$, Trägheitsmoment Getriebe und Bremsscheibe $J_z$= 0,8 kgm$^2$.

Auf die beiden Seiltrommeln eines Motors wirken die Seilkräfte

Beladener Container $F_{SN}= F_{LN}/4 =(g/4)(m_{LN}+m_{Sp})=(9{,}81/4)(30500+3500)$
$= 8{,}34\cdot 10^4$ N

Leerer Container $F_{So}= F_{Lo}/4 =(g/4)(m_{Lo}+m_{Sp})=(9{,}81/4)(4000+3500)$
$= 1{,}84\cdot 10^4$ N

Spreader allein $F_{Soo}=(g/4)m_{Sp}= 9{,}81\cdot 3500/4 = 0{,}86\cdot 10^4$ N

Übersetzungsverhältnis des Getriebes

$\ddot{u}_G= V_{SN}/\ \pi d_{St}n_{MN}= 1{,}2/\ \pi\cdot 0{,}5\cdot 24 = 0{,}0318$.

Dann ergeben sich für die drei Lastfälle die Beharrungsmomente, bezogen auf die Motorwelle

$M_{LN}= 0{,}5F_{SN}d_{St}\ddot{u}_G= 0{,}5\cdot 8{,}34\cdot 10^4\cdot 0{,}5\cdot 0{,}0318 = 663$ Nm

$M_{Lo}= M_{LN}F_{So}/F_{SN}= 146{,}3$ Nm , $M_{Loo}=M_{LN}F_{Soo}/F_{SN}= 68{,}4$ Nm.

Mechanischer Gesamtwirkungsgrad $\eta_m= \eta_S\eta_G= 0{,}98\cdot 0{,}94 = 0{,}92$.

Bei der Bestimmung des Trägheitsmomentes der gesamten Anordnung können die Massen der Seile und der Seiltrommeln unberücksichtigt bleiben.

Trägheitsmoment der linear bewegten Massen, bezogen auf die Motorwelle

$J_{LN}=(m_{LN}+m_{Sp})d_{St}^2\ddot{u}_G^2/16 = 3{,}4\cdot 10^4\cdot 0{,}25\cdot 0{,}0318^2/16 = 0{,}54$ kgm$^2$

$J_{Lo}= 0{,}12$ kgm$^2$ $J_{Loo}= 0{,}055$ kgm$^2$.

(c) Die Motoren und Stromrichter werden leistungsmäßig für den Betrieb mit vollem Container bemessen. Die beiden anderen Betriebsarten, zum Beispiel leerer Container oder nur Spraeder, müssen zur Untersuchung der Momentenumkehr und des Betriebes mit Feldschwächung herangezogen werden.

Motormomente

Anlauf- und Bremszeit $t_a = V_{hN}/a_h = 0{,}6/0{,}8 = 0{,}75$ s.

Beschleunigen in Hubrichtung (Bereich 1h in Bild 7.06-2)

$M_{M1} = (M_{LN}/\eta_m) + 2\pi(J_M + J_z + J_{LN}/\eta_m) n_{MN}/t_a$

$= (663/0{,}92) + 2\pi(1{,}8 + 0{,}8 + 0{,}54/0{,}92) 24/0{,}75 = 1361$ Nm

und nur mit Spreader

$M_{M1oo} = (M_{Loo}/\eta_m) + 2\pi(J_M + J_z + J_{Loo}/\eta_m) n_{MN}/t_a = 541$ Nm.

Heben mit konstanter Geschwindigkeit (2h)

$M_{M2} = M_{LN}/\eta_m = 663/0{,}92 = 721$ Nm; $M_{M2oo} = M_{Loo}/\eta_m = 68{,}4/0{,}92 = 74{,}3$ Nm.

Verzögern aus der Hubbewegung (3h)

$M_{M3} = (M_{LN}/\eta_m) - 2\pi(J_M + J_z + J_{LN}\eta_m) n_{MN}/t_a$

$= (663/0{,}92) - 2\pi(1{,}8 + 0{,}8 + 0{,}54 \cdot 0{,}92) 24/0{,}75 = 99$ Nm.

Beschleunigen in Senkrichtung (5h)

$M_{M5} = M_{LN}\eta_m - 2\pi(J_M + J_z + J_{LN}\eta_m) n_{MN}/t_a$

$= 663 \cdot 0{,}92 - 2\pi(1{,}8 + 0{,}8 + 0{,}54 \cdot 0{,}92) 24/0{,}75 = -12$ Nm

bei leerem Container

$M_{M5o} = M_{Lo}\eta_m - 2\pi(J_M + J_z + J_{Lo}\eta_m) n_{MN}/t_a = -410$ Nm

allein mit Spreader

$M_{M5oo} = M_{Loo}\eta_m - 2\pi(J_M + J_z + J_{Loo}\eta_m) n_{MN}/t_a = -465$ Nm.

Senken mit konstanter Geschwindigkeit (6h)

$M_{M6} = M_{LN}\eta_m = 663 \cdot 0{,}92 = 610$ Nm.

Verzögern in Senkrichtung (7h)

$M_{M7} = M_{LN}\eta_m + 2\pi(J_M + J_z + J_{LN}\eta_m) n_{MN}/t_a$

$= 663 \cdot 0{,}92 + 2\pi(1{,}8 + 0{,}8 + 0{,}54 \cdot 0{,}92) 24/0{,}75 = 1232$ Nm.

Beschleunigungs- und Verzögerungsweg

$s_1 = s_3 = s_5 = s_7 = a_h t_a^2/2 = 0{,}8 \cdot 0{,}75^2/2 = 0{,}23$ m.

Die Beschleunigungs- und Verzögerungswege sind klein. Sie könnten ohne wesentliche Verminderung der Umschlagsleistung größer gewählt werden. Die hohe Grenzbeschleunigung wird für schnelle Wegkorrekturen beim Aufnehmen und Absetzen der Container benötigt.

Hubweg mit konstanter Geschwindigkeit

$s_2 = s_6 = h_m - 2s_1 = 27 - 2 \cdot 0{,}23 = 26{,}5$ m.

Fahrzeit mit konstanter Geschwindigkeit

$t_2 = t_6 = s_2/V_{Nm} = 26{,}5/0{,}6 = 44{,}2$ s.

Die Bereichsdaten zusammengestellt

| Bereich | 1h | 2h | 3h | 4h | 5h | 6h | 7h | 8h |
|---|---|---|---|---|---|---|---|---|
| Betriebsart | Treiben | Treiben | Treiben | 0 | Treiben | Bremsen | Bremsen | 0 |
| Lastbewg. | aufw. | aufw. | aufw. | 0 | abw. | abw. | abw. | 0 |
| $M_M$ Nm | 1361 | 721 | 99 | 0 | -12 | 610 | 1232 | 0 |
| $s_h$ m | 0,23 | 26,5 | 0,23 | 0 | 0,23 | 26,5 | 0,23 | 0 |
| $t_h$ s | 0,75 | 44,2 | 0,75 | 15 | 0,75 | 44,2 | 0,75 | 20 |
| $M_M^2 t_h \cdot 10^{-6}$ | 1,4 | 23,0 | -- | 0 | -- | 16,4 | 1,1 | 0 |

Spieldauer $t_{sp} = \Sigma t_h = 126{,}4$ s , Effektives Motormoment:

$M_{Meff} = \sqrt{(\Sigma M_M^2 t_h)/t_{sp}} = 10^3 \sqrt{41{,}9/126{,}4} = 576$ Nm.

(d) Da $M_{Mm}/M_{Meff} = 1361/576 = 2{,}36$ verhältnismäßig hoch ist, muß der Motor nach dem Maximalmoment bemessen werden. Wird zugelassen $M_{Mm}/M_{MN} = 2$, so hat das Motor-Nennmoment $M_{MN} \approx 1361/2 = 680$ Nm zu sein. Es werden Motoren mit folgenden Kenndaten gewählt:

$P_{MN} = 96$ kW, $n_N = 24$ 1/s, $U_{AN} = 400$ V, $\eta_M = 0{,}92$; $R_{AM} = 0{,}09\ \Omega$,

$L_{AM} = 1{,}8$ mH, $J_M = 1{,}8$ kgm$^2$, $P_{eN} = 1{,}3$ kW, mittlere Feldzeitkonstante $T_e = 0{,}73$ s.

$M_{MN} = P_{MN}/2\pi n_N = 96000/2\pi \cdot 24 = 637$ Nm

$I_{AN} = P_{MN}/\eta_M U_{AN} = 96000/0{,}92 \cdot 400 = 261$ A

$U_{AqN} = U_{AN} - I_{AN} R_{AM} = 400 - 261 \cdot 0{,}09 = 376{,}5$ V .

Der maximale Ankerstrom, er tritt im Abschnitt 1h auf, ist

$I_{Am} = I_{AN} M_{Mm}/M_{MN} = 261 \cdot 1361/637 = 558$ A ; $I_{Am}/I_{AN} = 2{,}14$.

Da die Stromrichter im allgemeinen in der Nähe der Hubwerksmotoren untergebracht sind, kann der Zuleitungswiderstand vernachlässigt werden. Schließlich ist die Strombelastung des Motors bei Feldschwächung (Beschleunigen des Spreaders im Bereich 1h) zu kontrollieren

$I_{Af} = I_{AN} M_{100} v_{hSp}/M_{MN} v_{hN} = 261 \cdot 541 \cdot 1/637 \cdot 0{,}6 = 369$ A; $I_{Af}/I_{AN} = 1{,}41$.

Die im Verhältnis zur thermischen Zeitkonstante des Motors kurzzeitigen Überströme werden zugelassen. Die Ankerstromrichter erhalten eine auf $I_{Agr}/I_{AN} = 2{,}3$ eingestellte Strombegrenzung, die nach der Überlastzeit von 2 Sekunden auf $I_{Agr}/I_{AN} = 1{,}5$ herabgesetzt wird, um das Anheben einer unzulässigen Überlast von vornherein auszuschließen.

(e) Eine Stromrichtergruppe genügt in allen Bereichen, mit Ausnahme des Bereiches 5h, den Anforderungen, wenn der beladene Container bewegt wird. Bei vollem Container würde beim Beschleunigen in Senkrichtung die durchziehende Last nahezu ausreichen, um die Nennbeschleunigung zu erreichen. Das trifft nicht für den leeren Container zu und erst recht nicht für den Senkvorgang mit dem Spreader allein. Die Beschleunigungszeit errechnet sich für diesen Fall aus der Gleichung

$$M_{M5oo} = M_{Loo}\eta_m - 2\pi(J_M + J_z + J_{Loo}\eta_m)n_{MN}/t_{aoo} = 0$$

$$t_{aoo} = 2\pi \cdot 2{,}65 \cdot 24/68{,}4 \cdot 0{,}92 = 6{,}35 \text{ s.}$$

Die Beschleunigungszeit würde bei leerem Spreader das 8,5fache des vorgegebenen Wertes betragen. Es wird deshalb, nach Bild 7.06-3, eine kreisstromfreie Gegenparallelschaltung mit ankerspannungsabhängiger Feldschwächung vorgesehen. Bei leerem Spreader ist auch im Bereich 3h Wechselrichterbetrieb erforderlich.

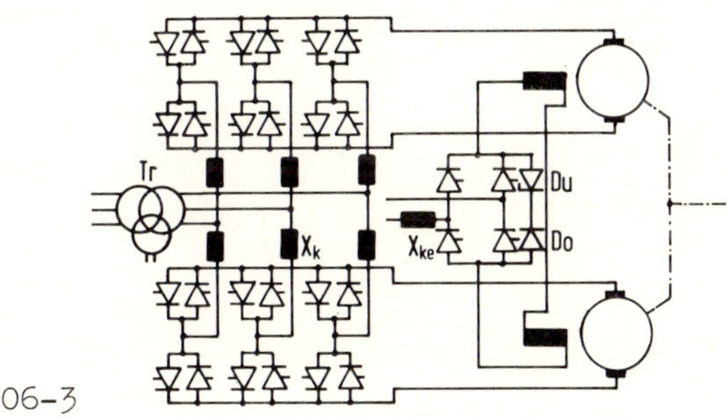


Bild 7.06-3

Die Energiezufuhr des Kranes erfolgt über ein Hochspannungskabel. Der Transformator Tr ist für alle Antriebe gemeinsam. Er soll, um eine möglichst geringe gegenseitige Beeinflussung der einzelnen Stromrichter sicherzustellen, eine niedrige Kurzschlußspannung haben. Zur Entkopplung der Stromrichter dienen die Kommutierungsreaktanzen $X_k$.

Zur Bemessung des Ankerstromrichters wird vorgegeben:
Regelreserve $\alpha_r = 20^\circ$, Sicherheitswinkel $\alpha_{si} \geq 25^\circ$, Kommutierungsdrosseln, entsprechend $u^*_{kT} = 0{,}03$; Netzspannung $U_p = 6$ kV $\pm 10\%$, Störspannungsfaktor $d_{st} = 1{,}4$.

Bemessung der ideellen Leerlaufspannung für die höchste Gleichrichterbelastung (Bereich 1h) $I_{Am} = 558$ A.

Ist die anteilige Kurzschlußspannung des gemeinsamen Hochspannungstransformators $u_{kT} = 0{,}012$, so ergibt sich der induktive Spannungsabfall

$$d_{xm} = 0{,}5(u_{kT} + u^*_{kT})I_{Am}/I_{AN} = 0{,}5(0{,}03 + 0{,}012)558/261 = 0{,}045.$$

Netzspannungsfaktoren $d_{u-} = 0{,}9$ $\quad d_{u+} = 1{,}1$

$$U_{di} = \frac{U_{AqN} + I_{Am}R_{AM}}{d_{u-}\cos\alpha_r - d_{xm}} = \frac{376{,}5 + 558 \cdot 0{,}09}{0{,}9\cos 20^\circ - 0{,}045} = 533 \text{ V.}$$

Kontrolle des Sicherheitswinkels bei Bremsbetrieb mit Nennstrom und $U_d = -U_{AqN}$

$$\alpha_m = \arccos\left\{\frac{1}{d_{u-}}\left[\frac{-U_{AqN}+I_{AN}R_{AM}}{U_{di}} + 0,5\,(u_{kT}+u^*_{kT})\right]\right\}$$

$$\alpha_m = \arccos\left[\frac{1}{0,9}\left(\frac{-376,5+261\cdot 0,09}{533} + 0,5\cdot 0,042\right)\right] = 135,5^\circ .$$

Der Überlappungswinkel ist

$\mu = \arccos[\cos\alpha - (u_{kT}+u_{kT})] - \alpha = \arccos[\cos 135,5^\circ - 0,042] - 135,5^\circ = 3,6^\circ.$

Damit ergibt sich der Sicherheitswinkel

$\alpha^*_{si} = 180^\circ - \alpha_m - \mu = 180^\circ - 135,6^\circ - 3,6^\circ = 40,8^\circ .$

Der tatsächliche Sicherheitswinkel ist größer als der geforderte Mindestwert. Diese Aussteuerungsreserve wird in Anspruch genommen, wenn während des Wechselrichterbetriebes, infolge einer Netzstörung, ein besonders großer Spannungseinbruch auftritt.

Bemessung des Transformators und der Kommutierungsdrosseln

$U_s = U_{di}\pi/\sqrt{2}\cdot 3 = 533\cdot\pi/\sqrt{2}\cdot 3 = 395$ V

$I_{sN} = \sqrt{2/3}\,I_{AN} = \sqrt{2/3}\cdot 261 = 213$ A

Kommutierungsdrossel

$X_k = (\pi/6)u_{kT}U_{di}/I_{dN} = \pi\cdot 0,03\cdot 533/6\cdot 261 = 0,032\ \Omega$

$L_k = 0,032/314 = 0,1$ mH.

Typenleistung einer Drossel

$S_k = I^2_{sN}X_k = 213^2\cdot 0,032 = 1,45$ kVA.

Die Transformatortypenleistung muß somit mindestens sein

$S_{Trmin} = 2\cdot 1,05U_{di}I_{AN} = 2,1\cdot 533\cdot 261 = 292$ kVA.

Mit Rücksicht auf die kleine Streuspannung und die zweite Sekundärwicklung für den Feldstromrichter wird $S_{Tr} = 1,2S_{Trmin} = 350$ kVA gewählt.

Bei der Bemessung der Thyristoren und der Sicherungen ist der Spitzenstrom zu berücksichtigen.

$I_{Tsp} = I_{Am}/3 = 558/3 = 186$ A , Überlastdauer $t_{sp} \leqq 3$ s.

Spannungsmäßig sind die Thyristoren zu bemessen für

$U_{RRM} \geqq \sqrt{2}\,U_s d_{u+} d_{st} = \sqrt{2}\cdot 394\cdot 1,1\cdot 1,4 = 858$ V , $U_{RRM} = 1000$ V.

Gewählter Thyristor T130N-1000 (AEG):

Kühlkörper KL91A verstärkte Kühlung, Luftgeschwindigkeit 6 m/s, Dauergrenzstrom $I_{Tm} = 166$ A, zulässiger Überstrom für 3 s:

$I_{Tsp} = 1,3I_{Tm} = 216$ A, Grenzlastintegral $A_{gr} = 61000\ A^2$s.

Die zwei antiparallelen Thyristoren vorgeschaltete Schmelzsicherung führt kurzzeitig den Strom $I_{si} = I_{Am}/\sqrt{3} = 558/\sqrt{3} = 322$ A und im Nennbetrieb $I_{TN} = I_{AN}/\sqrt{3} = 261/\sqrt{3} = 150{,}7$ A.

Da das Abschaltintegral $A_{ab}$ der Sicherung kleiner als das Grenzlastintegral $A_{gr}$ des Thyristors sein muß, kann, nach Anhang 2, nur eine Sicherung mit höchstens dem Nennstrom $I_{siN} = 200$ A mit $A_{ab} = 52000\ A^2s$ gewählt werden. Wie aus Anhang 2 zu ersehen ist, ist diese Sicherung für 3 s mit dem Strom $I_{sisp} = 1{,}6 \cdot 200 = 320$ A belastbar.

Die vorstehende Bemessung ist nur brauchbar, wenn die Spitzenlast nicht mehr als 3 s ansteht. Das ist beim Hubwerk gesichert. Werden die Stromrichter auch zur Speisung der Fahrwerksmotoren verwendet, dann ist zu prüfen, ob die durch Thyristoren und Sicherungen gegebenen Überlastzeiten nicht überschritten werden. Ist das der Fall, so sind entsprechend größere Thyristoren und Sicherungen vorzusehen.

Wird keine Gleichstrom-Glättungsdrossel vorgesehen, so liegt die Lückgrenze für $\alpha = 90^o$ bei

$$I_{dl} = 0{,}296 \cdot 10^{-3} U_{di}/L_{AM} = 0{,}296 \cdot 533/1{,}8 = 87{,}6 \text{ A}.$$

Für alle anderen Steuerwinkel liegt die Lückgrenze tiefer. Bei einer kreisstromfreien Gegenparallelschaltung muß im Zuge eines Reversiervorganges immer der Lückbereich durchsteuert werden, so daß schon aus diesem Grunde ein adaptiver Stromregler (siehe Beispiel 7.05) zweckmäßig ist.

(f) Der Feldstromrichter wird ebenfalls von dem Hochspannungstransformator gespeist. Um gute Führungseigenschaften in Richtung Entregung zu erhalten, wird eine vollgesteuerte einphasige Brückenschaltung (VEB) vorgesehen.

Nennerregerspannung $U_{eN} = 150$ V, Nennerregerstrom $I_{eN} = P_{eN}/U_{eN} = 8{,}7$ A, $R_e = U_{eN}/I_{eN} = 150/8{,}7 = 17{,}2\ \Omega$.

Damit während des Regelvorganges nicht die Aussteuerungsgrenze erreicht wird, soll die maximale Erregerspannung gleich der zweifachen Nennerregerspannung gewählt werden

$U_{di}/d_{u-} = 4U_{eN}$ (2Feldwicklungen in Reihe)

$U_{di} = 4 \cdot 1{,}1 \cdot 150 = 660$ V , $U_s = \pi U_{di}/2\sqrt{2} = \pi \cdot 660/2\sqrt{2} = 733$ V.

Kommutierungsdrossel für $u_{kT} = 0{,}04$

$L_{ke} = u_{kT} U_s/\omega I_{eN} = 0{,}04 \cdot 733/314 \cdot 8{,}7 = 10{,}7$ mH.

Die Feldinduktivität ist mit $L_e = 2T_e R_e = 2 \cdot 0{,}73 \cdot 17{,}2 = 25{,}1$ H sehr groß. Bei einer Netzabschaltung können deshalb unzulässig hohe Überspannungen auftreten. Abschaltspannungsbegrenzung erfolgt, nach Bild 7.06-3, durch die Freilaufdiode Do und die U-Diode Du (siehe

Beispiel 5.02). Anzahl der U-Dioden-Platten (n) bei einer Sperrspannung pro Platte von $U_{RA} = 60$ V

$n \geq d_{u+}\sqrt{2}\,U_s/U_{RA} = 1{,}1\cdot\sqrt{2}\cdot 733/60 = 19$ , gewählt n = 21.

Bei Nennstrom ist in den Feldern die Energie gespeichert

$E_{eN} = 2L_e I_{eN}^2/2 = 25{,}1\cdot 8{,}7^2 = 1900$ Ws.

In jeder Selenplatte werden somit 90 Ws in Wärme umgesetzt. U-Dioden mit den Abmessungen 5x5 cm lassen diese nichtperiodische Sperrverlustenergie zu. Sie besitzen den differentiellen Widerstand $R_R = 0{,}15n = 3{,}15\ \Omega$. Bei einer Abschaltung wird somit die Spannung

$U_{esp} = nU_{RA} + R_R I_{eN} = 21\cdot 60 + 3{,}15\cdot 8{,}7 = 1288$ V begrenzt.

Periodische Spitzensperrspannung der Thyristoren

$U_{RRM} \geq \sqrt{2}U_s d_{u+} d_{st} = \sqrt{2}\cdot 733\cdot 1{,}1\cdot 1{,}4 = 1596$ V , gewählt $U_{RRM} = 1650$ V.

Wegen des niedrigen Feldstromes ist die natürliche Luftkühlung ausreichend.

Der kleinste Feldstrom tritt bei Betrieb mit leerem Spreader am Ende des Bereiches 1h auf (Sättigung vernachlässigt $i_e = I_e/I_{en} = \varphi_f$)

$$\frac{V_{hsp}}{V_{hN}} = \frac{U_{AN}}{U_{AqN}}\frac{1}{i_{emin}} - \frac{I_{AN}R_A}{U_{AqN}}\frac{M_{M1oo}}{M_{MN}}\frac{1}{i_{emin}^2} \quad , \quad i_{emin} = I_{emin}/I_{eN}$$

$$= \frac{1{,}0}{0{,}6} = \frac{400}{376{,}5 i_{emin}} - \frac{261\cdot 0{,}09}{376{,}5}\frac{541}{637}\frac{1}{i_{emin}^2}$$

$i_{emin}^2 - 0{,}637 i_{emin} + 0{,}00738 = 0$ daraus $i_{emin} = 0{,}58$ ,

$I_{emin} = 0{,}58\cdot 8{,}7 = 5{,}07$ A ; $U_{emin} = 5{,}07\cdot 17{,}2 = 87{,}2$ A.

Bei $d_u = 1$, d.h. bei Nenn-Netzspannung, erfolgt außerhalb der Einschwingvorgänge die Aussteuerung des Feldstromrichters im Bereich

$\alpha_1 = \arccos[U_{eN}/U_{di} + u_{kT}/\sqrt{2}] = \arccos[300/660 + 0{,}04/\sqrt{2}] = 61{,}1^o$

$\alpha_2 = \arccos[i_{emin}(U_{eN}/U_{di} + u_{kT}/\sqrt{2}] = 73{,}7^o$.

Durch Netzspannungseinbrüche verschiebt sich der statische Steuerbereich in Richtung kleinerer Winkel.

(g) Das Regelungskonzept ist aus Bild 7.06-4 zu ersehen. Der Drehzahlsollwert wird durch den Anstiegsbegrenzer ABn zur Rampe mit der Stellzeit $T_{ABn} = 0{,}75$ s umgeformt. Der Drehzahlregler Rn liefert die Sollwerte für die Stromregelkreise beider Motoren. Dadurch ist die gleichmäßige Momentenaufteilung auf beide Maschinen sichergestellt. Es wird vorausgesetzt, daß die Motoren schlupffrei und losefrei gekuppelt sind.

<u>Konstanten:</u> Stromrichtertotzeit $T_t \approx 3$ ms , $t_t = T_t/T_A = 0{,}15$

Ankerkreiszeitkonstante $T_A = L_{AM}/R_{AM} = 1{,}8\cdot 10^{-3}/0{,}09 = 0{,}02$ s

$V_A = U_{AN}/I_{AN}R_{AM} = 400/261 \cdot 0,09 = 17.$

Die mechanische Anlaufzeitkonstante hängt von der Kranbelastung ab. Es werden zwei Fälle betrachtet: 1. Betrieb mit vollem Container

$T'_m = 2\pi(J_M + J_z + J_L/\eta_m)n_{MN}/M_{MN} = 2\pi \cdot 3,19 \cdot 24/637 = 0,755$ s

$T_{m1} = T'_m/V_A = 0,755/17 = 0,044$ s , $m_1 = T_{m1}/T_A = 2,2$

2. Betrieb mit leerem Spreader

$T'_m = 2\pi(J_M + J_z + J_{Loo}/\eta_m)n_{MN}/M_{MN}i_e^2 = 2\pi \cdot 2,66 \cdot 24/637 \cdot i_e^2 = 0,63/i_e^2$ s

$T_m = 0,63/17i_e^2 = 0,037/i_e^2$ s , für $i_e = 1$, d.h. volles Feld, ist

$T_{m2} = 0,037$ s , $m_2 = T_{m2}/T_A = 1,85$ und für voll geschwächtes Feld

$T_{m3} = 0,037/0,58^2 = 0,11$ s , $m_3 = 5,5$.

In Beispiel 7.04 war gezeigt worden, daß die Einstellung des I-Reglers verhältnismäßig wenig von m abhängt. Mit $m = \infty$ ergibt sich, nach Gl.(7.04.8),

$K_{Ri} = 1,73 V_A t_t = 1,73 \cdot 17 \cdot 0,15 = 4,4$ .

$R_v = 10$ kΩ $\quad C_{12i} = T_A K_{Ri}/R_v = 0,02 \cdot 4,4/10^4 = 8,8$ µF

$\quad R_{12i} = T_A/C_{12i} = 0,02/8,8 \cdot 10^{-6} = 2,2$ kΩ.

Der Drehzahlregler wird auf $T_{m1}$ optimiert

$K_i = K_{Ri}/V_A m_1 = 4,4/17 \cdot 2,2 = 0,118$

$T_{kk} = T_{m1}K_i/(1+K_i) = 0,044 \cdot 0,118/1,118 = 0,0046$ s

$a = T_{kk}/T_{m1} = 0,0046/0,044 = 0,105.$

Auch hier liegen die Knickfrequenzen (Bild 7.04-6) weit auseinander, so daß für den offenen Drehzahlregelkreis die Näherung, Gleichung (7.04.14) genommen werden kann.

$F_n(q) = 1/(1 + qK^*_{Rn} + q^2 K^*_{Rn})$ , $K^*_{Rn} = K_{Rn}(1+K_i)$ , $q = j\omega T_{m1}$.

Für eine maximale Überschwingweite $\Delta x_m = 0,08$ kann aus Anhang 6 entnommen werden $K^*_{Rn} = 1,5$ , $K_{Rn} = K^*_{Rn}/(1+K_i) = 1,5/1,118 = 1,34$

$R_v = 10$ kΩ $\quad C_{12n} = K_{Rn}T_{kk}/R_v = 1,34 \cdot 0,0046/10^4 = 0,62$ µF

$\quad R_{12n} = V_A T_{m1}/C_{12n} = 17 \cdot 0,044/0,62 \cdot 10^{-6} = 1,23$ MΩ.

Besitzt der Antrieb die mechanische Anlaufzeitkonstante $T_{ms}$, während der Regler auf $T_{m1}$ optimiert ist, so ergibt sich die wirksame Reglerkonstante zu

$K^*_{Rn} = K_{Rn}(1+K_i)T_{ms}/T_{m1} = 1,5 T_{ms}/T_{m1}$.

Damit ändert sich die Dämpfung.

Für $T_{ms} = T_{m2}$ , $K^*_{Rn} = 1,5 \cdot 0,037/0,044 = 1,26$ nach Anhang 6 $\Delta x_m = 0,12$.

Für $T_{ms} = T_{m3}$ , $K^*_{Rn} = 1,5 \cdot 0,11/0,044 = 3,75$ aperiod. Übergangsfunktion

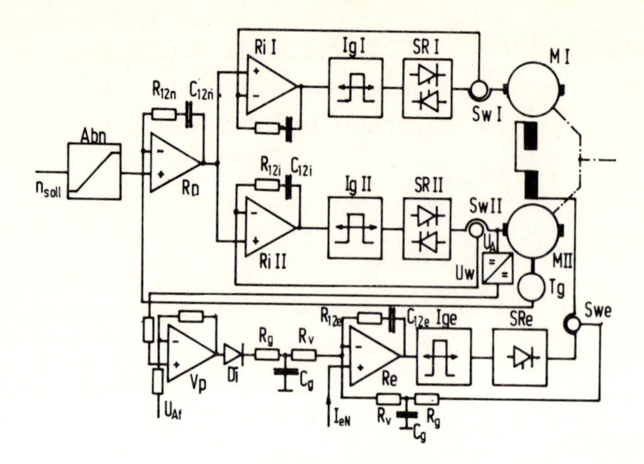


Bild 7.06-4

(h) Der Ankerspannungsistwert $U_{Ai}$ wird nach Bild 7.06-4 zur Potentialtrennung über den Gleichspannungswandler Uw erfaßt. Zur Schwellwertbildung dient ein über $U_{Af}$ negativ vorgespannter Proportionalverstärker Vp, der durch $U_{Ai}$ positiv ausgesteuert wird. Im Feldstromregelkreis sind die Glättungsglieder $R_g = 5$ kΩ und $C_g = 3{,}6$ µF angeordnet. Sie dienen zur Glättung des zweipulsigen Feldstromistwertes und berücksichtigen die Bedingung, daß der Feldstromregelkreis langsamer eingestellt werden muß als die Ankerregelkreise. Die Konstanten der Ankerregelkreise dürfen durch den Feldregelkreis nur so langsam geändert werden, daß sie während der Ausregelzeit annähernd konstant bleiben.

Mit $R_v = 48$ kΩ ist die Glättungszeitkonstante

$T_k = C_g R_v R_g/(R_v + R_g) = 16{,}3$ ms.

Mittlere Stromrichtertotzeit $T_t \approx 6$ ms, Feldzeitkonstante $T_e = 0{,}73$ s

Der Frequenzgang des offenen Feldstromregelkreises ist

$$F_{oe}(j\omega) = \frac{1 + j\omega T_{re}}{j\omega T_{Re}} \, \frac{e^{-j\omega T_t}}{(1 + j\omega T_e)(1 + j\omega T_k)}$$

Einstellung des Reglers $T_{re} = T_e$ , $T_{Re} = K_{Re} j\omega T_k$.

Wird gesetzt $t_t = T_t/T_k = 0{,}006/0{,}0163 = 0{,}37$ , so ergibt sich

$F_{oe}(j\omega) = e^{-j\omega T_k t_t}/K_{Re} j\omega T_k (1 + j\omega T_k)$.

Das ist wieder die Regelstruktur von Anhang 8. Für eine maximale Überschwingweite von $\Delta x_m = 0{,}1$ und $t_t = 0{,}37$ läßt sich entnehmen, $K_{Re} = 2{,}3$. Die Anreglzeit ist $t_A = 4{,}5 T_k = 4{,}5 \cdot 0{,}0163 = 0{,}073$ s

$R_v = 48$ kΩ $\qquad C_{12e} = K_{Re} T_k/R_v = 2{,}3 \cdot 0{,}0163/48 \cdot 10^3 = 0{,}78$ µF

$\qquad R_{12e} = T_e/C_{12e} = 0{,}73/0{,}78 \cdot 10^{-6} = 936$ kΩ.

## 7.07 Katzfahrwerk - Antrieb mit geregeltem Gleichstrommotor

Für den in Beispiel 7.06 betrachteten Containerkran wird nun der Katzfahrwerk-Antrieb berechnet. Die Katzfahrgeschwindigkeit wie auch die Beschleunigung und Verzögerung der Katze bestimmen mit die Umschlagleistung. Sie werden nach oben begrenzt durch die Haftung zwischen Rad und Schiene sowie durch das Pendeln der Last. Die durch die Beschleunigung bzw. Verzögerung auftretenden Lastpendelungen lassen sich durch besondere Maßnahmen (zum Beispiel Anti-Sway-Seile) in ihrer Amplitude herabsetzen. Bei der folgenden Berechnung werden die Relativbewegungen zwischen Katze und Container vernachlässigt.

Für den Containerkran von Beispiel 7.06 ist der Fahrantrieb für die Motorkatze unter Berücksichtigung des Fahrspiels von Bild 7.06-2 zu berechnen.

Gegeben sind: Fahrweg $s_{km}$=80 m, Fahrgeschwindigkeit $V_{KN}$=2,2 m/s, Fahrgeschwindigkeit mit leerem Spreader $V_{KSp}$=3,0 m/s. Beschleunigung/Verzögerung $|a_{KN}|$=0,95 m/s$^2$, Masse Katze $m_K$=9000 kg, Masse Spreader $m_{Sp}$= =3500 kg, Masse Container und Spreader $m^*_{LN}$=34000 kg, Rollwiderstand $w_r$=0,014, Motor-Nenndrehzahl $n_{MN}$=20 1/s, Durchmesser Laufräder $d_K$=0,63 m Getriebewirkungsgrad $\eta_G$=0,92, Trägheitsmoment von Motor, Bremsscheibe und Getriebe $J_R$=3,0 kgm$^2$.

Gesucht:

(a) Motormomente bei Lastspiel
(b) Motormomente bei Leerspiel
(c) Motorbemessung
(d) Stromrichter
(e) Einstellung der Regelkreise

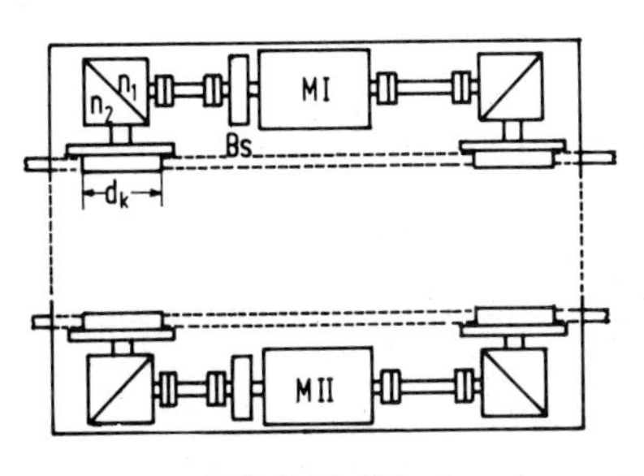


Bild 7.07-1

(a) Das Bild 7.07-1 zeigt die Antriebsanordnung. Je zwei Katzfahrräder werden von einem Gleichstrommotor MI, MII angetrieben. Die Drehzahlanpassung erfolgt über zweistufige Getriebe. Durch die mechanischen Bremsen Bs muß die Katze im Störungsfall (zum Beispiel Netzspannungsausfall) rechtzeitig stillgesetzt werden können.

Nach dem Fahrspiel, Bild 7.06-2, befindet sich in den Katzfahrbereichen 1k, 5k und 6k (Pausenzeit) die Katze im Stillstand. Im Bereich 2k wird sie beschleunigt, im Bereich 3k fährt sie mit Nenngeschwindigkeit und im Bereich 4k wird sie bis zum Stillstand verzögert.
Getriebeübersetzung $\ddot{u}_G = V_{KN}/\pi d_K n_{MN} = 2{,}2/\pi \cdot 0{,}63 \cdot 20 = 0{,}056$.

Beharrungsmoment, bezogen auf Motorwelle (3k)

$M_{M3} = g w_r (m_k + m^*_{LN}) d_K \ddot{u}_G / 2\eta_G = 981 \cdot 0{,}014(9000+34000)0{,}63 \cdot 0{,}056/2 \cdot 0{,}92$

$M_{M3} = 112$ Nm.

Lastträgheitsmoment, bezogen auf die Motorwelle

$J_L = (m_K + m^*_{LN}) d_K^2 \ddot{u}_G^2/4 = (9000+34000)0{,}63^2 \cdot 0{,}056^2/4 = 13{,}2 \text{ kgm}^2$

und bei leerem Spreader $J_{Loo} = (m_K + m_{Sp}) d_K^2 \ddot{u}_G^2/4 = 3{,}84 \text{ kgm}^2$.

Anlaufzeit $t_a = V_{KN}/a_{KN} = 2{,}2/0{,}95 = 2{,}32 \text{ s} = t_2 = t_4$.

Motormoment im Beschleunigungsbereich 2k

$M_{M2} = M_{M3} + 2\pi(J_R + J_L/\eta_G) n_{MN}/t_a = 112 + 2\pi(3+13{,}2/0{,}92)20/2{,}32 = 1052$ Nm.

Motormoment im Verzögerungsbereich k4

$M_{M4} = 2\pi(J_R + J_L \eta_G)(-n_N/t_a) + M_{M3}\eta_G^2$

$= -2\pi(3+13{,}2 \cdot 0{,}94)20/2{,}32 + 112 \cdot 0{,}92^2 = -740$ Nm.

Fahrzeit im Bereich k3

$t_3 = (s_{Km} - V_{Kn} t_a)/V_{KN} = (80-2{,}2 \cdot 2{,}32)/2{,}2 = 34$ s.

Die Spieldauer nach Beispiel 7.06 ist $t_{sp} = 126{,}4$ s.
Dann ergibt sich das effektive Motormoment

$M_{Meff} = \sqrt{(M_{M2}^2 t_{k2} + M_{M3}^2 t_{k3} + M_{M4}^2 t_{k4})/t_{sp}}$

$= 10^3 \sqrt{(1{,}05^2 \cdot 2{,}32 + 0{,}112^2 \cdot 34 + 0{,}740^2 \cdot 2{,}32)/126{,}4} = 184$ Nm.

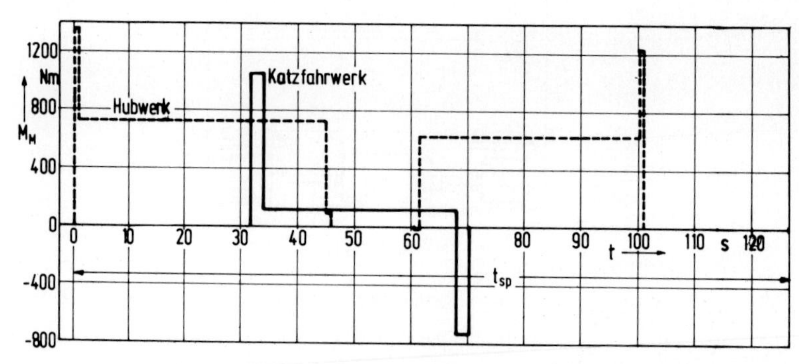


Bild 7.07-2

In Bild 7.07-2 sind die Motormomente $M_M$ von Hubwerk und Katzfahrwerk in Abhängigkeit von der Zeit aufgetragen. Danach ist eine wei-

tere Verkürzung der Spielzeit in erster Linie durch eine Erhöhung der Hubwerksleistung zu erreichen.
Bei der bisherigen Rechnung war vorausgesetzt worden, daß das Katzfahrwerk keine zusätzliche Hubarbeit zu leisten hat, daß die Fahrbahn absolut eben ist. Hat die Fahrbahn dagegen eine Steigung von $\alpha = 1^o$, so erhöht sich das Beharrungsmoment um

$$\Delta M_{M3} = g(m_K + m_{LN}^*) \sin\alpha d_K \ddot{u}_G / 2\eta_G$$
$$= 9{,}81 \cdot 43000 \cdot 0{,}0175 \cdot 0{,}63 \cdot 0{,}056/2 \cdot 0{,}92 = 141 \text{ Nm},$$

so daß sich jetzt das effektive Moment ergibt

$$M_{Meff}^* = 10^3 \sqrt{(1{,}193^2 \cdot 2{,}32 + 0{,}253^2 \cdot 34 + 0{,}62^2 \cdot 2{,}32)/126{,}4} = 225 \text{ Nm}.$$

(b) Für das Leerspiel gelten die Beziehungen:

$$M_{M3oo} = gw_r(m_K + m_{Sp})d_K \ddot{u}_G / 2\eta_G = 32{,}6 \text{ Nm}$$

$$J_{Loo} = (m_K + m_{Sp}) d_K^2 \ddot{u}_G^2 / 4 = 3{,}84 \text{ kgm}^2$$

$$M_{M2oo} = M_{M3oo} + 2\pi(J_R + J_{Loo}/\eta_G) n_{MN}/t_A = 421 \text{ Nm}$$

$$M_{M4oo} = -2\pi(J_R + J_{Loo}\eta_G)(n_N/t_A) + M_{M3oo}\eta_G^2 = -326 \text{ Nm}$$

$$M_{Meffoo} = 10^3 \sqrt{(0{,}421^2 \cdot 2{,}32 + 0{,}033^2 \cdot 34 + 0{,}326^2 \cdot 2{,}32)/126{,}4} = 74 \text{ Nm}.$$

(c) Für die Motorbemessung wird das Leerspiel nicht herangezogen, da es durchaus vorkommen kann, daß einander folgende Hin- und Rückfahrten mit vollen Containern durchgeführt werden.
Wegen des hohen Spitzenmomentes kommen nur kompensierte Gleichstrommotoren mit hoher Überlastbarkeit in Frage. Es soll zulässig sein

$$M_{Mm}/M_{MN} = 2{,}5 \;, \quad M_{MN} = M_{Mm}/2{,}5 = M_{M2}/2{,}5 = 1052/2{,}5 = 421 \text{ Nm}$$

$$P_{MN} = 2\pi M_{MN} n_{MN} = 2\pi \cdot 421 \cdot 20 = 53 \text{ kW}.$$

Es werden zwei Motoren mit folgenden Kenndaten gewählt:

$P_{MN} = 28$ kW, $n_N = 20$ 1/s, $U_A = 200$ V, $I_{AN} = 154$ A, $R_{AM} = 0{,}055\ \Omega$,
$L_{AM} = 1{,}0$ mH, $J_M = 0{,}95$ kgm$^2$, $P_{eN} = 980$ W, $T_e = 0{,}29$ s.

Zuleitungswiderstand $R_{Lt} = 0{,}02\ \Omega$ je Motor

$$M_{MN} = P_{MN}/2\pi n_N = 28000/2\pi \cdot 20 = 223 \text{ Nm}$$

$$U_{AqN} = U_{AN} - I_{AN} R_{AM} = 200 - 154 \cdot 0{,}055 = 191{,}5 \text{ V}.$$

Bei dem Spitzenmoment $M_{Mm} = M_{M2}/2$ fließt der Ankerstrom

$$I_{Am} = I_{AN} M_{M2}/2M_{MN} = 154 \cdot 1052/2 \cdot 223 = 364 \text{ A}$$

$$I_{Aeff} = I_{AN} M_{Meff}/M_{MN} = 154 \cdot 184/223 = 127 \text{ A}.$$

Während der Beschleunigung des leeren Spreaders unter Feldschwächung ist mit folgendem Ankerstrom zu rechnen

$$I_{Af} = I_{AN} M_{M2oo} V_{Ksp}/2M_{MN} V_{KN} = 154 \cdot 421 \cdot 3{,}0/2 \cdot 223 \cdot 2{,}2 = 198 \text{ A}.$$

Mechanische Anlaufzeitkonstante

$T'_m = 2\pi(J_R+J_L)n_{MN}/2M_{MN} = 2\pi(3+13,2)20/2\cdot 223 = 4,56$ s

$V_A = U_{AN}/(R_{AM}+R_{Lt})I_{AN} = 200/(0,055+0,02)154 = 17,3$

$T_m = T'_m/V_A = 4,56/17,3 = 0,263$ s.

Bei leerem Spraeder ist $T_{moo} = 2\pi(J_R+J_{Loo})n_{MN}/2M_{MN}V_A = 0,11$ s.

Ankerkreiszeitkonstante $T_A = 2L_A/2(R_{AM}+R_{Lt}) = 0,001/0,075 = 0,013$ s.

Im vorliegenden Fall ist mit $T_m/T_A = 20$ die mechanische Anlaufzeitkonstante sehr groß gegen die Ankerkreiszeitkonstante.

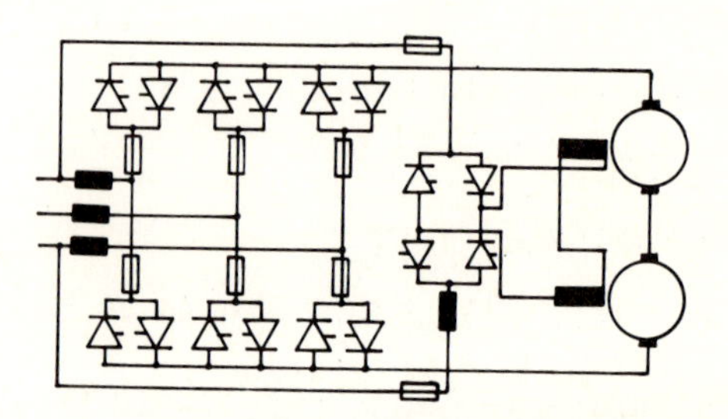

Bild 7.07-3

(d) Die beiden Motoren werden im Anker und im Feld in Reihe geschaltet. Zur Ankerspeisung dient ein Stromrichter, bestehend aus zwei vollgesteuerten Drehstrombrückenschaltungen in kreisstromfreier Gegenparallelschaltung. Zur Feldsteuerung genügt eine einphasige vollgesteuerte Brückenschaltung. Das Bild 7.07-3 zeigt diese Schaltung. Eine gleichmäßige Momentenaufteilung auf beide Antriebsmotoren ist nur solange gewährleistet, wie keines der Antriebsräder auf der Schiene rutscht. Das Rutschen einer Gruppe läßt sich über die Differenz der beiden Motordrehzahlen, gemessen mit Hilfe von zwei Tachometermaschinen, erfassen. Während diese Störung auftritt, wird die Stromgrenze des Ankerstromrichters heruntergeschaltet, so daß die Haftung der Räder auf der Schiene wieder möglich ist.
Die Speisespannungsschwankungen betragen ±10% ($d_{u-} = 0,9$; $d_{u+} = 1,1$), Störspannungsfaktor $d_{st} = 1,6$; $u_{kT} = 0,04$.
Bestimmung der ideellen Leerlaufspannung für Bereich 2k

$$U_{di} = 2\frac{U_{AqN}+I_{Am}(R_{AM}+R_{Lt})}{d_{u-}-u_{kT}I_{Am}/2I_{AN}} = 2\frac{191,5+364(0,055+0,02)}{0,9-0,04\cdot 364/2\cdot 154} = 513 \text{ V}$$

$U_s = U_{di}\pi/3\sqrt{2} = 513\cdot\pi/3\sqrt{2} = 380$ V.

Um auf der Katze Gewicht einzusparen, wird kein Transformator vorgesehen, sondern die Stromrichterspeisung erfolgt über Kommutierungsdrosseln $L_k = u_{kT}U_{di}/12fI_{AN} = 0,04\cdot 513/12\cdot 50\cdot 154 = 0,22$ mH mit der Typenleistung

$S_k = 2I_{AN}^2 2\pi f L_k/3 = 2\cdot 154^2\cdot 2\pi\cdot 50\cdot 0{,}22\cdot 10^{-3}/3 = 1{,}1$ kVA.

Bei dem hohen Verhältnis Spitzengleichstrom/effektivem Gleichstrom 364/127 = 2,9 wird für die Thyristoren Selbstkühlung vorgesehen.

Mittlerer Thyristorstrom $I_T = I_{Aeff}/3 = 127/3 = 42{,}3$ A

Maximaler Thyristorstrom $I_{Tsp} = I_{Am}/3 = 364/3 = 121$ A

Höchste Kühllufttemperatur $T_L^\circ = 30^\circ C$

Periodische Spitzensperrspannung

$U_{RRM} \geq \sqrt{2}\, U_s d_{u+} d_{st} = \sqrt{2}\cdot 380\cdot 1{,}1\cdot 1{,}6 = 946$ V $\qquad U_{RRM} = 1000$ V

Gewählter Thyristor BStL90 (Siemens) mit Kühlkörper LK18

Dauergrenzstrom $I_{Tm} = 67$ A

Zulässiger Überstrom für 10 s $I_{Tsp} = 3I_{Tm} = 201$ A

Grenzlastintegral $A_{gr} = 54000\ A^2s$.

Die Thyristoren lassen sich, nach Anhang 2, durch Halbleitersicherungen mit dem Nennstrom $I_{siN} = 200$ A absichern. Da die Sicherungen nur mit

$I_{Aeff}/\sqrt{3}\, I_{siN} = 127/\sqrt{3}\cdot 200 = 0{,}37$ vorbelastet sind, können sie für 10 s mit $2{,}5\cdot 200 = 500$ A überlastet werden.

(e) Die Regelkreiskonstanten sind: $T_t = 0{,}003$ s, $T_A = 0{,}013$ s, $T_m = 0{,}263$ s $T_{moo} = 0{,}111$ s, $V_A = 17{,}3$; $t_t = T_t/T_A = 0{,}23$.

Bewertungswiderstände $R_v = 22$ kΩ.

Stromregelkreis: Bei dem großen Zeitkonstantenverhältnis $m = T_m/T_A = 20$ ($m_{oo} = T_{moo}/T_A = 8{,}5$) läßt sich, wenn für den Frequenzgang des Stromreglers der Ansatz gewählt wird

$F_{Ri}(j\omega) = (1+j\omega T_A)/K_{Ri} j\omega T_A$ ,

der Frequenzgang des offenen Stromregelkreises durch Gl.(7.04.7) ausdrücken

$F_{oi}(j\omega) = V_A e^{-j\omega T_t}/K_{Ri} j\omega T_A$.

Die Reglerkonstante ist nach G.(7.04.8) zu bemessen

$K_{Ri} = V_A t_t/\tan(90^\circ - \varphi_{RA}) \qquad \varphi_{RA} = 60^\circ$

$K_{Ri} = 17{,}3\cdot 0{,}23/\tan 30^\circ = 6{,}9$

$$F_{Ri}(j\omega) = \frac{1+j\omega 0{,}013}{j\omega 0{,}013\cdot 6{,}9}\ \frac{1+j\omega C_{12i}R_{12i}}{j\omega C_{12i}R_v}$$

$C_{12i} = 0{,}013\cdot 6{,}9/22\cdot 10^3 = 4{,}07\ \mu F$ , $R_{12i} = 0{,}013/4{,}07\cdot 10^{-6} = 3{,}2$ kΩ.

Die Dämpfung des Stromregelkreises ist, da $m_{oo} = 8{,}5$ ebenfalls groß ist, praktisch unabhängig von der Belastung der Katze.

$K_i = K_{Ri}/V_A m = 6{,}9/17{,}3\cdot 20 = 0{,}02$

$T_{kk} = T_m K_i/(1+K_i) = 0{,}263 \cdot 0{,}02/1{,}02 = 5{,}2$ ms

$F_i(j\omega) = 1/(1+K_i)(1+j\omega T_{kk}) = 0{,}98/(1+j\omega 0{,}0052)$.

Drehzahlregelkreis Mit dem Ansatz für den Drehzahlregler

$F_{Rn}(j\omega) = (1+j\omega V_A T_m)/K_{Rn} j\omega T_{kk}$

ist unter Berücksichtigung von Gl.(7.04.7) und dem Zeitkonstantenverhältnis $V_A T_m/T_{kk} = 875 \gg 1$ nach Gl.(7.04.9)

$$F_{on}(j\omega) = \frac{1}{K_{Rn}(1+K_i)} \frac{1}{j\omega T_{kk}(1+j\omega T_{kk})} \qquad K_{Rn}(1+K_i) = K^*_{Rn}$$

und der Frequenzgang des geschlossenen Regelkreises

$$F_n(j\omega) = \frac{1}{1+K^*_{Rn} j\omega T_{kk} + K^*_{Rn}(j\omega T_{kk})^2}.$$

Für diese Struktur läßt sich aus Anhang 6 für $\varphi_{RA} = 60^o$ entnehmen

$K^*_{Rn} = 1{,}5$ , $K_{Rn} = 1{,}5/1{,}02 = 1{,}47$

$$F_{Rn}(j\omega) = \frac{1+j\omega 17{,}3 \cdot 0{,}263}{j\omega 1{,}47 \cdot 0{,}0052} = \frac{1+j\omega C_{12n} R_{12n}}{j\omega C_{12n} R_v}$$

$C_{12n} = 1{,}47 \cdot 0{,}0052/22 \cdot 10^3 = 0{,}35\ \mu F$

$R_{12n} = 17{,}3 \cdot 0{,}263/0{,}35 \cdot 10^{-6} = 13\ M\Omega$.

Bei leerem Spreader ist $F_{on}(j\omega) = \frac{1}{K^*_{Rn} T_{moo}/T_m} \frac{1}{j\omega T_{kk}(1+j\omega T_{kk})}$.

Die wirksame Reglerkonstante ist jetzt

$K^*_{Rn} T_{moo}/T_m = 1{,}5 \cdot 0{,}111/0{,}263 = 0{,}63$.

Aus Anhang 6 kann hierfür der Phasenrand $\varphi_{RA} = 43^o$ und die maximale Überschwingweite $\Delta x_m = 0{,}25$ entnommen werden. Der Drehzahlregelkreis ist somit wesentlich schlechter gedämpft. Soll die Dämpfung die gleiche bleiben ($\Delta x_m = 0{,}08$), so ist ein adaptiver Regler vorzusehen und die Reglerbeschaltung umzuschalten auf

$C^{**}_{12n} = K_R T_{kk} T_m/T_{moo} R_v = 1{,}47 \cdot 0{,}0052 \cdot 0{,}263/0{,}111 \cdot 22 \cdot 10^3 = 0{,}82\ \mu F$

$R^{**}_{12n} = V_A T_m/C^{**}_{12n} = 17{,}3 \cdot 0{,}263/0{,}82 \cdot 10^{-6} = 5{,}5\ M\Omega$.

Feldstromregelkreis Die ankerspannungsabhängige Feldschwächung und die Feldstromregelung werden, wie in Beispiel 7.06 beschrieben, ausgeführt und eingestellt.

# Anhang

| Bildfunktion | Zeitfunktion |
|---|---|
| $e^{-ap}$ | $t-a$ |
| $1/p^2$ | $t$ |
| $1/(p+p_1)$ | $e^{-p_1 t}$ |
| $1/p(p+p_1)$ | $(1-e^{-p_1 t})/p_1$ |
| $1/p^2(p+p_1)$ | $p_1^{-2}(p_1 t-1+e^{-p_1 t})$ |
| $1/(p+p_1)^2$ | $te^{-p_1 t}$ |
| $p/(p+p_1)^2$ | $(1-p_1 t)e^{-p_1 t}$ |
| $1/p(p+p_1)^2$ | $p_1^{-2}[1-(1+p_1 t)e^{-p_1 t}]$ |
| $1/(p^2+p_1^2)$ | $p^{-1}\sin p_1 t$ |
| $p/(p^2+p_1^2)$ | $\cos(p_1 t)$ |
| $1/p(p^2+p_1^2)$ | $2p_1^{-2}\sin^2(p_1 t/2)$ |
| $1/p^2(p^2+p_1^2)$ | $p_1^{-3}[p_1 t-\sin(p_1 t)]$ |
| $1/(p+p_1)(p+p_2)$ | $(p_2-p_1)^{-1}(e^{-p_1 t}-e^{-p_2 t})$ |
| $p/(p+p_1)(p+p_2)$ | $(p_2-p_1)^{-1}(p_2 e^{-p_2 t}-p_1 e^{-p_1 t})$ |
| $1/p(p+p_1)(p+p_2)$ | $(p_1 p_2)^{-1}[1+(p_1-p_2)^{-1}(p_2 e^{-p_1 t}-p_1 e^{-p_2 t})]$ |
| $1/p^2(p+p_1)(p+p_2)$ | $(p_1 p_2)^{-2}(p_1 p_2 t-p_1-p_2)+(p_1-p_2)^{-1}(p_2^{-2} e^{-p_2 t}-p_1^{-2} e^{-p_1 t})$ |
| $1/(p^2+p_1^2)(p^2+p_2^2)$ | $(p_1 p_2)^{-1}(p_1^2-p_2^2)^{-1}[p_1\sin(p_2 t)-p_2\sin(p_1 t)]$ |
| $1/(p+p_1)(p+p_2)(p+p_3)$ | $[(p_2-p_1)(p_3-p_1)]^{-1}e^{-p_1 t}+[(p_1-p_2)(p_3-p_2)]^{-1}e^{-p_2 t}+$ $+[(p_1-p_3)(p_2-p_3)]^{-1}e^{-p_3 t}$ |
| $1/p(p+p_1)(p+p_2)(p+p_3)$ | $(p_1 p_2 p_3)^{-1}-[p_1(p_1-p_2)(p_1-p_3)]^{-1}e^{-p_1 t}-$ $-[p_2(p_2-p_1)(p_2-p_3)]^{-1}e^{-p_2 t}-[p_3(p_3-p_1)(p_3-p_2)]^{-1}e^{-p_3 t}$ |

Anhang 1 Bildfunktionen und zugehörige Zeitfunktionen der Laplace-Transformation

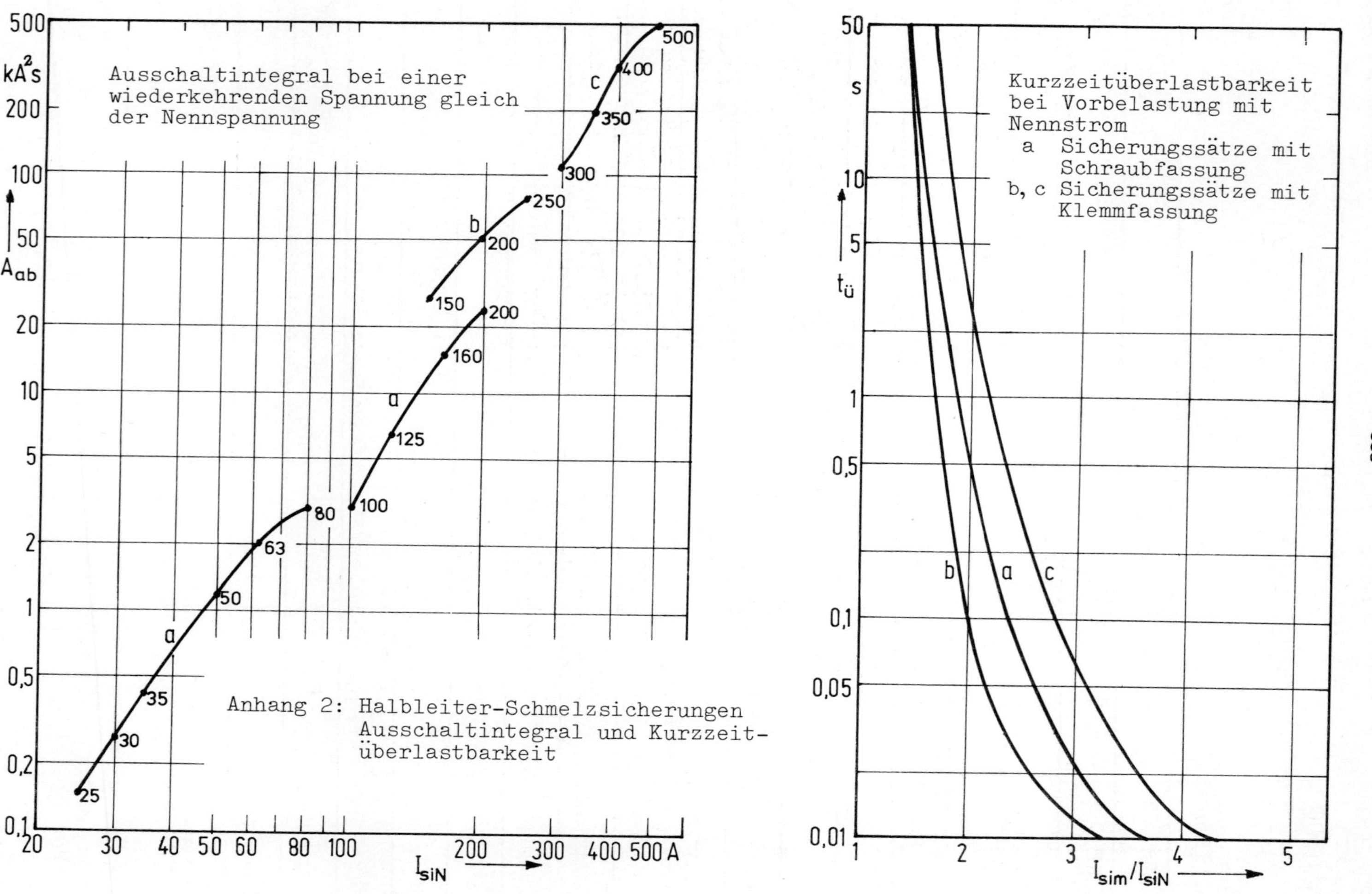


Anhang 2: Halbleiter-Schmelzsicherungen Ausschaltintegral und Kurzzeitüberlastbarkeit

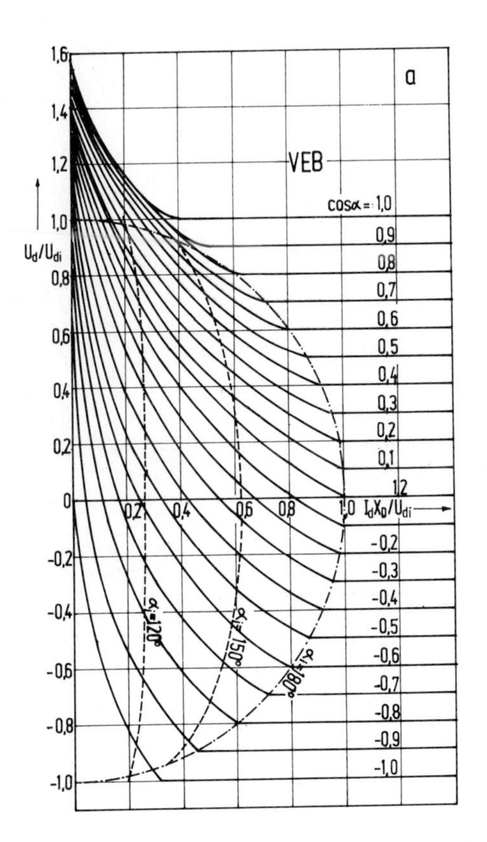


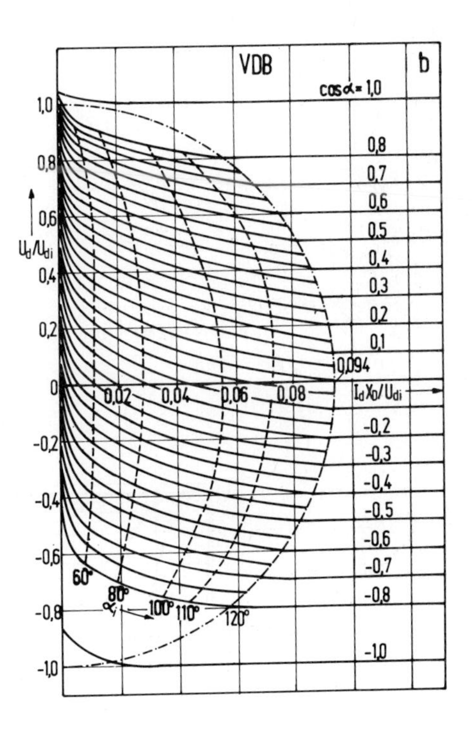


Anhang 3: Lückbereich der vollgesteuerten einphasigen Brückenschaltung VEB (a) und der vollgesteuerten Drehstrombrückenschaltung VDB (b)

Gleichspannung $U_d$ in Abhängigkeit vom Gleichstrom $I_d$ bei konstantem Zündwinkel

Gestrichelt: Kennlinien konstanten Stromflußwinkels $\alpha_i$

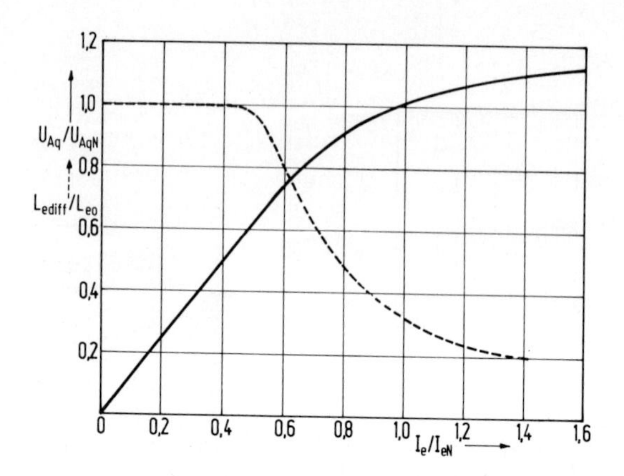


Anhang 4: Magnetisierungskennlinie einer fremderregten Gleichstrommaschine

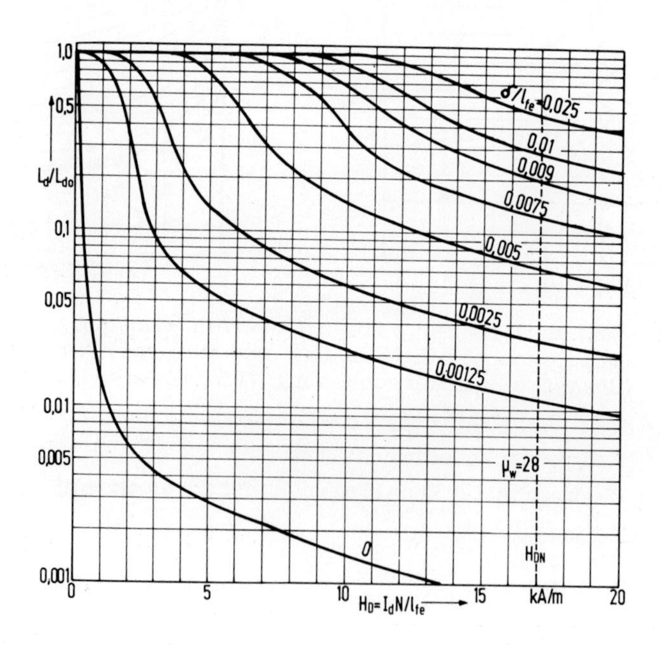


Anhang 5: Induktivität $L_D$ einer Glättungsdrossel, bezogen auf die Induktivität ohne Vormagnetisierung $L_{Do}$ in Abhängigkeit von der Vormagnetisierungsfeldstärke $H_D$ . Parameter = Luftspalt $\delta$/Eisenweglänge $l_{fe}$.

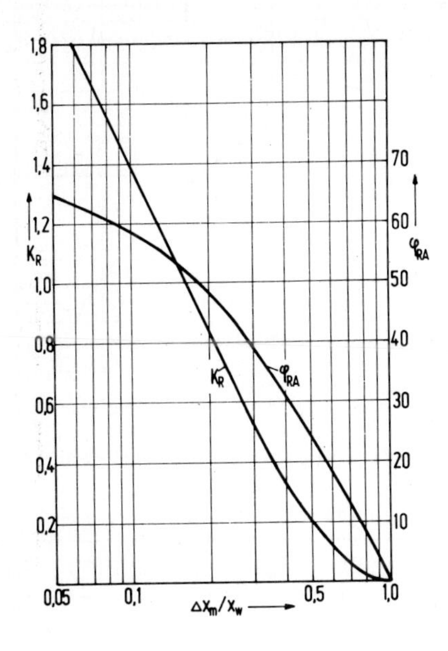


Anhang 6:
Reglerkonstante $K_R$ und Phasenrand $\varphi_{RA}$ in Abhängigkeit von der maximalen Überschwingweite $x_m$ für den Reglerfrequenzgang

$F_R(j\omega) = \frac{1+j\omega T_{s1}}{K_R j\omega T_k}$ und den Frequenzgang des geschlossenen Regelkreises

$F(j\omega) = \frac{1}{1+K_R j\omega T_k + K_R (j\omega T_k)^2}$

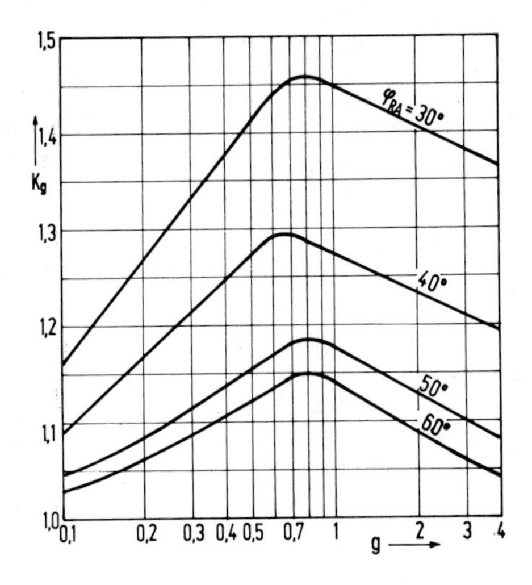


Anhang 7:
Korrekturfaktor $K_g$ bei Zusammenfassung von zwei Zeitkonstanten $T_{s2}$ und $T_{s3}$ zur unkompensierten Summenzeitkonstante $T_k = T_{s2} + T_{s3}$, in Abhängigkeit vom Zeitkonstantenverhältnis $g = T_{s3}/T_{s2}$.
Parameter ist der Phasenrand $\varphi_{RA}$
Reglerfrequenzgang

$F_R(j\omega) = \frac{1+j\omega T_{s1}}{K_R^* j\omega T_k}$ $\quad K_R^* = K_R K_g$

Frequenzgang des geschlossenen Regelkreises

$F(j\omega) = \frac{1}{1+K_R^* j\omega T_k + K_R^* (j\omega T_k)^2}$

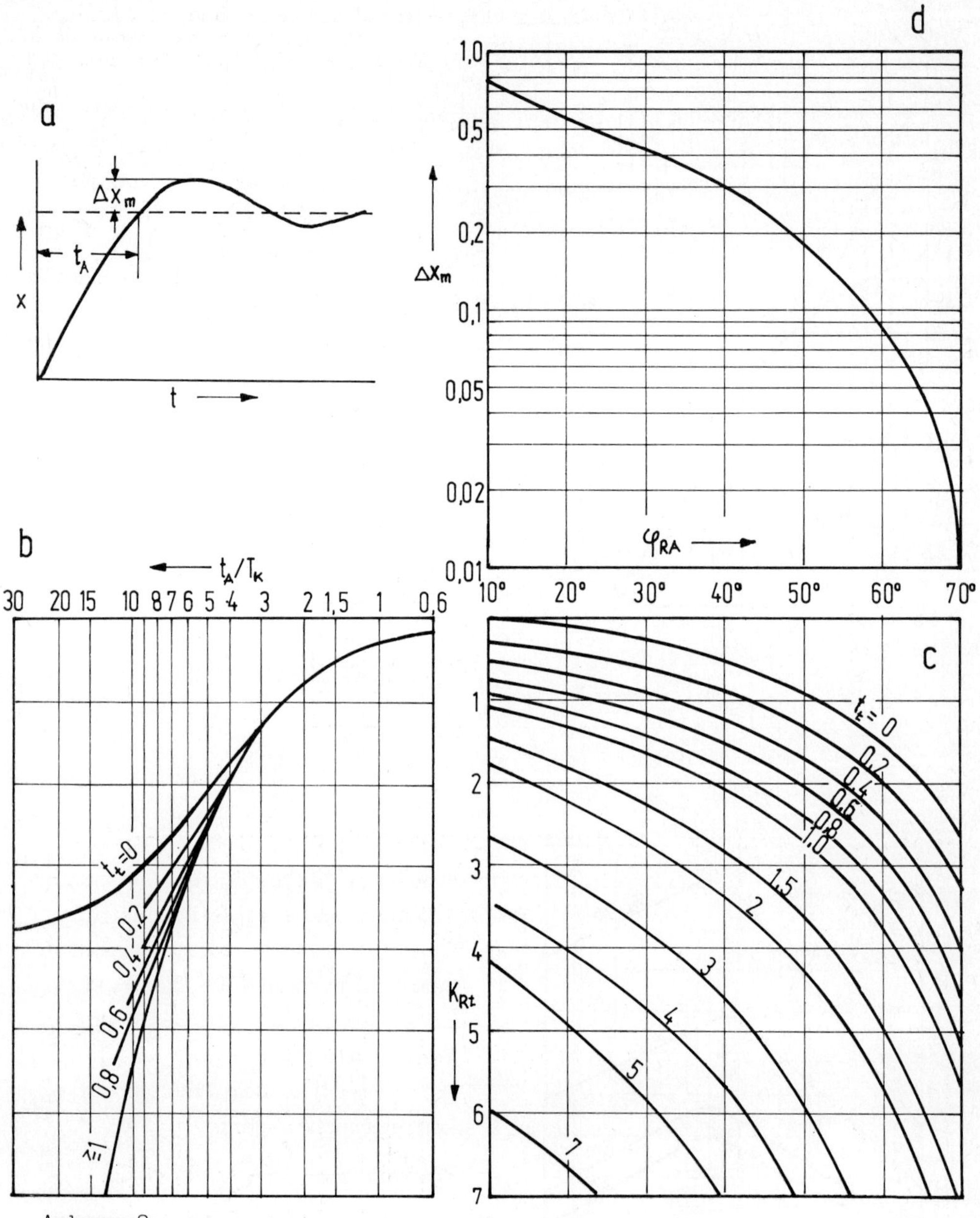


Anhang 8:
Ermittlung der Reglerkonstanten $K_{Rt}$ und der Anregelzeit $t_A$ bei gegebener maximaler Überschwingweite für eine ein Totzeitglied $T_t$ enthaltende Regelstrecke. Vorgegeben wird die maximale Überschwingweite $\Delta x_m$. $T_k < T_s$ , $t_t = T_t/T_k$

Regler $F_R(j\omega) = \dfrac{1+j\omega T_s}{K_{Rt} j\omega T_k}$ , Regelstrecke $F_S(j\omega) = \dfrac{e^{-j\omega T_t}}{(1+j\omega T_s)(1+j\omega T_k)}$

Anhang 9: Ermittlung der Reglerkonstanten $K_R$ und der Anregelzeit $t_A$ bei gegebener maximaler Überschwingweite $\Delta x_m$ für einen Regelkreis mit doppelter Integration.

$$F_R(j\omega) = \frac{1+j\omega T_m}{K_R j\omega T_{kk}}, \quad F_s(j\omega) = \frac{1}{j\omega T_m(1+j\omega T_{kk})}$$

$\Delta x_m$ wird wenig von $K_R$, dagegen sehr von dem Verhältnis $T_m/T_{kk}$ beeinflußt. Es sind die Kennlinien für symmetrische und unsymmetrische Lage der Durchtrittsfrequenz, gegenüber den beiden Knickfrequenzen $(1/T_{kk})$, $(1/T_m)$ angegeben.

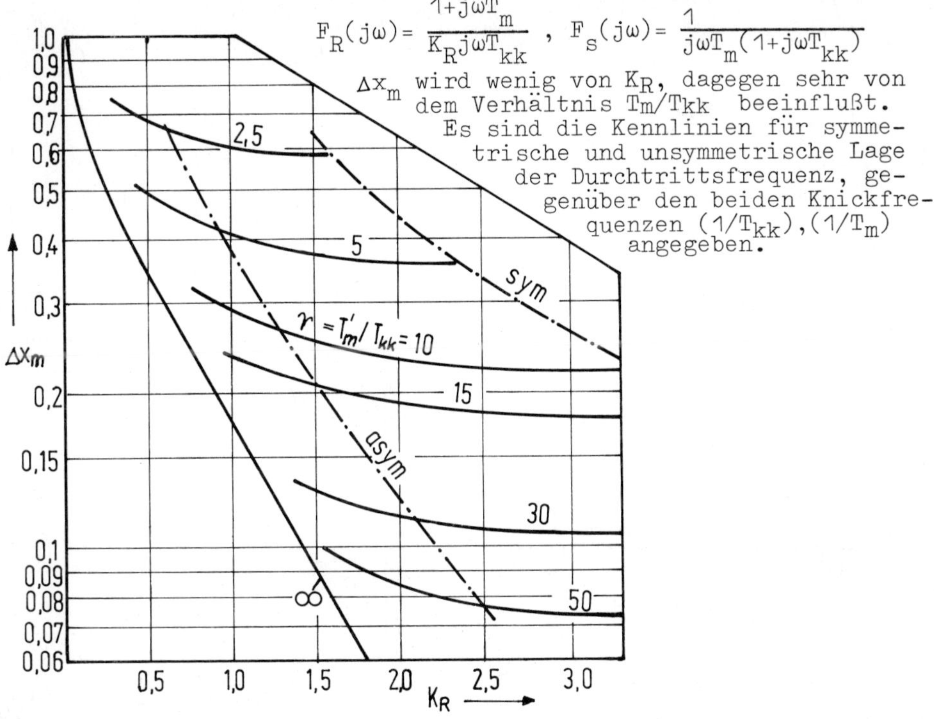


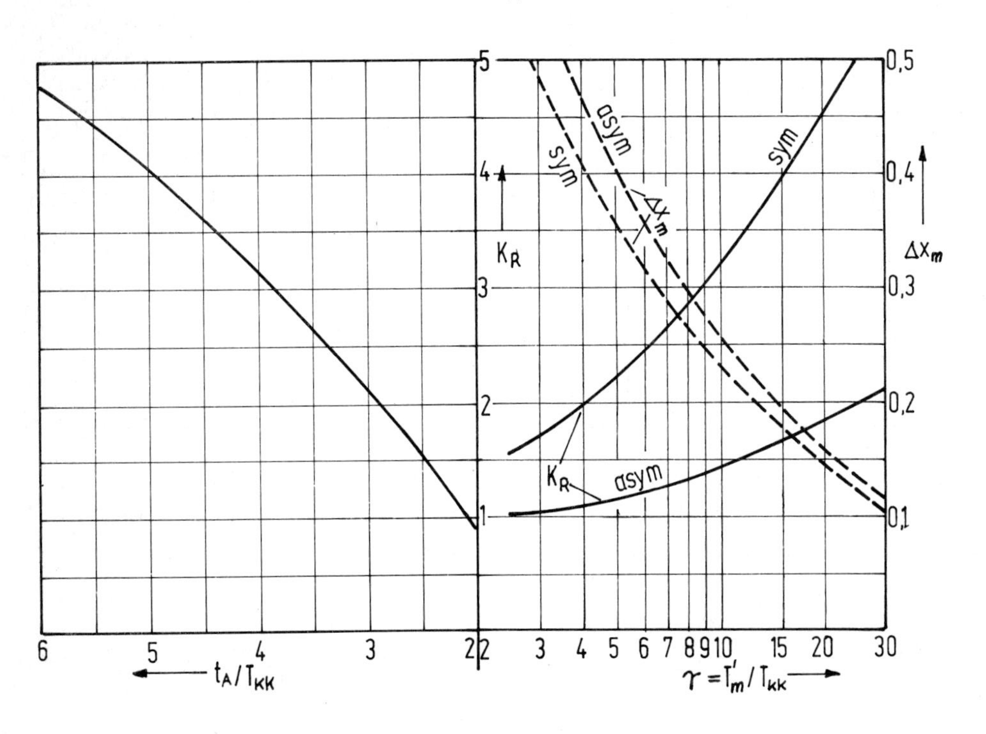